U0206710

本成果受到山东师范大学 2018 年度优秀博士毕业生科研启动经费支持，并且为 2020 年度国家社会科学基金项目 (20BKG041) 的阶段性成果

北朝服饰的考古学研究

宋丙玲——著

中国社会科学出版社

图书在版编目（CIP）数据

北朝服饰的考古学研究 / 宋丙玲著. -- 北京 ： 中国社会科学出版社，2025．3. -- ISBN 978-7-5227-4305-9

Ⅰ．TS941.742.392

中国国家版本馆 CIP 数据核字第 2024QA4691 号

出 版 人	赵剑英	
责任编辑	耿晓明	
责任校对	李　莉	
责任印制	李寡寡	

出　　版	中国社会科学出版社	
社　　址	北京鼓楼西大街甲 158 号	
邮　　编	100720	
网　　址	http://www.csspw.cn	
发 行 部	010-84083685	
门 市 部	010-84029450	
经　　销	新华书店及其他书店	

印刷装订	北京君升印刷有限公司	
版　　次	2025 年 3 月第 1 版	
印　　次	2025 年 3 月第 1 次印刷	

开　　本	787×1092　1/16	
印　　张	24.5	
插　　页	8	
字　　数	532 千字	
定　　价	156.00 元	

凡购买中国社会科学出版社图书，如有质量问题请与本社联系调换

电话：010-84083683

1. 大同沙岭北魏 M7 墓室东壁墓主夫妇（《熠彩千年》p. 3） 2. 大同云波里北魏壁画墓墓室东壁墓主及侍者 3. 解兴石堂后壁墓主夫妇（《北朝艺术研究院藏品图录 墓葬壁画》p. 52） 4. 大同智家堡北魏墓石椁北壁墓主夫妇 5. 宁夏固原北魏墓漆棺前挡墓主及侍者

彩图一 北朝墓主夫妇形象（一）

6

7　　　8

9　　　10

6. 山东临朐北齐崔芬墓墓室西壁壁龛横额墓主夫妇出行图　7、8. 北齐徐显秀墓墓室北壁墓主夫妇（《北齐徐显秀墓》pp. 30—31）　9、10. 朔州水泉梁北朝墓墓室北壁墓主夫妇（《壁上乾坤》pp. 156—157）

彩图一　北朝墓主夫妇形象（二）

1. 司马金龙墓釉陶仪卫俑（《平城文物精粹》p. 93）　2. 宋绍祖墓男侍俑（《平城文物精粹》p. 85）　3. 元邵墓击鼓男俑（《洛阳陶俑》p. 11）　4、10、14. □顗墓风帽俑、小冠俑、笼冠俑（M37：31、32、88）　5、7. 元祉墓披裘俑、文吏俑（IM4034：102、72）　6、8、12. 磁县湾漳大墓风帽俑、侍仆俑、笼冠俑（标本1662、276、428）　9. 西安市征集小冠俑（《西安文物精华 陶俑》p. 75）　11. 西安韦曲镇出土小冠立俑（《西安文物精华 陶俑》p. 79）　13. 陆丑墓笼冠俑（M28：107）　15. 宋绍祖墓仪仗俑（M5：62）　16、17. 徐显秀墓三棱风帽俑（标本93、76）　18. 韩祖念墓垂臂执物武士俑（Hzn－85）

彩图二　北朝男性服饰（一）

19 　　20 　　21 　　22 　　23 　　24

25 　　26 　　27

28 　　29

19. 李贤墓风帽俑（《固原文物精品图集》中册 p.186）　　20. □頵墓风帽俑（M37∶33）　　21. 西安韦曲镇出土风帽俑（《西安文物精华 陶俑》p.77）　　22. 宋绍祖墓胡人俑　　23. 洛阳市博物馆藏胡人俑（《融合之路》p.167）　　24. 元祜墓胡俑（《邺城文物菁华》p.179）　　25. 娄睿墓将军俑（标本607）　　26. 磁县湾漳大墓踑坐俑（标本1329）　　27. 元祉墓小冠俑（IM4034∶13）　　28. 徐显秀墓鬈发骑俑（标本249）　　29. 贺拔昌墓鼓吹骑俑

彩图二　北朝男性服饰（二）

30. 大同云波里北魏壁画墓墓室东壁伎乐人物　31. 娄睿墓甬道西壁仪卫图　32. 解兴石堂右壁奏乐图
(《北朝艺术研究院藏品图录墓葬壁画》p. 53)　33. 娄睿墓墓道东壁第二层鞍马导引图　34. 徐显秀墓墓道东壁
男子　35. 磁县湾漳北朝大墓墓道西壁仪仗

彩图二　北朝男性服饰（三）

36

37

38

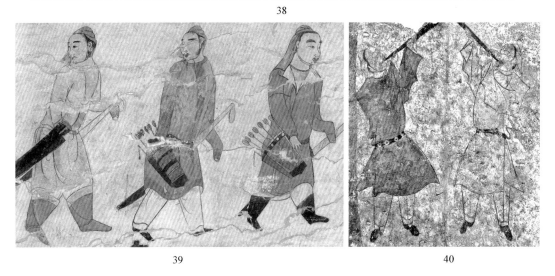

39

40

36—39. 忻州九原岗北朝墓墓道东、西壁仪卫男子（《壁上乾坤》pp.120、135、121、125）　40. 朔州水泉梁北齐壁画墓鼓吹图

彩图二　北朝男性服饰（四）

1. 大同东信家居广场北魏墓出土彩釉十字髻女俑（《融合之路》p. 97） 2. 北魏宋绍祖墓女侍俑（《平城文物精粹》p. 85） 3. 大同云波里北魏墓 M10 乐俑 4. 雁北师院北魏 M2 女舞俑（M2：12） 5. 西安韦曲高望堆北朝墓女立俑（M1：40，《西安文物精华 陶俑》p. 76） 6. 偃师南蔡庄女侍俑（《洛阳陶俑》p. 90） 7. 娄睿墓螺髻侍女俑（标本 508） 8. 杨机墓双髻女俑 9. 李贤墓女俑（《固原文物精品图集》中册 p. 190） 10. 娄睿墓跪坐女俑（标本 524） 11. □凯墓女俑（M37：57） 12. 磁县湾漳大墓笼冠女俑（标本 1284） 13. 娄睿墓女官俑（标本 445） 14. 李贤墓笼冠女立俑 15. 元邵墓双髻俑（《洛阳陶俑》p. 102） 16. 杨机墓牵手女俑（《融合之路》p. 156） 17. 徐显秀墓女侍俑（标本 416）

彩图三 北朝女性服饰（一）

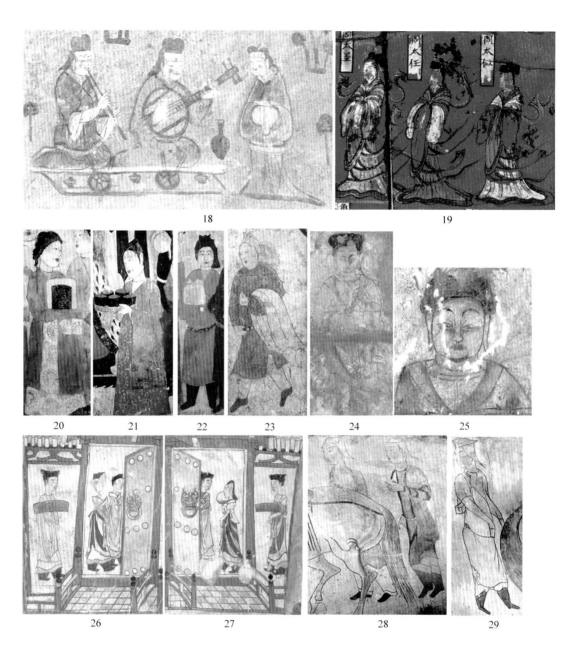

　　18. 解兴石堂左壁奏乐图（《北朝艺术研究院藏品图录 墓葬壁画》p. 50）　　19. 司马金龙墓彩漆屏风贵妇
20—22. 徐显秀墓墓室北壁、东壁及西壁侍女　23. 朔州水泉梁北朝墓墓室东壁侍女（《壁上乾坤》p. 161）　　24、
25. 李贤墓墓道西壁侍女（《固原文物精品图集》中册 pp. 219、218）　　26、27. 忻州九原岗北朝墓墓道北壁门楼图
（《壁上乾坤》pp. 140、141）　　28、29. 忻州九原岗北朝墓墓道东、西壁二层侍女（《壁上乾坤》pp. 100、105）

彩图三　北朝女性服饰（二）

1. 解兴石堂前壁左侧武士（《北朝艺术研究院藏品图录 墓葬壁画》p. 51） 2. 大同沙岭北魏壁画墓甬道北壁武士 3. 宋绍祖墓彩绘骑马仪卫俑 4、7. 偃师南蔡庄北魏墓武士俑（《洛阳陶俑》pp. 132、134） 5. 洛阳出土青釉武士俑（《洛阳陶俑》p. 137） 6. 西安市征集小冠俑（《西安文物精华 陶俑》p. 75） 8. 娄睿墓武士俑（标本 309） 9. 李贤墓武士俑（《固原文物精品图集》中册 P176） 10、14. 西安韦曲北朝墓武士俑（《西安文物精华 陶俑》pp. 69、68） 11. 磁县湾漳大墓武士俑（标本 1210） 12. 娄睿墓武士俑（标本 528） 13. 崔芬墓甬道西壁武士图 15. 磁县湾漳大墓步卒俑（标本 1639、1118、1423）

彩图四 北朝军戎服饰

1. 田弘墓玉钗　2、3. 内蒙古包头西河子窖藏牛首、马首金步摇冠饰（《中国北方草原古代金银器》pp. 91、92）　4. 娄睿墓金花饰　5、7、8. 大同南郊北魏墓群金耳环（M214：23、M128：5、M129：11）　6. 大同七里村北魏 M12 金耳环（M12：1）　9、10. 宁夏固原原州区寨科乡、三营镇化平村北魏墓金耳环　11. 大同南郊北魏 M180 金耳坠　12. 大同交通苑北魏墓耳坠　13. 内蒙古正镶白旗伊和淖尔北魏 M1 金耳坠（M1：136、137）　14. 大同恒安街北魏墓耳坠　15. 迎宾大道北魏 M37 串饰

彩图五　北朝装饰品和服装实物（一）

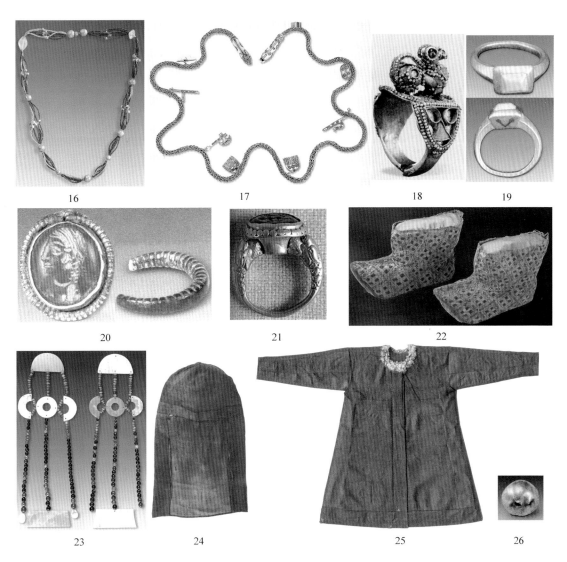

16 17 18 19

20 21 22

23 24 25 26

　　16. 大同恒安街北魏墓璎珞　17、18. 内蒙古包头西河子乡前河村窖藏龙形饰、美岱村北魏墓金戒指（《中国北方草原古代金银器》p. 90）　19. 北周史君墓金戒指　20. 大同东信家居广场二期工地北魏墓银戒指（《融合之路》p. 116）　21. 北齐徐显秀墓金戒指　22. 中国丝绸博物馆藏北朝黄地彩绣方格纹靴面（《中国丝绸博物馆藏品精选》p. 20）　23. □頵墓玉佩饰　24. 中国丝绸博物馆藏对鸟纹绮风帽（《锦程：中国丝绸与丝绸之路》p. 64）　25. 内蒙古锡林郭勒盟正镶白旗伊和淖尔北魏 M3 毛领皮衣（《万年永宝》p. 128）　26. 大同南郊北魏 M99 金扣饰（M99：13）

彩图五　北朝装饰品和服装实物（二）

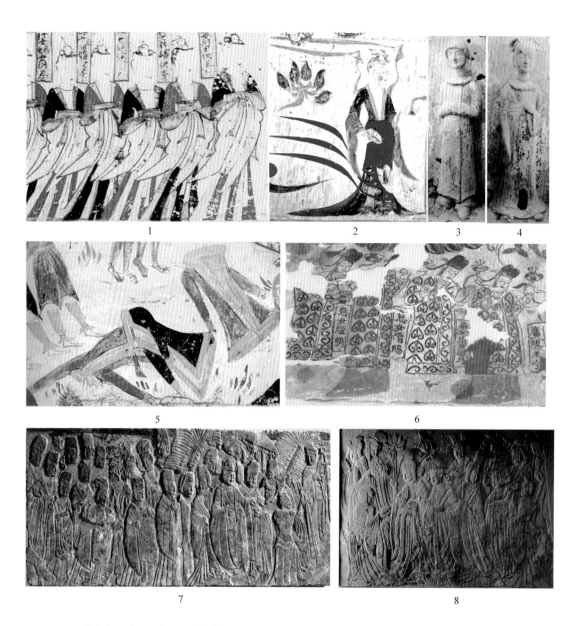

1、2. 莫高窟西魏 285 窟北壁女供养人（《中国历代服饰文物图典》pp. 238、239） 3、4. 麦积山石窟西魏 123 窟左、右壁侍者（《中国石窟·天水麦积山》图 141、140） 5. 莫高窟西魏 285 窟南壁《五百强盗成佛图》强盗 MB 散落的衣服（《中国历代服饰文物图典》p. 275） 6. 敦煌莫高窟 125—126 窟间缝出土北魏刺绣供养人（敦煌研究院藏） 7、8. 龙门石窟帝后礼佛图（美国纳尔逊·阿特金斯艺术博物馆、纽约大都会艺术博物馆藏）

彩图六 北朝佛教人物形象

目　　录

绪　论

第一节　选题缘由

中国考古学发展至今已取得举世瞩目的成就，田野考古材料异常丰富，考古学理论与方法探讨有了很大发展，并且由传统的文化编年史向关注人类生活和社会发展转变。服饰是人类生存与发展的基本条件，在阶级社会，服饰还是等级、身份和地位的象征，历代统治者都将制定舆服制度和规范服饰礼仪作为国家统治的重要组成部分，服饰的重要性可见一斑。然而，截至目前，长于物质文化研究的中国考古学对古代服饰专题仍关注不多，近年来，西方考古学界提出的所谓"身体考古学""外观考古学""性别考古学"等新兴命题实际上在古代服饰研究领域都能大有作为，这激发了笔者从考古学角度研究和探讨古代服饰的浓厚兴趣。

中国自古以来便被称为"衣冠上国"。服饰不仅是人们物质需求的行为选择，还具有丰富的精神文化内涵，与人类社会发展进程中的政治、经济、军事、审美、文化交流、风俗习惯等诸多因素息息相关，因此，古代服饰研究便成为解读古代社会的一把钥匙。正如郭沫若在沈从文《中国古代服饰研究》序言中所说："古代服饰是工艺美术的主要组成部分，资料甚多，大可集中研究。于此可以考见民族文化发展的轨迹和各兄弟民族间的相互影响。历代生产方式、阶级关系、风俗习惯、文物制度等，大可一目了然，是绝好的史料。"[①]魏晋南北朝承汉启唐，处于两大统一帝国——汉、唐之间，文化变异与承上启下是其典型特征，故又称"汉唐之间"，历时约四百年。在此期间，政权分立，战争频繁，人口流动性大，不同地区、不同民族的文化不断交流、碰撞与融合，社会各方面进入转型时期。因此，"汉唐之间"这一特殊历史时期向来备受学界重视，近年来，考古学和美术史研究也蔚成风气[②]。通过对现有资料的梳理和研究以更加全面和准确地阐释这一承前启后的特殊历史时期，成为众多研究者的共同目的。

中国历史自汉末以降经二百余年割据混乱，至南北朝时期开始走出低谷，呈现

---

① 沈从文编著：《中国古代服饰研究》序言，香港商务印书馆 1981 年版。
② 巫鸿主编：《汉唐之间的宗教艺术与考古》，文物出版社 2000 年版；巫鸿主编：《汉唐之间文化艺术的互动与交融》，文物出版社 2001 年版；巫鸿主编：《汉唐之间的世俗美术与物质文化》，文物出版社 2002 年版。

出向上发展态势。自秦汉以来逐渐定型的中国传统文化开始重构，进而产生许多新面貌。从中国古代服饰发展历程来看，伴随着生产力的不断发展和各民族交往的日益增多，服饰变革成为南北朝时期服饰发展的主要线索。实际上，若仔细考索便会发现，以拓跋鲜卑为主建立的北方非汉民族政权，其服饰发展更能代表公元4—6世纪中国服制的发展变化，并且至迟自北朝晚期开始，汉代逐渐定型的汉族服饰传统开始由"单轨制"向"双轨制"演进①，即祭祀、典礼、朝觐等重大礼仪场合继承汉魏服制，而在日常生活中采用胡服的做法逐渐成形，到隋唐时期这两种服饰系统成为互相补充、相得益彰的统一整体。因此，北朝服饰在整个中国古代服饰发展历程中具有承前启后的重要地位，北宋政治家、科学家沈括甚至认为"中国衣冠，自北齐以来，乃全用胡服"②，可见北朝服饰影响之深远。

伴随着田野考古工作的深入开展，北朝时期的墓葬、城址、佛教等遗存被大量发现，与服饰研究相关的陶俑、壁画、石刻等人物图像和服饰实物资料已有较多积累，这为北朝服饰研究奠定了资料基础。服饰史领域的学者也充分注意到考古材料在古代服饰研究中的重要性，但相关的研究实践仍多将出土材料视为文献考证的注脚，很少有学者从出土资料出发对古代服饰进行综合考察分析。从考古学角度展开实证研究，一方面可以补正传统典籍服饰相关记载的局限，同时结合文本材料的重新发现，在社会史的广阔视角下对北朝服饰展开综合研究，符合考古学向多元阐释转型的学科发展趋势；另一方面，历史时期考古发掘中经常出土人物形象资料，服饰研究可为考古断代和发掘报告编撰提供依据。鉴于此，本书在系统梳理北朝服饰相关考古资料基础上，结合文献记载，对北朝服饰展开系统研究。

第二节　北朝服饰研究的历史与现状

根据研究目的、研究方法及研究视角不同，北朝服饰的研究历史大致可划分为三个阶段：

一　北朝至清末：文献考证阶段

在古代中国，服饰是等级、身份和地位的重要标识，历代统治者都将厘定章服制度及礼仪作为国家统治的重要组成部分，每当易代建国，都会"改正朔，易服色"，重新确立服饰仪规。因此，服饰成为可视化的政治符号，服饰及其相关研究备受重视。北朝服饰的最早关注者可以追溯到南北朝时期的统治者。拓跋鲜卑入主中原后，统治者出于统治需要在引经据典改易服制的同时，对周礼、汉魏乃至六朝

---

① 孙机：《南北朝时期我国服制的变化》，载于《中国古舆服论丛》，上海古籍出版社2013年版，第189—199页。

② （宋）沈括著，胡道静校证：《梦溪笔谈校证》，上海古籍出版社1987年版，第23页。

服饰做了不少探究，如太祖天兴六年（403），"诏有司制冠服，随品秩各有差，时事未暇，多失古礼……至高祖太和中，始考旧典，以制冠服，百僚六宫，各有差次"①。为建立本朝舆服制度，统治阶层对当时及前代服饰开展了大量考究工作，并且这种考究贯穿整个北朝历史的兴衰更替之中，北齐魏收撰《魏书》，唐初李百药撰《北齐书》、令狐德棻主编《周书》、魏徵等人撰《隋书》中均有大量记载。与此同时，以正朔自居的南朝士人通常对本朝舆服充满优越感，而对北朝服制常加讥讽，这在记录南北使者往还的相关文献中多有记载，是今人研究北朝服饰的重要史料。

代周而兴的隋、唐两代对北朝服饰重视有加，一方面极力批判北魏以降服制多违古礼，另一方面又大量继承齐、周旧制，其目的在于通过借鉴前朝服制，建立、完善本朝舆服制度。比如隋初议定仪礼时，太子庶子、摄太常少卿裴政指出后周冕制不合古礼，北魏立国后衣冠"多参胡制"，后周承袭魏制导致"舆辇衣冠，甚多迁怪"，隋代必须批判地继承②。可见，隋初对北朝服制的扬弃基本符合历史实际且有明显的实用主义倾向。李唐代隋后仍未停止对北朝舆服的评判和考究，如《旧唐书·舆服志》认为"后魏、北齐，舆服奇诡"，并将唐以来盛行的裤褶、圆领袍追溯到北朝尤其是北齐、北周服制③。总体而言，隋唐士人对北朝服饰的总体评价是"奇诡""违古"并掺杂大量"胡制"，既有贬抑前朝服制的倾向，又不得不承袭既有服饰发展成果。除正史舆服志外，后唐马缟《中华古今注》对中古时期若干具体服饰进行了名物考证，虽不乏臆想和杜撰，仍具有较高参考价值④。

北宋时期，伴随着华夏本位意识的强化，对中古服饰制度、形制的历史总结和评论文字大为增加，其中以北宋欧阳修等撰《新唐书》最具代表性。宋代以来，特别是伴随着金石、考据之学的兴起和发展，衣服饰物也常在考证著录之列，如沈括《梦溪笔谈》、李上交《近事会元》、王得臣《麈史》等专著对中古时期具体服饰和现象进行了总结性论述；《册府元龟》《太平御览》《太平广记》等宋代类书中也有大量记述。宋代距离北朝时代较远，但不少学者能够相对客观地评判北朝服饰的历史地位和影响，如沈括《梦溪笔谈》在论述衣冠故事时指出，北齐是中国服饰发展的一个重要转折点，其基本特征在于胡服的广泛流行对后世产生深远影响⑤。宋代之后，受中国古代传统治学方法局限，对北朝服饰的探究多是对宋代相关论述的抄录和转述，并无多少实质性突破，这种状况一直延续到清末。需要特别指出的是，北朝作为北方民族在中原地区建立的政权，其服饰制度为后来的辽、金、元、清等少数民族政权所关注，对其舆服制度的建设提供了可资借鉴的历史经验和教训。

① 《魏书》卷 108《礼志四》，中华书局 1974 年版，第 2817 页。
② 《隋书》卷 12《礼仪志七》，中华书局 1979 年版，第 254 页。
③ 《旧唐书》卷 45《舆服》，中华书局 1975 年版，第 1929 页。
④ （后唐）马缟：《中华古今注》卷上、中，商务印书馆 1956 年版。
⑤ （宋）沈括著，胡道静校证：《梦溪笔谈校证》，上海古籍出版社 1987 年版，第 23 页。

总体观之，清代及之前对北朝服饰的研究和考释主要有两个特征：一是研究方法主要是文献考证，具体方法是从文献到文献；其二，除少数例外，是否合乎古礼成为历代探究的核心问题，违背古礼以及掺杂诸多胡制通常被视为北朝服饰的基本特征，华夷之辨成为汉族政权关注的重点。

二　20世纪初至70年代：北朝服饰研究的寂寥期

伴随着封建王朝的衰落和清代灭亡，服装平民化、现代化渐成服饰发展主流，传统服饰等级制度受到批判和扬弃。受此影响，直到20世纪70年代，古代服饰研究领域显得比较寂寥，偶有著述，也往往成为治史点缀。最早关注北朝服饰者当推王国维《胡服考》①，该文运用翔实的文献史料，结合出土画像石材料，对胡服（包括冠、带具、靴、裤褶等）流入中原一千余年的发展历史进行了考证，史料丰富，学术价值极高，只是囿于当时田野考古尚不发达，地下材料并不丰富，其考证工作仍多据文献材料，未能辅以文物图像说明而欠具体。但他所开创的综合利用"纸上材料"和"地下新材料"的"二重证据法"开拓了历史研究的史料来源，也为服饰史研究指出了新的研究路径。除此之外，仅见零星的考证性文章发表于报刊之上，通史或断代史性质的服饰研究比较少见，杨荫深著《衣冠服饰》②是较早系统探究服饰历史的论著。新中国成立之初至70年代中期成果较少，王宇清的《中国服装史纲》③影响较巨。

然而，伴随着考古学在20世纪初的传入和大力发展，考古调查或出土资料成为文献记载之外，探究古代服饰历史的重要资料，研究资料的拓展为古代服饰研究蓬勃发展奠定了基础。1942年，曾昭燏先生参加四川彭山汉代崖墓的发掘工作，整理出土陶俑资料撰写《以彭山陶俑中所见汉服饰》④，结合文献记载对彭山汉墓出土陶俑服饰进行了分类研究，考证翔实具体，具有重要的学术价值。曾昭燏先生是中国考古学史上第一位从考古资料出发研究古代服饰的考古学家，其采用的研究方法和具体的研究路径至今仍有借鉴意义。此外，伴随着西北地区出土纺织品材料的增加，20世纪50—70年代，夏鼐、武敏等对出土汉至唐纺织品工艺技术、图案装饰、功能用途、文化交流等问题进行了探讨⑤，为服饰史研究提供了纺织技术层面的知识

①　王国维：《观堂集林·四》卷22《胡服考》，中华书局影印本1959年版，第1069—1113页。

②　杨荫深编著：《事物掌故丛谈·衣冠服饰》，世界书局1945年版。

③　王宇清：《中国服装史纲》，中华大典编印会，1967年。

④　曾昭燏：《从彭山陶俑中所见汉代服饰》，《南京博物院集刊》1982年第5期。后收入南京博物院编《曾昭燏文集》，文物出版社1999年版，第206—231页；曾昭燏：《文化·器物·衣冠》，中国文史出版社2018年版，第254—294页。

⑤　夏鼐：《新疆新发现的古代丝织品——绮、锦和刺绣》，《考古学报》1963年第1期；《我国古代蚕、桑、丝、绸的历史》，《考古》1972年第2期；《吐鲁番新发现的古代丝绸》，《考古》1972年第2期。后收录于《考古学和科技史》，科学出版社1979年版，第69—121页。武敏：《新疆出土汉—唐丝织品初探》，《文物》1962年第7、8合期。

理论保障，至今仍具参考价值。

国外最早关注中国中古时期服饰的学者当数日本考古学家原田淑人博士，其《唐代女子化妆考》（1910）、《中国唐代的服饰》（1920）①、《西域绘画所见服饰的研究》（1925）②、《汉六朝的服饰》（1937）③ 等系列论著，从考古出土资料出发，结合文献记载对汉至唐中国服饰进行了个案和系统研究。原田淑人的古代服饰研究成果代表了当时相关研究最高水平，并且他对考古出土资料的分析和利用在当时同类研究中具有开创意义。伴随着中国考古学的发展以及田野考古材料的日益丰富，原田淑人在中日两国考古学交流过程中，不断根据中国考古发掘新材料修订、增补个人研究成果，1967 年在《汉六朝的服饰》基础上出版《增补汉六朝的服饰》④，1970 年将唐代服饰研究成果合并出版《唐代的服饰》⑤。原田淑人的服饰研究始于唐代，为追溯其源头开始关注"汉六朝"服饰，其中"六朝"实际上涉及整个魏晋南北朝服饰的探讨，其北朝"汉俗化"、六朝"胡俗化"及对隋唐服饰的影响等论点至今仍有较高的学术价值。原田淑人的中国服饰研究成果先后由黄现璠⑥、常任侠⑦等人译介到中国，但受时代所限，并未引起学界广泛关注。受原田淑人影响，留日归国后的黄现璠发表了一系列古代服装研究论文，其中《我国服装演变之研究》《中国男女服装之研究》⑧ 等论文对胡服历史及影响做了有益探讨。

综上，20 世纪初至 70 年代，中国古代服饰研究尚处于起步阶段，散见于报刊的学术成果仍以文献考证部分服饰或某一历史时期服饰形制为主，考古出土资料大多数情况下仅被视作服饰考证的注脚。但是，考古学的传入及发展为古代服饰研究拓展了资料来源，考古出土的与服饰相关的材料日益受到学界关注，正如陈寅恪在陈垣《敦煌劫余录》序文所言："一时代之学术，必有其新材料与新问题。取用此材料，以研求问题，则为此时代学术之新潮流。治学之士，得预于此潮流者，谓之预流（借用佛教初果之名）。其未得预者，谓之未入流。此古今学术史之通义，非彼闭门造车之徒，所能同喻者也。"⑨ 充分利用日益丰富的考古材料便成为古代服饰研究的"预流"，必将推动古代服饰研究走向新的发展征程。

---

① ［日］原田淑人：《中国唐代の服饰》，东京大学文学部纪要第四，东京大学出版社 1920 年版。
② ［日］原田淑人：《西域绘画所见の服饰研究》，东洋文库 1925 年版。
③ ［日］原田淑人：《汉六朝の服饰》，东洋文库 1937 年版。
④ ［日］原田淑人：《增补汉六朝の服饰》，东洋文库 1967 年版。
⑤ ［日］原田淑人：《唐代の服饰》，东洋文库 1970 年版。
⑥ ［日］原田淑人：《唐代女子化妆考》，黄现璠译，《广西留京学会学报》1931 年第 12—13 期。
⑦ ［日］原田淑人：《中国唐代的服装》，常任侠译，《美术研究》1958 年第 1 期；［日］原田淑人：《西域绘画所见服装的研究》，常任侠译，《美术研究》1958 年第 1 期。
⑧ 黄现璠：《我国服装演变之研究》，《扫荡报·文史地周刊》1942 年第 71、73、74 期。后收入《古书解读初探——黄现璠学术论文选》，广西师范大学出版社 2004 年版；黄现璠：《中国男女服装之研究》，《国立中山大学师范学院季刊》1943 年第 1 卷第 1 期。
⑨ 陈寅恪：《陈垣敦煌劫余录序》，《中央研究院历史语言研究所集刊》第一本第二分，1930 年。

三 20世纪80年代至今：古代服饰研究大发展背景下的北朝服饰研究

古代服饰作为一个专题研究对象，发轫于沈从文《中国古代服饰研究》[①] 一书，该书历经十八载艰难编撰历程，是中国第一部系统考证中国古代服饰文化的服饰通史学术专著。该书的贡献不仅在于开创了服饰史研究新领域，还表现在研究方法上不仅采用传统的舆服志、笔记小说等文本资料进行考证，还大量参考传世或出土图像及相关实物资料，这种以图像（包括出土实物）为主结合文献记载进行综合研究的方法起到重要奠基作用。自此以后，图像、文本及实物相结合成为古代服饰研究的基本方法，古代服饰研究受到学术界的广泛重视，研究队伍日益壮大，研究思路、角度不断拓宽，新的研究成果不断涌现。在这种学术大背景下，北朝服饰在服装学、考古学、历史学、美术学等不同学科得到关注和探讨，笔者分述如下。

（一）服饰通史视角中的北朝服饰研究

从长时段出发厘清服饰纵向发展历程是服饰史研究的基础，因此，2000年以前研究的重点是服饰通史建构。继沈从文后，周锡保[②]，周汛、高春明[③]，陈茂同[④]，黄能馥、陈娟娟[⑤]，袁杰英[⑥]等著通史论著，从服饰起源、发展、变化、沿革等基本问题入手，考证并探讨服饰形制、礼仪、制度、交流等发展历程。这些论著很多被当作高校服装学、历史学专业的教材或参考书目而多次重印，影响了一大批服饰领域的研究者和工作者。在这些通史著作中，魏晋南北朝服饰通常作为一个整体被论述，与其前、后的汉、唐服饰相比所占篇幅较小，而北朝服饰夹杂其间，除了探讨这一时期服饰种类、款式、质地、纹样等，不同民族服饰交融是论述的重点。这些经典服饰通史论著为探讨北朝服饰的来龙去脉及历史地位提供了理论基础和宏观视野。

（二）服饰断代史、专题史研究中的北朝服饰研究

进入21世纪以来，伴随着中国服饰史体系的建立和健全，服饰史研究开始转向更加具体深入的断代史、专题史研究，并且透过服饰研究背后的人乃至社会逐渐成为一种新趋向。在这个转变过程中，在中国服饰发展历程中具有特殊地位的中古服饰成为重要研究阵地。特别是伴随着娄睿墓、徐显秀墓、磁县湾漳北朝大墓等一大批北朝壁画墓资料的发现及公开出版，北朝服饰的断代史研究受到关注，其突出表现是北朝服饰成为艺术学专业硕士、博士学位论文的热门选题，如黄良莹以山西太

① 沈从文编著：《中国古代服饰研究》，香港商务印书馆1981年版。
② 周锡保：《中国古代服饰史》，中国戏剧出版社1984年版。
③ 周汛、高春明：《中国历代服饰》，学林出版社1984年版。
④ 陈茂同：《中国历代衣冠服饰制》，新华出版社1993年版。
⑤ 黄能馥、陈娟娟：《中华服饰艺术源流》，高等教育出版社1994年版；黄能馥、陈娟娟：《中国服装史》，中国旅游出版社1995年版。
⑥ 袁杰英编著：《中国历代服饰史》，高等教育出版社1994年版。

原徐显秀墓、娄睿墓壁画为主，结合其他形象资料，讨论了北齐墓葬壁画反映的鲜卑胡服和粟特胡服特征，进而探讨了汉族服饰与胡服的交流融合情况①。在此基础上，黄良莹又在系统梳理北朝形象资料基础上，结合文献记载，探讨了北魏平城期鲜卑服、孝文帝承袭汉魏古制的汉化服制改革以及北朝晚期鲜卑、西域胡服及对中古常服的影响②，该论文于 2011 年正式出版发行③。除北朝服饰断代史研究外，关于北朝服饰的专题研究也备受关注，如逢成华④、范英豪⑤对北朝"褒衣博带"服装的汉魏来源进行了考辨；杨景平对北朝入华粟特人服饰⑥、刘君为对北魏鲜卑族服饰⑦、周方对北朝晚期莫高窟壁画中的世俗服饰进行了专题探讨⑧；施尔乐通过梳理北朝图像资料，探讨了在鲜卑族祖裸之俗和汉族传统礼教身体遮蔽观念下，北朝服饰处于遮蔽与袒露之间的服饰形态及背后的原因⑨等。

　　古代服饰内容丰富，对特定专题如少数民族服饰、女性服饰、军戎服饰、舞乐伎人服饰、民间服饰、婚丧嫁娶服饰以及妆饰等展开研究和探讨，有助于揭示古代服饰多样性和丰富内涵。目前学界开展的服饰专题研究成果丰硕，如包铭新领衔的中国北方古代少数民族服饰研究系列成果对匈奴、鲜卑等少数民族服饰发展历史脉络进行了梳理⑩；谢静对敦煌石窟佛教造像、壁画中鲜卑、吐蕃、回鹘等少数民族服饰发展历程及其与中原汉族、各民族之间服饰的相互影响进行了全面论述⑪。再如丁凌华⑫、刘永华⑬、孟晖⑭、崔圭顺⑮、贾玺增⑯、李芽⑰等对中国古代丧服制度、军戎服饰、中原女子服饰、帝王冕服、首服、妆饰等服饰专题历史研究，为北朝时期特定服饰的研究提供了知识储备和研究视角。

　　（三）多元视角下的跨学科研究趋向

　　服饰不仅是物质文化的体现，还是制度、观念、风俗、民族、审美等精神文明

①　黄良莹：《北齐服饰文化研究——以山西太原壁画墓为案例》，硕士学位论文，苏州大学，2005 年。

②　黄良莹：《北朝服饰研究》，博士学位论文，苏州大学，2009 年。

③　黄良莹：《北朝服饰研究》，"国立"历史博物馆 2011 年版。

④　逢成华：《北朝"褒衣博带"装束渊源考辨》，《学术交流》2006 年第 4 期。

⑤　范英豪：《同源而异趣的南北朝"褒衣博带"》，《装饰》2006 年第 1 期。

⑥　杨景平：《北朝在华粟特人服饰研究》，硕士学位论文，东华大学，2011 年。

⑦　刘君为：《北魏鲜卑族服饰研究》，硕士学位论文，东华大学，2012 年。

⑧　周方：《北朝晚期莫高窟壁画中世俗人物服饰研究》，博士学位论文，东华大学，2018 年。

⑨　施尔乐：《遮蔽与袒露——图像资料中的北朝着装形象探析》，《形象史学》第 18 辑，中国社会科学出版社 2021 年版。

⑩　包铭新等主编：《中国北方古代少数民族服饰研究》，东华大学出版社 2013 年版。

⑪　谢静：《敦煌石窟中的少数民族服饰研究》，甘肃教育出版社 2016 年版。

⑫　丁凌华：《中国丧服制度史》，上海人民出版社 2000 年版。

⑬　刘永华：《中国古代军戎服饰》，上海古籍出版社 1995 年版。

⑭　孟晖：《中原女子服饰史稿》，作家出版社 1995 年版。

⑮　[韩] 崔圭顺：《中国历代帝王冕服研究》，东华大学出版社 2008 年版。

⑯　贾玺增：《四季花与节令物：中国古人头上的一年风景》，清华大学出版社 2016 年版。

⑰　李芽等：《中国古代首饰史》，江苏凤凰文艺出版社 2020 年版；李寿编著：《中国历代女子妆容》，江苏文艺出版社 2017 年版；李芽：《耳畔流光：中国历代耳饰》，中国纺织出版社 2015 年版。

的产物，因此，以服饰为基点，从制度史、美学史、民族学、文化学、民俗学等视角对古代服饰进行多方面阐释和论证，体现了服饰史研究的跨学科趋向。

制度史视角。服饰是中国古代政治、礼仪制度的重要组成部分，人们在服饰款式、色彩、质地等方面的选择要受制度和礼仪的制约，因此，从制度史视角探讨古代服饰变迁便成为一种研究路径。如阎步克围绕《周礼》六冕制度及其对历代冕制的影响，探讨了服饰礼制与政治权力的关系①，所涉中古冕制问题及其文献考证、问题意识极具启发意义；党情则主要从文献考证角度探讨了北朝冕服制度改革历程及对隋唐冕服制度的影响②；苗霖霖在探讨北魏女官制度时，结合出土文物对北魏女官服饰进行了探讨③。

风俗史、生活史视角。伴随民俗学、生活史等研究的持续升温，服饰作为社会生活习俗的重要组成部分受到学界广泛关注，相关专著、丛书大都为服饰风俗专辟章节，如梁满仓④、朱大渭⑤等对魏晋南北朝习俗史、生活史的梳理涉及北朝服饰习俗；吕一飞⑥系统研究了魏晋北朝时期北方少数民族的服饰习俗，并阐释了胡服特点及其对隋唐服饰的影响，对北朝服饰研究颇具启发意义。

文化学视角。服饰是人类在自然环境和社会环境交互作用过程中发展起来的一种文化形态，对服饰史的研究除服饰本体外，学界还关注社会文化在服饰载体上体现出来的穿着观念、行为及规范。从人类文化学角度开展服饰研究的学者很多，尤以华梅最具代表性，她创立服饰文化学，试图构建由人类服饰史、服饰社会学、服饰生理学、服饰心理学、服饰民俗学和服饰艺术学组成的理论体系。华梅《人类服饰文化学》⑦一书，从人类文化学视角入手，以服饰历史年代为纵线，广泛联系服饰在人类生活中的影响，将古今中外的人类服饰从起源、发展、沿革逐一进行分析论述，为拓宽服饰研究领域进行了尝试。近年来，其"服饰文化学丛书"⑧、《人类服饰文化学拓展研究》⑨的陆续出版又将服饰文化学的研究路径进行了更新。

美学视角。服饰除基本的实用功能外，还具有审美功能，因此服饰又被视为人的"第二皮肤"。服饰美学以审美经验为中心，研究服饰及其设计、制作、搭配等问题，涉及哲学、心理学、社会学、文化人类学、符号学等多学科理论，所探讨时空范围包含古今中外。如叶立诚从美学基本理论、服饰审美的背景意涵、人体的形

---

① 阎步克：《服周之冕——〈周礼〉六冕礼制的兴衰变异》，中华书局2009年版。

② 党倩：《北朝冕服制度研究》，硕士学位论文，山西大学，2016年。

③ 苗霖霖：《北魏女官制度考略》，《济南大学学报》（社会科学版）2015年第1期。

④ 梁满仓：《中国魏晋南北朝习俗史》，人民出版社1995年版。

⑤ 朱大渭、刘驰、梁满仓、陈勇：《魏晋南北朝社会生活史》，中国社会科学出版社1998年版。

⑥ 吕一飞：《胡族习俗与隋唐风韵——魏晋南北朝北方少数民族社会风俗及其对隋唐的影响》，书目文献出版社1994年版。

⑦ 华梅编著：《人类服饰文化学》，天津人民出版社1995年版。

⑧ "服饰文化学丛书"包括《服饰民俗学》《服饰生理学》《服饰社会学》《服饰心理学》，中国纺织出版社2004、2005年版。

⑨ 华梅等：《人类服饰文化学拓展研究》，人民日报出版社2020年版。

态美、服装设计美学、中国服装美学体系等五方面阐释了"服饰美学"体系①；蔡子谔则以时代为序，阐释中华民族服饰审美思想产生、形成、发展的历程，进而总结了中国传统服饰审美的独特性②。

辞典及名物考释。辞典及相关的名物考释既是学术研究的基础，其本身也是学术研究成果的体现。如周汛、高春明编著的《中国衣冠服饰大辞典》③ 是系统介绍中国历代衣冠服饰的专业辞书，所收词类上起先秦，下迄民国，内容包括历代服饰名称、款式、质料、色彩、纹饰、产生年代、沿革变迁、礼仪制度、穿着方式、使用场合及相关习俗等多方面；高春明《中国服饰名物考》则对中国历代服饰名物进行了分门别类的考证和辨析④。此外，扬之水通过传统文史与考古文物相结合的"名物新证"研究视角与实践⑤，试图打破文学、史学和考古学之间的学科壁垒，这种图像、实物和文献互证的名物考证方法为本研究提供借鉴。

（四）考古学领域

第一，北朝考古发掘报告及相关研究中的服饰描述及分析。考古学发展的基础是田野考古发掘，而考古发掘报告则是记录和反映田野考古工作成果的基础资料。新中国成立之后，特别是 20 世纪 80 年代以来，北朝考古工作蓬勃发展，数以千计的北朝墓葬被陆续发现。北朝时期，随葬以牛车和鞍马为中心的出行仪卫俑群成为死者身份地位的象征⑥，而在墓道两侧绘制出行仪仗，墓室正壁绘制端坐帐中的墓主像，旁列侍从仪卫的壁画逐渐成为一种制度⑦。因此，在编写附有人物图像的北朝墓葬、佛教遗存等考古报告时，均会涉及人物服饰的客观描绘和形制分析，如《大同雁北师院北魏墓群》⑧、《磁县湾漳北朝壁画墓》⑨、《北齐东安王娄睿墓》⑩、《北魏洛阳永宁寺》⑪ 等。尽管考古报告的编写力求科学、真实、客观，但文字描述难免带有主观性，加之考古报告编撰人员并不一定熟悉服饰史，这就导致看似客观真实的考古报告对人物服饰的描述，存在一定"失真""失误"乃至"谬误"之处。

---

① 叶立诚：《服饰美学》，中国纺织出版社 2001 年版。

② 蔡子谔：《中国服饰美学史》，河北美术出版社 2002 年版。

③ 周汛、高春明编著：《中国衣冠服饰大辞典》，上海辞书出版社 1996 年版。

④ 高春明：《中国服饰名物考》，上海文化出版社 2001 年版。

⑤ 扬之水：《古诗文名物新证合编》，天津教育出版社 2012 年版；扬之水：《定名与相知：博物馆参观记》，广西师范大学出版社 2018 年版。

⑥ 杨泓：《谈中国汉唐之间葬俗的演变》，《文物》1999 年第 10 期。后收入杨泓《汉唐美术考古和佛教艺术》，科学出版社 2000 年版，第 1—9 页。

⑦ 郑岩：《魏晋南北朝壁画墓研究》，文物出版社 2002 年版，第 181—208 页；郑岩：《论"邺城规制"》，《逝者的面具——汉唐墓葬艺术研究》，北京大学出版社 2013 年版，第 308—336 页。

⑧ 刘俊喜主编：《大同雁北师院北魏墓群》，文物出版社 2008 年版。

⑨ 中国社会科学院考古研究所、河北省文物研究所编著：《磁县湾漳北朝壁画墓》，科学出版社 2003 年版。

⑩ 山西省考古研究所、太原市文物考古研究所［编写］：《北齐东安王娄睿墓》，文物出版社 2006 年版。

⑪ 中国社会科学院考古研究所：《北魏洛阳永宁寺》，中国大百科全书出版社 1996 年版。

杨泓①、张庆捷②、葛承雍③、韦正④、郑岩⑤、李梅田⑥、倪润安⑦等学者对北朝陶俑、墓葬壁画、佛教美术等专题以及北朝墓葬考古相关研究成果，都或多或少涉及人物图像服饰和出土饰物的描述与分析，并且北朝考古及研究工作的推进为本研究提供了时空框架。

第二，北朝纺织服饰相关的专题研究。20 世纪 80 年代以来，在考古学由建构文化谱系为主的文化史研究向社会考古学研究方向转移的学术大背景下，全国各地出土的服饰相关图像、实物资料也受到考古学者关注。其中最为杰出的代表当推孙机先生，其《进贤冠与武弁大冠》《说"金紫"》《唐代妇女的服装与化妆》⑧等系列论文，运用文献、图像与实物相互对照、相互印证的方法，对中国古代的冠、印绶、女性服饰等进行了微观考证和宏观论述，解决了许多悬而未决的历史问题。这些论文以及一些未刊服饰相关论文后结集出版并几经增订⑨，涉及古代舆服多方面问题，与服饰相关的论文近年又结集为《华夏衣冠——中国古代服饰文化》⑩。除考证特定服饰形制发展演变外，孙机先生还通过出土带扣、步摇、五兵佩等文物，探讨了中古服饰反映的中外文化交流问题⑪。这些论文均资料翔实、征引宏富、考证精审、论证严密、视野开阔，堪称古代服饰研究经典之作，自出版以来已得到学界普遍认可和采纳。除这种精细的专题研究外，赵超从考古发现角度对中国古代服饰发展历程进行长时段的解读⑫。

纺织技术是中国科技史研究的重要内容，也是服饰史研究的基础。然而，古代中国重艺轻技，工艺传承大多通过师徒口传心授，所以文献史料对纺织工艺技术的记载大多语焉不详。伴随着考古出土纺织品资料的日益增加，武敏⑬、王㐨⑭、林梅村⑮、

---

①　杨泓：《汉唐美术考古和佛教艺术》，科学出版社 2000 年版。

②　张庆捷：《民族汇聚与文明互动——北朝社会的考古学观察》，商务印书馆 2010 年版。

③　葛承雍：《胡汉中国与外来文明》（5 卷），生活·读书·新知三联书店 2020 年版。

④　韦正：《将毋同：魏晋南北朝图像与历史》，上海古籍出版社 2019 年版。

⑤　郑岩：《魏晋南北朝壁画墓研究》，文物出版社 2002 年版。郑岩：《魏晋南北朝壁画墓研究（增订版）》，文物出版社 2016 年版。

⑥　李梅田：《魏晋北朝墓葬的考古学研究》，商务印书馆 2009 年版。

⑦　倪润安：《光宅中原：拓跋至北魏的墓葬文化与社会演进》，上海古籍出版社 2017 年版。

⑧　孙机：《进贤冠与武弁大冠》，《中国历史博物馆馆刊》1989 年第 13、14；《说"金紫"》，《文史知识》1984 年第 1 期；《唐代妇女的服装与化妆》，《文物》1984 年第 4 期。

⑨　孙机：《中国古舆服论丛》，文物出版社 1993 年版；《中国古舆服论丛》，文物出版社 2001 年版；《仰观集：古文物的欣赏与鉴别》，文物出版社 2012 年版。

⑩　孙机：《华夏衣冠——中国古代服饰文化》，上海古籍出版社 2016 年版。

⑪　孙机：《中国圣火——中国古文物与东西文化交流中的若干问题》，辽宁教育出版社 1996 年版。

⑫　赵超：《云想衣裳——中国服饰的考古文物研究》，四川人民出版社 2004 年版。

⑬　武敏：《从出土文物看唐代以前新疆丝织业的发展》，《西域研究》1996 年第 2 期。

⑭　王㐨：《染缬集》，北京燕山出版社 2014 年版。

⑮　林梅村：《古道西风：考古新发现所见中西文化交流》，生活·读书·新知二联书店 2000 年版；林梅村：《松漠之间：考古新发现所见中外文化交流》，生活·读书·新知三联书店 2007 年版。

赵丰①、霍巍②、尚刚③、陈彦姝④、王乐⑤等学者对出土纺织品工艺技术、图案装饰、染色工艺、功能用途、文化交流等问题进行了探讨，为服饰研究提供了纺织技术层面的知识、理论保障。

伴随着北朝服饰实物及图像资料的日益增多，考古学界也开始关注北朝时期的服饰研究，并涌现了较丰硕的研究成果，如张金茹对河北出土北朝陶俑的冠帽、裤褶、衫裙、裲裆及铠甲进行了分析⑥；宋馨在出土材料基础上，结合文献记载对北魏平城期鲜卑服及反映的社会问题进行了探讨⑦；王雁卿在系统梳理山西大同出土带具、饰品资料基础上，对北魏平城期带具、耳饰等进行了系统探究⑧；胡一平对北魏陶俑首服进行了系统研究⑨。除对北朝具体服饰的个案研究外，还出现了断代史性质的宏观研究，如孙机先生结合考古材料和文献史料，从服饰史发展的宏大视角提出我国服制由汉魏单轨制转变为隋唐双轨制是南北朝时期民族融合的产物，进而指出了北朝服饰在服饰发展史上的重要地位⑩。

综上，20 世纪 80 年代以来，北朝服饰相关研究成果散见于艺术学、历史学、民俗学、民族学、考古学等不同学科领域，为本书开展提供了有益借鉴。首先，图像、实物与文本相结合的研究路径得到广泛应用和实践，增加了论证的可行性和科学性；其次，服饰通史的建构、服饰专题及多元视角下跨学科研究的开展，为全面认识北朝服饰的历史地位及时代特征提供了理论支撑；最后，裤褶服、带具、裲裆、步摇冠等北朝具体服饰形态特征及发展历程的考证，以及背后反映的文化交流、民族融合等热门问题的讨论为北朝服饰系统研究提供了基础。然因学科不同，立论有异，既有研究仍有继续探讨的空间：首先从考古材料出发对北朝服饰展开系统梳理，透物见人见社会，从服饰本体的具体考证到把握服饰背后反映的社会、文化变迁，是物质文化史研究的新趋势，也是考古学学科发展的必然趋势；其次出土材料反映的北朝服饰具有直观、形象的特点，但与历史真实的多样性、复杂性存在差异，需要结合文献记载的重新发现，探讨视觉材料背后的政治建构、民族认同、文化认

① 赵丰：《中国丝绸艺术史》，文物出版社 2005 年版；赵丰、金琳：《纺织考古》，文物出版社 2007 年版；赵丰、周旸等：《中国纺织考古与科学研究》，上海科学技术出版社 2018 年版。

② 霍巍：《丝绸入蕃：考古学的观察及其文化史意义》，《西北民族论丛》第 13 辑，社会科学文献出版社 2016 年版。

③ 尚刚：《古物新知》，生活·读书·新知三联书店 2012 年版。

④ 陈彦姝：《六世纪中后期的中国联珠纹织物》，《故宫博物院院刊》2007 年第 1 期。

⑤ 王乐：《丝绸之路织染绣服饰研究·新疆段卷》，东华大学出版社 2020 年版。

⑥ 张金茹：《北朝陶俑冠服》，《文物春秋》2000 年第 4 期。

⑦ 宋馨：《北魏平城期的鲜卑服》，载于张庆捷、李书吉、李钢主编《4—6 世纪的北中国与欧亚大陆》，科学出版社 2006 年版，第 84—107 页。

⑧ 王雁卿：《北魏带具考》，《北朝研究》第 8 辑，科学出版社 2017 年版；王雁卿：《平城时代的耳饰》，《北朝研究》第 11 辑，科学出版社 2020 年版。

⑨ 胡一平：《北魏陶俑首服的考古类型学研究》，硕士学位论文，山西大学，2020 年。

⑩ 孙机：《南北朝时期我国服制的变化》，载于《中国古舆服论丛》，文物出版社 1993 年版，第 168—177 页。

知等问题，这就需要对魏晋南北朝史学发展有充分了解和把握。

第三节　北朝服饰研究的资料来源

古代服饰研究的资料主要有三种：一是考古发掘出土的纺织、服饰实物；二是与服饰相关的文字资料，包括传世的历史文献（正史、笔记小说、诗歌等）以及考古发掘出土的墓志、碑刻、简牍等文字资料；三是表现人物题材的图像资料，包括考古调查、发掘以及传世的陶俑、壁画、金石雕刻、石窟造像和绘画等资料。这也是本书研究北朝服饰的三种基本资料。

一　出土实物

考古出土的纺织品和服饰实物是古代服饰研究最直接的资料来源。由于纺织品、皮革等有机质文物的易腐特性，服装实物很难保存下来，少量幸存者主要集中于我国气候干燥的西北地区和潮湿的南方地区。北朝遗留至今的纺织品、服装实物遗存主要包括纺织品残片、痕迹，以新疆吐鲁番阿斯塔那哈拉和卓北朝至唐古墓群出土纺织品最为丰富，其年代集中于北朝中晚期①。考古出土的北朝装饰品主要有簪、钗、耳环、带具、玉佩、戒指、指环等各类金属、玉石质地的遗物，数量丰富，详见附表一。

二　人物图像

北朝人物图像资料主要包括墓葬图像和佛教图像两大类，前者包括墓葬中出土的陶俑、墓葬装饰（如壁画、画像石、画像砖等）、葬具画像（如棺椁、棺床）、漆木屏风等，后者主要是佛教造像及壁画艺术中的供养人形象。北朝时期，在墓葬中随葬陶俑、装饰墓壁棺椁成为墓主身份、地位的重要象征，其中人物是重要的表现题材和内容，这是本书研究北朝服饰所依据的重要资料。北朝墓葬的科学调查与发掘工作始于 20 世纪 50 年代，之后伴随着全国基本建设的大规模开展，特别是 20 世纪八九十年代以来田野考古的蓬勃发展，北朝墓葬被大量发现，有人物图像出土的墓葬资料在今天的山西、河南、河北、陕西、山东、江苏、内蒙古、宁夏等地均有发现，详见附表二。其中，河南洛阳及附近出土，并散见于世界各地的北魏孝子画像石棺学界多有辑录和研究②，未列入统计表格。

---

① 新疆维吾尔自治区博物馆：《新疆吐鲁番阿斯塔那北区墓葬发掘简报》，《文物》1960 年第 6 期；《吐鲁番县阿斯塔那——哈拉和卓古墓群清理简报》，《文物》1972 年第 1 期；《吐鲁番县阿斯塔那——哈拉和卓古墓群发掘简报（1963—1965）》，《文物》1973 年第 10 期。新疆维吾尔自治区博物馆、西北大学历史系考古专业：《1973 年吐鲁番阿斯塔那古墓群发掘简报》，《文物》1975 年第 7 期；新疆博物馆考古队：《吐鲁番哈拉和卓古墓群发掘简报》，《文物》1978 年第 6 期；新疆博物馆考古队、新疆文物考古研究所：《吐鲁番阿斯塔那古墓群第二、三、十、十一次考古发掘简报》，《新疆文物》2000 年第 3—4 期合刊。

② 黄明兰：《北魏孝子石棺线刻画》，人民美术出版社 1983 年版；邹清泉：《行为世范：北魏孝子画像研究》，北京大学出版社 2015 年版。

北朝时期佛教得到广泛传播和普及，开窟造像之风盛行，佛教造像艺术中的供养人形象也是服饰研究的重要资料。供养人是发愿出资开窟造像的功德主、施主及与其有关的家庭、亲属或社会关系成员，包括社会各阶层、各民族佛教信仰者。在开凿石窟、雕塑佛像或绘制壁画过程中，为表示自己的功德、虔诚，抑或为留名后世，供养人往往把自己、亲属或奴婢等人的形象表现出来，这些或雕或绘的人物形象称为供养人像。这些供养人像既包括比丘、比丘尼、寺主、僧官等宗教人物，又包括帝王官吏、皇后公主、侍女儿童、庶民百姓等大量世俗人物。不论男女尊卑，其形貌、服饰均具有鲜明的时代特征，为我们研究历代服饰提供了重要资料。北朝供养人形象主要见于石窟寺壁画、雕塑及单体佛造像中，在新疆、甘肃、陕西、山西、河北、山东各地均有大量发现。这些资料数量庞大，散见于各地石窟寺、博物馆及其他文物管理单位，私人收藏者也不在少数，还有大量佛教造像流失海外，增加了资料收集难度。可喜的是，大量印制精美的石窟寺、佛教壁画、佛教造像等图版资料的出版为我们的研究提供了方便①。本书仅将石窟寺以外的有纪年佛教造像（包括部分道教造像）供养人资料加以整理，详见附表三。

三　文本史料

文本是古代服饰研究的有效途径。中国古代服饰具有等级化和礼制化两种基本特征，历代王朝将"改正朔，易服色"，建立舆服制度视为开国乃至立国的要事，正史《舆服志》《仪卫志》《五行志》《郊祀志》中有大量记载。就北朝服饰研究而言，记载北朝兴衰历史的正史《魏书》②、《北齐书》③、《周书》④ 中均无专门的舆服志，《魏书》卷十三《礼志四》仅简要记述了北魏冠服制度的形成过程，但《隋书·礼仪志六》⑤ 对北朝舆服特别是北齐、北周舆服制度进行了详细载录。南朝梁沈约《宋书·礼制》⑥、南朝梁萧子显《南齐书·舆服志》⑦、唐房玄龄《晋书·舆服志》⑧ 在记述南朝舆服时也涉及北朝服饰，后晋刘昫《旧唐书·舆服志》⑨、宋欧

---

① 敦煌文物研究所编辑：《敦煌壁画集》，文物出版社 1957 年版；中国美术全集编辑委员会编：《中国美术全集·雕塑编》、《中国美术全集·绘画编》，上海人民美术出版社 1988 年版；河南省文物研究所编：《中国石窟·巩县石窟寺》，文物出版社 1989 年版；云冈石窟文物保管所编：《中国石窟·云冈石窟》，文物出版社 1991 年版；龙门文物保管所、北京大学考古系：《中国石窟·龙门石窟》，文物出版社 1991 年版；金申编著：《中国历代纪年佛教图典》，文物出版社 1994 年版；麦积山石窟艺术研究所编：《中国石窟·天水麦积山》，文物出版社 1998 年版；敦煌研究院编：《中国石窟·敦煌莫高窟》，文物出版社 1999 年版。

② （北齐）魏收：《魏书》，中华书局 1974 年版。

③ （唐）李百药：《北齐书》，中华书局 1972 年版。

④ （唐）令狐德棻等：《周书》，中华书局 1971 年版。

⑤ （唐）魏徵、令狐德棻：《隋书》，中华书局 1973 年版。

⑥ （梁）沈约：《宋书》，中华书局 1974 年版。

⑦ （梁）萧子显：《南齐书》，中华书局 1972 年版。

⑧ （唐）房玄龄等：《晋书》，中华书局 1974 年版。

⑨ （后晋）刘昫等：《旧唐书》，中华书局 1975 年版。

阳修《新唐书·舆服志》① 对唐代舆服的记载中存在一些北朝舆服史料，这些材料也是研究北朝服饰制度的重要参考。除专门的舆服记载外，《魏书》《北齐书》《周书》《北史》的本纪、列传在记述帝王人臣事迹时也涉及不少服饰的具体描述可资参考。

除正史资料外，北宋司马光主编的《资治通鉴》对北朝历史的梳理清晰简练，宋元之际史学家胡三省所作注解为我们认识北朝制度具有重要价值，其针对事件所阐发的评论颇具启发意义。宋代学者叶适对北朝历史的评论独具慧眼②。清代考据学大兴，学者们对北朝历史的认识主要反映在考据上，如钱大昕《廿二史考异》、王鸣盛《十七史商榷》、赵翼《廿二史札记》、李慈铭《越缦堂读书记》等均对正史有所考校，虽然短小孤立，但对一些事件的归纳议论比较严谨、科学。这些史料对挖掘北朝服饰背后的政治、文化内涵及历史地位、影响等命题具有重要价值。

近年来，出土文献在中古史研究领域备受关注，新材料引发的新视角、新问题拓展了中古史研究的思考边界。与北朝服饰相关的出土文献主要有墓志和文书两类，墓志在记叙志主生平事迹时，保留了大量普通人特别是史籍关注较少的女性传记，反映了大量日常生活的细节，可为服饰研究提供鲜活的资料，赵万里《汉魏南北朝墓志集释》③、赵超《汉魏南北朝墓志汇编》④ 以及散见于考古报告中的墓志资料是本书参考的重要资料；敦煌、吐鲁番出土文书特别是衣物疏、什物历、施入历、破用历等包含了大量日常服饰内容，为本书开展名物研究提供了辅助资料。除此之外，北朝时期的民歌、诗歌为我们从多角度探究北朝服饰具有重要参考价值，严可均编校《全上古三代秦汉三国六朝文》⑤ 是北朝史研究的必备资料书。北魏贾思勰的农学著作《齐民要术》⑥ 记载了北魏时期的栽桑养蚕技术和染料作物，是研究北魏纺织业和服饰色彩的重要资料。东魏抚军司马杨衒之《洛阳伽蓝记》⑦、北齐颜之推《颜氏家训》⑧ 中也存在不少与服饰相关的研究史料。

第四节　研究思路与方法

本书在系统梳理考古发掘或调查所得北朝人物图像资料的基础上，结合考古发掘出土的纺织服饰实物以及历史文献资料，对北朝服饰进行分类、分期和分区研究，

---

① （宋）欧阳修、宋祁：《新唐书》，中华书局 1975 年版。

② （宋）叶适：《习学纪言序目》，中华书局 1978 年版，第 153 页。

③ 赵万里：《汉魏南北朝墓志集释》，科学出版社 1956 年版。

④ 赵超：《汉魏南北朝墓志汇编》，天津古籍出版社 1992 年版；《汉魏南北朝墓志汇编》，中华书局 2021 年版。

⑤ （清）严可均辑：《全上古三代秦汉三国六朝文》，中华书局 1958 年版。

⑥ （后魏）贾思勰原著，缪启愉校释：《齐民要术校释》，农业出版社 1982 年版。

⑦ （魏）杨衒之撰，周祖谟校释：《洛阳伽蓝记校释》，中华书局 2010 年版。

⑧ （北齐）颜之推撰，王利器集解：《颜氏家训集解》，上海古籍出版社 1980 年版。

把握北朝服饰的形态特征及其阶段性和区域性，进而运用文化因素分析方法探讨产生这种时代特色和区域差异的原因。最后从中国服饰发展史角度，探析北朝服饰对后世的影响，以期对北朝服饰的时空特征、文化内涵及历史地位等问题进行深入阐释。基于这样的研究目的，本书研究思路大致如下。

一　从出土材料出发对北朝服饰进行研究

运用图像、实物和文献相结合的研究方法考察古代服饰已成学界共识，但究竟是从文献史料还是图像、实物资料入手进行研究则是完全不同的角度，前者旨在考证文献记载中的服饰面貌而援图入史，图像类似文献的注解；后者因服饰实物比较少见，图像成为解读古代服饰的重要资料。自沈从文《中国古代服饰研究》发轫以来，因古代服装实物保存较少，图像成为服饰史研究的重要法宝。实际上，图像作为历史研究的资料很早便受到学者关注，在古代中国甚至形成了"左图右史"的治史传统。在西方，自18世纪以来图像被广泛运用于历史研究诸多领域，至20世纪，以图证史更是成为历史学者探究过去历史的重要方法。在图像史学取得丰硕研究成果的同时，以图证史的研究路径也引发研究者的反思和警惕，比如曾宣称历史研究应以图像为先的约翰·赫伊津哈（Johan Huizinga，1872—1945）在其晚年即反省过分强调图像在历史研究中的意义会导致历史科学的毁灭①。进入21世纪以后，中国艺术史研究领域也开始反思图像证史的研究路径，曹意强②、缪哲③、陈琳④、黄厚明⑤等大批学者对图像在历史研究过程中存在的局限性展开了论述。就古代服饰研究而言，图像是古代服饰研究的重要依据，但图像中的服饰史不等于服饰的历史，二者既相联系，又有区别，需要在研究过程中对此保持清醒的认识。图像的直观性、形象性特点使其能为研究者提供服饰形制、色彩、纹样乃至材质方面的直观资料，但也要警惕图像制作受程式、粉本、技法、创作意图等因素影响不一定完全反映客观真实，与此同时，图像的保存状况、存世数量、功能用途等也会影响图像对服饰的表现。因此，图像资料在古代服饰研究中的有限性和局限性同样值得讨论。正如蒲慕州所言："古代材料之所以出现及保存下来的原因，并不是为了要回答我们所感兴趣的问题。"⑥ 文献如此，图像亦是，但我们并不能也不会因此而放弃服饰研究过程中对图像资料的运用。因此，图像资料的局限性本身并不是问题，问题是研究者如何运用这些资料，这才是关键。

---

① ［英］弗朗西斯·哈斯克尔：《历史及其图像——艺术及对往昔的阐释》，孔令伟译，商务印书馆2018年版，第12页。

② 曹意强：《可见之不可见性——论图像证史的有效性与误区》，《新美术》2004年第2期。

③ 缪哲：《以图证史的陷阱》，《读书》2005年第2期。

④ 陈琳：《图像证史之证解》，《东南学术》2013年第2期。

⑤ 黄厚明：《艺术史研究的守界与跨界》，《民族艺术》2014年第2期。

⑥ 蒲慕州：《追寻一己之福——中国古代的信仰世界》作者序，上海古籍出版社2007年版，第3页。

除此之外，图像反映的服饰面貌远比服饰的历史真实要复杂，图像中的服饰除反映服饰的真实历史外，其本身也是创作者建构的另一种服饰史，反映了古人的思想与认知。本书从考古出土的图像、实物资料入手进行研究，一方面是因为北朝服饰研究所能依靠的文献资料不多，另一方面也希望避免文献资料先入为主的观念，不仅探讨图像、实物反映的北朝服饰全貌，也解读图像所反映服饰历史背后的观念。墓葬壁画、棺椁装饰中的人物及佛教壁画、石刻中的供养人形象，主要有平面和浅浮雕两种形式，所表现人物多正面、侧面或背面，其服饰仅能展现单面形态而无法窥见全貌。要想了解服饰整体形态和结构，需要到立体的陶俑或塑像中寻找，因此，在图像资料使用过程中二维图像和三维图像需要相互参证。

二　运用考古类型学方法对北朝服饰进行型式分类研究

考古类型学是考古研究的基本方法，主要研究遗迹和遗物的形态演变过程及规律，确定遗存的年代、文化性质，分析其反映的生产生活状况、社会关系及精神活动等问题。迄今为止，考古类型学主要被用来研究器物的演化过程，古代服饰的演变过程可以使用考古类型学进行分析吗？答案是肯定的。俞伟超先生在给北京大学七七至七九级青海湖北考古实习同学的讲稿中指出："（考古类型学）方法不仅可研究器物的形态演化规律，人们制造的各种建筑物（包括墓葬）、交通工具、服装，乃至雕塑、书画等等物品，都可以用它来研究其形态变化过程。总之，人类制造的物品，只要有一定的形状，都可以用类型学方法来探索其形态变化过程（当然也包括上面的装饰图案）；反之，凡是没有形体的东西（如思想、音乐等），就无法用类型学的方法来进行研究。"[1] 服饰的五大构成要素即质（质地）、形（款式）、饰（饰品）、色（色彩）、画（图案）是古代服饰研究的重要内容，也是考古所见人物图像及服饰实物标本描述的基本要素。在考古出土资料中，图像对服饰质地的表现大多并不明晰，有机质地的服装及饰品发现数量较少，服饰色彩受埋藏条件、发表情况等限制很难体现本来面貌，因此，服饰款式及装饰图案等形态特征的演变过程是古代服饰研究的起点和基础，运用长于形态演变分析的考古类型学方法分析服饰的演变过程是很有必要的。

在考古工作中，出土遗物的类别通常依据材质或用途进行划分，尤以前者最为通行[2]。服饰分类的标准很多，除材质、用途外，服用者性别、年龄，服用部位、场合、季节等均可成为分类的依据，但不管采取何种分类方式，最关键的是要与研究目的相契合。正如张光直所说："无论作何种分类，都应有两个原则：一是分类的标准要明确、客观、有可比性；二是不能为分类而分类，而要有特定的目的，比

① 俞伟超：《关于"考古类型学"的问题》，载于《考古学是什么：俞伟超考古学理论文选》，中国社会科学出版社1996年版，第63页。

② 夏鼐：《田野考古方法》，载于中国社会科学院考古研究所编《夏鼐文集（上）》，社会科学文献出版社2000年版，第193页。

如原料、用途、生活内容、人群间的关系等。我相信在任何个别的考古情况下都不是仅有一个唯一的、自然的分类标准；分类的角度及繁、简的程度都取决于分类的目的。"① 曾昭燏在整理四川彭山汉墓出土陶俑时发现"男女的衣裳，样式大致相同。而男女的头式，却有很大的差别"②，但这种情况到北朝时期发生了很大变化，除头式仍为性别区分的重要标准外，衣裳也出现了男、女差别。因此，本书首先将北朝服饰按照性别划分为男性、女性服装两大类，为叙述方便将军戎服饰、妆饰及装饰品单列，在每一门类下再按人体着装部位进行分类梳理，具体服饰主要依据服饰款式及装饰进行型、式划分，以此把握服饰形态演化过程。在型式划分过程中，力求将出土服饰图像及实物还原到其所在时代语境进行命名和比较，因此，本书采用出土实物和文献记载相互印证的名物考证法进行辨析。这种细化的考古类型学分析方法，虽能系统把握北朝各类服饰的形态演变过程，但割裂了服饰本来的存在语境，不符合服饰实际的配套穿用情况，因此，本书又引入考古学"组合"概念分析北朝服饰搭配。之所以选取这种型式分类方式，一方面是为了全面把握北朝服饰发展演变的历程，另一方面则为后文的分期、分区及文化阐释奠定基础。

三　在考古类型学分析基础上对北朝服饰进行分期和分区研究

在历史时期的考古研究中，常把服饰特征作为分期断代的一个重要依据，这基于目前服饰史研究论著对服饰演变特征的系统论述。然而，目前服饰史论著多为大跨度的宏观研究，对特定朝代的把握并不够精细。如果某个时代服饰发展链条尚不清晰的情况下，以服饰演变特征为标准对其他研究对象进行分期与断代，其结果的准确性无疑会大打折扣，因此，对不同时代的服饰进行科学的分期断代是非常有必要的。本书借鉴考古年代学研究方法，对北朝出土资料所示服饰进行分期和断代，使之成为系统科学的编年史料。具体操作方法如下：首先，选取阶段性特征明显的典型服饰门类和典型服饰组合，分析排比服饰型式特征变化，为北朝服饰分期提供依据。其次，参照服饰图像、实物伴出的具有明确纪年的考古实物资料，如墓志、碑碣、简牍和帛书等，确定服饰形态演变序列及其绝对年代。最后，结合《魏书·礼志四》《隋书·礼仪志六》等典籍对北朝冠服制度发展过程的记载，确定服饰分期。伴随着古代官僚体系的建立与健全，服饰成为社会地位和等级身份的重要象征，历朝历代均把服饰制度的确立和完善作为政治统治的工具，因此，在同一政权的统治区域内，章服、朝服、公服等礼服体系显示出较大的一致性，正史《舆服志》对天子、公卿、列侯、百官及其女眷的服饰制度有详尽记载。然而，服饰作为民俗事项的重要组成部分也具有鲜明的地域性，本书根据北朝人物图像及服饰资料的发现情况和类型学、分组合研究成果，结合学界对北朝墓葬的分区研究成果，把握北朝

① 张光直：《考古学专题六讲》，文物出版社 1986 年版，第 72 页。
② 曾昭燏：《文化·器物·衣冠》，中国文史出版社 2018 年版，第 256—257 页。

服饰的区域性特征。

四 运用文化因素分析方法揭示北朝服饰文化内涵

文化因素分析法是考古学研究的基本方法之一，旨在通过对考古学遗存内部不同文化构成因素的分析来揭示考古学文化属性和内涵，在考古学文化谱系基本廓清、考古类型学研究走向深入的背景下，文化因素分析法目前已在没有或缺乏文献史料的史前至先秦考古研究领域中得到广泛应用。近年来，不少研究者结合自身研究案例对文化因素分析法进行了补充、完善和反思，进而有学者指出文化因素分析法在秦汉以后的历史考古研究中也大有可为①，进一步拓展了其应用范围。文化因素分析法得以成立和存在的依据是一种考古学文化的形成和发展不是孤立进行的，既有对其先行文化的继承与变革，又有对同时期周围其他文化的借鉴、吸收和融合，对考古学遗存不同文化因素进行分析就有可能揭示其起源和形成的奥秘，发现其发展变化的规律②。服饰作为一种文化事项，其发展受生产力发展水平、政治制度、风俗习惯、审美观念以及民族交往等诸多因素的影响，古代服饰变化虽不如今天这般迅速，但也代有不同，时有变化。总括而言，古代服饰的演进和传播无非通过两种途径：一是服饰的纵向发展，即在本民族或一定地域范围内，继承和保存前代服饰习俗、服饰审美及各种服饰制度，并在不断改进中使服饰得以更新和发展；二是服饰的横向传播，即通过与周边民族或地域间服饰的交流，促使彼此的服饰不断产生变化。北朝服饰发展过程中，既有对汉魏传统的继承与发展，又有同时期不同民族或地区服饰文化的传播、互动与交融。本书在服饰类型学、分组合和分期研究基础上，结合文献记载，对北朝不同发展阶段服饰蕴含的不同文化因素进行解析，把握北朝服饰的文化内涵及不同民族、区域间的交流互动。

五 从整体观和长时段视角分析北朝服饰的历史地位及影响

在全面把握北朝服饰发展脉络及其背后的文化变迁基础上，结合历史文献资料，探讨北朝服饰对隋唐服饰的影响，深入把握北朝服饰在中国古代服饰发展史上的历史地位。另外，笔者还将论文写作过程中时常思考和未能详细论述的问题，比如丧葬服饰及服饰生产制作等问题进行阐述，以期对北朝服饰有更深入的了解。

第五节 相关问题说明

一 研究范围

北朝是我国历史上由少数民族拓跋鲜卑肇建，与南方汉族政权并列的五个北方

---

① 贺云翱：《具有解构思维特征的"文化因素分析法"——考古学者的"利器"之四》，《大众考古》2013 年第 5 期；索德浩：《文化因素分析方法与历史时期考古学》，《华夏考古》2014 年第 1 期。

② 李伯谦：《论文化因素分析方法》，《中国文物报》1988 年 11 月 4 日。

王朝的总称。关于北朝的起止时间有两种说法：一说是以太武帝拓跋焘统一北方（420）始至杨隋代周（581），包括北魏、东魏、西魏、北齐、北周五个王朝，历时142年；另一说以道武帝拓跋珪建国称魏（386）始，止于杨隋代周（581），历时195年。本书采用后说，即探讨自北魏立国至北周灭亡期间的服饰变迁，为体现叙述连贯性，部分论证涉及两汉、魏晋六朝及唐代之后。研究重点区域是拓跋鲜卑入主中原后统辖范围内出土的相关人物图像及服饰实物资料，在论述过程中，拓跋鲜卑早期西进南迁过程中遗留下来的文化遗存及周边地区出土材料可进行互证。

二　概念说明

服饰概念有狭义、广义之分，狭义的服饰仅指服装以外的各种服装配件和饰品；广义的服饰是服和饰的总称，包括各类服装、配件及饰品，本书所论北朝服饰为广义服饰概念。根据考古调查或发掘出土的北朝遗存中服饰资料的保存情况，参照相关文献记载，本书所论北朝服饰包括衣裳、裤褶、裲裆、襦裙、甲胄等服装，冠帽、鞋靴等服装配件，发式、化妆等人体妆饰以及头饰、手饰、带饰等人体装饰物。

三　材料来源

本书所引材料均为公开发表的材料，以考古专业期刊和考古发掘报告为主，文末资料统计附表及参考文献注明材料出处，同时包括已出版的墓葬壁画、石窟图录及相关馆藏文物图录中的北朝服饰相关材料，随文注明材料出处。多次发表的同一批出土材料，一般按惯例以正式报告为准。

本书引用图书、报刊材料时间截至 2021 年 12 月 31 日。

四　图片来源

本书所引图片资料以公开发表的考古专业期刊、考古发掘报告线图及图版为主，已出版的墓葬壁画、石窟图录及相关馆藏文物图录随文注明图片出处。

第一章　北朝男性服装

男性形象在北朝人物图像资料中占大多数，据笔者粗略统计，其比例超过95%。单就陶俑而言，在已发现的上万件人物陶俑中，女性俑不足500件，其比例悬殊可想而知。男性陶俑种类丰富，身份不一，包括文吏俑、武士俑、仪仗俑、伎乐俑和侍仆俑等，每一种类又可根据造型、身份划分为若干小类。男性图像资料的极大丰富为我们研究其所着服饰提供了有利条件。

第一节　首服

首服又称"头衣""元服"，泛称一切冠、冕、巾、帻等裹首之物，是古代社会区别男子年龄、身份、等级的重要标志物。高春明《中国服饰名物考》"冠弁"一文将首服划分为冠、巾、帽三类，并指出"三种首服用途不一，扎巾是为了敛发，戴帽是为了御寒，戴冠是为了修饰"①。根据图像资料中首服造型不同，北朝男性首服可划分为冠、帽、巾三大类。

一　冠

冠通常由冠圈和冠身组成，其主要作用是固定发髻，《释名·释首饰》："冠，贯也，所以贯韬发也。""笄，系也，所以系冠，使不坠也。"② 起初，头发束髻后直接戴冠，后来于戴冠时先用纚（xǐ）包髻，再用笄贯穿冠圈和发髻，最后将冠圈两旁的丝绳在下颌处打结以定冠。在古代，冠还是男性身份、地位的象征，也是服饰礼制的重要组成部分，《礼记·冠义》："冠者礼之始也，嘉事之重者也。"③ 北朝时期的冠在考古发掘中偶有出土，如北周田弘墓出土纱冠残片，但大多残损严重无法修复，北朝图像中的冠有冕、小冠、笼冠、进贤冠四种。

（一）冕

冕是古代帝王臣僚参加祭祀、元会等重要典礼时所戴礼冠，《释名·释首饰》：

---

① 高春明：《中国服饰名物考》，上海文化出版社2001年版，第190页。
② （东汉）刘熙撰，（清）毕沅疏证，王先谦补：《释名疏证补》卷4，中华书局2008年版，第154页。
③ 杨天宇撰：《礼记译注》，上海古籍出版社2004年版，第814页。

"祭服曰冕。冕，犹俛也；俛，平直貌也。亦言文也，玄上纁下，前后垂珠，有文饰也。"[①] 冕自殷商发端至清代废除，其形制因佩戴者身份、功用及时代不同并非一成不变，但组成要素大致相同，《说文》："大夫以上冠也，邃延垂旒紞纊。"[②] 延、旒、紞、纊均为冕的组成部件，其中，延又作綖，是冕最上面的长方形板，邃有深远之义，此处指其长形，延覆于头上，冕通"俛"，同"俯"，即冕板前低后高，呈前俯之状，以示俯伏谦逊，象征君王应关怀百姓，冕由此得名，这在历代《舆服志》中有比较一致的说法；旒即冕板两端下垂的珠串，通常用五彩丝穿玉石而成，旒的数量和质地可以标明等级身份和佩戴场合；紞是垂于綖两侧用以悬纊的彩绦，纊即充耳，又名瑱，是系在冠圈上悬于耳侧的两块玉石，象征君王不能听信谗言。冕的主体即承冕之冠，后世称帽卷，两侧纽孔贯插玉笄以固定发髻，帽卷底部用金片镶成的帽圈为武。北朝图像中的冕仅见于帝王形象，根据冠体形制不同可分为二型：

A 型　矮体冕　承冕之冠较矮，如北魏太和八年（484）司马金龙墓[③]漆画屏风"班姬辞辇""成公谏事"故事画中，汉成帝所戴之冕描绘比较细致，冕板为长方形，前后有贯珠垂旒均匀分布于冕板两端，冕板前后基本等高，并无前低后高之制。承冕之冠比较低矮，黑色，用缨系冠，颔下有缨带飘垂（图 1-1：1）。在两幅故事画中，冕旒的数量明显不同，可能"班姬辞辇"描绘闲居服饰，故冕旒数量较少，而"成公谏事"表现高士成公谏汉成帝故事[④]，为朝见服饰，冕旒数量明显多于前者。尽管二图所绘汉成帝均为北魏时人的想象，但至少表明作画者对不同场合所服之冕形制不同的服制熟稔于心。

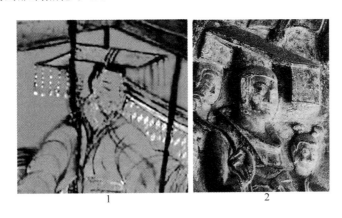

图 1-1　冕

1. A 型　司马金龙墓出土漆画屏风"班姬辞辇"　2. B 型　巩义石窟第 1 窟帝王礼佛图

①　（东汉）刘熙撰，（清）毕沅疏证，王先谦补：《释名疏证补》卷 4，第 154—155 页。
②　（东汉）许慎撰，（宋）徐铉校定：《说文解字》卷 7，中华书局 1963 年版，第 156 页。
③　山西省大同市博物馆、山西省文物工作委员会：《山西大同石家寨北魏司马金龙墓》，《文物》1972 年第 3 期。
④　殷宪、董其高：《北魏司马金龙墓屏风漆画题记》，《中国书法》2014 年第 7 期。

B 型　**高体冕**　承冕之冠较高，见于龙门石窟宾阳中洞东壁帝王礼佛图中的帝王[①]、龙门石窟莲花洞南壁下层东起第 2 龛内西侧佛传故事图摩揭陀国王以及巩县石窟第 1 窟帝王礼佛图帝王形象（图 1－1：2）。冕的刻画比较粗率，不能辨清具体形制，但长方形冕板清晰可见，冕板呈前低后高之制，只是前后垂旒整体作长方板状，玉珠串饰并无表现。承冕之冠较高，似为通天冠。

《隋书·礼仪志》记载了北齐冕制："乘舆，平冕，黑介帻，垂白珠十二旒，饰以五采玉，以组为缨，色如其绶，黈纩，玉笄"；"皇太子平冕，黑介帻，垂白珠九旒，饰以三采玉，以组为缨，色如其绶"；"诸公卿平冕，黑介帻，青珠为旒，上公九，三公八，诸卿六，以组为缨，色如其绶"[②]。可见，北齐承冕之冠均为黑介帻，但冕的形制依服用者等级高低在冕旒数量、质地及缨的色彩等方面有区别，皇帝之冕十二旒，皇太子九旒，上公九旒，三公八旒，诸卿六旒，缨的颜色与印绶相同。比较特殊的是北周宣帝宇文赟即位不久便禅位于长子宇文衍，自称天元皇帝，冕旒加为二十四旒，其余车服章旗均倍于前王之数，但其死后即废止。

（二）小冠

小冠亦称平巾帻（zé），是与笼冠（大冠）相对应的一种冠式，基本形制呈颜题（覆盖额面部分）低矮、冠耳高耸的前低后高状。帻本为民间包发之巾，蔡邕《独断》："帻者，古之卑贱执事不冠者之所服也。"[③] 后来贵族也用于压发定冠，通常于帻上加冠，至汉文帝时开始单独佩戴，史载"孝文乃高颜题，续之为耳，崇其巾为屋，合后施收，上下群臣贵贱皆服之"[④]，这就是平巾帻的雏形。东晋末年，小冠开始流行，《宋书·五行志》："晋末皆冠小冠，而衣裳博大，风流相仿，舆台成俗"[⑤]，并且成为礼服乃至正式的官服[⑥]。北朝图像中的小冠颜题低矮，冠顶前部低平，后部斜向上方升起一斜面，用于盛纳发髻，斜面通常表现两纵裂贯一扁簪，横穿于发髻之中。小冠戴时不能覆盖整个头顶，只能罩住发髻，有的在小冠后部留孔用于插笄固发。小冠在北朝流行的时间大致在魏孝文帝改服制以后，直到隋代依旧不改，其颜色基本为黑色。根据小冠顶部、后耳形制差别，可分为四型：

A 型　小冠底圈大于冠顶，冠顶中间呈高台状，后部中间高耸，数量较少，如宁夏固原彭阳新集北魏墓 M1 击鼓俑，冠顶中央的高台用于盛发（图 1－2：1）。

B 型　小冠底圈大于或等于冠顶，前部低平，后部向上倾斜，单耳，如河南偃师北魏染华墓侍吏俑（图 1－2：2）。

① 宾阳中洞帝王礼佛图现藏于纽约大都会艺术博物馆，帝王佩戴通天冠而非冕冠，原因是该作品系由碎片拼接而成，复原时存在一些问题，根据破坏前的图片与线描图所示，学者现大都承认皇帝所着乃冕冠。

② 《隋书》卷 11《礼仪志六》，第 238—240 页。

③ （汉）蔡邕：《独断》卷下，《四部丛刊三编》（三二），上海书店 1985 年版，第 11 页。

④ 《后汉书》卷 120《舆服志》，第 3671 页。

⑤ 《宋书》卷 30《五行志一》，第 890 页。

⑥ 孙机：《进贤冠与武弁大冠》，载于《中国古舆服论丛》，上海古籍出版社 2013 年版，第 157—178 页。

C 型　小冠底圈小于冠顶，前部低平，后部向上倾斜，冠耳中间略向内凹，形成双耳，如磁县湾漳北朝大墓文吏俑，小冠背面下端有一方形突起，上面有一圆孔用来插笄固定发髻（图 1 - 2：3）。

D 型　小冠底圈和冠耳基本等宽，整体呈方形，冠耳中间内凹，两耳方直，见于陕西地区，如北周柳带韦墓 C 型小冠俑（图 1 - 2：4）。

从考古出土图像资料来看，小冠在迁洛之前已有发现，但数量较少，迁洛之后，头戴小冠的人物形象数量大增，几乎每座墓中都有出土，佩戴小冠的人物身份以文吏、侍从、仪仗形象最常见，武士、步卒、舞乐形象亦有佩戴者，可见小冠之流行程度。

（三）笼冠

笼冠又称武冠、武弁、大冠、繁冠、建冠，不同时代称谓略有不同，其基本形制为内衬巾帻，外罩轻薄通透的笼状硬壳，顶面平整，左右两侧向下弧曲于两鬓处形成下垂的双耳。因笼冠多用轻薄的漆纱制成，又名"漆纱笼冠"。笼冠与武冠的异同向来是学界争论焦点，沈从文认为笼冠与武冠不同，是北魏迁洛后力求汉化而特制定型[1]；刘驰基本同意沈从文观点，认为笼冠与武冠在形

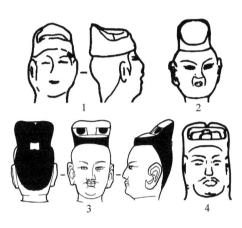

图 1 - 2　小冠

1. A 型 彭阳新集北魏 M1 击鼓俑（标本 78）
2. B 型 染华墓侍吏俑（M7：8）　3. C 型 磁县湾漳北朝大墓文吏俑（标本 79）　4. D 型 柳带韦墓 C 型小冠俑（M1：57）

制、使用范围上均不相同，笼冠是孝文帝汉化改革时参考武冠制作[2]；孙机认为笼冠是武弁大冠的发展，起初武弁主要用于战争，汉末以来伴随着甲胄的发展，武弁退出实战领域，成为武职官员及皇帝侍臣所用冠饰[3]。《晋书·舆服志》梳理了武冠的名称及发展历程[4]，《隋书·礼仪志》也有相似记载，可知伴随时代发展，笼冠的使用范围逐渐扩大。从已发表资料来看，北朝笼冠主要发现于迁洛之后，在考古出土的人物陶俑、壁画、石刻以及石窟寺礼佛图、供养人像中有大量表现。笼冠材质轻薄，除用笄、簪固定冠下平巾帻外，还于两侧垂耳底端用带子系于颔下固定，在磁县湾漳北朝大墓东西两壁佩戴笼冠的仪仗人物图像中有清晰表现（彩图二，35）。根据笼冠形制差别，可将北朝笼冠分为二型：

A 型　笼冠整体呈竖长方形，与汉晋南朝及隋唐时期整体方直的笼冠相比，造型

①　沈从文编著：《中国古代服饰研究》，上海书店出版社 2010 年版，第 274 页。
②　朱大渭等：《魏晋南北朝社会生活史》第二章《衣冠服饰》，中国社会科学出版社 1998 年版，第 70—72 页。
③　孙机：《进贤冠与武弁大冠》，载于《中国古舆服论丛》，第 157—158 页。
④　《晋书》卷 25《舆服志》，第 767—768 页。

比较圆润，顶部收敛为长椭圆台面，左右两侧向下弧曲收敛成双耳，垂耳较长，遮住两只耳朵。笼冠前部高至平巾帻顶部平台，后部到帻耳中部位置，笼冠最宽处位于平巾帻底圈位置。此型笼冠主要发现于迁洛之后的北魏、东魏、北齐政权统治区域，根据笼冠装饰、形制特征，可分为四亚型：

Aa 型 笼冠附饰貂、蝉，貂指貂鼠尾，蝉是附蝉饰的圭形珰，名贵者用金制成，名为金珰，有貂、蝉装饰的笼冠又名"貂蝉冠"，是最高级的笼冠样式。这种冠起源于先秦时期赵武灵王"胡服骑射"，汉代因袭并发展成为一种制度，主要由皇帝近臣侍中、常侍等佩戴；魏晋南北朝时期，貂蝉冠成为身份、等级的象征物在上层社会备受追捧，甚至出现滥用貂蝉以致"狗尾续貂"[①] 现象。关于貂蝉冠的发展历史，《汉书》《晋书》《艺文类聚》等文献中均有记载，也有学者做过专门讨论[②]。北朝貂蝉冠的使用范围很广，侍中、常侍，加侍中、常侍官者均可佩戴，北魏末年战乱频仍，佩戴貂蝉者泛滥，在东魏尚书右仆射高隆之建议下最终废除了假侍中、常侍所服貂蝉[③]。根据笼冠所附饰物不同，可分二式：

Ⅰ式 笼冠附貂尾装饰，但冠前无圭形珰，可简称"貂冠"，如北魏孝昌三年（527）宁懋石室右侧线雕人物所戴笼冠，右侧簪貂尾，冠前无珰（图 1 - 3：1）。

Ⅱ式 笼冠上附貂尾和圭形珰，如太原北齐娄睿墓甬道西壁门卫所戴笼冠，冠右侧簪貂尾，冠前饰珰，但未表现蝉饰（图 1 - 3：2）。

Ab 型 笼冠前部装饰圭形珰，但不见蝉饰，亦无貂尾，如洛阳北魏永宁寺出土影塑头像 T1：1104，笼冠颜题部位装饰金珰，后部有类似笔的装饰（图 1 - 3：3）。

Ac 型 笼冠簪笔，宁懋石室左、中侧文官形象于脑后耸起一缨穗状装饰，沈从文将其称为"垂笔"，本于汉代簪笔制度[④]，《隋书·礼仪志七》称为白笔[⑤]（图 1 - 3：4）。

Ad 型 笼冠无附加饰物，数量最多，如磁县湾漳北朝大墓笼冠男立俑及壁画人物形象（图 1 - 3：5）。

B 型 笼冠整体呈竖长方形，造型方直，两侧垂耳较长较宽，有的几乎与下颌平齐，笼冠前部到平巾帻顶部平台，后部因陶俑背部模制较平不详，主要见于西魏、北周统治区域，如叱罗协墓、王德衡墓、若干云墓、柳带韦墓、武帝孝陵等笼冠俑，笼冠整体方直，左右两侧向下弧曲收敛成近长方形双耳，遮住双耳（图 1 - 3：6）。

因笼冠外罩的笼状硬壳由稀疏轻透的材质制成，壁画、漆画、线刻人物图像在

---

① 典出《晋书·赵王伦传》："每朝会，貂蝉盈坐，时人为之谚曰：'貂不足，狗尾续。'"（《晋书》卷 59《赵王伦传》，1602 页。）

② 吴爱琴：《古代冠蝉考释》，《中原文物》2013 年第 2 期。

③ 《北齐书·高隆之传》："魏自孝昌已后，天下多难……又朝贵多假常侍以取貂蝉之饰，隆之自表解侍中，并陈诸假侍中服用者，请亦罢之。诏皆如表。"（《北齐书》卷 18《高隆之传》，第 236 页。）

④ 沈从文编著：《中国古代服饰研究》，第 247 页。

⑤ 《隋书》卷 12《礼仪志七》，第 266 页。

表现笼冠时通常表现出内衬的平巾帻，陶俑虽不易表现笼罩的通透特点，但也通常会表现平巾帻前、后部裸露的颜题和部分帻耳。笼冠之下镶嵌的平巾帻与外戴的小冠形制略有差别，从宁懋石室线雕人物、娄睿墓甬道西壁门卫以及磁县湾漳北朝大墓东西壁执仪仗人物来看，平巾帻后部底端分别向上竖起一个细长的尖角条状物，并向斜上方延伸至笼冠外罩前部。从其细长尖角的形制以及柔软轻薄的特性来看，应是插于平巾帻上的雉尾（图1-3：7）。汉代武官除武弁大冠外，还有一种插有双鹖尾的"鹖冠"，这种冠起源于赵武灵王，后为秦汉以后多个朝代沿袭，《后汉书·舆服志》云："环缨无蕤，以青系为绲，加双鹖尾，竖左右，为鹖冠云。五官、左右虎贲、羽林、五中郎将、羽林左右监皆冠鹖冠，纱縠单衣。"[1] 河南邓县（今邓州市）出土东汉画像砖上，便表现了一个在武弁大冠两侧插鹖尾的佩剑执笏武吏形象（图1-3：8），鹖冠所插之鹖尾当为雉尾，后世多有沿用并形成制度[2]。图像资料显示，北朝笼冠插饰雉尾方式与其他时期不同，将插于笼冠外的雉尾附饰于笼冠外罩之内，因笼冠外罩轻薄通透，仍能够看清雉尾之饰。在北魏洛阳永宁寺出土的一件泥塑头像上，笼冠前部仍保留有雉尾痕迹。

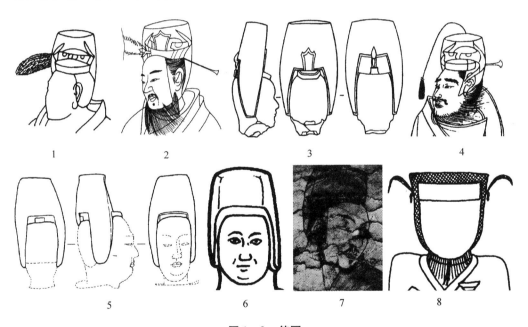

图1-3 笼冠

1. Aa型Ⅰ式 宁懋石室左侧贵族　2. Aa型Ⅱ式 娄睿墓甬道西壁门卫　3. Ab型 永宁寺影塑头像（T1：1004）　4. Ac型 宁懋石室贵族男子（中间）　5. Ad型 磁县湾漳北朝大墓笼冠立俑（标本423）　6. B型 武帝孝陵笼冠俑（标本69）　7. 磁县湾漳北朝大墓墓道西壁仪仗笼冠　8. 河南邓县东汉画像砖武吏

① 《后汉书》卷120《舆服志》，第3670页。
② 孙机：《中国古舆服论丛》，第173—177页。

北朝笼冠的使用范围很广，除武职官员及皇帝近臣佩戴外，还可作为文职官员、侍从乃至舞者的冠饰，并且男女均可佩戴。据图像资料观察，北朝时期头戴笼冠者一般身着中原汉族传统的衣裳服制，神态慈祥又不乏严肃，可谓文质彬彬，如河南偃师联体砖厂 M2、元邵墓笼冠侍吏俑，磁县湾漳北朝大墓笼冠立俑及壁画男子形象等。石窟造像帝后礼佛图、供养人形象中也多有头戴笼冠的形象，如西魏时期开凿的敦煌石窟 288 窟中东壁下层男侧供养人头戴圆顶笼冠。另有少量侍从舞乐形象佩戴笼冠者，如磁县湾漳北朝大墓笼冠鼓乐骑俑，但比较少见。

（四）进贤冠

进贤冠是梁冠的一种，是古代公侯、文吏、百官、儒士等佩戴的一种礼冠，在汉至唐宋法服中占有重要地位，其形制历代不同，主要由颜题、介帻、展筩、冠耳、梁等组成（图 1 - 4：1），梁数多寡是尊卑等级的标志。北朝图像中的进贤冠发现数量很少，根据形制不同，可分二型：

A 型 冠体仅有"人"字形展筩，不见颜题和冠耳，见于洛阳北魏永宁寺遗址影塑头像 T1：1064，三角尖顶的折角为锐角，前坡短后坡长，冠底为圆角长方形，没有表现冠梁（图 1 - 4：2）。据孙机先生考证，西汉进贤冠仅有一个前高后低的三边"斜俎形"展筩罩套于头顶发髻，用帽頍（kuǐ，束发、固冠的带子）系于颔下固定，佩戴时并不牢固，因此东汉时期在冠下加平上帻；至晋代，展筩演变为只有两个边的"人"字形展筩，尖状冠耳升高至展筩顶点位置[①]。从永宁寺遗址影塑头像所着冠的"人"字形展筩来看，当为晋式进贤冠的沿袭。

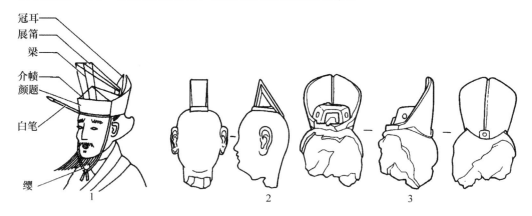

图 1 - 4　进贤冠

1. 汉代进贤冠示意图（《中国古舆服论丛》p. 159）　2. A 型 永宁寺影塑头像（T1：1064）　3. B 型 永宁寺影塑头像（T1：1083）

B 型 冠体前低后高，冠顶为圆角方形平台，两侧各有一圆孔以贯笄，双弧形冠耳，冠翼中间有一竖状缝合线，末端有一小孔用于贯笄。洛阳永宁寺遗址出土 3 件

---

①　孙机：《中国古舆服论丛》，第 157—161 页。

影塑戴冠头像（原报告中的Ⅱ型戴冠头像），均已残破，如标本 T1∶1083，头部甚残，冠部较完整，冠耳高耸，冠顶平台前方有一扁形竖孔，平台后部露出一薄铜片，当为展筩折断而余下的断痕（图 1－4∶3），其他标本冠顶平台前后也有残存的饰物，也应是展筩断痕。这种冠耳圆弧、高耸，并且将展筩和相当于介帻的冠顶合为一体、展筩装于冠顶的进贤冠是隋唐进贤冠的典型特征①，其制在北朝已定型。

除此之外，北朝时期见于文献记载的冠还有通天冠、远游冠、委貌冠、法冠、高山冠、却非冠等，均是沿用汉魏冠制，帝王百官于祭祀、朝会、宴饮等不同场合佩戴。随着时代发展，这些冠、冕的形制及服用方式略有变化，有的仅是一种理想建构，在现实生活中并无法行用。由于考古出土资料的偶然性，加上这些冠制多于礼仪场合佩戴，迄今所见北朝人物图像中没有见其具体形制。

二 帽

帽子的基本功能是御寒保暖，其形象在距今五六千年的陕西临潼邓家庄新石器时代遗址人物形象中已有发现，但直到两汉时期帽子实物大多出土于北方少数民族地区，其原因是北地气候寒冷，戴帽主要用于御寒。中原地区汉族人除给孩童保暖外，通常不戴帽子，故许慎《说文》释帽为"小儿、蛮夷蒙头衣"②；《隋书·礼仪志七》云："帽，古野人之服也。董巴云：'上古穴居野处，衣毛帽皮。'以此而言，不施衣冠，明矣。"③ 汉末以来，中原汉族与北方民族接触日益频繁，胡服流入中原，帽子即为其中之一。三国两晋时期，戴帽之风更为盛行，但当时汉人一般不称其为"帽"，而呼之曰"帢"，可见当时民族观念之深刻④。南北朝时期，帽子的使用范围逐渐扩大，上自天子，下至庶人均可戴帽，《宋书》《晋书》中均有专门记述，如《晋书·舆服志》："帽名犹冠也，义取于蒙覆其首，其本缲也。古者冠无帻，冠下有缲，以缯为之。后世施帻于冠，因或裁缲为帽。自乘舆宴居，下至庶人无爵者皆服……而江左时野人已著帽，人士亦往往而然，但其顶圆耳，后乃高其屋云。"⑤ 北朝戴帽之风尤为盛行，主要有风帽、纱帽、毡帽等类型。

（一）垂裙风帽

北朝图像中有大量着帽人物形象，尤以垂裙风帽最为常见。风帽源于北方少数民族，因戴在头上能挡风御寒故名风帽，之所以在脑后垂裙，孙机先生认为"一来由于北地苦寒，垂披幅有助于保温；二来也可能与蔽护编发有关"⑥。伴随着北方民族大量内迁，特别是鲜卑政权的建立，垂裙风帽传入中原地区，在文献中又称鲜卑帽、突

---

① 孙机：《中国古舆服论丛》，第 160—161 页。
② （东汉）许慎撰，（宋）徐铉校定：《说文解字》卷 7，第 156 页。
③ 《隋书》卷 12《礼仪志七》，第 266 页。
④ 高春明：《中国服饰名物考》，第 230—250 页。
⑤ 《晋书》卷 25《舆服志》，第 771 页。
⑥ 孙机：《从幞头到头巾》，载于《中国古舆服论丛》，第 202—203 页。

骑帽、帷帽、长帽、大头长裙帽、垂裙皂帽等。鲜卑帽一词见于《太平御览》卷七三四《三国典略》载："崔季舒未遇害，家池莲茎化为人面，着鲜卑帽。"① 卷九七五引《北齐书》："后主武平中，特进、侍中崔季舒宅中池内，莲茎皆作胡人面，仍着鲜卑帽。俄而季舒见杀。"② 鲜卑帽应是后起的称谓，在北朝自然不会以统治者族属来命名这种帽式，《魏书》《北齐书》《北周书》通常称"帽"，或前缀质地、色彩，如《魏书》载孝文帝回洛后"见车上妇人冠帽而著小襦袄者"③。

　　鲜卑帽的形制文献中略有提及，如《隋书·礼仪志七》："后周之时，咸著突骑帽，如今胡帽，垂裙覆带，盖索发之遗像也"④，北周时期流行的突骑帽为垂裙覆带之制。《魏书·辛绍先传》记载自凉州内徙晋阳的辛绍先因丁父忧，三年未梳洗头发导致头发掉光，故常戴"垂裙皂帽"⑤。这种帽式并非拓跋鲜卑独有，辽东鲜卑慕容部支系所建吐谷浑，"男子通服长裙帽，或戴羃䍦"⑥，《梁书》载其"著小袖袍，小口裤，大头长裙帽"⑦。北朝图像中男性戴风帽者数量很多，其基本形制为顶有帽屋，下有帽裙披垂，帽子颜色以黑色为主，故又名"垂裙皂帽"。根据形制差别，可将北朝风帽划分为六型：

　　A 型 圆顶垂裙帽 由帽屋、垂裙和扎带三部分组成，帽屋整体呈扁圆形或圆形，帽裙披垂，帽屋底端有扎带，有的帽屋顶部有十字线，应是缝缀痕迹，这是最为原始的风帽形制。根据帽屋及垂裙形制差别，又可分为四亚型：

　　Aa 型 帽屋扁圆，帽顶有十字线，帽裙较短且外翘，材质硬挺，耳朵外露，如大同沙岭北魏壁画墓 M7 出土的彩绘漆画夫妇并坐图中的男性，头戴黑色垂裙帽，帽口及十字缝线装饰细金丝系结的金质小叶片，四条细金丝交会于帽顶形成小型的花束装饰，帽裙边缘镶嵌金色绲边。这种装饰金质小摇叶的风帽有学者称为步摇冠⑧，但考虑到金叶片位于缝线位置，且非常细小，此型帽仍属垂裙风帽（图 1-5：1）。该墓墓室东壁夫妇并坐图中的男子及其他男性形象也着同样造型的风帽，只是未用金叶装饰。

　　Ab 型 帽屋扁圆，帽顶有十字阴线，帽裙披肩，帽裙两侧向后翻卷，根据帽裙翻卷方式，又可分二式：

　　Ⅰ式 帽裙两侧向后翻卷，露出双耳，帽裙长及肩部，见于大同市北魏宋绍祖墓

---

① （宋）李昉等：《太平御览》，中华书局 1960 年版，第 3256 页。
② （宋）李昉等：《太平御览》，第 4322 页。
③ 《魏书》卷 19《任城王传》，第 469 页。
④ 《隋书》卷 12《礼仪志七》，第 266—267 页。
⑤ 《魏书》卷 45《辛绍先传》，第 1025 页。
⑥ 《晋书·吐谷浑传》原文："男子通服长裙，帽或戴羃䍦"（第 2538 页），标点有误，吕一飞在《鲜卑帽》文中已指出。
⑦ 《梁书》卷 54《诸夷·河南王传》，中华书局 1973 年版，第 810 页。
⑧ 王雁卿：《头安金步摇 摇曳在平城》，云冈石窟官方微信。南京博物院编著：《琅琊王——从东晋到北魏》，译林出版社 2018 年版。

Ⅰ式、Ⅲ式男俑，河南偃师联体砖厂北魏墓风帽俑以及磁县湾漳北朝大墓风帽鼓乐骑俑等。如宋绍祖墓男侍俑（标本62），头戴圆顶风帽，沿帽口向后有扎带，顶部有十字线，帽裙垂于颈后及两侧，两颊处垂裙翻开至两侧（图1-5：2）。

Ⅱ式 帽裙两端系带，将遮住两颊的帽裙翻卷至脑后，帽裙长及肩背。一种是垂裙两端各有一根带子于头后中间部位系结，如河北磁县湾漳北朝大墓A型风帽立俑（图1-5：3）、东陈村东魏尧赵氏墓套衣俑。另有一种在垂裙后部仅用一根带子连接帽裙两端，见于磁县湾漳北朝大墓B型风帽立俑、茹茹公主墓风帽俑，如磁县湾漳北朝大墓标本491，头上所戴风帽为黑色，帽屋高大，顶部有一十字线。帽屋下连帽裙垂至颈部，后部有一根带子，两端各连帽裙一边，将两颊遮掩处翻开至两侧（图1-5：4）。另外，还有在帽裙处系结两根带子者，如磁县东陈村东魏尧赵氏墓骑从俑（图1-5：5）。

Ac型 帽屋扁圆，垂裙较小，覆于颈后，在山西大同北魏早期人物形象中有大量发现，如大同智家堡北魏墓石椁壁画（图1-5：6）、大同智家堡北魏墓棺板画中的男子形象，大同下深井北魏墓侍者俑。

Ad型 帽屋硕大，整体呈扁球状，材质硬挺，帽口镶一圈宽带，帽裙较宽，披覆肩部，能够遮蔽脸颊、双耳及脖颈，这种风帽当即文献中提到的"大头长裙帽"，见于大同北魏司马金龙墓仪卫俑，有的于帽屋前部装饰兽面纹（图1-5：7）。

B型 垂坠长裙帽 帽屋材质较软，帽顶垂坠于脑后，帽口扎带，后有软裙披覆肩部，耳朵暴露在外，根据形制差别，可分三亚型：

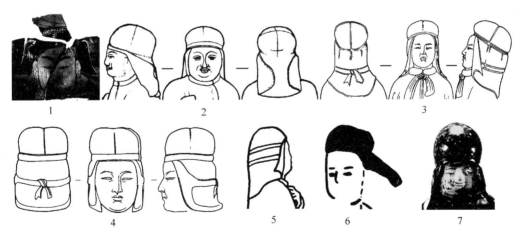

图1-5 A型垂裙风帽

1. Aa型 大同沙岭北魏壁画墓M7彩绘漆画男墓主　2. Ab型Ⅰ式 宋绍祖墓男侍俑（标本62）　3-
4. Ab型Ⅱ式 磁县湾漳北朝大墓风帽立俑（标本475、491）　5. Ab型Ⅱ式 磁县东陈村东魏墓骑从俑（M1：95）　6. Ac型 大同智家堡北魏墓石椁壁画男侍　7. Ad型 司马金龙墓釉陶仪卫俑

Ba型 帽屋较高，顶部向后垂坠敷搭于帽屋上缘，帽屋垂坠部分很短，主要见

于大同北魏宋绍祖夫妇墓、司马金龙夫妇墓、雁北师院北魏墓 M2 男俑，如雁北师院北魏墓 M2 男侍俑，共有 12 件，均头戴黑色垂裙帽，帽顶略尖并向后聚圆垂坠，帽屋与帽裙之间有扎带一周，帽裙后部有"八"字形刻痕，表示扎带于此系结（图 1-6：1）。

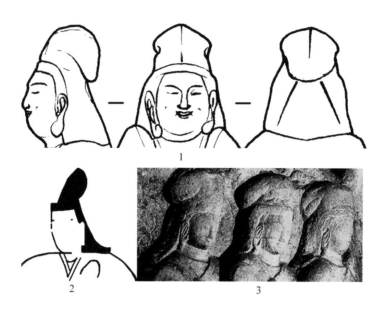

图 1-6 B 型 垂坠长裙帽

1. Ba 型 大同雁北师院北魏墓 M2 男侍俑（M2：71） 2. Bb 型 固原雷祖庙北魏墓漆棺前挡男墓主 3. Bc 型 云冈石窟第 13 窟供养人像

Bb 形 帽屋较高，顶部向后弯曲，见于宁夏固原雷祖庙北魏墓漆棺前挡所绘男性墓主形象（图 1-6：2）。

Bc 型 帽屋低矮，顶部向后垂坠，敷搭于帽口或帽口以下，云冈石窟男性供养人雕刻比较常见，早在北魏和平年间（460—465）开凿的昙曜五窟之第 17 窟西壁中层故事龛雕刻的供养人已着此型帽，云冈石窟第二期男性供养人也普遍戴这种帽子（图 1-6：3）。

C 型 帽屋整体扁圆，由帽屋和垂裙二部分组成，帽屋底端无扎带，主要见于陕西地区风帽俑。根据形制差别，可分二亚型：

Ca 型 帽屋较高，帽裙披覆于肩，帽裙边缘有明显的沿边，帽裙较大，能够遮蔽脸颊两侧及颈肩，颜色以黑色为主，亦有绿色等其他颜色，帽体厚重，如宇文猛墓、王昌墓、武帝孝陵、叱罗协墓、王德衡墓、若干云墓、独孤藏墓、宇文俭墓、柳带韦墓等风帽立俑、骑俑、侍俑、仪仗俑等。以宇文俭墓风帽俑 M1：70 为例，头戴黑色垂裙帽，帽屋较深，容易固定帽身，因此帽屋底端无扎带，风帽由厚重材料制成，保暖性能较好（图 1-7：1）。

Cb 型　帽屋低平，垂裙覆肩，垂裙较窄，仅遮蔽颈背，双耳外露，有的在帽裙两侧底端连接，颜色以红色为主，亦有绿色等其他颜色。这种风帽紧贴于发，材质单薄，见于叱罗协墓骑马仪仗俑、柳带韦墓 A 型风帽俑、王德衡墓男侍俑、若干云墓男侍俑、宇文俭墓帷帽男立俑等，以宇文俭墓 M1：21 为例，头戴红色垂裙帽，帽裙垂肩，双耳外露（图 1 - 7：2）。中国丝绸博物馆收藏一件北朝对鸟纹绮风帽（彩图五，24）①，表层黑色加棕色内衬，其形制与此型风帽极为相似，这种垂裙帽当即《隋书·礼仪志七》提到的北周流行一时的"突骑帽"："后周之时，咸著突骑帽，如今胡帽，垂裙覆带，盖索发之遗像也。又文帝项有瘤疾，不欲人见，每常著焉。相魏之时，著以谒帝，故后周一代，将为雅服，小朝公宴，咸许戴之。"② 由于周文帝宇文泰的推崇，这种帽子一度成为北周小朝公宴等正式场合所着雅服。

D 型　尖圆顶垂裙帽　帽屋较小，呈尖圆顶状，帽裙披垂较短，根据造型不同，可分二亚型：

Da 型　帽屋底端有扎带，根据形态不同可分二式：

Ⅰ式　帽屋扎带呈圈状，帽顶不见扎带痕迹，如河南偃师联体砖厂 M2（图 1 - 7：3）、元邵墓风帽伎乐俑。

Ⅱ式　帽屋底端有扎带，帽顶亦有扎束痕迹，如河南安阳北齐范粹墓Ⅱ式鲜卑侍吏俑，河北景县高雅墓尖顶风帽俑、击鼓俑及磁县湾漳北朝大墓风帽鼓乐骑俑（图 1 - 7：4）。

Db 型　帽顶尖圆，帽屋底端不见扎带，根据形态不同可分二式：

Ⅰ式　帽屋和帽裙覆脸面积较大，保暖性较好，如洛阳北魏元祖墓披裘俑（图 1 - 7：5）。

Ⅱ式　帽屋仅罩头顶，帽裙向后披垂，如陕西咸阳北周武帝孝陵骑马乐俑（图 1 - 7：6）。

E 型　小顶垂裙帽　帽顶较小，下垂披幅窄长，质地较软，根据造型差别，可分二亚型：

Ea 型　圆顶长裙帽　帽顶包裹发髻，略呈球状，下垂窄长披幅，固定帽顶的带子于头部两侧下垂并系结于额下，长裙帽的颜色大多为黑色，如娄睿墓墓道东、西壁所绘出行图与回归图中鞍马乘骑男子头上所戴风帽（图 1 - 7：7），圆顶，下垂披幅较窄，但长可搭于肩背，乘骑行动之时可随风摆动，潇洒飘逸。这种帽式似于头顶挽髻后用长条幅巾包裹，再用带子系结固定髻根，剩余巾子自然向下飘垂，其防风保暖功能已大大降低，但装饰性显著增强，因其形制仍然沿袭鲜卑垂裙帽制，故归入垂裙风帽类一并讨论。

---

① 许铮、金琳主编：《锦程：中国丝绸与丝绸之路》，浙江大学出版社 2017 年版，第 64 页。
② 《隋书》卷 12《礼仪志七》，第 266—267 页。

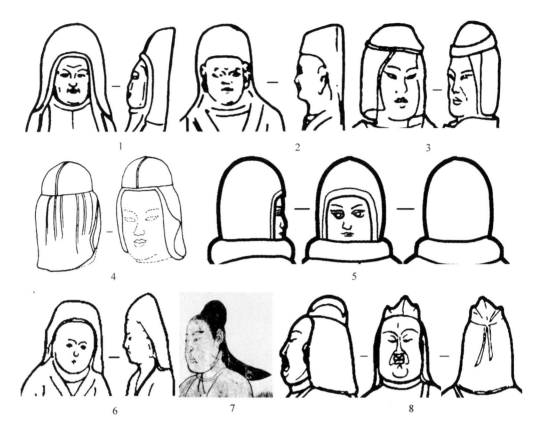

图 1－7　C-E 型垂裙风帽

1. Ca 型 宇文俭墓风帽俑（M1：70）　　2. Cb 型 宇文俭墓风帽俑（M1：21）　　3. Da 型 I 式 偃师联体砖厂 M2 风帽俑（M2：44）　　4. Da 型 II 式 磁县湾漳北朝大墓风帽鼓乐骑俑（标本 215）　　5. Db 型 I 式 元祉墓披裘俑（IM4034：102）　　6. Db 型 II 式 北周武帝孝陵骑马乐俑（标本 216）　　7. Ea 型 娄睿墓墓道西壁骑马男子　　8. Eb 型 徐显秀墓三棱风帽俑（标本 339）

　　Eb 型 三棱顶垂裙帽 由帽顶、垂裙和扎带三部分组成，帽顶较小，由扎带系缚呈三棱山形，下有垂裙覆及颈肩部位，亦可称山字顶垂裙帽，简称三棱风帽或山字形风帽，颜色以黑色为主，主要见于山西地区北齐墓葬出土的陶俑及壁画人物形象中。如贺拔昌墓三棱风帽俑，张海翼墓 C 式仪仗俑，狄湛墓三棱风帽俑、袒肩俑，贺娄悦墓仪仗俑，库狄业墓三棱风帽俑，徐显秀墓三棱风帽俑、骑马俑，娄睿墓骑马乐俑，太原南郊北齐壁画墓仪仗俑、击鼓俑等。以徐显秀墓为例，该墓共出土三棱风帽俑 124 件，均着黑色三棱风帽，如标本 339，帽屋呈山形，制作材料似乎较硬，帽屋底端有扎带固定，并于脑后打结下垂（图 1－7：8）。墓葬壁画中的三棱风帽形象主要见于徐显秀墓甬道壁画仪卫以及墓室四壁所绘戴风帽人物，娄睿墓墓道和甬道所绘鼓吹、仪卫人物，忻州九原岗墓道仪卫等。

　　F 型 卷裙风帽 南北朝时期，垂裙风帽流行开来以后，时人对垂裙进行了各种改制，如南齐永明中，"萧湛开博风帽后裙之制，为破后帽"；建武中，"帽裙覆顶"[①]，即将帽裙翻卷至头顶的卷裙风帽，这是适应南方气候的便利之举。北朝图像中的卷裙风帽主要见于步卒、武士以及鼓乐形象，步卒、武士所戴风帽将在军戎服饰节详论。从图像资料来看，北朝时期的卷裙风帽并非新的帽制，而是在既有垂裙风帽基础上根据服用场合所作功能性调整。根据风帽垂裙的翻折情况，可分为三亚型：

Fa 型　三棱顶卷裙帽　帽顶较小仅可包髻，顶有扎带系缚，顶呈十字线，两侧出棱呈三棱顶，帽裙翻卷至头顶呈卷筒状，见于磁县湾漳北朝大墓鼓乐立俑，共95件，均戴此型帽，如标本168，帽顶呈圆形，底部有扎带交叉痕迹，帽裙上卷至顶呈筒状（图 1-8：1）。

Fb 型　三棱顶 U 形卷裙帽　帽顶较小，呈三棱山形，帽裙底边翻卷成卷筒状，两端上拉弯成 U 形后塞于扎带之内，帽顶两侧卷筒外突，如忻州九原岗北朝壁画墓东壁二层狩猎图中徒步刺熊猎人及骑马射虎、熊猎人头上所戴（图 1-8：2）。

Fc 型　小圆顶荷叶边帽　帽屋较小，呈圆形，顶有十字线，帽裙向上翻折后塞于扎带内，呈较窄的荷叶边状，仅发现于洛阳永宁寺遗址出土的影塑着帽、扎巾头像，报告中Ⅱ型2式、3式共2件头像为此种帽式。如标本 T1：1008，比较完整，仅颈部有所残损，表面已烧成黑灰色。头、颈通长 5.1 厘米。面相长圆，面目清秀，为年轻男子形象。头顶挽髻，帽覆髻上，呈椭圆形，帽顶阴线刻"十"字线，帽裙上折，围于帽顶之左、右、后三面，其外扎带，呈荷叶边状（图 1-8：3）。

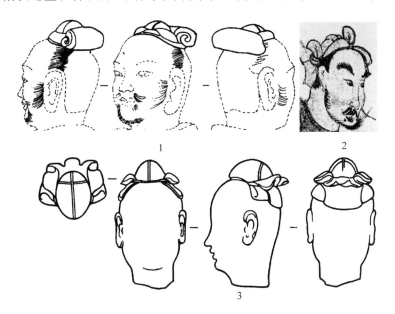

1　　　　　　　　　　　　　　2

3

图 1-8　F 型垂裙风帽

1. Fa 型 磁县湾漳北朝大墓鼓乐立俑（标本 131）　　2. Fb 型 忻州九原岗北朝壁画墓东壁二层猎人
3. Fc 型 洛阳永宁寺遗址影塑头像（T1：1008）

① 《南齐书》卷19《五行志》，第373页。

迁洛之前，风帽的服用范围很广，上自帝王贵胄、下至劳役仆从在不同场合均可佩戴，其颜色以黑色为主，即文献中常提及的"垂裙皂帽"，其形制、材质及制作工艺依身份、季节、场合、年龄、性别有所区别，而风帽的形制与其材质及制作工艺息息相关。风帽的材质主要有绢帛和动物皮毛两类，双层绢帛中间纳入绵絮（纩）或用动物皮毛（包括毛毡）制作的厚重风帽，具有很好的保暖效果，可称之为暖帽，山西大同沙岭北魏壁画墓出土的彩绘漆画夫妇并坐图中夫妇二人所戴黑色风帽应由比较厚实的纳絮布帛制成，而陕西地区出土的大量帷帽立俑形象，头上所戴帷帽比较臃肿厚实，应为纳絮布帛或皮毛制成。这种风帽具有良好的防风御寒功能，适合气候寒冷的北方地区以及中原地区的冬季佩戴，因图像中的佩戴者在室内或家内活动，所以耳部没有遮蔽。风帽的佩戴具有地区性和季节性，在气候温和的地区和季节，佩戴单层或夹里不絮绵的风帽更为合适，大同地区常见的 B 型垂坠风帽当为材质轻薄的风帽样式。北魏迁都洛阳之后出现了许多风帽形制，如小顶软巾风帽、卷裙风帽，这些风帽应由质地轻薄的绢帛制成，比如娄睿墓东、西墓道所绘出行图与回归图中男子所戴软巾风帽则纯粹是一种装饰了。

（二）纱帽

纱帽本是民间的一种便帽，官员头戴纱帽起源于东晋。南北朝时期纱帽流行[1]，有白纱帽和乌纱帽之分，尤以白纱帽最显贵，皇帝宴饮闲居时可戴白纱帽，又称"白纱高顶帽""白高帽""白帽""高屋帽"，士大夫多戴乌纱帽。南朝尤为盛行，如《宋书·五行志一》载："明帝初，司徒建安王休仁统军赭圻，制乌纱帽，反抽帽裙，民间谓之'司徒状'，京邑翕然相尚。休仁后果以疑逼致祸。"[2] 当时乌纱帽被视为招致不祥的妖服，同时也说明刘宋之时纱帽的流行。《南史·宋本纪》载："建安王休仁便称臣，奉引升西堂，登御坐。事出仓卒，上失履，跣，犹著乌纱帽，休仁呼主衣以白纱代之。"[3]

纱帽在北朝也有存在，但使用范围略有不同，如《北齐书·平秦王归彦传》："齐制，宫内唯天子纱帽，臣下皆戎帽，特赐归彦纱帽以宠之。"[4] 可见北齐纱帽多为皇帝所戴，只有皇帝的宠臣才能得到皇帝的赏赐，而北周似无此种规定，如《周书·长孙俭传》记载长孙俭"容貌魁伟，音声如钟，大为鲜卑语，遣人传译以问客。客惶恐不敢仰视。日晚，俭乃著裙襦纱帽，引客宴于别斋"[5]。总体而言，纱帽在北朝时期是帝王、贵族及高官佩戴的高级帽子，图像中并不多见，主要见于敦煌莫高窟及龙门石窟佛教造像中的供养人形象，人物身份有国王，也有贵族及侍者，

① 孙机：《两唐书舆（车）服志校释稿》卷二，载于《中国古舆服论丛》，第 395、404 页。

② 《宋书》卷 30《五行志一》，第 891 页。

③ 《南史》卷 3《明帝纪》，第 77 页。

④ 《北齐书》卷 14《平秦王归彦传》，第 187 页。

⑤ 《周书》卷 26《长孙俭传》，第 428 页。

主要有白色、黑色两种，可能是从南朝传到北方的习俗。纱帽的基本形制为圆形长筒状，帽圈较小，仅能罩发，顶部平整或倾斜，如敦煌莫高窟西魏 285 窟壁画中的国王，头戴高高耸起的白纱帽[1]，纱帽内发髻罩小冠，与笼冠形制相似（图 1 − 9：1）。龙门石窟供养人形象中亦有戴纱帽者，呈上大下小的圆筒状，顶部平整，但其颜色尚难辨明[2]（图 1 − 9：2）。宁夏固原北周田弘墓曾出土漆纱残片（标本 M1：268），内、外均涂黑漆，漆纱堆积成 11.8 厘米 × 14.3 厘米的圈状，从其面积看不能覆额，仅可罩住发髻，当为乌纱帽，与漆纱同出的还有玻璃珠、金箔片，可见，纱帽上还可镶嵌珠饰、金箔等饰物。

图 1 − 9 纱帽

1. 敦煌莫高窟 285 窟西魏壁画国王 2. 龙门石窟供养人

（三）圆顶小帽

帽顶较小，仅可包髻，整体呈扁圆形，帽裙向上翻折作直立状，与 Fa 型垂裙风帽形制相似，但帽裙材质硬挺，主要见于洛阳永宁寺遗址影塑头像，如标本 T1：1052 是年轻男子形象，头顶挽髻后小帽覆于髻上，帽裙向上反折围于帽顶左、右、后三面，帽顶阴刻"十"字线，脑后帽裙表现出两条折棱，显示帽裙用料较硬（图 1 − 10：1）。再如标本 T1：1090 是壮年男子形象，头戴方格纹面料制成的圆顶小帽，形制与 T1：1052 所着基本相同，仅帽裙反折后复折向下略呈"八"字形，脑后中央有小孔，应用来插笄固定帽子（图 1 − 10：2）。此型帽可直接外戴，也可在小帽之外扎巾，如标本 T1：1007，顶着包髻小帽，帽外由前额向后扎巾，巾子前宽后窄，两端于脑后缠绕成结（图 1 − 10：3），有的还在巾上缀有甲片，如标本 T1：1061。

---

① 敦煌文物研究所编辑：《敦煌壁画集》，文物出版社 1957 年版，图 20。

② 中国美术全集编辑委员会编：《中国美术全集·雕塑篇·龙门石窟雕刻》，上海人民美术出版社 1988 年版，图七〇，第 68 页。

图 1 - 10　圆顶小帽

1 - 3. 永宁寺遗址影塑像 T1：1052、T1：1090、T1：1007

（四）平顶帽

帽顶平整小巧、帽檐稍宽向四周下垂，因帽形较小，仅能罩住头顶，主要见于胡人俑所戴，如河北磁县东陈村尧赵氏墓（图 1 - 11：1）、茹茹公主墓以及陕西西安叱罗协墓、王德衡墓、宇文俭墓胡人俑，头戴平顶小帽，身着圆领窄袖长袍，腰间束带。

（五）尖顶帽

尖顶帽是帽顶虚空如尖锥形，四缘下垂笼于头顶的帽式。根据尖顶形态差别，可分三型：

A 型 帽屋较矮，根据帽尖差别，可分二亚型：

Aa 型 帽顶较尖，帽子整体形似圆锥，如内蒙古呼和浩特北魏墓Ⅲ式男俑，头戴尖顶小帽，身穿长衣，作拱手执物状，似汉人形象，可能为赶车俑[①]（图 1 - 11：2）。该俑所戴尖顶帽边缘厚实，制作材料似毛毡，应是文献中所说的"毡笠"。

Ab 型 帽顶圆润，如大同北魏司马金龙墓牵驼俑，帽缘装饰毛穗（图 1 - 11：3）。

B 型 帽屋较高，罩于头顶后急束成尖顶，见于徐显秀墓墓室东壁备车图牛头后面的男子，头戴紫色尖顶帽（图 1 - 11：4）。

C 型 帽尖弯曲向前钩，帽屋前后两端及两侧均向上微翘，整体呈瓦楞状，颜色为红色，帽子质地硬挺，应为皮帽。戴这种尖顶帽者均为胡人俑，呈舞蹈姿势，关于其身份，主要有萨满巫师和《上云乐》中的老胡文康说[②]。根据帽檐形态，可分二型：

Ca 型 帽檐前后呈尖角，两侧帽耳上翘，见于河北磁县茹茹公主墓、湾漳北朝墓胡服老人俑（图 1 - 11：5）。

---

① 郭素新：《内蒙古呼和浩特北魏墓》，《文物》1977 年第 5 期。

② 赵永红：《南北朝胡曳舞蹈俑考》，《汉唐与边疆考古研究》第 1 辑，科学出版社 1994 年版，第 136—143 页。

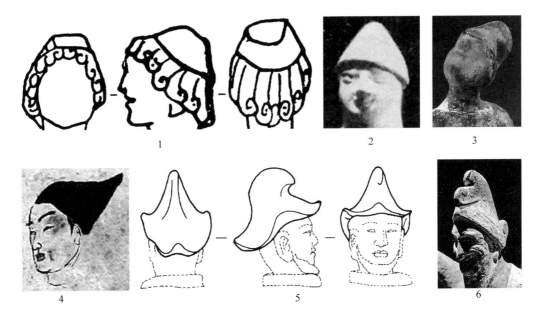

图 1 - 11　平顶帽、尖顶帽

1. 磁县东陈村尧赵氏墓胡俑（M1：11）　　2. Aa 型 呼和浩特北魏墓Ⅲ式男俑　　3. Ab 型 徐显秀墓墓室东壁男子　　4. B 型 徐显秀墓墓室东壁男子　　5. Ca 型 磁县湾漳北朝大墓胡俑（标本 0394）　　6. 库狄迴洛墓胡俑（标本 89）

Cb 型　帽檐前端略尖，两侧没有帽耳，平滑收束成较长的后檐，见于山西寿阳库狄迴洛墓胡俑（图 1 - 11：6）及美国纳尔逊美术馆藏舞人俑[①]。

（六）卷沿帽

卷沿帽是帽顶套头，帽檐向上翻卷的帽式，佩戴时可将护耳或帽檐折下变为暖帽。根据帽檐形态差别，可分三型：

A 型　帽檐平直，较宽，周沿上卷，下放时仅留面前一条略宽的缝隙，如山西太原北齐张海翼墓 A 式仪仗俑（图 1 - 12：1）。

B 型　帽子两侧有护耳，护耳上折后为带棱圆帽，如河北曲阳北魏高氏墓出土 2 件胡俑（图 1 - 12：2）。

C 型　帽檐有弧突，根据形制差别，可分二亚型：

Ca 型　帽檐前端两耳于耳朵上部翻折，后端帽裙弧线收束后上翘，在忻州九原岗北朝墓墓道东西壁出行图和狩猎图中均可见到，其形制类似卷裙风帽，但材质较为硬挺，颜色多为红色，帽耳底端垂系固定毡帽的带子（图 1 - 12：3）。

Cb 型　帽檐前端两耳翻折，与 Ca 型相比帽耳窄小，帽耳翻折位置在耳朵前上方，两侧及脑后垂裙呈波浪线窄帽檐，全部翻折于帽屋，在忻州九原岗北朝墓墓道东西壁出行图和狩猎图中可见到（图 1 - 12：4）。

---

① Jan Fontein, *Tung Wu*, *Unearthing China's Past*, Museum of Fine Arts, Boston, 1973, p. 146.

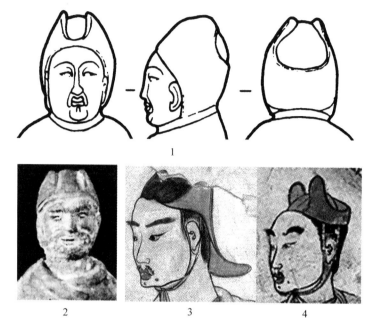

图 1 - 12　卷沿帽

1. A 型 张海翼墓 A 式仪仗俑（标本 24）　2. B 型 曲阳北魏高氏墓胡俑　3. Ca 型 九原岗墓道西壁三层男子　4. Cb 型 九原岗墓道西壁二层狩猎男子

（七）席帽

帽屋为圆尖顶，四缘出檐，如山西忻州九原岗北朝壁画墓墓道西壁第二层狩猎图中间位置绘一骑马张弓射猎的男子，头戴尖顶出檐帽，帽屋绘制花纹，但模糊不清，帽顶插有细长饰物。墓道西壁第三层所绘仪卫图，画面中间绘一男子头戴尖顶出檐帽，帽胎两侧缝有系带系结于颌下以固定帽子，帽屋绘制四圈弦纹，帽顶有管状物用于插装饰物，帽檐垂下细密的线状物[1]（彩图二，38）。从壁画所表现的帽子质感来看，这两顶帽子应为藤草编织而成的帽子，古人称之为"席帽"，形似毡笠，但以席为骨，四缘出檐，可蔽日遮颜乃至遮雨。五代马缟《中华古今注》"席帽"条云："本古之围帽也，男女通服之。以韦之四周，垂丝网之，施以朱翠，丈夫去饰。"[2] 这种帽檐"垂丝"的席帽在帽檐四周下垂丝线较短，若长至颈、肩部位用以掩面，则通常称为"帷帽"。宋高承《事物纪原·席帽》："《实录》曰，本羌人首服。以羊毛为之，谓之毡帽，即今毡笠也。秦、汉竞服之。后故以席为骨而鞔之，谓之席帽。女人戴者，四缘垂下网子以之蔽。"[3]

① 山西博物院、山西省考古研究所编：《壁上乾坤：山西北朝墓葬壁画艺术》，山西人民出版社 2020 年版，第 107、134 页。

② （后唐）马缟：《中华古今注》卷中，商务印书馆 1956 年版，第 34 页。

③ （宋）高承：《事物纪原》卷 3，中华书局 1989 年版，第 138—139 页。

（八）高帽

帽体高耸，罩于发髻之上，故称高帽。整体呈四棱柱状，顶部中央压出一横褶，形成前低后高的二尖顶，帽体高度不等，如洛阳永宁寺遗址出土 4 件头戴高冠的影塑头像（原Ⅳ型影塑戴冠头像），均较完整，为年龄不同的男性形象①，帽体较高，几与头部等高，后有竖状缝合线，缝合线下端常有小孔。如标本 T1：1017，顶部稍残，头、颈通长 9 厘米。现呈灰白色，表面光滑亮泽，圆脸无须，五官集中，弯眉细目，直鼻小口作微笑状，为俊秀青年模样。帽后缝合线下端留三角形开叉，叉之上方有针眼般小孔（图 1－13：1）。同样的帽式还见于北魏正光六年（525）贾智渊妻张宝珠造像立佛右侧供养人像及敦煌莫高窟北魏 257 窟南壁贵族男子形象（图 1－13：2）。此类帽颜色以白色为主，材质似缣帛之类织物，可能为曹操发明之"白帢"，史载："魏太祖以天下凶荒，资财乏匮，拟古皮弁，裁缣帛以为帢，合于简易随时之义，以色别其贵贱，于今施行，可谓军容，非国容也。"②

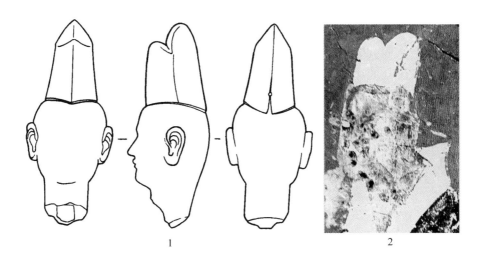

图 1－13　高帽

1. 洛阳永宁寺遗址影塑头像（T1：1017）　2. 莫高窟北魏 257 窟南壁贵族男子

三　巾

巾是具有敛发作用的头衣，最初不分尊卑贵贱，冠出现以后逐渐成为庶人所用首服，如刘熙《释名·释首饰》："巾，谨也，二十成人，士冠庶人巾，当自谨修四教也。"③《急就篇》颜注："帻者，韬发之巾，所以整嫱发也。常在冠下，或但单著之。"④ 其色以青、黑为主，故"黔首""苍头"成为庶民百姓的代称。自东汉晚

① 中国社会科学院考古研究所：《北魏洛阳永宁寺》，中国大百科全书出版社 1996 年版，第 61 页。
② 《三国志》卷一《魏书·武帝纪》，第 54 页。
③ （东汉）刘熙撰，（清）毕沅疏证，王先谦补：《释名疏证补》卷 4，第 158 页。
④ （汉）史游撰，（唐）颜师古注：《急就篇》卷二，中华书局 1985 年版，第 206 页。

期始，扎巾风俗不再限于庶民，王公贵族也开始以扎巾约发为雅，晋傅玄《傅子》载："汉末王公，多委王服，以幅巾为雅，是以袁绍、崔豹之徒，虽为将帅，皆着缣巾。"① 正如沈从文先生所言："汉、晋之际，或因为经济贫乏，或出于礼制解体，人多就便处理衣着，终于转成风气。武将文臣、名士高人，着巾子自出心裁，有种种不同名目。"② 北朝时期延续汉晋遗风，有幅巾、邪巾、葛巾、帽、接篱等不同名目，其佩戴范围没有严格的身份和等级规定，但由于不是正式的冠帻，只能在闲居时佩戴，朝拜、祭祀等重要礼仪场合不能佩戴，如冯亮博览群书，笃好佛理，隐居嵩山，宣武帝多次征召其入朝为官未遂，"（世宗）欲使衣帻入见，亮苦求以幅巾就朝，遂不强逼"③。冯亮不衣帻而以幅巾入朝就是通过这种不合常礼的行为表明自己归隐山林的心迹。根据形制差别，北朝图像中的巾可分为以下四型：

A 型 幅巾　幅巾又称巾帻或帼头，通常以整幅帛巾裹发，因所用帛巾一般裁成长宽与布幅相等的方形，故称"幅巾"，有敛发、防护、御寒等功能，起初主要为庶民服饰。汉末，王公名士曾以幅巾束首为雅，"幅巾谓不著冠，但幅巾束首也"④。郑玄曾"不受朝服，而以幅巾见"⑤。汉代以来，以幅巾束首者主要有自前向后和自后向前两种缠裹系扎方式，并产生了络头、帩头，帼头、幓头等不同称谓。北朝男子裹头的幅巾在山西太原娄睿墓、徐显秀墓，忻州九原岗北朝壁画墓中均有表现，均系整幅帛巾自额前向脑后缠裹系扎包裹头部和发髻，尤以徐显秀墓壁画表现数量最多。该墓墓道东、西两壁壁画对称，所绘人物均头裹紫色幅巾，墓室北壁夫妇宴饮图及东西壁备车、马图中也有头裹幅巾的男侍（图 1 - 14：1）。

B 型 窄巾　裹头的帛巾比较窄长，自前额向后扎巾，两端于脑后打结，头束此巾者多为高鼻深目、髭须发达的胡人形象，如洛阳永宁寺遗址影塑头像，标本 T1：1007，顶着包髻小帽，帽外由前额向后扎巾，巾子前宽后窄，两端于脑后缠绕成结。再如标本 T1：1093，头梳椎髻，由前额向后扎巾，两端于脑后缠绕扎结，巾端呈"八"字形下垂。

C 型 折角巾　束发于头顶后用软巾包裹扎束发髻，巾脚绕髻左、右、后三面自然上翘，扎束发髻的帛巾通常为本色或灰色。折角巾产生于东汉，流行于魏晋时期，是文人、士大夫所戴头巾，又称"林宗折巾"。相传汉末名士郭泰，字林宗，在社会上颇有声望，一次他在外出途中遇雨，头上戴的巾帻被雨淋湿，其中一只角折下来，半面高半面低。时人见之新奇，加之仰慕郭泰风度，纷纷模仿，一时流行开来，简称"林宗巾"，亦称"折角巾"。后来，角巾便成为文人士大夫们的闲居之服，正式场合一般不用。根据形制及系束方法不同，北朝图像中的角巾可分为二亚型：

① 《三国志·魏志》卷1《武帝纪》，第55页。
② 沈从文编著：《中国古代服饰研究》，第208页。
③ 《魏书》卷90《冯亮传》，第1931页。
④ 《后汉书》卷29《鲍永传》李贤注，第1019页。
⑤ 《后汉书》卷35《郑玄传》，第1208页。

Ca 型　髻根用长簪固定，根据形制差别，又可分二式：

Ⅰ式　头顶缠裹折角巾，如青州傅家画像石刻、徐显秀墓北壁壁画以及朔州水泉梁壁画墓中的男主人形象，头上不戴冠帽，发髻用巾子包裹，髻根部用带子系结，两侧及后面所余巾子自然上翘，发根处亦用簪子固定（图1-14：2）。忻州九原岗北朝壁画墓墓道西侧第四层所表现仪卫形象多为束发折角形象，墓道西壁所绘仪卫形象髻顶裹巾呈球状，上绘十字线（图1-14：3），应是扎束包髻发巾的痕迹，髻顶与北朝中晚期常见的小圆顶卷裙风帽的帽顶形制基本相同①。从整体来看，折角巾造型与 Fc 型小圆顶荷叶边风帽非常相似，仅结余的软巾帽裙更加阔大并向外翻折起翘，髻根增加固发的簪子。

Ⅱ式　头顶缠裹折角巾后下加短垂裙，如忻州九原岗北朝壁画墓墓道东壁二层牵马男子、射熊男子（图1-14：4）及墓道东、西壁第三层仪卫形象，头顶所束折角巾与 CaⅠ式相同，但角巾下垂白色垂裙。

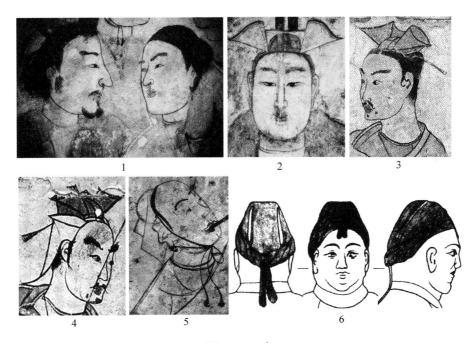

图1-14　巾

1. A 型幅巾 徐显秀墓墓室东壁男子　2—3. CaⅠ式折角巾 徐显秀墓墓主像、忻州九原岗北朝墓墓道西壁男子　4. Ca 型Ⅱ式折角巾 忻州九原岗北朝墓墓道东壁二层男子　5. Cb 型折角巾 水泉梁墓室绘鼓吹男子　6. 韩祖念墓垂臂执物武士俑（Hzn-85）

Cb 型　髻根用缨带固定，巾脚自然起翘，如朔州水泉梁北朝壁画墓墓室所绘鼓吹男子，发巾用细长的缨带系束，即"施缨导"，结余的带子飘垂于颔下（图1-14：5）。

---

① 山西博物院、山西省考古研究所编：《壁上乾坤：山西北朝墓葬壁画艺术》，第136—137页。

D 型 折上巾　幅巾四角各缀一长带，裹头后二带系于脑后，另二带反折系于头顶，又称四脚巾、软裹，隋唐时期称之为幞头。鉴于幞头在隋唐及后世服饰发展史中的重要地位，其起源问题自古备受关注，唐人普遍认为幞头起源于北周时期的军服①，孙机先生认为幞头形制源于鲜卑帽②，但长期以来与隋唐幞头形制相似的考古发现仅能追溯至隋代人物图像。但是，从最近发表资料来看，北朝晚期已有四脚巾，实例见于太原北齐韩祖念墓出土垂臂执物武士俑，共46件，如标本 Hzn－85、Hzn－113 均头顶裹巾呈覆舟状，脑后二脚打结后带子自然垂至颈肩和衣领，另二脚各分作二带拧成麻花状反系于头顶打结，余带于头顶打结后贴附头顶或垂至额前（图1－14：6）。

第二节　身衣

身衣即身上所着服装，是服饰的主体部分，中国古代传统服装有上衣下裳和上下连属两种基本样式。许慎《说文》："衣，依也。上曰衣，下曰裳。"③ 段玉裁注："裳，下裙也。"起初，裳是一种裙状遮蔽下身的服装，后来，裳成为下服的总称，故上衣下裳制又有上衣下裙和上衣下裤两种样式。上下连属制就是上衣和下裳连为一体的服装样式，如深衣、袍、长衫等。魏晋以前，服装的主流是上衣下裙和上下连属的深衣两种样式。三国两晋南北朝时期，由于北方少数民族的大量内迁，上衣下裤的样式才被人们普遍接受。根据人物图像资料所反映的服装形制，北朝男性所着身衣主要分为衣裳制、衣裤制、袍服制及其他服装四类。

一　衣裳制

上衣下裳是华夏服饰礼仪中最早的服装形制之一，《易·系辞传》云："黄帝、尧、舜垂衣裳而天下治，盖取诸乾坤"，东汉荀爽《九家易》有述："衣取象乾，居上覆物。裳取象坤，在下含物也。"《易·系辞传》云："黄帝尧舜，垂衣裳而天下治，盖取诸乾坤"，东汉荀爽《九家易》有述："衣取象乾，居上覆物。裳取象坤，在下含物也。"④ 据文献记载及出土人物图像，我国商代时期已形成上衣下裳之制，为表示尊重传统，衣裳制成为后世历代帝王百官最高等级的礼服形式，直到明代灭亡之后，随着整个古代服制的变易，衣裳之制才被废除，衣裳也成为衣服的泛称。北朝时期，传统的上衣下裳之制仍然延续，图像中表现的衣裳制身衣主要有衣、裳、裙、中衣和蔽膝五类。

（一）衣

衣是上衣的总称，《释名·释衣服》："凡服上曰衣，衣，依也，人所依以庇寒

---

①　《新唐书》卷24《车服志》，第527页。

②　孙机：《幞头的产生和演变》，载《中国古舆服论丛》，第205—223页。

③　（东汉）许慎撰，（宋）徐铉校定：《说文解字》卷8，第170页。

④　（清）李道平撰，潘雨廷点校：《周易集解纂疏》，中华书局1994年版，第627页。

暑也。"① 此处所论之衣为衣裳制中的上衣，基本形制为交领束带，衣袖宽博，袖端无收束，领、襟、袖口及衣裾边缘均镶有边饰（古称"襈"）。交领是中国传统领型，衣领直接连接左、右襟，衣襟在胸前相交呈 y 形，右衽指衣襟在胸前相交后，左衣襟在上压住右衣襟，即衣襟自左向右掩，左衽则相反。被压的衣襟也称内襟，压者则称外襟。根据衣领及袖口形制差别，可分三型：

A 型 衣襟相交于胸前，即领口比较靠上。北朝衣裳制中的交领上衣以右衽为主，根据袖口形态，可分二亚型：

Aa 型 袖身宽松合体，颜色以白、红为多，也有红、白相间条纹者，主要见于北魏迁洛之前的上层人物形象，如大同沙岭北魏 M7 墓室东壁、智家堡石椁北壁墓主像（彩图一，1、4）。

Ab 型 宽袖，衣袖末端广博无收口，主要见于迁洛后的伎乐人物，衣身颜色以红色为主，如磁县湾漳北朝大墓踞坐侍仆俑（图 1–15：1）。洛阳北魏元祉墓跪坐俑均头戴小冠，衣身后部自衣领下垂两条丝带，从其姿势及手执乐器来看是奏乐人物（图 1–15：2、彩图二，27）；杨机墓出土的 8 件乐俑与元祉墓跪坐俑形制基本相同，但后背情况不详。

B 型 衣襟相交于腰部，即领口比较靠下，衣襟相交于腰间扎束的大带位置。根据衣袖形制差别，可分三亚型：

Ba 型 衣袖自肘部垂直变宽，至袖端最为广博，衣袖较长，拱手时几可垂地，如崔芬墓墓主形象及洛阳永宁寺遗址影塑像男子形象（图 1–15：3）。

Bb 型 与 Ba 型形制相似，但衣袖较短，且袖端较窄，拱手时袖端内凹，如磁县湾漳北朝大墓笼冠立俑（图 1–15：4、彩图二，12）。

Bc 型 衣袖较长，袖端较宽且方直，主要见于陕西地区，如西咸新区朱家寨□颙墓笼冠俑（图 1–15：5、彩图二，14）。

C 型 衣襟相交于胸前，袒露脖颈和胸部，袖端较宽，主要见于陕西地区，如西安韦曲高望堆北朝墓、陆丑墓笼冠俑（彩图二，13）。

（二）裳

裳最初制成两片围于身上，一片蔽前，一片蔽后，腰部用大带系结。古代布帛门幅较窄，制作一件裳通常需要七幅即前三幅、后四幅分别连缀，左右两侧各留缝隙便于开合。汉代开始把前后两片连接起来，呈单片围腰形制，与裙基本相同②，后来出现前后闭合的通裙，裳仍沿用单片形制。裳的原初功能是"障蔽"，即遮羞，《释名·释衣服》："下曰裳。裳，障也，所以自障蔽也。"③ 北朝时期的裳见于北魏洛阳永宁寺遗址出土的影塑立像，裳由单片制成，自前向后围于腰间，两端在身后相互叠压，

① （东汉）刘熙撰，（清）毕沅疏证，王先谦补：《释名疏证补》卷5，第 165 页。
② 高春明：《中国服饰名物考》，第 598 页。
③ （东汉）刘熙撰，（清）毕沅疏证，王先谦补：《释名疏证补》卷5，第 165 页。

如标本 T1：2001，保存基本完整，仅左臂下部残，通高 22.7 厘米，上穿直领广袖衣，下裳腰部有宽褶，腰束宽带，下摆边缘有细密褶裥装饰（见图 1－15：3）①。

图 1－15　衣

1. Ab 型 磁县湾漳北朝大墓踞坐侍仆俑（标本 1329）　2. Ab 型 元祉墓跪坐俑（IM4034：13）　3. Ba 型洛阳永宁寺影塑男子像 T1：2001　4. Bb 型 磁县湾漳北朝大墓笼冠立俑（标本 428）　5. Bc 型 朱家寨□顗墓笼冠俑（M37：88）

（三）裙

裙本作"羣"，汉刘熙《释名·释衣服》："裙，下裳也。裙，羣也，连接羣幅也。"② 受纺织工艺限制，古时布帛门幅狭窄，裙通常由多幅布帛拼制而成，故羣有连接羣幅之意，简称羣。长沙马王堆汉墓出土的裙子实物③表明，早期裙由多幅布帛拼制而成，仅一片，穿时由前绕后于背后交叠。北朝人物图像中男性着裙者数量较少，多为头戴笼冠、小冠的形象，在陶俑、壁画中均有表现。根据形制及装饰差

---

①　中国社会科学院考古研究所：《北魏洛阳永宁寺》，第 75 页。

②　（东汉）刘熙撰，（清）毕沅疏证，王先谦补：《释名疏证补》卷 5，第 173 页。

③　由四幅单层素绢拼成，上窄下宽，呈梯形。长 87 厘米，上宽 143 厘米，下宽 158 厘米。上端缝有裙腰，在裙腰左右两端分别延长一截以代裙带，用以系结。整条裙子不用纹饰，也无缘边。

别，可分为二型：

A 型 素面无纹饰，裙摆自然下垂，裙后中央部位交叠之处有细密褶裥，通常着于交领襦衫之外，腰间束带，如磁县湾漳北朝大墓笼冠立俑（图1–15：4）。

B 型 横条纹裙　裙子装饰横条纹，仅发现于朔州水泉梁北齐壁画墓墓室北壁墓主夫妇宴饮图的墓主形象，白色裙子上有红色横条纹装饰（彩图一，10）。

（四）曲领中衣

中衣又称里衣，是穿于上衣之内起搭配和衬托作用的衬衣。北朝图像中男性外衣内通常着圆领中衣，但帝王、贵族及高官礼服内多衬曲领中衣，据《隋书·礼仪志七》记载，北齐时期七品以上官员朝服需着曲领[1]，其与圆领中衣的区别在于领子的形制不同。《礼记·深衣》云："曲袷如矩以应方。"郑玄注："袷，曲领也。"[2]西汉史游《急就篇》卷二云："袍襦表里曲领帬。"颜师古注："著曲领者，所以禁中衣之领，恐其上拥颈也。其状阔大而曲，因以名云。"[3] 刘熙《释名·释衣服》云："曲领，在内，所以禁中衣领，上横壅颈，其状曲也。"[4] 可见，先秦两汉时期曲领的结构有方矩形和阔大弯曲形两种截然不同的说法，之所以出现这种认知差别，原因可能是曲领形制在不同时期并不相同，或同一时期曲领也有不同的结构和形制。魏晋南北朝时期，曲领的形制渐趋统一，"阔大而曲"的"曲领帬"成为曲领的结构特征。所谓"曲领帬"即加有宽阔边沿"帬"的弯曲领子，如辽宁博物馆藏东晋顾恺之《洛神赋图》中褒衣博带的曹植便内衬曲领中衣，领型阔大弯曲呈喇叭状突起（图1–16：1）。

曲领中衣在北朝帝王、贵族图像中有大量表现，其基本形制为阔大弯曲的喇叭状领型，如巩义石窟帝王礼佛图中皇帝所着中衣，绕颈的衣领均有宽阔的边沿突起，至胸前下垂呈 V 字形。再如北魏洛阳永宁寺遗址 I 型影塑立像，标本 T7：2685 保存较好，直领上衣内着曲领中衣，领部大而突出，胸前呈 V 字形（图1–16：2）。

（五）蔽膝

蔽膝在古籍中常作"芾"（一作韨）或"韠"，是遮盖裳自腰至膝部的服饰配件。《释名·释衣服》："韨，韠也。韠，蔽膝也，所以蔽膝前也。妇人蔽膝亦如之，齐人谓之巨巾，田家妇女出，至田野，以覆其头，故因以为名也。又曰跪襜，跪时襜襜然张也。"[5]《礼记·玉藻》孔疏："他服称韠，祭服称韨。"可见，蔽膝因场合、服用者身份不同有不同的称谓。《说文》："市，韠也。上古衣蔽前而已。"[6] 可见，蔽膝是古代遮羞物的遗制，使用时系于大带之上，下垂至膝，衣裳制礼服则要

① 《隋书》卷12《礼仪志七》，第275页。
② 杨天宇撰：《礼记译注》，第782页。
③ （汉）史游撰，（唐）颜师古注：《急就篇》卷二，第143页。
④ （东汉）刘熙撰，（清）毕沅疏证，王先谦补：《释名疏证补》卷5，第174页。
⑤ （东汉）刘熙撰，（清）毕沅疏证，王先谦补：《释名疏证补》卷5，第169页。
⑥ （东汉）许慎撰，（宋）徐铉校定：《说文解字》卷7，第160页。

求其与裳下缘平齐。先秦时期蔽膝与佩玉一起成为区别尊卑等级的标志，其制下广上狭如斧形，这在考古出土或传世的商周玉人中有表现（图1-16：3）。秦代废除蔽膝之制并代以佩绶制度，但蔽膝并未完全消失，仍然存在于后世的祭服甚至朝服中。北朝中晚期，帝王百官祭服、朝服均用蔽膝，这在《隋书·礼仪志七》中有载。洛阳北魏宁懋石刻贵族人物、敦煌288窟男供养人（图1-16：4）以及山东临朐北齐崔芬墓夫妇出行图中崔芬腹前均有一块颜色与衣裳不同的竖长方形织物，束于大带之下，应为蔽膝。可见，到北朝时期，蔽膝已经由窄变宽遮蔽腹前，并长及膝部上下，与古制中所强调的长及裳部下缘不同。

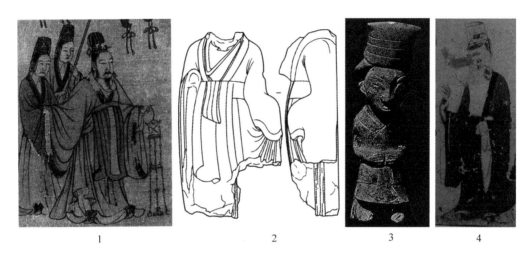

图1-16 曲领中衣、蔽膝

1. 《洛神赋图》曹植形象　2. 永宁寺Ⅰ型影塑立像（T7：2685）　3. 西周玉人 美国哈佛大学弗格美术馆藏　4. 敦煌莫高窟288窟男供养人

二　衣裤制

上衣下裤是北朝图像中常见的男性服装样式，根据服装结构，可分为下身所着裤和上身所着褶、裲裆衫、圆领袍、翻领袍等样式。

（一）裤

裤，古作"袴""绔"，据史料记载，大禹时代已有袴[1]，中原地区汉族早期裤形制与后世的套裤相似，无腰无裆仅有两条裤管，穿时套于胫上，故又称"胫衣"。《说文·系部》："绔，胫衣也。"[2]清段玉裁注："今所谓套裤也。左右各一，分衣两胫。"《释名·释衣服》称"绔，跨也，两股各跨别也"[3]。因裤的形制仅有两条

---

① 《格致镜原》引《物原》云："禹作袴。"（清）陈元龙：《格致镜原》卷18《冠服类·袴》，江苏广陵古籍刻印社1989年版，第163页。

② （东汉）许慎撰，（宋）徐铉校定：《说文解字》卷13，第275页。

③ （东汉）刘熙撰，（清）毕沅疏证，王先谦补：《释名疏证补》卷5，第170页。

裤管，其计数单位与鞋、袜相同，均为"两"，在居延汉简中有大量记载。合裆裤是欧亚草原游牧族群为提高骑马舒适度而发明的服装，新疆吐鲁番洋海墓地 M21、M157 等出土的合裆羊毛裤时代为公元前 13—前 10 世纪①，是中国地域范围内发现的时代最早的合裆裤实物。中原地区称这种有裆的长裤为"穷袴"，亦作穷绔、绲裆绔，古代典籍中将其发明者归功于西汉昭帝时的大将军霍光："光欲皇后擅宠有子，帝时体不安，左右及医皆阿意，言宜禁内，虽宫人使令皆为穷绔，多其带，后宫莫有进者。"东汉服虔注曰："穷袴，有前后当，不得交通也。"颜师古注："绔，古袴字也。穷袴即今之绲裆裤也。"② 从北朝人物图像来看，男子下身所着以裤装最为常见，从上着短衣的男子形象看北朝裤装为合裆裤，但裤腰及裆部具体形制不明。唐人刘肃在《大唐新语》所记欧阳询嘲谑长孙无忌"索头连背暖，漫裆畏肚寒"③的谐谑故事表明，出身鲜卑的长孙无忌穿"漫裆"裤，即不开裆的合裆裤。根据北朝人物图像所示裤管长短，可分为长裤和短裤二类：

1. 长裤 裤管长及脚踝，在北朝图像中最常见，根据裤管肥瘦，可分为小口裤和大口裤二类：

（1）小口裤 裤管窄小合体，亦称窄筩裤，根据裤脚收束情况，可分二型：

A 型 裤管窄小，裤脚为散口，无明显收束，根据裤管装饰情况，可分二亚型：

Aa 型 裤管单色，较清晰者可见白、黄、红等色，无花纹装饰，主要见于大同地区北魏早期人物形象，如大同智家堡石椁壁画、大同智家堡棺板画、宋绍祖墓男子形象，裤管窄小，裤脚无明显收束，裤管素色无装饰（图 1－17：1）。

Ab 型 裤管装饰竖条纹，红、白颜色相间，如大同雁北师院北魏墓群 M2 出土的 12 件男侍俑，上着窄袖褶服，下着窄腿白裤，裤腿用红色描绘数道红线以示条纹（图 1－17：2）。

B 型 裤脚收束，并有明显卷边线，有的还表现出裤中线，主要见于太原地区北朝晚期人物形象。裤管单色，尤以白色为多，亦有黄色、橙色、红色等，如娄睿墓、徐显秀墓、忻州九原岗及朔州水泉梁北齐壁画墓陶俑和壁画人物（图 1－17：3、彩图二，40）。

（2）大口裤 裤管肥大，上下基本同宽，亦称肥筩裤，在迁洛之后的北朝人物图像中最为常见，河南、河北、山东、山西、陕西、宁夏等地均有大量发现。因裤管肥大，行动起来并不方便，因此古人便想出多种方便穿用的方法。根据裤子处理方式及形态差别，可分二型：

A 型 裤管在膝盖上下用带子系缚，文献中作"急装"或"缚裤"，如《隋书·礼仪志六》载："裤褶，近代服以从戎。今纂严，则文武百官咸服之。车驾亲戎，

① 黎珂、王睦等：《裤子、骑马与游牧——新疆吐鲁番洋海墓地出土有裆裤子研究》，《西域研究》2015年第 2 期。

② 《汉书》卷 97《外戚传上·孝昭上官皇后传》，第 3960 页。

③ （唐）刘肃撰，许德楠、李鼎霞点校：《大唐新语》卷 13《谐谑》，中华书局 1984 年版，第 188 页。

则缚裤，不舒散也。"[①] 缚裤本为车驾亲戎穿用，取其方便行动，但北朝时期，缚裤已成常见穿用方式，考古出土的武士俑、骑俑、仪仗俑、侍从俑、文吏俑、风帽俑等大多身着缚裤。系缚裤管的带子清晰可见，带结通常位于裤管外侧或前部中线位置，如磁县湾漳北朝大墓仪卫俑（标本632），下身着白色大口裤，膝下以朱红色带子系缚，带结位于裤管外侧（图1-17：4）。

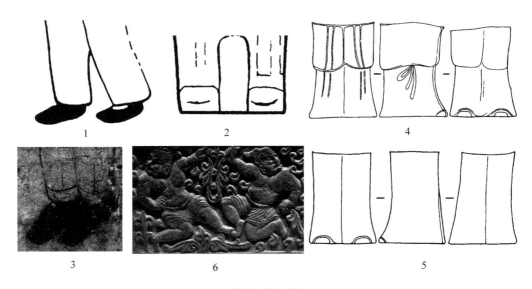

图1-17　裤

1. Aa型小口裤 智家堡壁画石椁北壁男性　2. Ab型小口裤 大同雁北师院北魏M2男侍俑（M2：71）
3. Ba型小口裤 朔州水泉梁北朝壁画墓墓室北壁伎乐　4—5 A、B型大口裤 磁县湾漳北朝大墓仪卫俑（标本632、521）　6. 短裤 大同市北朝艺术博物馆藏石函正面雕伎乐男子

B型 裤管肥大，膝下不加束缚，整体呈疏散状，文献中称之为"缓服"，主要由侍从俑、文吏俑、风帽俑等穿，如磁县湾漳北朝大墓侍从俑（标本521），下着白色大口裤，裤子膝部无系带，整体作舒散状（图1-17：5）。

2. 短裤　短裤是遮蔽下体及大腿的裤子，因比长及脚踝的长裤短而得名。合裆的短裤古称裈，主要有两种：一种类似今天的五分裤，长及膝部，中原地区时代最早的实物发现于河南三门峡虢国墓地虢仲墓（M2009），椁室东侧出土1件麻布短裤，除上部裤腰部分残损外，其余部分保存相对完好[②]，另在西汉长沙马王堆汉墓出土的《导引图》中有一人着及膝的裈[③]；另一种叫犊鼻裈，三角形，无裤管，因形似牛鼻而得名，通常作内裤穿用，犊鼻裈的历史悠久，早在四五千年前湖北天门石家

① 《隋书》卷一一《礼仪志六》，第235页。
② 李清丽、刘剑、贾丽玲、周旸：《河南三门峡虢国墓地M2009出土麻织品检测分析》，《中原文物》2018年第4期。
③ 湖南省博物馆、中国科学院考古研究所：《长沙马王堆二、三号汉墓发掘简报》，《文物》1974年第7期，图版陆。何介钧、张维明：《马王堆汉墓》，文物出版社1982年版，第117页。

河文化遗址发现的玉神人像，腰间已有三角形裤装。另据《史记·司马相如列传》载："相如身自著犊鼻裈，与保庸杂作，涤器于市中。"①犊鼻裈类似现代的裤衩、短裤，只有贫贱劳作者外穿，司马相如当街着犊鼻裈，只是为了显其贫贱以出岳父卓王孙的丑。北朝图像中的短裤主要见于神灵、伎乐人物，如大同御东新区贾宝墓石灯柱础下部表演投丸、吞剑的男子形象，再如大同市北朝艺术博物馆藏石函正面雕二伎乐男子，上身袒露，下着短裤（图1-17：6）②。

（二）褶

褶在《释名·释衣服》中释为："褶，袭也，覆上之言也。"③ 褶通袭，先秦时期指给死者穿的敛服，《仪礼·士丧礼》："襚者以褶，则必有裳。"注曰："凡衣死者，皆左衽，结绞不纽。袭亦左衽不纽也。"④ 袭形制短小，与后世胡人所着褶均为短小仅能"覆上"的左衽之服，正如《急就篇》颜师古注："褶谓重衣之最在上者也，其形若袍，短身而广袖。一曰左衽之袍也。"⑤ 郑玄《礼记·玉藻》注，褶是一种有表、里的夹衣，即"衣有表里而无著也""褶，袷也"⑥。褶通常与裤搭配，称裤褶服，在历史发展过程中与胡服、戎装息息相关，王国维《胡服考》有详细考证和论述⑦。汉代以后褶在材质、长短、色彩、纹样及领、袖形态等方面存在时空差别，但其内外襟对称的服装结构沿袭不变。北朝图像中的褶左衽、右衽均有，领、襟、袖及衣裾边缘均镶有襈，衣长主要有两种：一种是长及膝部的长褶，古人称之为"大褶"，见《释名·释衣服》："留幕，冀州所名，大褶下至膝者也。"⑧ 另一种是短至腰际或髋部的短褶，也称"小褶"。根据衣袖长度不同，可将北朝褶服分为长袖褶和短袖褶二类：

1. 长袖褶 根据衣袖形态不同，可分为三型：

A 型 窄袖褶 袖管较窄，比较合体，左衽为主，根据衣长差别，可分二亚型：

Aa 型 窄袖短褶 衣长至腰际髋部，最长不过膝部，以红、黄、灰等单色衣为主，如大同沙岭北魏壁画墓南壁宴饮图中的男子形象、解兴石堂右侧奏乐图中男侍（图1-18：1）。

Ab 型 窄袖长褶 衣长至膝或小腿中部，因衣身较长，通常在褶底两侧开衩。根据装饰差别，又可分二式：

---

① 《史记》卷117《司马相如列传》，第3000页。
② 大同市博物馆编：《融合之路——拓跋鲜卑迁徙与发展历程》，安徽美术出版社2018年版，第131页，图125。
③ （东汉）刘熙撰，（清）毕沅疏证，王先谦补：《释名疏证补》卷5，第170页。
④ （汉）郑玄注，（唐）贾公彦疏：《仪礼注疏》卷36，北京大学出版社2000年版，第804、787页。
⑤ （汉）史游撰，（唐）颜师古注：《急就篇》卷2，第144页。
⑥ （汉）郑玄注，（唐）孔颖达疏：《十三经注疏·礼记正义》卷29、45，北京大学出版社2000年版，第1046、1472页。
⑦ 《王国维全集》卷18《观堂集林》，浙江教育出版社2009年版，第555—587页。
⑧ （东汉）刘熙撰，（清）毕沅疏证，王先谦补：《释名疏证补》卷5，第175页。

Ⅰ式　单色褶，以红、白二色居多，褶身与襈通常色彩不同，如大同北魏宋绍祖墓Ⅲ式男侍俑、雁北师院北魏 M2 男侍俑（图 1 - 18：2）、大同智家堡北魏墓石椁壁画中北壁东侧二男子及东壁四男子、大同智家堡北魏墓棺板画中的男子形象等均着此种服装。

Ⅱ式　条纹褶，褶上装饰横、竖条纹，如山西大同云波里北魏壁画墓墓室东壁墓主宴饮图右侧侍者（彩图一，2）、伎乐（彩图二，30）及墓室南壁树下人物、骑马射猎男子形象，均着红白条相间的窄袖长款褶服，褶底两侧有开衩。

B 型　宽袖褶　袖管略宽，袖根至袖口基本等宽，左衽为主，主要见于陕西地区西魏、北周图像资料。根据衣长差别，可分二亚型：

Ba 型　宽袖短褶，衣长至髋部，如北周宇文俭墓（图 1 - 18：3）、叱罗协墓、王德衡墓小冠男侍俑。

Bb 型　宽袖长褶，衣长至膝，如北周宇文俭墓帷帽男立俑（图 1 - 18：4）、柳带韦墓 A 型风帽俑、北周武帝孝陵Ⅰ型风帽俑等。

C 型　广袖褶　广袖又称大袖，袖根部位比较合体，但接袖部分比较宽博。根据袖管、衣领形制以衣服长短差别，又可分三亚型：

Ca 型　袖管肘部以上平直合体，肘部以下逐渐外侈至袖端最为博大，交领，左、右衽均有，根据袖管形态差别，可分二式：

Ⅰ式　袖口较宽，比较平直，交领右衽，衣长至臀部，主要发现于河南地区的文吏俑、侍从俑、仪卫俑等，如元祉墓小冠俑（图 1 - 18：5）。

Ⅱ式　袖口宽博，垂手时几乎长可及地，并且在陶俑中存在内凹现象，交领，左、右衽均有，衣长在膝部以上，主要发现于河南、河北、山东地区的文吏俑、风帽俑、骑马俑、伎乐俑、仪卫俑等。以河北磁县湾漳北朝大墓所出土的 176 件裤褶仪卫俑为例，标本 132，通高 30.2 厘米，外着朱红色广袖褶服，交领左衽，腰扎白色带，黑色带扣（图 1 - 18：6）。墓葬东壁所绘壁画第 16 人以及西壁第 17 人亦着交领左衽宽袖褶服。这种广袖褶比较适用于非体力劳动者，广大劳作仆从及士卒穿着此服则拖沓烦冗极不方便，因此常见将袖口垂袖部分打结或用带子系结垂袖者，如河北磁县湾漳北朝大墓鼓乐立俑（图 1 - 18：7）、茹茹公主墓持鞭俑、元良墓负箭俑、侍卫俑，山东济南东八里洼墓Ⅲ型男侍俑等。

Cb 型　袖管肘部以上平直，肘部以下外侈，但袖端比 Ca 型窄，袖口平直或中间略外凸；领口低，敞露脖颈和胸部，左衽为主，衣长至臀部，主要见于陕西地区，如西安南郊韦辉和、韦乾墓小冠缚裤俑、小冠文吏俑、A 型风帽俑，西安韦曲高望堆北朝墓小冠俑，西安市征集小冠俑（彩图二，9）。

Cc 型　袖管宽直，衣袖自肘部以下平直广博，袖端最宽，衣长至膝；交领，左衽为主，主要见于陕西地区，如叱罗协墓、王德衡墓、若干云墓、柳带韦墓及武帝孝陵等出土笼冠俑（图 1 - 18：8）。

2. 短袖褶　衣袖长及肘部，可称为半袖褶，衣长至膝，数量较少，见于杨机墓Ⅰ式小冠男侍俑，标本 923、915（图 1 - 18：9）。

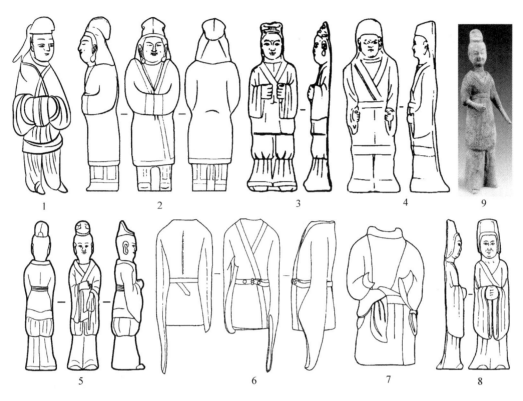

图 1-18 交领褶

1. Aa 型 解兴石堂右侧奏乐图男侍   2. Ab 型 大同雁北师院北魏 M2 男侍俑（M2：71）   3. Ba 型 宇文俭墓小冠男侍俑（M1：42）   4. Bb 型 宇文俭墓帷帽男立俑（M1：21）   5. Ca 型Ⅰ式 元祖墓小冠俑   6-7. Ca 型Ⅱ式 磁县湾漳墓仪卫俑（标本 132）、鼓乐立俑（标本 742）   8. Cc 型 北周武帝孝陵笼冠俑（标本 69）   9. 短袖褶 杨机墓小冠俑（标本 923）

（三）裲裆衫

裲裆俗称"两当"，亦可写作"两裆"，最早见于东汉末刘熙《释名·释衣服》："裲裆，其一当胸，其一当背也"①，其基本形制可为前、后两片衣襟，一片当胸，一片当背，无领无袖。《释名》一书将裲裆列于中衣之后、帕腹之前，当指妇女穿用的内衣。可见，东汉末年中原地区已有作为内衣的裲裆，魏晋以来，女性们又开始了裲裆外穿的先河，但《晋书·五行志》将其视为祸国殃民的"服妖"②。关于裲裆的起源问题学界尚无定论，主要有起源于北方少数民族和中原内地两种说法，但目前要究明裲裆的起源时间及地区还缺少有力的证据。南北朝时期，以裲裆为名者大致有三种物件：一是内衣，特别指称女性背心；二是裲裆衫，多为男性穿用，女性也有少量穿者；三是裲裆铠，南北朝时期流行的铠甲之一。

---

① （东汉）刘熙撰，（清）毕沅疏证，王先谦补：《释名疏证补》卷5，第172页。
② 《晋书》卷27《五行志上》，第823页。

北朝时期的裲裆衫主要发现于北魏迁洛之后头戴小冠、身着裤褶的门吏、武官形象，仪卫、武士也有穿者，基本形制是前胸、后背各有一片衣襟，肩部用带子连接，腰部束带。裲裆衫肩部的连接方式主要有三种：一种是肩部用带扣连缀前后衣襟，在前、后衣襟两端各装一枚带扣，打孔的肩带穿过扣舌后末端显露在外，如磁县湾漳北朝大墓大门吏俑（标本 1566）（图 1－19：1）①，其他如河北磁县北齐高润墓、茹茹公主墓文吏俑，均表现出肩带连缀带扣的痕迹；一种是肩带不用带扣连缀，直接固定在衣襟上，肩带末端在衣襟内侧、外侧者均有，前者如偃师联体砖厂北魏 M2 Ⅰ 式仪仗俑（图 1－19：2），后者如河北磁县北齐元良墓文吏俑；一种是肩带直接连于衣襟边缘，似与缘边通裁而成，如染华墓侍吏俑、磁县湾漳北朝大墓文吏俑标本 79②（图 1－19：3）。根据裲裆衫长度及形制不同，可分二型：

A 型　衣长遮臀，数量最多，河南、河北地区比较常见，如磁县湾漳北朝大墓大门吏俑（图 1－19：1）。

B 型　衣长齐膝，比较少见，主要见于陕西地区，如西安南郊韦辉和、韦乾墓小冠武吏俑，西安市征集小冠俑（彩图二，9）。

综上，裲裆衫在具体细节方面存在以下三个特征：首先，裲裆衫以红、白等单色为主，边缘镶饰与主体颜色不同的宽边；其次，裲裆衫前、后衣襟形制基本一致，上缘中间部位略有弧突或下凹，衣襟上缘边角与肩膀等宽，两侧略向腰间内收，符合人体结构及便于活动的功能需求；最后，裲裆衫腰带以下前、后衣襟的连缀方式有些因褶服宽袖遮挡并不明确，但从元祖墓裲裆形象可知，裲裆衫腰部以下前后襟应连缀在一起。需要注意的是，裲裆衫前后衣襟形制的一致性显示出与后面将要谈到的裲裆铠，特别是皮质裲裆铠存在细微差别，这也是判别裲裆是铠甲还是衫的重要标准。

（四）圆领短袍

圆领袍是隋唐服饰研究者非常关注的服装款式，实际上，在考古出土的北朝人物图像中已有大量身着圆领袍者，比较富有特色。这种服装款式与传统的交领服制不同，领呈圆形，可更好地防寒保暖，适合高原地区游牧民族穿着，而中原地区汉族传统服饰中通常将圆领作内衣穿用，北朝时期特别是北朝晚期将圆领服装作外衣穿的现象非常普遍。圆领袍有长、短之分，长者至小腿中部乃至脚腕部位，短者在膝部以上。北朝时期的圆领短袍衣袖紧窄，下着长裤，根据门襟形态差别，可分为套头、偏襟和对襟三型：

---

① 中国社会科学院考古研究所、河北省文物研究所编著：《磁县湾漳北朝壁画墓》，科学出版社 2003 年版，第 51—52 页。

② 中国社会科学院考古研究所、河北省文物研究所编著：《磁县湾漳北朝壁画墓》，科学出版社 2003 年版，第 52—53 页。

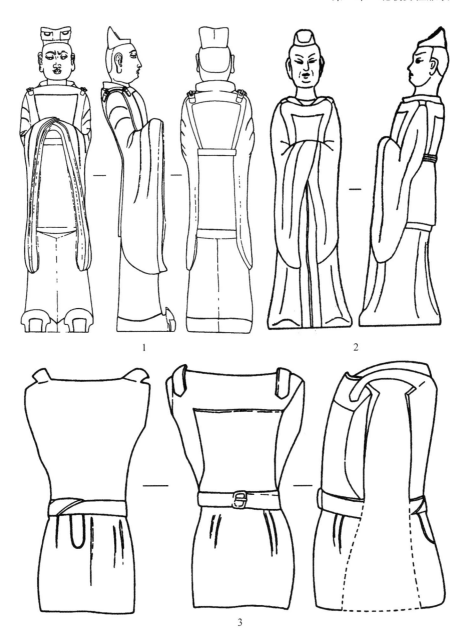

图 1-19　裲裆衫

1. A 型 磁县湾漳北齐大墓大门吏俑（标本 1566）　　2. 联体砖厂北魏 M2 I 式仪仗俑（M2：90）　　3. 磁县湾漳北齐大墓文吏俑（标本 79）

A 型 套头圆领袍

袍身不开襟，穿衣时套头而入，衣长至膝，腰间束带，主要见于陕西地区胡人俑,如咸阳西魏侯义墓胡俑、西安西魏吐谷浑公主与茹茹大将军墓披发俑（图 1-20：1）。

B 型 偏襟圆领短袍

衣襟左、右交叠于身体一侧，故名偏襟，多用纽结系连，其中，在身体左侧纽结者称"左开襟"，在身体右侧纽结者称"右开襟"。其基本形制是圆领，上加小立领，两侧衣襟均为直襟，偏开，衣袖紧窄。根据衣袖长短，可分为二亚型：

Ba 型 圆领长袖袍 根据衣袖、衣身形制及装饰可分二式：

Ⅰ式 衣袖较长，通常超过手指，袖端紧窄并有明显收口，在陶俑、壁画中经常表现为袖端多条褶皱线，右开襟比较常见，红、白单色为主，主要见于山西地区，如太原北齐贺拔昌墓骑马执物俑、击鼓骑俑、鼓吹骑俑、三棱风帽俑（图 1 - 20：2），太原南郊北齐壁画墓仪仗俑、骑俑，太原西南郊北齐洞室墓垂袖男侍俑、持物男侍俑，张海翼墓 A 式、C 式仪仗俑等，库狄业墓 B 式三棱风帽俑，狄湛墓三棱风帽俑等。

图 1 - 20　圆领短袍

1. A 型 吐谷浑公主与茹茹大将军墓披发俑（M2：157）　2. Ba 型Ⅰ式 贺拔昌墓三棱风帽俑（T99HQH17 - 1）　3. Ba 型Ⅱ式 西安韦曲高望堆北朝墓胡俑（M1：43）　4. Bb 型Ⅰ式 娄睿墓骑马乐俑（标本 601）　5. Bb 型Ⅱ式 娄睿墓将军俑（标本 606）　6. Cb 型 莫高窟西魏 285 窟北壁供养人

Ⅱ式 袖长至腕部，红、白单色为主，左开襟比较常见，主要见于陕西地区风帽俑和胡人俑，有的装饰竖条纹，如西安韦曲高望堆北朝墓 A 型风帽俑、胡人俑，前者领口滚圆突出，似为毛领（图 1－20：3）。

Bb 型 圆领半袖袍 圆领，半袖，袖长至肘，内穿长袖衣，主要见于山西地区，根据装饰差别，可分二式：

Ⅰ式 单色，无其他装饰，如北齐徐显秀墓辫发骑俑，娄睿墓鲜卑帽武士俑、骑俑、骑马乐俑、执物骑俑、驮物骑俑等，忻州九原岗壁画墓等。以娄睿墓骑马乐俑为例，共 22 件，如标本 601，头戴三棱风帽，身穿短袖右衽紧身黄襦，内穿长袖衣，黄裤、乌靴（图 1－20：4）。

Ⅱ式 袍身装饰桃形饰，见于娄睿墓将军俑，标本 606 穿黑色圆领短袍，上缀 15 枚桃形饰物，标本 607 穿土黄色圆领短袍，上缀 17 枚桃形饰物（图 1－20：5）。

C 型 对襟圆领短袍

圆领袍在身前正中部位开口，也称对开襟，主要见于莫高窟西魏 285、288 窟，北周 290、296、428、301 窟壁画供养人形象。根据衣襟开口方式不同，可分为二型：

Ca 型 衣襟自领口至衣摆通体开口，如莫高窟西魏 285 窟南壁《五百强盗成佛图》中的强盗形象，并且散落一地的强盗衣服均为圆领对襟窄袖袍，圆领对襟，领、袖、襟、裾均镶异色阔边，领口两边各缝缀一条帛带以系缚衣襟（彩图六，5）。

Cb 型 衣襟仅在领口至腰际开口，腰际至下摆不开口，如莫高窟西魏 285 窟北壁东起第三铺男供养人像，二人均穿半开襟的圆领窄袖袍（图 1－20：6）。

（五）翻领短袍

翻领是领口缀有向外翻折领面的领型，与汉族传统交领存在明显不同，一般被认为是唐代胡服的重要款式之一，其实北朝晚期图像中已比较多见。北朝图像中的翻领袍，左衽、右衽均有，衣长至膝，腰间束革带，袖子紧窄，以长及手肘的半袖为多。根据领部形制不同，可分作二型：

A 型 小翻领 主要见于山西地区，如太原北齐张海翼墓 B 式仪仗俑（图 1－21：1）、贺娄悦墓侍仆俑。此型服装实由圆领窄袖袍演化而来，只是穿着方式上有所不同。圆领袍是将领部竖起，衣襟相交后拥颈而成圆领，而翻领则是衣襟相交后领部自然外翻，亦见衣袖较长者。

B 型 大翻领 领部外翻较大，大多光素无纹，有的表现格纹装饰，主要见于河南和河北两地，如安阳北齐范粹墓 Ⅱ式仪仗俑；磁县东陈村尧赵氏墓小冠俑（图 1－21：2）、Ⅳ式侍俑。

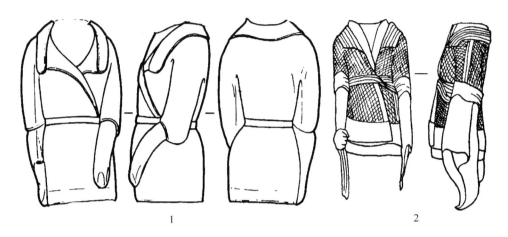

图1-21　翻领短袍

1. 张海翼墓B式仪仗俑（标本36）　2. 磁县东陈村尧赵氏墓小冠俑（M1：31）

三　袍服制

袍服是上下通裁、中间无接缝的服装样式，与上衣下裳制和上下分裁再连属的深衣制存在明显区别。袍服在先秦时期已经出现，是一种加绵絮的内衣，《释名·释衣服》："袍，苞也，苞内衣也。"① 至汉代，袍服穿用更加常见，并且在东汉时期，袍服由内衣逐渐发展成为外穿之衣，《后汉书·舆服志》载："服衣，深衣制，有袍，随五时色。袍者，或曰周公抱成王宴居，故施袍……今下至贱更小吏，皆通制袍，单衣，皂缘领袖中衣，为朝服云。"② 袍服外穿之后，其制作和装饰日益考究，一般在衣领、袖口、衣襟及衣裾部位缀饰缘边。袍服制流行于隋唐时期，主要表现是圆领袍、襕衫等服制的普及。拓跋鲜卑入主中原后，曾一度以裤褶为朝服，但随着孝文帝汉化改制政策的推行，汉族服制得到提倡，帝王百官在朝会、祭祀等礼仪场合多着袍服③。北周武帝保定四年（564），执掌朝政大权的宇文护始令在袍服下端加襕，使袍服具有上衣下裳形制④，符合中国传统服制，这种加襕的袍唐时被称为襕衫或襕袍。据衣领形制差别，北朝图像中的袍服主要有三类：

（一）交领窄袖长袍

交领，窄袖，衣长至小腿中部，腰间系束蹀躞带，腰带系束位置比较靠下，腹、臀凸出，如徐显秀墓东、西墓道及墓室壁画中人物形象，内着圆领衣，外套右衽窄袖长袍，腰间扎束革带（彩图二，34）。娄睿墓中表现生前宦途生涯的壁画中亦有大量内着圆领衣、外套右衽窄袖长袍的人物。

---

① （东汉）刘熙撰，（清）毕沅疏证，王先谦补：《释名疏证补》，第175页。
② 《后汉书》卷120《舆服志》，第3666页。
③ 《隋书》卷11《礼仪志六》，第238—239页。
④ 《隋书》卷一一《礼仪志六》，第250页。

（二）圆领长袍

圆领，衣长至小腿中部，有的长及脚踝，脚上着靴，根据衣袖宽窄，可分窄袖和广袖二类：

1. 圆领窄袖长袍　衣袖紧窄，根据衣襟形态差异，可分为三型：

A 型　套头圆领窄袖长袍　袍身不开襟，穿衣时套头而入，衣长过膝，腰间束带身前位置比较靠下，大致在小腹以下，为便于行动和骑乘，衣服两侧开衩。根据装饰差别，可分二亚型：

Aa 型　袍身装饰花草等纹饰，如山西大同雁北师院北魏墓群 M2 出土的 9 件胡人俑，均身着红色圆领窄袖长袍，上有白色团花图案装饰，圆领、袖口和下摆处有白色边饰，袍服侧摆底边开衩（图 1-22：1）。

Ab 型　袍身装饰竖条纹，如大同云波里北魏壁画墓东壁胡人伎乐形象，袍身装饰细密竖条纹（彩图二，30）。

B 型　偏襟圆领窄袖长袍　门襟偏于身体一侧，圆领上加小立领，两侧衣襟均为直襟，衣袖紧窄。根据形制差别，可分三亚型：

Ba 型　衣袖长及手腕，左开襟，衣长至小腿中部，如大同宋绍祖墓仪仗男俑，共 19 件，如标本 62，头戴风帽，身着左开襟圆领长袍，长及小腿中间位置，腰间无束带，衣料厚重，当为动物皮毛制作（图 1-22：2、彩图二，15）。内蒙古锡林郭勒盟正镶白旗伊和淖尔北魏墓地 M3 出土的毛领皮衣形制基本相同（彩图五，25）①。

Bb 型　衣袖长及手腕，左、右开襟均有，衣料软薄，腰间束带，衣长至小腿中部或脚踝位置，有的下摆开衩，主要见于北朝胡人形象及陕西地区风帽俑，如河南洛阳郭定兴墓胡俑、元邵墓长衣俑、王温墓思维俑；河北磁县东陈村尧赵氏墓胡俑（图 1-22：3），吴桥 M2 执事俑，景县高长命墓胡俑，磁县茹茹公主墓持鞭俑、胡俑，磁县高润墓胡俑、胡帽俑、吹奏骑俑，山东济南东八里洼墓牵马俑；陕西柳带韦墓 B 型风帽俑等。

Bc 型　衣袖长度超过手指，袖端紧窄并有明显收口，在壁画中经常表现为袖端多条褶皱线，腰间束带，腹前位置比较靠下，衣长至小腿中部，下摆开衩，主要见于山西地区壁画人物形象，如太原娄睿墓及忻州九原岗墓道东西壁壁画人物。这种圆领袍衣袖较长，袖端收口长 5—10 厘米，似有弹性，手中无持物时可将手缩于袖中，比如九原岗壁画墓墓道西壁第三层红衣男子，双手缩于袖中，袖端下垂，其左侧黄衣男子则左手伸于袖外，右手缩于袖中，其右侧灰衣男子则将两袖撸起（彩图二，37）②。

C 型　对襟圆领窄袖长袍　袍身前部正中位置开襟，也称"对开襟"，衣长过膝，

① 国家文物局编：《万年永宝：中国馆藏文物保护成果（普及本）》，科学出版社 2021 年版，第 128 页。
② 山西博物院、山西省考古研究所编：《壁上乾坤：山西北朝墓葬壁画艺术》，第 135 页。

主要发现于入华粟特遗存中，如安伽墓、史君墓围屏石榻上的人物图像，另外在敦煌石窟西魏、北周供养人形象中也有表现（图1-22：4）。

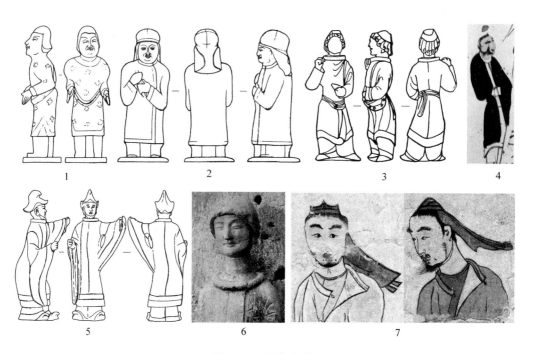

图1-22　圆领长袍

1. Aa型 大同雁北师院北魏M2胡人俑（M2：15）　2. Ba型 宋绍祖墓仪仗俑（M5：62）　3. Bb型 磁县东陈村尧赵氏胡俑（M1：11）　4. C型 莫高窟北周290窟窟顶东坡侍从像　5. 圆领广袖长袍 磁县湾漳墓胡服老人俑　6. 麦积山石窟西魏123窟左壁前部侍者　7. 忻州九原岗北朝壁画墓墓道西壁男子

2. 圆领广袖长袍 衣袖长及手腕，袖端宽大，比较少见，见于磁县湾漳北朝大墓胡服老人俑，标本0394，身穿朱红色圆领广袖长袍（图1-22：5）。

偏襟圆领袍衣襟的系缚方式主要有两种：一是沿用传统的带式系连法，如西魏285窟南壁五百强盗成佛图散落衣服（彩图六，5）所示；再如麦积山石窟西魏123窟左壁前部侍者，身着圆领窄袖长袍，衣襟相掩后左胸部位还可见到余下的两条带子（图1-22：6）。二是用纽襻固定法。纽襻亦作纽绊、纽祥，用织物盘结的纽结穿过纽襻便可将门襟闭合和固定，纽结属于形体较小的隐扣，在北朝图像中少有表现，但在一些写实程度较高的图像中，小小的纽结被细致地描绘出来。如忻州九原岗壁画墓墓道西壁第三层二位男子，着本色圆领袍者仅在内襟领口缀一球形纽结，着橙色圆领袍者则在内、外衣襟领口均缀球形纽结（图1-22：7），考虑到北朝晚期着圆领长袍者腰间束带比较靠下，胸腹部位应另有一枚纽结。由此可知，北朝圆领长袍通常用3对纽襻扣进行固定，三枚纽结分别缀于内、外襟领口及大襟近腰处，纽襻在图像中虽无表现，但根据纽结的位置可知，应分别缀于两侧肩头内、外及胸腹部。用纽襻缀连的圆领袍不仅能防风沙从领口灌入，天气转热时，又可解开肩头的纽结，将一侧领子翻开，或同时将一对领子外翻，形成敞开的翻领服装。这种方便实用的缀连方式也被后来的唐、宋所继承，日本正仓院藏圆领袍上能看到纽襻使用的实例。除织物盘结的球形纽结外，北朝时期还有金属扣饰，如大同南郊北魏M99（彩图五，26）、河北磁县东魏茹茹公主墓和徐州楚岳山庄北齐M1均有金扣饰出土，其中大同南郊M99和徐州楚岳山庄M1出土的金扣饰形制完全一样，均为中空球形，中部有两个对称的小孔可用于钉缀，后者直径1.3厘米；茹茹公主墓金扣呈长方形中空状，长1.3厘米，重2克，底部有凸起的桥形钮用于钉缀，类似的扣饰在陕西咸阳塔尔坡战国秦墓M5亦有出土，是中西文化交流的重要物证①。

（三）对襟翻领长袍

北朝人物图像中亦有身着翻领窄袖长袍者，数量比较少，如彭阳新集M1出土26件风帽俑，头戴圆形风帽，面部墨勾八字胡须，尖鼻深目，身着翻领对襟长袍，袍服面料厚重似裘皮（图1-23）。

四 其他

北朝男性着装除衣裳、衣裤、袍服之制外，还有披风、裘等服装。

（一）披风

披风是披于衣服最外面用以防风御寒的外衣，后世又称假钟，因其形似钟而得名。披风短者曾称帔，长者无袖、连帽者又称斗篷。披风有袖，可穿可披，但在日常生活中通常披于肩背，两袖空垂仅作装饰。这种披衣而不结带的着装方式文献中称之为"褋"，《广雅·释训》："褋被，不带也。"② 褋被亦写作褋披、猖披、昌披，最早见于《楚辞·离骚》："何桀、纣之猖披兮，夫唯捷径以窘步。"③ 衣不系带本有散乱不整之意，后引申为行为放荡不羁，但北朝时期已成为一种常见的着装方式。披风通常内絮丝绵或用裘皮制作，可用来挡风御寒，也是身份地位的象征。北朝图像中的披风通常为对襟，领部系带，有两长袖，衣长至膝或小腿部位，考古报告中有"套衣""风衣""氅"等称谓，根据衣袖宽窄差别，可分为窄袖披风和宽袖披风二类：

1. 窄袖披风　衣袖紧窄，根据披风领型及结构差别，可分三型：

图1-23　对襟翻领长袍

① 《文化艺术报》2021年11月26日第A01版。

② （清）王念孙撰，张靖伟等校点：《广雅疏证》卷6，上海古籍出版社2016年版，第997页。

③ 林家骊译注：《楚辞》，中华书局2010年版，第6页。

A 型 直领对襟，两袖虚设，根据形制及装饰差别，可分二亚型：

Aa 型 披风阔大，上有精美图案装饰，主要见于大同地区，如大同云波里北魏壁画墓墓室东壁宴饮图中的男性墓主，头戴垂裙皂帽，着交领红白条纹上衣，最外面披一件装饰"S"形波状连续忍冬纹的披风，非常精美（彩图一，2）。太安四年（458）解兴石堂后壁宴饮图中的男墓主，身上披风也为此型，但装饰纹样不清晰。

Ab 型 披风紧窄，无图案装饰，主要见于陕西、宁夏地区，如西安西魏吐谷浑公主与茹茹大将军合葬墓 B 型风帽俑、叱罗协墓 I 型帷帽男立俑、西安南郊北周墓 M3 风帽俑以及宁夏固原北周李贤墓风帽俑（图 1 – 24：1、彩图二，19）。

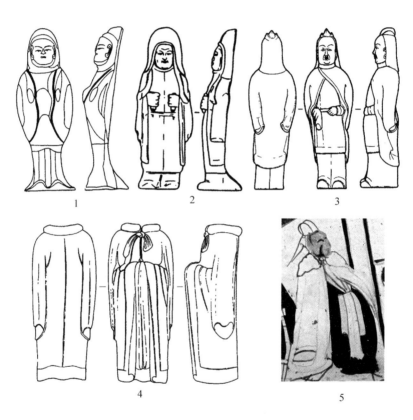

图 1 – 24　披风

1. Ab 型 李贤墓风帽俑（标本 141）　　2. Bb 型 宇文俭墓风帽俑（M1：70）　　3. C 型 徐显秀墓三棱风帽俑（标本 76）　　4. A 型 磁县湾漳北朝大墓风帽俑（标本 887）　　5. B 型 莫高窟 290 窟窟顶东坡国王形象

B 型 圆领对襟，根据形制及装饰差别，可分二亚型：

Ba 型 披风宽博，领口系带，包裹全身，有的还装饰虎纹等，见于山西大同司马金龙墓釉陶步行仪卫俑（彩图二，1）。

Bb 型 披风紧窄，不系领带，带子披垂于肩侧，长度略有差别，主要见于陕西地区，如拓跋虎墓骑马俑，咸阳国际机场王德衡墓、若干云墓、宇文俭墓风帽俑等。如宇文俭墓风帽俑标本 M1：70，圆领长袍外披黑色披风，不系带，两袖空垂（图 1 –

24：2）。

C 型 圆领斜开襟，衣襟上大下小，着衣时两衣襟交叉，领口用纽襻固定，与圆领袍的穿法相同，只是此型披风下摆窄小，上身后略显紧窄，主要见于山西地区，如徐显秀墓三棱风帽俑（图 1－24：3、彩图二，17）、库狄业墓 A 式三棱风帽俑、库狄迴洛墓披氅侍卫俑。

2. 宽袖披风 衣袖宽肥，基本形制为圆领对襟，两袖宽肥，领口系带合口，披风博大，可将身体遮蔽得密不透风。披风单色，无图案装饰。根据披风领部形态差异，可分二型：

A 型 圆领上加一圈浑圆的立领，应为毛皮领子。北朝人物图像中有大量身着此型披风者，主要见于河南、河北、山东、陕西地区，山西省也有少量发现，多为风帽俑所着。如司马金龙墓 I 式男俑，吴桥 M3 风帽俑，茹茹公主墓壁画，湾漳大墓风帽俑（图 1－24：4、彩图二，6）、甲骑具装俑、D 型仪仗骑俑、高润墓套衣俑；太原南郊北齐壁画墓甲士俑等。

B 型 肩颈部位加披领，见于莫高窟北周 290 窟窟顶东坡佛传故事画中的国王形象（图 1－24：5）。

（二）裘

裘是用带毛鞣制的动物毛皮为原料制成的服装，《说文》："裘，皮衣也。"[1] 以畜牧狩猎为业的北方少数民族喜着动物毛皮装，在中原地区，裘皮也是冬日防寒保暖的重要服装面料。在文献记载中，鲜卑族还以制作柔软的貂、豽、羅子等名裘闻名天下[2]，在拓跋鲜卑建立的北朝统治区内，动物毛皮也备受喜欢，上文所述风帽、披风有些在图像中便表现出明显的动物毛皮材质。除猪、狼、兔、羊等普通动物毛皮外，北朝图像中还出现了用名贵裘皮制成的大衣，根据裘皮装饰差别，可分为二型：

A 型 带装饰的裘皮衣，如山西太原北齐徐显秀墓墓室北壁墓主夫妇宴饮图中的男性墓主像。墓主所披之裘，白色皮毛上缀有黑色鼠尾，毛领由两整张小型动物毛皮制成，领子两端可见细长尾饰下垂，颈后肩部搭有披领，其材质与衣领相同，均为灰色毛皮制成（彩图一，8）。这件裘皮衣没有袖子，服装款式属于斗篷。相似的装饰还见于深圳金石艺术博物馆藏东魏胡客翟门生石床墓主像，墓主外披的衣服上刻有竖行短线纹，酷似白色裘皮上的黑尾[3]。这种裘皮衣古人称为"银鼠裘"，元人熊梦祥撰《析津志辑佚》载："银鼠和林朔北者为精，产山石罅中。初生赤毛青，经雪则白。愈经年深而雪者愈奇，辽东崀骨多之。有野人于海上山薮中铺设以易中国之物，彼此俱不相见，此风俗也。此鼠大小长短不等，腹下微黄。贡赋者，以供御帏幄、

---

① （东汉）许慎撰，（宋）徐铉校定：《说文解字》卷 5，第 173 页。

② 《后汉书》卷九十《乌桓鲜卑列传》，中华书局 1965 年版，2985 页。

③ 赵超：《介绍胡客翟门生墓门志铭及石屏风》，载于荣新江、罗丰主编《粟特人在中国：考古发现与出土文献的新印证》，科学出版社 2016 年版，第 673—684 页。

帐幔、衣、被之。每岁程工于南城貂鼠局诸鼠惟银鼠为上，尾后尖上黑。"①

B 型 素色裘皮衣，如山西朔州水泉梁北齐壁画墓墓室北壁夫妇并作图中的墓主夫妇像②，墓主夫妇均披裘皮衣，款式相同，颜色均为深棕色，无其他装饰，从其颜色来看，应为貂裘（彩图一，10）。

第三节 足衣

"足衣"是古人对脚上所着鞋履、袜子等的泛称。早在新石器时代，我国先民便开始制作鞋靴，有大量图像可资证明，商周时期鞋的种类、制作材料开始多样化，文献中经常提到的有屦或舄两种，周王朝还专设"屦人"管理帝后的鞋子。汉代以后，通常将单底者称履，复底者为舄，有方头、圆头、双尖头等不同款式。与中原地区不同的是，北方民族为适应草原气候环境和游牧狩猎生活的需要，形成了着靴的习俗。拓跋鲜卑入主中原后在继承中原传统鞋履样式的基础上，又将本民族的着靴习俗推而广之，大大丰富了古人的鞋子种类。古代的鞋按材质划分有草葛鞋、布帛鞋和皮革鞋三大类，其制作材料均不易保存，除西北干燥地区幸存的少数鞋靴实物外，我们只能从人物图像中窥见其大体情形。然而，图像中的鞋履通常被裤、裳、裙遮蔽，大多仅暴露头部，很难辨清具体形制，这给今人研究带来诸多不便。本节在系统梳理男性图像资料的基础上，结合文献记载，将北朝时期男性的足衣划分为舄、履和靴三大类。

一 舄

舄是古代等级最高的鞋子，帝王及贵族高官在重要礼仪场合穿用。舄是一种浅帮之履，与其他鞋履的主要不同在于鞋底。《释名·释衣服》："履，礼也，饰足所以为礼。亦曰屦。屦，拘也，所以拘足也。複其下曰舄。舄，腊也，行礼久立，地或泥湿，故複其下，使乾腊也。"③ 故舄是在履底加木底以防潮湿的鞋子。按周礼规定，身份、场合不同舄的颜色有所区别，周代有赤、白、黑三种，以赤为上，因此，赤舄成为冕服之制中重要的足衣形式。据《隋书·礼仪志》记载，北朝帝王百官在祭祀、朝会等重大礼仪场合仍着舄，从北朝石窟造像帝王礼佛图中的帝王及侍从形象所着前端有高头翘起的高头履来看，传统意义上的复底之舄在北朝时期可能已被高头履取代。

二 履

履是用葛、麻、皮、丝等材料制作的鞋子。刘熙《释名·释衣服》载："履，

---

① （元）熊梦祥：《析津志辑佚》，北京古籍出版社1983年版，第233页。
② 山西博物院、山西省考古研究所编：《壁上乾坤：山西北朝墓葬壁画艺术》，第154—157页。
③ （东汉）刘熙撰，（清）毕沅疏证，王先谦补：《释名疏证补》卷5，第176—177页。

礼也，饰足所以为礼也。亦曰屦。屦，拘也，所以拘足也。"① 履是人们在正式场合穿的鞋子，比如官员上朝、到官署办公、谒见长辈上级都应穿履，否则就被视为违背礼法或不敬尊长。在祭祀、上殿等特殊场合，须脱履以示敬意，只有皇帝特许方有剑履上殿的特权。履由头部、根部和底部三部分组成，尤以头部形制变化最显著，并且通常有起翘。根据履头部形态差异，可将北朝的履分为二型：

A 型 圆头履 头部呈圆弧状，略上翘。考古出土的北朝人物俑，脚上的鞋履虽大部分被遮蔽，但从暴露的履头来看，除着靴人物外，圆头履最常见，如磁县湾漳北朝大墓出土陶俑（图 1－25：1）。圆头履最早出现于先秦时期，西汉以前为大夫阶层专用，以区别于天子、诸侯的方头履。东汉以后贵贱通用，但圆头履女性所着为多，取顺从之义。《宋书·五行志》载："昔初作履者，妇人圆头，男子方头。圆者，顺从之义，所以别男女也。晋太康初，妇人皆履方头，此去其圆从，与男无别也。"② 可见，在儒家服饰礼仪中，男、女所着履的头部有方、圆之别，履头是性别区分的标识物，但从现有的图像资料来看，北朝时期圆头履极为盛行，基本不存在性别区分，男女均可穿着。

B 型 高头履 履头高翘，又名高头大履，在魏晋南北朝贵族士人阶层比较流行。据履头形制不同，形成各种名目的高头履，据五代马缟《中华古今注》载，东晋有凤头履、聚云履、五朵履，南朝宋有重台履，梁有笏头履、分梢履、立凤履、五色云霞履等③。这些履的具体形制大多已不可考，从相关记载及其名称来看，有相当部分是女性所着履，目前能与人物图像对应的只有笏头履。笏又称手板、玉板或朝板，是古代臣子上殿面君时携带备忘的工具④。笏头履便因履头高翘、形似笏头得名。

北朝时期，社会上层人士喜着长可及地的裳或裙，褒衣博带，足着高头履可以起到约束衣摆下裾以防绊倒的作用，有其功能上的实用性。另一方面，足蹬高头大履，步态雍容缓慢，可以显示非体力劳动者的尊贵身份。当然，如此高头大履不利于劳作、乘骑等大幅度劳作活动，因此，高头大履仅适应于特定阶层、特定场合，普通庶民百姓根本无法穿着。从北朝图像资料来看，着笏头履者通常为社会上层的帝王、贵族、高官及其侍从，履头形制基本一致，但在相同场合中履头高度略有差别，即身份地位高者，履头起翘更高，相反则比较低矮。北朝时期的笏头履主要见于山东临朐北齐崔芬墓室西壁夫妇出行图、磁县湾漳北朝大墓墓道壁画、北魏洛阳

---

① （东汉）刘熙撰，（清）毕沅疏证，王先谦补：《释名疏证补》卷5，第176页。
② 《宋书》卷30《五行志一》，中华书局1974年版，第888页。
③ （后唐）马缟：《中华古今注》卷中，第33页。
④ 《晋书》卷25《舆服志》载："笏，古者贵贱皆执笏，其有事则搢之于腰带，所谓搢绅之士者，搢笏而垂绅带也。绅垂长三尺。笏者，有事则书之，故常簪笔，今之白笔是其遗象。三台五省二品文官簪之，王、公、侯、伯、子、男、卿尹及武官不簪，加内侍位者乃簪之。手版即古笏矣。尚书令、仆射、尚书手版头复有白笔，以紫皮裹之，名曰笏。"（第773页）

宁懋石室线画中的贵族形象以及石窟造像如洛阳龙门石窟北魏宾阳中洞、皇甫公窟、巩县石窟寺、北魏正光六年（525）曹望憘造像座①等礼佛图，着笏头履的陶俑形象比较少见。根据头部形制差异，又可分二亚型：

Ba 型　方头履　履头方形，但形制略有差别，既有履头上下等宽者，如龙门石窟皇帝形象，也有上宽下窄呈梯形者，如莫高窟第 296 窟中国王形象（图 1 − 25：3）。

Bb 型　斧头履　履头呈斧形，上缘中间外弧，两侧呈尖角状。北朝图像中的斧头履比较多见，履头高低不同，磁县湾漳北朝大墓甬道中出土的 2 件大文吏俑，脚着笏头履，履头比较低矮（图 1 − 25：2），而该墓东、西墓道壁画仪仗所着履，履头高高翘起（图 1 − 25：4）。

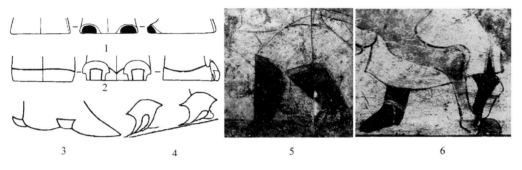

图 1 − 25　足衣

1. A 型 磁县湾漳北朝大墓陶俑（标本 132）　　2. Bb 型 磁县湾漳北朝大墓大文吏俑（标本 1566）
3. Ba 型 莫高窟第 296 窟中国王形象　4. Bb 型 磁县湾漳北朝大墓墓道东壁壁画人物　5. 长勒靴 朔州水泉梁壁画墓墓室西壁驭牛胡人　6. 娄睿墓墓道西壁牵驼胡人靴带

三　靴

靴最初指皮制的长统鞋，主要由靴底、靴面和靴统三部分组成，在古代，靴或袜子的统又称勒，故靴又称勒靴。据史籍记载，中原地区最早着靴的汉人为战国时期的赵武灵王，如《释名·释衣服》："靴，跨也，两足各以一跨骑也，本胡服，赵武灵王服之。"②《中华古今注》卷上也说："靴者、盖古西胡也。昔赵武灵王好胡服，常服之。其制短勒黄皮，闲居之服。至马周改制长勒以杀之，加之以毡及缘，得着入殿省敷奏，取便乘骑也。文武百僚咸服之。"③尽管历来的研究者对靴是否由赵武灵王引入中原有不同看法，但对靴源于北方游牧民族并无异议。靴传入中原地区后，长期以来主要用于军旅，且主要由将军或骑士穿着，如秦始皇陵兵马俑中，通常只有将军、骑士俑方着长勒靴。直到魏晋时期，着靴者仍以军人为多。

---

① 周到主编：《中国美术分类全集·中国画像石全集·石刻线画》，河南美术出版社 2000 年版，图版 39 − 42。

② （东汉）刘熙撰，（清）毕沅疏证，王先谦补：《释名疏证补》卷 5，第 178 页。

③ （后唐）马缟：《中华古今注》卷上，第 25 页。

　　魏晋十六国以来，伴随着第二次民族大融合的进程，少数民族的着装风俗渐为中原地区熟悉和接受。特别是北朝时期，拓跋鲜卑成为整个中国北方的长期统治者，民族融合的速度大大加快，北方民族的着靴风俗在中原地区逐渐得到普及。北朝时期，上自皇帝下至普通百姓，无论男女均可着靴，这在图像资料中多有反映，武士、仪仗、文吏、伎乐、胡人等形象均有着靴者。据人物陶俑和壁画资料观察，北朝时期的着靴方式主要有两种：一种是将长裤束于靴内，显得干练利落，对于骑马、远行者尤其便利，如娄叡墓骑马武士俑、骑马乐俑、骑俑、执物骑俑、驮物骑俑以及墓葬壁画中骑马形象，徐显秀墓击鼓骑俑、辫发骑俑、鼓吹骑俑、骑马俑，墓道东西两壁以及墓室四壁仪仗和侍从人物，忻州九原岗北朝壁画墓墓道两壁仪仗人物；另一种是靴统覆于裤管之内，在图像中仅暴露靴子头部，呈圆头或尖头，具体形制难以辨清，北朝时期这种着靴方式最常见，如娄睿墓、忻州九原岗北朝壁画墓中的人物形象。

　　北朝图像中男子所着靴，颜色有黑、红、黄等色，尤以黑色为多，故称皂靴。靴统上粗下细，靴统顶端前高后低，通常有不同颜色的边饰，靴头较尖，靴面贴合脚形。制作靴子的材料有皮革、纺织品、毛毡、草或者用不同材料拼镶制成，靴底或皮或布，或布底上缀皮。根据靴统长度，可将北朝图像中的靴分为三型：

　　A 型　长勒靴　靴统长可及膝，靴统顶端前高后低，靴面比较宽松，整体粗笨，主要由骑乘人物穿着，后世称之为"马靴"，如娄睿墓骑马鼓吹俑、朔州水泉梁北齐壁画墓墓室西壁牛车出行图中的驭牛胡人形象（图 1－25：5）。

　　B 型　中勒靴　靴统长至小腿中部，靴面细长，紧裹脚背，前端呈尖圆头，靴统紧裹小腿，整体比较轻巧，山西地区陶俑、壁画等人物图像中均有发现，如娄睿墓、徐显秀墓及忻州九原岗北朝壁画墓中的男子形象，除门吏、墓主像外，基本都着乌皮中勒靴（彩图二，36－39）。

　　C 型　短勒靴　靴统较短，如《北齐校书图》表现男子脱靴场景，靴统较短，再如山西榆社县孙龙石椁前挡墓主夫妇宴饮图榻前靴子，亦为短靴。另中国丝绸博物馆收藏有一件黄地彩绣方格纹靴面，仅缺靴底（彩图五，22）[①]。

　　北朝时期最流行的靴子为"短靴"，《旧唐书·舆服》便说北齐有"长帽短靴"[②]，所谓短靴当即 B、C 型靴。与中原地区传统的浅帮鞋履相比，靴作为高统鞋，着靴者需要防止在行走、骑行过程中靴统滑落。北朝图像中的靴大多描绘粗率，或被长袴、长裙遮盖，少数图像如娄睿墓墓道东、西壁所绘出行图和回归图对细节的具体表现为我们认识这个问题提供了确切证据。为使靴体与脚贴合紧密，着靴者需要在脚踝位置绑缚一根软带连同脚后跟一起裹紧，如娄睿墓墓道西壁第一层壁画驼队牵引图中的牵驼胡人，一脚着地，一脚抬起，脚踝及脚后跟的绑带清晰可见（图

---

①　赵丰：《中国丝绸博物馆藏品精选》，浙江大学出版社 2022 年版，第 20 页。

②　《旧唐书》卷 45《舆服》，第 1951 页。

1－25：6）。据出土文献及传世典籍记载，这根实用的束靴之带称"靴带"，亦名"靴绳""靴条"，据其质地不同，又有丝质的"靴縚"、银质的"银靴带"等不同称谓①。因靴子成双穿用，故靴带使用时量词通常用"双"。靴带因实用而产生，早在距今3800多年的新疆楼兰罗布泊孔雀河墓地中已发现皮靴用带系束的实物例证，靴子传入中原地区后，至唐代靴上加带成为定制②。

北朝时期，靴经常用来赏赐和赠送，如《魏书·车伊洛传》载："世祖录其诚款，延和中，授伊洛平西将军，封前部王，赐绢一百匹，绵一百斤，绣衣一具，金带靴帽。"③伴随着靴风气的兴盛，北朝文献中还出现了卖靴的记载，如《魏书》记载："暐既为苻坚所并，永徙于长安，家贫，夫妻常卖靴于市。"④甚至还有为丢靴事宜诉讼官府的记载，见于《北齐书·任城王湝传》，讲的是任城王高湝任并州刺史时，"有妇人临汾水浣衣，有乘马人换其新靴驰而去者，妇人持故靴，诣州言之。湝召城外诸妪，以靴示之，绐曰：'有乘马人在路被贼劫害，遗此靴焉，得无亲属乎。'一妪抚膺哭曰：'儿昨着此靴向妻家。'"⑤由此可知，北朝时期，来自北方民族的靴子在中原地区已经相当普及。

穿鞋和所有其他着装一样，不单是一种生活需要，还是一种文化现象。它不仅注重实用，还有审美装饰功能，有些鞋履还是等级的标志、礼仪的象征。古人席地而坐，两人相见要脱履入席，表示敬重和礼貌。在君臣朝见和祭祀礼仪中也沿用这一习俗，凡觐见君上，或祭享神灵，均需脱履跣足，以表诚敬，否则便是失礼，为大不敬。北朝时期仍然沿用这一习俗，除前引孙龙石椁前挡表现脱靴坐榻场景外，北魏太安四年（458）解兴石堂后壁（正壁）墓主夫妇坐帐图中，帷帐两侧靠近墓主夫妇处各整齐摆放一双靴子，男靴为黑色，女靴为土黄色，靴尖均朝榻，表明北魏时期有脱靴坐榻的风俗。据文献记载，功勋卓著的功臣或身份特殊的权臣只有经皇帝特批才能"剑履上殿"，如《魏书·孝静帝纪》："己巳，诏以齐献武王为相国，假黄钺，剑履上殿，入朝不趋，余悉如故。"⑥但脱履并不意味着赤脚，还需要穿袜，《说文》："韤，足衣也，从韦蔑声。"⑦《释名》："韤，末也，在脚末也。"⑧袜用丝织品、麻布或皮革制成，上有带子，穿时需用带子系紧，如长沙马王堆1号汉墓出土的袜子实物⑨，但北朝图像所示袜子均为鞋履遮盖，具体形制不详。

① 杜朝晖：《敦煌文献名物研究》，中华书局2011年版，第215—216页。
② 孙机：《中国古舆服论丛》，第435—436页。
③ 《魏书》卷30《车伊洛传》，第723页。
④ 《魏书》卷95《徒何慕容廆传附从孙永传》，第2063页。
⑤ 《北齐书》卷10《任城王湝传》，第137页。
⑥ 《魏书》卷12《孝静帝纪》，第298页。
⑦ （东汉）许慎撰，（宋）徐铉校定：《说文解字》卷5，第113页。
⑧ （东汉）刘熙撰，（清）毕沅疏证，王先谦补：《释名疏证补》卷5，176页。
⑨ 湖南省博物馆、中国科学院考古研究所编：《长沙马王堆一号汉墓》，文物出版社1973年版，第70页。

第二章 北朝女性服装

女性形象在目前已发表的北朝人物图像资料中远比男性形象数量少，并且在为数不多的女性形象中，又以侍者、仆从为多，贵族女性数量较少。本章仅在系统梳理女性图像资料的基础上，结合文献记载，对北朝女性服饰分类研究如下。

第一节 首服

冠、帽、巾、帻是古代男性区分年龄、身份、等级的重要标志物，与男性不同，女性更加重视发式、头饰等头部装饰，冠帽类裹首之物并不丰富。根据现有资料观察，北朝女性首服主要有冠、帽、巾三类。

一 冠

冠、冕是古代男性身份地位的象征，女性通常束发绾髻，戴冠者数量较少。北魏孝文帝时期，我国第一次将妃嫔与女官分离，正式确立了后宫女官制度①，因此，北朝图像中也出现了女性戴冠形象，但数量不多、种类较少，主要有莲花冠、笼冠两种。

（一）莲花冠

莲花冠是以莲花为整体造型的冠式，数量较少，根据造型及装饰差别，可分二型：

A 型 冠呈盛开的莲花状，除正面莲瓣完整表现外，其余花瓣错落叠置，花瓣外侈，冠前正中饰圭形珰，两侧下垂博鬓，见于龙门石窟宾阳中洞皇后礼佛图中的皇后及另两位贵妇，莲花冠富丽华美（图2-1：1）。

B 型 冠上莲瓣有内外两重，外层莲瓣绕冠分布，冠前莲瓣正中饰圭形珰，两侧垂饰博鬓，见于巩县石窟第1窟南壁西侧礼佛图上层和第3窟礼佛图上层的女供养人形象，莲花冠造型简洁（图2-1：2）。

莲花造型的冠在北朝世俗社会并不常见，但菩萨像中存在大量装饰莲花的花冠，其雏形是云冈石窟第二期洞窟开始出现的四周装饰三角形和圆形花朵的山形花冠，

---

① 苗霖霖：《北魏女官制度考略》，《济南大学学报》（社会科学版）2015年第1期。

如云冈石窟第6窟各龛内30余尊菩萨及胁侍菩萨所戴花冠。山形花冠在迁洛之后开凿的龙门石窟、巩县石窟中，三角山形演变成莲瓣形，如龙门石窟普泰洞左侧的菩萨像头冠，正面和两个侧面显示三片间隔较远的莲瓣，莲瓣间装饰茎蔓支撑的花朵，正面莲瓣装饰圭形珰。再如巩县石窟第1窟中心柱东、西向的菩萨头冠，三片莲瓣分布紧凑，莲瓣间装饰带茎团花，正面花瓣装饰半圆形珰，上有宝石装饰①。与龙门、巩县石窟礼佛图中女供养人所戴莲花冠相比，菩萨像的莲瓣形头冠造型比较简单，但巩县石窟菩萨所戴莲瓣形头冠已与该窟女供养人莲花冠在形制上非常接近。麦积山石窟北魏110窟壁画《观世音菩萨普门品》中，主佛两侧的菩萨及周围女子头上均戴造型写实的莲花冠（图2-1：3）。至唐代，莲花冠已多是道教冠式，宋代仍然沿袭此制。

1   2   3

图2-1　莲花冠

1. A型 龙门石窟宾阳中洞皇后像　2. B型 巩县石窟第1窟南壁西侧礼佛图贵妇像　3. 麦积山石窟北魏110窟壁画菩萨像

（二）笼冠

北朝图像中女性所着笼冠，其形制与男式笼冠相比既有共性，又存在差别。相同之处在于二者均在平巾帻上加漆纱笼巾，二者的主要区别梁满仓认为女式冠的两侧向下延伸较多，直至双耳下部，而在脑后仅至枕部，且冠的中下部较大，与上下相差无几的男式冠差别较明显②。这种看法基本属实，需要补充的是北朝图像中的女式笼冠其形制并非完全一致，并且与男式冠相比均无貂、珰装饰。在古代，女官佩戴貂蝉之例并不罕见，在文献记载中最早见于西晋太康六年（285）亲蚕礼中陪侍皇后的女尚书所着，东晋、刘宋均有沿袭。后赵石虎（295—349）曾置女侍中专侍宠后郑樱桃，均有貂蝉之饰。北魏孝文帝曾于内官置女侍中，官居二品③，所戴

① 赵声良：《敦煌石窟北朝菩萨的头冠》，《敦煌研究》2005年第3期。
② 梁满仓：《中国魏晋南北朝习俗史》，人民出版社1995年版，第100页。
③ 《魏书》卷13《皇后列传》，第321—322页。

笼冠不加貂蝉之饰,宣武帝沿袭此制,但孝明帝于神龟元年(518)下诏女侍中与男侍中一样在冠上加饰貂蝉。时任侍中、尚书令的元澄援引东晋女尚书穿戴貂蝉故事,认为这是女着男装、混淆阴阳并导致国家衰亡的"服妖"行为应加以禁止。孝明帝接受了元澄的建议,貂蝉冠在北朝时期终成男性的专属[①]。根据形制差别,北朝女性图像中的笼冠可分三型:

A 型　笼冠整体呈竖圆角长方形,顶部内敛,左右两侧垂耳收敛并遮蔽双耳,笼冠最宽处位于平巾帻底圈位置,形制与 Ad 型男式笼冠基本相同,如磁县湾漳北朝大墓出土的 3 件笼冠女侍仆俑(图 2 - 2:1)、河北景县封氏墓笼冠女俑。

B 型　笼冠整体呈圆角竖长梯形,顶部收敛成细长椭圆形平面,左右两侧垂耳向外弧曲内收,垂耳较长,延伸至双耳下部,笼冠中下部宽大。笼冠前部至平巾帻前台,但后部比男冠长,向下延伸至枕部,如山西太原娄睿墓 45 件女官俑(图 2 - 2:2)

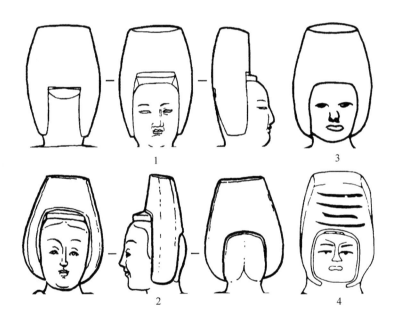

图 2 - 2　笼冠

1. A 型 磁县湾漳北朝大墓笼冠女侍仆俑(标本 1284)　　2. B 型 娄睿墓女官俑(标本 445)　　3. Ca 型 拓跋虎墓笼冠女立俑(标本 11)　　4. Cb 型 李贤墓笼冠立俑

C 型　笼冠整体呈竖长方形,顶部略收敛,两侧垂耳较长,整体造型比较圆润,主要发现于陕西地区,与男性造型方直的笼冠有明显不同。根据垂耳形制不同,可分二亚型:

Ca 型　垂耳内弧,遮蔽双耳,如拓跋虎墓、宇文猛墓笼冠女立俑(图 2 - 2:3)。

Cb 型　垂耳内收并包裹住下巴,如宁夏固原李贤墓笼冠立俑(图 2 - 2:4)。

---

① 《北史》卷 18《任城王云传附子澄传》,第 661 页。

二 帽

（一）垂裙风帽

北朝人物图像中女性着风帽的形象主要见于迁洛之前的平城地区，其样式不如男性风帽多样，其基本形制是顶有帽屋，下有帽裙披垂，帽屋和垂裙间扎带固定。根据帽屋形制及装饰差别，可分三型：

A 型 圆顶垂裙风帽 帽屋扁圆，帽顶有十字线，帽裙较短且外翘，材质硬挺，耳朵外露，如大同沙岭北魏壁画墓 M7 彩绘漆画夫妇并坐图中的女性形象（图 2－3：1），头戴黑色垂裙帽，帽口及十字缝线装饰细金丝系结的金质小叶片，四条细金丝交会于帽顶形成小型的花束装饰，帽裙边缘镶嵌金色绲边。该风帽与男性所着形制相同，墓室东壁夫妇并坐图中墓主夫人及其他女性也着同样造型的风帽，只是不见黄金装饰。

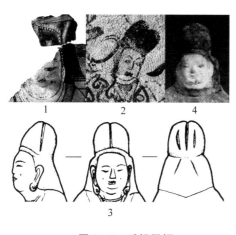

图 2-3　垂裙风帽

1. A 型 大同沙岭北魏壁画墓 M7 漆画女性
2. B 型 莫高窟 125—126 窟北魏刺绣女供养人
3. Ca 型 大同雁北师院 M2 女侍俑（M2：54）
4. Cb 型 贾宝墓釉陶女俑（M13：7）

B 型 凹顶垂裙风帽 帽顶中部下凹，帽口扎带，后有垂裙至肩，耳朵暴露在外，有的还能看到佩戴的耳饰，主要见于大同地区北魏墓葬壁画，如智家堡北魏墓石椁壁画中的女主人及女侍形象，帽顶内凹，垂裙较窄，帽口扎带，脑后可见系结的带头。敦煌莫高窟 125—126 窟间缝发现的北魏刺绣女供养人（图 2－3：2、彩图六，6），头戴紫褐色风帽，帽顶中央向下微凹，垂裙窄小，脑后有系结的扎带[①]。云冈石窟第一、二期女供养人形象也有着凹顶垂裙帽者。这种风帽的材质较软，帽顶中间下凹应与女性头上所梳发髻有关。

C 型 高顶垂裙风帽 帽屋较高，顶部有"十"字形缝缀痕迹，系用四块皮革或其他材料缝缀而成，帽口扎束宽带，后有垂裙披覆颈背。根据垂裙形制差别，可分二亚型：

Ca 型 垂裙两侧向后翻卷，仅遮蔽头发和脖颈，耳朵暴露在外，有的还显示佩戴的耳饰，如大同雁北师院北魏墓群 M2、云波路北魏墓女侍俑。雁北师院 M2 出土女侍俑 16 件，均头戴黑色高顶垂裙帽，帽屋有较深的"十"字形刻痕，帽屋与帽裙之间有扎带一周，帽裙两侧向后翻卷，帽后阴刻"八"字形或弧形刻痕以示扎带系结，如标本 M2：54（图 2－3：3）。

---

① 敦煌文物研究所：《新发现的北魏刺绣》，《文物》1972 年第 2 期。

Cb 型　垂裙除披覆脑后及颈背位置外，前面底端尚有遮蔽颈部的宽带，这种风帽佩戴后仅露出面部，保暖、遮蔽效果好，如宋绍祖夫妇墓女侍俑、贾宝墓釉陶女俑（图2-3：4）。

（二）翻耳帽

帽顶宽阔，帽檐前端两耳翻折，脑后有垂裙披覆。根据形制不同，可分二型：

A 型　帽顶方正，垂裙较长，披覆肩背，如忻州九原岗北朝壁画墓墓道北壁门楼图上所绘着间色裙的2位女子（彩图三，26、27），二人所戴帽子表面均为红色，翻折的白色双耳显示帽子由表、里颜色不同的材料制成。

B 型　帽顶扁圆，中间内凹，垂裙较短，如忻州九原岗北朝壁画墓墓道东壁第二层备马出行图最南端的二位女子，头戴白色翻耳帽（彩图三，28）。

三　巾

女性在头上扎巾的历史非常久远，如曾昭燏认为女子外出采桑或收集果实，为避免头发挂在树枝上便用一块布蒙着，是很天然的事[①]。汉代女子着巾的种类比较丰富，但从北朝人物图像来看，女子着巾者比较少见，主要有垂裙巾、裹髻巾和巾簂三类：

（一）垂裙巾

以宽幅帛巾裹头，四周有较短的垂裙可遮面，类似唐代的羃䍦、帷帽，但没有明显的帽屋，仅见于娄睿墓墓室西壁第四层备车图中侍女形象（图2-4：1），头顶翘起尖角，四周有较短的白色垂裙遮面。羃䍦本是胡羌民族服式，因西北多风沙，戴羃䍦可用来遮蔽风沙侵袭。传到内地以后，与儒家经典《礼记·内则》"女子出门必拥蔽其面"的着装意识相结合，具有了防范路人窥视妇女面容的功用。《旧唐书·舆服志》记载："武德、贞观之时，宫人骑马者，依齐、隋旧制，多著羃䍦。虽发自戎夷，而全身障蔽，不欲途路窥之。王公之家，亦同此制。永徽之后，皆用帷帽，拖裙到颈，渐为浅露。"[②] 目前已发表的北朝人物图像资料中，娄睿墓所见垂裙巾是比较接近的资料。

类似的巾还发现于朔州水泉梁北齐壁画墓，如墓道东壁第二层备马出行图中马匹后面的女子头上扎系浅色巾子，与娄睿墓不同的是，该女子所束幅巾四周翻折于头顶，画工还清晰地表现出女子头顶及脑后巾子系扎后形成的巾角（图2-4：2）。

（二）裹髻巾

用方形布帛裹发，并于头顶及脑后系结，见于娄睿墓墓室北壁墓主夫妇宴饮图中的侍女形象，以及墓道西壁第一层女主出行图中的女子形象，后者头裹红色幅巾，头顶巾结翘起，脑后也有上翘的巾结，因壁画受损，具体形制不清（图2-4：3）。

[①]　曾昭燏：《文化·器物·衣冠》，中国文史出版社2018年版，第278页。
[②]　《旧唐书》卷45《舆服》，第1957页。

此外，还有用幅巾包裹发髻者，如杨机墓女俑。

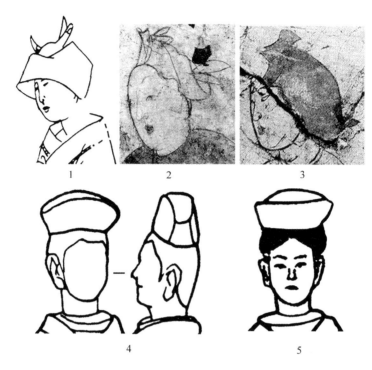

图 2 - 4　巾

1. 垂裙巾 娄睿墓墓室西壁第四层侍女　2. 朔州水泉梁北齐壁画墓墓道东壁侍女　3. 折角幞头 娄睿墓墓室北壁侍女壁画　4. 巾帼 磁县东陈村尧赵氏女侍俑（M1∶26）　5. 巾帼 济南东八里洼壁画墓女侍俑（标本46）

（三）巾帼

帼亦作帼，又名恢、颒、巾儿，《释名》："帼，恢也，恢廓覆发上也。鲁人曰颒。颒，倾也，著之倾近前也。齐人曰巾儿，饰形貌也。"[1]　《说文》："恢，大也。"[2] 结合《后汉书·舆服志》记载，帼应是围于发际额前的缯帛或布制带子，着帼并以巾裹髻者名为巾帼，后世成为女子的代称[3]。三国两晋南朝时期，巾帼仍是女性常用的头饰[4]，在北朝图像中，也有女子头戴巾帼的例子，头顶通常为扇面形发髻，髻外包巾，见于河北磁县东陈村尧赵氏墓女侍俑、提物女俑（图 2 - 4∶4），济南东八里洼壁画墓Ⅱ型Ⅰ式女侍俑以及女仆俑。除扇面形巾帼外，济南东八里洼北朝壁画墓Ⅱ型Ⅱ式女俑，头梳圆帽式发髻并扎巾（图 2 - 4∶5）。

---

① （东汉）刘熙撰，（清）毕沅疏证，王先谦补：《释名疏证补》卷4，第161页。
② （东汉）许慎撰，（宋）徐铉校定：《说文解字》卷10下，第218页。
③ 曾昭燏：《文化·器物·衣冠》，中国文史出版社2018年版，第276—277页。
④ 张珊：《东晋南朝服饰研究》，硕士学位论文，南京大学，第62—63页。

第二节　身衣

在古代，女性直接出任官职者数量较少，通常以母、妻、女的身份参与社会活动，其服饰等级主要取决于男性地位。据《隋书·礼仪志六》记载，北朝中晚期仍沿用传统舆服体系，女性所着服装依着装场合和等级不同而有所差别，至于其具体形制及实际使用情况不清。北朝女子最流行的日常服装为襦裙制，衣裤制数量不多。

一　襦裙制

襦裙的历史可追溯到先秦时期，汉代女子以深衣为礼服，在日常生活中也着上下分体的襦裙，但并不流行，至魏晋南北朝时期，襦裙装兴盛起来。到北朝时期，襦裙成为女子流行的服装样式，在陶俑、壁画、石刻等图像资料中都有表现。

（一）襦

襦本是长不过膝的短衣，《急就篇》颜师古注："短衣为襦，自膝而上"[1]，基本形制是交领，领、袖、衣摆边缘加襈，腰间束带。北朝图像中的襦，根据衣身长度不同，可分为长襦和短襦二类。

1. 长襦

衣长及膝部以下，可到小腿中部，交领窄袖，不束腰，主要见于山西大同地区的人物图像，根据衣袖长短，可分为二型：

A 型 长袖襦 衣袖长及手腕，有的超过手指，根据装饰差别，可分为三亚型：

Aa 型 单色长襦 襦身为红、白等色，无其他装饰，如大同雁北师院北魏墓群 M2（图 2-5：1）及宋绍祖墓（M5）女侍俑，大同智家堡北魏墓石椁壁画、大同智家堡北魏墓棺板画中的侍女形象，宁夏固原北魏漆棺画前挡漆画中侍女形象等，均着交领窄袖襦服。交领，左衽、右衽均有，但以左衽者为多，衣长至小腿中部，内着长裙。

Ab 型 襦身装饰图案的长襦 襦身装饰花卉纹样，如大同雁北师院北魏墓群 M2 出土女乐俑，共 8 件，头戴黑色垂裙帽，身着左衽窄袖长襦，襦身描绘图案不同的大朵彩色花卉（图 2-5：2）。有的在衣襟、袖口和下摆装饰带珠饰的花边，见于大同北魏解兴石堂背面宴饮图中墓主夫人及左面奏乐女子形象。

Ac 型 竖条纹长襦 襦身装饰竖向条纹，以红、白相间条纹为多，如大同雁北师院北魏墓群 M2 出土的 2 件女侍俑，如标本 M2：29，头戴黑色垂裙帽，身着左衽窄袖白色长襦，襦身有数道长粗墨线描绘的条纹，下着白色曳地长裙，裙上装饰红色条纹（图 2-5：3）。

B 型 短袖长襦 衣袖较短，见于大同雁北师院北魏墓群 M2，标本 M2：12 为舞

---

[1]　（汉）史游撰，（唐）颜师古注：《急就篇》卷二，第 142 页。

俑, 头戴黑色风帽, 上着白色长襦, 外罩一件红色左衽短袖, 下着红、白间色长裙 (图 2 - 5: 4、彩图三, 4)。

图 2 - 5　长襦

1 - 4. 大同雁北师院北魏 M2 女侍俑 M2: 54、女乐俑 M2: 3、女侍俑 M2: 29、女舞俑 M2: 12

2. 短襦

衣长至髋部, 交领, 左衽、右衽均有, 颜色以红色为主。根据衣袖长短不同, 可分为长袖和短袖二类:

(1) 长袖短襦　衣袖较长, 根据衣袖形制, 可分三型:

A 型　袖端略宽, 根据衣身形态不同, 可分二亚型:

Aa 型　衣身合体, 衣袖长及手腕, 如杨机墓女舞俑、磁县东陈村尧赵氏墓女侍俑 (图 2 - 6: 1)。中国丝绸博物馆藏绞缬绢衣即为此型短襦, 但其衣长至腰, 是为腰襦, 衣襟基本为对襟①。

Ab 型　衣身宽松, 衣袖长度可遮手, 如大同智家堡石椁壁画墓墓主夫人像 (彩图一, 4)。

B 型　广袖短襦　衣袖宽博, 垂手可及膝部或脚踝部位, 宽者可及地, 贵族、侍

---

① 赵丰主编:《中国丝绸博物馆藏品精选》, 浙江大学出版社 2022 年版, 第 16—17 页。

者、仆从均有穿用，通常将下摆掩于裙内。根据袖管及衣领形制不同，可分为五亚型：

图 2-6 短襦

1. Aa 型 磁县东陈村尧赵氏墓女侍俑（M1：26） 2-3. Bc 型 磁县湾漳北朝大墓笼冠女俑（标本 1284）、元良墓女仆俑（CMM1：58） 4. Be 型 咸阳邓村北周墓女俑（M23：40） 5. Ca 型 元良墓女侍俑（CMM1：64） 6. Cb 型 叱罗协墓女跪俑 7. Aa 型 元睿墓女侍俑（标本 37） 8. Ab 型 崔鸿夫妇墓女仆俑（M1：11）

Ba 型 衣袖宽博，直领，领口很低，暴露脖颈及胸部，内穿圆领衣，衣襟束于腰间大带内，主要见于帝后礼佛图中的皇后及妃嫔形象，如龙门石窟、巩县石窟礼佛图中的皇后及贵妇（彩图六，8）。

Bb 型 衣袖宽博，交领右衽，领口低开，衣领相交位置与腋窝基本平齐，主要为贵族女性穿着，如山东临朐北齐崔芬墓墓室西壁壁龛横额墓主夫妇出行图的女主人形象（彩图一，6）。有的广袖短襦在衣袖接袖的位置加以装饰，如太原北齐徐显秀墓墓室北壁墓主夫妇宴饮图中的女主人形象，身着红色宽袖襦服，接袖位置装饰白色联珠窄带（彩图一，7）。

Bc 型 衣袖袖端宽博，但比 Ba、Bb 型窄，交领，左、右衽均有，衣领相交位置与腋窝基本平齐，在河北、河南和山东等地出土的女侍、劳作、女官形象发现最多，如崔芬墓《墓主夫妇出行图》中侍女（彩图一，6），河北磁县高润墓女侍俑、提物女俑、舞俑、仆俑，磁县湾漳北朝大墓笼冠女俑（图 2-6：2）。因衣袖宽博不方便劳作，可将袖口垂袖打结或用带子将两袖系结于身后，如元良墓劳作俑（图2-6：3）。

Bd型　衣袖袖端宽博，但比Bc型窄，领口开得很低，敞露肩颈和胸部，内着圆领衣。主要见于陕西及周围地区的侍女、劳作仆从俑，如西安南郊韦辉和、韦乾墓女立俑、双连女俑，西安韦曲高望堆北朝墓女立俑、碹房劳作女俑（彩图三，5），麦积山石窟西魏123窟右壁前部女侍形象（彩图六，4）。

Be型　衣袖袖端宽博，与Bd型相比，领口略有提高，不再敞露肩颈，主要见于陕西地区的侍女、劳作仆从俑，如陕西咸阳邓村北周墓女俑（图2-6：4）。

C型　衣袖较窄，根据衣袖长度，可分二亚型：

Ca型　衣袖极窄长，有的袖端甚至长过指尖10厘米左右，如元良墓女侍俑，左手提裙，右手下垂缩于袖中（图2-6：5）。再如山西忻州九原岗北朝壁画墓墓道北壁门楼图中的执扇女子，袖子极为细长，右手缩于袖中隔袖执扇，左手下垂没有持物，袖子的处理方式与山西地区男性所着窄袖圆领袍极为相似。

Cb型　衣袖长及手腕，主要见于陕西地区，如叱罗协墓女跪俑、执箕女俑（图2-6：6）。

（2）短袖短襦　衣袖长及肘部，因其衣袖之长约为长袖之半，故称"半袖""半臂"，汉刘熙《释名·释衣服》："半袖，其袂半襦，而施袖也。"[1]根据袖口装饰差别，又可分二型：

A型　袖口平直无装饰，内无中衣，直接暴露手臂。《礼记·深衣》有载，古人穿衣"短毋见肤，长毋被土"，衣服必须长短合度，否则便与礼法不合，因此，这种着短袖暴露手臂的穿衣方式比较罕见。根据衣袖形态差别，可分二亚型：

Aa型　袖口加宽，似有宽边装饰，长度过手肘，见于河南偃师北魏染华墓烧火俑及元睿墓女侍俑（图2-6：7），二女俑所着短袖与唐代罩于短襦之外的半臂不同，内无其他襦衫，这在中国古代服饰发展史上比较少见。

Ab型　袖口平直，长度在手肘以上，见于山东临淄崔鸿夫妇墓女仆俑（图2-6：8）。

B型　袖口有花边装饰　在短袖襦的袖口加花边装饰，汉代称之为绣镼，为妇女专用[2]，穿时加于长袖襦之外，如龙门石窟北魏皇后礼佛图中皇后及身边侍者，大袖礼服外套一件袖端有莲瓣形边饰的短袖襦（彩图六，8）。孙机先生认为这种带褶皱花边的半臂加在大袖礼服上并不方便，所以有时便将半臂袖口上的带褶边缘单缝于礼服袖子中部[3]。但仔细观察龙门石窟礼佛图，皇后所着上衣除里衣外，是领口、衣襟重叠三层的"三重衣"，其中半臂的衣襟在最外层，因此，该图中皇后所着大袖礼服所套半臂是一件独立服装。

① （东汉）刘熙撰，（清）毕沅疏证，王先谦补：《释名疏证补》卷5，第175页。
② 《后汉书》卷1《光武帝纪上》："时三辅吏士东迎更始，见诸将过，皆冠帻，而服妇人衣，诸于绣镼，莫不笑之。"（第10页）
③ 孙机：《唐代妇女的服装与化妆》，载于《中国古舆服论丛》，第222页。

（二）裙

裙由多幅布帛拼制而成，通常由裙腰和裙体两部分构成。湖南长沙马王堆汉墓出土的西汉裙子实物是单片式服装，而非今人熟悉的通裙（即桶裙），高春明认为与现代女裙相仿的通裙是少数民族裙式，直到隋唐五代时期中原贵族女性才开始穿前后闭合的笼裙①。从河北磁县北齐元良墓女侍俑（CMM1：64）以及河南安阳北齐范粹墓女俑来看，女子左手提裙搭于臂上后平曲在胸前，从提起的裙裾来看背后并无交叠之缺口，应是前后均闭合的通裙形制。

北朝女子主要有两种穿裙方式：一种是裙子内穿，襦衫覆盖于长裙之外，腰部系带；另一种是裙子外穿，即将襦衫束于长裙之内，裙腰部位束带，有的甚至束及胸部。后者在魏晋时期已经开始出现，据《晋书·五行志》载："孙休后，衣服之制上长下短……武帝泰始初，衣服上俭下丰，著衣者皆压腰""元帝太兴中……是时，为衣者又上短，带才至于掖。"② 孙吴女子喜着上长下短的襦裙装，西晋初年女性们流行穿上襦紧窄、下裙宽松的襦裙装，并且喜欢将襦衫束于裙内，东晋初年又开始流行高腰襦裙，裙腰甚至束于腋下。

北朝女裙形制多样，均长可及地，根据形制及装饰不同，可将北朝图像中的裙分为五型：

A 型 裙摆宽大，掩于长襦之下，主要发现于山西大同出土的北魏陶俑、绘画资料中，如大同雁北师院北魏墓群 M2 及宋绍祖墓（M5）女侍俑，大同智家堡北魏墓石椁壁画、大同智家堡北魏墓棺板画中的女子形象（图 2-7：1），上着长襦，内着及地长裙，裙腰不详。

B 型 筒裙 自裙腰自然垂落呈筒状或管状，以外穿者最为常见，因裙摆较小不利行走，常在裙腰部位施有褶裥。有的仅在裙子前、后中央部位留有细密褶裥，有的在裙腰装饰一周细密如齿的褶子，俗谓马牙裥，又称"百叠裙""百褶裙"，始于东汉，以后逐渐增多，北朝女子也穿百褶裙，如偃师联体砖厂笼冠侍吏俑、螺髻女侍俑（图 2-7：2）及偃师南蔡庄女侍俑（彩图三，6）。根据束腰位置不同，可分为二亚型：

Ba 型 腰裙 裙腰束于腰间，如河北磁县东陈村尧赵氏墓女侍俑、提物女俑、仆俑、舞俑，高润墓女侍俑、提物女俑、舞俑、仆俑，元良墓女侍俑以及山东济南东八里洼墓女侍俑、仆俑等，均着此种裙式（图 2-7：3）。

Bb 型 高腰裙 裙腰束于胸部，常见于笼冠女俑形象，如磁县湾漳北朝大墓出土的 3 件笼冠女侍仆俑（图 2-7：4、彩图三，12）。

C 型 拖尾裙 裙子下摆宽大，主要见于贵族女子所着礼服，根据裙摆形制差别，可分二亚型：

---

① 高春明：《中国服饰名物考》，第 606—617 页。
② 《晋书》卷 27《五行志上》，第 823、825—826 页。

Ca 型 裙摆底端宽大，如山东临朐北齐崔芬墓墓室西壁壁龛横额墓主夫妇出行图中的贵妇形象（彩图一，6）。

Cb 型 裙摆前短后长，因后摆长可拖地，行走时通常由侍者托举，如巩县石窟第 1 窟南壁西侧上层礼佛图中的贵妇（图 2 - 7：5）。

图 2 - 7 裙

1. A 型 大同智家堡石椁西壁侍女 2. B 型 偃师联体砖厂女侍俑（M2：11） 3. Ba 型 磁县东陈村尧赵氏墓女侍俑（M1：26） 4. Bb 型 磁县湾漳墓笼冠女俑（标本 1284） 5. Cb 型 巩县石窟第 1 窟南壁西侧上层礼佛图贵妇 6. Da 型 I 式 大同雁北师院北魏 M2 女舞俑（M2：12） 7. Db 型 I 式 大同雁北师院北魏 M2 女侍俑（M2：29） 8. Ea 型 娄睿墓女侍俑（标本 505） 9. Eb 型 永宁寺遗址影塑像（T1：2356）

D 型 条纹裙 条纹裙是裙上装饰不同于裙子本体颜色条纹的裙子，一般通过剪裁、染色等不同工艺产生条纹装饰效果。根据条纹制作方法不同，可分为二型：

Da 型 间色裙 间色裙是用两种以上不同颜色的梯形布幅间隔拼缝制成，两晋十六国时期出现并开始流行。尽管陶俑、壁画所绘颜色容易剥落，但北朝图像中仍有较多间色裙发现，裙片主要分二色，缝制时异色裙片相连，同色裙片相间，唐代以前通常以颜色罗列命名，如"绯碧裙""紫碧裙"，唐代出现"间裙""裥色裙"等称谓①。与间色裙相关的另一个概念是破裙，即采用交输裁法（斜裁法）裁成上小下大的梯形布帛再拼接合成的裙子，又名交输裙或交裿裙，通常使用多少片布帛便称作多少破裙，而多种颜色拼接者称为间色裙。北朝时期的间色裙以红白、红黑相间者数量最多，根据拼接布帛的宽窄不同，可分二式：

Ⅰ式 宽幅间色裙 裙子由两种颜色的四、六、八块梯形布帛拼制而成，如大同雁北师院北魏墓群 M2 出土的 2 件女舞俑，标本 M2：12，头戴黑色风帽，上着白色长襦，外罩一件红色左衽短袖，下着红、白相间的四破或六破间色长裙（图 2 - 7：6）。裙摆宽肥，呈喇叭状。再如娄睿墓出土女侍俑，共 31 件，如标本 518，身穿淡红色窄袖长衫，外着红、黑八条相间制作的长裙，裙摆较小，裙后中间部位有细密褶裥；女侍跪俑 3 件，如标本 519，身穿左衽杏黄窄袖衣，下着红、黑色八条相间制作的长裙。

Ⅱ式 窄幅间色裙 裙幅较窄，由十片以上梯形布帛制成，但具体数量不详，如山西忻州九原岗北朝壁画墓墓道北壁门楼图中的执扇女子和回首女子（彩图三，26、27）。再如敦煌莫高窟 285 窟北壁供养人，年代为西魏大统五年（彩图三，2）。

Db 型 染色条纹裙 通过染色工艺条纹装饰效果，根据条纹形制差别，可分二式：

Ⅰ式 竖向条纹裙 裙上装饰细密的竖向条纹，如大同雁北师院北魏墓群 M2 女侍俑，标本 M2：29，上着左衽窄袖长襦，下着白色曳地长裙，襦、裙均绘数道细密的红色竖线，应为印染而成（图 2 - 7：7）。

Ⅱ式 横条纹裙 裙上装饰横向条纹，仅发现于朔州九泉梁北齐壁画墓墓室北壁墓主夫妇宴饮图的墓主夫人形象，白色裙子上有红色横条纹装饰（彩图一，9）。

E 型 背带裙 裙腰不扎束大带，而是前后缝缀绕肩窄带以吊起裙子，方便简洁，可称为背带裙。从其形制来看，背带裙实际上是裲裆或裲裆衫的一种新发展，主要发现于北朝女侍、仆从形象，并未普及开来。根据裙腰部位带子数量差异，可分为二亚型：

Ea 型 双背带裙 裙腰前后位置缝缀两条窄带，裙腰高及胸部，见于山西太原娄睿墓女侍俑（图 2 - 7：8、彩图三，7）、张海翼墓女侍俑以及山东淄博崔氏墓地崔混墓女仆俑、女侍俑。

Eb 型 单背带裙 裙腰仅缝缀一条窄带，裙子较短，见于洛阳北魏永宁寺遗址出土影塑立像，编号为 T1：2356，残高 14.8 厘米，面朝前方，两臂、右腿及左膝以下残。上身裸露，裙上缀连一窄条形背带，斜搭于左肩（图 2 - 7：9）②。

（三）袿衣

袿衣是古代女子盛装，《释名·释衣服》："妇人上服曰袿，其下垂者，上广下

① 万芳：《考古所见晋唐时期间裙研究》，《考古与文物》2010 年第 2 期。

② 中国社会科学院考古研究所：《北魏洛阳永宁寺》，中国大百科全书出版社 1996 年版，第 74 页。

狭，如刀圭也。"[①] 袿衣因下垂的衣裾上广下狭形如刀圭而得名。袿衣上的装饰司马相如称之为"蜚襳垂髾"，《汉书·司马相如传》颜师古注："襳，袿衣之长带也。髾谓燕尾之属。皆衣上假饰，非髾垂也。蜚，古飞字也。"[②] 蜚同飞，"蜚襳"即飞举的飘带，"垂髾"是衣服上垂下的形如燕尾的装饰，因此，袿衣加上装饰的飘带便合称"蜚襳垂髾"，这种服饰在顾恺之《洛神赋图》《列女仁智图》中均有表现。袿衣上装饰的襳带容易与长条状的披帛混淆，实际上二者存在明显区别，襳带缝缀于袿衣之上，需要依托袿衣存在，而披帛则是单独的服饰配件。尽管汉以后历代史书都不乏关于袿衣的记载，但至今学界对袿衣的具体样式、产生时间，与袆衣的关系等问题仍存在不少争议。

北朝袿衣在大同北魏太和八年（484）司马金龙夫妇合葬墓漆画屏风所绘列女形象中有表现，帝舜二妃、涂山启母、周室三母及班婕妤均着大袖襦裙，裙腰处下垂一块上广下狭形如刀圭的装饰物，当为"垂髾"，垂髾两侧各缝缀 3 条飞举的长带即"蜚襳"（彩图三，19）。类似的袿衣在莫高窟 288 窟东壁北魏女供养人和 285 窟北壁西魏女供养人也有表现，以后者为例，贵妇头梳双髻，上着大袖对襟襦衫，下着间色长裙，裙腰下垂的垂髾两侧各装饰 3 条蜚襳，腰部最外侧还有围腰装饰（彩图六，2）。北魏图像中的袿衣与《洛神赋图》《列女仁智图》中袿衣相比，垂髾和蜚襳形制已明显简化并形成定制。

北朝袿衣除"蜚襳垂髾"装饰外，有的在女子后背左右各缀一长条形帛带随风飘举，在司马金龙墓漆画屏风帝舜二妃、周室三母、班婕妤及莫高窟 285 窟北壁西魏女供养人图像中都有表现，帛带在两臂或胸前均无搭绕痕迹。时代更早者见于山西大同沙岭北魏太延元年（435）壁画墓 M7，墓室北壁下栏第一行绘 19 位女侍，

图 2-8　洛阳北魏元祉墓跪坐女俑
（IM4034:208）

均头挽花髻，身着襦裙，画面虽漫漶不清，但每位侍女身后的飘带仍能辨清，也不见胸部或两臂帛带搭绕的痕迹。这种装饰手法在洛阳北魏元祉墓跪坐女乐俑（IM4034:208）所着服饰有清晰表现（图 2-8），女俑头梳双髻，上着右衽交领宽袖襦，下着长裙，腰饰丝带，背后自衣领下垂长条丝带 2条，同墓出土男性伎乐也有同样装饰（彩图二，27）。这种长带显然不是菩萨像中常见的"披帛"，应是襳带。襳亦作"缡"，本是古代女子出嫁时所系

① （东汉）刘熙撰，（清）毕沅疏证，王先谦补：《释名疏证补》卷5，第 173 页。
② 《汉书》卷 57《司马相如传上》，第 2541 页。

的佩巾，嫁前由母亲亲自结在女儿身上，故称“结缡”。《诗经·豳风·东山》：“亲结其缡，九十其仪。”褵带后来成为一种装饰，上引图像中所示当为“衿褵”，是施于领衿的装饰，汉刘向《列女传·齐孝孟姬》：“母醮之房中，结其衿褵。必敬必戒，无违宫事。”《文选·任昉〈齐竟陵文宣王行状〉》：“导衿褵于未萌，申炯戒于兹日。”李善注：“衿褵，於衿结褵也。《仪礼》曰：‘女嫁，母施衿结帨，曰：勉之敬之。’”吕向注：“褵，带也。”因此，在探讨早期巾帔历史时，需要厘清巾帔与中国传统蜚襳垂髾、褵带之间的异同，如果无视它们之间的区别，则很容易将巾帔的历史大幅度提前。

（四）围腰

围腰是系于腰间围于腹前或后腰的长方形布块，是外穿裙尤其是高腰裙的常见装饰性配件，通常自裙腰垂下，长及大腿中部，在北朝图像中有大量表现。根据其形制差别，可分二型：

A **型** 围腰在腹前为整片布幅，服用者地位一般较高，应为贵族女性服装饰物。据壁画资料看，围腰与襦、裙颜色不同，形成鲜明的色彩对比效果。根据底边形制差别，可分二亚型：

Aa 型 围腰底边为花瓣形弧边状，见于巩县石窟第 4 窟南壁西侧礼佛图中的贵妇形象（图 2－9：1）。

Ab 型 围腰底边平直，如崔芬墓西壁所绘墓主夫妇出行图中两位贵妇，上着大袖白色襦衫，下着浅黄色长裙，裙腰高束于胸部，腰带上系一块红色围腰，颜色对比鲜明（彩图一，6）。

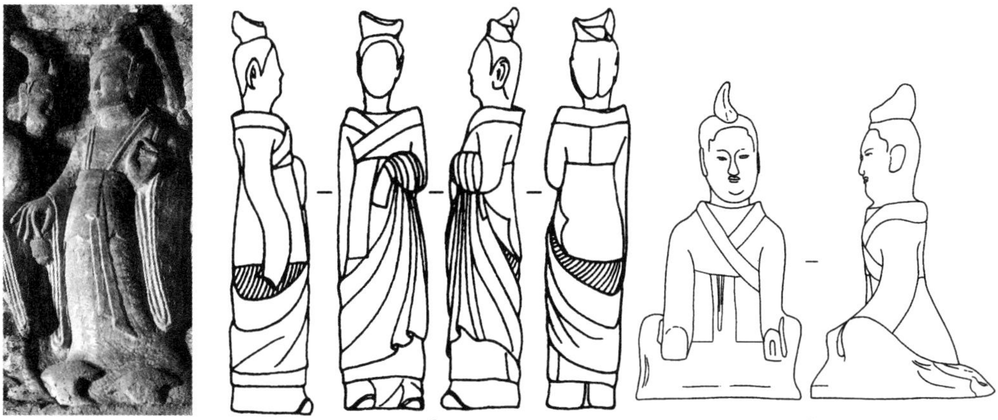
1　　2　　3

图 2－9　围腰

1. Aa 型 巩县石窟第 4 窟南壁西侧上层礼佛图贵妇　2. Ba 型 元良墓女侍俑（CMM1：64）　3. Bb 型 安阳北齐元夫人墓蹲踞俑（M1：12）

B **型** 围腰从后腰围至腹前，且在腹前并不相连。根据色彩差别，可分二亚型：

Ba 型 色彩与襦衫一致，如元良墓女侍俑，标本 CMM1：64，上着窄袖襦，下着高腰长裙，腰系长方形围腰，腹前开口（图 2-9：2）。再如忻州九原岗北朝壁画墓墓道北壁门楼图所绘 2 位女子，上着白色窄袖襦，下着红白相间的间色裙，腰间系与襦衫色彩一样的围腰。对于女性腰间下垂的这块装饰物，沈从文在描述北齐张肃俗墓女俑服饰时说它是"腰间垂裳如腰裌"[①]，高春明则将其命名为"厌腰"[②]，见晋干宝《搜神记》卷七："晋武帝泰始初，衣服上俭下丰，著衣者皆厌腰。此君衰弱、臣放纵之象也。"[③]"厌"通"压"，所谓"厌腰"即压腰，是将上衣束于裙腰之内，是一种着衣方式，并非服饰名称，但 Ba 型围腰是因"厌腰"穿法而形成，即上衣外摆朝上翻折覆压于裙腰之上，故学者常名之为"厌腰"或"压腰"。

Bb 型 色彩与襦衫不同，如河南安阳北齐元夫人墓蹲踞俑（M1：12），身着红色上襦，围腰为白色，此型围腰当为单独的服饰配件（图 2-9：3）。

二 衣裤制

北朝女子流行襦裙装，但亦有着裤装者，样式与男子所着裤褶基本相同，主要见于女侍和仆从形象，可能为方便劳作和行动而穿。北方民族男女均善骑射，着裤褶者应不在少数，如《邺中记》载："（石虎）皇后出，（以）女骑一千为卤簿。（令）冬月，皆着紫（纶）巾，蜀锦裤褶。"[④]

（一）上衣

根据衣领差别，可分二型：

A 型 褶服 交领广袖，左衽、右衽均有，衣长至臀部，根据衣袖形态，可分三亚型：

Aa 型 衣袖自肘部以下变宽，至袖端最宽博，如偃师染华墓女侍俑 M7：25（图 2-10：1）。

Ab 型 衣袖袖端宽博，垂手可及地，但袖根至小臂比较合体，如杨机墓（彩图三，16）、磁县湾漳墓连体女俑（图 2-10：2）。

Ac 型 袖根至小臂比较合体，袖端较宽，但比 Ab 型窄，如张海翼（图 2-10：4）、徐显秀墓女侍俑（彩图三，17）。

B 型 圆领短衣 圆领，长至髋部，数量较少，见于染华墓 I 式舞俑，身着圆领宽袖衫，衣袖拢于肩部，褶皱清晰（图 2-10：3）。

（二）裤

北朝女性流行长裙，但裙装并不意味着女性不穿裤，据北朝墓葬出土的提裙女

---

① 沈从文编著：《中国古代服饰研究》，第 251 页。

② 高春明：《中国服饰名物考》，上海文化出版社 2001 年版，第 617 页。

③ （东晋）干宝撰，汪绍楹校注：《搜神记》，中华书局 1979 年版，第 93 页。

④ （晋）陆翙著，黄惠贤辑校：《辑校〈邺中记〉》，《魏晋南北朝隋唐史资料》第 9、10 辑，1988 年，第 153 页。

子形象显示，长裙内大多穿裤，如娄睿墓出土女官俑，左手提裙处显示出内着裤装（彩图三，13），此处所论仅为外穿之裤装。北朝女性所着裤装亦有大口裤和小口裤之分：

A 型　大口裤　裤管肥大，又称肥筩裤，根据裤子处理方式不同，可分二亚型：

Aa 型　裤管膝部上下用带子系缚，名为"急装"或"缚裤"，如河南偃师染华墓女侍俑 M7：25（图 2 - 10：1）。

Ab 型　裤管疏散，不加束缚，如杨机墓（彩图三，16）、磁县湾漳北朝大墓连体女侍仆俑。

B 型　小口裤　裤管比较合体，主要见于山西地区，如张海翼（图 2 - 10：3）、徐显秀墓女侍俑（彩图三，17）。

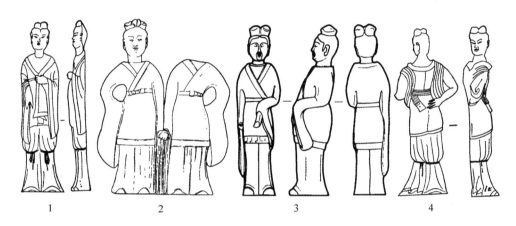

图 2 - 10　衣裤

1. 染华墓女侍俑（M7：25）　　2. 磁县湾漳墓连体女俑（标本 916）　　3. 张海翼墓女侍俑（标本 9）

4. 染华墓 I 式舞俑（M7：46）

三　袍服制

袍服通常指长度过膝、直腰身的外衣，北朝女子穿袍者数量不多，所着袍服长至膝盖以下，衣襟和下摆边缘通常无缘边，与男子所着袍服形制基本一致。根据衣领差别，可分为交领长袍和圆领长袍二类。

（一）交领窄袖长袍

交领，窄袖，衣长至小腿中部，腰间扎束革带，脚蹬勒靴，主要见于太原北齐娄睿墓、徐显秀墓（彩图三，22）及朔州水泉梁北齐壁画墓侍女形象。

（二）圆领窄袖长袍

圆领，衣袖紧窄，门襟线位于身体右侧，衣长至小腿中部，腰间扎束革带，长袍下摆有开衩，通常脚穿勒靴，主要见于忻州九原岗北齐壁画墓墓道东、西壁备马出行图中的女子形象，如墓道西壁第二层回首女子，身着浅色圆领长袍，衣袖末端极为紧窄，二手垂于袖中，袖端空垂。圆领袍右侧下摆处的开衩处装饰忍冬纹（彩

图三，28—29）。

四　其他

（一）披帛

披帛又称帔帛，是披搭于肩背的帛巾，关于披帛的起源和发展《三才图会》云："《实录》曰：三代无帔说，秦有披帛，以缣帛为之，汉即以罗。晋永嘉中，制绛晕帔子，是披帛始于秦，帔始于晋也。唐令三妃以下通服之，士庶女子在室搭披帛，出适帔子，以别出处之义。"① 但到目前为止，汉代人物图像资料中尚不见披帛的形象。《中华古今注·女人披帛条》谓"古无其制"②。直到南北朝时期，披帛才较多地出现于人物图像中，唐代广泛流行。孙机先生认为帔帛并非汉族固有服饰，中古时期我国境内少数民族如鲜卑、契丹、回纥、吐蕃的民族服装中均不见用帔，并根据波斯男女均有佩戴帔帛的风习，推断帔帛产生于西亚，后由佛教艺术通过中亚东传至中国，所以在我国早期菩萨像中常见施巾帔的形象③。根据北朝披帛形制差别，可分二型：

A 型 短披帛　披帛短而宽，形似披肩披于肩背，在胸前将两端系结，沿袭中国传统的帔制，《释名》："帔，披也，披之肩背，不及下也。"④ 根据其形制差别，可分为二亚型：

Aa 型 中间宽大，两端窄小，见于甘肃天水麦积山石窟第 76 窟正壁右侧下部北魏影塑供养人像⑤（图 2－11：1），正面女子上着绿色襦服，下穿乳黄色长裙，肩披土黄帔，右侧女子肩部也披土黄色帔。帔的形制均是披覆双肩后急速变窄，末端于胸前打结后下垂。

Ab 型 整体呈长方形，披于肩背，末端于胸前打结，主要见于娄睿墓跪坐女俑（图 2－11：2、彩图三，10）及《北齐校书图》中的侍女形象。以前者为例，女子双膝呈跪姿，双手握灰色簸箕，似正簸晒粮食，为典型的劳作女子。她身穿红色宽袖短襦，杏黄色百褶长裙，肩披黄白色帔帛，胸前打蝴蝶结。这种短帔在唐代仍然盛行。

B 型 长披帛　披帛窄长，整体为长幅巾，通常披于肩背后敷搭于双臂，《魏书》称之为"巾帔"⑥。巾帔在北朝佛教美术中最常见，如菩萨、飞天、天王、力士、伎乐天和童子等形象常披巾帔，横幅较窄，长度在佩戴者身高的两倍以上，披搭方式

---

① （明）王圻、王思义撰辑：《三才图会·衣服卷三》霞帔条，明万历三十七年（1609）原刊本，第 10 页。

② （后唐）马缟：《中华古今注》卷中，第 33 页。

③ 孙机：《唐代妇女的服装与化妆》，《文物》1984 年第 4 期；孙机：《唐代妇女的服装与化妆》，载于《中国古舆服论丛》，第 221 页。

④ （东汉）刘熙撰，（清）毕沅疏证，王先谦补：《释名疏证补》卷 5，第 174 页。

⑤ 孙纪元：《中国美术全集·雕塑编·8·麦积山石窟》，人民美术出版社 1988 年版，图版 22，第 24 页。

⑥ 《魏书》卷 102《西域传》，第 2271 页。

多样，有 X 型、W 型、U 型等不同样式，日本学者吉村怜称之为"天衣"①。这种窄长的巾帔即学界通常名之为"披帛"或"帔帛"者，唐代颇为流行，沈从文称其为"唐式披帛"，并认为"唐式披帛的应用，虽见于北朝石刻（如巩县石窟寺造像）伎乐天身上，但在普通生活中应用，实起于隋代"②，伴随着考古材料的日益增加，这个观点已被修正。根据巾帔的披搭方式不同，北朝巾帔可分为二亚型：

Ba 型　巾帔披覆双肩后于后背呈"U"字形下垂，身前部分由上臂内侧向下缠绕披搭于前臂，末端复由衣袖内侧自然下垂，见于北魏永宁寺遗址Ⅲ型影塑世俗人物立像，如标本 T11∶2512，肩覆窄长巾帔，于后背呈"U"字形下垂（图 2–11∶3）。

Bb 型　帛巾披搭于肩背，身前部分自然下垂，如山东淄博东魏崔混墓女侍俑，巾帔披于肩背后直接于腋下自然下垂（图 2–11∶4）。西安北周大象元年（579）安伽墓石棺床正面屏风画居家宴饮图，画面左侧两位侍女肩披红色长巾帔，末端自然垂于腋下。

如果说洛阳北魏永宁寺遗址出土的世俗人物影塑还是受佛教影响的话，那么，崔混墓、安伽墓出土的披帛事例表明，至迟自北朝晚期开始，窄长的巾帔已开始在现实生活中使用，并以贵族家庭中侍女最为常见，贵族女性很少佩戴。这种狭而长的披帛后来成为盛唐、五代、宋初女性常见的服装饰物，通常披搭于肩背，两端绕臂后再飘垂而下，走路时随风摆动，具有极强的装饰效果。

（二）领巾

领巾是围系于颈部起保暖、装饰作用的巾帛类佩饰。西汉杨雄《方言》卷四："帍裱谓之被巾。"晋郭璞注："妇人领巾也。"③《广雅·释器》："帍、裱，被巾也。"王念孙疏证："裱，犹表也。表，谓衣领也……帍，犹扈也……被巾所以扈领，故有'帍裱'之称。"④领巾的形制在 1953 年西安草厂坡墓葬⑤彩绘伎乐女俑颈部有表现，披巾紧紧围绕女子领际，应是当时人所称的"领巾"。北朝时期也有领巾，北周庾信《春赋》："镂薄窄衫袖，穿珠贴领巾。"在乍暖还寒的春天，披一件领巾自然有保暖之用，再于领巾上装饰珠子就更加美观了。至于其具体形制，《隋书·五行志》载："开皇中，房陵王勇之在东宫，及宜阳公王世积家，妇人所服领巾制同槊幡军帜。妇人为阴，臣象也，而服兵帜，臣有兵祸之应矣。勇竟而遇害，世积坐伏诛。"⑥隋初妇人所服领巾与槊幡军帜形制相同，槊即长矛，幡指旗子，所谓槊幡就是长矛上悬挂的旗子，其形制在壁画中有不少表现，陕西潼关税村隋代壁画

---

①　［日］吉村怜：《古代佛、菩萨像的衣服及其名称》，苏哲译，载于《2005 年云冈国际学术研讨会论文集·研究卷》，文物出版社 2006 年版，第 157—172 页。

②　沈从文编著：《中国古代服饰研究》，第 309 页。

③　（汉）扬雄撰，（晋）郭璞注：《方言》，中华书局 2016 年版，第 52 页。

④　（清）王念孙撰，张靖伟等校点：《广雅疏证》卷 7 下《释器》，上海古籍出版社 2016 年版，第 1172 页。

⑤　陕西省文物管理委员会：《西安南郊草厂坡村北朝墓的发掘》，《考古》1959 年第 6 期。

⑥　《隋书》卷 22《五行志上》，第 630 页。

墓①墓道东西两壁绘有仪仗队列，其中就有手持斃幡的人物，幡面作长方形，下垂四旒作长条状。可知，隋初被视为招致祸端的"服妖"型领巾是下有垂旒的长方形，山东嘉祥英山隋徐敏行夫妇合葬墓②墓室西壁所绘备骑出行图中，前导的男子左手执缰，右肩上搭垂蓝白色领巾（图2-11：5），两端有垂旒若干，应即《隋书》所言"服妖"型领巾。

1　　　　　2　　　　　　　　　　3　　　　　　4

5　　　　　6　　　　　　　　7　　　　　　　　8

图2-11　披帛、领巾和披风

1. Aa 型 麦积山石窟北魏76窟影塑供养人像　2. Ab 型 娄睿墓跪坐女俑（标本524）　3. Ba 型 永宁寺影塑像（标本T11：2512）　4. Bb 型崔混墓女侍俑（M3：28）　5. 隋徐敏行墓备骑出行图　6. 偃师联体砖厂墓 M2 女侍俑（M2：11）　7. 高润墓女骑俑　8. 莫高窟296窟女供养人

领巾与巾帔的区别主要表现在长短、材质和围系方式上，领巾在围系时主要围于脖颈，垂于领襟附近，类似今天的围巾，因此长度较短，材质不限；而巾帔在佩戴时并不局限于领襟，常披于肩背，敷搭两臂后自然下垂，长度较长，且材质轻软，以此营造飘逸灵动之感。领巾至唐代更为流行，韩愈《赛神》："白布长衫紫领巾，差科未动是闲人。麦苗含穟桑生葚，共向田头乐社神。"王贞白《寄郑谷》："火鼠

---

① 陕西省考古研究院编著：《潼关税村隋代壁画墓》，文物出版社2013年版，第87—100页。
② 山东博物馆：《山东嘉祥英山一号隋墓清理简报》，《文物》1981年第4期。

重收布，冰蚕乍吐丝。直须天上手，裁作领巾披。"在唐代墓室壁画及陶俑中也有大量领巾表现，如陕西乾县懿德太子李重润墓前室西壁宫女身着黄色短襦，红色长裙，肩披淡蓝色领巾，双手交叉其中①。根据形态差异，可将北朝图像中的领巾分为二型：

A 型 领巾幅面窄长，佩戴者多为侍从或劳作俑，人物身份比较低，主要见于染华墓舞俑、执盆俑、烧火俑，偃师联体砖厂北魏墓 M2 螺髻女侍俑，杨机墓抱婴女俑等。领巾披搭双肩后向前披围于颈项，于胸前交叉下垂后由腋下绕至后背再绕于腹前交叉打结，这是一种比较常见的围系方法，在河南偃师联体砖厂女侍俑（M2：11）形象中有清晰表现，女俑颈系红色领巾，于胸前打结，腹前除大带外还有系结的领巾（图 2－11：6），偃师南蔡庄北魏墓女侍俑也有相同表现（彩图三，6）。此型领巾通常被误认为是围于颈部的短帛巾，不确，因为仅围于颈部交叉容易脱落，不具实用性。

B 型 领巾窄长，末端有流苏装饰，见于忻州九原岗北齐壁画墓，墓道东壁第二层备马出行图最南端有二位女子跟随，其中，靠后者身穿圆领窄袖袍，左手微微抬起，左肩披搭浅粉色长条形领巾，领巾末端有菱形格子装饰，下有流苏飘垂，这种领巾应为《隋书》所记有垂旒装饰的领巾（彩图三，28）。

（三）披风

披风又称假钟，可以用来防风、御寒、保暖，北朝女子亦有着披风者，但数量不多。其基本形制是对襟有袖，但通常披搭于肩背，手不伸于袖中，两袖空垂。根据衣袖宽窄差别，可分为二型：

A 型 窄袖披风 衣袖紧窄，开领对襟，如河北磁县北齐高润墓出土的 4 件女侍骑俑，束发，身披开领长袖外衣，两袖空垂，衣袖紧窄仅起装饰作用。该女子所着披风与当时男子常着的披风并不相同，领口没有系带，衣袖比较紧窄（图 2－11：7）。另外如莫高窟北周 296 窟所绘女供养人形象，身着宽袖襦裙，外披圆领对襟披风。陕西西安北周大象元年（579）安伽墓石棺床正面屏风画居家宴饮图中左侧女主人上着灰色圆领衣，下着束腰长裙，肩披红色披风。从石棺床左侧车马出行图及右侧屏风送别图中来看，女子披风虚设长袖，这种装束直到隋代仍然盛行，如敦煌 390 窟贵族妇女进香图，沈从文称之为"小袖式披风"②，可以单独穿着。

B 型 宽袖披风 两袖宽肥，圆领对襟，领口系带合口，披风博大，可将身体遮蔽得密不透风，见于莫高窟北周 296 窟女供养人形象（图 2－11：8）。

（四）裘

裘皮是北方游牧民族男女老少都喜穿着的服饰用品，除普通动物毛皮外，北朝

① 陕西省考古研究院、乾陵博物馆编著：《唐懿德太子墓发掘报告》，科学出版社 2016 年版，第 156—160 页。

② 沈从文编著：《中国古代服饰研究》，第 257—258 页。

图像中也出现了女性着名裘的形象。山西朔州水泉梁北齐壁画墓①墓室北壁夫妇并坐图中墓主夫妇所着之裘款式相同，颜色均为深棕色，其中，墓主夫人所着裘保存较好，领部有整张动物皮做的衣领，其材质应为貂裘（彩图一，9）。

第三节　足衣

北朝女性足衣包括舄、履、靴、袜等，其发展演变轨迹与男性足衣相仿。按质地划分，有丝帛制成的罗鞋、锦履，麻线制成的麻履、线鞋，草葛制成的芒屩，皮革制成的革靴等。舄是最高等级的鞋履，北朝贵族女性参加祭祀等重要礼仪场合也同男性一样要穿舄。北朝女子流行及地长裙，鞋履多被遮盖，图像中大多仅表现履头部分，主要有履和靴二类。

一　履

北朝女子所着履与男性所着基本相似，可能在质料、装饰方面有所区别，但在图像中难以究明。根据履头形制差别，北朝女子所着履可分为二型：

A 型　圆头履　履头呈圆弧状，见于考古出土的女侍、仆从、女官等形象，一般于长裙之下显露略有起翘的圆头，形制同男子所着，如娄睿墓笼冠女俑，标本 445（图 2 - 12：1、彩图三，13）。

B 型　高头履　履头高翘，见于龙门石窟、巩县石窟帝王礼佛图中的皇后及女侍，崔芬墓西壁墓主夫妇出行图中女主人及女侍，宁懋石刻女侍所着，履头上翘，呈斧头状，其形制与男性 Bb 型履无差别。如巩县石窟第 4 窟南壁西侧礼佛图中的贵妇及侍女均着高头履，其形制基本相同，但起翘的履头高度不同，身份高者，履头更加高大，相反，则比较低矮（图 2 - 12：2）。

二　靴

北朝女性所着足衣大多为履，亦有着靴者，主要见于山西地区，如徐显秀墓、娄睿墓、忻州九原岗北齐壁画墓中的女子形象。据图像观察，女性所着靴主要有红、黑二色，穿靴方式亦有将长裤束于靴统之内和靴统覆于长裤之下两种方式，根据靴统长度及形制，可分二型：

A 型　长统靴　靴统长及小腿中部，靴面细长，紧裹脚背，前端呈尖圆头，靴统紧裹小腿，靴统顶端前高后低，镶有边饰，如忻州九原岗北齐壁画墓墓道西壁第二层备马出行图中，回首女子着黑勒靴，靴统边饰亦为黑色，最南端女子所着黑勒靴为白色边饰（图 2 - 12：3 - 4）。

B 型　短统靴　靴统较短且粗大，靴面较宽，前端略尖并上翘，见于徐显秀墓夫妇

---

① 山西博物院、山西省考古研究所编：《壁上乾坤：山西北朝墓葬壁画艺术》，第 154—157 页。

并坐图女主人右侧演奏乐器的女子形象，脚上均着皂靴（图2－12：5）。磁县东陈村尧赵氏墓出土的2件提物女俑，标本M1：7、130左手所提即为此型靴，靴统与靴面交接部位有一圈联珠纹装饰，应为束靴的系带（图2－12：6）。

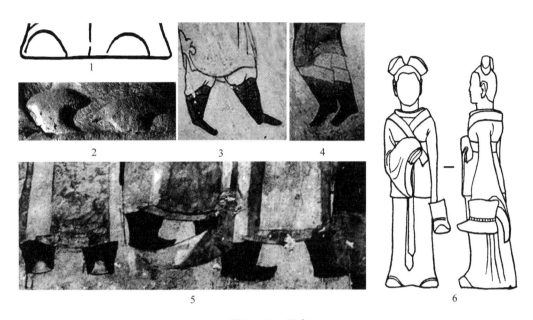

图2－12　足衣

1. A型 娄睿墓笼冠女俑（标本445）　2. B型 巩县石窟第4窟南壁西侧贵妇像　3－4. A型 忻州九原岗壁画墓墓道东、西壁女子　5. B型 徐显秀墓墓室北壁伎乐　6. 磁县东陈村尧赵氏墓提物女俑（M1：7）

第三章　北朝军戎服饰

魏晋南北朝时期，社会动荡，战乱频繁，考古出土资料中有大量军卒、武士形象，如镇墓武士俑、持盾武士俑、按剑武士俑、背箭箙俑、步卒俑、甲骑具装俑等。军戎服饰是军中将士所着服饰，古代又称"戎衣"，主要包括两大类：一是防护身体的甲胄，二是日常穿着的戎服。伴随着战争形式的不断发展和成熟，加之生产技术水平的不断提高，南北朝时期的军戎服饰日渐多样化。早在 20 世纪 70 年代，杨泓先生便关注古代甲胄[1]，90 年代，刘永华对中国古代军戎服饰进行了系统论述，材料丰富，论述严谨，更难能可贵的是作者还结合出土实物及图像资料，为历代军戎服饰绘制了精美的复原图，对我们认识北朝军戎服饰具有重要参考价值[2]。

第一节　甲胄

甲胄是古代战争中用以防护身体的装备，有时在一些重要典礼上也会使用。甲又称介或函，其形似衣，用以防护人体；胄又叫盔，秦汉以后称兜鍪，用以防护头部。人类最早使用的甲是皮甲，自战国起开始使用铁制防具，护身的金属防具称"铠"，直到隋唐时期，士兵的防护工具依材质不同仍有甲（皮革）和铠（金属）两种。隋唐以后打破这种划分，统称为铠甲。从制造材质和作用来看，甲胄应属于兵器类，杨泓《中国古兵器论丛》便将甲胄列为兵器类，但因甲胄穿戴于军人身上，并直接影响军人的服饰造型，所以又是军戎服饰的重要组成部分。根据考古出土的甲胄实物及武士图像资料，并结合文献记载，可将北朝甲胄分为头盔和身甲两大类。

一　头盔

头盔是保护头部的甲衣，北朝图像中的头盔主要有额护和兜鍪两种。

---

[1]　杨泓：《中国古代的甲胄（上、下）》，《考古学报》1976 年第 1、2 期。后收入杨泓《中国古兵器论丛》，文物出版社 1980 年版；杨泓：《中国古兵器论丛（增订本）》，文物出版社 1985 年版；杨泓：《中国古兵器论丛（增订本）》，中国社会科学出版社 2007 年版。

[2]　刘永华：《中国古代军戎服饰》，上海古籍出版社 1995 年版；刘永华：《中国古代军戎服饰》，上海古籍出版社 2003 年版。

（一）额护

额护主要用来保护额头，其形状摊开略呈三角形，上面钉缀甲片，左右两角各系一根带子，佩戴时将额护蒙于额前，两根带子在脑后系结。额护一般装有甲片，主要见于高润墓甲胄箭囊俑，磁县湾漳北朝大墓内甲步卒俑①，洛阳永宁寺遗址Ⅲ型着帽、扎巾影塑头像②。如湾漳大墓标本846（图3-1：1），为一件内甲步卒俑，头前加有额护，额前正中有一尖状凸起。额护上装饰甲片，为几道并排的长甲片。甲片边缘为波浪线状，甲片上有穿线的小孔。额护左右各有一根带子，在脑后系结。在额护之下，陶俑头上还戴一顶小风帽，帽裙被扎束并提起到头顶。

（二）兜鍪

兜鍪是一种全方位保护头部的防具，因其形似锅（即兜鍪）而得名。刘永华将南北朝时期用以保护头部的甲衣区分为兜鍪、胄和盔三种，其形制略有差别，其中，胄是用生铁整体铸成，兜鍪形制比较复杂，盔则一般以盔架铆上甲片制成③。这是一种比较细致的分类方法，有助于我们认识当时头部防护装备的制作方法以及具体形制。但从史书记载来看，魏晋以后的头部防护装备不见有单独称盔或胄者，而是统称兜鍪。根据北朝武士形象所戴兜鍪形制不同，可分为三型：

A型 尖顶兜鍪 整体呈三角形，顶部较尖，有孔，用于插缨。有的用金属材料整体铸成，有的在两耳部位有耳护。典型标本见于河北临漳县境内邺南城古城址朱明门外城壕中所发现的15号胄④，亦可见于彭阳新集北魏墓武士俑（图3-1：2）、甲骑具装俑，司马金龙墓武士俑、骑马武士俑，李贤夫妇墓Ⅱ式镇墓武士俑、甲骑具装俑。

B型 一体式圆顶兜鍪 主要由半盔和顿项组成，形似圆顶或尖顶垂裙风帽，上缀甲片，顶冠缨，根据兜鍪顶部形态差别，可分三亚型：

Ba型 半盔和顿项连在一起，无明显分界标志，顶部中央略凸或有管状物用于插缨，下有垂裙，造型简单，如宋绍祖墓镇墓武士俑（图3-1：3）、Ⅱ式男俑、甲骑具装俑，大同云波路北魏墓群M10镇墓武士俑均戴这种兜鍪。

Bb型 半盔和顿项连在一起，有明显的分界，上缀形制相同的甲片，见于解兴石堂大门两侧的武士像，二武士所戴兜鍪一为圆顶，一为尖顶，头盔和顿项均缀鱼鳞甲（图3-1：4）。

Bc型 半盔和顿项连在一起，上缀形制相同的甲片，盔顶中央有尖状突起，用于插缨饰，顿项垂至肩部，前额正中处下突与眉心相交，主要见于陕西地区，如宇文俭墓镇墓武士俑（图3-1：5）。

C型 分体式圆顶兜鍪，主要由半盔、顿项和耳护三部分组成，顶部由一圆顶半

①　中国社会科学院考古研究所、河北省文物研究所编著：《磁县湾漳北朝壁画墓》，科学出版社2003年版，第37页。

②　中国社会科学院考古研究所：《北魏洛阳永宁寺》，中国大百科全书出版社1996年版，第64—65页。

③　刘永华：《中国古代军戎服饰》，上海古籍出版社1995年版，第56页。

④　中国社会科学院考古研究所考古科技实验研究中心：《邺南城出土的北朝铁甲胄》，《考古》1996年第1期。

盔保护甲士头顶，有的顿项仅垂于脑后，有的则在下巴处连接，垂裙用铁片、甲片或皮革制成"顿项"以保护后脑、脸颊和颈部，耳部镶嵌或由半盔延伸出圆形或方形耳护。根据形制不同，可分四亚型：

Ca 型 由圆顶半盔、顿项和耳护组成，有的通体缀甲片，圆顶中央有管状突起用于插缨，如磁县湾漳北朝大墓甲骑具装俑，耳护为方形（图 3－1：6）。

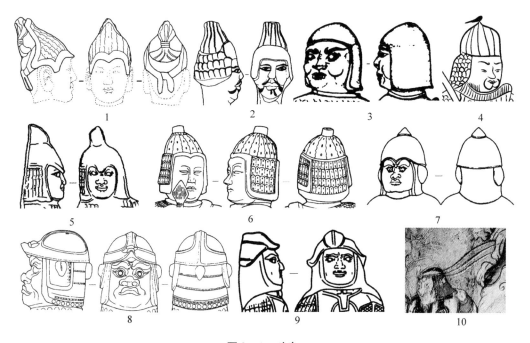

图 3－1 头盔

1. 额护 磁县湾漳北朝大墓步卒俑（标本 846） 2. A 型 彭阳新集北魏墓武士俑 3. Ba 型 宋绍祖墓镇墓武士俑（标本 1） 4. Bb 型 解兴石堂前壁左侧武士像 5. Bc 型 宇文俭墓镇墓武士俑（M1：2） 6. Ca 型 磁县湾漳北朝大墓甲骑具装俑（标本 1583） 7. Cb 型 太原南郊北齐墓镇墓武士俑（标本 59） 8. Cc 型 磁县湾漳北朝大墓按盾武士俑（标本 1210） 9. Cd 型 宇文俭墓武士俑（M1：1） 10. 崔芬墓甬道西壁武士

Cb 型 由圆顶半盔、顿项和耳护组成，圆顶中央有尖状或管状突起，用于插缨饰，顿项垂至肩部，耳部镶嵌圆形耳护，前额正中处下突与眉心相交。兜鍪两侧有护耳，典型标本为邺南城古城址朱明门外城壕中发现的Ⅰ型胄，共 11 件。另外，山西太原徐显秀墓标本 275，太原南郊北齐壁画墓标本 59（图 3－1：7）；再如陕西咸阳机场墓葬群如拓跋虎夫妇墓、叱罗协墓、若干云墓、王德衡墓出土的武士俑多戴此种兜鍪[①]。

Cc 型 由圆顶头盔、顿项及护耳组成，顶部边缘及顶脊起棱加强防护，额前伸

———————————

① 负安志：《北周甲士俑与甲马甲士骑俑综述》，《文博》1993 年第 2 期。

出鸟喙形冲角，顿项及耳护有联珠装饰，造型及制作工艺复杂。该型兜鍪主要见于出土的按盾武士俑、镇墓武士俑，身穿明光铠，山东、河南、陕西、山西、河北省均有发现，尤以河北、山西两省发现最多，如河北省元良墓、高润墓、茹茹公主墓、崔昂墓、尧峻墓、王温墓、湾漳大墓按盾武士俑以及山西省狄湛墓执盾俑、徐显秀墓、张海翼墓、贺娄悦墓、库狄业墓、贺拔昌墓所镇墓武士俑或按盾武士俑者均戴此种兜鍪。如湾漳大墓标本1210，为按盾武士俑，顿项装饰三排平行连珠，左右两侧长方形耳护上各有一个水滴状凸起，后脑部位亦有。顶脊左右及冲角上各有一小孔，原来应插有物品（图3-1：8）。

Cd型　由圆顶头盔和顿项组成，头盔顶部中央及两侧有尖角突出，顿项于额下连接，如宇文俭墓武士俑（图3-1：9）。

兜鍪的装饰除插缨、起棱等外，雄鸡尾羽也曾作为兜鍪的装饰品。北朝民歌《企喻歌辞》第二首"放马大泽中，草好马著膘。牌子铁裲裆，冱鋒鶡尾条"描写了在铁兜鍪上插雄鸡尾的做法，这种装饰行为在出土文物中也有表现，如山东临朐海浮山崔芬墓甬道两壁的武士形象（图3-1：10），兜鍪前端有冲角，并插饰三根长长的雄鸡尾羽（彩图四，13）。

二　身甲

身甲是用来防护身体的铠甲，根据作战需要，不同兵种所穿铠甲的长度不同，一般步兵所着衣身较长，而骑兵需要马上作战，穿戴长甲乘骑不便，故衣身较短。北朝时期常见的身甲有以下五种，另有保护腿部的吊腿。

（一）筩袖铠

筩袖铠是胸、背甲连缀成圆筒状的甲身，并在肩部缀有长度在肘部以上的筒状甲袖，筒通"筩"，故称"筩袖铠"。筩袖铠出现于汉代，三国两晋时期比较流行，考古出土的武士俑和墓葬壁画武士形象比较多见，通常以鱼鳞、龟背甲片象征现实生活中的铁甲和皮甲[1]。筩袖铠在北朝时期亦有发现，步兵、骑兵均有穿用，根据结构及形制不同，可分三型：

A型　由长及膝部的甲身、筒状甲袖组成，腰间束带，主要见于北魏定都平城时期的镇墓武士形象，陶俑大多制作粗率，甲片用红、黑墨线勾勒，甲片形状模糊不清，如大同北魏司马金龙墓披铠陶俑及宋绍祖墓镇墓武士俑（图3-2：1），后者甲身、甲袖连缀在一起，长及膝部，腰部束带，腹、臀外凸，甲身、甲袖用红、黑两线勾描波浪状甲片，应是表现鱼鳞状甲片。

B型　由长及膝部的甲身、筒状甲袖连缀而成，带盆领和护项，见于大同云波路北魏墓群M10镇墓武士俑，身上铠甲涂成白色，用黑线勾勒鱼鳞状甲片，甲身、甲

① 杨泓：《中国古代的甲胄（下篇）》，《考古学报》1976年第2期；辛龙、高小超、宁琰：《两晋时期的筩袖铠研究》，《华夏考古》2018年第6期。

袖边缘饰红彩一周（图3-2：2）。

C型 由盆领、长及臀部的身甲、筒状甲袖及腿裙四部分组成，见于大同沙岭北魏壁画墓 M7 甬道南北两壁的武士像，甲片为鱼鳞甲和方片甲（彩图四，2）。

图3-2 筒袖铠

1. A型 宋绍祖墓镇墓武士俑　　2. B型 大同云波路北魏 M10 镇墓武士俑（M10：18）

从图像资料来看，筒袖铠胸甲、背甲连缀成筒状，且在肩部连缀筒状袖，这种套头钻筒且带袖的长甲穿戴非常不便，因此有学者指出筒袖铠应该是开襟[1]，另有学者认为是"陶俑制作粗略、壁画人物绘制简单"给人造成错觉[2]。笔者同意筒袖铠开襟说，但陶俑、壁画中的筒袖铠之所以给人筒状甲身的错觉并非制作简单粗略之故，因为匠人在塑绘其他开襟服装时均会表现出开襟的线纹。之所以没有表现出筒袖铠的衣襟，是因为筒袖铠的衣襟开在后背，壁画通常表现甲士正面形象，出版物在表现陶俑时也多为正面照，故给人以筒袖铠是筒状甲身的错觉。宋绍祖墓出土的镇墓武士俑，后背中间位置便有一条明显的中线，当是表现开襟。尽管有开襟可以方便穿戴和脱卸，但这种为防御全面而将身甲、筒袖连缀在一起的铠甲，行动起来并不灵活，为解决这个问题，便将甲片分为固定甲片和活动甲片两种，前者主要用于胸前、背后，后者用于双肩、腹前和腰后。然而，这种方法也未能挽救筒袖铠走向消亡的命运，在社会制度、军队组成和战术变化等多方面因素影响下[3]，筒袖铠逐渐被裲裆铠、明光铠所取代。

（二）护膊甲衣

在甲身上连缀筒状袖身虽可做到全面防御，但大大影响了作战的灵活性，

---

① 陈大威编著：《画说中国历代甲胄》，上海书店出版社 2009 年版，第 81 页。

② 辛龙、高小超、宁琰：《两晋时期的筒袖铠研究》，《华夏考古》2018 年第 6 期。

③ 杨泓：《中国古兵器论丛·增订本》，文物出版社 1985 年版，第 37 页。

将筒状袖替换为活动的护膊便可解决手臂活动不便的问题，这就是带护膊甲衣。这种甲衣主要由身甲和护膊两部分组成，胸、背甲通过护膊连接，护膊用以保护肩部和上臂，其形制介于筩袖铠和明光铠之间。根据结构及形制不同，可分二型：

A 型 由护膊、甲身、腿裙和盆领四部分组成，见于大同北魏，解兴石堂大门两侧武士像，铠甲为鱼鳞甲（图 3-3：1、彩图四，1）。

B 型 由护膊、甲身二部分组成，主要见于陕西地区，有学者将这类铠甲称为筩袖铠[①]，但考虑到这种铠甲仅有护膊，而无筒袖，称筩袖铠不确。根据甲片形状差别，可分三亚型：

Ba 型 上缀竖状圆角长方形甲片，如北周宇文俭墓武士俑，身着白色铠甲，前后连属；肩搭护膊，腰间束带（图 3-3：2）。

Bb 型 上缀鱼鳞甲片，如拓跋虎夫妇墓、叱罗协墓、若干云墓、王德衡墓武士俑（图 3-3：3），北周武帝孝陵、李贤墓镇墓武士俑[②]等，如李贤墓镇墓武士俑（标本 177），头戴尖顶兜鍪，身着长及膝部的护膊甲衣，腰间束带。披膊、身甲均绘鱼鳞状甲片。

Bc 型 左右肩护膊连在一起，仅腰带以上缀甲片，如徐显秀墓 B 式铠甲俑（图 3-4：4）、娄睿墓武士俑（彩图四，8）。

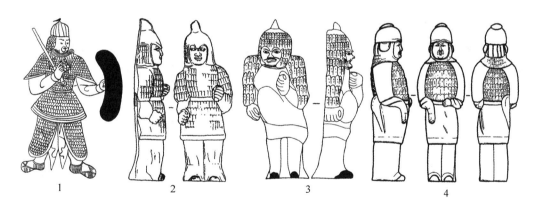

图 3-3 护膊甲衣

1. A 型 解兴石堂前壁左侧武士像 2. Ba 型 宇文俭墓武士俑（M1：2） 3. Bb 型 叱罗协墓镇墓武士俑（标本 3） 4. Bc 型 徐显秀墓 B 式铠甲俑（标本 353）

（三）裲裆铠

裲裆铠，亦作两裆铠，分前、后两片，分别遮蔽前胸和后背，肩部有两条宽带

---

① 负安志：《北周甲士俑与甲马士骑俑综述》，《文博》1993 年第 2 期。

② 原报告将镇墓武士俑所着铠甲称为明光铠，但胸前不见明光铠特有的圆形金属护片。宁夏回族自治区博物馆等：《宁夏固原北周李贤夫妇墓发掘简报》，《文物》1985 年第 11 期。

将前、后片连接起来,腋下用带连接,腰部束带。裲裆铠出现的时间目前尚无定论,最早的记载见于三国魏曹植《先帝赐臣铠表》:"先帝赐臣铠,黑光、明光各一领,两裆铠一领,环锁铠一领,马铠一领,今代以升平,兵革无事,乞悉以付铠曹自理。"说明曹魏时期已有裲裆铠,往前追溯,汉代文本中虽无裲裆铠记载,但已有类似裲裆铠形制的铠甲出现,如陕西咸阳杨家湾汉墓出土兵马俑[1],兵俑身上所着短甲有的仅在胸背部分缀以甲片,胸、背甲在肩部用带系连,腋下一侧连在一起,另一侧则用带子相连;有的则用整块皮革制成,上绘云纹图案(图 3-4:1)。吉林榆树老河深东汉初期 M67 出土的铁铠甲经复原后便是这种形制[2]。杨泓先生认为这种铠甲仅是裲裆铠的渊源,并非真正的裲裆铠,因为真正的裲裆在腋下并不相连,直到三国时期才出现真正的裲裆铠[3],这是目前被广为接受的观点。笔者认为,这种观点明显受后世出土文物的影响,并不一定符合汉代实情,《释名》中并未强调裲裆腋下如何系连,因此,这种铠甲也可称为裲裆铠。杨家湾汉墓群为汉初高祖刘邦的陪葬墓,可见早在西汉初年便已出现裲裆铠,但在汉代还属于比较少见的铠甲品种,直到南北朝时期才广泛流行开来,并被定为武官的主要服制。与其他铠甲相比,裲裆铠形制简便,如吕思勉所言:"古之甲,自身至要,自要至胫,分而为三,以组属之,故曰三属之甲。裲裆不殊上下,自肩直垂,此深衣之制,便于军旅者也,故曰可以武也。"[4]

北朝文物中的裲裆铠,其形制与裲裆衫一样,腰部以上身甲分前、后两片,分别遮蔽前胸和后背,肩部用带连接,腰部束带,从图像资料观察腰带以下连缀在一起。裲裆铠有金属与革制两种,前者多用铁片制成,因甲片多近方形,故称"牌子铁裲裆",也有呈鱼鳞状者;后者用兽皮制成,在图像中易与裲裆衫混淆。根据裲裆铠的具体形制,可分为四型:

A 型 通体缀甲片 根据甲片形状不同,可分二亚型:

Aa 型 铠甲通体连缀鱼鳞状甲片,如宁夏彭阳新集北魏墓武士俑,该俑头戴尖顶鱼鳞甲兜鍪,身披鱼鳞甲裲裆,内穿裤褶,双手握于腰际作持武器状,手中武器已佚(图 3-4:2)。

Ab 型 铠甲通体连缀长方形甲片,应为牌子铁裲裆,如高润墓甲胄箭囊俑(图 3-4:3)。

B 型 仅在腰部以上缀甲片,如吴桥 M1 武士俑、吴桥 M3 Ⅳ 式武士俑,河南偃师南蔡庄北魏墓(图 3-4:4、彩图四,7)以及河南孟津县侯掌墓武士俑,均头戴尖顶兜鍪,身着裤褶,外披裲裆铠。铠甲所缀甲片多为椭圆形或鱼鳞状甲片,排列细密。

---

① 杨秉礼、史宇阔、刘晓华:《咸阳杨家湾汉墓兵俑服饰探讨》,《文博》1996 年第 6 期。
② 吉林省文物考古研究所编:《榆树老河深》,文物出版社 1987 年版,第 82 页。
③ 杨泓:《中国古兵器论丛(增订本)》,文物出版社 1985 年版,第 38 页。
④ 吕思勉:《两晋南北朝史》下册,上海古籍出版社 2005 年版,第 1031 页。

C 型　通身由皮革制成，应是文献中提到的裲裆甲。《北史·杨修之传》载，杨修之身披裲裆甲参加北齐初年文宣帝的郊天礼，被当时的中书令魏收嘲笑，认为他在正式场合身穿裤褶、外套裲裆甲不合礼仪。而杨修之却说，他以前是皇帝身边的常伯，所以头戴饰有金蝉的冕冠，如今他是骁游将军，作为武官身穿裲裆甲并无不妥[①]。可见，北齐初年，武官在正式场合身着裲裆甲的现象并不常见，但到了河清年间（562—565），裲裆甲却被定为将军的官服："领军、中领将军，侍从出入，则着两裆甲，手执棋杖。左右卫将军、将军则两裆甲，手执檀杖。"[②]

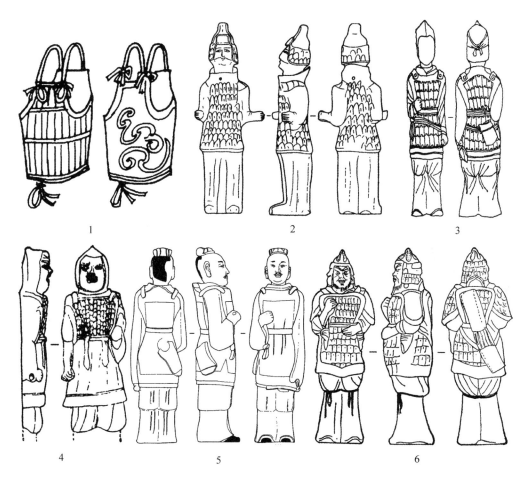

图 3 - 4　裲裆铠

1. 陕西咸阳杨家湾汉墓兵马俑短甲　2. Aa 型 彭阳新集北魏墓武士俑　3. Ab 型 高润墓甲胄箭囊俑

4. B 型 偃师南蔡庄墓武士俑　5. C 型 磁县湾漳北朝大墓特殊步卒俑（标本 109）　6. D 型 联体砖厂北魏墓 M2 武士俑（M2：52）

---

① 《北史》卷 47《阳尼传附固子休之传》，第 1725 页。

② 《隋书》卷 12《礼仪志七》，第 280—281 页。

由皮革制成的裲裆甲在图像资料中易与裲裆衫混淆，实际上二者形制略有不同，裲裆甲一般在背甲上缘中间略有凸起呈三角形状，裲裆衫前后两片衣襟上缘均比较平直。磁县湾漳北朝大墓 C 型特殊步卒俑共 19 件，如标本 109 上身穿交领右衽广袖褶服，袖口系结，外罩朱红色裲裆甲（图 3－4：5）。

D 型 护膊裲裆铠　在裲裆铠的基础上添加护膊，如联体砖厂北魏墓 M2 武士俑（图 3－4：6）及偃师南蔡庄北魏墓武士俑（彩图四，7）。这种铠甲形象有大量发现，因其带有护膊，可以保护肩部和上臂，其形制与裲裆有所差别，但仍可称裲裆铠，如《新唐书·车服志》载："裲裆之制：一当胸，一当背，短袖覆膊。"[①] 所谓"短袖覆膊"应该指的就是这种带有护膊的裲裆铠。

综上，裲裆铠分前后两片，肩部用带连接，主要用来防护身体，其优点是便于行动，但无法顾及肩部和上臂，后来便出现带护膊的裲裆铠。裲裆铠胸甲上缘宽度略超胸宽，这是为了扩大胸部的保护面积，背甲上缘中部向上凸起的三角形，可较好地保护颈部。

（四）明光铠

明光铠是我国中古时期出现的一种重要防护装具，在古代铠甲发展史上具有重要地位，对后世铠甲制作及艺术创作产生了深远影响。明光铠的基本特征是在胸、背甲上有圆形或椭圆形称作护心镜的护板，提高了胸部和背部的防御能力。由于其胸背部圆护多以铜、铁等金属制成，经过打磨后在阳光下有耀眼的反光，颇似一面镜子，明光铠因此得名。在文本中，明光铠最早见于三国魏曹植《先帝赐臣铠表》记载："先帝赐臣铠，黑光、明光各一领。"说明曹魏时期已有明光铠，但迄今尚无实物或图像资料发现，其具体形制不得而知。往前追溯，先秦、两汉时期中原地区的文本及图像中不见明光铠，更无实物出土，至北朝时期，明光铠形象开始在随葬陶俑、墓室壁画乃至石窟造像中大量出现，为我们认识明光铠形制及历史提供了丰富资料。

北朝时期的明光铠并无实物出土，现存资料主要见于镇墓武士形象，尤以陶俑数量最多，墓室壁画、佛教美术中亦有不少身着明光铠的武士、护法形象。以镇墓武士俑为例，有明确出土地点的明光铠形象主要集中在河南、河北、山西、陕西四省，山东、宁夏等地仅有零星发现。明光铠的最大特色在于胸前、背后有圆形或椭圆形的金属甲护，根据胸甲形制不同，可将北朝明光铠分为四型：

A 型 身上没有穿戴铠甲，仅胸前有两片金属圆护起防护作用。如河南省洛州刺史元睿墓出土执盾武士俑，仅胸前有两块饼状圆护以保护胸部，肩背有宽带，四肢均残，不能窥其全貌（图 3－5：1）。

B 型 裲裆明光铠　在敞领无袖的裲裆铠基础上，前胸后背各装两块圆形或椭圆形金属护片，其形制介于裲裆铠和明光铠之间。根据其形制差别，又可分为四亚型：

---

① 《新唐书》卷 24《车服志》，第 521 页。

Ba 型　直接在裲裆铠上加圆护，肩部无披膊，如宁夏固原北周李贤夫妇合葬墓天井东西壁残存的 10 幅仪卫武士图，裲裆甲胸部缀两片圆护（图 3 - 5：2）。

Bb 型　明光铠颈下内凹，肩部无披膊，如联体砖厂 M2 武士俑（M2：9）及偃师南蔡庄北魏墓武士俑（彩图四，4），体形硕大，头戴圆顶兜鍪，身着裲裆明光铠，腰间束带，身前腰部以下墨绘鱼鳞状甲片，胸背有圆护，下着缚裤（图 3 - 5：3）。

Bc 型　肩部有披膊的裲裆明光铠，如西安韦曲高望堆北朝墓 M1 兜鍪俑，头戴兜鍪，护耳长垂，身着明光铠，肩有披膊，下穿大口缚裤（彩图四，14）。

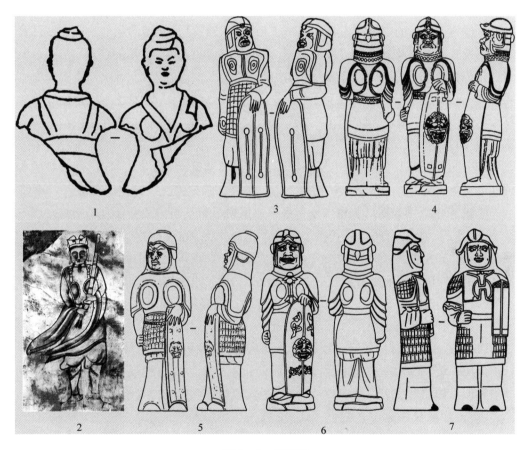

图 3 - 5　明光铠

1. A 型 元睿墓执盾武士俑（标本 14）　2. Ba 李贤墓武士图　3. Bb 型 联体砖厂 M2 武士俑（M2：9）
4. Ca 型 磁县湾漳北朝大墓武士俑（标本 1210）　5. Cb 型 娄睿墓武士俑（标本 528）　6. Da 型 元良墓武士俑（CMM1：16）　7. Db 型 宇文俭墓武士俑（M1：1）

Bd 型　三圆护裲裆明光铠　身甲前片被分隔成左右两片，每片中心位置镶一小型圆护，背部情况不详，胸甲、背甲在肩部用带扣相连，腰部另有一圆护覆于腰带之下。仅见于山东临朐崔芬墓甬道两壁的武士图，二武士均头戴兜鍪，胸甲中间纵束甲带，并于腹部与保护腹脐的甲件相连后左右分束到背后。两肩覆披膊以护肩，两臂扎巾以护臂，腰束鞶革，腰带下有甲裙护住大腿，小腿裹缚吊腿，赤足而立（彩图四，13）。

C 型　胸、背各有两圆护，胸甲整体呈板状，出土资料很多，其造型基本一致，均头戴兜鍪，身着明光铠，颈有顿项，肩有护膊，下着缚裤，围甲裙，手中按盾。有的稍加简化，缺少顿项或甲裙。根据护膊形制不同，可分为三亚型：

Ca 型　披膊由两肩下垂，作多层重叠状，最多者有四层，如磁县湾漳北朝大墓 4 件按盾武士俑，标本 1210 外罩铠甲，盆形领，前胸、后背各有两个圆护，腰束宽带，肩加披膊，腿前裹有甲裙。铠甲的前胸、后背及圆护上均有贴金，顿项、耳护、身甲、披膊、甲裙的边缘均施暗红色，腰带也施暗红色，并用白色的小点、圆圈作装饰。披膊、甲裙及身甲的腰带及以下部位残存有黑色鱼鳞甲片的痕迹（图 3 - 5：4），再如标本 51（彩图四，11），形制相似。

Cb 型　两肩披膊在胸前、背后连成一体，一般为单层，如娄睿墓出土的 2 件镇墓武士俑，标本 528，上身穿鱼鳞镶红边的贴金明光铠，两肩披镶红边护肩，黑色革甲，腰间束红色革带（图 3 - 5：5，彩图四，12）。

Cc 型　披膊于两肩下垂，单层，如韩祖念墓镇墓武士俑，标本 Hzn - 1，披膊为镶红边白色鱼鳞甲，胸前二圆护为人面形象，后背圆护为虎纹，比较有特色。

D 型　束甲绊明光铠　胸甲由甲带系缚，根据形制不同，又可分为二亚型：

Da 型　胸、背各有两枚圆护，甲带由颈下纵束至胸前再向左右分束到背后，如河北磁县北齐元良墓、高润墓，河南安阳固岸墓地 M2 镇墓武士俑。以元良墓为例，标本 CMM1：16，胸前、背后左右有椭圆形护胸镜，束甲绊于领口打结后向下纵束，在腹前打结后分作两头围裹腰部后系束在背后。甲绊于胸部正中两端各有一个莲花形结。肩有护膊，腿裹甲裙（图 3 - 5：6）。

Db 型　胸前、背后仅有一块圆护，颔下居中部位纵束两条甲带，并在胸部正中圆护部位系结，然后左右横束至背后，腰间再束一带。陕西地区比较多见，其形制基本相似，如北周宇文俭墓 M1：1（图 3 - 5：7）。

（五）甲骑具装铠

甲骑具装是重装骑兵，《宋史·仪卫志》称"甲骑具装，甲，人铠也。具装，马铠也"[1]，即武士和坐骑均装备铠甲，使人和马在战争中都得到全面防护，最早产生于西汉末年，十六国至隋末成为军队中的主力兵种，杨泓[2]、刘斌[3]等均有探讨。

---

[1]　《宋史》卷 148《仪卫志六·卤簿仪服》，第 3470 页。

[2]　柳涵：《北朝的铠马骑俑》，《考古》1959 年第 2 期；杨泓关于甲骑具装的研究成果除上文提到的《中国古代的甲胄（上、下）》外，还有《关于铁甲、马铠和马镫问题》，《考古》1961 年第 12 期；《骑兵和甲骑具装——中国古代军事装备札记之二》，《文物》1977 年第 10 期；《骑兵和甲骑具装二论》，《华学》第 3 辑，紫禁城出版社 1998 年版，第 227—238 页。

[3]　刘斌：《十六国北朝时期的甲骑具装及甲骑具装俑研究》，硕士学位论文，山西大学，2007 年。

十六国时期，后赵石勒曾与鲜卑多次争战，一次缴获鲜卑铠马 5000 匹，又一次夺得铠马 10000 匹；后秦姚兴与西秦鲜卑人乞伏乾归作战获胜，竟收得铠马 60000 匹[①]，可见鲜卑族的重甲骑兵非常强盛。

　　拓跋鲜卑入主中原后，甲骑具装铠仍是富有特色的甲胄样式，自北魏立国至杨隋代周，北朝墓葬壁画、陶俑中均有不少表现，尤以陶俑数量最多，见表 3-1。天水麦积山石窟第 127 窟北魏壁画和敦煌莫高窟第 285 窟西魏壁画中也有表现甲骑具装的形象。北朝墓葬出土的甲骑具装俑占武士俑总量的比例较高，特别是关陇地区，甲骑具装俑成为主要的武士形象（图 3-6：1）。这种现象表明，北朝时期人、马均披甲的重装骑兵是北朝军队中的重要军事力量。为便于跨马、骑乘，骑兵所着铠甲甲身通常仅长及臀部，为保护腿部，通常着甲裙。但有一些甲骑具装俑骑兵穿戴的铠甲仿佛是一件连体衣样式，如宋绍祖墓甲骑具装俑（图 3-6：2），骑兵着筩袖铠，腿上的甲裙仿佛裤子套于腿上，这种连体衣样式的铠甲并不符合穿戴实际，当是陶俑制作粗糙、甲片纹理绘制简略所致。总体观之，武士所着铠甲主要有筩袖铠、裲裆铠及护膊甲衣等，与前文所述铠甲形制基本一致，但不见明光铠。马铠材质及甲片编缀方法与人铠基本一致，在图像中通常表现为人、马相同的甲片纹理，铁铠通常表现为长方形、鱼鳞形甲片，而皮甲有虎皮纹者（图 3-6：3），大多没有纹理。马铠通常由面帘、鸡颈、当胸、身甲、搭后和寄生六部分组成，战马的头、颈和躯干都被铠甲遮护，唯耳朵、眼睛、口鼻、四肢和尾巴暴露在外。

图 3-6　甲骑具装铠

1. 宇文俭墓甲骑具装俑（M1：113）　2. 宋绍祖墓甲骑具装俑（标本 79）　3. 娄睿墓骑马武士俑（标本 562）

① 《晋书》卷 104《石勒载记上》，第 2719、2725 页；《晋书》117《姚兴载记上》，第 2981 页。

表 3－1　　　　　　　　　　　北朝甲骑具装陶俑统计表

时代	墓例	地区	埋葬年代	保存状况	武俑总量	报告名称	数量	比例（％）
北魏	彭阳新集 M1	宁夏	迁洛前	盗扰	81	甲骑具装俑	16	20
	宋绍祖墓	山西	太和元年（477）	盗扰	60	甲骑具装俑	26	43
	司马金龙墓	山西	太和八年（484）	盗扰	210	骑马武士俑	不详	不详
	元邵墓	河南	武泰元年（528）	盗扰	27	铠马武士俑	8	30
	元祉墓	河南	永安二年（529）	盗扰	14	武士骑马俑	7	50
	联体砖厂 M2	河南	北魏晚期	盗扰	21	铠马武士俑	3	14
	杨机墓	河南	永熙二年（533）	破坏	28	甲骑具装俑	4	14
东魏	元祜墓	河北	天平四年（537）	未盗	不详	甲骑具装俑	不详	不详
	尧赵氏墓	河北	武定五年（547）	盗扰	18	铠马骑俑	1	6
	茹茹公主墓	河北	武定八年（550）	盗扰	222	甲骑具装俑	13	6
北齐	吴桥 M3	河北	北齐	未盗	29	铠马骑俑	3	10
	贺拔昌墓	山西	天保四年（553）	盗扰	4	甲骑具装俑	1	25
	湾漳大墓	河北	乾明元年（560）	盗扰	914	甲骑具装俑	90	9
	张海翼墓	山西	天统元年（565）	破坏	11	甲骑具装俑	1	9
	高润墓	河北	武平七年（576）	盗扰	33	甲骑具装俑	7	21
	娄睿墓	山西	武平元年（570）	破坏	133	骑马武士俑	40	30
西魏	陆丑墓	陕西	大统四年（538）	较好	44	甲骑具装俑	14	32
	西安韦曲高望堆 M1	陕西	约大统元年至六年（535—540）	盗扰	19	甲骑具装俑	10	53
	吐谷浑公主与茹茹大将军合葬墓	陕西	公主西魏大统七年（541）将军北周早期	进水	27	甲骑具装俑	7	26
北周	拓跋虎墓	陕西	保定四年（564）	盗扰	6	铠马武士骑俑	2	33
	宇文猛墓	宁夏	保定五年（565）	盗扰	18	具装甲骑俑	7	39
	李贤夫妇墓	宁夏	天和四年（569）	盗扰	8	具装甲骑俑	6	75
	咸阳邓村 M3	陕西	天和六年（571）	盗扰	6	甲骑具装俑	4	67
	咸阳邓村 M23	陕西	不晚于建德年间	盗扰	14	甲骑具装俑	4	29
	王昌墓	陕西	建德二年（573）	较好	2	甲骑具装俑	2	100
	洪庆 M7	陕西	约建德二年（573）	较好	12	甲骑具装俑	10	83
	叱罗协墓	陕西	建德三年（574）	盗扰	46	武士骑马俑	12	26
	田弘夫妇墓	宁夏	建德四年（575）	盗扰	6	甲骑具装俑	6	100
	王德衡墓	陕西	建德五年（576）	较好	9	铠马骑俑	7	78
	柳带韦墓	陕西	建德六年（577）	盗扰	5	甲骑具装俑	5	100
	朱家寨□顗墓	陕西	建德六年（577）	破坏	9	甲骑具装俑	8	89

续表

时代	墓例	地区	埋葬年代	保存状况	武俑总量	报告名称	数量	比例（%）
西魏	拓跋迪夫妇墓	陕西	建德六年（577）	盗扰	11	甲骑具装俑	11	100
	咸阳韩家村北周墓	陕西	建德后期之前	盗扰	10	甲骑具装俑	8	80
	武帝孝陵	陕西	宣政元年（578）	盗扰	15	具装甲士骑俑	12	80
	宇文俭墓	陕西	宣政元年（578）	较好	15	武士骑马俑	13	87
	若干云墓	陕西	宣政元年（578）	较好	12	武士骑马俑	10	83
	独孤藏墓	陕西	宣政元年（578）	较好	12	甲马甲士骑俑	11	92

（六）吊腿

吊腿是专门保护小腿部位的防护装具，北朝时期着裲裆铠、明光铠等甲胄形象者多有穿用，如宁懋石室线刻守门武士图、崔芬墓甬道两壁的武士图（彩图四，13）以及西安韦曲高望堆北周 M1 兜鍪俑，吊腿围裹于膝盖以下脚踝以上，呈上大下小的筒状紧裹小腿，用长布条缠裹吊腿顶端和底端，底端收束处呈花边状。北朝武士石刻、陶俑小腿部位绑缚的吊腿仅粗具轮廓，如韦曲高望堆 M1 出土 9 件兜鍪俑，膝下和脚踝部位仅用白色颜料（M1：32）或突出的泥条（M1：110）表现绑带的痕迹，故发掘报告将这些绑带痕迹误认为是挽缚膝下的大口裤（彩图四，14）。宁懋石室的线刻武士像，腿部虽刻画了吊腿的绑带和底端花边痕迹，但其颜色、质地无从得知。北朝壁画中的吊腿形象，表现最为具体清晰者为北齐崔芬墓甬道两壁的武士图，吊腿颜色为绿色，上有等宽的黑色竖线，绑带束裹顶端后斜下绑缚至吊腿底端，由此可知，前述陶俑、石刻所表现者即为绑带痕迹。莫高窟 285 窟西魏五百强盗图中步卒形象所着吊腿（彩图六，5），颜色也为绿色，形制与崔芬墓类似，可见这种吊腿应为当时比较流行的样式。

魏晋南北朝时期战事频繁，战场上士兵、将领的身体防护尤为重要，甲胄的生产和制作是社会生产的重要内容，通常由皇室和国家最高军事机构直接经营、掌管和部署，因此，甲胄的生产一般能代表当时最先进的技术水平。据文献记载，当时有专门的工匠制作铠甲，称为"铠匠"，如《魏书·铁弗刘虎传附卫辰子屈子传》记载屈子（即赫连勃勃）"性骄虐，视民如草芥……所造兵器，匠呈必死，射甲不入即斩弓人，如其入也便斩铠匠，凡杀工匠数千人"[1]。由于战争的需要和生产力的发展，制作铠甲的材料有一个历史的发展过程。最初的战甲多以犀牛、鲨鱼等皮革制成，上面加施彩绘，至商周时期产生了青铜铠甲，但形制比较简单，仅有胸甲和背甲联结并无甲片，山东西庵车马坑出土的西周铠甲实物可窥见一斑。秦汉时期出现了用铁或皮革制成的甲片，不再使用整块笨重的胸甲和背甲，伴随着铁的发明和

---

① 《魏书》卷95《铁弗刘虎传附卫辰子屈子传》，第2057页。

推广，铁制铠甲成为汉代军队的主要装备，皮甲则退居次要地位。到魏晋南北朝时期，连年征战加大了对武器装备的需要，各种材料如铜、铁、皮、藤均被用来制作铠甲。图像中的铠甲虽很难辨析材质，但从铠甲发展史来看，北朝时期制甲的材质应该比较多元化。

第二节　戎服

甲胄是将士行军作战时穿戴的重要防护装具，虽精于防护，但其高昂的造价及笨重的体量并不适用于所有的兵种和场合，戎服也是重要的军装。戎服是军人在军营乃至行军作战时穿的服装，武官有时还要在戎服上加一些表示官职的标识物。

一　首服

北朝图像中的侍卫、武士、步卒等形象，头上所着除兜鍪外，还有风帽、软巾、小冠等，其具体形制与前文所述男子首服基本相同，比较富有特色的是风帽。

风帽是北朝时期常见的首服，与男性日常佩戴的垂裙风帽相比较，骑兵、步卒所着风帽在帽顶和垂裙方面有鲜明特色，根据形制差别，可分四型：

A 型　鸡冠顶垂裙帽　由鸡冠顶和垂裙风帽二部分组成，即在垂裙帽顶部置鸡冠形装饰，如宋绍祖墓、司马金龙墓骑马仪卫俑所戴。以宋绍祖墓为例，该墓共 32 件鸡冠帽骑俑，均头戴黑色垂裙帽，帽裙底端于额下相连，帽裙防护脸颊及颈部，帽顶置白色鸡冠形饰物，共分三瓣，中间瓣饰较高，大多刻"∧"形图案，从骑者手势来看，有握缰执兵器和奏乐两种，均为仪仗俑（图 3-7：1，彩图四，3）。

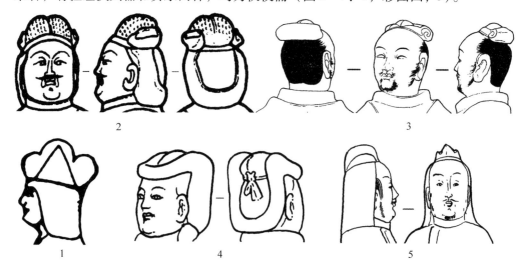

图 3-7　垂裙风帽

1. A 型 宋绍祖墓骑俑（标本 96）　2. Ba 型 徐显秀墓武士俑（标本 238）　3. Bb 型 磁县湾漳北朝大墓步卒俑（标本 131）　4. C 型 娄睿墓骑马将军俑（标本 607）　5. D 型 娄睿墓武士俑（标本 51）

B 型 卷裙风帽 北朝图像中的卷裙风帽主要由步卒俑、武士俑佩戴，由帽屋、垂裙和扎带三部分组成，帽裙翻卷为各种造型。根据形制差别，可分二亚型：

Ba 型 圆顶 U 形卷裙帽 帽屋为圆顶，顶有十字阴线，垂裙披覆肩部，垂裙底边翻卷成卷筒状，两端上拉弯成 U 形后塞于扎带之内，帽顶两侧卷筒外突，主要发现于山西地区，如徐显秀墓击鼓骑俑、A 式武士俑和 B 式持盾俑，张海翼墓 B 式仪仗俑等。以徐显秀墓 A 式武士俑为例，共有 2 件，如标本 238，高 26 厘米，头戴圆顶垂裙风帽，帽裙翻卷向上突出两角（图 3-7：2）。这种帽子在 A 型风帽基础上变化而成，但颜色不再是黑色，而以红色为多。

Bb 型 小圆顶卷裙覆顶帽 帽屋较小，呈圆形，顶有十字线，帽裙翻卷至头顶呈卷筒状，应即文献中提到的"帽裙覆顶"之帽，主要见于河北、河南、山东地区的步卒俑。如磁县湾漳北朝大墓步卒俑，标本 131，风帽帽屋较小，圆形，顶部有一十字线，帽裙下垂后向上卷起至顶部成一筒状（图 3-7：3）。

C 型 卷边风帽 帽屋圆形，底端有扎带，四周有垂裙，垂裙卷起厚边，见于娄睿墓骑马将军俑及驮物骑马乐俑，如标本 607，头戴土黄色风帽，四周垂裙卷起厚边，遇到恶劣天气时，周围卷边可以展开，用以保暖防寒、躲避风沙或遮阳防晒（图 3-7：4）。

D 型 三棱顶垂裙帽 由帽屋、垂裙和扎带三部分组成，帽屋呈三棱山形，下有垂裙披覆颈部，与男子常服 Db 型相同，见于山西地区的武士形象，如库狄迴洛墓袒肩侍卫男俑、披氅侍卫男俑，徐显秀墓三棱风帽俑、A 式持盾俑、骑马俑，娄睿墓武士俑等（图 3-7：5）。

二　身衣

将、士着甲胄时通常将裤褶、裲裆衫穿于铠甲之内，在军营或日常生活中则直接外穿。根据出土的人物图像来看，北朝时期的武士、兵卒形象有大量着裤褶、圆领短袍的形象，其下身所着亦有小口裤和大口裤之别，此不赘述，在此仅分析翻领袍、披风和虎豹纹衣三种比较特殊的戎服。

（一）翻领袍

翻领是领口缀有向外翻折领面的领型，主要由武士、仪仗、侍卫等形象穿着。根据衣袖长短，北朝图像中的翻领戎服可分长袖和短袖二类：

1. 长袖翻领袍

袖长至腕部，衣领较宽较长，并于胸前翻开成直角状，主要见于河北、河南和山东地区的步卒俑形象，如磁县湾漳北朝大墓出土的 4 件 D 型特殊类型步卒俑[1]身上着此型袍服（图 3-8：1、彩图四，17）。

2. 短袖翻领袍

衣长至臀，领口缀有外翻的领子，衣袖较窄，袖长至肘，袖端镶有宽阔的缘边。

---

[1] 中国社会科学院考古研究所等编著：《磁县湾漳北朝壁画墓》，科学出版社 2003 年版，第 41 页。

根据衣领形制及戎服装饰差别，可分三型：

A 型 在交领上缀翻领，衣身为单色，无其他装饰，颜色以红色为主，河北、河南和山东地区北朝墓出土的陶俑中均有发现。根据领部装饰差别，可分二亚型：

Aa 型 翻领为单色，无装饰，见于磁县湾漳北朝大墓内甲步卒俑，Aa 型、Ba 型、Bb 型、Bd 型普通步卒俑，如标本 131，头戴暗红色卷裙风帽，内穿白色圆领窄袖衫，外套暗红色翻领半袖戎服，腰扎白色带，下着白色大口裤，脚蹬黑履。领口缀有外翻的领子，领口开得很大，翻领颜色为白色（图 3－8：2）。

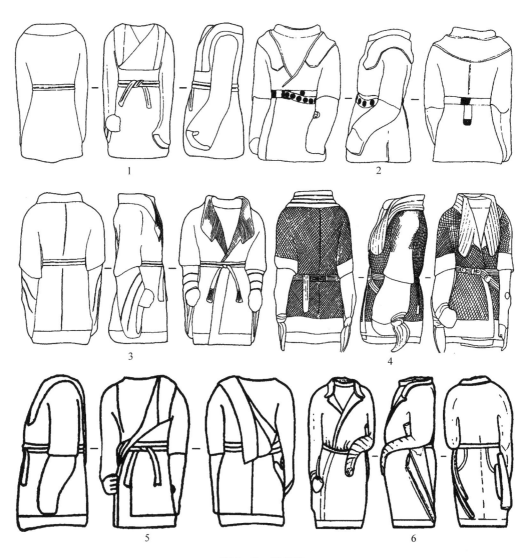

图 3－8　翻领袍

　　1. 长袖翻领袍 磁县湾漳北朝大墓特殊步卒俑（标本 589）　　2. Aa 型 磁县湾漳北朝大墓普通步卒俑（标本 131）　　3. Ab 型 磁县湾漳北朝大墓特殊步卒俑（标本 310）　　4. B 型 磁县湾漳北朝大墓特殊步卒俑（标本 1202）　　5. Ca 型 尧峻墓侍卫俑　　6. Cb 型 徐显秀墓武士俑（标本 418）

Ab 型　翻领上有条纹装饰，可能表里质地不同，如磁县湾漳北朝大墓 B 型特殊类型步卒俑（图 3－8：3），磁县高润墓 II 式侍卫俑，身着翻领半袖装，翻领上有竖条纹装饰。

B 型　在交领上缀翻领，衣身装饰阴线刻斜菱格纹或方格纹，腰间束带，衣袖、下摆边缘则素地无纹，似为质地较厚的袍袄。如河北磁县湾漳北朝大墓 A 型特殊类型步卒俑（图 3－8：4），河北吴桥 M3 持盾俑、IV 式仪仗俑，河北平山北齐崔昂墓仪仗俑，洛阳永宁寺遗址泥质影塑 I 型着胡服立像。

C 型　在圆领上缀窄边作翻领，衣领及衣身均无装饰，根据造型差别可分二亚型：

Ca 型　圆领上缀领略宽，见于河南、河北地区侍卫俑、持盾俑，如河北磁县北齐尧峻墓（图 3－8：5）、高润墓侍卫俑、持盾俑，通常脱掉一只袖子袒露右肩。

Cb 型　圆领上缀领较窄，见于山西太原地区，如徐显秀墓 B 式持盾俑和武士俑，在圆领半袖短袍的基础上缀翻领，两侧衣襟交叠作偏襟（图 3－8：6）。这种翻领服装在领口闭合之后即为圆领半袖袍，娄睿墓出土的骑马奏乐俑均身着圆领半袖袍，圆领上有小立领拥颈，领口打开即形成翻领形态。

A、B 型翻领戎服是在交领服装基础上缀领形成翻领，其形制基本相同，只是穿衣服时，有的衣领全部外翻，如磁县湾漳北朝大墓内甲步卒俑和普通步卒俑所着翻领戎服；有的衣领仅前端外翻，颈后至颔下呈半翻领状态，如磁县湾漳北朝大墓特殊类型步卒俑。C 型翻领戎服则是在圆领基础上缀领形成的翻领，衣领敞开则为翻领装，衣领闭合则是圆领加立领的服装。有学者将领口所缀窄带视为"军记带"[1]，依据是《隋书·礼仪志》："诸军各以帛为带，长尺五寸，阔二寸，题其军号为记……悉以帛为带，缀于衣领，名'军记带'。"[2] 但仔细分析这种看法不确，"军记带"是就其功能而言，其结构是缀于衣领之上的尺寸较小的窄带。按隋唐常用尺制，每尺长约 30 厘米，日本正仓院所藏红、绿、白拨镂牙尺可资证明，军记带的尺寸是"长尺五寸，阔二寸"，即长 45 厘米、宽 6 厘米，是一条较短且窄的带子。而仔细观察湾漳大墓步卒俑领口所缀窄带，不仅绕领且长及胸部，尺寸较长，并且明显与交领连缀在一起，应是领子的一部分。

（二）披风

北朝时期，在铠甲、戎服外套披风的形象比较常见，发掘报告中常称之为氅或战袍。根据形制差别，可分为二型：

A 型　交叉衣襟披风，圆领窄袖，长及膝部，衣襟交叉于颈下，同男性服装 C 型窄袖披风，山西地区最为常见，如狄湛墓圆盔俑、张海翼墓甲士俑、贺娄悦墓披氅武士俑、库狄业墓铠甲俑、太原南郊北齐壁画墓甲士俑（图 3－9：1）等，有的衣襟没有交叉，如徐显秀墓 A 式铠甲俑（图 3－9：2）。

① 中国社会科学院考古研究所等编著：《磁县湾漳北朝壁画墓》，科学出版社 2003 年版，第 100 页。
② 《隋书》卷 8《礼仪志三》，第 162 页。

B 型　直领对襟披风，窄袖，衣襟有厚重的缘边，表明此型披风材质较厚重，颜色有红色、白色、黑色等，根据穿着方式又可分二亚型：

Ba 型　斜披于肩，袒露右肩铠甲，主要见于北齐统治区域，如磁县湾漳北朝大墓甲骑具装俑，共 90 件，所着披风均为斜披袒右肩式，红色、白色均有（图 3-9：3）。

Bb 型　通肩着披风，见于北周统治区域，如柳带韦墓（图 3-9：4）、韦曲高望堆 M1 武士俑，前者白色、后者黑色。

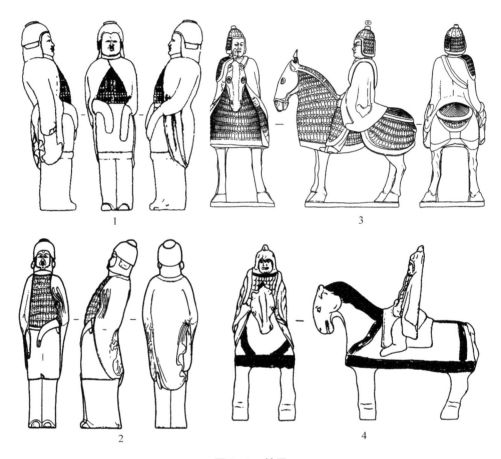

图 3-9　披风

1-2. A 型 太原南郊北齐壁画墓甲士俑（标本 10）、徐显秀墓铠甲俑（标本 22）　3. Ba 型 磁县湾漳北朝大墓甲骑具装俑（标本 1583）　4. Bb 型 柳带韦墓甲骑具装俑（M1：52）

（三）虎、豹纹衣

1. 虎纹单衣

装饰虎斑纹的上衣，因通常为单层衣料，故名虎纹单衣，是汉代虎贲、武骑所着，见《后汉书·舆服志下》："虎贲武骑皆鹖冠，虎文单衣。"[1]《后汉书·袁绍

---

[1]　《后汉书》卷 120《舆服志》，第 3670 页。

传》："幕府辄复分兵命锐，修完补辑，表行东郡太守、兖州刺史，被以虎文，授以偏师，奖就威柄，冀获秦师一克之报。"① 山西忻州九原岗北齐壁画墓墓道西壁第三层仪卫图中有一人着虎纹上衣（彩图二，36），墓道东壁第三层也有一个身着虎纹短袖上衣的形象，但因壁画残损，仅存上半身右半部分②。其形制为圆领、短袖，长可及膝，内穿素色窄袖单衣，衣服袖端及下摆暴露在外。

2. 豹纹单衣

装饰豹斑纹的上衣，见于九原岗北齐壁画墓墓道西壁第三层仪卫图中仪卫形象，其形制与虎纹单衣相同（彩图二，38）。

3. 虎纹裤

裤管装饰虎纹，主要见于忻州九原岗北齐壁画墓，墓道西壁第三层仪卫图中有四人着虎纹裤，裤管合体，上饰横向虎斑纹（彩图二，38）③。虎纹裤在汉代是虎贲将所着服装，见于《后汉书·舆服志下》："虎贲将虎文裤，白虎文剑佩刀。"④ 董巴《舆服志》也有相同记载。

鹖冠、虎纹单衣、虎纹裤是汉代虎贲、武骑的标志性服装。北魏、北齐沿袭汉魏之制，也设虎贲武官，主要担任皇帝侍卫，也奉命出征，有时还会赐予大臣充当仪仗以示恩宠，忻州九原岗北齐壁画墓中侍卫所着虎纹衣、裤应是对北齐虎贲兵制的反映。需要指出的是，该墓壁画人物所着虎纹衣、裤并不配套，即着虎纹上衣者不穿虎纹裤，穿虎纹裤者不着虎纹上衣，头上也没有佩戴鹖冠，可见，北朝对汉魏之制的改易。忻州九原岗北齐墓壁画中的虎纹、豹纹上衣及虎纹裤，其纹理虽酷似自然界中的虎、豹皮毛纹理，但不一定是虎、豹毛皮制成，据董巴《舆服志》云："虎贲、武骑皆衣虎文单衣，襄邑岁献织成虎文。"⑤ 汉代虎贲将、武骑所着虎纹衣裤由襄邑织造的"织成虎文"制作而成，北朝时期的虎、豹装有可能亦为织造而成。

三　足衣

北朝图像中，将领、士卒多着长裤，脚上所着足衣仅能看到头部，结合图像及文献记载，军人所着足衣主要有便于行动的履和靴二类：

（一）履

据图像资料观察，北朝将领、士卒所着履有圆头履、尖头履之别，前文没有论及的有草履。草履是古代用草编的鞋履，又称屩，比较轻便，适宜行走。《释名·

① 《后汉书》卷 74《袁绍刘表列传》，第 2393—2394 页。
② 山西博物院、山西省考古研究所编：《壁上乾坤：山西北朝墓葬壁画艺术》，第 132、134、125 页。
③ 山西博物院、山西省考古研究所编：《壁上乾坤：山西北朝墓葬壁画艺术》，第 131—133 页。
④ 《后汉书》卷 120《舆服志》，第 3670 页。
⑤ （宋）李昉等：《太平御览》卷 691《服章部八》，第 3084 页。

释衣服》："屩，草屦也。屩，蹻也，出行着之，蹻蹻轻便，因以为名也。"[①] 草鞋起源很早，相传由黄帝的臣子不则创造，大约自汉代起，因其材料易得人人皆可自备故有"不借"之名，汉文帝曾"履不借，以临朝"[②]。根据所用草的不同，草履亦有"芒鞡""芒鞋""芒履""蒲鞋""麻鞋""棕鞋"等称谓。北朝时期，草履应是人们常穿之足衣，但图像中较少表现，在北朝墓葬壁画及石刻中的守门武士及门吏形象保存了不少草履形象。根据形制差别，可分二型：

　　A 型 圆头草履　草履前端为圆头，鞋面扁窄，沿鞋底有竖条纹装饰，脚踝处有鞋袢系鞋，见于大同沙岭北魏壁画墓 M7 墓门两侧及解兴石堂大门两侧的武士像（图 3 - 10：1）。

　　B 型 尖头草履 草履前端为尖头，鞋面扁窄，上有竖条纹装饰，见于洛阳曹连石棺、瀍河升仙石棺元怿墓壁画表现的门吏形象，脚上所着履均为侧面形象（图 3 - 10：2）。参考 1964 年新疆吐鲁番阿斯塔那墓地唐墓 M37 出土的尖头麻履，二者形制基本相同，可以推断此型履应为麻绳编织而成（图 3 - 10：3）[③]。

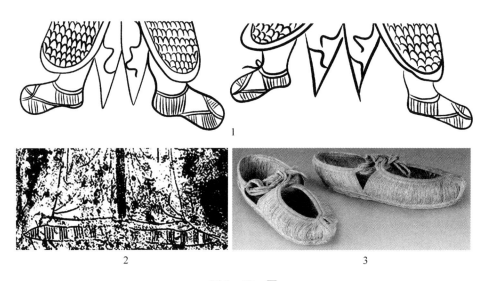

图 3 - 10　履
1. A 型 解兴石堂大门两侧武士像　2. B 型 元怿墓门吏　3. 吐鲁番阿斯塔那墓地 M37 麻履

（二）靴

　　北朝时期，着靴之俗比较盛行，军人所着多用皮革制成，在战争中，弹尽粮绝之际皮靴还能果腹，如《北齐书·慕容俨传》载郢州之战时，"城中食少，粮运阻绝，无以为计，唯煮槐楮、桑叶并纻根、水萍、葛、艾等草及靴、皮带、觔角等物

①　（东汉）刘熙撰，（清）毕沅疏证，王先谦补：《释名疏证补》卷 5，第 178 页。
②　（晋）崔豹：《古今注》卷上《舆服》，《四部丛刊三编》（三二），上海书店 1985 年版，第 8 页。
③　深圳博物馆编：《丝路遗韵——新疆出土文物展图录》，文物出版社 2011 年版，第 131 页。

食之"①。北朝图像中的武士多有着靴者，有的将长裤束于靴筒内可辨明靴子形制，大多被长裤覆盖或仅露靴头，具体形制不明，但基本可以推断其靴统长度大致也有长、中、短之分。其中，靴统长及膝部的长靴主要由骑马武士穿着，靴统通常前高后低，如娄睿墓出土的骑马武士俑、黑衣将军俑（见图3－6：3），步卒所着应多为中统或短统靴。

综上所述，北朝军戎服饰主要包括甲胄和戎服两大类型，具有系统化、规范化的特征。在封建社会，军队是政权的支柱，历代帝王、政治家无不重视军队的建设，军戎服饰既是一种军事战略物资，又是生活必需品，因此，军戎服饰的制备是战争进行过程中的重要后勤保障。其中，甲胄作为一种防护装具，在冷兵器时代与兵器制作一样，还代表着当时最先进的生产技术水平，所以，研究军戎服饰对军事史以及社会政治、经济、文化、对外交流等方面均具有重要价值。

① 《北齐书》卷20《慕容俨传》，第281页。

第四章　北朝妆饰

　　妆饰是化妆和修饰的合称，有广义、狭义之分。广义的妆饰指人类对自身的各种美化修饰，包括化妆、发式、饰品、服装等所有人体装饰，如周汛、高春明《中国历代妇女妆饰》便采用这种概念①；狭义的妆饰指运用化妆品和辅助工具对人的面部、五官及其他部位进行美化修饰，主要包括化妆、发式和佩饰三部分，如李芽《中国历代妆饰》②所言。北朝已有"妆饰"一词，见于《魏书·元顺传》："灵太后颇事妆饰，数出游幸。顺面净曰：'《礼》，妇人夫丧，自称未亡人，首去珠玉，衣不被彩。陛下母临天下，年垂不惑，过甚修饰，何以示后世？'灵太后惭而不出。还入宫，责顺曰：'千里相征，岂欲众中见辱也！'顺曰："陛下盛服炫容，不畏天下所笑，何耻臣之一言乎？'"③北魏晚期灵太后喜好妆饰，居丧期间仍旧"盛服炫容""过甚修饰"，可知北朝时期的妆饰可泛指一切人体装饰。为叙述方便，本书所言妆饰仅包括需要依附人体存在的发式和化妆二部分，这些人体美化方式不能一劳永逸，需要日复一日或间隔特定时间便要重新装扮，研究资料主要是考古出土的北朝陶俑、壁画等图像资料，在考证历史和形制时会征引文献史料。

第一节　发式

　　发式是通过修剪、梳理头发而形成的样式，通常因性别、时间、地域、民族、文化不同而存在差别。头发在中国人心目中占有非常重要的位置，它不仅是人体妆饰的重要组成部分，还蕴含着丰富的民俗观念和文化内涵。头发还是族群辨识的重要外貌特征，根据发质、颜色两种直观外显的头发特征，可以清楚地辨识不同种族。中原地区的华夏民族男女均蓄留长发，区别在于男子多束发于顶，用冠冕约发，女子则将头发梳成变化多端的发髻；而周边少数民族与华夏民族不同，有被发、散发、断发等不同习俗。

　　① 周汛、高春明：《中国历代妇女妆饰》，学林出版社、香港三联书店1988年版。
　　② 李芽：《中国历代妆饰》，中国纺织出版社2004年版，第1页；《脂粉春秋：中国历代妆饰》，中国纺织出版社2015年版，第1页。
　　③ 《魏书》卷19中《景穆十二王列传》，第482—483页。

一　女子发式

自古至今，女性对头发倾注了大量心血和精力，并创造了千姿百态的发式。两汉时期，妇女的发式已非常多样化，有堕马髻、倭堕髻、瑶台髻、垂云髻、盘桓髻、百合髻、分髾髻、同心髻、椎髻等。曹魏有灵蛇髻、反绾髻、百花髻、芙蓉归云髻、涵烟髻等，晋有缬子髻、堕马髻、流苏髻、翠眉惊鹤髻、芙蓉髻等；南朝则有飞天髻、回心髻、归真髻、郁葱髻、凌云髻、随云髻等。总体来看，女子发髻主要有两种样式：一是梳髻盘于头顶，二是梳发向后垂搭，历代发式均是在这一基础上衍化发展而来。据人物图像资料观察，北朝女子发式以前者为主，后者数量较少，并存在少量借助假发梳编的发式。

（一）顶髻

顶髻是将头发梳绾于头顶中央或两侧的发髻，北朝图像中主要有螺髻、丫髻、倭堕髻、圆髻、惊鹄髻、飞天髻、元宝髻等。

1. 螺髻

螺髻是将头发梳成螺旋状盘于头顶，其编梳方法是将头发集结于头顶，盘叠如螺，麦积山北魏晚期开凿的 121 窟正壁左侧的螺髻梵王发式比较典型。北朝世俗社会女子所束螺髻比较低矮，主要见于染华墓Ⅱ式舞俑（图 4 - 1：1）、执箕俑、执盆俑、抱瓶俑、烧火俑，联体砖厂螺髻女侍俑，偃师南蔡庄北魏墓女侍俑，崔氏墓地 M3 崔混墓出土女侍俑、女仆俑等。

2. 丫髻

丫髻是将头发在头顶中分后编结成两个发髻，因其形状左右各一，形似树枝丫杈，故名"丫头"或"丫髻"。起初，丫髻是未成年男女扎束的发式，后来，丫髻成为未成年或成年但未婚女子的发式，进而成为宫廷侍女、侍婢丫鬟等身份低卑女性的代称，历代沿袭，直到清代[1]。从北朝人物图像资料来看，一般年纪较轻的青少年女子常梳此种发式，根据形态及编梳方式不同，可分三型：

A 型　头顶两侧各束一锥状发髻向两侧外侈，整体形如羊角，如山西大同县湖东北魏墓 M11 女俑（M11：13、6）、洛阳北魏元睿墓女侍俑、山东临淄东魏崔鸿夫妇墓女仆俑。如元睿墓女侍俑，标本 M914：37，总发于顶后分作两股，分别于头顶两侧盘成锥形发髻（图 4 - 1：2）。

B 型　头发中分作两股，分别盘结于头顶两侧形成扁圆矮髻，考古发掘报告中多称为双髻，如山东高唐房悦墓女俑、偃师元睿墓女侍俑、洛阳永宁寺遗址出土Ⅴ型影塑梳髻头像等。以永宁寺影塑头像 T1：1006 为例，该头像保存完整，头、颈通长 6.1 厘米，头形浑圆，面相稚嫩，五官娇小，一派孩童模样。头发轮廓不清，于头顶挽作二扁圆矮髻（图 4 - 1：3）。

---

① 高春明：《中国服饰名物考》，上海文化出版社 2001 年版，第 57—60 页。

C 型 头顶中央有形似帽屋的扁圆突起，两侧各有一椎状发髻外侈，应是借助工具将发髻固定于头顶，洛阳地区比较多见。根据形制差别，可分二亚型：

Ca 型 头顶中央戴类似小圆顶风帽的帽屋，两侧各斜出一锥状发髻，如北魏元邵墓出土彩绘立俑、跪坐女俑，发髻施加红色彩绘，当借助假髻（图 4 – 1：4、彩图三，15）①。

Cb 型 头顶中央戴两边低垂中间内凹的帽形饰物，底部用带子系缚，两侧斜出椎状发髻，如偃师寨后乡空心砖厂北魏墓出土彩绘女俑（图 4 – 1：5）。

3. 双鬟髻

鬟是空心环形的发式，髻是实心的发式，鬟髻是发髻垂有环形结发的发式。双鬟髻又名"丫鬟""丫环""鸦鬟"，其梳编方式为将头发分为两股结发于头顶两侧，然后各绾成一中空环结向头侧下垂，是古代地位卑微的青年女子特有的一种发式，后引申为婢女、侍女的统称。丫鬟与丫髻的区别有三个方面：一是丫髻为实心发髻，丫鬟则是空心的发环；二是丫髻通常高耸于发顶，而丫鬟则向下低垂，有的垂于两肩；三是使用者年龄不同，丫髻是年幼女子梳的发髻，成年后梳丫鬟，结婚后再改梳少妇发髻，若已过婚龄而未出嫁则只能梳鬟而不能梳髻②。北朝图像中的双鬟髻，根据造型差别，可分三型：

A 型 发环较短，偏垂于头侧两耳上方，侧视可见环结空心，见于洛阳永宁寺遗址出土的 2 件Ⅳ型影塑梳髻头像，如 T1：1098，较完整，头、颈通长 6.4 厘米，头顶双髻挽法清晰。头发中分，两边头发拢于头顶后各挽一髻，再分别向外侧伸出一长环状发束垂于双耳上方。二髻根部束发之正面各有一莲花形饰，髻顶并插有薄铁片，两鬟上方还各有一个小方形孔眼（图 4 – 1：6）。洛阳北魏杨机墓出土双髻女俑、女舞俑亦梳这种发式，圆形发髻比永宁寺Ⅳ型影塑梳髻头像略高大。

B 型 发环较长，偏垂于头侧耳根部位，侧视可见环结空心，正视发环宽大，如河北赞皇北齐李希宗墓女侍俑，磁县东陈村尧赵氏墓出土女侍俑（标本 M1：35、108）、提物女俑（标本 M1：8、130、33）、舞俑和仆俑，鬟髻造型基本相同（图 4 – 1：7）。

C 型 发环长度适中，紧贴至头侧耳朵中部，如陕西朱家寨北周□颙墓出土的 3 件双髻女俑，发环紧密贴附头侧（图 4 – 1：8）。

4. 倭堕髻

倭堕髻是将发髻绾结于头顶后余发偏垂一侧的发式，起源于东汉梁冀妻孙寿发明的堕马髻，因其又名坠马髻，倭堕髻亦称倭坠髻。晋崔豹《古今注》云："堕马髻，今无复作者。绥（倭）堕髻，一云堕马之余形也。"③ 倭堕髻于魏晋至隋唐五代时期均有流行，根据发髻形制差别，可将北朝倭堕髻分为二型：

---

① 俞凉亘、周立主编：《洛阳陶俑》，北京图书馆出版社 2005 年版，第 101—102 页。

② 高春明：《中国服饰名物考》，上海文化出版社 2001 年版，第 59—62 页。

③ （晋）崔豹：《古今注》卷下《杂注》，《四部丛刊三编》（二二），上海书店 1985 年版，第 6 页。

A **型**　头顶发髻矮小，垂鬟偏于头左侧，见于洛阳北魏永宁寺遗址出土影塑像中的Ⅱ型梳髻头像，共5件，均保存完整，为面相方圆、眉清目秀、仪态端庄的少女形象。如标本T1：1025，头、颈通长约6.2厘米，发丝根根可数，发髻挽法清晰。发髻挽于头顶正中，穿过主髻伸向左侧的发束呈长环状，髻根横穿一圆孔，原或贯笄。主髻伸向左侧的长环状发束上，附有一元宝状饰物（图4-1：9）。

B **型**　头顶发髻为高团髻，垂鬟垂于头右侧，见于洛阳北魏杨机墓、洛阳吉利区北魏吕仁墓（C9M279）出土的持箕女俑、抱盆女俑、侍女俑，二墓出土的女俑形制基本相同，发式也完全一致。头顶均梳高团髻，团髻正中装饰圆形花钿，从其规整的形制来看团髻外面似套木笼之类辅助性饰物（图4-1：10）。

5. 圆髻

头顶发髻盘结成圆球形，也称丸髻，根据发髻数量不同，可分二型：

A **型**　单圆髻　头发束于头顶中央，盘绾成一个圆球形发髻，今人俗称丸子头，如洛阳衡山路北魏墓、元祉墓等出土跪坐执箕、盆俑（图4-1：11），头顶中央盘绾圆形发髻。单圆髻与螺髻有相似之处，容易混淆，二者不同之处在于单圆髻为球状，而螺髻底大上小并逐渐变尖。

B **型**　双圆髻　头发中分后于头顶盘绾成两个圆形发髻，根据形制差别，可分三亚型：

Ba **型**　发髻矮小，两髻相连，如娄睿墓侍女俑（标本470—503）及张海翼墓女侍俑、侍仆俑（图4-1：12），头顶二圆髻比较小巧，上有凸棱尖角等凸起，应是辫发后再盘绾发髻。

Bb **型**　发髻高大，两髻相连，如西安韦曲高望堆北朝墓出土Ab型女立俑（图4-1：13）。

Bc **型**　发髻高大，两髻分列于头顶两侧，如河北磁县东陈村尧赵氏墓女侍俑（标本M1：46，图4-1：14）、提物女俑（标本M1：7、16），济南东八里洼北朝壁画墓Ⅰ型女侍俑，西安韦曲高望堆北朝墓Aa型女立俑。

6. 惊鹄髻

惊鹄髻是一种双高髻，形如鹄鸟受惊振翅欲飞之状，主要见于北朝石雕线刻、砖刻、墓室壁画等绘画资料中，陶俑等雕塑资料中并不多见，可能是受制作材料限制。其编梳方法是头发中分后先于头顶两侧扎结，辫根以上略显蓬松，如北魏洛阳宁懋石室线刻侍女（图4-1：15）、山东临朐北齐崔芬墓墓室西壁墓主夫妇出行图中侍女。

7. 飞天髻

飞天髻古作飞天紒，是一种顶发抽鬟上耸的发式，因其高耸之状犹如飞天之形故名。见《宋书·五行志》载："宋文帝元嘉六年，民间妇人结发者，三分发，抽其鬟直向上，谓之'飞天紒'。始自东府，流被民庶。"[1]其梳编方式是总发于头顶

---

[1]　《宋书》卷30《五行志一》，第890页。

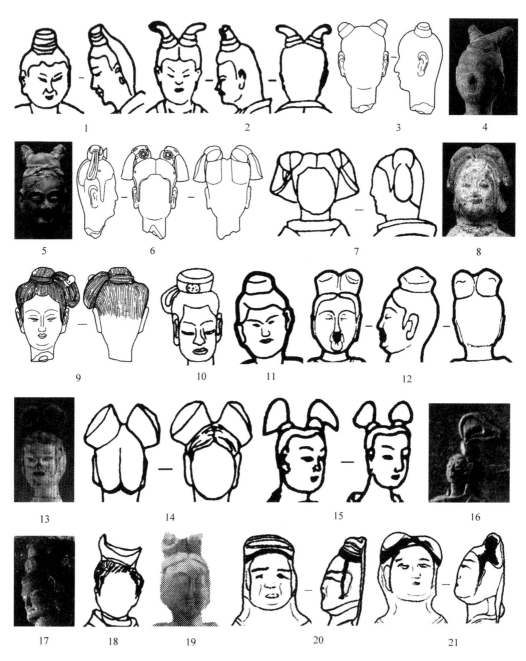

图 4 - 1　顶髻

1. 螺髻 染华墓舞俑（M7：5）　　2. A 型 元睿墓女侍俑（M914：37）　　3. B 型 永宁寺影塑头像（T1：1006）　　4. Ca 型 元邵墓女俑　5. Cb 型 偃师寨后乡空心砖厂北魏墓女俑　6. A 型 永宁寺影塑像（T1：1098）　　7. B 型 磁县东陈村尧赵氏墓女俑（M1：35）　　8. C 型 □頵墓双髻女俑（M37：57）　　9. A 型 永宁寺影塑像（T1：1025）　　10. B 型 吕仁墓持箕女俑（C9M279：21）　　11. A 型 元祉墓执箕俑（IM4034：218）　　12. Ba 型 张海翼女俑（标本9）　　13. Bb 型 韦曲高望堆北朝墓女立俑（M1：39）　　14. Bc 型 尧赵氏墓女侍俑（M1：46）　　15. 惊鹄髻 宁懋石室线刻侍女　16—17. 飞天紒 邓县南朝画像砖侍女、巩县石窟第 4 窟南壁西侧上层礼佛图贵妇　18. A 型 高润墓女侍俑　19. B 型 韩裔墓女俑　20. A 型 陆丑墓单扁髻俑（M28：183）　　21. B 型 陆丑墓双扁髻俑（M28：164）

后将头发三分，每份用丝绦缚住，向上盘卷成环状，如河南邓县南朝画像砖侍女形象（图4－1：16）①。北朝图像中也有类似飞天髻的踪影，如洛阳孟津北魏王温墓墓室东壁所绘墓主夫妇图中，帷帐左侧有3位着襦裙装的侍女，头梳高耸的Y型高髻，当为飞天髻。敦煌莫高窟、龙门石窟、巩县石窟供养人形象中也有飞天髻（图4－1：17）。

8. 元宝形发髻

发髻盘结成元宝状，根据造型不同，可分二型：

A型 单元宝髻 发髻高大，形如元宝立于头顶，见于河北磁县湾漳北朝大墓高髻女侍仆俑，高润墓女侍俑（图4－1：18），韩裔墓Ⅰ型女俑，和绍隆夫妇墓出土Ⅲ式女侍俑、持箕俑、持盆俑等。以磁县湾漳北朝大墓出土高髻女侍仆俑为例，共2件，头顶发髻两端高耸，中间内凹，整体形如元宝，外面似用巾带缠裹定型。

B型 双元宝髻 发髻矮小，总发于顶后分为两束，分别梳绾成元宝形发髻，如韩裔墓Ⅱ、Ⅲ、Ⅳ型女俑等（图4－1：19）。

9. 扁髻

发髻扁平不耸起，又名平髻，根据造型不同，可分二型：

A型 单扁髻，位于头顶，如陕西西魏陆丑墓B型单扁髻俑，共5件，发髻低平，两鬓各有一缕发丝沿脸颊下垂（图4－1：20）。

B型 双扁髻，位于头顶两侧，如陕西咸阳邓村M23、西魏陆丑墓双扁髻俑，后者共出土6件，两鬓各垂下一缕发丝（图4－1：21）。

（二）垂髻

垂髻是梳绾于脑后、颈背的发髻，从考古出土的女性图像资料来看，北朝女性崇尚盘于头顶的高髻，束发向后垂搭的发式数量较少，主要见于年长女性、舞者及胡人女性形象。其梳编方法是将头发于头顶中分后向后梳发，绾结于脑后或颈后，根据造型及垂搭位置的差别，可分为二型：

A型 头发较长，总发于肩部后向上绾发，并将余发缠结于颈后，见于陕西长安县韦曲镇北塬7171厂北魏太安五年（459）墓出土拱手女俑②，发丝清晰可见（图4－2：1）。

B型 头发绾结于脑后，根据造型及梳编方式差别，可分二亚型：

Ba型 头发中分为两束，各于头侧扎结，再辫发或拧发后系连绾结于脑后，见于洛阳北魏杨机墓老妇俑，洛阳衡山路北魏墓女舞俑、老妇俑，洛阳吉利区北魏吕仁墓（C9M279）舞蹈女俑。如吕仁墓出土舞俑，标本C9M279：26，顶发中分后向两侧梳发编结后绾髻于脑后，左侧一缕头发垂于耳畔（图4－2：2）。

---

① 河南省文化局文物工作队编辑：《邓县彩色画象砖墓》，文物出版社1958年版，第23页。

② 长安博物馆编：《长安瑰宝》（第一辑），世界图书出版西安公司2002年版，第8、77页。

　　Bb 型　顶发中分后将头发分为三束，两侧头发结发后系连绾结于脑后，中间一束编成发辫后下垂，与脑后发髻会合，见于北魏元祉墓牵手女俑（标本 IM4034：48，图 4 - 2：3），形制基本相同。

图 4 - 2　垂髻

　　1. A 型 长安韦曲北塬 7171 厂北魏墓拱手女俑　2. Ba 型吕仁墓舞蹈女俑（C9M279：26）　　3. Bb 型元祉墓牵手女俑（IM4034：48）

（三）假髻

　　在古代，头发的长短、疏密是衡量女子相貌的重要标准之一。由于先天或后天原因，当自身头发不能达到流行的审美标准，女性们便在自己的发间掺入一些真人发丝或马尾做的假发缕，或者直接戴假髻。古代假发的名目很多，有帼、假头、髲（bì）髢（tì）、假髻、髢（dí）髻等称呼。早在商周时期我国已有假发存在，随着两汉时期髻式的高度发展，假发兴盛起来，魏晋、隋唐时期尤以高髻为美，假发的利用尤其盛行①。魏晋以来，女子发式崇尚高、大的造型，以木头、金属丝等作骨架覆以马尾或真人头发做成的假髻极为盛行。从图像资料来看，北朝女子也以高髻为美，有些图像中的高发髻，应是借助木头、金属丝等骨架梳就。根据形态和装饰差别，北朝图像中的假髻主要有如下六类：

　　① 剑艺：《我国古代的假发》，《民俗研究》1995 年第 1 期；胥洪泉：《漫话古代妇女的假发》，《文史杂志》2000 年第 3 期。

1. 花钿蔽髻

蔽髻是贵族女性戴的假发髻，上面镶嵌金、银花钿等饰物。北朝时期，皇后、公主、命妇及女官参加祭祀、谒庙、觐见天子等重要活动时要戴假髻，并以花钿、钗的数量及质地来区分尊卑等级，如《隋书·礼仪志》记载北齐时皇后参加重要礼仪活动时，"假髻，步摇，十二钿，八雀九华"；内外命妇从五品以上，"蔽髻，唯以钿数花钗多少为品秩。二品以上金玉饰，三品以下金饰。内命妇、左右昭仪、三夫人视一品，假髻，九钿"；皇太子妃"假髻，步摇，九钿"[①]。北朝命妇所戴花钿蔽髻在太原北齐东安王娄睿墓墓室北壁墓主夫人像中有表现，尽管壁画因水浸而漫漶不清，但从残存的绘画痕迹仍能看到珠光宝气的装饰效果。

2. 十字形发髻

十字形发髻简称十字髻，因发髻外观整体呈"十"字形而得名，其梳编方法是总发于顶后向左右盘成一个"十"字形发髻，有的还将余发在头的两侧各盘一鬟垂过耳边，上用簪、钗固定。有的十字髻造型简洁，可用真发编成，但有的发髻高耸，用发较多，需借助"假髻"，如文献中所载"缓鬓倾髻"，见《晋书·五行志》："太元中，公主妇女必缓鬓倾髻，以为盛饰。用发既多，不可恒戴，乃先于木及笼上装之，名曰'假髻'，或名假头。至于贫家，不能自办，自号无头，就人借头。遂布天下。"[②] 北朝图像中的十字髻数量较少，主要发现于山西大同地区，根据形制差别，可分二型：

A 型 头顶结十字髻，耳鬓有鬟下垂，见于大同市东信广场北魏墓出土釉陶十字髻女俑[③]（图4-3：1）。

B 型 头顶结十字髻，耳鬓无鬟，主要见于山西大同司马金龙墓出土漆画屏风所绘列女形象，贵族女子多梳十字髻（图4-3：2）。另大同沙岭太延元年（435）破多罗氏北魏墓（M7）墓室东、北、南壁上层所绘女子形象，头上多呈三个花瓣状，研究者通常称之为插花或花髻，可能亦为十字髻的平面表现方式，但因画面漫漶不清，难以辨认。

3. 飞鸟髻

发髻前、后各有一、二个耸立外倾的细小尖角，前低后高，中间圆鼓，形似飞鸟，故称飞鸟髻，主要见于太原北齐徐显秀墓和朔州水泉梁北齐壁画墓，墓室北壁所绘墓主夫妇宴饮图及备车图中的墓主夫人及侍女形象（图4-3：3）。其中，徐显秀墓绘制尤为精美，侍女所梳飞鸟髻前后一角、二角者均有，中间圆鼓，特别是前后一角的飞鸟髻，前角矮小形如鸟首，后角危斜高耸似鸟尾。

这种发式《北齐书·幼主纪》有载："妇人皆剪剔以着假髻，而危邪之状如飞

---

① 《隋书》卷11《礼仪志六》，第243页。

② 《晋书》卷27《五行志上》，第826页。

③ 大同市博物馆编：《融合之路——拓跋鲜卑迁徙与发展历程》，安徽美术出版社2018年版，第97页，图93。

鸟，至于南面，则髻心正西。始自宫内为之，被于四远，天意若曰元首剪落，危侧当走西也。"① 飞鸟髻佩戴时需先剪掉头发，因此徐显秀、水泉梁墓室壁画中的飞鸟髻显示发量较少。飞鸟髻流行的时间是北齐后主高纬在位期间（565—577），最初是后宫女子发式，后来传播到境内其他地区，徐显秀病逝于武平二年（571），可能当时正是飞鸟髻大肆流行的时间。武平元年（570）娄睿墓墓室北壁墓主夫妇宴饮图的女侍虽保存不是很好，但从残存的绘画痕迹来看，似乎也飞鸟髻，太原南郊北齐壁画墓墓主夫人、女侍发式也应是飞鸟髻。水泉梁墓室壁画中侍女所束飞鸟髻形制比较夸张，前后二角更加高耸危斜，鸟腹细长，发髻一侧有长簪固发（图4-3：4）。

图4-3　假髻

　　1. A型 大同市东信广场北魏墓釉陶女俑　2. B型 司马金龙墓漆画屏风贵妇　3—4. 飞鸟髻 徐显秀墓墓室北壁墓主夫人、朔州水泉梁北朝墓墓室北壁墓主夫人及侍女　5. 大首髻 莫高窟西魏288窟东壁南侧女供养人　6—7. A型 磁县湾漳北朝大墓持盆女侍俑（标本987）、济南东八里洼墓女侍俑（标本46）　8. Ba型 济南东八里洼墓女侍俑（标本26）　9. Bb型 柳带韦墓跪坐烧火俑（M1:65）　10. 卷发套 徐显秀墓墓室东壁备车图侍女

---

　　① 《北齐书》卷8《后主》，第114页。

4. 大首髻

大首髻又名"大手结"，先以马尾或人发做成发络后续于自己头发中绾成圆球形高大发髻，以簪钗固定于头顶，如莫高窟西魏第288窟东壁南侧所绘女供养人，上着大袖襦，下着间色长裙，头绾大首髻，其身形与其他侍女相比异常高大（图4-3：5）。梳绾这种圆球形高髻的女性通常为身份比较高贵的女子，据《隋书·礼仪志七》载大首髻是宫中七品女官的发髻①。

5. 高髻

发髻高耸，形制多样，其梳编方法是将头发拢结于顶，再置木或笼将真发、假发笼蔽，其造型比较多样，可分二型：

A型 圆帽形发髻，如磁县湾漳北朝壁画墓出土的持盆女侍仆俑、端箕女侍仆俑（图4-3：6）和济南东八里洼壁画墓出土的Ⅱ型2式女侍俑，发髻高耸，顶有反绾痕迹，似扎巾定型（图4-3：7），这种发髻正面看如帽形，但侧面较扁。

B型 扇面形发髻，根据造型及梳编方法差别，可分二亚型：

Ba型 发髻借助巾蔮定型，如河北磁县东陈村尧赵氏墓女侍俑、提物女俑，济南东八里洼壁画墓出土的Ⅱ型1式女侍俑以及女仆俑，发髻为扇形，有的发髻左侧突出（图4-3：8）。

Bb型 发髻反绾而成，髻根绕一圈定型之物，应为笼发痕迹，在陕西地区西魏北周墓葬中有大量发现，如叱罗协墓Ⅰ型女侍立俑、持鼓女立俑、女舞俑、跪俑、持箕俑，若干云墓女舞俑、跪俑、持箕俑，柳带韦墓跪坐俑（图4-3：9）、踏碓俑，王德衡墓女舞俑等。

6. 卷发套

卷发套是用马尾或真发织成卷曲的发套戴在头上，形如帽子。太原北齐徐显秀墓墓室东壁备车图中，牛车后伞盖下的两位侍女头发卷曲，顶发中分梳向两侧，发尾处有一细绳垂于肩部，发掘者认为该发型可能是卷曲假发套，或是当时的一种发型②（图4-3：10）。从面部特征来看，二位卷发侍女与周围侍女并无差别，均为蒙古人种，头上卷发应是假发套。

二　男子发式

北朝图像中的大多数男子形象，均束发戴冠着帽，冠帽之下应是挽束于头顶的发髻，如宁夏固原北魏墓出土的男墓主发髻为馒头型，上插固定发髻的铜笄。除此之外，仍有少部分男性特别是来自异域者不戴冠帽，直接显露发式，简论如下。

（一）髡发

髡发亦作"髡发"，《说文解字》："髡，𩬊发也。""𩬊，髡发也。""大人曰髡，

---

① 《隋书》卷11《礼仪志六》，第243页。
② 山西省考古研究所等：《太原北齐徐显秀墓发掘简报》，《文物》2003年第10期。

小人曰髡，尽及身毛，曰鬏。""耐，罪不至髡也。"① 段玉裁注云："不鬏其发，仅去须鬓，是曰耐，亦曰完，谓之完者，言完其发也。"②《说文》：在中原地区，髡发是一种刑罚，具体做法是将头发、胡须、鬓发等毛发全部剃掉。然而，髡发却是古代东胡系及其后代民族的典型发式，北魏建立者拓跋鲜卑是东胡族群中崛起于两汉之际的鲜卑族支系，东汉应劭《风俗通义》载："秦始皇遣蒙恬筑长城，徒士犯罪，亡依鲜卑山，后遂繁息。今皆髡头衣赫，亡徒之明效也。"③ 尽管将鲜卑视为秦人亡徒之后裔缺乏根据，但观察到鲜卑发式与中原受过髡刑的囚徒相似为我们理解鲜卑髡发之俗提供了佐证。西晋陈寿著《三国志·魏志·乌丸鲜卑列传》④ 及南朝刘宋范晔编撰的《后汉书·乌桓鲜卑列传》⑤ 也记载了鲜卑族"唯婚姻先髡头"的髡发之俗。综合考古发现与文献记载，鲜卑髡发样式主要有剃去全部头发、剃除头顶以外的全部头发及剃去顶发仅留周围头发等不同形式⑥。但拓跋鲜卑入主中原后，男性已束发戴冠帽，不见髡发形象。

（二）被发

被发是古代与中原汉族束发戴冠相对应的周边族群的发式。自先秦以降很长一段时间里，"被发左衽"是戎狄蛮夷等周边族群与华夏族群的重要区别，是"华夷之辨"的衡量标准之一。因此，"被发左衽"成为《史记》《汉书》以降古代典籍描述周边民族服饰习俗的惯用套语，然而，古往今来的学者对"被发"含义及具体式样的认识并不统一，现有的辞书通常将其释为"披发"或"散发"，汪少华⑦、贾齐华⑧通过梳理典籍文献分别将"被发"释为披散头发和剪短、剪断头发之义，田峰对"被发"出现的语言环境进行全方位考察后，认为"被发"与"左衽"连用时最主要的意义是辫发⑨。综合文献记载、学界争论及出土图像，"被发"在不同语境中可以指代辫发、披发、剪发等不同发式，但"被发"与"左衽"连用时主要是文化含义，而非指称具体的发式。需要注意的是，任何民族在发展过程中发式并非一成不变，即使同一历史时期，头发的长短、造型会因年龄、身份、地位等不同

① （东汉）许慎撰，（宋）徐铉校定：《说文解字》，第 186 页。

② （清）段玉裁：《说文解字注》，上海古籍出版社 1981 年版，第 454 页。

③ （宋）李昉等：《太平御览》卷 649《刑法部十五》，第 2902 页。

④ 《三国志》卷 30《魏书·乌丸鲜卑列传》，第 832、836 页。

⑤ 《后汉书》卷 90《乌桓鲜卑列传》，第 2985、2979 页。

⑥ ［日］内田吟风：《乌桓、鲜卑的习俗》，李步嘉译，《民族译丛》1985 年第 1 期；孙进已、于志耿：《我国古代北方各族发式之比较研究》，《博物馆研究》1984 年第 2 期；赵斌：《鲜卑"髡发"习俗考述》，《青海社会科学》1997 年第 5 期。

⑦ 汪少华：《"被发文身"正义》，《古汉语研究》2002 年第 2 期；汪少华：《再论"被发"》，《语言研究》2008 年第 4 期。

⑧ 贾齐华：《也论"被发文身"》，《南京师范大学文学院学报》2006 年第 1 期；《"被发"考辨》，《河南师范大学学报》（哲学社会科学版）2007 年第 1 期；《"被发"之再商榷——回应汪少华先生》，《中州学刊》2010 年第 6 期。

⑨ 田峰：《"被发左衽"一词中"被发"释义辨证》，《宁夏大学学报》（人文社会科学版）2013 年第 5 期。

存在个体差异。北朝图像中的被发式样主要有辫发、披发和剪发三种：

1. 辫发

辫发又名编发，是先将头发分股再编合的发式，北方游牧民族的生活环境及骑射习俗决定了他们大都有蓄发编发之俗，据史书记载，匈奴、鲜卑、突厥、柔然、回鹘等民族均有辫发的历史。1963 年，内蒙古呼伦贝尔盟扎赉诺尔东汉晚期鲜卑墓M29 女性墓主头骨右侧出土一节麻花状发辫①，可知鲜卑族很早便有辫发之俗。南北朝时期，南朝贬称北朝为"索虏"或"索头虏"，如南朝梁沈约撰《宋书·索虏传》："索头虏姓托跋氏，其先汉将李陵后也。陵降匈奴，有数百千种，各立名号，索头亦其一也。"②《资治通鉴·魏文帝黄初二年论》："宋、魏以降，南、北分治，各有国史，互相排黜，南谓北为索虏，北谓南为岛夷。"胡三省注曰："索虏者，以北人辫发，谓之索头也。岛夷者，以东南际海，土地卑下，谓之岛中也。"③拓跋鲜卑之所以被称为"索虏"或"索头虏"，与他们的发型息息相关，但其具体形制史籍中缺乏明确记载。目前，比较流行的观点是将拓跋鲜卑"索头"释为"辫发"，并且是既辫且髡的发式，如程溯洛认为："辫发的人被呼为索头，索头就是形容脑后那根辫子，鲜卑人后脑既梳一根辫子，其前脑的头发统统剃光，所以，叫作髡发或髡头，从此可以解释乌桓、鲜卑及拓跋氏是前脑剃其发。"④ 又如薛宗正："鲜卑属辫发民族，又存在髡发习俗，所谓髡首，大约是将沿头顶前部剃光，以留发编辫，类似清之满族，而有异于其他全辫发民族。"⑤ 意思是拓跋鲜卑的"索头"发式与满族前剃后辫的发型相类。李志敏则撰文指出，"索头"是拓跋鲜卑发式，是多辫发式，又称"被发"，属于蓄留全发的发式，并非既辫且髡，亦非前剃后辫⑥。拓跋鲜卑之辫发并非单一式样，但由于北魏立国不久拓跋珪便命令朝野改掉辫发习俗并"束发加帽"⑦，迁洛之后孝文帝又施行更加严格的服饰汉化改革措施，因此，北魏考古资料中并未发现辫发实物，图像中也较少见到辫发形象。《南齐书·魏虏传》记载，孝文帝迁洛之初，太子恂一心想回故都平城，偷偷把孝文帝赐给他的汉制服装撕裂销毁，并"解发为编，服左衽"⑧。可知，北魏都平城时期仍有辫发之俗，到北齐晚期胡化回流，鲜卑辫发习俗重行于世，如《北齐书·琅琊王传》记载齐后主在擒获谋反的高俨后，"拔俨所带刀环乱筑，辫头，良久乃释之"⑨。北朝图像中也

---

① 内蒙古文物工作队：《内蒙古扎赉诺尔古墓群发掘简报》，《考古》1961 年第 12 期；内蒙古文物工作队编：《内蒙古文物资料选辑》，内蒙古文物出版社 1964 年版，第 120 页。

② 《宋书》卷 95《索虏传》，第 2321 页。

③ 《资治通鉴》卷 69《魏文帝黄初二年论》，第 2263 页。

④ 程溯洛：《中国古代各族人民发式略考》，《新疆大学学报》1991 年第 2 期。

⑤ 薛宗正主编：《中国新疆古代社会生活史》，新疆人民出版社 1997 年版，第 157 页。

⑥ 李志敏：《"索头"为既辫且髡发式说辨误》，《民族研究》2005 年第 4 期。

⑦ 《资治通鉴》卷 110《晋纪三十二》，第 3586 页。

⑧ 《南齐书》卷 57《魏虏传》，第 983 页。

⑨ 《北齐书》卷 12《琅琊王传》，第 163 页。

有辫发形象，数量不多，根据辫发形态不同，可分为三型：

A 型　头发编结为多条发辫，披垂于肩部，主要见于骑马形象，根据形态不同，可分二亚型：

Aa 型　发辫披散于肩背，见于太原北齐徐显秀墓出土的辫发骑俑（标本249，图4-4：1，彩图二，28），面庞丰润，头梳十二根发辫，左右两侧各有一辫系结于头后部中央位置，其余十辫披垂于肩背，其造型与垂裙风帽形态酷似。据《隋书·礼仪志七》载："后周之时，咸著突骑帽，如今胡帽，垂裙覆带，盖索发之遗像也。"①之所以将垂裙覆带的突骑帽视为"索发之遗像"，应与二者外在形态相似有关，这种披散的辫发也被称为"被发"，如《南齐书·魏虏传》载："魏虏，匈奴种也，姓托跋氏……被发左衽，故呼为索头。"②因此，这件辫发骑俑应该反映了鲜卑拓跋部的辫发习俗。

Ab 型　发辫末端扎束后披于肩背，如贺拔昌墓出土的辫发鼓吹骑俑（标本T99HQH1，图4-4：2，彩图二，29），长发编结为十三根发辫，发梢用绳系结后垂于肩背，除中间一根辫子较细没有装饰外，其余发辫均有不规则状小月牙装饰，当为编结发辫时形成的辫结。

B 型　头发编为多条发辫，垂至颈部系扎后下垂至腰部，如日本美秀美术馆藏北朝粟特石棺屏风浮雕，左侧骑马人头梳长及腰部的多条发辫（图4-4：3）③。此种辫发造型与20世纪五六十年代在粟特人祖居地中亚，今乌兹别克斯坦发掘的隋唐古城遗址壁画中的突厥人辫发样式相似。突厥辫发左衽之俗在史书中多有记载，《周书·突厥传》记载突厥"其俗被发左衽，穹庐毡帐，随水草迁徙，以畜牧射猎为务"④。《北史·突厥传》⑤《隋书·突厥传》⑥也有类似记载。7世纪初，玄奘途经碎叶城，逢突厥可汗，亲眼看到"可汗身着绿绫袍，露发，以一丈许帛练裹额后垂。达官二百余人皆锦袍辫发，围绕左右"⑦。唐太宗昭陵北司马门遗址出土的十四国蕃君长石像中，突厥可汗雕像头部虽已经遗失，但石像背后的发辫保存完好，也为长及腰部的多辫发式。

C 型　头顶扎一条短辫垂至脑后，如河北磁县双庙墓群 M50、周超墓胡俑，江苏徐州96甸北齐 M1 出土 E 型 I 式男俑（图4-4：4）。

2. 披发

披发又作"被发"，头发披散而不扎束，长期流行于中原地区之外的羌、夷、

---

① 《隋书》卷12《礼仪志七》，第266—267页。

② 《南齐书》卷57《魏虏传》，第983页。

③ 荣新江：《Miho 美术馆粟特石棺屏风的图像及其组合》，《艺术史研究》第4辑，中山大学出版社2003年版。

④ 《周书》卷50《异域传下》，第909页。

⑤ 《北史》卷99《突厥传》，第3287页。

⑥ 《隋书》卷84《突厥传》，第1864页。

⑦ （唐）慧立、彦悰：《大慈恩寺三藏法师传》，中华书局2000年版，第27页。

滇、越、匈奴等周边民族。北朝时期的披发造型主要见于入华胡人形象，大致可分二型：

A 型　披发至肩背，额前有齐刘海，主要见于粟特美术中的人物形象，如安伽墓、史君墓围屏石榻中直发男子，头发披垂于后背，长度超过肩膀，有的甚至长至腰际，头顶有中分线，或者没有中分线，额前有齐刘海（图 4-4：5）。

B 型　披发至肩，额前无刘海，如西魏吐谷浑公主与茹茹大将军合葬墓出土披发俑，仅 1 件，标本 M2：157，高鼻深目，长发披肩（图 4-4：6）。

3. 剪发

剪发亦作"断发"，是将头发剪断为短发。古代吴、越地区有"断发文身"之俗，《庄子·逍遥游》："宋人资章甫，而适诸越。越人断发文身，无所用之。"《左传·哀公七年》："大伯端委以治周礼，仲雍嗣之，断发文身，赢以为饰，岂礼也哉！"[1] 在中国传统礼制中，身体发肤受之父母，头发不能轻易剪断，"断发"与"被发"一样均是异域族群的标志。这种短发造型是西域地区不同国家和民族常见发式，如《魏书·西域传》《北史·西域传》所记焉耆、悦般、波斯、嚈哒、康国均有剪发之俗，比如康国："丈夫剪发，锦袍。"[2] 北朝图像中的剪发造型主要发现于入华胡人形象，均为直发，根据发式差别，可分三型：

A 型　发丝下垂后整齐划一，今人俗称"地瓜头"，如太原北齐娄睿墓出土陶役夫俑（标本 525、526，图 4-4：7），西安北周康业墓围屏第四、五、六幅线刻图中的胡人形象，这种发式起初被误认为是头戴圆顶毡帽，葛承雍已撰文指出应为"剪发胡雏"[3]。

B 型　齐肩短发，头顶中分，或没有中分线，但额前有齐刘海，主要见于安伽墓和史君墓围屏石榻中的人物形象，大同雁北师院北魏墓群 M2 出土的 9 件胡人俑及宋绍祖墓出土的 4 件胡人伎乐俑也是此种发式（图 4-4：8）。

C 型　齐肩短发，额顶绾发髻，见于大同御东新区御昌佳园北魏 M113 出土胡俑，其造型与雁北师院 M2、宋绍祖墓出土胡人伎乐俑基本一致，仅发型略有差异，如标本 M113：12，怀抱琵琶，身着圆领窄袖长袍，腰系革带，肚、臀外凸，顶发绾成圆形发髻（图 4-4：9）。

（三）卷发

头发呈卷曲状态，根据卷曲程度及长短，可分三型：

A 型　头发卷曲蓬松，且比较短，主要见于驭车、牵马牛的胡人形象，如元邵墓长衣俑、童俑（图 4-4：10）。

B 型　卷发略长，脑后起翘，如娄睿墓墓道壁画出行图、朔州水泉梁北朝壁画墓

---

① 杨伯峻：《春秋左传注》，中华书局 2000 年版，第 1641 页。
② 《魏书》卷 102《西域列传》，第 2281 页。
③ 葛承雍：《胡人发型：中古"剪头胡雏"艺术形象试解》，《故宫博物院院刊》2021 年第 2 期。

驭马胡人及男侍形象（图4-4：11），安伽墓石刻中的部分男性形象

　　C型　卷发较短，且头顶基本无发，稀疏的发丝主要分布于头顶外侧，即"地中海"发型，是中老年男子因脱发而形成的发式，如娄睿墓驭马驾车的胡人以及徐显秀墓备车图中的胡人形象（图4-4：12），虽然顶发全无，但余发乌黑，当为中年男子。

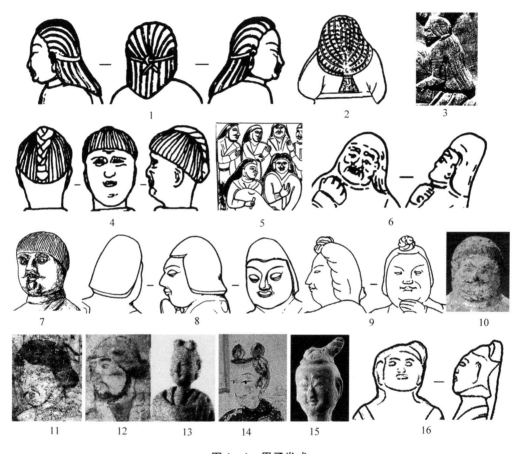

图4-4　男子发式

　　1. Aa型 徐显秀墓辫发骑俑（标本249）　　2. Ab型 贺拔昌墓辫发鼓吹骑俑（标本T99HQH1）　　3. B型 MIHO美术馆藏北朝粟特石棺屏风浮雕骑马男子　　4. C型 徐州96甸北齐M1男俑（M1：10）　　5. A型 安伽墓围屏石榻男子　　6. B型 吐谷浑公主与茹茹大将军合葬墓披发俑（M2：157）　　7. A型 娄睿墓出土陶役夫俑（标本526）　　8. B型 宋绍祖墓胡人伎乐俑（M5：105）　　9. 大同御东新区御昌佳园北魏M113胡俑（M113：12）　　10. A型 元邵墓长衣俑　　11. B型 水泉梁北朝墓墓室北壁男侍　　12. C型 徐显秀墓墓室东壁胡人　　13. A型 孟津侯掌墓男俑　　14. B型 莫高窟西魏285窟北壁男供养人　　15. C型 元邵墓执盾武士俑　　16. D型 陆丑墓偏椎髻俑（M28：8）

（四）发髻

　　北朝时期，成年男子均束发戴冠或着帽，冠帽下的发髻并不外露，但也有少量

不戴冠帽，直接将头发束于头顶绾结成发髻者。根据挽束方式及形制差别，可分为四型：

A 型 总角 古代汉族男子在成人礼前并不戴冠帽，并且不同的年龄段发式不同，一般将幼童的发式统称为"角"。幼童大致在八岁时将垂发扎成两结于头顶，形状如角，故名"总角"，亦作"丱角"。河南洛阳孟津侯掌墓出土 5 件男俑，均头顶梳圆形双髻，如标本 M22：42，应为男童形象（图 4 - 4：13）。

B 型 丸髻 头发束于头顶后结成丸形发髻，故称丸髻。头发中分后于头顶两侧结成两丸，通常为青少年男子所束发髻，如莫高窟西魏 285 窟北壁东起第三铺男供养人像，前者形体高大，头裹红色幅巾，后者身材矮小，脸庞稚嫩，当为儿童，头梳双丸髻（图 4 - 4：14）。

C 型 丫髻 丫髻是年轻女子及侍女常见发式，魏晋南北朝时期，除年轻女子外，高士逸人如"竹林七贤"也常梳此种发式。北朝图像中，也有男子头束丫髻的形象，如洛阳北魏元邵墓出土的彩绘执盾武士俑，头顶丫髻的形制与女性 Ca 型丫髻相同，头顶中央的扁圆帽上有十字扎带痕迹，两侧丫髻系用布帛缠绕（图 4 - 4：15）①。

D 型 椎髻 椎髻又作椎结，亦可写作桓髻、槌髻，是一种高耸于头顶形若椎形的发髻，本是男女通用的一种发式，后受先秦华夷之辨观念影响，椎髻成为西南边地族群的象征符号。北朝时期男子梳椎髻者数量较少，仅在陕西地区有发现，均为偏椎髻，如西安西魏吐谷浑公主与茹茹大将军合葬墓出土的 12 件单髻俑和西魏陆丑墓出土的 10 件偏椎髻俑，均为头顶左侧扎束向左斜上耸立的偏椎髻（图 4 - 4：16）。

第二节　面饰

化妆是运用化妆品和辅助工具，采取一定的化妆步骤和技术对人体面部、五官及其他部位进行修饰。本节主要侧重面部的化妆和修饰，包括对眉毛、眼睛、额头、嘴唇、面颊、胡须等的各种修饰。伴随着化妆品制作技术的发展、中外文化交流的加强以及审美观念的变迁，中国古代化妆史从素妆为主的先秦时期发展到汉代，开始向彩妆时代过渡，并在魏晋南北朝时期有了进一步发展，出现了晕红妆、面靥妆、梅花妆、额黄妆、白妆、墨妆、紫妆等多样化的妆型。至唐代，女性化妆极为兴盛，并形成较为完整的面部化妆步骤：敷粉、抹脂、画黛眉、贴花钿、点面靥、描斜红、涂唇脂七个步骤。北朝时期的妆容在典籍、小说中多有记载，北魏贾思勰《齐民要术》还记载了朱粉、铅粉、紫粉、胭脂、面脂、唇脂等化妆品的制作方法，由此可见北朝化妆术的发展水平。除文献记载外，面部妆饰的研究需要保存较好的彩绘图像作为基础，然而，受埋藏条件、色彩蜕变、保存状况及发表情况（考古报告以线图、黑白照片为主）等因素影响，北朝妆饰在考古出土的陶俑、壁画及佛教供养人

---

① 俞凉亘、周立主编：《洛阳陶俑》，北京图书馆出版社 2005 年版，第 133 页。

形象中仅有少量残存。本节在梳理保存较好的北朝彩绘图像基础上，结合文献记载，对北朝面部妆容略作分析。

一　面妆

古人对脸部的修饰主要包括敷粉、施脂、贴花子等内容，北朝时期主要有白妆、红妆、墨妆、紫妆、额黄妆，以及面靥、斜红、花钿等面饰。受保存条件限制，北朝图像中的面妆种类并不多，分述如下。

（一）白妆、红妆与紫妆

白妆是用白粉敷面以遮蔽脸上的瑕疵，从而使面部光滑白皙，宛如凝脂。北朝时期，白妆可单独示人以营造素雅之美，更多时候是作为其他妆饰的基础。考古出土的女俑在制作时通常在烧好的素胎脸部刷白粉，然后再进行眼、眉、口唇等部位的描画和彩绘。尽管受埋藏和保存条件所限，白粉大多脱落或漫漶不清，但仍能辨清白粉痕迹，如大同雁北师院北魏墓群 M2、M5 出土女俑，脸部残存斑驳的白粉。另有陶俑色彩保存得比较完好，如大同云波里北魏墓 M10 出土的 3 件女乐俑及 11 件女侍俑，脸部整体涂白再进行其他妆饰（彩图三，3）。

在白色面妆上用胭脂、红粉涂染两腮、面颊，即为红妆，也称"红粉妆"。从北朝图像来看，大同地区的男性及部分女性形象存在将脸部整体涂红的现象，如大同南郊全家湾北魏和平二年（461）M9 墓室四壁所绘壁画中的墓主、伎乐、侍者等男性形象，脸部大都平涂红色，而曲足案旁的侍女则脸部涂白，墓主身后的两位侍女脸部也涂红。这种将男性脸部涂红、女性脸部涂白的现象在大同地区的壁画、陶俑中比较常见，如大同智家堡北魏墓石椁内四壁所绘男性脸部涂红，而女性则涂白，石椁北壁的墓主夫妇也不例外；又如大同地区北魏墓葬出土陶俑，通常在烧好的素胎上进行彩绘，一般镇墓武士、侍者、伎乐以及武士等男俑脸部涂红，而女侍、伎乐女俑脸部则涂白，大同雁北师院北魏墓群 M2、M5 出土陶俑也遵循这种规律。这种将男性脸部整体涂红的现象应是匠人在图像制作时对人物肤色的表现形式，应该与化妆没有关系，但由此也表明，北魏早期男性普遍崇尚自然肤色，而女性则喜欢在脸部敷白粉，再进行局部红妆。

红妆是在眼睑、脸颊、眼角、嘴角等部位择一处或几处点染胭脂，在北朝图像中有大量表现，男、女均有点染红妆者。根据造型差别，可分三型：

A 型 将双颊颧骨部位染红，形成一对圆形红晕，犹如今天女性涂染的腮红，在莫高窟壁画中有大量表现，如北魏 288 窟东壁供养人画像，贵妇及侍女脸颊部位均涂染竖椭圆形红色胭脂。洛阳北魏杨机墓出土的牵手连体女俑（彩图三，16）、双髻女俑、抱婴女俑、舞俑及老妇俑，脸颊部位均涂染成红色。宁夏固原田弘墓主室北壁门扉两侧所绘门官以及主室西壁靠近甬道处所绘人物，脸颊部位均有大片的圆形红晕。

B 型 将外眼角至太阳穴区域、嘴角边缘晕染成红色，见于徐显秀墓人物形象，该墓壁画中的墓主、伎乐、侍者、仪卫，不管男女均为这种妆型，仅浓淡略有差别（彩图一，7、8）。

C 型 将上、下眼睑及鼻根两侧晕染成红色，见于宁夏固原北周李贤墓墓道及过洞所绘武士形象及墓室内残存的伎乐女子形象，有的则在眼睑根部至鼻子两侧晕染成红色，如墓室西壁南端所绘持团扇女子（彩图三，24）；有的将下眼睑至鼻根两侧晕染成红色，呈倒三角状，如墓室西壁、南壁残存的伎乐女子（彩图三，25）。这种妆容是将红色颜料点染于眼、眉、鼻子等低凹处，而鼻梁、上眼睑则不加点染以凸显脸部的立体感，这种表现方式是受西域凹凸画法的影响。

紫妆是以紫色粉拂面，相传始于三国魏文帝曹丕宠爱的宫女段巧笑[1]，北魏贾思勰在《齐民要术》中详细记载了紫粉的制作方法，是将米粉、胡粉按 3：1 的比例掺葵子汁调和而成[2]，可见北魏也流行紫妆。根据现代人的化妆经验，以紫色粉打底敷面可以使肤色较黄的女性皮肤看起来更加白皙，因此可以说，紫妆也是白妆的一种，反映了古代女性对白皙肌肤的追求和向往。

（二）墨妆与额黄妆

墨妆流行于北周时期，见《隋书·五行志上》："（后周大象元年）妇人墨妆黄眉。"[3] 墨妆即以墨饰面，《隋书》将其视为"服妖"加以记载，但究竟是满脸涂墨还是部分施墨从文献记载中不得而知，此事在《周书·宣帝本纪》中记为"禁天下妇人皆不得施粉黛之饰，唯宫人得乘有辐车，加粉黛焉"[4]，《北史》有相同记载。《资治通鉴》则记载为"禁天下妇人不得施粉黛，自非宫人，皆黄眉墨妆"[5]。由此可知，"墨妆黄眉"这种奇异装扮的产生与流行，是北周宣帝时期皇宫之外的天下女子，为应对朝廷不施粉黛的禁令而做出的无奈或者抗议之举，这种墨妆恰与日常生活中让女性面部增添光彩的红妆大相径庭。因此，墨妆应与女性红妆相对应，是局部涂墨即"去朱施墨"的妆容。

额黄是于额头饰黄的妆容，南北朝时期流行一时。额黄妆主要有两种画法：一是染画法，即用画笔蘸黄色颜料涂染额头，或将整个额头涂满，或只涂一半再以清水晕染，这种额黄妆在《北齐校书图》侍女额头尚可见到；另一种是粘贴法，直接将黄色材料制成的薄片状饰物贴在额上，又称"帖黄""花黄"，《木兰辞》中"对镜帖花黄"指的便是这种额黄妆容。将额部饰黄的妆容是佛教影响的产物，南北朝时期，佛教广泛传布，为佛塑金身即将佛像涂金、贴金的现象比较常见，受此启发，

---

① 《中华古今注》："魏文帝宫人绝所爱者……巧笑始以锦衣丝履，作紫粉拂面。"（后唐）马缟：《中华古今注》卷中，第 30 页。

② 《齐民要术》："作紫粉法：用白米英粉三分，胡粉一分，和合均调。取落葵子熟蒸，生布绞汁，和粉，日曝令干。若色浅者，更蒸取汁，重染如前法。"（后魏）贾思勰原著，缪启愉校释：《齐民要术校释》，农业出版社 1982 年版，第 264 页。

③ 《隋书》卷 22《五行志上》，第 630 页。

④ 《周书》卷 7《宣帝纪》，第 123 页。

⑤ 《资治通鉴》卷 173《陈纪七·宣帝太建十一年》，第 5576 页。

爱美的女性们创造出了这种妆饰，故又称"佛妆"。

（三）面靥与斜红

面靥是施于面颊两侧酒窝处的点状或花形妆饰，又称妆靥。先秦时期已有这种面饰，称"的"，最初用于宫中妇女月事的标识，汉刘熙《释名·释首饰》："以丹注面曰勺。勺，灼也。此本天子诸侯群妾，当以次进御，其有月事者止而不御，重以口说，故注此丹于面，灼然为识，女史见之，则不书其名于第录也。"[①] 面靥最初是在嘴角的酒窝处各点一个红色圆点，盛唐以后点画范围逐渐扩大，鼻翼两侧乃至整个面部均可装饰，其形状亦富于变化，出现了花、鸟、兽等不同造型的面靥[②]。

北朝图像中的面靥妆在山西大同地区有大量遗存，如大同云波里北魏墓 M10 出土的女乐俑及女侍俑，脸部涂白，鼻翼两侧嘴角斜上方对称描绘红色圆点，有的在额头和下巴中间位置也点染圆形、三角等红色图形。这种在脸上点染四个圆点或其他图案的妆饰，在陕西咸阳平陵十六国墓葬出土的彩绘女乐俑脸上也能看到。此外，山西大同智家堡北魏墓石椁北壁所绘墓主夫人像，解兴石堂后壁（正壁）墓主夫人像，鼻翼两侧也绘有红色圆形装饰，可见平城期的北魏贵妇也喜欢点面靥。

斜红又名晓霞妆，是在两鬓和面颊之间描画一条新月形红妆，宛如脸侧的两道伤疤，呈现残破美，相传始于三国魏文帝宠爱的宫女薛夜来。斜红妆在唐代尤为兴盛，新疆阿斯塔那唐墓出土绢画所绘女子及彩绘女舞俑均有表现，晚唐逐渐消失。北朝也有斜红妆，在图像中主要见于大同地区，如解兴石堂左壁奏乐女子额角绘有红色新月形装饰，大同云波里北魏墓 M10 出土的女乐俑、女侍俑除脸上点面靥外，还在脸侧描绘细长的红色新月形妆饰，并且在下巴底部也描绘细长的红色月牙图案。这种点面靥并于两鬓及下巴绕脸描斜红的面妆，应即南朝梁简文帝《艳歌篇十八韵》中"倡女"的妆饰："分妆间浅靥，绕脸傅斜红。"[③]

（四）花钿

花钿又称花子，是用金银箔、五色花纸、鱼鳃骨、云母片、翠羽、螺钿壳或花瓣等材料制成几何、花、鸟、鱼、瓜果等各种形状，用鱼鳔胶或呵胶粘贴于额头、眉间或两颊的薄片饰物。在面部装饰花钿之俗唐代最为盛行，考古出土的陶俑、壁画中屡有发现。实际上，在面部描绘、点染或粘贴图案的习俗源远流长，北朝乐府民歌《木兰诗》中木兰替父从军载誉而归，回到闺房后便"对镜帖花黄"，"花黄"即当时女性贴在脸上的一种装饰。

唐末马缟《中华古今注》将花钿历史追溯至秦始皇时期，并说"至后周，又诏宫人贴五色云母花子，作碎妆以侍宴"[④]。北周皇宫兴起的"碎妆"，即是在脸上不同部位粘贴花钿，给人零碎之感，故名碎妆，目前在北周图像中并未发现碎妆遗存，

---

① （东汉）刘熙撰，（清）毕沅疏证，王先谦补：《释名疏证补》卷4，第164页。

② 高春明：《中国服饰名物考》，上海文化出版社2001年版，第376—381页。

③ （南朝陈）徐陵编，张葆全译注：《玉台新咏译注（下）》卷7，上海古籍出版社2021年版，第462页。

④ （后唐）马缟：《中华古今注》卷中，第32页。

但唐代壁画中有不少满脸粘贴花钿的女子。山西大同云波里北魏墓 M10 出土的女乐俑、女侍俑（彩图三，3），脸部除鼻翼两侧点面靥外，额头和下巴中间也装饰圆形、三角等不同形状的红色图案，其中，吹竖笛、弹筝女乐俑及 B 型女侍俑额头和下巴中间装饰对称分布的红色三角形，吹横笛女俑额头中间与下巴的图案不同，分别为 B 形和圆形图案。洛阳北魏杨机墓出土的抱婴女俑额头中间也装饰红色图案，因色彩保存不佳看不清具体图形，其下巴中间及太阳穴位置还描绘红色圆点。北魏图像中的女子多为侍从、伎乐人物，其面部描绘、点染红色图案的现象应该反映了北魏女子在脸上装饰花钿的习俗。

二 眉妆

眉妆是对眉毛的形状、轮廓、线条和颜色进行人工修整和装饰。由于眉毛位于面部非常突出和显眼的位置，对个人外在形象具有重要影响，因此，古人很早便重视眉毛的修饰，先秦时期已形成"螓首蛾眉""粉白黛黑"等眉妆造型和审美观念，汉代产生了长眉、远山眉、八字眉、惊翠眉、愁眉、广眉等诸多名目，经过魏晋南北朝的发展，唐代眉饰极为盛行，产生了多变的画眉样式。根据装饰手法不同，古代眉饰主要有三种：一是保留本人眉毛，仅用黛色描饰；二是将眉毛部分或全部剃掉，再重新画眉；三是剃除部分眉毛，然后进行描饰。北朝图像中的男、女形象，眉毛样式既有共同点，也存在较大差别，其中最大的差别是女性眉毛纤细，男性眉毛粗壮。

（一）女子眉式

古代女子的眉妆主要体现在眉型和眉色两个方面，从考古出土的北朝图像来看，眉妆主要是眉型的不同，眉色基本为黑色。古代女子眉形的变化主要集中在长短、粗细、曲直和浓淡等方面，北朝图像中女子的眉式以纤细的长眉为主，但宽窄、曲直略有差别，根据形态差别，可分为四型：

A 型 "一"字眉 眉头、眉梢在一条水平线上，又称平眉。根据眉毛宽窄、形状不同，可分二亚型：

Aa 型 眉毛细长、平直，见于大同智家堡北魏石椁壁画墓北壁绘墓主夫人形象，眉毛纤细，眉间距离较宽（图 4 – 5：1）。

Ab 型 眉毛粗短、平直，见于朔州水泉梁北齐壁画墓墓室北壁墓主夫人、女性伎乐及墓室西壁备车图中的女侍（图 4 – 5：2）。

B 型 眉毛细长，两端向下弯曲成弧状，犹如新月或柳叶，故名新月眉或柳叶眉，如朔州水泉梁北齐壁画墓墓道东壁第二层备马出行图中马匹后面的女子形象，眉毛纤细如线，中间弯曲成弧形（图 4 – 5：3）。

C 型 上扬眉 眉毛细长，整体呈上扬之势，眉峰弧度不大，如大同云波里北魏墓 M10 出土的伎乐女俑和女侍俑，眉形纤细，上挑拉长，眉峰略向下弧（图 4 – 5：4）。

D 型 "八"字眉 根据形态不同，可分二亚型：

　　Da 型　正"八"字眉　眉毛中间略向下弧，见于忻州九原岗北朝壁画墓墓道北壁门楼图中门内、廊边的六位女子形象，有的眉头粗、眉尾尖，有的两头尖细，但眉毛中间均有下弧之势，给人悲伤丧气之感（图 4 - 5：5）。

　　Db 型　倒"八"字眉　眉毛细长且直，眉头低垂，眉尾上斜，呈倒"八"字形，见于太原北齐徐显秀墓墓室北壁墓主夫人及身侧女性伎乐形象，前者眉形浓黑，眉尾略微上扬，后者眉形纤细如线，眉尾上扬幅度较大（图 4 - 5：6）。

　　（二）男子眉式

　　考古出土的北朝图像中，男子以浓密粗壮的眉形为主，有的是自然眉形，有的经过修饰。根据形态差别，可分为三型：

　　A 型　"一"字眉　眉头、眉梢在一条水平线上，根据眉毛宽窄不同，可分二亚型：

　　Aa 型　眉毛细长、平直，如大同智家堡北魏石椁壁画墓北壁绘男性墓主及东侧男侍形象，眉型与该墓墓主夫人基本一致，仅二眉之间距离较近（图 4 - 5：7）；大同南郊仝家湾 M9 墓室北壁男墓主、侍者及墓室东壁劳作图中的男性也为一字眉。另外，河南偃师南蔡庄北魏墓出土彩绘仪仗俑，眉毛平直细长。

　　Ab 型　眉毛较宽且平直，如河南偃师南蔡庄北魏墓出土彩绘鼗鼓俑，眉毛粗壮、平直；再如忻州九原岗北齐壁画墓墓道东壁第三层男子形象，眉毛浓黑，眉间距离较宽（图 4 - 5：8）。

　　B 型　眉毛细长，弯曲成弧状，主要见于文吏、门吏、侍者及伎乐形象，根据形态差别，可分三亚型：

　　Ba 型　眉毛细长弯曲，形如柳叶，如河北磁县湾漳北朝大墓墓道东、西壁戴笼冠的仪仗人物形象。有的眉毛略粗，如山西朔州水泉梁北齐壁画墓甬道东、西壁门官及墓室南壁鼓吹男子形象（图 4 - 5：9）。

　　Bb 型　眉毛两端尖细，眉头向上弯挑呈钩状，眉身弯曲成弧状，如河北磁县湾漳北朝大墓出土 2 件大门吏俑（图 4 - 5：10）。

　　Bc 型　眉头较细，眉身弯曲成弧状，眉尾疏散，如河北磁县湾漳北朝大墓墓道东壁所绘第 5 人（图 4 - 5：11）。

　　C 型　眉毛浓密厚重，眉头较细，眉毛整体上扬，这种眉型通常见于武士形象，怒目圆睁，眉头紧锁，给人刚健勇武之感，这种粗壮的眉形又有剑眉、刀眉、虎眉、关公眉、张飞眉等不同眉式。根据形态差别，北朝图像中的眉形可分三亚型：

　　Ca 型　刀眉　眉毛整体上斜，眉头较细，向上弯挑，底端平直，眉梢略尖，眉身呈刀形，故名刀眉，如 1956 年洛阳出土青釉武士俑[1]，眉头粗重，眉头紧锁，怒目圆睁，眉梢上斜如刀状（图 4 - 5：12）。

　　Cb 型　虎眉　眉形较宽，眉头尖细，眉身粗壮，眉尾略向下弯曲，整体上翘，眉毛浓密清晰，不杂乱，主要见于相貌威武的武士形象，后来也用虎眉相容相貌威武，

<hr>

[1]　洛阳市文物工作队编：《洛阳出土文物集萃》，朝华出版社 1990 年版，第 78—79 页。

如唐李颀《送陈章甫》诗："陈侯立身何坦荡，虬须虎眉仍大颡。"北朝图像中的虎眉主要见于镇墓武士俑，如磁县湾漳北朝大墓出土4件镇墓武士俑，均眉毛粗壮，眉头尖细，弯挑如钩状；再如忻州九原岗北齐壁画墓墓道东、西壁第二层所绘狩猎图中的男子形象以及第三层仪卫图中的若干男子形象，眉头尖细弯挑，眉毛整体粗壮厚重，绘制者还精细描绘出每根眉毛上翘之状（图4-5：13）。

　　Cc 型　扫帚眉　眉头较尖，眉尾疏散，呈扫帚形，与虎眉相比略细，如娄睿墓墓道东、西壁游骑图、迎宾图、鼓吹图中大多数男子为此种眉式，眉毛浓密，仅眉尾比较疏散；再如忻州九原岗墓道西壁男子形象也有此种眉式（图4-5：14）。

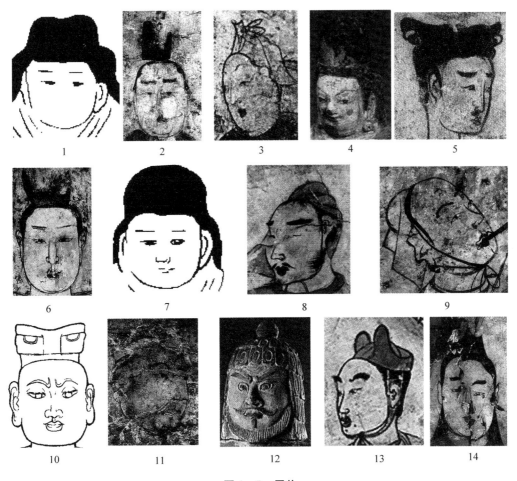

图4-5　眉妆

　　1. Aa 型　智家堡北魏石椁墓北壁绘墓主夫人　2. Ab 型　水泉梁北齐墓墓室北壁墓主夫人　3. B 型　水泉梁北齐墓墓道东壁女子　4. C 型　大同云波里北魏 M10 伎乐女俑（M10：5）　5. Da 型　九原岗北朝墓墓道北壁门楼图女子　6. Db 型　徐显秀墓墓室北壁墓主夫人　7. Aa 型　智家堡北魏石椁墓北壁墓主　8. Ab 型　九原岗北齐墓墓道东壁第三层男子　9. Ba 型　水泉梁北朝墓墓室南壁鼓吹男子　10. Bb 型　磁县湾漳北朝大墓大门吏俑（标本1566）　11. Bc 型　磁县湾漳北朝大墓墓道东壁第5人　12. Ca 型　洛阳出土青釉武士俑　13. Cb 型　九原岗墓道西壁二层狩猎男子　14. Cc 型　娄睿墓甬道西壁门卫

三　唇妆

唇妆又称点唇，是用胭脂等化妆品点抹修饰嘴唇。早在先秦时期，先民们已开始崇尚嘴唇之美，楚人宋玉《神女赋》有"眉联娟以娥扬兮，朱唇的其若丹"的记载，汉代已有点唇的唇脂，东汉刘熙《释名·释首饰》："唇脂，以丹作之，象唇赤也。"[①] 古代唇妆主要表现在唇形和唇色两个方面，由于唇脂的颜色具有较强的覆盖力，唇妆不仅能够改变嘴唇的色彩，还可以改变唇型。艺人们在塑造和描绘陶俑、壁画等图像中的人物形象时，有的会细致表现人物尤其是女性的唇妆，有些仅概念化、程式化地表现人物唇部。以北朝图像为例，艺人在表现唇部时会根据人物类型加以调整，比如镇墓武士形象，为突出其凶悍、威猛、忠诚的外貌特征，一般会夸张地表现上下两片大且厚的嘴唇，伎乐、男侍、文官等男子形象则表现两片自然状态的嘴唇。北朝图像表现的唇妆以红色的"朱唇"为主，根据唇形大小不同，可分为二型：

A 型 满唇妆 唇脂涂满上下嘴唇，在图像中表现为自然的唇形，主要见于山西大同地区的北魏陶俑、壁画，微笑者嘴角上扬，唇形为细长的红色弧形，如云波里北魏墓 M10 出土的女乐俑、女侍俑（图 4 – 6：1）。

B 型 小巧唇妆 唇形小巧，妆饰时唇脂并不涂满上下嘴唇，而是先用妆粉遮蔽原本的唇色，再用唇脂点染嘴唇，形成比自然嘴唇小巧浓艳的唇形。该型唇妆是自然唇形的缩小版，壁画中的唇形虽是画家的艺术表现，但仍能反映当时崇尚小口的审美风尚。根据形态差别，可分为三亚型：

Ba 型 蝴蝶唇妆 上唇中央凹陷为 M 形桃心，下唇画对称的倒置桃形爱心，上、下嘴唇大小基本一样，整体唇形为振翅的蝴蝶状，故称蝴蝶唇妆，是风靡唐代的唇妆样式，在壁画、绢画中均有表现，如新疆吐鲁番阿斯塔那墓出土的屏风式绢画弈棋仕女图，画中女子圆形脸盘上便点缀蝴蝶唇妆。这种唇妆在北朝晚期壁画中已有表现，如北齐徐显秀墓墓室东壁备车图中所绘面向车厢的卷发侍女及侧身面向她的女子，画家先用墨线勾勒出唇形，再涂染红色颜料，两片嘴唇犹如侧飞的蝴蝶，浓艳动人（图 4 – 6：2，彩图三，20）。墓室北壁所绘墓主夫人下唇线底稿圆润，但上色时下唇中央有明显的凹陷，因此，女主人嘴部颜料虽有脱落，其唇部仍是蝴蝶唇妆。该墓男子唇形也有作蝴蝶唇妆者，如备车图中牛头旁边的白衣男侍，唇部为蝴蝶形（图 4 – 6：3）。

Bb 型 上唇中央凹陷为 M 形桃心，下唇呈椭圆形，与蝴蝶唇妆相比，仅下唇形状不同，徐显秀墓壁画中的墓主、男侍、女侍多为这种样式（图 4 – 6：4），另在忻州九原岗北齐壁画墓、娄睿墓壁画中也比较多见。

Bc 型 唇形整体为上唇小，下唇大的三角形，如朔州水泉梁北齐壁画墓墓室北壁夫妇宴饮图中的墓主夫人及旁边的女侍形象（图 4 – 6：5）。

---

① （东汉）刘熙撰，（清）毕沅疏证，王先谦补：《释名疏证补》卷 4，第 163 页。

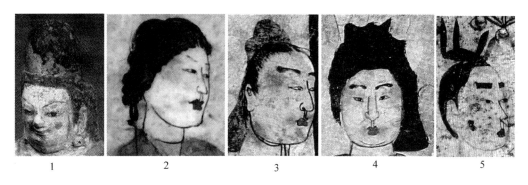

图 4-6 唇妆

1. A 型 大同云波里北魏 M10 伎乐女俑（M10：5）　2—3. Ba 型 徐显秀墓墓室东壁备车图女侍、男侍
4. Bb 型 徐显秀墓西壁侍女　5. Bc 型 水泉梁北朝墓墓室北壁女侍

四 胡须

胡须，俗称胡子，泛指生长于男性上唇、下巴、面颊、两腮的毛发，是人体外在形貌中再生能力比头发更快的毛发。古人对不同部位的胡须称呼有别，大致是"口上曰髭，口下曰须。在颐曰胡，在颊曰髯"。胡须作为男性第二性征之一，是男性独有的外貌形象特征。在今天，胡须的去留及式样完全取决于个人喜好，并且定期清理胡须已成为大多数男性的卫生习惯，然而，古人却赋予胡须特殊的文化内涵，并产生了丰富多彩的样式。沈从文《从文物来谈谈古人的胡子问题》通过出土文物及传世画作，就古人胡子的多样性及审美问题与王力的观点进行了商榷，指出古代汉族男子并非人人留胡须、"美须髯"与美男子并无必然关联等[①]。秦汉时期，胡须成为男性生命力的象征，并且具有权力、等级和身份的意义，至魏晋、南朝时期，上层男性推崇阴柔之美，剃须、敷粉、熏香成为权贵阶层男子装扮的基本步骤。北方民族由于所处环境、生活习俗及人种差异，其外貌特征通常与中原人士不同，具有"多须髯"的外貌特征。

北朝时期，北方少数民族入主中原建立政权，社会上出现崇尚武力、军功、雄豪的社会风气，"美须髯"再度成为评价男子形貌之美的标准。正如阎步克所言："秦汉男子对须髯的崇尚，在江左'女性化'的容止观中淡化扭曲了；北朝的胡汉融合，则重振了对须髯的传统崇尚。"[②] 北朝文献记载中有大量关于男子须髯的记载，如"（杨）忠美髭髯，身长七尺八寸，状貌瑰伟，武艺绝伦，识量深沉，有将帅之略"[③]；"窦炽性严明，有谋略，美须髯，身长八尺二寸……善骑射，臂力过人……

---

① 沈从文：《古人的胡子》，新星出版社 2011 年版，第 250—258 页。

② 阎步克：《中古士族容止崇尚与古代选官的以貌取人》，《国学研究》第十五卷，北京大学出版社 2005 年版，第 64—67 页。

③ 《周书》卷 19《杨忠传》，第 314 页。

仪表魁梧，器识雄远"[①]；"（高）隆之身长八尺，美须髯，深沉有志气"[②]；"（许）
惇美须髯，下垂至带，省中号为长鬣公。显祖尝因酒酣，握惇须髯称美，遂以刀截
之，唯留一握。惇惧，因不复敢长，时人又号为齐髯公"[③]。可见，北朝时期须髯成
为衬托男性雄武之姿的重要标准。

从考古出土的北朝俑、壁画、石刻等图像中的男性形象来看，北朝成年男子大
多蓄须，这是男、女形象比较明显的差别，但陶俑因细密的胡须不易塑造和脸部色
彩保存不佳等原因，很多男性陶俑胡须样式不详。根据胡须形态差别，可将北朝图
像中的男子胡须分为五型：

A 型 络腮胡 唇部、下颏、两颊以及鬓角均有胡须，由于这种胡须从腮帮一直延
伸到下巴，故名络腮胡。北朝时期的络腮胡通常唇上作八字状，两腮及脸颊胡须蓬
立，根据长短及形态差别，可分二亚型：

Aa 型 胡须浓密，给人骁勇威猛之感，主要见于甲胄武士及门官形象，如1956
年洛阳出土青釉武士俑[④]，武士顶盔掼甲，怒目圆睁，两颊及下巴有细密整齐的胡
须，唇上为尾部起翘的八字须，唇下中央留一小撮胡须（图4-7：1，彩图四，5）。
再如娄睿墓墓门外侧东、西壁所绘门官形象，头戴小冠，身着广袖上衣，两腮至下
巴有乌黑浓密的胡须蓬立，下颌处的胡须细长飘逸，上唇蓄细小八字胡。

Ab 型 两颊及下巴仅留少量胡须，唇上蓄八字须，如忻州九原岗北齐壁画墓墓
道东壁二层狩猎图中徒步刺熊的猎人（图4-7：2）。

B 型 八字胡 上唇蓄八字型胡须，古称"髭"，北朝时期流行细小的八字胡，几
乎所有蓄须的男子均喜在唇上留八字形胡须，有的平直，有的尾端上翘，可以说，
八字胡是北朝胡须造型的基础。除此之外，也有单独蓄留八字胡者，根据形态差别，
可分二亚型：

Ba 型 上唇八字胡，唇下有一小撮胡须，如徐显秀墓墓室西壁备马图中马头旁
边的男侍（图4-7：3）。

Bb 型 上唇八字胡，唇下有三滴水式小胡须，忻州九原岗北齐壁画墓墓道东、
西壁所绘仪卫有不少蓄留此型胡须者，如墓道西壁第三层所绘戴席帽的男子形象
（图4-7：4）。

C 型 短髭须 上唇蓄细小八字须，下巴留短须，有的在口下还留一小撮短须。娄
睿墓、徐显秀墓墓道东西壁及墓室内所绘男子形象大多蓄短髭须，如徐显秀墓墓室
西壁备马图中马头部男侍（图4-7：5）。

D 型 山羊胡 下巴上蓄留的尖形或簇状的胡须，因形似山羊的胡子，故名。根据
形态差别，可分二亚型：

---

① 《周书》卷30《窦炽传》，第517页。
② 《北齐书》卷18《高隆之传》，第235页。
③ 《北齐书》卷43《许惇传》，第574页。
④ 洛阳市文物工作队编：《洛阳出土文物集萃》，朝华出版社1990年版，第78—79页。

图 4－7　胡须

1. Aa 型 洛阳出土青釉武士俑　2. Ab 型 九原岗北朝墓墓道东壁第二层猎人　3. Ba 型 徐显秀墓墓室西壁备马图中男侍　4. Bb 型 九原岗北朝墓墓道西壁第三层席帽男子　5. C 型 徐显秀墓墓室西壁备马图中男侍　6. Da 型 徐显秀墓墓室北壁墓主像　7. Db 型 九原岗北朝墓墓道东壁第三层仪卫　8. E 型 徐显秀墓墓室东壁胡人

　　Da 型　仅在下巴蓄留长须，如徐显秀墓墓室北壁所绘徐显秀像，下巴上的胡须绘制精细，根根可数，虽然稀疏，但比较长，向下飘垂（图 4－7：6）。

　　Db 型　下巴蓄留尖状长须，上唇为八字须，唇下有三点水式小胡须，有的还在两颊各留一撮长须，忻州九原岗北朝壁画墓墓道东、西壁所绘仪卫有不少蓄留此型胡须者（图 4－7：7）。

　　E 型　虬髯　虬髯是浓密、蜷曲的连鬓胡须，主要见于驾驭车、马的胡人形象，如徐显秀墓墓室东壁备车图中的胡人形象，上唇为细长下拖的八字须，两腮至下巴有浓密乌黑的胡须，画家在表现胡须时还用圆形或弧形表现胡须的蜷曲状态（图 4－7：8）。这些胡人深目高鼻，须、发蜷曲，是来自西域的白色人种，如《汉书·西域传》记载："自宛以西至安息国，虽颇异言，然大同，自相晓知也。其人皆深目，多须髯。"

　　除上述妆容形态外，北朝墓葬中也有盛放脂粉的奁具出土，根据造型不同，可分二型：

　　A 型　圆形筒状粉盒，由盖、身组成，铜质为多，亦有釉陶质地，应是当时常见的粉盒造型，如河北赞皇北魏李仲胤墓墓室地面出土的 1 件铜盒（M52：16），平底筒状，上有圆形平顶盖，素面，盖中心和外圈饰两组凹弦纹，盒外壁上中下饰三组凹弦纹。粉盒小巧玲珑，直径为 4.1—4.3 厘米、盖高 1.2 厘米、通高 3.3 厘米。陕西西魏陆丑墓出土铜盒形制基本相同，也为圆形筒状，顶与底饰凸弦纹一周，但尺寸较大，直径 8.9、高 5.3 厘米。山西太原北齐娄睿墓出土釉陶粉盒 11 件（标本689—699），子母口，通体施黄绿釉，其中标本 696、694 可扣合，但扣合不紧。

B 型　异形粉盒，如辽宁锦州北魏 M2 女性尸骨左臂旁边的铁镜上叠置一件文蛤制成的蛤盒，最大直径为 6 厘米，盒内尚存粉红色粉质物，应为盛放胭脂的粉盒。

第五章 北朝装饰品

装饰品是修饰美化身体的物品。格罗塞在《艺术的起源》一书中，将原始的人体装饰划分为固定装饰和活动装饰两大类：固定装饰是指那些永久的化妆变形，如划痕、刺纹、穿鼻、穿唇、穿耳等装饰；活动装饰指暂时联系到身体上去的一些活动的饰品，如缨、索、带、环和坠子之类①。这种分类方法也适合于历史时期装饰品的分类研究，本章所探讨人体装饰主要是活动的饰品。之所以将北朝时期的装饰品单列出来进行分类，是因为饰品不仅见于人物图像，还有大量实物出土（详见附表一），这为我们的研究提供了极大方便。如果说本书对北朝服装及妆饰的分类研究主要依据考古发现的人物图像，那么，本章对饰品的分类则主要依据考古出土的饰品实物资料。饰品的佩戴以人体为载体，换言之，装饰品的佩戴不是随意的，而是需要考虑身体的各个部位有无支撑装饰品的能力，即适合饰品佩戴的位置。"关于装饰部分的选择，是全讲实际不管理想的……佩戴装饰的部分，是在适于支撑佩戴物筋肉或骨骼的扩张部分的上面，自然缩小了的部分。这些部分，就是位在突起的骨和耳筋的补助支持之上的前额和鬓角，位在两肩的特出支持之上的项颈，位在突出的臀部之上的腰部，在脚部则位在踝骨以上的部分，在上肢则位在腕节骨以上的手腕及手指（这一部分比较装饰得少）这些部分。这些部分都是野蛮人佩戴装饰的地方，但是这些地方之所以被挑选，并不是因为把人体当作一个整个来加以艺术的观赏的结果，也不是看见这些部分是更有益的结果。只不过因为这些地方有支持佩戴物的能力"②。作为人体装饰，饰品通常佩戴于头、颈、腕、手指、腰等突出部位，具有明显的直观性特征。基于此，我们根据装饰品佩戴位置，将北朝装饰品分为头饰、颈饰、手饰、腰饰四大类，它们不仅具有审美、社会标识意义，有些比如腰带还兼具实际功用。

第一节 头饰

古往今来，头部一直是最为重要的装饰部位之一，无论男性和女性都非常重视

---

① ［德］格罗塞：《艺术的起源》，蔡慕晖译，商务印书馆1984年版，第43页。
② ［德］格罗塞：《艺术的起源》，第63页。

头部的修饰。头部修饰包括对头发、五官以及脸部的装饰，具体来说，包括发型、发饰、冠帽、耳环、胡须以及脸部化妆等，其中，冠帽、发式及脸部妆饰在前文已有论述。根据考古出土的头部饰物资料，并结合人物图像及历史文献记载，北朝时期的头部饰物主要有发（冠）饰和耳饰二类。

一　发/冠饰

发/冠饰是用来固定和装饰发、冠的饰品，男女均有使用。在古代，男性一般束发戴冠，用笄、簪固定，冠上有的还添加象征身份、地位和等级的饰物。女性尤其注重头发的修饰，因而创造了各式各样的发髻，需要使用不同发饰做辅助和装饰，因此，发饰也是女性梳妆打扮的必备品。从出土资料来看，北朝时期的发饰主要有以下五类：

（一）笄簪钗

1. 笄/簪

笄和簪实际上是一种东西，《说文》云："笄，簪也。"[1] 先秦时期通常称笄，之后改称簪，因此，簪是笄这一名称的发展。笄、簪是用来固定发髻、冠冕的头饰，简洁实用，可以用金、玉、银、铜、玳瑁、骨、牙、木等材料制作。古代女子十五而笄，要把头发盘到头顶用笄固定以示成年，束发插笄便成为女性成年的象征；男子二十而冠，束发加冠则是男子成年的标志，汉末刘熙《释名·释首饰》："笄，系也，所以系冠，使不坠也。"[2] 无论是固发还是系冠，成年男、女都离不开笄，簪这一名称出现以后，簪、笄有时可通用。由于古人不管男女均蓄留长发，容易藏污纳垢，簪除固定发冠外，还可搔头解痒，因此，簪又称摘（zhì），俗称搔头。在阶级社会，簪还成为炫耀财富、昭明身份的一种标志，在选材、设计、制作方面日臻完善。从出土陶俑来看，北朝时期男子佩戴的小冠、笼冠通常在脑后中央及两侧有一个或三个圆孔，用来插笄固冠。考古出土的北朝发簪实物比较常见，形制简洁，多由金、银、铜、骨等材质制作，根据形制差别，可分二型：

A 型 锥形簪 通常前端较粗，末端尖细，簪首呈球状，最常见，如宁夏固原北魏墓出土的 2 件铜笄，均为锥形，一件一端扁圆形有穿孔，最大径 0.6 厘米、长 13 厘米；另一件较细长，最大径 0.3 厘米、长 12 厘米，两件发笄分别插在男、女墓主人的发髻上[3]（图 5 - 1：1）。

B 型 勺簪 簪首作耳勺状，故称勺簪，不仅可用来束发固冠，还可搔头、挖耳，一器多用，方便实用。山西大同迎宾大道北魏墓群出土 1 件银簪，编号为 M19：2，长条柱状，截面圆形，一端尖圆，另一端做勺形[4]（图 5 - 1：2）。辽宁锦州北魏 M2

---

① （东汉）许慎撰，（宋）徐铉校定：《说文解字》卷 5 上，第 96 页。
② （东汉）刘熙撰，（清）毕沅疏证，王先谦补：《释名疏证补》卷 4，第 154 页。
③ 固原县文物工作站：《宁夏固原北魏墓清理简报》，《文物》1984 年第 6 期。
④ 大同市考古研究所：《山西大同迎宾大道北魏墓群》，《文物》2006 年第 10 期。

出土 1 件银簪，前端也具耳勺，且勺部呈螭口吞勺形，制作比较精致①。

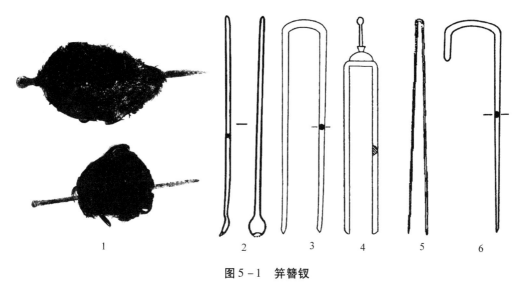

图 5 - 1　笄簪钗

1. A 型 固原北魏墓发髻及铜发簪　2. B 型 大同迎宾大道北魏 M19 银簪（M19：2）　3. Aa 型 王德衡墓金钗　4. Ab 型 元睿墓铜钗　5. B 型 辽宁锦州北魏 M2 银发钗　6. C 型 若干云墓金钗

2. 钗

钗是做成双股用于插发固发的饰物，通常首端粗、尾端细，便于插发。从出土资料来看，北朝时期的钗多由金、银、玉、铜等材质做成，根据形制差别，可分三型：

A 型 "n"字形 钗股长度大致相同，钗股距离较宽，顶端平宽粗厚，向下圆转成两股，钗股尾端尖细。根据首端形态差别，可分二亚型：

Aa 型 顶端平滑无装饰，最常见，如北周田弘墓玉钗（彩图五，1）、王德衡墓金钗，双股，顶端较下端宽厚，后者长 12.2 厘米、上端宽 2.5 厘米、下端宽 3.6 厘米、钗径 0.3 厘米（图 5 -1：3）。

Ab 型 顶端加饰细长钮，如北魏元睿墓铜钗（图 5 -1：4）。

B 型 "V"字形 钗股长度大致相同，顶端窄细，向下弯折成底端尖细的两股，如辽宁锦州北魏 M2 出土的 3 件银发钗，长分别为 9 厘米、8.7 厘米、8.2 厘米（图 5 -1：5）。

C 型 钗股一长一短，如北周若干云墓墓主头顶残存 2 件金钗，大小相同，长 6.8 厘米（图 5 -1：6）。

北朝女性特别是贵族女子发髻以高、大为美，在梳绾头发时需要借助多枚簪钗以固定头发，如辽宁锦州北魏 M2 女墓主头骨附近出土制作精致的银质勺簪 1 件和长发钗、短发钗各 3 件。

---

① 刘谦：《锦州北魏墓清理简报》，《考古》1990 年第 5 期。

（二）步摇

步摇是用金属丝屈曲弯转成花枝形状，再缀以珠玉、摇叶、鸟兽等饰物，插于发髻或冠上，因走路时随步摇动，故名"步摇"。汉代已有步摇装饰，魏晋时期仍然沿袭，是皇后、公主及朝廷命妇朝服的冠饰[1]。北朝出土实物及图像资料中的步摇饰物，根据造型不同可分为三型：

A 型 垂珠式步摇 在簪顶缀珠玉垂饰，如《释名·释首饰》："步摇，上有垂珠，步则摇动也。"[2] 垂珠式步摇是中国最初的步摇形态，也是存续时间最长并沿用至今的步摇饰物。北朝墓葬出土头骨附近常见带有穿孔的珠玉饰物与簪共出，可能为步摇簪饰，如大同南郊北魏墓群，墓主头骨部位常见珠饰若干，有的与簪共出，这些珠饰可能是步摇簪顶部垂挂的珠子。

B 型 爵（雀）华式步摇 在金属花枝上缀花叶、鸟兽等饰物，《后汉书·舆服志下》云："皇后谒庙服……假结，步摇，簪珥。步摇以黄金为山题，贯白珠为桂枝相缪，一爵九华，熊、虎、赤罴、天鹿、辟邪、南山丰大特六兽，《诗》所谓'副笄六珈'者。"[3] 汉代皇后拜谒宗庙时要在假髻上装饰"一爵九华"的步摇花饰，但汉代出土实物中并未见到这种高等级的头饰，但甘肃凉州红花村曾出土约东汉晚期缀有一鸟雀和四花的"一爵四华"金步摇[4]，甘肃张掖高台地梗坡四号墓出土的步摇则仅有五朵金花而无鸟雀[5]。这种步摇花饰在北魏司马金龙墓漆画屏风所绘列女头上也可见到，贵妇头上的假髻装饰着由金花、枝蔓做成的花饰（图 5-2：1）。北周武帝孝陵出土六瓣金花 8 件，中有一孔，外径 1.2 厘米、孔径 0.1 厘米，应为步摇花饰；另在陕西咸阳韩家村北周墓出土 1 组金花形饰，共 5 件，分六花瓣和十六花瓣两类，花瓣为圆弧形，中间花蕊处有穿孔，直径为 2.2 厘米，应为步摇花饰。

C 型 摇叶型步摇 在金属花枝上缀桃形叶片，本是占据辽西地区的慕容鲜卑贵族喜欢穿戴的冠饰，据《晋书·慕容廆载记》，魏初"燕代多冠步摇冠，莫护跋见而好之，乃敛发袭冠，诸部因呼之为步摇，其后音讹，遂为慕容焉"[6]。两晋十六国时期，辽西地区的考古遗存中有大量此型步摇冠实物出土[7]，北朝考古遗存中仅有少量此型步摇冠饰，根据造型不同，可分三亚型：

Ca 型 树状枝丫上缀摇叶，底部带兽头基座，仅见于内蒙古包头达尔罕茂明安联合旗西河子窖藏，出土牛首、马首金步摇冠饰各 1 件[8]，树状枝丫上缀有摇叶，

① 韦正：《金珰与步摇——汉晋命妇冠饰试探》，《文物》2013 年第 5 期。
② （东汉）刘熙撰，（清）毕沅疏证，王先谦补：《释名疏证补》卷 4，第 160 页。
③ 《后汉书》卷 120《舆服志》，第 3676—3677 页。
④ 孙机：《仰观集——古文物的欣赏与鉴别（修订本）》，文物出版社 2015 年版，第 243 页。
⑤ 扬之水：《步摇花与步摇冠》，《文汇学人》2019 年 7 月 5 日，第 2—4 页。
⑥ 《晋书》卷 108《慕容廆载记》，第 2803 页。
⑦ 张景明：《中国北方草原古代金银器》，文物出版社 2005 年版，第 78—86 页。
⑧ 陆思贤、陈堂栋：《达茂旗出土的古代北方民族金饰件》，《文物》1984 年第 1 期。

底座为牛首和马首造型（彩图五，2、3）①。

Cb 型 树状枝丫上缀摇叶，但不带底座，如河北赞皇北魏永熙三年（534）归葬赵郡的李仲胤夫人邢僧兰墓出土数枚步摇冠残件（标本 M52：10），位于头骨附近，有细小的铁枝、铜枝、椭圆形铜质步摇叶和 1 枚海贝等，其中铁枝较粗，直径约 0.5 厘米，应为步摇的主枝，铜枝较细，直径为 0.1—0.2 厘米，应为步摇的旁枝，椭圆形铜片长约 0.9、宽约 0.6 厘米，海贝长约 1.8、宽约 0.7 厘米，与一截残长约 0.5 厘米的铜枝相连，可惜难以复原，考古发掘简报亦无相应图片发表。北周武帝孝陵墓室内出土六瓣金花 8 件、桃叶形金花瓣 9 件、金套管 3 件、金丝等，应是金冠或步摇上的饰片（图 5-2：2）。

Cc 型 在冠帽上缀饰摇叶，如山西大同沙岭北魏壁画墓 M7 彩绘漆画墓主夫妇，头上所戴垂裙风帽的十字缝合处及帽顶缀有小型摇叶（图 5-2：3）。山西大同市大同县陈庄北魏墓出土 5 件树叶形状的薄铜片，尖部有穿孔，如标本 M1：19，长 2.6、宽 1.6 厘米，应为步摇挂片。陕西西咸新区摆旗寨西魏时期出身鲜卑族的陆丑墓出土铜饰片 1 组，共 7 片，均为桃形叶片，器型较小，质地轻薄，中部弧背状，细端有孔，如标本 M28：224-1，长 1 厘米、宽 0.8 厘米、厚 0.1 厘米、孔径 0.1 厘米（图 5-2：4）。该组饰片出土时位于东侧墓主头部，应为冠上的缀饰物。

图 5-2　步摇

1. B 型 司马金龙墓漆画屏风贵妇　2. Cb 型 北周武帝孝陵金花　3. Cc 型 大同沙岭北魏 M7 漆画男子步摇帽复原示意图（采自王雁卿《头安金步摇 摇曳在平城》图 8，云冈石窟官微）　4. Cc 型 陆丑墓铜桃形叶片（M28：224-1）

（三）博鬓

博鬓是古代女子的一种头饰，明顾起元《客座赘语》卷四云："掩鬓或作云形，或作团花形，插于两鬓，古之所谓'两博鬓'也。"② 明王圻《三才图会》："两博

①　该窖藏的时代及民族属性学界意见不统一，主要有北魏拓跋鲜卑遗物、北魏慕容鲜卑遗物、十六国早期鲜卑拓跋部与慕容部联姻的物证等，参见吴松岩、赵菲《十六国早期拓跋部与慕容部联姻考——从内蒙古达茂旗出土金步摇冠饰谈起》，《边疆考古研究》2021 年第 1 辑。

②　（明）顾起元：《元明史料笔记丛刊 客座赘语》，中华书局 1987 年版，第 111 页。

鬏，即今之掩鬓。"① 从明定陵出土孝靖、孝端皇后凤冠左右两侧装饰的六扇博鬓来看，其基本形制为下垂过耳，鬓上饰有花钿、翠叶之类饰物，是一种假鬓。博鬓纳入女性舆服制度始于隋代，据《隋书·礼仪志七》载，皇后、皇太后、三妃、美人、才人、皇太子妃首服均有博鬓，如皇后"首饰花十二钿，小花毦十二树，并两博鬓"②。自隋代始，博鬓成为贵族女性专用以表贵贱、别等级的首饰，唐、宋、明各朝均有沿袭。博鬓之制虽始于隋，但其渊源比较久远，《诗经》对都邑女子"卷发如虿"的描述，以及战国玉佩饰和汉画像石中对女性两鬓卷发的表现，应是博鬓的早期形态，扬之水曾撰文探讨博鬓造型的渊源③。龙门石窟宾阳中洞北魏帝后礼佛图中，皇室女眷头戴莲花冠，冠下两侧各有两对向外卷曲的饰物，似为"卷发如虿"传统的延续（彩图六，8）。如果说龙门石窟中的贵妇冠侧还是一种发式的话，山西太原北齐娄睿墓出土的一件金花饰已发展为首饰（彩图五，4），该金饰残长15厘米，金质，镂空，上嵌珍珠、玛瑙、蓝宝石、绿松石、蚌、玻璃等组成精美图案，从其底端向外起翘的造型来看，应是博鬓首饰。

（四）钿饰

钿是将金银宝石等镶嵌于器物上的一种装饰工艺，在服饰用品中通常是在金属框内嵌金银玉贝等形成花草、鸟兽形状的装饰物，以首饰最为常见。根据造型差别，北朝服饰中的钿饰有二型：

A 型 花钿 用金翠珠宝制成的花形首饰，简称花钿。古代女子梳发绾髻，簪钗用来绾住头发，而花钿则直接插入绾好的发髻起装饰作用。据《隋书·礼仪志六》记载，北齐时期假髻上装饰的花钿数量已成为判断皇后及命妇、女官身份等级的重要标志④。除命妇外，普通女子发髻上也可装饰花钿，如洛阳北魏永宁寺遗址出土2件IV型影塑梳髻头像，髻根部位装饰圆形花钿（图5-3：1），再如洛阳北魏杨机墓双髻女俑（16件）、持箕女俑（1件）、抱盆女俑（1件）、女舞俑（2件）、女立俑，发髻朝前正中位置均装饰圆形花钿，与永宁寺影塑头像花钿形制相似。这种花钿当即南朝梁刘遵"履度开裾襈，鬓转匝花钿"诗中所记绕髻"匝花钿"的装饰方法。除图像资料外，山西大同迎宾大道北魏 M16 出土花钿头饰（M16：30），整体用金箔捶揲而成，圆首金托周饰金珠呈花朵状，长条形带棱金箔与花首焊接为一体。通长9.2厘米，重1.2克（图5-3：2）。这种与发簪形制类似的花钿当即南朝梁庾肩吾"紫鬟起照镜，谁忍插花钿"诗中所记"插花钿"，使用时插于髻鬟中做装饰用。

B 型 联珠钿饰 在金属框边缘焊接联珠状金珠，见于山西大同迎宾大道北魏墓M19 出土的1件花冠形金饰，通长5.8厘米，重17.6克，正面主体为椭圆形金托，

① （明）王圻、王思义撰辑：《三才图会·衣服卷三》霞帔条，明万历三十七年（1609）原刊本，第9页。
② 《隋书》卷12《礼仪志七》，第276页。
③ 扬之水：《"博鬓"造型溯源》，《文汇报》2019年3月29日。
④ 《隋书》卷11《礼仪志六》，第243页。

左右连接桃形金托，边缘焊接一圈金珠呈联珠纹，椭圆形、桃形金托内原嵌有饰物，现已脱落，整件饰物分件捶揲后焊接而成，背面焊接条形插槽，这件饰物应是装饰在发髻或冠帽上的钿饰（图5－3：3）。

图5－3　钿饰和发夹

1. A型 永宁寺影塑像（T1：1098）　2. A型 大同迎宾大道北魏 M16 头饰（M16：30）　3. B型 大同迎宾大道北魏墓 M19 金饰（M19：11）　4. 大同迎宾大道 M3 铜发夹（M3：4）

（五）发夹

古代女子束发绾髻，除用笄、簪固定发式外，还需要借助发夹固发，如洛阳北魏永宁寺遗址Ⅱ型梳髻影塑头像，标本 T1：1025 偏于一侧的发髻上有发夹。山西大同迎宾大道北魏墓 M3 出土 1 件铜发夹，即标本 M3：4，为长扇形薄片，背面设卡舌，长 8 厘米（图5－3：4），这枚发卡与现代常见的发夹形制基本相同。

二　耳饰

穿耳风俗古已有之，现存最早记载穿耳的文献是《庄子·德充符》："为天子之诸御，不爪（指甲）剪，不穿耳。"[1] 成玄英疏："夫帝王宫闱，拣择御女，穿耳剪爪，恐伤其形。"郭庆藩集释："家世父曰：不爪剪，不穿耳，谓不加饰而后本质见。"但考古出土资料显示，早在新石器时代中华大地上已有穿耳行为，在全国各地出土的人像实物中有大量表现，如陕西宝鸡北首领、甘肃天水柴家坪遗址出土的仰韶文化陶塑人头和人面，耳垂部位均穿有小孔，应是对穿耳习俗的反映（图5－4：1）。穿耳之俗在商周时期仍有延续，且男女均有穿耳之俗，如河南安阳小屯商代晚期遗址出土的陶塑，作奴隶形象，部分男女耳部有穿孔，当为悬挂饰物而留；四川广汉三星堆遗址出土的数十件真人大小的青铜头像也都在耳垂下部穿孔。战国以后，中原地区的汉族男子多不穿耳，但妇女仍保留这一习俗，直到秦汉时期仍然沿袭。《释名·释首饰》："穿耳施珠曰珰，此本出于蛮夷所为也。蛮夷妇女轻浮好走，故以此珰锤之也，今中国人效之耳。"[2] 可见，在汉人心目中，穿耳之俗主要流行于周边少

---

① 《庄子·内篇上》，扫叶山房石印本 1919 年版，第 9 页。
② （东汉）刘熙撰，（清）毕沅疏证，王先谦补：《释名疏证补》卷 4，第 162 页。

数民族，考古发现的汉代耳饰主要分布于新疆、甘肃、内蒙古、云南、广东等边疆地区可为佐证。

从魏晋南北朝时期陶俑、壁画、绘画等人物图像资料观察，汉族女子耳部多无穿孔，故学界一般认为这一时期汉族妇女无穿耳风俗。北朝时期有大量耳饰出土，并且在墓主头骨两侧及附近常见玛瑙、水晶等各种质地的珠子，这些珠子数量不等，有些可能是围于颈部的项饰，有的则是耳饰。此外，山西大同地区还出土大量佩戴耳饰的人物图像，男、女形象均有，如雁北师院北魏墓群 M52 男、女侍俑及女舞俑均佩耳饰（图 5 - 4：2），大同云波路北魏墓出土女侍俑耳部也表现耳饰，可能继承了鲜卑族穿耳之风[1]。根据形制差别，可将北朝耳饰分为耳珰、耳环和耳坠三种：

1   2-1   2-2

图 5 - 4　耳饰

1. 穿耳陶塑 甘肃天水柴家坪仰韶文化陶塑　2. 穿耳男、女侍者 雁北师院北魏墓群 M52

（一）耳珰

耳珰是直接在耳垂穿孔内施加的饰物，汉代已有记载东汉墓葬中偶有出土，主要由玻璃、琉璃、玉石等材料制成，多呈两端粗中间细的腰鼓形，佩戴时将略细的一端贯入撑大的耳孔中。由于耳珰的两端比中央粗，戴上后不易滑落。耳珰中心有的穿孔以悬挂坠饰，这种坠有饰物者汉代称为"珥"，《后汉书·舆服志》："珥，耳珰垂珠也。"[2] 佩戴耳珰之俗由少数民族传入中原地区，汉晋时期汉族女子佩戴者并不普遍。考古出土的北魏人物俑有佩戴耳珰的例子，主要见于山西大同地区出土的北魏伎乐女俑，男、女侍俑均有佩戴这种耳饰的形象，如雁北师院北魏 M2 出土的 2 件女舞俑、8 件女乐俑，M52 出土的 2 件女舞俑、4 件女侍俑（图 5 - 4：2），华宇工地 M10 出土 3 件女乐俑[3]，御昌佳园 M113 出土 2 件女舞俑等，耳垂拉长几可垂

---

① 东汉至十六国时期的鲜卑族耳饰多有实物发现，参见张景明《中国北方草原古代金银器》，文物出版社 2005 年版，第 61—88 页。

② 《后汉书》卷 30《舆服志》，第 3676 页。

③ 古顺芳：《大同北魏平城丝路遗珍》，《收藏家》2015 年第 3 期。

肩，上有圆饼状饰物，这种饰品在和平年间开凿的云冈石窟菩萨像中也有大量发现。

（二）耳环

耳环是由金属为主体材料制成的环形耳饰。耳环之名在史籍中出现较晚，以晋六朝为早，主要由南北各地的少数民族佩戴，如《南史·狼牙修国传》称：“其俗，男女皆袒而被发，以古贝为干漫，其王及贵臣……金环贯耳。”[①] 考古出土的耳环实物比文献记载要早，但汉魏时期我国妇女多佩耳珰，考古出土的耳环数量很少。唐代妇女不尚穿耳，直到宋代，由于穿耳戴环之风在妇女中特别盛行方有大量耳环实物出土或传世。北朝时期特别是北魏平城时期有大量耳环实物出土，这表明北魏早期有穿耳戴环的风尚，但迁洛之后，不仅少有耳饰实物出土，而且人物陶俑、墓葬壁画等图像资料中也不见穿耳戴环的形象。

北朝耳环实物主要发现于北魏平城地区，以大同南郊北魏墓群发现数量最多，宁夏固原地区亦有少量发现，多出土于女性墓葬之中。已发表的考古资料显示，耳环是北朝耳饰中数量最多的一类，通常由金、银、铜等金属材料制成，形制简单，为开口的环状，并且在墓葬中多单枚出土，两枚共出者数量较少。以山西大同南郊北魏墓地为例，共有 19 座墓葬出土耳环，其中，有铜耳环的 8 座墓中，仅 2 座墓为成对出土；出土金耳环的 7 座墓中，仅 M180 为成对金耳环，下挂金耳坠；出土银耳环的 4 座墓中仅 1 座墓成对出土。可见，出土耳环的 19 座墓葬中有 15 座墓葬耳环为单出，比例高达 79%，可能反映了当时女性特别是下层社会女性的佩戴风俗。根据耳环形制及装饰差别，可分为四型：

A 型 光面耳环　耳环由中间粗、两头细的金、银、铜丝弯曲而成，表面光素无纹，断面呈圆形、方形、多边形等，形制简洁，出土数量最多，如大同南郊北魏墓群有多座墓葬出土金耳环，如 M214∶23，共 2 件（彩图五，5）。

B 型 光面耳环饰圆环或花朵形饰物，如大同南郊北魏墓群 M101 出土的金耳环，标本 M101∶3，环体下侧焊接三个并列的小圆环，各环之间用小粒金珠焊接。再如山西大同七里村北魏墓 M12 出土的 1 件金耳环（M12∶1），金质，环状，中间粗两头细，环下焊接细长柄，坠五联珠花瓣装饰[②]（彩图五，6）。

C 型 螺纹耳环　耳环表面装饰螺旋状的凸棱花纹，根据形制及装饰差别，可分二亚型：

Ca 型 耳环表面装饰螺纹，无其他装饰，如大同南郊北魏墓 M128 金耳环（M128∶5），由中间粗两头细的金丝弯成，整个环面有竖向凸棱花纹，环径 1.35—1.43 厘米，环断面最粗径约 0.24 厘米（彩图五，7）。

Cb 型 耳环表面装饰螺纹，环外装饰简单饰物，如大同南郊北魏墓群 M129 出土金耳环（M129∶11），环外侧焊接一圆形细柱，长 1 厘米、直径 0.1 厘米，上套一

---

① 《南史》卷 78《狼牙修国传》，中华书局 1975 年版，第 1959 页。

② 大同市考古研究所：《山西大同七里村北魏墓群发掘简报》，《文物》2006 年第 10 期。

个可以转动的金花瓣（彩图五，8）。

D 型 嵌宝石耳环　耳环中间粗，两端细，两端各有一孔，环体有凹槽，镶嵌蓝、绿色宝石，数量较少，主要发现于山西大同和宁夏固原地区的北魏墓葬。如1991 年在原州区寨科乡北魏墓出土的两枚金耳环，椭圆形，两端尖细，各有一小孔，大小不同，直径分别为 3.4 厘米、2.9 厘米，重量为 8.6 克和 6.6 克。耳环采用金叶捶揲，经多次焊接而成，环外侧镶嵌数量不等的桃形绿松石、红宝石三周，红绿相间，错位排列，做工精细，形象奇特（彩图五，9）。原州区三营镇化平村北魏墓也出土一副镶松石金耳环，嵌三行数量不等、错位排列的绿松石与珍珠，异常精美（彩图五，10）。

（三）耳坠

耳坠是在耳环的环圈下垂缀其他饰物的耳饰，有的简洁大方，有的装饰繁缛、制作工艺复杂。根据形制及装饰差别，北朝出土实物及图像资料中的耳坠可分为三型：

A 型 杏叶式耳坠　耳环的环圈下缀有杏叶状饰物，如内蒙古正镶白旗伊和淖尔北魏墓 M5 墓道西南部填土中发现的人骨随葬有杏叶形铜耳坠[1]。

B 型 拧丝坠叶式耳坠　耳坠整体以金丝拧成轴杆，其上悬挂金球、花瓣、铃铛、摇叶等饰物，在内蒙古地区有较多出土，是鲜卑民族的金饰风格。根据造型差别，可分二亚型：

Ba 型 造型简短，由耳环、拧丝、叶形花瓣、索链和铃铛组成，如大同南郊北魏墓 M180 出土金耳环（M180：2、3）、金耳坠（M180：1、23），各 2 件，为一副耳饰，长度约 3.85 厘米（彩图五，11）。耳环由中间粗两头细的金丝弯成，断面呈八边形，环下垂挂金耳坠；2 枚耳坠形制相同，上部由两根金丝圈成一小圆环，然后两根金丝相绞拧成轴杆，末端悬挂凸弦纹金球，下接六瓣花朵形金片。每一片花瓣末端弯成钩状，各垂吊一条金索链，索下各坠一枚小的钟形铃或球形铃，间隔分布；六瓣花心中央也下垂一条小索链，末端坠一球形铃。这副耳坠略有残缺，M180：1 缺一小钟形铃，M180：23 残缺两个花瓣和一根链条。

Bb 型 造型细长，由拧丝、摇叶、宝石、铃铛、索链和剑饰组成，主要发现于大同交通苑北魏墓群和河北定县华塔北魏石函[2]，均为一副二只，造型相似。交通苑出土的耳坠长约 20 厘米，上半部为一小型圆环，圆环上悬挂水滴形坠饰和细金丝拧成的金绳，金绳上悬有镂空金球、圆形金叶及金铃，金绳下端垂系六条金索链，索链末端坠有小型剑饰（彩图五，12）。定县华塔出土耳坠形制相似，耳环下有金丝拧成的轴杆，悬挂五个小圆球和五片圆形摇叶，下坠六条金索链，末端各悬挂一

---

① 新时代百项考古新发现 内蒙古正镶白旗伊和淖尔墓群，http://www.ncha.gov.cn/art/2022/5/23/art_ 2605_ 174432.html

② 河北省文化局文物工作队：《河北定县出土北魏石函》，《考古》1966 年第 5 期。

枚短剑。

C 型 嵌宝石耳坠 耳环下垂镶嵌宝石的坠饰，根据造型差别，可分二亚型：

Ca 型 造型简洁，见于内蒙古正镶白旗伊和淖尔北魏墓 M1 出土金耳坠（标本 M1：136、137），环体侧面焊接新月形饰物，外围装饰一圈金珠，内部镶嵌蓝宝石，耳环下部新月形饰物后焊接细金棒，穿连金珠圈和花朵形金托，内应镶嵌宝石，已佚①（彩图五，13）。

Cb 型 造型复杂，采用捶揲、錾刻、掐丝、镶嵌及金珠焊缀等技术制作而成，如大同恒安街北魏墓（11DHAM13）② 出土"一人二龙"图案耳坠，为形制相同的一对，通高 10 厘米、宽 5 厘米、带链通高 14.6—17 厘米（彩图五，14）。耳饰主体是以中间粗、两端细的小金棒捶打、圈制而成的圆环，内径 4—4.5 厘米，环体两端装一向内的机栝，中间捶揲成扁宽状，中间錾刻一个卷发高鼻深目、颈佩联珠纹项饰、肩下刻覆莲的人物，两侧各有一条张口面向人物的龙。环体人物下方凸出两小环扣接两个水滴形坠饰，内有边缘装饰二周金珠的金托，上嵌宝石，宝石大都脱落。水滴形坠饰下各有垂饰，一为小金棒，自上而下穿连有扁金饰、珍珠、绿松石珠、花草纹镂空金饰和玛瑙珠；一为花草纹镂空金托，中嵌水滴状紫水晶。耳环侧饰掐丝而成的扁体镂空图案，内嵌各色宝石，周边饰金珠，侧饰通长 6.3 厘米。环身两侧小圆环内各垂挂一条残长 5—12 厘米的金索链。墓主为崔令珍妻韩法容，埋葬年代在北魏迁洛之前的太和年间。

第二节　颈饰

颈饰亦称项饰，是佩挂于颈部的装饰物。在人体装饰部位中，颈项是最适宜悬挂饰物的部位之一，加之其位置显著，早在旧石器时代人们就开始了颈部的装饰③，之后历代延续，直到今天颈饰仍是最常见的人体装饰。颈饰的材质与造型不仅反映了人类的审美意识及风俗习惯，也是社会生产力发展水平的体现。在鲜卑民族发展历程中，特定的生存环境和生活方式造就了鲜卑民族不论男女均重视人体装饰的民族传统，这在其活动区域辽宁、内蒙古境内均有大量考古实物发现④。考古出土的北朝颈饰主要有实物和图像两大类资料，尤以前者数量最为丰富，但多为零散的颈饰组成构件，完整的颈饰组合件发现较少。据已发表的考古资料统计，有明确出土

---

① 中国人民大学历史学院考古文博系等：《内蒙古正镶白旗伊和淖尔 M1 发掘简报》，《文物》2017 年第 1 期。

② 大同市考古研究所：《山西大同恒安街北魏墓发掘简报》，《文物》2015 年第 1 期。

③ 郭敏：《论先秦时期颈饰习俗的演变》，《郑州大学学报》（哲学社会科学版）2007 年第 4 期；李元媛：《项饰起源及其审美功用调查》，《艺术百家》2008 年第 6 期。

④ 张景明：《中国北方草原古代金银器》，文物出版社 2005 年版；《北方草原地区鲜卑金银器造型艺术研究》，《民族艺术》2008 年第 1 期。

地点并基本确认为颈饰的资料主要集中在山西、河北、河南、宁夏和陕西五省，其他地区仅有零星发现。其中，尤以北魏早期都城平城附近发现数量最多，如大同迎宾大道北魏墓群、文瀛路北魏壁画墓、七里村北魏墓群、大同南郊北魏墓群、齐家坡北魏墓等墓葬均有颈饰实物出土。除颈饰实物外，北朝人物图像中也发现大量颈饰形象，尤以佛教造像中装饰华丽的菩萨像最常见，但在世俗人物图像中比较少见，目前比较确切的资料见于大同雁北师院北魏 M52 出土的 2 件女舞俑，大同城南七里村北魏 M22、M35 出土女俑以及大同湖东北魏一号墓左侧棺板漆画所绘联珠纹中的伎乐童子，并且在颈饰图像丰富的佛教遗存中，男女供养人像也未见佩戴颈饰者。

根据形制差别，可将北朝时期的颈饰分为串饰和项圈两大类，其中尤以不同质地的珠饰穿连而成的串珠饰品最为常见。

一　串饰

串饰是由若干穿孔珠饰穿连而成的饰物，是自古至今常见的一种颈饰。北朝时期的珠饰发现数量较多，有骨、木、石、水晶、玛瑙、珍珠、珊瑚、琥珀、琉璃及绿松石等不同质地，有圆形、椭圆形、多角棱形等不同造型，出土时多集中于死者颈项及胸腹附近。组成一组串饰的珠饰主要有串珠和坠饰两大类，其质地、造型、大小可以一致，也可混合搭配。

（一）串珠饰物

由串珠穿系成的饰物，根据材质不同，可分为五型：

A 型　玛瑙串饰　主要由玛瑙串珠穿连而成，有的夹杂少许其他质地的珠子，如大同南郊北魏墓 M109 墓主胸部出土玛瑙珠饰 1 套，共 28 颗，编号为 M109：13，该玛瑙串饰由不同颜色、造型和大小的玛瑙珠饰串联，夹杂少量水晶珠、石珠、骨珠、木珠等。该墓墓主为女性，年龄在 20—25 岁。

B 型　料珠串饰　料珠又称琉璃珠、玻璃珠，是用玛瑙、紫石英等原料添加不同颜料制成的珠子，类似的玻璃制品古人有缪琳、琅玕、陆琳、琉琳、玻黎、硝子、罐子玉、罐玉、药玉等诸多称谓。北朝时期有料珠出土的墓葬有山西大同迎宾大道北魏墓群、恒安街北魏墓、北魏司马金龙墓；河北磁县东魏茹茹公主墓，北齐崔昂墓、高润墓；陕西西魏陆丑墓，北周王德衡墓、若干云墓、独孤藏墓、武帝孝陵、朱家寨北周墓，咸阳韩家村北周墓；宁夏固原北周李贤墓、田弘墓等，除迎宾大道北魏墓及司马金龙墓出土料珠数量较少外，其他墓葬均有大量出土。料珠的颜色大多为单色，主要有蓝、绿、红、黄、黑、白等颜色，造型为不太规则的扁圆柱形，中间有孔贯穿。其中，陕西咸阳国际机场北周若干云、独孤藏墓出土的料珠均位于人骨颈部，前者出土 317 枚，后者出土 357 枚，当是佩戴于死者颈部的串饰。类似的珠子在洛阳北魏永宁寺西门基址出土 15 万余枚，其化学成分为钠钙玻璃，制作工艺与中原传统的缠心法（或称铸接法）不同，系用细管状料切割而成的拉制法制作而成，是印度传入中国的印度—太平洋珠[1]。可见，北朝时期存在大量域外输入的玻璃珠。

C 型　珍珠串饰　由珍珠穿连而成，仅见于河北定县华塔北魏石函，共出土珍珠 160 枚，大的直径 0.5 厘米，小的直径 0.2 厘米。

D 型　珊瑚串饰　由珊瑚珠饰穿连而成，见于河北定县华塔北魏石函，共出土 2334 枚珊瑚串珠，多为褐色，其中 2320 枚为圆柱状，中贯穿孔，只有一枚较大，长 5.4 厘米、径 1.1 厘米，其余的长 0.4—3.1 厘米、径 0.3—0.9 厘米；另外 14 枚为圆形，大的径 0.9—1.3 厘米，小的径 0.3—0.6 厘米。

E 型　泥珠串饰　用泥珠穿连成的串饰，如河南安阳固岸墓地北齐 M2 出土 14 颗泥珠，做工粗糙，出土时呈串状摆放于棺木内墓主人头骨右侧，宁夏固原北周田弘墓也有大量泥珠出土。这种做工粗糙的泥珠串饰可能是专门用于丧葬的饰物。

（二）带坠饰的串饰

通常由作为主体的索链、坠饰和可供开合的搭扣或搭钩三部分组成，有的不用搭扣，戴时直接套于颈项。串饰下方有一个突出的装饰物，即坠饰，又称坠子，通常体形、色彩、形制、材质或穿系方式与串饰上的其他珠饰存在差别[2]，戴时坠于胸部中央。

北朝时期比较确切的实物有 3 件，分别见于山西大同迎宾大道北魏 M37、七里村北魏 M12 和大同市齐家坡北魏墓。迎宾大道北魏 M37 出土者由 29 件玉石料器组成，形状有橄榄形、圆柱形、圆珠形、六棱形、五边形等，质地有玛瑙、玉、水晶、琥珀、珊瑚、绿松石、贝器、珍珠等（彩图五，15）。齐家坡北魏墓颈饰出土时散见于尸骨头部与胸部周围，有的串珠孔内尚存细绳的碳化物，一共 12 枚，分别由不同造型的琥珀珠 9 枚、黑色料珠 2 枚、红宝石坠子 1 枚组成。其中一枚琥珀珠饰为扁圆形，中心较厚穿孔，两侧各雕瑞兽 1 对，首尾相接，雕刻细腻生动。红宝石坠子为水滴状，正面凸起，中心有突棱，表面呈弧面型，背面下凹镶嵌于一银质底座内，漂亮异常。

（三）璎珞

璎珞又作缨络、缨珞，是用纽带将珠玉花胜等编缀成串饰的一种胸饰。璎珞本是古代南亚次大陆贵族装饰身体的常见饰物，最初由鲜花制成，后来用各种珠翠宝石制作。在佛教盛行的古代印度，璎珞常被用来装点佛像，这种做法在佛教传入中国后得以继承和发扬。南北朝时期的菩萨像大多装饰璎珞，如青州龙兴寺窖藏出土北齐菩萨像（图 5 - 5：1），松村哲文对南北朝时期菩萨像胸饰研究中涉及较多璎珞饰品[3]。璎珞的制作材料，《维摩诘经讲经文》中有"整百宝之头冠，动八珍之璎珞"，《妙法莲华经》记载"金、银、琉璃、砗磲、玛瑙、真珠、玫瑰七宝合成众

---

①　安家瑶：《玻璃考古三则》，《文物》2000 年第 1 期。
②　赵德云：《西周至汉晋时期中国外来珠饰研究》，科学出版社 2016 年版，第 4 页。
③　［日］松村哲文：《中国南北朝时期菩萨像胸饰之研究》，李茹译，《敦煌学辑刊》2006 年第 4 期。

华、璎珞",璎珞由世间众宝所成,有"无量光明"。河南洛阳北魏永宁寺西门遗址出土 15 万余枚珠饰,除少数为水晶珠、玛瑙珠外皆为料珠,分别呈现红、蓝、黄、绿及黑色,色泽异常鲜艳。珠体极其细小,最大者直径不过 0.35 厘米,可穿连而成,有些应为装饰佛像的璎珞佩件①。那么,南北朝时期世俗社会有无佩戴璎珞的习俗呢?从文献记载来看,当时周边少数民族有佩戴璎珞的习俗,如《魏书·西域传·嚈哒传》记载嚈哒风俗:"衣服类加以缨络。"②《梁书》也记载当时林邑国、狼牙修国、婆利国等海南诸国也有佩戴璎珞之俗③,但迄今尚无中原地区佩戴璎珞的史料记载。据已发表的考古资料,北朝时期璎珞实物及图像均有发现,根据形制差别,可分二型:

A 型 细珠链式璎珞 由细小珠子串联成多条串饰后合并,再分段串联较大珠饰,见于大同恒安街北魏墓(11DHAM13),墓主为崔令珍妻韩法容,埋葬年代在北魏太和以后迁洛之前,墓主胸前出土项饰一组,为标本 M13:7,由大小金珠 10 颗、扁金饰 9 颗、水晶 2 颗、珍珠 42 颗、小玻璃珠 4800 余颗组成。玻璃珠饰造型与永宁寺西门遗址料珠相似,亦为印度—太平洋珠。这些珠饰出土时业已散乱,但分布十分集中,根据出土时的相对位置重新穿缀和复原后,为一串璎珞饰品(彩图五,16)。

图 5-5　璎珞

1. 菩萨璎珞 青州龙兴寺北齐菩萨立像　2. B 型 雁北师院北魏 M52 女舞俑(M52:25、23)

B 型 攒珠式璎珞 由细小珠子攒成一颗大珠后再串联成一条串饰,见大同雁北师院北魏 M52 出土的 2 件女舞俑,二者造型、服饰基本一致,如标本 M52:25 保存完好,颈上赫然佩戴两串长短不同的饰物,短者用直径比较小的珠子编结而成,长者

①　中国社会科学院考古研究所:《北魏洛阳永宁寺》,中国大百科全书出版社 1996 年版,第 136 页。
②　《魏书》卷 102《西域传》,第 2279 页。
③　《梁书》卷 54《海南诸国传》,第 786、795、796 页。

先用小珠编结成一个直径比较大的珠饰，然后穿连而成（图5-5：2）。这种编结、佩戴方式与菩萨像上的璎珞极为相似，应是璎珞。由此可以推测，北朝时期，早在北魏定都平城时期世俗社会已有佩戴璎珞的习俗，但其形制与烦琐的佛像璎珞相比有所简化和改进，并且璎珞主要由乐舞伎人佩戴，可能出于演出的需要，直到唐代璎珞仍多是乐舞伎人佩戴的饰品。

二　项圈

项圈是用金、银、铜等金属锤制或模压而成的饰物。中国现存最早的项圈实物见于战国时期，直到魏晋南北朝时期，项圈实物基本发现于北方少数民族统治区域。就目前已发表的考古资料来看，北朝项圈实物发现数量较少，时间上均为北魏时期，根据形制差别，可分为二型：

A型"U"形项圈　多由黄金制作，项圈整体呈U形，两端有穿孔或环纽可穿绳，佩戴时系挂于胸前，学界也有称弓形饰[1]、璜形饰[2]和新月形饰[3]者，通常被视为游牧部落首领或贵族军士的身份标识物。根据形制差别，可分三亚型：

Aa型　项圈整体呈U形，中间粗，两端略细，端首弯曲作环状，见于宁夏固原原州区寨科乡李岔村北魏墓，素面空心，重43.2克，用0.5毫米厚的金箔卷制而成，两端端首各卷成径约0.3厘米的小圆环，形制简洁（图5-6：1）。这枚项圈宽仅12厘米，应为儿童佩戴之物，西安东郊韩森寨唐墓出土的裸体婴儿俑[4]即佩戴这种项圈。山西大同湖东北魏M1左侧棺板漆画所绘联珠纹中的伎乐童子也佩戴项圈，童子发结上挽，椭圆形脸，细眉大眼，全身裸露，赤脚，仅穿三角裤，颈部白彩绘珠形项饰，戴白色珠形手镯和脚圈，胳膊上臂佩臂钏。

Ab型　项圈整体呈U形，下部中央有方形凸起，如内蒙古锡林郭勒盟正镶白旗伊和淖尔北魏墓地M6，为金质项圈，两端较细，呈鸟喙状弯曲环状，项圈下部有梯形凸起[5]。大同南郊北魏墓群M208出土一件铜项圈（M208：10），下部中央有方形凸起，方凸中间有穿孔，项圈两端无穿孔，周边錾刻凹弦纹，外涂蓝色颜料，并裹丝织品（图5-6：2）。1959年夏季，在内蒙古呼和浩特土默特左旗毕克齐镇东北水磨沟口修建水库工程中曾发现一个死者骨架，头部发现1件弯月形金饰片，两端有穿孔，长21厘米、中宽4厘米，饰片正中装饰一卷眉、圆目、长鼻、吐舌的兽首

---

①　梅建军、李明华：《关于我国北方商周墓葬所出"弓形饰"的若干问题》，《西域研究》2007年第3期；乔梁：《中国北方的弓形金属项饰》，《新果集：庆祝林沄先生七十华诞论文集》，科学出版社2009年版，第281—295页。

②　沈莎莎、党郁：《北方长城沿线璜形项饰窥探》，《草原文物》2018年第2期。

③　林梅村：《黄金艺术所见中外文化交流》，林梅村《西域考古与艺术》，北京大学出版社2017年版，第41页。

④　陕西省博物馆编：《隋唐文化》，学林出版社1990年版，第119页。

⑤　王巍主编：《内蒙古正镶白旗伊和淖尔墓群——M6出土金项饰》，《中国考古学年鉴2015》，中国社会科学出版社2015年版，第10页。

形象，两侧各饰一身躯狭长、长尾回卷、龇牙吐舌类似蜥蜴或鳄鱼的怪兽图案。发掘者认为这件金饰是缀连在冠顶的装饰物，掩埋时间是隋唐时期或稍早①。参考其他墓葬出土的同类饰物，这件弯月形金饰片应为项饰，再结合同出的东罗马皇帝列奥一世（Leo I, 457—474）时期铸造的"索里得"（Solidus）金币，这件金饰的时代上限可以早到北魏时期。

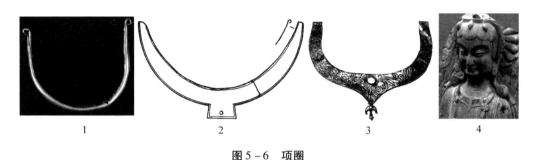

图 5 - 6　项圈

1. Aa 型 固原原州区寨科乡李岔村北魏墓　2. Ab 型 大同南郊北魏 M208∶10　3. Ac 型 锡林郭勒盟正镶白旗伊和淖尔北魏 M3　4. 菩萨项圈 青州龙兴寺北朝菩萨像

　　Ac 型 项圈整体呈扁平 U 形，下部中央出尖，下坠新月状垂饰和铃形坠饰，见于锡林郭勒盟正镶白旗伊和淖尔北魏墓地 M3，项圈上主体有花草纹装饰，并镶嵌三颗宝石（图 5 - 6∶3）。这种造型的项圈在北朝菩萨造像中有大量表现，有的形制简约，有的装饰华丽，如青州龙兴寺遗址出土的北魏至东魏菩萨立像（图 5 - 6∶4）。

　　B 型 龙形项圈 见于内蒙古包头市达尔罕茂明安联合旗西河子乡前河村窖藏，通长 128 厘米，重 212 克。金龙形体瘦长，两端各有一龙头，龙头用金片卷包镶嵌而成，眼珠、双眉、鼻孔、耳朵点缀匀称，细巧精致。其中，一个龙嘴衔环，另一衔钩（金钩已失），钩环挂连使龙身对合在一起形成颈饰。龙身用金丝精心编缀，环环相套，似鳞片相叠，盘曲自如。龙身上有 7 个附加装饰，分别为盾二、戟二、钺、梳二（彩图五，17）。关于这件金龙项饰的制作年代和族属，陆思贤、陈棠栋认为是北朝时期鲜卑族遗物，埋藏于北魏六镇起事之时②；孙机根据金链上的七件缀饰，并结合文献记载推断其为"五兵佩"，制作时间在西晋时期前端，不晚于 3 世纪③；张景明视其为北魏作品④；郭凤妍根据中国境内、中西亚地区出土的实物及佛教造像中的兽首链饰，推断其为北魏定都盛乐期间，与北魏征服后燕战役有关⑤。这种

　　① 内蒙古文物工作队等：《呼和浩特附近出土的外国金银币》，《考古》1975 年第 3 期。

　　② 陆思贤、陈棠栋：《达茂旗出土的古代北方民族金饰件》，《文物》1984 年第 1 期。

　　③ 孙机：《五兵佩》，载于孙机《中国圣火——中国古文物与东西文化交流中的若干问题》，辽宁教育出版社 1996 年版，第 113 页。

　　④ 张景明：《中国北方草原古代金银器》，文物出版社 2005 年版，图 64。

　　⑤ 郭凤妍：《"五兵佩"（西河子金链）再研究》，《石窟寺研究》2014 年第 5 辑，文物出版社 2014 年版，第 100—108 页。

造型的金龙项饰北朝时期仅发现 1 件，但在迁洛之前的菩萨造像中发现大量胸前佩戴两端装饰龙首的链饰，如云冈石窟第 13 窟明窗东西两壁的站立菩萨像，颈项佩戴三种饰品，除扁平 U 形项圈、串饰外，还有龙首相对共衔一下垂莲花的颈饰。

第三节　手　饰

四肢是非常适宜装饰的人体部位，北朝时期男女均着长裤或长裙，尚不见佩戴于下肢的装饰品，但上肢如手指和胳膊却是富于装饰的部位。根据考古出土的饰物资料，可将北朝手部饰物分为指环、戒指、手镯和臂饰四大类。

一　指环

指环是套于手指的环形装饰物，北朝时期比较常见，多用金、银、铜等金属制成，尤以铜指环数量最多，考古发掘中有大量实物出土，以大同南郊北魏墓群为例，有 20 座墓葬出土指环，均为铜指环。指环形制比较简洁，根据开口情况，可分二型：

A 型　封闭型指环　由薄铜片弯曲而成，没有接痕，呈封闭环状，这种指环需要根据手指粗细选择佩戴。如大同南郊北魏墓群 M228 出土 5 枚铜指环，右手 2 枚、左手 3 枚，形制类同，编号为 M228∶11 – 15，均呈圈状，不见接痕，断面呈长方形（图 5 – 7∶1）。

B 型　开口型指环　由薄铜片弯曲而成，两端不相衔接，佩戴时可以根据手指的粗细进行调节。如大同南郊北魏墓群 M54 出土 4 枚铜指环，并列于右手指骨处，编号为 M54∶3 – 6，其中 3 件断面为方形，1 件断面为圆形，断面边长、直径均 0.3 厘米左右，环径 1.9—2 厘米（图 5 – 7∶2）。

金、银指环出土数量较少，均为封闭性指环，如山西寿阳北齐库狄迴洛墓出土金指环，1 枚，素面，直径 2 厘米，宽 0.4 厘米、厚 0.2 厘米（图 5 – 7∶3）。河北赞皇东魏李希宗墓出土 1 枚鎏金戒指，环带状，通体鎏金，无纹饰，直径 1.7 厘米。

二　戒指

戒指这一名称出现较晚，大约在元代才开始出现，古代通常称戒指为"手记""约指""驱环""代指""指环"等。为研究方便，此处所称戒指与指环的区别在于戒指有戒面或镶嵌物，而指环没有。相对于造型简洁的指环，戒指是一种比较贵重的饰物，考古出土的北朝戒指数量并不多，但比较精致。根据其形制和制作方法，可分为三类：

（一）素面戒指

戒面平素无装饰，或仅有简单装饰，与指环略有不同，戒面比两边的戒环粗壮，见于徐显秀墓出土的戒指，标本 414，指环上部厚，下部窄薄，最宽处 6.2 毫米、厚 1.7 毫米，最窄处 28 毫米、厚 1 毫米。指环为环带状，内外均为素面，上有灰黑色锈斑（图 5 - 7：4）。大同南郊北魏墓群 M185 出土的铜戒指，标本 M185：10，由两端细、中间宽的扁铜片弯曲而成，戒面装饰阴刻斜方格纹。

（二）动物形戒指

戒面有立体的动物造型装饰，主要见于北魏早期墓葬之中。1955 年，内蒙古包头土默特右旗美岱村北魏墓出土 1 件嵌宝石立羊形金戒指，通高 3.2 厘米，锤錾而成，戒圈呈环形，戒面上焊接一立式羊，昂首，盘角，戒圈两侧各有一兽面。羊周身及兽面轮廓焊接联珠纹，并镶嵌绿松石（彩图五，18）。内蒙古自治区博物馆还在呼和浩特市郊区征集到一件嵌宝石卧羊形金戒指，与美岱村嵌宝石立羊形金戒指形制相似，戒面焊接一只卧羊[1]。

（三）嵌宝石戒指

戒指由戒圈、黄金戒托和嵌宝石戒面组成，戒圈主要为金、银质地，其中，嵌宝石金戒指发现数量较多，造型精美，在内蒙古、河北、山西、陕西、宁夏等地均有发现；嵌宝石银戒指发现数量较少。根据戒圈装饰差别，可分为二型：

A 型 戒圈平素无装饰，戒面镶嵌宝石。根据戒面宝石装饰差别，可分为二亚型：

Aa 型 戒面呈方形，戒面镶嵌的宝石没有雕刻纹饰，如西安北周史君石椁墓出土的 1 枚金戒指，环状，戒面呈覆斗状，两侧分别阴刻相同的符号，似英文字母"V"，戒面内镶嵌长方形绿松石一颗。外径 2.45 厘米、内径 1.9 厘米，重 13.372 克（彩图五，19）。

Ab 型 戒面呈圆形，戒面所嵌宝石雕刻纹饰，如宁夏固原北周李贤墓出土 1 枚金戒指（标本 2），环状，正中镶嵌一蓝灰色青金石，圆形石面上雕一人双手举一弧圈，弧圈两端各垂一囊状物。戒指最大径 2.4 厘米，青金石面直径 0.8 厘米（图 5 - 7：5）。河北赞皇李希宗墓出土金戒指与李贤墓金戒指形制基本相同，上镶青金石，呈蓝灰色，刻一鹿，周有联珠纹，由李希宗妻崔氏佩戴。洛阳吉利区北魏吕达墓金戒指，标本 C9M315：51，戒面镶嵌阴刻舞蹈纹的蓝宝石，戒托饰一周金珠。

B 型 戒圈有精美装饰，戒面镶嵌宝石。根据戒圈装饰差别，可分二亚型：

Ba 型 戒圈装饰螺旋纹（亦有称联珠纹、绳索纹者），戒面镶嵌宝石，银质为主，如河北定县华塔北魏石函出土 2 枚银戒指，其中一件已残，表面饰螺纹，接头处贴一菊花形嵌石饰；另一件比较完整，直径 1.7 厘米，重 2.2 厘米，戒圈表面装饰点纹，也贴有一个菊花形嵌石饰，但石已脱落。2013 年，大同市东信家居广场二期工地北魏墓出土一枚银戒指，残断为二部分，戒圈、戒托均装饰螺纹，戒面所嵌红宝石上雕刻一半身侧面长辫女性人物像[2]（彩图五，20）。这种戒指的戒圈及戒托

① 张景明：《中国北方草原古代金银器》，文物出版社 2005 年版，第 94 页。
② 大同市博物馆编：《融合之路——拓跋鲜卑迁徙与发展历程》，安徽美术出版社 2018 年版，第 116 页，图 111。

装饰类似联珠纹，且戒面上的人像装饰应受萨珊波斯银器中徽章式半身人物像的影响，因此，这类戒指应受波斯影响。

Bb 型 戒圈装饰相对的兽首，二兽首共同托起嵌宝石的戒面，见于太原北齐徐显秀墓出土金戒指（标本413），戒圈装饰两对称兽首，兽首中间托一蘑菇状黄金戒托，盘座为1圈联珠纹，内嵌蓝色宝石，经鉴定为碧玺，又称电气石。宝石戒面阴刻一人物，两手持物。重约23.443克，戒面纹饰与李贤墓出土的金戒指相似（彩图五，21）。

三 手镯

手镯是戴在手腕部位的环形装饰品，古代称为"腕环"，简称"环"，宋元时期才出现"手镯"之名。手镯起源很早，早在新石器时代已十分普遍[①]。手镯造型简约，通常由金、银、玉、石、铜等材质制成，环状，多由女子佩戴。从考古出土资料来看，北朝时期的手镯多用金、银、铜制作，还发现少量锡手镯，如山西大同南郊北魏墓地M81、M205各出土1件，均已残断为数截[②]，但基本不见玉镯。根据手镯的结构，可将北朝手镯分为二型：

A 型 封闭型手镯

用较粗的金、银或铜丝弯制成环状，接头部分互相连接，呈封闭式。器身大多光素无纹，或者有简单的纹饰，形制简单，制作方便。如河北定县华塔北魏石函出土的5对银手镯，均为封闭造型，其中的I式手镯，共2对，断面呈扁圆形，三只饰有等距的菱形纹4个，另一只则有菱形花纹5个，直径6.4厘米，重15.8—20.3克（图5-7：6）。这种手镯的制作和佩戴需要考虑手腕的粗细和手的大小，原则是手能够顺利穿过手镯，而在手臂下垂时手镯不会滑落。

B 型 开口型手镯

手镯为环状，但两端不连接，如大同南郊北魏墓 M17 出土 2 件铜手镯（M17：6、7），各位于人骨两侧手臂，均用宽0.5厘米、厚0.1厘米的薄铜片弯曲制成，直径为7厘米[③]（图5-7：7）。

手镯一般成对出土，两只镯子的形制、装饰基本相似，如大同南郊墓地共出土铜手镯3对、银手镯2对，河北定县华塔北魏石函出土的银手镯也是一对，也有单出者，如大同南郊北魏 M109 的铜手镯，M81、M205 的锡手镯均为单只，出土时置于手前臂中部。就出土材料看，手镯通常成对佩戴于同侧手腕上，如大同南郊北魏M106 出土的两只银手镯戴于一只手臂上，山西曲沃秦村李诜墓出土的一对铜镯位于正室右面骨架的左腕上，左面骨架的右臂旁也置2个铜环[④]。

---

① 高春明：《中国服饰名物考·手镯》，上海文化出版社2001年版，第476—488页。
② 山西大学历史文化学院等编著：《大同南郊北魏墓群》，科学出版社2006年版，第72、105页。
③ 山西大学历史文化学院等编著：《大同南郊北魏墓群》，科学出版社2006年版，第143—145页。
④ 杨富斗：《山西曲沃县秦村发现的北魏墓》，《考古》1959年第1期。

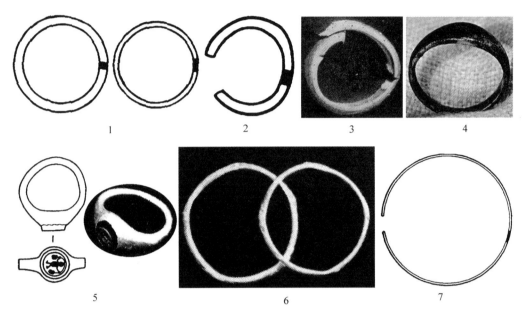

图 5 - 7　手饰

1. A 型 大同南郊北魏墓群 M228　2. B 型 大同南郊北魏 M54　3. 金指环 北齐库狄迥洛墓　4. 素面戒指
北齐徐显秀墓（标本 414）　5. Ab 型 北齐李贤墓（标本 2）　6. A 型 定县华塔北魏石函　7. B 型 大同南郊
北魏墓群（M17 : 6）

四　臂饰

臂饰为套在上臂的环形首饰，有臂环和臂钏之分，又有缠臂金、臂镯、臂环、臂箍、臂链、约臂、跳脱、臂饰等称谓。其中，臂环与手镯形制相类，但口径较大，山西大同迎宾大道北魏墓群出土的 1 件考古报告名之为臂钏者，由圆形或扁圆形铜条弯曲成圆环，直径为 7.3—7.5 厘米，实为臂环。臂钏则是将几个臂环合并制在一起，通常用金银带条盘绕成螺旋圈状，所盘圈数多少不等，一般三到八圈，也有多到十二三圈者。三国魏繁钦《定情诗》："何以致契阔，绕臂双跳脱。"然而，北朝时期并未发现臂钏实物，但在菩萨造像中对臂钏有大量表现。

第四节　腰饰

腰饰包括扎束于腰间的腰带和佩系在腰部的腰佩两大类，腰带作为一种基本的服饰用品兼具实用、审美二重功效，在人类历史发展进程中还经常成为身份地位的象征及联络情感世界的信物。腰佩是悬系于腰间的佩件，主要包括德佩和事佩两种，德佩是璧、环、玦、珩、璜等以物示德的装饰性玉佩；事佩是觽、刀、削、纷帨、囊袋等具有实用价值的佩饰，中国传统的儒家典籍《礼记》中已有大量相关记载。考古出土的北朝带具、腰佩实物资料丰富，并且在陶俑、壁画等人物图像中有大量表现。本书对北朝腰饰的考察主要依据三种资料：一是考古出土的腰带及佩饰实物，因布帛、皮革易朽，现存的腰饰实物大多为金属带具、玉佩及刀削等事佩，这些材料是研究北朝腰饰最为直接的资料；二是北朝人物图像资料，包括考古调查、发掘出土的陶俑、壁画、金石雕刻、雕塑等人物形象腰间系束的腰带及佩饰；三是与腰带及佩饰相关的文字记载。本书在综合利用实物、图像及文献资料的基础上，对北朝腰饰进行探究。

一　腰带

在古代，腰带不仅用来扎束衣服，还有约束谨慎之意，同时也是身份地位的象征。汉族传统的腰带为布帛绅带，绅带有极强的装饰性，在法服上可以彰显主人的身份地位，但贵族们随身佩戴的蔽膝、组绶、印章、囊袋、刀剑等物绅带不能承重配系。因此除绅带外，革带也是贵族们必佩之物，革带厚实坚硬，不能像布帛带那样系结，所以在使用时多借助带头系连。拓跋鲜卑在长期的游牧生活中形成了极富民族特色的带具系统，拓跋鲜卑入主中原以后，鲜卑带具又与汉族及其他民族的带具相互交融，形成了独具特色的带具文化，在整个中国带具发展史上占据着重要地位。

（一）北朝图像中的布帛带

以布帛丝缕制成的布帛带是汉族传统的腰带形式，主要有内用和外用两种方式。其中，扎系于外衣之内用来系裙束裤或扎系中衣的带子称为"襻带"，亦可写作"攀带"，如新疆吐鲁番张洪墓出土高昌章和十三年（543）、章和十八年（548）及延昌二年（562）衣物疏："故黄绫裙一枚，攀带具。故绫裙一枚，攀带具。故合蠡文锦袴一枚，攀带具。故白绫中衣一枚，攀带具。"[①] 这种用来扎束、固定衣物的带子数量很大，其实用功能是主要的，但出土实物和人物图像中少有发现。根据功能差别，可将北朝时期系束于衣外的带子分为两类：

1. 纯实用的布帛带 多见于武士、军卒、仆役、侍者等形象，如河北磁县湾漳北朝大墓特殊军卒俑，标本1175，腰间长带由后绕前缠绕两周后于腰间缚结，带端下垂，从垂下部分圆滚松散的质感来看，应为织物搓成的绳类，末端尚有织物的穗状物（图5－8：1）。山东济南东八里洼墓持盾武士俑[②]，带子在腰间缠绕两匝后于腰前多次缠绕，最后各绾一结以防止带子松散，多余部分自然下垂（图5－8：2）。这种腰带当即文献中所谓的縢蛇，亦作腾蛇或腾蛇，《新唐书·车服志》云："陪大仗，有裲裆、縢蛇……文武官骑马服之，则去裲裆、縢蛇。""縢蛇之制：以锦为表，长八尺，中实以绵，象蛇形。"[③] 縢蛇是以锦为表内填丝绵的腰带，因其形制滚

①　国家文物局古文献研究室、新疆博物馆、武汉大学历史系编：《吐鲁番出土文书》（释文本）第二册，文物出版社1981年版，第60页。

②　山东省文物考古研究所：《济南市东八里洼北朝壁画墓》，《文物》1989年第4期。

③　《新唐书》卷24《车服志》，第518、344页。

圆类似蛇状，故称螣蛇。北朝史书中虽无螣蛇记载，但扎束螣蛇的行为已经存在，孙机将陈万里《陶俑》一书中北魏隶卒俑胸前所束"工"字形带饰视为螣蛇①，不确，因为这种"工"字形带饰应为束甲绊，只是铠甲漫漶不清而已，河北磁县北齐元良墓按盾武士俑即为明证。

2. 实用兼具装饰的大带　大带系束于裳、襦之外，由后绕前并于腰部缚结，多余的部分自然下垂，该下垂部分的称谓男、女有别，男带名"绅"，故大带又名"绅带"，早在先秦时期，绅的长短已成为区别身份等级的重要标志，身份越高，垂绅越长，如《礼记·玉藻》载："凡侍于君，绅垂足如履齐。""绅长制，士三尺，有司二尺有五寸。子游曰：'三分带下，绅居二焉。'"② 女带名称较为复杂，明杨慎《丹铅续录》云："古者妇人长带，结者名曰绸缪。垂者名曰襂缡。结而可解曰纽；结而不可解曰缔。"③ 所谓"可解"与"不可解"分别指活结和死结，凡打成环状的活结古人称为"纽"，而系紧的死结则称为"缔"。秦汉以后，尽管革带已经得到广泛应用和普及，绅带之制仍然历代沿袭，直到清代随着整个服装制度的更替，大带之制才逐渐废弃。

图 5-8　布帛带

1. 磁县湾漳北朝大墓特殊军卒俑（标本 1175）　　2. 济南东八里洼北齐墓武士俑（标本 26）　　3. 磁县东陈村尧赵氏墓女侍俑（M1：26）　　4. A 型 洛阳永宁寺影塑立像（T1：2596）　　5. B 型 磁县湾漳北朝大墓小冠俑（标本 750）　　6. C 型 磁县东陈村尧赵氏墓笼冠俑（M1：29）

北朝时期腰束大带的形象以女性最为多见，除少数身着裤褶服的女子腰束革带外，不论地位高低多束布帛带，下垂部分长短错落，如河北磁县东陈村东魏尧赵氏墓女侍俑（图 5-8：3）、仆从俑、舞蹈俑腰间均系束大带，装饰性极强。而男性系

---

① 孙机：《中国古舆服论丛》，第 336—337 页。
② 杨天宇撰：《礼记译注》，上海古籍出版社 2004 年版，第 376 页。
③ （明）杨慎：《丹铅续录》卷 6《绸缪襂缡》，台湾商务印书馆 1983 年版，第 186 页。

束大带者常见于上衣下裳、褒衣博带的社会上层人士，如龙门石窟、巩县石窟《帝后礼佛图》中的皇帝和侍从形象，墓葬陶俑和壁画中的笼冠俑和小冠俑等文吏形象。以河北磁县湾漳北朝大墓为例，该墓出土的笼冠俑和小冠立俑腰间均束结大带，如标本 831 为笼冠立俑，腰间系白色大带，下垂两条绅带，一长一短；标本 750 为小冠俑，腰间束白色大带。该墓墓道两壁所绘壁画中，身着上衣下裳者腰间均系结大带，下垂的两条绅带长短不一，均为白色，长者过膝，如西壁第 22 人、38 人等。而该墓普通侍从俑、武士俑、仪仗俑等很少有腰束垂绅大带者。可见，在北朝时期，大带通常与礼服配合使用，仍作为社会身份与等级地位的象征而存在。大带的系扎方式比较讲究，其系束方法一般笼统地认为是由后绕前并于腰前系结，多余部分下垂。实际上，北朝人物图像中大带的系束方法比较多样，根据系束方式不同，可分为三型：

A 型　大带自后向前扎束，并于腰间打结，如北魏洛阳永宁寺遗址Ⅲ型 1 式影塑世俗服装立像（T1：2596），腰间系束大带，于腰前打结，余者自然下垂（图 5 - 8：4）。

B 型　大带扎束于腰间，多余的绅带于腰前带下自然下垂，如磁县湾漳北朝大墓小冠俑，标本 750，头戴小冠，身着白色褶服及长裙，腰间束白色大带（图 5 - 8：5），这种大带应是自前向后扎束，再于腰后绕至腰前时，从腰带上侧插于带内，余带自然下垂。

C 型　腰间扎束两条大带，一条束腰，另一条对折后作为装饰塞于束腰的大带内，如永宁寺遗址影塑立像 T7：2685、河北磁县湾漳北朝大墓及东陈村东魏尧赵氏墓笼冠俑，束腰的大带不见缚结，但另一条对折的大带及带端清晰可见，均垂于腰腹前面（图 5 - 8：6）。

这种汉族传统的"大带"北朝时期称为"带"，或在带字前加颜色。其中，等级最高者为衮带，亦写作绲带，是皇帝及上公祭天地、宗庙及正旦、冬至、圣节等重大庆典活动中所着礼服衮服的佩饰，如《隋书·礼仪志六》载，帝王着衮服时佩织成绲带，皇后着六服时均佩织成绲带[①]。绲带的用料极其讲究，通常用名贵织物"织成"来制作，所谓织成是以彩丝及金缕交织出花纹图案，汉代以来一般为帝王公卿大臣所服用。在不同的礼仪场合，绲带的颜色不尽相同，比如皇帝在躬耕籍田礼中服用青带。从人物陶俑、壁画资料来看，女性所束大带一般较窄，比较细长，且颜色比较鲜艳，通常与服装颜色差别不大，而男性所束大带较宽，与女性所束相比较短，颜色上多用素色大带扎束，与所着袍服形成鲜明对比，在磁县湾漳北朝大墓墓道所绘仪仗人物中有明显反映。

（二）考古出土的北朝带具

除直接系束的布帛绅带外，北朝时期最常用的是借助带头系连括接的腰带，主要由带头、带身和带尾三部分组成，其计量单位为"腰"（亦作"要"）或"副"。

---

① 《隋书》卷一一《礼仪志六》，中华书局 1979 年版，第 238、243 页。

早在东汉至十六国时期的鲜卑墓葬中便有大量金属带具出土，这些具有鲜卑民族特色的带具，如带扣和矩形动物纹牌饰备受学界关注，孙机①、陆思贤②、乔梁③、潘玲④等均有探讨。早期鲜卑带具的配置和形制问题孙机已有复原，其名称当即文献中提到的"鲜卑郭洛带"⑤，然而，这种富有民族特色的腰带在北魏立国后已基本不用，王雁卿对考古出土的北魏带具有系统论述，"晋式带具"基本不见⑥。

结合人物图像及出土实物资料，北朝时期的腰带主要有两大类：一类是以带钩系连的腰带，一类是以带扣系连的腰带，尤以后者最为常见。带钩起源于西周，战国至秦汉时期广为流行，魏晋之后逐渐衰落。据考古出土实物来看，北朝时期仍有少量带钩存在，质地以铜质为多，如陕西洪庆王昌墓出土1件铜带钩，整体呈曲棒形，钩首为兽头，背部中间为钩钮。除铜质外，亦有玉质带钩出土，见于山西太原南郊北齐子辉墓，共1对，形制相同，雕刻精细，通体作螭兽状，螭首向上反翘为钩首，中段置一圆钮，长3.1厘米、高0.9厘米⑦。北朝时期的带钩形制基本沿袭汉代，但从出土数量、制作工艺和种类上看已经极度衰落，可见，中原地区战国至秦汉时期广为流行的以带钩系连的汉族传统腰带在北朝时期已走向没落。

北朝时期最常见的腰带是以带扣括接的腰带，主要由带扣、带身、带铐、扣眼和铊尾五部分组成。带身古称鞓，是腰带的主体部分，带扣、带铐和铊尾均连缀于带鞓之上，在尾端近三分之一处常有数个扣眼以穿扣舌，以此来调节腰带的长短。北朝时期，带鞓有黑、红、白、棕等不同颜色，人们在扎束腰带时喜欢选择与身上所着衣服颜色不同的腰带，北齐娄睿墓和忻州九原岗壁画人物中有明确表现，但也有少量与身上袍服颜色一样的腰带，如忻州九原岗北齐墓壁画中的狩猎人物。除纺织品或皮质带鞓不易保存外，考古出土的北朝带具数量比较丰富，主要分布于山西、内蒙古、陕西、河北等地，下面分述之。

1. 带扣　带扣是腰带前端用来固定和装饰整根腰带的配件，主要由金、银、铜、铁等金属材料制成。拓跋鲜卑带扣经历了扣针固定的死舌到可以转动的活舌发展演变的历程，北朝时期的带扣基本为活舌带扣，扣身横轴上装有活动扣舌或小钩以固定腰带两端，腰带可松可紧，括结起来方便牢固。据公开发表的资料，考古出土的北朝带扣实物近百件，通常由扣环、横轴和扣舌三部分组成，扣身通常套接一块金属片用于固定横轴，这枚金属片一般称为扣柄。根据扣环开口方式不同，可分为封闭式和分体式带扣两大类。

①　孙机：《先秦、汉、晋腰带用金银带扣》，《文物》1994年第1期。

②　陆思贤：《鲜卑族名与"鲜卑郭洛带"》，《内蒙古社会科学》1984年第3期。

③　乔梁：《中国北方动物饰牌研究》，《边疆考古研究》第1辑，科学出版社2002年版，第13—33页。

④　潘玲：《矩形动物纹牌饰的相关问题研究》，《边疆考古研究》第3辑，科学出版社2004年版，第126—146页。

⑤　陆思贤：《鲜卑族名与"鲜卑郭洛带"》，《内蒙古社会科学》1984年第3期。

⑥　王雁卿：《北魏带具考》，《北朝研究》第8辑，科学出版社2017年版，第166—180页。

⑦　王玉山：《山西省太原市南郊清理北齐墓葬一座》，《文物》1963年第6期。

（1）封闭式带扣　扣环与横轴连为一体，扣环整体呈封闭环形，扣环后端安装活动扣舌。根据扣环形制差别，可分三型：

A 型　椭圆形扣环　扣环整体呈椭圆形，根据形制和装饰差别，可分二亚型：

Aa 型　扣环整体呈椭圆形，后端横轴平直，见于大同南郊北魏墓群 M218 出土铜带扣，共 2 件，标本 M128：6，保存较好，扣环长 3 厘米，宽 2.4 厘米，扣环后端的横轴平直，上有活动扣针，扣柄为细长方形铜片，分三区装饰透雕与浮雕结合的图案，前端铜片沿横轴弯曲折叠（图 5-9：1）。

Ab 型　扣环整体呈椭圆形，后端横轴平直且较粗，见于大同南郊北魏墓群 M35 铜带扣，标本 M35：10，由扣环和扣柄组成，全长 6 厘米，扣针已失，扣柄长铜片对折为两层，用两个铆钉铆在一起，正面铜片浮雕兽面图案，表面鎏金，背面铜片已残（图 5-9：2）。

B 型　桃形扣环　扣环前端呈桃形，后端平直，见于内蒙古察右中旗七郎山北魏墓地 M20 出土铜带扣，长 3.4 厘米、宽 3 厘米（图 5-9：3）。

C 型　马蹄形扣环　扣环前端圆弧，中间有亚腰，后端内收呈平直的横轴，见于内蒙古七卡墓地北魏墓出土铁带扣（图 5-9：4）。

（2）分体式带扣　扣环和横轴为分体制作，不封闭，根据扣环形制差别，可分为四型：

A 型　椭圆形扣环　扣环整体呈椭圆形，数量最多，是北朝时期最常见的带扣形制。根据扣柄形制及装饰差别，可分二亚型：

Aa 型　扣柄整体呈长方形，尾端有出尖装饰，主要见于北魏迁洛之前的大同地区，根据装饰差别，又可分二式：

Ⅰ式　扣柄无装饰，数量最大，如大同南郊北魏墓群 M49、M225 出土铜带扣，前者扣柄呈长方形尾端出尖，对折为两层，正面较宽，长 8.9 厘米，宽 2—2.2 厘米，背面较窄，长 8.2 厘米，宽 1.3—1.6 厘米，中间夹有织物带身，扣柄由 5 个铆钉连接（图 5-9：5）。

Ⅱ式　扣柄装饰图案，如大同交通苑南郊北魏墓群出土的铜带扣[①]，通体鎏金，整体呈长方形，尾端出尖，单层，外缘边框内装饰龙纹（图 5-9：6）。

Ab 型　扣柄整体呈长方形，主要见于迁洛之后，根据装饰差别，又可分二式：

Ⅰ式　扣柄无装饰，如陕西咸阳国际机场北周若干云墓玉带扣，西安洪庆王昌墓铜带扣（图 5-9：7）。

Ⅱ式　扣柄装饰图案，如北周武帝孝陵出土的铜带扣，扣柄尾端外弧，外缘边框内装饰侧面蹲踞的胡人和狮子图案（图 5-11：8）。

B 型　马蹄形扣环　扣环整体较长，前端圆弧，后端内收，中间有亚腰，如大同南

---

①　大同市博物馆编：《平城文物精粹——大同市博物馆馆藏精品录》，江苏凤凰美术出版社 2016 年版，第 53 页。

郊北魏墓群 M126 铜带扣（M126：4）（图 5 – 11：9）、河北定县北魏石函银带扣。

C 型 桃形扣环 扣环前端呈桃形，后端平直，扣柄为长方形，尾端有尖状突起，如大同南郊北魏墓群 M214：2，扣环呈桃形，并有竖向短凸棱纹装饰（图 5 – 11：10）。

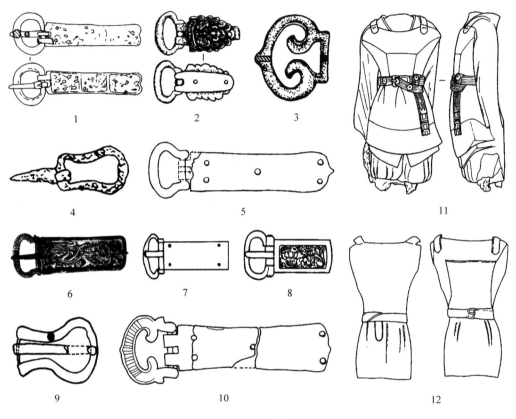

图 5 – 9　带扣

1. Aa 型 大同南郊北魏墓 M218：6　2. Ab 型 大同南郊北魏墓 M35：10　3. B 型 内蒙古察右中旗七郎山北魏墓 M20　4. C 型 内蒙古七卡墓地北魏墓　5. Aa 型Ⅰ式 大同南郊北魏墓群 M225：10　6. Aa 型Ⅱ式 大同交通苑南郊北魏墓　7. Ab 型Ⅰ式 王昌墓　8. Ab 型Ⅱ式 周武帝孝陵　9. B 型 大同南郊北魏墓群 M126：4　10. C 型 大同南郊北魏墓群 M214：2　11. D 型 永宁寺遗址影塑像（T1：2320）　12. D 型 磁县湾漳北朝大墓文吏俑（标本 79）

D 型 方形扣环 扣环整体呈方形，如洛阳北魏永宁寺遗址影塑立像 T1：2320（图 5 – 9：11），再如磁县湾漳北朝大墓文吏俑、步卒俑等（图 5 – 9：12），腰部均有方形扣环形象。

综上，考古出土的北朝扣环以椭圆形数量最多，桃形、马蹄形数量较少，但从北朝陶俑、壁画等图像资料来看，北朝时期的方形扣环使用相当普遍。

2. 带銙 带銙是钉缀于带身上的牌状饰物，又称胯，通常由玉、金、银、铜、犀角等材料制成，素面或雕饰纹样，但以素面者最为常见。根据带銙形制差别，可将北朝带銙分为六型：

A 型 方形带銙，整体呈正方形，四角或中心部位有铆钉穿孔，用于铆合固定带鞓，根据形制及装饰差别，可分三亚型：

Aa 型 素面方銙，如固原南郊北周纥干莫何弗墓出土的 2 件素面银带銙（图 5－10：1）。

Ab 型 銙板装饰鸟、兽纹饰，如大同交通苑南郊北魏墓群出土鎏金铜带銙，边框内装饰鸟纹（图 5－10：2）；大同迎宾大道北魏 M16 长方形金牌饰，水波纹边框内透雕一条昂首前视、鬃毛翘卷的行龙。

Ac 型 柿蒂纹方銙，如北周若干云墓玉制方銙、王昌墓铜方銙（图 5－10：3）、固原南郊北周纥干莫何弗墓银带銙，正面镂空，形成柿蒂纹图案。

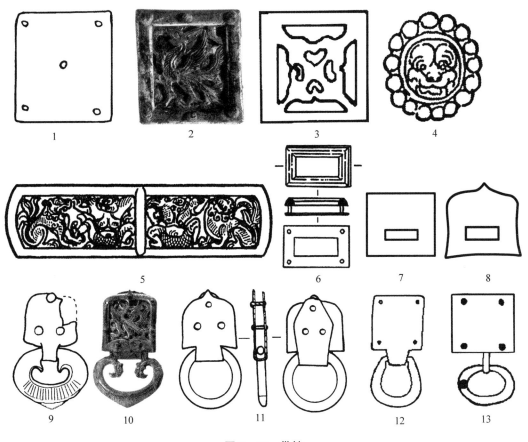

图 5－10　带銙

1. Aa 型 纥干莫何弗墓　2. Ab 型 大同交通苑南郊北魏墓　3. Ac 型 王昌墓　4. Ba 型 周武帝孝陵　5. Bb 型 宁夏彭阳海之塬北魏 M14：8　6. C 型 周武帝孝陵　7. Da 型 安伽墓　8. Db 型 安伽墓　9. Ea 型 大同南郊北魏墓 M214：29　10. Eb 型 大同交通苑南郊北魏墓　11. Fa 型 大同南郊北魏墓 M49：12　12. Fb 型 河北定县华塔北魏石函　13. Fc 型 王昌墓

B 型 长方形带銙，根据造型及装饰差别，可分二亚型：

Ba 型 整体呈横长方形，前、后两端弧突，见于北周武帝孝陵条状带銙和活页带銙，上有精美的装饰（图 5 – 10：4）。

Bb 型 整体呈横长方形，中部有长方形穿孔，见于宁夏彭阳海之塬北魏 M14 长方形铜带銙，共 7 件，形制、大小基本相同，系用同一模具制作，如标本 M14：8，平面呈横长方形，长 2 厘米、宽 1.2 厘米、厚 0.5 厘米，中部有一长 1.4 厘米、宽 0.6 厘米的长方形穿孔。銙板由上、下两部分铆合而成，以夹革带，上部模制，下部由薄铜片打制（图 5 – 10：5）。

C 型 圆形带銙 銙板整体呈圆形，见于北周武帝孝陵圆形带銙，共 13 枚，上饰联珠兽面纹（图 5 – 10：6）。

D 型 整体呈方形或尖拱形，銙板下端有一横置的长方形穿孔，古称"古眼"，见于宋王得臣《麈史》卷上："胯且留一眼，号曰'古眼'，古环象也。"[1] 古眼用来悬挂系物的带子，可佩系弓箭、刀、砺、针筒、火石袋等随身携带的工具和生活用品，是北方民族为适应居无定所的游牧生活而发明。根据銙板形制差别，可分二亚型：

Da 型 带古眼的方銙，銙板呈方形，下端有横置长方形穿孔，见于北周安伽墓出土 1 件铜鎏金方銙[2]（图 5 – 10：7）。

Db 型 带古眼的尖拱銙，銙板上端呈尖拱状，下端有横置长方形穿孔，如安伽墓出土 3 件铜鎏金尖拱銙（图 5 – 10：8）。

E 型 整体呈方形，下垂尖桃形銙环，根据銙板、銙环形制及装饰差别，可分二亚型：

Ea 型 銙板无装饰，见于大同南郊北魏墓群 M214：29，方形銙板套接在尖桃形銙环横轴上，銙板铜片用三颗铆钉钉在一起（图 5 – 10：9）。

Eb 型 銙板有装饰，见于大同交通苑南郊北魏墓群鎏金铜带銙，銙板整体呈方形，上端有尖状凸起，下垂尖桃形銙环（图 5 – 10：10）。

F 型 銙板下垂銙环，根据銙板形制，可分三亚型：

Fa 型 銙板整体呈方形，上端有尖角，下垂圆环，如大同南郊北魏墓群 M49 铜带銙（M49：12），銙板分两层，正面下端呈莲瓣状，背面呈菱形状，两片用 3 个铆钉联结（图 5 – 10：11）。

Fb 型 方形銙板，下垂马蹄形銙环，如河北定县北魏石函银带銙，方形銙板对折而成，上有四枚铆钉联结，下垂马蹄形銙环（图 5 – 10：12）。

Fc 型 方形銙板，下垂圆形銙环，玉质、铜质均有，如北周若干云墓出土 8 件玉带銙和王昌墓出土 5 件铜带銙（图 5 – 10：13），还有玉、铜材质结合的，见于北周柳带韦墓出土 8 件带銙，方銙为铜质鎏金，下附玉质椭圆形环，环体下端较粗厚，

---

[1]　（宋）王得臣、赵令畤撰，俞宗宪、傅成校点：《麈史》，上海古籍出版社 2012 年版，第 13—14 页。

[2]　陕西省考古研究所编著：《西安北周安伽墓》，文物出版社 2003 年版，第 63—63 页。

正面外沿一圈瓦沟形凹槽。

3. 铊尾 铊尾又称獭尾、挞尾、塌尾、鱼尾，是钉缀于腰带尾端用以保护带尾的装置，通常由玉、金、银、铜、铁等材质制成，形制简洁，后来发展成为一种装饰。北朝时期的铊尾均为单件，根据其形制及装饰差别，可分四型：

A 型 圆首矩形铊尾 整体呈扁长方形，前端外弧，后端方直，如北周若干云墓玉铊尾，通长 8.3 厘米、宽 3.1 厘米、厚 0.7 厘米，尾端横切一道 7 厘米凹槽，槽内夹带鞓，上有 6 枚金质小钉将鞓钉缀于玉质铊尾中间（图 5－11：1）。经实验，玉质铊尾可以穿过玉质带头。同样形制的铊尾还见于北周柳带韦墓玉铊尾，长 3.5 厘米、宽 1.5 厘米、厚 0.5 厘米，尾端横切凹槽，上下有 2 个穿孔铆固带鞓。再如北周武帝孝陵铜铊尾，整体为一端弧边的长方形，表底两层，三面包边，中间残留有丝麻质带鞓，长 2.1 厘米、宽 1.55 厘米、厚 0.28 厘米。

B 型 马蹄形铊尾 前端圆弧，后端方直，见于北周安伽墓，铜质鎏金，长 3.3 厘米、宽 3 厘米、厚 0.4 厘米（图 5－11：2）。

C 型 长舌形铊尾 整体呈长舌状，前端圆弧，后端方直，带身边缘有穿孔，用于固定带鞓，如河北定县北魏石函出土铊尾，银质（图 5－11：3）。

D 型 造型铊尾 铊尾做成花草或其他造型，如洛阳北魏永宁寺遗址 I 型影塑着裲裆立像腰间所束，带尾镶嵌忍冬形铊尾（图 5－11：4）。

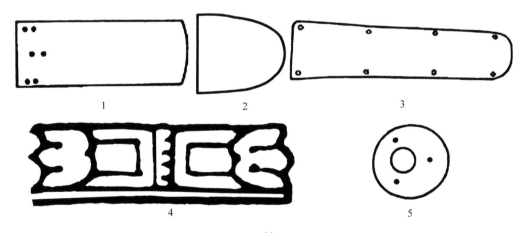

图 5－11 铊尾和扣眼

1. A 型 若干云墓 2. B 型 安伽墓 3. C 型 定县华塔北魏石函 4. D 型 永宁寺遗址影塑像（T1：2320）
5. 扣眼 北周武帝孝陵

4. 扣眼 扣眼是带鞓上打的孔眼，为方便扣针穿孔和保护带鞓，通常在孔眼内镶嵌玉、金、银、铜、铁等材质的扣眼环，其形制通常为圆环形，中间圆孔（亦称气眼）偏于一侧，通常不在中心位置。扣眼环的数量不一，从 6 枚到 13 枚不等，考古出土的北朝带具，扣眼环数量最多者见于北周武帝孝陵，共 13 枚，均为椭圆形，上下两片用 3 枚铆钉铆接，无纹饰；其次为若干云墓出土玉扣环（图 5－11：5），9

枚；再次为王昌墓，出土 7 枚铜扣环；安伽墓、柳带韦墓各出土 6 枚铜扣环。

（三）北朝带具的连缀方式

带具是连缀于腰带之上的括接具和其他饰件，不仅用于人体，还可用于马具。魏晋之前，中原地区的人们通常以带钩束腰，圆形或方形的扣针不转动的方策、带鐍等带扣主要用于马具，北方草原地区很早便将带扣用于人体束带，西晋以降，中原地区也开始流行装带扣和带銙的腰带[①]。北朝带具所连缀的带鞓，学界通常认为是由皮革制成，故统称为革带，其实不然，就现有的出土资料来看，带身丝麻织物、动物皮革均有，但带身大多腐朽或仅留残迹，仅有金属或玉质附件保存至今。结合图像及出土实物，北朝带具的连缀方式主要有四型：

A 型 普通腰带

主要由带扣、带鞓、扣环及带尾四部分组成，从考古出土的北朝人物图像资料来看，上着褶服、两裆衫、圆领窄袖衫，下着裤装的武士、仪卫、侍从等人物形象腰间大多束结此种腰带，尤以男性最为常见，女性也有扎束者，如磁县湾漳北朝大墓连体女侍仆俑（标本 916）。带身皮质、丝麻质地均有，前者在文献中称为"革带"，扎束时带扣通常位于腰前中部，有的位于身体右侧，带尾自左向右穿过带头使扣舌插入扣眼之中，余下部分则插于腰带之内，一般带头朝下，如磁县湾漳北朝大墓文吏俑（图 5-12：1）。据《说苑》记载，"古有革带，反插垂头……唐高祖诏令向下插垂头"，意思是唐高祖以前腰带尾端部分向上反插，高祖之后才向下顺插。实际上即使在唐代，向上反插和向下顺插的例子都不乏其例，北朝时期也无定例，但向下顺插者比较常见。

B 型 带鞓钉缀銙牌，无其他附饰

主要由带扣、带鞓、A/B/C 型带銙、扣环及铊尾组成，根据其具体形制不同，可分三亚型：

Ba 型 带身钉缀銙牌数量较少，形制简单，大多数为单銙腰带，最多仅有两銙，带板多由铜、铁等金属制成，腰带系束后带銙通常位于背后腰间位置，如磁县湾漳北朝大墓 A 型特殊步卒俑所示（图 5-12：2）。

Bb 型 带身钉缀带孔长方形带銙，见于宁夏彭阳海之塬北魏 M14 带具（图 5-12：3）。

Bc 型 带身钉缀銙牌数量较多，制作精美，有的装饰繁复，如北周武帝孝陵出土的铜带具，由带扣、条状带銙、活页带銙、兽面纹圆带銙、扣眼片、铊尾等 31 件组成，仅圆形带銙便有 13 枚，再加上条状和活页带銙有 15 枚之多，带銙和铊尾均雕饰精美纹饰（图 5-12：4）。该墓出土的铜带具与陕西省长安县南里王村唐代窦皦墓出

---

① 王仁湘：《善自约束：古代带钩与带扣》，上海古籍出版社 2012 年版，第 14—25、131—134 页；孙机：《中国古代的带具》，载于《中国古舆服论丛》，第 247—284 页。

土玉带①在形制上基本一致，该玉带由圆首矩形銙 3 枚、圆形带銙 8 枚、圆首矩形铊尾 1 枚、圆形偏心孔扣眼 1 枚及忍冬形带饰、玉带扣各 1 枚组成。玉带表框皆以青白玉制作，框底内嵌金片，在金片上雕刻花卉图案，并镶嵌彩色玻璃宝石。该套带具通常称为"金筐宝钿玉带"，因其制作时带銙与铊尾均先雕出玉框再下衬鎏金板，然后在框内板上用加工好的金粟勾勒花形，并于花瓣、花心之内镶嵌红蓝宝石、松石、珍珠、青金石等宝物，故名。结合扬之水《读物小札："宝粟钿金虫"》对"金钿"等的考证②，这个名称还是比较合理的。实际上，钩沉文献，玉质表框应即文献中所称的"玉梁"，如北周庾信《春赋》："马是天池之龙种，带乃荆山之玉梁。"《周书·侯莫陈顺传》载，西魏大统四年（538），"魏文帝还，亲执顺手曰：'渭桥之战，卿有殊力。'便解所服金镂玉梁带赐之"③。西魏文帝所赐"金镂玉梁带"应与窦皦墓出土者相类，所谓"镂"是指在带鞓上镶嵌金属镂空牌饰，因此，此类玉带可称为"金镂玉梁带"。孝陵出土带具的条状带銙由三层组成，与窦皦墓玉带不同的是，其表框为铜质，内衬雕文铜片，因此，可将其命名为"铜雕铜梁带"。

C 型 "古眼式"腰带

主要由带扣、带鞓、D 型带銙、扣眼环及铊尾组成，主要特点是带銙下端有古眼用于系物，北朝时期仅发现 1 件，出土于北周安伽墓甬道之内，由带扣和铊尾各 1 枚、方形带銙 1 枚、尖拱形銙 3 枚、椭圆形扣眼片 6 枚组成，青铜鎏金质地，出土时系于墓主腰间，带鞓已朽，扣眼片背面尚残存横向较粗的麻织物，因此，带鞓当为麻质。有四件带銙开有长方形穿孔，发掘报告将古眼置于腰带上端的复原图，因为这种带具隋、唐时期仍在使用，西安郭家滩隋姬威墓出土的玉带具及西安南郊何家村唐代窖藏出土的白玉九环带均有这种拱形銙，唐懿德太子墓石椁线刻捧盘女子腰间所束腰带还形象地表现出带銙的配置方式，长方形古眼明显置于带銙下端。因此，安伽墓出土的带具应复原如下图（图 5－12：5）。

D 型 环式带

主要由带扣、带鞓、E/F 型带銙、扣眼环和铊尾组成，主要特点是带銙附环用以系物，根据形制差别，又可分为三型：

Da 型 简易环式带 带鞓上钉缀 1—2 枚 Fa、Fb 型衔环带銙，主要见于大同南郊北魏墓群出土带具（图 5－13：1），以单环带为主，少量双环带。河北定县北魏石函出土银带具也为单銙环。

Db 型 桃形环式带 带鞓上钉缀 B 型扣环和 E 型带銙，见于大同南郊北魏墓群 M214 铜带具和大同交通苑南郊北魏墓群鎏金铜带，均为单环带（图 5－13：2）。内蒙古正镶白旗伊和淖尔北魏墓 M3、M6 出土的金带亦为此型腰带，其中 M6 出土金

①　陕西省考古研究所编：《陕西新出土文物选粹》，重庆出版社 1998 年版，图 103，第 104 页。

②　扬之水：《读物小札："宝粟钿金虫"》，《南方文物》2013 年第 1 期。

③　《周书》卷 19《侯莫陈顺传》，第 308 页。

带为双环带，括接方式不详①。

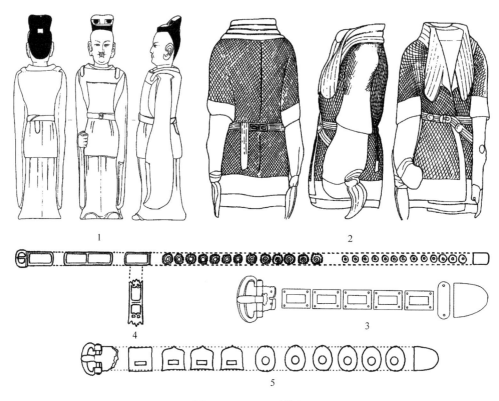

图 5 - 12　A-C 型带具

1. A 型 磁县湾漳北朝大墓文吏俑（标本 79）　2. Ba 型 磁县湾漳北朝大墓特殊步卒俑（标本
1202）　3. Bb 型 宁夏彭阳海之塬北魏 M14 带具　4. Bc 型 武帝孝陵铜带　5. C 型 安伽墓铜带

Dc 型　造型复杂的环式带　由 Ab 型分体式带扣、5 枚以上 Fc 型带銙及扣眼环组
成，如陕西咸阳国际机场北周若干云墓出土的玉带具，由玉带扣（1）、附环方銙
（8）、柿蒂纹方銙（1）、扣眼环（9）和铊尾（1），共计 20 件组成（图 5 - 13：3）。
玉质细腻，洁白温润，制作精致，器表光洁明亮。鞓已全部腐烂，仅余少数腐朽者附
于扣、銙、环以及铊尾之上，根据其保存残迹，并结合出土时的情况，仍可推见其本
来形制。西安洪庆北周王昌墓出土一组铜带具（M6：6），由带扣（1）、条状带銙
（1）、附环方銙（5）、柿蒂纹方銙（2）、扣眼片（7）组成（图 5 - 13：4）。西安北周
建德六年（577）康城恺公柳带韦墓出土鎏金铜带具一副，由带扣（1）、扣柄（1）、
方銙（3）、附环方銙（8）、扣眼（6）和铊尾（1）六部分组成。河北定县华塔北魏
石函出土有马蹄形银带扣、悬环银方銙和舌形银铊尾②，也是衔环腰带。

①　正式报告尚未发表，零星资料可见陈永志、宋国栋、庄永兴《考古发掘见证古代草原丝绸之路——伊
和淖尔墓群发掘纪实》，《中国文物报》2015 年 6 月 12 日第 22 版。

②　河北省文化局文物工作队：《河北定县出土北魏石函》，《考古》1966 年第 5 期。

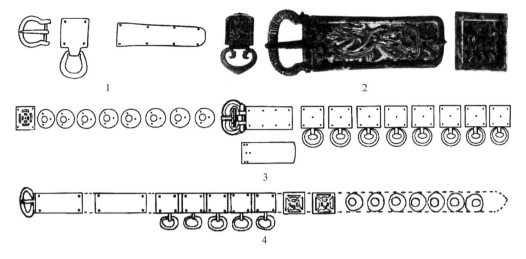

图 5 - 13　D 型带具

1. Da 型 大同南郊北魏墓群 M214 铜带　2. Db 型 大同交通苑南郊北魏墓鎏金铜带　3. Dc 型 若干云墓玉带　4. Dc 型 王昌墓铜带

　　学界通常将"古眼式"和环式带统称为蹀躞带，孙机《中国古代的带具》一文中有论及①，后被研究者广为沿用，近来马冬对蹀躞带的名称、形制等问题进行了重新辨析，指出蹀躞带名谓只适用于装配古眼带銙的腰带，有"突厥传统"风格；而装配附环带銙者应称"环带"，有"东胡传统"渊源②。虽然蹀躞带名称出现时间较晚，但"蹀躞"一词在中国出现很早，蹀躞本是形容小步行走或行进艰难之貌，如西汉卓文君在《白头吟》中提到："蹀躞御沟上，沟水东西流。"南朝宋鲍照《拟行路难》诗之六："丈夫生世会几时？安能蹀躞垂羽翼？"鞢䩞本为马具，是马鞍具上垂下的装饰皮条，后来被用于腰带。上溯至北朝，《魏书》《北齐书》《周书》等正史中也仅有"金带""玉带""环带""革带"等记载。结合考古发掘资料，所谓金带应是装配金銙的腰带，文献中有统治者赏赐金带的事例，如北齐文宣帝高洋在探望狱中元文遥时，"亲解所着金带及御服赐之，即日起为尚书祠部郎中"③。北周武帝甚至将所佩十三环金带赏人，如《周书·李贤传》载，高祖武帝宇文邕"令中侍上士尉迟恺往瓜州，降玺书劳贤，赐衣一袭及被褥，并御所服十三环金带一要……赐贤第申国公穆亦如之"④。十三环金带应为帝王所服，除此之外，高祖还曾赏赐当时大儒熊安生九环金带⑤。但迄今为止，尚未发现完整的北朝金带实

---

　　①　孙机：《中国古代的带具》，载于《中国古舆服论丛》，第247—284 页。

　　②　马冬：《"鞢䩞带"综论》，《藏学学刊》第5 辑，四川大学出版社2009 年版，第105—113 页；马冬：《青州傅家画像石〈商谈图〉服饰文化研究》，《华夏考古》2011 年第3 期。

　　③　《北齐书》卷38《元文遥传》，第504 页。

　　④　《周书》卷25《李贤传》，第417 页。

　　⑤　《周书》卷45《儒林传·熊安生传》，第813 页。

物，仅在河北磁县东魏武定八年（550）茹茹公主墓出土金带扣1件，长2.2厘米，重4.7克，该墓早年被盗，不能排除金带銙被盗走的可能性。玉带则是装配玉銙的腰带，如若干云墓出土玉带具。因北朝时期玉器衰微，玉带极为罕见，当为皇帝所专用，若干云墓出土的玉带不排除是皇帝赏赐之物。据《周书·李迁哲传》记载，李迁哲攻占巴州等地凯旋后，北周太祖宇文泰"以所服紫袍玉带及所乘马以赐之"。遍检北朝史书，仅发现这一条有关玉带的记载，足见当时玉带之名贵程度。

至于銙下衔环的腰带，马冬结合北朝末至隋、唐初史书中频繁出现的"十三环""九环"带记载，将其命名为"环带"，而不能称其为蹀躞带，这是符合历史实际的推论。但他又指出"十三环""九环"之称同銙下附环的数量没有关联，而与扣眼环的数量密切相关尚缺乏确凿的证据。从北朝人物图像来看，腰间所束革带一般于二分之一处开始镶嵌数量不等的扣眼环以调节腰带的松紧程度，以河北磁县湾漳北朝大墓内甲步卒俑为例，该俑腰间所束带具的扣眼环能够辨识者已多达九枚，按马冬观点至少称之为"九环带"。如此一来，九环带的适用范围太过宽泛，因此上述观点不能成立。实际上，腰带上钉缀金属扣眼除用来调节腰带位置外，还是一种耀人眼目的装饰品，以至于有些不常用的金属扣眼并不打孔，或者干脆直接钉缀中间凸起的圆形金属片，装饰效果更为突出，娄睿墓甬道西壁的仪卫男子便扎束这种腰带（彩图二，31）。这种腰带在唐代更加普遍，如新疆克孜尔石窟唐代供养人腰间所系腰带，有些还在金属圆片下钉缀下垂的短革带，陕西乾县永泰公主墓①出土的线刻男装侍女及彩绘男装女俑便是这种腰带。既然连扣眼都不再打孔，便不能称为扣环，也更加证明用扣眼环命名腰带是不合常理的，因此，所谓的"十三环""九环"带还是应指銙下附环的数量。

至于古眼和銙环能否承重、有无实用性文献中也有载录，如《新唐书·李靖传》载："靖破萧铣时，所赐于阗玉带十三胯，七方六刓，胯各附环，以金固之，所以佩物者。"②唐韦端符在《卫公故物记》中对这副玉带有更为详细的描述："有玉带一，首末为玉十有三，方者七，挫两隅者六。每缀环焉为附而固者以金。丞曰：'传云环者，列佩用也……公擒萧铣时，高祖所赐于阗献三带，其一也。'……盖常佩于玉带环者十三物，已亡其五，其存者八。"③可见，銙下悬环所系物件若为细碎轻巧之物，承重是没有任何问题的，如娄睿墓甬道西壁持剑的仪卫男子及墓室西壁第四层备车出行图中的胡人形象便将杂物系于銙环及古眼内。北周若干云墓出土的玉带具上还有2枚垂挂于玉銙衔环之上的象牙雕饰，可知銙环具有实用功能。对于那些颇有分量的物件，则会直接系于腰带之上，如河北磁县北齐高润墓甲胄箭囊俑，腰间所系箭囊便直接悬挂于另一条腰带之上。因此，当腰间系束物件比较多时，北

---

①　陕西省文管会：《唐永泰公主墓发掘简报》，《文物》1964年第1期。

②　《新唐书》卷93《李靖传》，第3816—3817页。

③　（清）董诰等编：《全唐文》卷733，中华书局影印1983年版，第7559页。

朝人通常扎束两条腰带，如娄睿墓壁画人物所示，内侧用较细的腰带扎束衣服，外侧是用来垂系杂物的蹀躞带。

至于带銙和悬环数量，负安志指出北周时期蹀躞带銙、环数量相等①，综合目前的考古实物来看，带环与带銙的数量通常一致，但亦有无环之銙，如西安洪庆王昌墓所出铜带具（M6∶6）有 8 銙，但只有 5 枚方形带銙附环，因此，带銙与带环的数量并非绝对一致，在同一套"环带"上也会有不附环的带銙。除此之外，蹀躞带因适应北方游牧生活而产生，传入中原地区以后，随着生活方式自游牧转向定居，其实用功能大大减弱，装饰性能逐渐取代实用功能。在娄睿墓壁画中，还出现了兼具古眼和衔环两种带銙的新型带式，上引娄睿墓西壁仪卫图便是这种腰带形式。因此，单从蹀躞带起源的角度来探讨蹀躞带的称谓问题意义不大，由于环式銙带和古眼式銙带在使用时均需通过蹀躞悬挂物件，沿用既有传统将垂有系物带子的有銙腰带统称为蹀躞带是没有任何问题的。

综上所述，为便于骑乘，北方民族不论男女老少都有扎束腰带的习俗，由于腰带既保暖又便于马上活动，直到今天，草原民族仍喜扎束各式腰带。在北方民族拓跋鲜卑建立的北朝时期，腰带也是人们必不可少的服饰配件，除汉族传统的布帛带仍被广泛扎束外，各种金属带扣括接的腰带逐渐占据主流，其中最富特色的是带鞓镶有各式銙板的带具。这种来自北方草原地区的腰带在进入中原地区以后，不但其形制和功能因生存环境和生活方式的改变产生了一些变化，而且其名谓也因语言习惯的不同产生了很多混淆和歧义，这是不同民族交往的必然结果。

二 玉佩

玉佩是中国古代礼仪服饰的重要组成部分，既有装饰功能，又是身份等级的象征。组玉佩在西周以后中国古代服制和礼制中占有举足轻重的地位，但受时代背景和出土数量限制，魏晋南北朝玉器向来是中国古代玉器研究的薄弱环节。近年来，伴随着考古工作的进展，特别是以南京仙鹤观东晋高崧家族墓地玉佩的出土和发表为契机②，汉唐之间的玉佩研究备受学界关注。王志高等对高崧家族墓出土的组玉佩进行了复原和研究③；韦正根据考古发现的东汉、魏晋南北朝朝服葬墓例，结合文献记载推断组玉佩是朝服葬的重要组成部分，并对组玉佩的形制和配置方式进行了探讨④；古方结合考古发现讨论了曹魏王粲所创玉佩样式、佩法及影响⑤；左骏结合考古发现及文献记载，对魏晋南北朝玉佩形制进行了复原研究，并对其发展、演

① 负安志编著：《中国北周珍贵文物》，陕西人民美术出版社 1993 年版，第 157—160 页。
② 南京市博物馆：《江苏南京仙鹤观东晋墓》，《文物》2001 年第 3 期。
③ 王志高等：《南京仙鹤观东晋墓出土文物的初步认识》，《文物》2001 年第 3 期。
④ 韦正：《东汉、六朝的朝服葬》，《文物》2002 年第 3 期。
⑤ 古方：《曹魏王粲所创玉佩样式及佩法》，《中国历史文物》2005 年第 3 期。

变的历史原因进行了探讨①；褚馨探讨了汉唐之间组玉佩的形制、组合、装饰及对西周以来传统组玉佩礼制的传承、变革和对隋唐组玉佩的影响②。这些研究成果的陆续发表在一定程度上打破了以往学界对魏晋南北朝玉器发展低潮期的刻板化认知，对这一时期组玉佩形制、配置、佩法的复原研究揭示了其在整个组玉佩发展史上承前启后的重要地位。然而，学界对汉唐之间组玉佩的系佩方式如双佩还是单佩以及北朝玉佩之制的特殊性等问题尚有进一步探讨的空间，近年来伴随着陕西西咸新区朱家寨北周□颙墓、磁县北齐周超墓等组玉佩资料的出土和刊布，为我们解决这些问题提供了新的线索。

（一）北朝组玉佩的考古发现及类型学分析

在迄今已发现的千余座北朝墓葬中，有组玉佩出土的墓葬仅14例，分别是河北沧州吴桥东魏M2、磁县湾漳北齐大墓、北齐周超墓、山西寿阳北齐库狄迴洛墓、太原北齐娄睿墓、宁夏固原北周李贤墓、田弘墓、陕西西安洪庆北周墓M7、西魏吕思礼墓、西安南郊小寨南北周墓③、西安北周康城恺公柳带韦墓、陕西西咸新区朱家寨北周墓，陕西咸阳北周武帝孝陵。此外，葬于隋开皇三年（583）的王士良夫妇合葬墓在时间上虽已进入隋代，但根据王士良墓志及《周书》《北史》④记载，王士良的活动时间主要在北周时期，隋朝建立之初便去世，因此，该墓出土的玉组佩也被纳入本书的研究范围（参见表5-1）。从出土资料来看，北朝玉佩均发现于墓葬之中，玉质以青玉、白玉为主，质地并不讲究，时间上集中于北朝晚期，尤以北齐、北周墓最多。结合墓志和文献记载，有玉佩出土的北朝墓葬墓主身份可确定者生前官职和死后赠官品级均比较高，其中身份最高者为北周孝武帝宇文邕，其他均位至公卿或一品高官。根据玉佩出土位置可知，佩戴玉佩时应系挂于腰间的革带之上，王士良墓出土的云头形玉佩（标本84）顶部中央尚残存铜环，发掘报告称佩戴于同墓出土的鎏金铜带之上。

在文献记载中，组玉佩有"杂佩""大佩""玉佩""珮"等称谓，不同佩件各有其名，如《诗经》毛传云："杂佩者，珩、璜、琚、瑀、冲牙之类"。⑤根据出土佩件在组玉佩中的位置，可将北朝玉佩划分为以下六类：

1. 玉珩　珩通"衡"，是组玉佩中起平衡整套佩饰作用的横玉，《说文解字》："珩，佩上玉也，所以节行止也。"⑥不同时代的玉珩在形制、纹饰方面差别很大。根据形制差别，北朝玉珩可分为四型：

---

①　左骏：《魏晋南北朝玉佩研究》，《故宫博物院院刊》2007年第6期。

②　褚馨：《汉唐之间组玉佩的传承与变革》，《考古与文物》2012年第6期。

③　中国玉器全集编辑委员会编：《中国玉器全集·4·秦汉—南北朝》，河北美术出版社1993年版，图版二九六；刘云辉：《北周隋唐京畿玉器》，重庆出版社2000年版，图版B8-B10。

④　《周书》卷36《王士良传》，第638—641页；《北史》卷67《王士良传》，第2359—2360页。

⑤　《十三经注疏》整理委员会整理：《毛诗正义》卷4《郑风·女曰鸡鸣》，北京大学出版社2000年版，第346页。

⑥　（东汉）许慎撰，（宋）徐铉校定：《说文解字》卷1上，第11页。

表5－1

北朝组玉佩出土情况统计表

时代	出土地点	入葬年代	墓主身份	赠官	珩	璜	瑀	冲	坠	组合	数量	出土位置	墓葬状况
东魏	吴桥东魏M2	东魏	不详		B I	×	×	×	A	×	单佩	不详	破坏
北齐	磁县湾漳北齐墓	乾明元年(560)	应为北齐文宣帝高洋		D	×	×	×	×	×	单佩	不详	被盗
	库狄迴洛墓	河清元年(562)	五洲诸军事、后将军、临淄县散子等	都督五州军事、大将军、太尉公等	Aa II	B	A	×	A	Aa	单佩	男性臀部	较好
	娄睿墓	武平元年(570)	大将军、大司马统全军等	假黄钺、太宰、太师、太傅等	Aa I / Aa III / B II	Ab	A	Ab/Bb I	A	Aa/Ba	九佩	不详	扰乱
	周超墓	武平四年(573)	散骑常侍、赢并二州刺史等	使持节、都督怀州诸军事、骠骑大将军、怀州刺史	Aa I / B II	Aa	A	×	×	Aa/Ba	双佩	墓室南部	被盗
西魏	吕思礼墓	大统四年(538)	平陆县伯、汉阳侯等	汉阳县伯、骑兵尚书	Ca	Aa	Ba	×	×	Ca	双佩	墓室西北部	较好
北周	李贤墓	天和四年(569)	原州刺史、骠骑大将军、河西郡公等	柱国大将军、大都督	×	Aa	×	Aa	A	C?	双佩	男性胸腹部	被盗
	田弘墓	建德四年(575)	大司空、少师、柱国大将军、雁门襄公	少师、都督七州诸军事、原州刺史	Ca/Cb	Aa	Ba	Aa	×	Ca/Ce	双佩	第五天井底部及棺内	被盗
	柳带韦墓	建德六年(577)	使持节、上开府仪同大将军、并州司会	新、遂、楚三州刺史	Ca	Aa	Bb	Ba I	B	Cc	双佩	墓室东侧	盗扰
	□颙墓(M37)	建德六年(577)	鄜州刺史、枹罕县开国公	使持节、开府仪同三司、大将军、渭成武三州刺史	Ca	Aa	Ba	Aa	B	Ca	双佩	墓主腰间两侧	未扰

续表

时代	出土地点	入葬年代	墓主身份	赠官	珩	璜	瑀	冲	坠	组合	数量	出土位置	墓葬状况
北周	北周武帝孝陵	宣政元年(578)	北周孝武帝宇文邕		Ab I	Aa	×	×	×	Ab	双佩	5号天井西龛	被盗
	咸阳韩家村北周墓	北周建德后期之前	不详，应为北周皇族武族或高级贵族		Ab I	×	×	Aa	B	Ab	单佩	墓室	盗扰
	西安北周洪庆 M7	北周	不详		Ac	Aa	×	Ab	B	Ac	单佩	墓室西南部	较好
	西安小寨南北周墓	北周	不详		Ab II	×	×	Bb I	×	Ab	单佩	不详	扰乱
隋初	王士良墓	开皇三年(583)	北周大将军、广昌郡公、隋上大将军	使持节、四州刺史等	B II/Ca	Aa	Ba	Ba II/Bb II	×	Bb/Cb	双佩	男性胸腹部	较好

A 型 如意头玉珩　在考古发掘报告及研究论著中有飞碟形、云头形、蝙蝠形、如意头形玉佩等不同称谓。整体扁薄，形似如意头，上边中央位置外出波浪形缘，中部突起处有一穿，下沿两端及中间突起处各有一穿，共四穿。根据形制不同，又可分三亚型：

Aa 型 体形修长，长宽比例较大，根据边沿形制不同可分三式：

Ⅰ式 上沿下垂，两侧转角圆润出尖，下沿两侧弧度较大，如娄睿墓、周超玉珩，前者（标本 800）边缘贴金边（图 5－14：1）。

Ⅱ式 上沿弧度较平，下沿内弧较小，如库狄迴洛墓①雕花玉佩，仅 1 件，正面线刻一展翅欲飞的凤鸟，周边以云纹点缀，背面线雕火焰状云纹（图 5－14：2）。

Ⅲ式 上沿略弧，下沿平直，见于娄睿墓玉珩，共 2 件，表面光素，外缘贴金箔装饰，如标本 803，底部略残，玉质细腻，周边贴宽 0.3 厘米金箔边（图 5－14：3）。

Ab 型 体形宽扁，长宽比例较小，下沿两端平直，根据边沿弧度不同可分二式：

Ⅰ式 上沿下垂，两侧转角圆润，如陕西咸阳韩家村北周 M1、北周武帝孝陵玉珩（图 5－14：4）。

Ⅱ式 上沿平缓，两侧内弧呈尖角，如小寨南北周墓玉珩，共 2 件，青玉琢成，有土沁，长 12.8 厘米、宽 6.3 厘米（图 5－14：5）。

Ac 型 上、下边沿均呈波浪状，如西安洪庆 M7 出土玉佩，长 2.8 厘米，厚 0.25 厘米（图 5－14：6）。

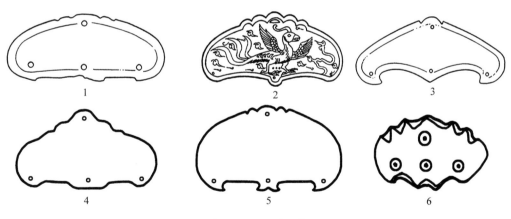

图 5－14　A 型玉珩

1. Aa 型 Ⅰ式 娄睿墓　2. Aa 型 Ⅱ式 库狄迴洛墓　3. Aa 型 Ⅲ式 娄睿墓　4. Ab 型 Ⅰ式 武帝孝陵　5. Ab 型 Ⅱ式 小寨南北周墓　6. Ac 型 西安洪庆 M7

B 型 云头玉珩 整体扁薄，顶端及两侧为五条弧形边，底边平直，顶部、下沿两端及中央各钻一孔。根据上沿弧度差别，可分二式：

―――――――――――

① 故宫博物院亦收藏一件南北朝时期的传世雕花凤纹佩，与该墓所出基本一致。

Ⅰ式 上沿弧边平缓，见于沧州吴桥东魏墓 M2：50（图5－15：1）。

Ⅱ式 上沿弧度分明，见于娄睿墓、周超墓、王士良墓玉珩，各1件，形制基本相同，仅娄睿墓出土者（标本790）周边贴宽0.3厘米金箔边（图5－15：2）。

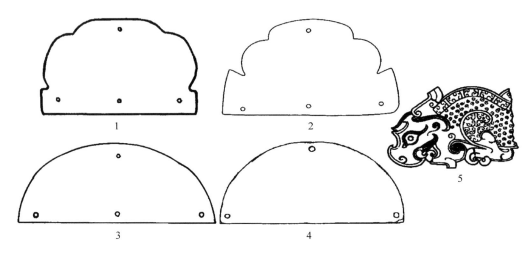

图5－15　B-D型玉珩

1. B型Ⅰ式 沧州吴桥东魏 M2：50　2. B型Ⅱ式 娄睿墓（标本790）　3. Ca型 王士良墓（标本82）
4. Cb型 田弘墓（M1：98）　5. D型 磁县湾漳北朝大墓（标本3001）

C型 半圆玉珩 整体扁薄，形若半圆，上部中间有一穿孔，底边穿孔不同。根据穿孔数量，可分二亚型：

Ca型 四穿玉珩 上部中间一穿，底边两端及中间均有穿孔，以吕思礼墓、田弘墓、王士良墓（图5－15：3）、柳带韦墓玉珩为代表。

Cb型 三穿玉珩 上部中间有一穿孔，底边两端各有一穿，中间无穿，见于田弘墓，标本 M1：98，保存基本完整（图5－15：4）。

D型 龙首珩 扁平龙形饰，仅在磁县湾漳北齐墓出土3件，均残，标本3001尚残存大半，龙首形象生动，嘴大张，露出两颗獠牙，长须，圆眼两角有眼角线，背腹饰谷纹和卷云纹，刀工精细，线条流畅，背面光素无纹。从玉佩的整体风格来看，应为汉代旧玉（图5－15：5）。

2. 玉璜 玉璜早在史前时期即已出现，是中国传统"六器"之一。玉璜形制呈半圆片状或较窄的弧状，一般在两端打孔以便系绳佩戴，表面光素或雕刻纹饰，或以动物形态呈现。先秦两汉时期，玉璜在组玉佩中多横陈作玉珩之用。北朝玉璜的造型均为半圆片状，玉质较差，多为竖置陈放。根据穿孔不同，可分为二型：

A型 璜体两端钻孔，钻孔位置多靠近外侧边缘，数量最多，据玉璜表面装饰不同，可分为二亚型：

Aa型 素面玉璜 表面光素无纹，最为常见，如田弘墓出土的4件玉璜，大小、厚度和穿孔略有差异，但保存欠佳（图5－16：1）。

Ab 型 贴金玉璜 表面光素，外缘贴金箔装饰，仅在娄睿墓有发现。共 12 件，大小不等，质地有异，玉璜边缘贴有宽 0.3 厘米的金箔边饰，但大多脱落，仅残留一些金片（图 5 - 16：2）。

B 型 璜体有三孔，仅在库狄迴洛墓发现 2 件，形制为素面三穿，但发掘简报及山西博物院展览中均未展示玉璜的具体形制，三穿璜先秦两汉时期比较常见，通常两端及中部各钻一孔（图 5 - 16：3），魏晋南朝比较常见一端一穿，另一端二穿的玉璜，但这两种造型北朝时期均不常见（图 5 - 16：4）。

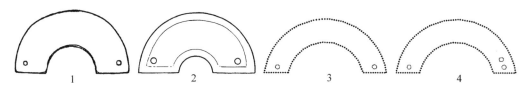

图 5 - 16 玉璜

1. Aa 型 田弘墓 2. Ab 型 娄睿 3、4. B 型 库狄迴洛墓

3. 玉瑀 瑀是系于玉珩中间起系连作用的玉佩，据其形制不同，可将北朝玉瑀分为二型：

A 型 兽形雕饰 整体为圆雕蹲兽造型，贯穿三对相互对称的穿孔，多为琥珀质地，见于库狄迴洛墓、娄睿墓、周超墓。库狄迴洛墓出土的琥珀蹲兽（编号为 2）刻工尤为精致，头顶二角，深目突鼻，阔嘴露齿，袒胸露腹，整体作双手按膝的蹲姿，两肩、足心、头顶、胯下有对穿孔，高 4.3 厘米、宽 4 厘米、厚 1.9 厘米（图 5 - 17：1）。

B 型 玉环 整体扁薄，圆形中空，素面，根据玉环穿孔不同，可分二亚型：

Ba 型 四穿玉环 环体有相互对称的 4 个穿孔，如吕思礼墓、田弘墓玉环，后者（标本 M1：94）保存基本完整，外径 6.92 厘米、内径 3 厘米，环体宽 1.9 厘米、厚 0.52—0.65 厘米（图 5 - 17：2）。

Bb 型 二穿玉环 环体有对称的 2 个穿孔，见于柳带韦墓玉环，1 件，标本 M1：26，呈乳白色，圆环状，素面，外径 1.9 厘米、内径 0.8 厘米（图 5 - 17：3）。

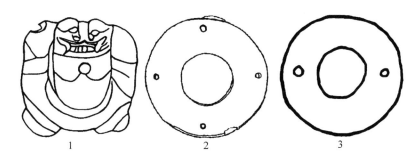

图 5 - 17 玉瑀

1. A 型 库狄迴洛墓（标本 2） 2. Ba 型 田弘墓（M1：94） 3. Bb 型 柳带韦墓（M1：26）

4. 玉冲　玉冲是组玉佩中位于最末端的佩件，通常长度最大，目的是使玉珩两端垂系的玉珠垂于玉冲之上，互相冲撞产生悦耳的声音，故名玉冲。玉冲的形制因时代不同各有差异，根据其造型不同，可将北朝玉冲划分为二型：

A 型　梯形玉冲　整体扁薄，梯形，上部中间有一穿孔，根据上边沿有无云边装饰可分二亚型：

Aa 型　上、下边沿平直，见于北周田弘墓和李贤夫妇墓，前者出土 2 件，如标本 M1：96 保存完整，器长上 11.4 厘米、下 13.5 厘米、宽 5.98 厘米、厚 0.63—0.65 厘米（图 5－18：1）。

Ab 型　云边梯形玉冲　上边中间有三连弧装饰，中间穿孔，底边平直，见于娄睿墓和陕西西安洪庆 M7，前者共出土 1 件（标本 804），形体较大，外缘贴宽 0.3 厘米金箔边饰（图 5－18：2）。

B 型　五边梯形玉冲　平面呈五边形，底边较长，上部两边接合处钻一孔，根据穿孔旁有无云边装饰可分二亚型：

Ba 型　穿孔旁有一至三个数量不等的云边装饰，根据玉冲边缘不同可分二式：

Ⅰ式　玉冲边缘较平直，如娄睿墓、西安小寨南北周墓玉冲，前者共出土 8 件，分别为标本 791—796，798—799（图 5－18：3）。

Ⅱ式　玉冲五边均有内弧，如王士良墓出土玉冲（编号 83），器长 14.5 厘米、高 52 厘米、厚 0.5 厘米（图 5－18：4）。

Bb 型　穿孔旁无云边装饰，根据边缘不同，可分二式：

Ⅰ式　边缘平直，如柳带韦墓玉冲，穿孔两侧平直（图 5－18：5）。

Ⅱ式　上边缘内弧，如王士良墓玉冲（图 5－18：6）。

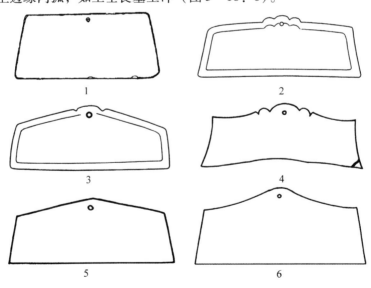

图 5－18　玉冲

1. Aa 型 田弘墓（M1：96）　2. Ab 型 娄睿墓（标本 804）　3. Ba 型Ⅰ式 娄睿墓（标本 791）　4. Ba 型Ⅱ式 王士良墓（标本 83）　5. Bb 型Ⅰ式 柳带韦墓（M1：18）　6. Bb 型Ⅱ式 王士良墓（标本 81）

5. 玉坠　玉坠是置于组玉佩末端与玉冲相互碰撞发出声音的饰件，根据造型不同，北朝组玉佩中的坠饰可分二型：

A 型　圆形或椭圆形珠饰，比较常见，如库狄迴洛墓、李贤墓出土珠饰，前者出土 2 件白色石珠，石质坚硬，顶端有对称斜直的穿孔用于穿系，直径 2.5—3 厘米。

B 型　水滴形坠饰，见于陕西西咸新区朱家寨北周墓、西安洪庆 M7，形如水滴，对钻穿孔或顶端有穿孔。

6. 串珠　串珠是穿连珩、璜、瑀、冲、坠等佩件的珠子，尽管有组玉佩出土的北朝墓葬多被盗扰，但仍有大小不等、质地不同的珠饰出土，这些珠饰除位于头骨附近的颈饰外，大多应是组玉佩上的串饰物，其质地有玛瑙、琉璃、玉石等，造型以圆形和椭圆形珠为主。比如娄睿墓虽屡遭盗扰，仍出土 1153 粒圆形和椭圆形串珠，质地有白玉、玻璃、料等，颜色有白色、蓝色等，发掘者认为这些串珠多数为玉佩上的串饰物。

（二）北朝组玉佩的组合方式

北朝距今年代久远，且墓葬多被盗扰，玉佩出土时均为或残缺或完整的单独配件，不见保存完整的组玉佩。有玉佩件出土的 14 座墓葬中，最早的墓例为东魏、西魏时期，其他均为北齐、北周墓葬，北魏时期的玉佩实物迄今尚未发现。其中，北齐库狄迴洛墓、周超墓，西魏吕思礼墓，北周柳带韦墓、朱家寨北周墓 M37、西安洪庆北周墓 M7 及隋初王士良墓 7 例保存比较完整，成为我们复原和研究北朝组玉佩的重要依据。根据玉佩件形制、出土位置，并结合学者研究成果，可将北朝组玉佩的配置方式分为三种组合方式：

A 组　主要由如意头玉珩、玉璜、玉瑀、梯形玉冲组成，根据玉珩及玉瑀形制差别，可分三亚组：

Aa 组　由 Aa 型如意头玉珩 1、玉璜 2、A 型圆雕蹲兽 1、梯形玉冲 1 组成，见于库狄迴洛墓、娄睿墓（图 5 - 19：1）、周超墓。周超墓出土玉佩现收藏于磁县北朝考古博物馆，该馆复原组玉佩时将云形玉佩作玉冲，考虑到其底边有三穿当为组佩中的珩。库狄迴洛墓玉佩的玉珩为 Aa 型 II 式，正、反面分别线雕凤鸟和云纹，比较少见，下垂的玉璜为 B 型三穿样式，北朝时期比较罕见，根据玉璜造型不同，可按同时期玉组佩样式进行复原（图 5 - 19：2），玉璜亦可作珩，参考宋摹本《洛神赋图》玉佩（图 5 - 19：3）可进行复原（图 5 - 19：4），但均缺少玉冲。

Ab 组　由 Ab 型如意头玉珩 1、A 型玉璜 2 和 B 型玉冲组成，见于北周武帝孝陵、西安市小寨南北周墓和咸阳韩家村北周墓，均有佩件缺失。除小寨南北周墓玉佩体型较大外，其他均比较小巧，如孝陵玉佩件均出土于 5 号天井西龛内，有如意头玉珩 2 件、玉璜 2 件，玉佩件形制小巧，体积最大的如意头玉珩宽仅 3.8 厘米。韩家村墓仅出土 Ab II 式如意头玉珩、Bb 型五边梯形玉冲各 1 件，B 型水滴玉坠 2 件，组佩中形体最大的玉冲边长仅为 6.9 厘米，形体较小。

Ac 组　由 Ac 型如意头玉珩 1、A 型玉璜 2、Aa 型玉冲和 B 型水滴坠饰组成，见于西安洪庆北周墓 M7（图 5 - 19：5）。

B 组 主要由云头玉珩、玉璜、A 型玉瑀、梯形玉冲组成，根据玉瑀造型差别，可分二亚组：

Ba 组由云头玉珩 1、Aa 型玉璜 2、A 型玉瑀 1、梯形玉冲 1 和坠饰组成，见于娄睿墓和周超墓。娄睿墓残存玉佩数量较多，可以组成完整组佩，周超墓出土的玉佩尚缺少组件，但可以肯定的是，云头形玉佩应是组佩中的玉珩（图 5 - 19：6）。

Bb 组由云头玉珩 1、Aa 型玉璜 2、Ba 型四穿环式瑀 1、梯形玉冲 1 和坠饰组成，见于王士良墓（图 5 - 19：7）。

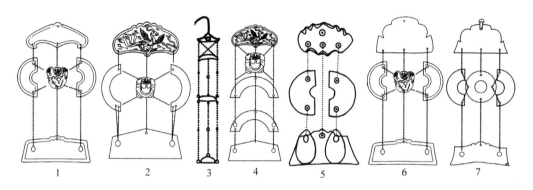

图 5 - 19 A、B 组玉佩组合

1. Aa 组 娄睿墓 2. Aa 组 库狄迴洛墓 3.《洛神赋图》玉佩 4. Aa 组 库狄迴洛墓 5. Ac 组 西安洪庆 M7 6. Ba 组 娄睿墓 7. Bb 组 王士良墓

C 组 主要由半圆玉珩、玉璜、玉环、梯形玉冲组成，根据玉珩及玉瑀形制差别，可分为五亚组：

Ca 组 由 Ca 型四穿半圆玉珩 1、Ba 型四穿环式瑀 1、A 型玉璜 2、Aa 型玉冲和 B 型水滴坠饰组成，根据佩件和串珠尺寸复原后尺寸在 50—60 厘米，主要见于吕思礼墓、朱家寨北周□颙墓（彩图五，23）和田弘墓（图 5 - 20：1）。

Cb 组 由 Ca 型四穿半圆玉珩 1、Ba 型四穿环式瑀 1、Bb 型玉冲和 B 型水滴坠饰组成，主要见于王士良墓。玉环在北朝菩萨像的"X"形胸饰相交处经常发现，而波士顿美术馆藏西安出土的隋石雕观音像身体左侧系结的组玉佩[1]清晰展示了玉佩的组合方式（图 5 - 20：2），根据王士良墓玉佩出土位置（图 5 - 25：3），除 Ca 组合方式外，还有没有玉璜佩件的 Cb 组（图 5 - 20：4）。

Cc 组 由 Ca 型四穿半圆玉珩 1、A 型玉璜 2、Bb 型二穿环式瑀 1、梯形玉冲和 B 型水滴坠饰组成，基本造型同 Ca 组，但玉瑀为 Aa 型二穿玉环，玉冲是 Bb 型五边梯形，见于柳带韦墓（图 5 - 20：5）。

---

[1] 孙机：《中国古舆服论丛》，上海古籍出版社 2013 年版，第 378 页。

Cd 组 由 Ca 型四穿半圆玉珩 1、A 型玉璜 2、梯形玉冲和 B 型水滴坠饰组成，无环式瑀，见于柳带韦墓（图 5 - 20：6）。

Ce 组 由 Cb 型三穿半圆玉珩 1、A 型玉璜 2、玉冲组成，见于田弘墓（图 5 - 20：7）。

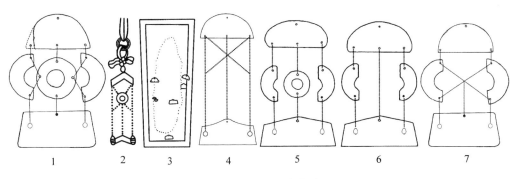

图 5 - 20 C 组玉佩组合

1. Ca 组 田弘墓　2. 隋石雕观音像玉佩　3. 王士良墓玉佩出土位置图　4. Cb 组 王士良墓　5. Cc 组 柳带韦墓　6. Cd 组 柳带韦墓　7. Ce 组 田弘墓

三　事佩

事佩是具有实用价值的佩饰，中原地区很早就有在腰带上系挂事佩的传统，如《礼记·内则》："子事父母……左右佩用。左佩纷帨、刀、砺、小觿、金燧。右佩玦、捍、管、遰、大觿、木燧，逼，屦着綦。"① 郑注《礼记·玉藻》："凡佩系于革带。"中原地区的系物方式是将带子直接系于革带或借助带钩加以系物，而北方民族为适应草原居无定所的游牧生活，较早发展出能够随身携带弓箭、刀子、刀砺、针筒、火石袋等工具和生活用品的蹀躞带，物件通过垂系于带銙古眼或悬环的蹀躞进行佩系。拓跋鲜卑也有随身佩系小件物品的传统，在早期鲜卑墓葬中有羊距骨、骨锥、刀、砺石等大量实物资料出土。北朝墓葬中出土的长度在 3—10 厘米的佩饰，当为腰佩，如若干云墓玉带具周围出土的 2 件象牙雕饰，应为垂挂于蹀躞玉带上的事佩，但基本已成为装饰品。根据考古出土的实物、图像，并结合文献记载，北朝腰带上的佩系物除玉佩外，还有刀、砺、鞶囊、剑、弓箭、羊距骨等佩件，此处仅探讨比较富有特色的剑、环首刀、弓箭和鞶囊四种。

（一）剑

剑是两边有刃、中间起脊的长条形兵器，有短柄并装配剑鞘可佩戴在身上。自战国以来，统治阶级非常重视佩剑以显威仪，至汉代，佩剑之风上下风靡，佩剑成为服饰礼仪中用于标识身份、地位、等级的重要内容。鲜卑也有佩剑之俗，在内蒙古地区的鲜卑墓葬中有大量铜剑、铁剑出土，拓跋鲜卑入主中原后，仍然沿袭了佩

① 杨天宇撰：《礼记译注》，上海古籍出版社 2004 年版，第 329 页。

剑之俗，山西太原北齐徐显秀夫妇墓出土的辫发骑俑左腰斜挂长剑，长剑下方有一弓囊，右腰斜挂箭囊。据《隋书·礼仪志六》①记载，北朝晚期上自皇帝下至百官已形成严格的佩剑制度，其中皇帝佩鹿卢剑，太子佩玉具剑，一品官员佩玉具剑，二品金装剑，三品及开国子男、五等三品名号侯虽四、五品佩银装剑，侍中已下通直郎已上，陪位则像剑。可见，北朝官员佩剑有等级差别，三品以上在礼仪场合可佩真剑，并依剑柄、剑鞘上附件的质地及装饰来区分等级身份，其他则只能佩像剑，若佩真剑，"入宗庙及升殿，若在仗内，皆解剑"②。根据佩剑功能及质地差别，北朝出土资料中的剑可分二型：

A 型 金属剑，当为文献中所载"真剑"。在考古发掘中有实物出土，见于宁夏固原北魏墓、山西寿阳北齐库狄迴洛墓、宁夏固原北周宇文猛墓和陕西西安柳带韦墓等，均为铁剑，锈蚀严重，多为木质剑鞘，如库狄迴洛墓出土铁剑，木鞘髹漆，上有红地墨彩纹饰，但已剥漫。鞘身有九道平凸弦纹的铜箍，剑鞘两端及茎首有铜饰，通长93厘米，应为铜装剑（图5-21：1）。据《北齐书·库狄迴洛传》及墓志记载，库狄迴洛一生历任诸多官职，死前曾任太子太师，官至一品，死后赠官使持节、都督定瀛恒朔云五州军事、大将军、太尉公，依礼应佩玉具剑，却随葬铜装剑，可见制度规定与实际操作间的差别，这种现象同样在其他墓葬出土的佩剑中有所反映。

B 型 像剑，亦可写作"象剑"，为班剑的别称。班剑即饰有花纹之剑，无刃，仅作剑形，晋代始以木制作，见《晋书·舆服志》："汉制，自天子至于百官，无不佩剑，其后惟朝带剑。晋世始代之以木，贵者犹用玉首，贱者亦用蚌、金银、玳瑁为雕饰。"③唐《开元礼义纂》："汉制朝服带剑，晋代之以木，谓之班剑，宋、齐谓之象剑。"④《五臣注》："班剑无刃，假作剑形，画之以文，故曰班也。"⑤因班剑是以木制作并刻饰花纹的礼仪用剑，故又称"木剑""象剑""仪剑"等，北朝时常用作仪仗，由武士佩持，或皇帝以赐功臣，北朝史书中有大量记载。北魏时期班剑已能指代持班剑的仪仗，如《魏书·肃宗孝明帝纪》："以太师、高阳王雍为丞相，加后部羽葆、鼓吹、班剑四十人。"⑥ 木剑易朽，目前尚不见北朝木剑实物出土，但北朝图像中有执剑的仪卫武士形象，如磁县湾漳北朝大墓墓道东、西壁所绘执剑男子，通常双手持剑斜抗于肩上，鞘室有的还可见弦纹装饰（图5-21：2）。

（二）环首刀

环首刀是柄端带金属圆环的刀，这个圆环既可平衡配重，又可系绳挂手稳定握持，还能坠挂饰物和刀穗，兼具实用美观的二重属性。环首刀单面开刃、厚脊的物

①　《隋书》卷11《礼仪志六》，中华书局1979年版，第240—242页。
②　《隋书》卷11《礼仪志六》，中华书局1979年版，第242页。
③　《晋书》卷25《舆服志》，中华书局1974年版，第771页。
④　（宋）高承撰：《事物纪原》卷三《旗旄采章部》，中华书局1989年版，第128页。
⑤　（南朝梁）萧统编，（唐）李善等注：《六臣注文选》卷58，中华书局1987年版，第1084页。
⑥　《魏书》卷9《肃宗孝明帝纪》，第231页。

理特性使其自西汉初年便替代长剑成为骑兵惯用的劈砍武器，至西汉中期逐渐取代剑成为军队的基本制式装备，最终在东汉时期彻底取代长剑。与此同时，佩戴精工装饰的环首刀也逐渐成为佩剑之后文武百官尊崇的装饰和荣耀。魏晋南北朝时期战乱频仍，环首刀作为军队将士的实战兵器成为衡量军力的重要指标。北朝时期，除骑兵外，环首刀和长盾已是步兵标准装备，北朝史书中常见"佩刀"记载，据《隋书·礼仪志七》载，北周武帝时"百官燕会，并带刀升座"①，可见佩刀已成为官员的标准礼仪用具，并且北周时期宫廷侍卫的佩刀式样很多，环首做成各种鸟兽形象，依武官等级不同有"龙环、兽环、凤环、麟环、师子环、象环、犀环、兕环、罴环、熊环、豹环、貔环"等名目②。

　　北朝时期的环首刀除实战、礼仪之用外，还可转赠他人，如武陵王纪与刘璠告别时解佩刀相赠以"见物思人"③。北朝考古出土资料中的环首刀有实物和图像两种，前者多为铁质，如山西太原北齐库狄业墓及宁夏固原北周李贤夫妇墓出土的铁刀，后者在石椁、墓室、石棺入口处刻、绘的武士和门吏形象中比较常见。环首刀与剑均为长条形兵器，虽有单、双刃和首部的明显区别，但图像中的刀、剑多收于鞘中，且门吏、仪卫常将柄端握于手中，因此在图像中较难区分。根据出土实物及形制清晰的环首刀图像反映的形制差别，可将其划分为二型：

　　A 型　无鞘环首刀　刀身纤细，长身直刃，柄端有椭圆环，环中无饰物，通常由披甲武士扛于肩上，如大同北魏太延元年（435）沙岭壁画墓、太安四年（458）解兴石堂（图 5-21：3）以及洛阳宁懋石室门道两侧持盾武士形象。

　　B 型　带鞘环首刀　刀身细长平直，刀身收入鞘中，根据形制差别，可分三亚型：

　　Ba 型　椭圆形环首无其他装饰，鞘室装饰多道弦纹，当是对刀鞘金属箍的表现，主要见于迁洛之后墓葬、石棺门道两侧的门官形象，通常由门官双手挂刀于地，如洛阳北魏曹连石棺前挡门道左侧门官，双手挂刀于地，刀首圆环清晰可见（图 5-21：4）。再如洛阳瀍河升仙石棺门道两侧门官，手中所挂与曹连石棺长刀相似，鞘室均装饰多道弦纹，应为环首刀。

　　Bb 型　环首装饰凤纹，如纽约大都会博物馆藏环首凤纹仪刀，鞘室装饰 17 道圆箍，与 Ba 型门官所挂形制相似，仅刀身、刀茎间有凸起的格（图 5-21：5）。

　　Bc 型　环首无装饰，鞘身上半部加装双耳，佩系方式为双耳吊挂法，见于李贤墓出土环首刀，通长 86 厘米，出土时刀已锈于鞘内，原长应在 100 厘米左右，刀首呈扁圆环状，外套木鞘，鞘身外表髹褐色漆，刀鞘包银，上有一对银质附耳，附耳与鞘身连接处及鞘身末端包银。铁刀出土于木椁右侧，应为墓主李贤的佩刀，是目前所发现的北朝墓中唯一保存完整的铁刀（图 5-21：6）。

---

① 《隋书》卷 12《礼仪志七》，第 275 页。
② 《隋书》卷 12《礼仪志七》，第 281 页。
③ 《周书》卷 42《刘璠传》，第 762 页。

图 5 - 21　剑与环首刀

　　1. A 型 库狄迴洛墓铁剑（标本 140）　　2. B 型 磁县湾漳北朝大墓墓道东壁男子　3. A 型 解兴石堂前壁左侧武士像　4. Ba 型 曹连石棺门道左侧门官　5. Bb 型 纽约大都会博物馆藏环首凤纹仪刀　6. Bc 型李贤墓环首刀（标本 10）

（三）弓箭

　　弓箭是冷兵器时代威力大、射程远的重要远射兵器，是军队、猎人使用的重要武器和工具。长期的射猎生活、频繁的军事战争以及尚武的民族秉性，造就了鲜卑族以骑射为长的民族传统，《后汉书·乌桓鲜卑列传》记载与鲜卑语言习俗相同的乌桓："俗善骑射，弋猎禽兽为事。随水草放牧，居无常处。"[①] 拓跋鲜卑入主中原建立政权后，仍然保持着骑马射猎传统，近年来，考古发掘出土的北朝墓葬如大同南郊全家湾北魏 M9、忻州九原岗北齐壁画墓中的狩猎图即为明证。考古出土的北朝人物陶俑、墓室壁画如娄睿墓、徐显秀墓以及忻州九原岗北朝壁画墓中的男性形象，很多在腰间系佩弓箭。由于惯用右手者需要左手握弓，右手拉弦射箭，因此北朝图像中的弓箭在腰间的系佩位置通常是左弓韬、右箭箙，亦存在少量右弓韬、左箭箙的情况，如忻州九原岗墓道西壁三层南起第五人便与周围男子佩弓相反（图 5 - 22：1）。从图像资料看，北朝时期弓韬、箭箙的形制、色彩与纹饰比较多样。

　　1. 弓　弓主要由有弹性的弓臂和有韧性的弓弦两部分构成，北朝图像中佩系于腰间的弓均为下弦状态，弓体平直，长度几乎与人等高，一端纳入弓韬之中，另一端外露，是为长弓。根据佩弓的形制及用途不同，可分为二型：

　　A 型　长弓收纳于布帛制成的袋子中，一端纳入弓韬，另一端外露，见于娄睿墓墓

---

　　① 《后汉书》卷 90《乌桓鲜卑列传》，第 2979 页。

道东西壁一、二层出行和鞍马图及忻州九原岗北朝壁画墓墓道东、西壁三层出行图。以忻州九原岗墓道西壁壁画为例，长弓上半部分缠裹黄、白、灰等色布帛，两端细长，有的弓袋较长，顶端自然下垂，有的打成花结（彩图二，36－39）。腰间佩弓的另一侧系箭箙，内有弓矢，考虑到画面旁边即为狩猎图，这种箭应为实用的射猎用弓。

　　B型　长弓一端纳入弓韬，另一端外露，弓体没有缠裹布帛，见于娄睿墓墓道东西壁第三层迎宾图及甬道东西壁仪卫图，从外露的弓端来看，弓弰细长，弓臂较宽，弓弰及弓臂外侧髹红漆，弓臂内侧为白色。佩弓的另一侧箭箙内有的盛有箭矢，如娄睿墓甬道东壁仪卫图，大多没有表现箭矢。磁县湾漳北齐墓墓道东壁第10人手中所执也为下弦之弓，通体黑色，通长174.5厘米，超过握弓者身高，因无弓韬遮挡，可辨清具体形制：长弓上下两端为细长的弓弰，弓臂较宽，用于执握的弓把较细，此弓既未上弦，握弓者也未携带箭矢，因此发掘报告将其定为仪仗用长弓（图5－22：2）。这种礼仪用弓至隋唐时期仍有大量图像表现，如陕西潼关税村隋代壁画墓墓道西壁仪卫武士、河南洛阳唐安国相王孺人墓仪卫武士，均手握长弓，弓弰触地。北朝图像中的仪仗用弓与骑射之弓形制相同，如忻州九原岗墓道东西壁第二层所绘狩猎图，骑马者弯弓射猎所用之弓，也是弓弰细长、弓臂较宽、弓把较细的长弓，因此，北朝图像中的仪仗用弓并非没有实用功能，只是处于仪卫场合而已。

　　2. 弓韬　弓韬是盛弓之袋，亦名韔（chàng），又称弓囊、弓袋、弓衣，多用皮革制成。骑马者所用盛弓器又称鞬，《释名·释兵》曰："马上曰鞬。鞬，建也，弓矢并建立于其中也。"[1] 这表明东汉时期，骑马时通常将弓、箭一并盛于鞬中，但北朝图像中的弓、箭均根据使用习惯分别盛放。北朝图像中的弓韬，其形制均为长筒形，顶有两重缘边，高度约为长弓的一半，为适应弓弰细长、弓臂较宽的形态，韬底细小，韬口较大。根据弓韬装饰差别，可分为三型：

　　A型　素面无纹，颜色以深红色为多，如娄睿墓及忻州九原岗北朝壁画墓墓道出行图所示（彩图二，36－39）。

　　B型　虎纹弓韬　弓韬表面装饰虎斑纹，见于忻州九原岗墓道西壁三层南起第3、7、12人（彩图二，36－38）。

　　C型　豹纹弓韬　弓韬表面装饰豹斑纹，见于忻州九原岗墓道西壁三层南起第2、6、8、10、14、16人（彩图二，36－38）。

　　B、C型弓韬即文献所载"虎鞬""豹韬"，即以虎皮或豹皮制成的弓袋，《诗·秦风·小戎》云："虎鞬镂膺，交韔二弓。"《毛传》曰："虎，虎皮也；鞬，弓室也。"先秦两汉时期的虎、豹皮弓韬形制大多已无从考稽，北朝图像中的长筒形虎鞬、豹韬为我们认识古代弓韬形制提供了具体形象的资料，唐代大量出现的弯月形弓韬已是受西域文明影响的结果[2]。

―――――――――――――

① （东汉）刘熙撰，（清）毕沅疏证，王先谦补：《释名疏证补》卷7，第235页。
② 王援朝、钟少异：《弯月形弓韬的源流——西域兵器影响中原的一个事例》，《文物天地》1997年第6期。

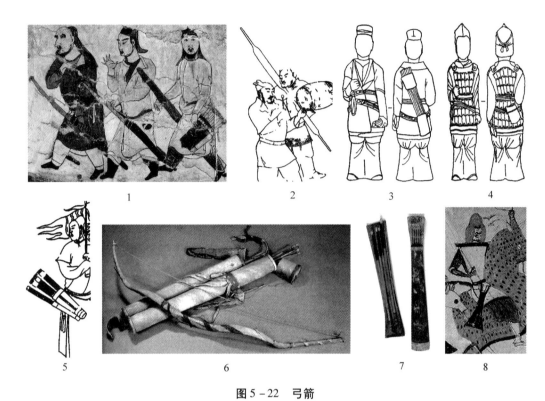

图 5 - 22　弓箭

1. 忻州九原岗北朝墓墓道西壁三层男子　2. B 型 磁县湾漳北朝大墓墓道东壁第 10 人　3. 磁县东陈村尧赵氏墓负箭囊俑（M1：72）　4. 高润墓甲胄箭囊俑（M1：72）　5. Ab 型 娄睿墓墓道西壁第三层迎宾男子　6. 新疆民丰尼雅遗址一号墓地弓箭　7. 唐阿斯塔那墓地 M191 胡禄　8. C 型 莫高窟西魏 285 窟壁画骑兵

3. 箭箙　箭又名矢，由箭头、箭杆和箭羽三部分组成，盛箭之器又名箭箙、箭囊、矢箙。自战国至汉代，箭箙多由步兵携带，形制比较短小，通常负于肩背。魏晋南北朝时期，匈奴、鲜卑等北方少数民族进入中原，这些民族本以游牧为业，长于骑射，弓箭成为他们传统的远射兵器。马镫的普遍使用使骑兵更具灵活性，并且能进行较为复杂的战术动作，因此，自西汉以来雄踞战场的强弩步兵在北朝走向末路，身佩弓箭的彪悍骑兵开始在战场上纵横驰骋，与此同时，装备弓箭的步兵也大行其道，这在北朝壁画、雕塑中有大量表现。根据箭箙佩系方式不同，北朝时期的箭箙可分为两种：

一种是在束腰的腰带下另外束带佩系箭箙，箭箙位于腰后臀部一侧，主要由步兵佩系，在高润墓、茹茹公主墓、尧赵氏墓、磁县湾漳北齐壁画墓等出土的箭囊步卒俑中均有表现，其基本形制近长方形，比较短小，箭杆多暴露在外，如茹茹公主墓、尧赵氏墓武士俑所负箭囊（图 5 - 22：3），有的没有表现箭矢，如高润墓甲胄箭囊俑（图 5 - 22：4）。

另一种是箭箙悬挂于腰带之上，位于腰部靠下一点的体侧，与弓韬所佩位置相对。根据形制差别，又可分三型：

A 型　口大底小的筒状箭箙，根据其形制不同，又可分二亚型：

Aa 型　长筒状箭箙，如娄睿墓甬道东壁的仪卫男子腰间所佩箭囊，内插箭矢，箭箙高度与箭矢相同，再如娄睿墓甬道西壁仪卫男子所佩箭囊，内无箭矢（彩图二，31）。

Ab 型　由两个口大底小的圆筒组合而成，见于娄睿墓墓道西壁第三层迎宾图第二排第一人，该男子正侧脸欣赏鼓乐奏鸣的场景，他腰间所佩箭箙由一粗一细二个圆筒组成，底边和口缘均涂一圈黑漆，口径较大者中间部位绘有箭矢，内盛 3 束箭矢，小者仅盛一束，箭镞均朝下，一半箭杆露在筒外（图 5－22：5）。这种由两个圆筒组合而成的盛箭器在新疆民丰县尼雅遗址一号墓地曾有出土，二圆筒一高一矮，均由兽皮制成，高者通高 90 厘米，有盖，内插箭矢四支，矮者高 74 厘米，无盖，时代为汉晋时期（图 5－22：6）。不同的是，娄睿墓壁画中的盛箭器似由竹木制成，《周礼·司弓矢》"中秋献矢箙"，郑玄注曰："箙，盛矢器，以兽皮为之。"郑注不确，因考古发掘的战国、汉墓中有大量竹、木矢箙出土，如马王堆 3 号墓出土的两侧有尖角的木箙。《说文·竹部》；"箙，弩矢箙也。从竹，服声。"[1] 清代段玉裁注："（箙）本以竹木为之。故字从竹。"可见，段注应该基本反映了当时的历史事实。但汉墓出土的矢箙图像及实物以方者比较多见，这种圆筒形的盛箭器在居延汉简（87·12，523·15）中称作椟丸[2]，但不同的是，娄睿墓壁画中的筒形盛箭器较矮，没有盖，与沂南东汉画像石马厩中所悬椟丸相类。

B 型　口大底小的梯形箭箙，底部中间外凸两边弧曲，上有条纹装饰，箭箙旁边附一细长圆筒，内不盛箭，见于忻州九原岗北朝壁画墓墓道西壁三层出行图中的男子，箭箙似由藤竹等编织而成（彩图二，39）。

C 型　两端粗中间细的箭箙，皮革制成，唐代非常流行，称为"胡禄"（图 5－22：7）。《和名类聚抄》卷五《调度部·征战具·箙》条："箙，《周礼》注云：箙，音服，和名夜奈久比，唐令用胡禄二字，盛矢器也。"其实这种形制的箭箙北朝图像中已有大量发现，如敦煌第 285 窟西魏壁画中的骑兵身体右侧所悬挂矢箙即为"胡禄"（图 5－22：8）。另外，安伽墓、史君墓围屏石榻图像中均有大量表现。

（四）囊

囊为储物之袋，早在先秦时期便有佩囊之制[3]，用以盛放零碎细物。《礼记·内则》："男鞶革，女鞶丝。"汉郑玄注："鞶，小囊，盛放帨巾者。男用韦，女用缯，有饰缘之。"传世文献对佩囊有大量记载，因其材质与贮物不同而名称各异，概言

---

① （东汉）许慎撰，（宋）徐铉校定：《说文解字》卷 5 上，第 98 页。

② 孙机：《汉代物质文化资料图说（增订本）》，上海古籍出版社 2008 年版，第 162 页。

③ 高春明：《中国服饰名物考》，上海文化出版社 2001 年版，第 686 页。

之，有容臭、熏囊、香囊、滕囊、香袋、药囊、绶囊、鞶囊等不同称谓，元代后统称为荷包并沿用至今。就图像资料来看，北朝时期随身囊袋有两种：一种为皮革制成的近圆形鞶囊，另一种则是丝织品制成的近方形丝囊，尤以前者最富特色。

圆形鞶囊在中土之人和西域胡人形象中均有发现，前者如徐显秀墓东壁备车图中的男子（图5－23：1），娄睿墓墓道东壁第一层壁画墓主随从图、甬道东壁壁画持班剑仪卫图，后者如陕西西安韦曲高望堆北朝墓 M1 出土胡人俑（M1：43、48）身体右侧佩一黑色圆形鞶囊；青州傅家北齐画像石第二石《商谈图》中，面朝右侧、躬身立姿、右手持高脚杯的胡人腰部右侧便系佩戴一件鞶囊；日本滋贺县 MIHO 博物馆藏北朝晚期画像石中，赶牛车的胡人腰部右侧佩戴一件鞶囊；陕西西安北周安伽墓围屏石榻右侧屏风第三幅出行送别图中，骑马男子腰部右侧也垂系一枚鞶囊。这种鞶囊佩戴位置一般比较固定，位于佩戴者腰部右侧，其颜色就娄睿墓壁画来看有红、黑二色，与身上所着袍服颜色形成鲜明对比，系带颜色与鞶囊一致，穿过古眼后余端下垂，从画面中看不出系带固定的方式。蹀躞下垂较短，按照图像比例分析，当在5厘米左右，由于系带较短，不论站立还是行进中的男子，鞶囊均仅仅贴附于腰部。囊袋整体近圆形，由囊身与囊盖两部分组成，囊袋底部圆弧，囊盖顶端平直，底边由两个圆弧组成，如娄睿墓甬道西壁和东壁的仪卫男子，前者还能清楚地看到镶边的痕迹。囊袋整体素面，不见织绣装饰，但囊盖二圆弧中部各有一白色圆饼与囊袋上的2个白色圆饼对称分布，似为镶嵌的金属圆片。

娄睿墓壁画中，男子所佩鞶囊通常下压素色打结绶带，如甬道东、西壁的仪卫男子，墓道西壁部曲鼓吹图，墓道东壁鞍马男子等（图5－23：2），这应是对传统佩囊制度的传承。《晋书·舆服志》载："汉世著鞶囊者，侧在腰间，或谓之傍囊，或谓之绶囊，然则以紫囊盛绶也。或盛或散，各有其时。"① 汉时鞶囊常绣虎头为饰，山东临沂沂南北寨村东汉画像石中有清晰表现②（图5－23：3），因中国传统的鞶囊主要用来盛放玺印，故又称"印囊"，而玺印一般用绶带拴系印纽，汉代印绶的颜色可区分等级地位，玺印置于鞶囊，绶带或收放于囊中，或垂于囊外，因此，鞶囊又称"绶囊"。但北朝时期绶带已不再是身份等级的象征，首先，娄睿墓男子所佩鞶囊绶带颜色统一，这种现象也许表明这些男子身份可能相差无几，但同时期其他墓例中发现的大量鞶囊形象已不见绶带，比较有代表性的例子如青州傅家北齐画像石商谈图中躬身立姿面朝右侧的胡人、日本滋贺县 MIHO 博物馆藏北朝晚期牛车出行画像石中赶牛车的胡人、陕西西安北周安伽墓围屏石榻右侧屏风第三幅出行送别图中的骑马男子，他们腰部右侧均可见到与娄睿墓壁画形制相同的鞶囊，但均不见绶带踪影。据《隋书·礼仪志六》载，北朝后期鞶囊已正式纳入舆服制度，

---

① 《晋书》卷25《舆服志》，中华书局1974年版，第773页。

② 曾昭燏、蒋宝庚、黎忠义：《沂南古画像石墓发掘报告》，文化部文物管理局1956年版，图版55、56；山东博物馆编著：《沂南北寨汉墓画像》，文物出版社2015年版，图44、45，第68—69页。

"鞶囊，二品已上金缕，三品金银缕，四品银缕，五品、六品彩缕，七、八、九品彩缕，兽爪鞶。官无印绶者，并不合佩鞶囊及爪"[1]。可见，鞶囊的质地及装饰本身已成为佩戴者身份地位的象征，绶带的象征意义已经不大。隋代仍能见到形制相同的鞶囊，如山西太原晋源区隋代虞弘墓出土的持壶、持瓶男侍俑腰间所佩鞶囊，也没有发现绶带。至唐代仍可见到大量形制类似的鞶囊，也不见绶带，如懿德太子墓石椁线刻男装侍女像、乾陵陵园王宾像[2]，腰间所佩鞶囊一方面不再局限于身体右

图 5 - 23　佩囊

　　1. 徐显秀墓东壁备车图男子鞶囊　2. 娄睿墓墓道东壁第二层鞍马导引男子　3. 沂南北寨东汉画像石虎头鞶囊　4. 磁县东陈村尧赵氏墓提物女俑（M1∶8）　5. 徐显秀墓墓室西壁侍女　6. 忻州九原岗北朝墓墓道西壁女子

　　① 《隋书》卷11《礼仪志六》，第242页。
　　② 陈晔：《乾陵王宾像上的鞶囊考》，《文博》2012年第5期。

侧，左侧也可佩戴，鞶囊的系结方式已有改进，鞶囊均以带扣悬挂于环带古眼之内，带头穿过方孔折回后再穿入系带的带扣之中，这样一来囊袋便被牢固地系佩于腰带之上，同时还可以灵活地佩戴与拆解。

随身物件除佩系于腰间外，还可盛纳于行囊、包袱中随身携带，如河北磁县东陈村东魏尧赵氏墓出土的提物女俑，标本 M1：8，右臂挽一长系包裹（图 5 – 23：4）；再如北齐徐显秀墓墓室东西壁备马、备车图中，各有一位侍女手捧捆扎方正的包袱，其顶端尚有扎好的对角结（图 5 – 23：5）。此外，北朝图像中还出现了用皮革、布帛制作的附有背带能够手提、肩挎的储物包，如忻州九原岗北齐壁画墓墓道西壁第二层备马出行图中，回首张望的女子身着圆领长袍，脚蹬黑勒靴，右肩挎一长方形挎包，材质硬挺，当用皮革制成（图 5 – 23：6）。除传统的囊袋外，中古时期的陶俑、壁画等图像材料中表现了不少女性挎包形象，为我们展现了丰富多彩的挎包文化，葛承雍已做梳理[①]。包、囊在广义服饰概念下属于配饰类，是服饰研究的一个专类，受资料所限，本书不作专门探讨。

综上所述，北方游牧民族为适应草原上居无定所的游牧生活，需要随身携带弓箭、刀子、刀砺、针筒、火石袋等工具和生活用品，所以蹀躞带较早地发展和完善起来。拓跋鲜卑入主中原地区以后，生存环境和生活方式的改变使他们一方面努力学习汉族传统的腰佩制度，同时也继承了自身的民族服饰传统。北朝时期的腰部佩物比较丰富，既有中国汉族传统的玉佩、班剑，也有受拓跋鲜卑生活习俗影响而佩戴的各种蹀躞事佩，而且很多佩饰对隋唐时期产生了重要影响。

---

① 　葛承雍：《中古壁画与陶塑再现的挎包女性形象》，《故宫博物院院刊》2020 年第 1 期。

第六章　北朝服饰组合

本书前五章根据考古出土的北朝人物图像及服饰实物资料，并结合文献记载，对北朝服饰进行了考古类型学分析，系统梳理和把握了北朝时期不同门类服饰的形态特征及发展演变。这种细致入微的分类研究为众多服饰史研究者津津乐道，唯有细化，方能深入和全面把握服饰细节和发展脉络，然而，这种分类研究方法的缺点也是显而易见的。首先，过于细致的分类梳理使不同门类服饰孤立起来，割裂了服饰原有的存在语境，不符合服饰实际穿用情况，因为不同服装及饰品的搭配是服饰穿着的重点所在；其次，人是服饰的灵魂，单独的服饰是没有生命力的，唯有人能够赋予服饰以生命力。因此，古代服饰研究需要重视服饰组合即服饰搭配研究，并充分考虑人的因素，立体地把握古代服饰发展历史。在考古类型学分析中，分析器物的组合关系是一项重要研究内容，所谓组合关系，是指在一个遗址（或更大的范围内）的某一时期内，某些器物经常配套共存出现，相互间形成较为稳定的关系①。古代服饰研究也需要特别注意不同服装和饰品的组合关系，即人从头到脚所着服饰的搭配情况，这也是以往古代服饰研究着力较少之处。本章在北朝服饰分类研究基础上，结合文献记载，探讨北朝服饰包括首服、身衣、足衣和饰物的组合搭配情况。

第一节　男性服饰组合

一　衣裳组合

上衣下裳是华夏民族最早的服装形式，为表示尊重传统，衣裳制成为历代帝王百官最高等级的礼服形式，北朝时期仍沿袭衣裳之制。根据图像资料，结合文献记载，北朝时期的衣裳组合方式主要有以下四种：

A 组　冕 + 曲领中衣 + 衣裳 + 大带 + 高头履 + 蔽膝、玉佩

冕服是古代最高等级礼服，在祭祀大典中穿用，是古代主要的祭服。冕服于周代定制后，虽其种类、服用范围、章纹分布等屡有更定，各朝不一，但冕服之制历代沿袭，直至明代灭亡才退出历史舞台。为遵循古代服饰传统，冕服沿用中国传统的上衣下裳服制，一般玄上纁下，如《周礼·春官·司服》云："王之吉服……祭

---

① 栾丰实、方辉、靳桂云：《考古学理论·方法·技术》，文物出版社 2002 年版，第 72 页。

群小祀，则玄冕。"郑玄注："凡冕服皆玄衣纁裳。"①

北魏孝文改制提倡汉服，帝王公卿在参加祭祀及元会时穿衮服，不同等级身份者在冕、章纹数量、配件有所区别，后来的东魏、北齐继承此制。据《隋书·礼仪志六》载，北齐帝王所着衮冕主要由平冕、皂衣、绛裳、绛缘中单及织成绲带、白玉佩、鹿卢剑、绛裤袜、赤舄等配件构成②。北周冕服参照《周礼》改制，烦琐迂怪，就帝王公卿冕服而言，虽名义上遵循周礼六冕之制，但又有各种不同名目，如"山冕""方冕""火冕""藻冕""绣冕""祀冕"等，冕服之制比较混乱，在实际生活中未必完全参用。

北朝时期的帝王冕服并无实物出土，但在图像中有表现，主要见于洛阳龙门石窟宾阳中洞、皇甫公窟、巩县石窟寺等佛教造像中的帝王礼佛图，具体搭配为头戴冕冠，上着直领广袖衣，内穿曲领中衣，下着长可及地的裳，上衣用大带扎束于裳内，腹前垂有蔽膝，脚着高头履，受雕刻艺术表现形式及保存状况限制，衣裳的色彩及十二章纹没有表现（图6-1：1）。

B组 笼冠＋衣裙＋大带＋履

Ba组 笼冠（A型）＋曲领/圆领中衣＋交领广袖衣（Ba型）＋裙（A型）＋大带＋蔽膝＋高头履

主要见于帝王礼佛图皇帝身边的随从、宁懋石室贵族男子、崔芬墓夫妇出行图（彩图一，6）及磁县湾漳北朝大墓墓道壁画仪仗队列中部人物形象，通常有侍者扶掖，头戴A型笼冠，有貂尾、金珰或白笔装饰，身着交领广袖上衣，内穿曲领或圆领中衣，腰系大带，腹前有方形蔽膝，脚穿高头大履。

Bb组 笼冠（Ad型）＋圆领中衣＋交领广袖衣（Bb型）＋裙（A型）＋大带＋圆头履

主要见于磁县东陈村尧赵氏墓、尧峻墓、高润墓、磁县湾漳北朝大墓出土的笼冠俑，为单体形象，通常作垂手状，或一手下垂一手抬起状，头上笼冠基本不见貂珰装饰，身着交领广袖衣，内穿圆领中衣，下着及地长裙，脚着圆头履，覆于长裙之下。上衣除袖端较广博外，整体比较修身（图6-1：2，彩图二，12）。

Bc组 笼冠（B型）＋圆领中衣＋交领广袖衣（Bc型）＋裙（A型）＋大带＋圆头履

主要见于陕西地区，如北周□颙墓、宇文俭墓、武帝孝陵出土笼冠俑，单体形象，通常双手做拱手于胸前状（图6-1：3，彩图二，14）。

Bd组 笼冠（B型）＋圆领中衣＋交领广袖衣（C型）＋裙（A型）＋大带＋圆头履

主要见于陕西、宁夏地区，如陕西西安西魏陆丑墓（彩图二，13）、拓跋虎夫

① 《十三经注疏·礼记正义》，中华书局1980年版，第781页。
② 《隋书》卷11《礼仪志六》，第238页。

妇墓，宁夏固原李贤墓等出土笼冠俑，袒露脖颈和胸部，双手做拱手于胸前状。

　　这种服饰搭配是帝王、贵族乃至官员所着礼服，其完整搭配在《隋书·礼仪志七》有载，北齐"朝服，冠、帻各一，绛纱单衣，白纱中单，皁领袖，皁襈，革带，曲领，方心，蔽膝，白笔、舄、袜，两绶，剑佩，簪导，钩鰈，为具服。七品以上服也。公服，冠、帻，纱单衣，深衣，革带，假带，履袜，钩鰈，谓之从省服。八品以下，流外四品已上服也"[1]。Ba 组服饰组合应是北齐时期七品以上官员所着朝服（又名"具服"）的简化模式；而 Bb 组的服用者身份略低，从其简省的搭配方式来看可能是八品以下官员所着公服，即省略蔽膝等佩饰方便办公的从省服。以宁懋石刻贵族人物为例，男子头上所戴平巾帻外加漆纱笼者，当即"冠、帻各一"，上身内着的曲领中衣当即"曲领"和"白纱中单"的合体样式，"簪导"是漆纱笼冠上固定帻的簪子，宁懋脑后耸起的缨穗状装饰物，沈从文认为是本于汉代簪笔制度的"垂笔"，当即文献中所说的白笔。宁懋及其他贵族脚上所着高头履表明，北朝时期的礼仪场合中，复底之舄已被兼具约束裙摆和装饰功能的高头大履所取代，而其下身所着之裳从其撩起的褶皱来看已非最初意义上的前后两幅之裳，而是前后封闭的筒裙，亦有围腰裙，见于北魏洛阳永宁寺遗址所出土影塑像。可见，北朝时期虽然在礼仪场合仍然延续衣裳旧制，但其基本形制已经脱离了原始形态。

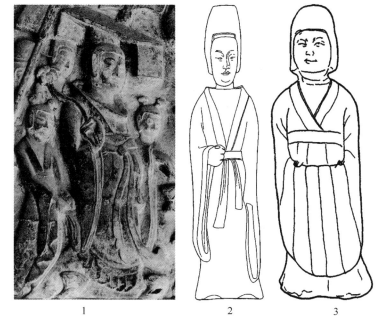

图 6-1　衣裳组合

　　1. A 组 巩县石窟第 1 窟南壁东侧下层礼佛图局部　2. Bb 组 磁县湾漳北朝大墓笼冠立俑（标本 428）

　3. Bc 组 □颙墓笼冠俑（M37：88）　4. C 组 磁县湾漳北朝大墓跽坐侍仆俑（标本 1329）

──────────

[1]　《隋书》卷 11《礼仪志六》，第 242 页。

C 组　小冠（B/C 型）＋圆领中衣＋交领宽袖衣（Ab 型）＋裙（A 型）＋帛带

主要见于河南、河北地区的伎乐、舞蹈、文官武吏等形象，如河南洛阳元祉墓、杨机墓，河北磁县湾漳北朝大墓出土伎乐、舞俑（图 6 - 1：4，彩图二，26）。

D 组　风帽（A 型）＋圆领中衣＋交领广袖衣（Aa 型）＋裙

主要见于北魏迁洛之前的上层人物形象，如大同北魏沙岭 M7 墓室东壁、智家堡石椁北壁墓主像，头戴风帽，衣裳宽博（彩图一，1、4）。该服装搭配因墓主坐姿具体形制不详，但考虑到有的墓主腹前有蔽膝装饰，当为衣裳搭配。

二　衣裤组合

上衣下裤是北朝图像中最常见的男子服装样式，几乎每座有人物陶俑、壁画出土的墓葬遗存均有衣裤装的踪影，足见当时其流行程度。

（一）裤褶服组合

"裤褶"一词最早出现在《三国志·吴书·吕范传》裴松之所引《江表传》："范出，更释褠，着裤褶，执鞭，诣合阁下启事，自称领都督，策乃授传，委以众事。"[1]《晋书·舆服志》对裤褶服制进行了详细记述："裤褶之制，未详所起，近世凡车驾亲戎、中外戒严服之。服无定色，冠黑帽，缀紫摽，摽以缯为之，长四寸，广一寸，腰有络带以代鞶。中官紫摽，外官绛摽。又有纂严戒服而不缀摽，行留文武悉同。其畋猎巡幸，则惟从官戒服带鞶革，文官不下缨，武官脱冠。[2]"可见，最晚在三国两晋时期已有裤褶之名。但实际上，裤褶服制产生时间较早，北方少数民族为适应游牧、狩猎需要，很早就形成了上衣下裤的服饰形制。中原汉族人民最早接触这种服制可以追溯到战国时期赵武灵王胡服骑射，当时主要用作军戎服饰，并未普及，我们可以从秦始皇陵出土兵马俑看到这种服制作为军戎服饰穿用的情况。两汉时期，中原汉人也穿裤和短上襦，合称"襦裤"，但只有骑者、武士及厮徒等人可将裤暴露在外，封建贵族仍需在襦裤之外加深衣或袍。三国两晋时期，裤褶服的穿用范围大大增加，但主要还是在车驾亲戎、中外戒严时穿用。北朝时期，伴随着民族融合步伐的加快，裤褶形制更加多元化，服用范围大大增加，除武士、军官外，文吏、侍从和仆役均可穿着，朝廷和民间广泛流行。特别是北魏时期，裤褶还用于礼见朝会，甚至用作丧服或凶服，如《魏书》载北魏文明皇后驾崩，魏主欲以裤褶服吊，前往吊唁的齐使裴昭明"相顾而笑曰：'非孝者，宣尼有成责，行人亦弗敢言。希主人裁以吊服，使人唯赍裤褶，比既戎服，不可以吊，幸借缁衣帻，以申国命。今为魏朝所逼，违负指授，还南之日，必得罪本朝。'"[3] 北魏用裤褶作凶服的做法遭到齐使非议，表明当时南、北方在服饰文化上仍存在明显不同。北朝裤

① 《三国志·魏书》卷 12《吕范传》，第 1310 页。
② 《晋书》卷 25《舆服》，第 772 页。
③ 《魏书》卷 79《成淹传》，第 1752 页。

褶服主要有以下五种搭配方式。

A 组　风帽 + 裤褶

Aa 组　垂裙风帽（A 型）+ 窄袖短褶（Aa 型）+ 小口裤（A 型）

头戴圆顶垂裙皂帽，上着长过髋部的窄袖短褶，下着小口长裤，如山西大同沙岭北魏壁画墓 M7 彩绘漆皮及壁画所绘男侍仆从形象，解兴石堂右侧、后壁侍者形象（图 6 - 2：1，彩图二，32），河北蔚县北魏太平真君五年（444）朱业微石造像底座正面及侧面供养人形象。

Ab 组　垂裙风帽（A 型）+ 窄袖长褶（Ab 型）+ 小口裤（A 型）

主要见于山西大同地区，如北魏宋绍祖墓男侍俑（彩图二，2）、雁北师院 M2 男侍俑（图 6 - 2：2）司马金龙夫妇墓男侍俑，智家堡石椁壁画、大同南北魏墓群棺板画、大同智家堡北魏墓棺板画、沙岭北魏墓壁画、迎宾大道壁画、云冈石窟 6、9、10、11、16、17 窟的供养人服饰中均有发现。头戴各式垂裙皂帽，有的佩戴耳饰，身着交领窄袖长褶，腰间束革带，下着小口裤，脚穿黑色矮底鞋是其常见搭配样式。在颜色搭配上，鞋、帽多为黑色，褶和裤多用红、白色搭配，或红褶配白裤，或白褶配红裤，有的褶、裤通体为深浅不一的红色，还有红、白或红、黑两色相间的间色褶、裤搭配者。上身所着褶的领口、衣襟、袖端、衣裾边缘均用不同颜色的衣料镶嵌。

Ac 组　垂裙风帽（Da 型）+ 广袖褶（Ca 型）+ 大口裤

主要见于河南、河北地区，如河南偃师联体砖厂二号墓风帽俑、鼗鼓俑，洛阳北魏元邵墓骑马鼓吹俑、骑从俑、击鼓俑（彩图二，3）；河北赞皇东魏李希宗墓骑马仪仗俑，磁县东魏茹茹公主墓伎乐骑俑、伎乐俑（图 6 - 2：3），景县高雅墓尖顶风帽俑和击鼓俑，磁县湾漳北朝大墓风帽鼓乐骑俑等，河南安阳北齐范粹墓 Ⅱ 式鲜卑侍吏俑等。头戴尖圆顶垂裙帽，身着广袖褶，内着圆领中衣，下着大口裤，腰间束带。穿着者主要是伎乐、鼓吹、骑俑等，这种服装搭配有其独特的穿着群体。

Ad 组　垂裙风帽（Db 型）+ 宽袖褶（B 型）+ 大口裤

主要见于陕西、宁夏地区骑马乐俑，如陕西咸阳北周武帝孝陵、宁夏固原北周李贤墓骑马奏乐俑（图 6 - 2：4）。

Ae 组　垂裙风帽（Cb 型）+ 宽袖褶（Bb 型）+ 大口裤

主要见于陕西地区西魏、北周图像资料，如北周武帝孝陵 Ⅰ 型风帽俑、持箕俑，宇文俭墓帷帽男立俑、叱罗协墓骑马仪仗俑、柳带韦墓 A 型风帽俑、王德衡墓男侍俑、若干云墓男侍俑、□颧墓风帽俑（彩图二，4）等。如宇文俭墓帷帽男立俑，共 12 件，头戴帽屋低平的红色垂裙风帽，身着浅红色交领宽袖褶，内着白色圆领中衣，下着大口缚裤，腰间束带（图 6 - 2：5）。

Af 组　卷裙风帽（F 型）+ 广袖褶（Ca 型）+ 大口裤

主要见于河南、河北地区，头戴卷裙风帽，身着广袖、阔腿裤褶服，如河北磁县湾漳北朝大墓鼓乐立俑（图 6 - 2：6）、河南安阳北齐贾进墓 C 型侍从俑。

B 组　垂裙风帽 + 裤褶 + 披风

头戴垂裙风帽，身着裤褶，外套披风，可分三亚组：

Ba 组　垂裙风帽（Ad 型）+ 窄袖褶（A 型）+ 小口裤（A 型）+ 窄袖披风（Ba 型）

主要见于山西大同司马金龙墓出土釉陶步行仪卫俑，头戴大头垂裙帽，有的于帽屋前端装饰兽面纹，身披圆领披风，领口系带合口，衣长至小腿部位，拱手胸前，两袖空垂（彩图二，1）。

Bb 组　垂裙风帽（Ab 型Ⅱ式）+ 广袖褶（C 型）+ 大口裤 + 宽袖披风（A 型）

主要发现于河南洛阳地区，考古发掘报告称之为鲜卑侍立俑、披裘俑等，全身包裹严密，如杨机墓风衣俑、元祉墓披裘俑，后者头戴圆顶垂裙风帽，身披阔大披风，如标本 IM4034：102，内穿及膝褶服，下穿大口裤，外披红色圆领披风，领口系带，高领围颈，两袖空垂，双手合于胸前，持物已失（图 6 - 2：7，彩图二，5）。

Bc 组　垂裙风帽（Ab 型Ⅲ式）+ 广袖褶（C 型）+ 大口裤 + 宽袖披风（A 型）

主要见于河北、山东及河南安阳地区，发掘报告通常称之为套衣俑、风帽俑、突骑帽俑等，如河北磁县湾漳北朝大墓出土 342 件风帽立俑，均为此种着装搭配。这些陶俑均面相丰满，风帽帽屋扁圆，帽裙垂至颈、肩部位，内穿广袖衣，外披长袖披风，领口系带，下着大口裤。双手拱于胸前为长袖遮掩，两袖口相接处有一向上的插物圆孔。如标本 475，通高 26.8 厘米，风帽及风衣为朱红色，内穿长袖衣，衣裤均为白色，脚穿黑履，其风帽及风衣上的衣纹刻画细致（图 6 - 2：8，彩图二，6）。

C 组　小冠 + 裤褶

Ca 组　小冠（B 型）+ 广袖褶（Ca 型Ⅰ式）+ 大口裤

头戴小冠，身着长及臀部的广袖褶，内穿圆领中衣，腰束革带，下着大口裤，上衣和下裤外露部分基本等长，主要发现于河南地区，如偃师南蔡庄北魏墓文吏俑、洛阳孟津北陈村王温墓Ⅰ式男侍俑、击鼓俑，洛阳北魏元邵墓、元祉墓、杨机墓文吏俑、骑马鼓吹俑、骑从俑、击鼓俑、男侍俑、半浮雕侍俑等，服用范围比较广，文吏、侍从、仪卫、鼓乐均可穿着（图 6 - 2：9，彩图二，7）。

Cb 组　小冠（C 型）+ 广袖褶（Ca 型Ⅱ式）+ 大口裤

主要见于河南、河北和山东等地区，上衣略长，接近膝部，如河南安阳北齐范粹墓侍从文俑、侍仆俑，河北磁县东陈村东魏尧赵氏墓侍俑、东魏茹茹公主墓侍从俑、跽坐俑、侍从骑俑，磁县东陈村北齐尧峻墓侍从俑、磁县北齐元良墓侍从俑、持盾俑、磁县湾漳北朝大墓侍仆俑（图 6 - 2：10，彩图二，8）、仪卫俑、磁县北齐高润墓侍从俑等。适合不同等级和职业的群体穿用，穿此服装，文吏能为官从政，伎乐可吹拉弹唱，侍从可从事杂役。

Cc 型　小冠（C 型）+ 广袖褶（Cc 型）+ 大口裤

主要见于陕西地区，头戴小冠，身着长及髋部的低领广袖褶，下着大口裤，如西安南郊韦辉和、韦乾墓小冠缚裤俑、小冠文吏俑，西安韦曲高望堆 M1Ab 型、B 型小冠俑（彩图二，9）。

Cd 组　小冠（D 型）+广袖褶（Cb 型）+大口裤

头戴方直小冠，身着长及膝部的广袖褶，下着大口裤，主要见于陕西地区，如柳带韦墓 C 型小冠俑（图 6 - 2：11）、王德衡墓文吏俑、西安韦曲镇出土小冠俑（彩图二，11）。

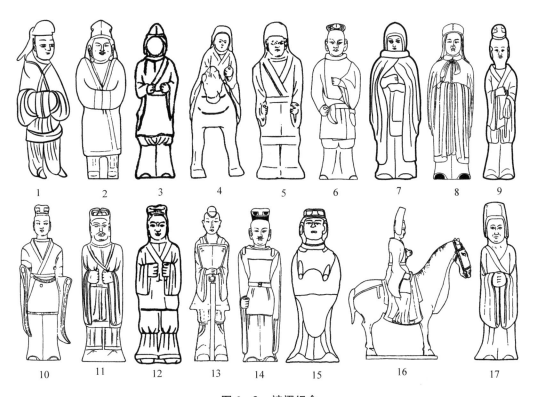

图 6 - 2　裤褶组合

1. Aa 组 解兴石堂右侧男侍　2. Ab 组 雁北师院北魏 M2 男侍俑（M2：71）　3. Ac 组 茹茹公主墓伎乐俑（标本 63）　4. Ad 型 北周武帝孝陵骑马奏乐俑（标本 216）　5. Ae 组 宇文俭墓帷帽男立俑（M1：21）
6. Af 组 磁县湾漳北朝大墓鼓乐立俑（标本 623）　7. Bb 组 元祉墓披裘俑（IM4034：102）　8. Bc 组 磁县湾漳北朝大墓风帽立俑（标本 475）　9. Ca 组 元祉墓文吏俑（IM4034：72）　10. Cb 组 磁县湾漳墓侍仆俑（标本 521）　11. Cd 组 柳带韦墓小冠俑（M1：56）　12. Ce 组 宇文俭墓小冠男侍俑（M1：42）
13. Da 组 郭定兴墓文吏俑（HM555：5）　14. Db 组 磁县湾漳北朝大墓文吏俑（标本 79）　15. Dc 组 李贤墓武冠俑（标本 137）　16. Ea 组 磁县湾漳北朝大墓笼冠鼓乐骑俑（标本 0264）　17. Eb 组 北周武帝孝陵笼冠俑（标本 69）

Ce 组　小冠（B/C 型）+宽袖褶（Ba 型）+大口裤

主要见于陕西地区，头戴小冠，身着长及髋部的宽袖褶，下着大口裤，如宇文俭墓小冠男侍俑（图 6－2：12），柳带韦墓 A、B 型小冠俑、□顗墓小冠俑（彩图二，10）。

D 组　小冠＋裤褶＋裲裆衫

主要见于墓葬中出土的文吏俑、仪仗俑、侍吏俑以及武官俑等，是北朝时期文、武官吏常穿的服装样式。

Da 组　小冠（B 型）＋广袖褶（Ca 型Ⅰ式）＋裲裆衫＋大口裤

在 Ca 组基础上外套裲裆衫，主要见于河南、河北地区，如洛阳郭定兴墓文吏俑、元邵墓、元祉墓文吏俑（图 6－2：13）。

Db 组　小冠（C 型）＋广袖褶（Ca 型Ⅱ式）＋裲裆衫＋大口裤

在 Cb 组基础上外套裲裆衫，如磁县东魏茹茹公主文吏俑、元良墓文吏俑、高润墓文吏俑、湾漳大墓文吏俑等（图 6－2：14）。

Dc 组　小冠（C 型）＋广袖褶（Cc 型）＋裲裆衫＋大口裤

在 Cc 组基础上外套裲裆衫，主要见于陕西、宁夏地区，如西安南郊韦辉和、韦乾墓小冠武吏俑，西安韦曲高望堆 M1 出土 Aa 型小冠俑，西安吐谷浑公主与茹茹大将军合葬墓 A 型小冠俑，宁夏固原李贤墓武冠俑等（图 6－2：15）。

E 组　笼冠＋裤褶

Ea 组　笼冠（Ad 型）＋广袖褶（C 型）＋大口裤

主要见于洛阳北魏元邵墓笼冠侍吏俑、磁县湾漳北朝大墓笼冠鼓乐骑俑（图 6－2：16）、磁县北齐高润墓笼冠骑俑、西安洪庆 M7 笼冠俑及骑马乐俑等，数量不多，常见于骑马俑，可能为乘骑方便所着。

Eb 组　笼冠（B 型）＋宽袖褶（Bb 型）＋大口裤

主要见于陕西地区，如叱罗协墓、王德衡墓、若干云墓、柳带韦墓、北周武帝孝陵等出土笼冠俑（图 6－2：17）。

（二）圆领短袍组合

上着及膝圆领袍、下着长裤的服装搭配在当时也应当称裤褶服[①]，但为了便于区分，本书仍以颇具特色的上衣服装形制命名。

A 组　垂裙风帽（Eb/Fa 型）＋偏襟圆领窄袖短袍（Ba Ⅰ 式）＋小口裤（B 型）/大口裤＋勒靴

主要发现于山西太原地区，如贺拔昌墓出土骑马执物俑、击鼓骑俑、鼓吹骑俑，太原南郊北齐洞室墓垂袖男侍俑、持物男侍俑，张海翼墓 A 式、C 式仪仗俑等，库狄业墓 B 式三棱风帽俑，狄湛墓、徐显秀墓三棱风帽俑等（图 6－3：1，彩图二，16）。头戴三棱或卷沿风帽，外着及膝圆领窄袖短袍，腰束革带，下着长裤，脚蹬勒靴是其典型搭配式样。

B 组　垂裙风帽（Eb/Fb 型）＋偏襟圆领短袖袍（Bb 型）＋小口裤（B 型）＋

---

① 沈从文编著：《中国古代服饰研究》，第 251 页。

勒靴

头戴三棱风帽或卷沿风帽，内着紧窄长袖上衣，外套圆领短袖袍，有的装饰桃形饰物，下着小口长裤，脚蹬长勒靴，主要见于山西太原地区的骑马俑和武士俑，数量不多，但比较富有特色，如娄睿墓出土骑马乐俑（图6-3：2）。

C 组　风帽/小冠＋圆领窄袖短袍＋长裤＋勒靴＋披风

Ca 组　风帽（Eb/Fb 型）/小冠＋偏襟圆领窄袖短袍（Ba I 式）＋大口裤（B型）＋勒靴＋宽袖披风（A 型）

主要见于磁县湾漳北朝大墓墓道东西壁仪仗人物形象，头戴风帽或小冠，身着圆领窄袖短袍，下着大口裤，有的在膝部系缚，有的疏散（图6-3：3）。

图6-3　圆领短袍组合

1. A 组 徐显秀墓三棱风帽俑（标本93）　2. B 组 娄睿墓骑马乐俑（标本601）　3. Ca 组 磁县湾漳北朝大墓墓道东壁男子　4. Cb 组 徐显秀墓三棱风帽俑（标本76）　5. Cc 组 李贤墓风帽俑 6. Cd 组 □颙墓风帽俑（M37：33）　7. D 组 吐谷浑公主与茹茹大将军合葬墓披发俑（M2：157）　8. E组 磁县东陈村尧赵氏墓胡俑（标本12）

Cb 组　垂裙风帽（Eb/Fb 型）＋偏襟圆领窄袖短袍（Ba 型 I 式）＋小口裤（B型）＋勒靴＋窄袖披风（C 型）

在 A 组服装搭配基础上外加 C 型交叉衣襟披风，主要见于山西地区，如太原徐显秀墓 B 式三棱风帽俑、库狄业墓 A 式三棱风帽俑、库狄迥洛墓披氅侍卫男俑。以徐显秀墓出土 B 式三棱风帽俑为例，该墓共出土 27 件，如标本 76，高 24.5 厘米，头戴黑色三棱风帽，身穿浅灰色窄袖短襦，外披橘红色交叉衣襟披风，黑腰带，白裤黑靴（图 6 - 3：4，彩图二，17）。

Cc 组 垂裙风帽（C 型）＋圆领窄袖短袍＋大口裤（B 型）＋勒靴＋窄袖披风（Ab 型）

主要见于陕西、宁夏地区，如陕西西安西魏吐谷浑公主与茹茹大将军合葬墓 B 型风帽俑、叱罗协墓 I 型帷帽男立俑、西安南郊北周墓 M3 风帽俑以及宁夏固原北周李贤墓风帽俑。以李贤墓风帽俑为例，头戴红褐色风帽，内着白色圆领短袍，下着红色大口裤，外披紧窄的红色披风，脚蹬勒靴（图 6 - 3：5，彩图二，19）。

Cd 组 风帽/披发＋偏襟圆领短袍（BaⅡ式）＋长裤＋勒靴＋披风（Bb 型）

主要见于陕西地区，如西魏吐谷浑公主与茹茹大将军合葬墓鲜卑帽俑、侯义墓Ⅱ式侍从俑、□顗墓风帽俑（彩图二，20），圆领短袍长及髋部或膝部，外披窄袖披风，两袖空垂（图 6 - 3：6）。

D 组 披发/卷发＋圆领短袍（A 型）＋长裤＋长勒靴（A 型）

主要见于陕西地区胡人俑，如西安西魏吐谷浑公主与茹茹大将军合葬墓披发俑及咸阳西魏侯义墓胡俑，披发，身着圆领窄袖短袍，脚蹬长靴，腰间束带，腹部凸出（图 6 - 3：7）。

E 组 小帽＋偏襟圆领短袍（BaⅡ式）＋长裤＋勒靴

主要见于河南、河北地区胡人俑，头顶束发戴小帽，圆领短袍塞于长裤之中，腰间束带，造型干练，如河北吴桥 M2 及磁县东陈村尧赵氏墓胡俑（图 6 - 3：8）。

三 长袍组合

A 组 巾帻＋交领窄袖长袍＋蹀躞带＋长勒靴

主要见于徐显秀墓及娄睿墓出土墓葬壁画，以徐显秀墓为例，该墓东、西墓道及墓室壁画中人物形象，内着圆领衣，外套右衽窄袖长袍，腰间系带，脚蹬紫色勒靴（彩图二，34）。

B 组 垂裙风帽（E 型）/巾帻＋偏襟圆领窄袖长袍（Bb 型）＋小口裤（B 型）＋勒靴

主要见于太原娄睿墓及忻州九原岗北齐壁画墓墓道东、西壁壁画人物，头戴圆顶长裙帽或三棱风帽，身着偏襟圆领窄袖长袍，下着长裤，脚蹬中统勒靴，有的裤腿塞入靴中（彩图二，36 - 39）。另外，太原南郊北齐壁画墓东壁下层男子头顶束巾，身着圆领窄袖红袍，腰束黑带，脚蹬黑靴。

C 组 垂裙风帽（Ca 型）＋圆领窄袖长袍（Bb 型）＋长裤＋勒靴＋窄袖披风（Bb 型）

主要见于陕西地区，如咸阳国际机场叱罗协墓风帽男骑俑、风帽男立俑，若干云墓、独孤藏墓、宇文俭墓风帽俑，北周武帝孝陵Ⅱ、Ⅲ型风帽俑等。以北周武帝孝陵为例，该墓共出土风帽俑60件，其中Ⅱ、Ⅲ型风帽俑共23件着披风，均头戴黑色圆顶风帽，面涂粉色，墨线绘眉目、髭须，唇涂红。标本4内着白色圆领长袍，腰系黑带，外披白色毛领窄袖长衫，下穿裤，露乌履。双手握拳分置胸两侧，拳中有孔，原持物不存（图6-4：1）。与其他地区的披风搭配相比，陕西地区圆领窄袖长袍外的披风，领部均不系带，披风搭于肩侧（彩图二，21）。

D组　剪发/帽+长袍+长裤+勒靴

Da组　垂裙风帽（Ab型Ⅰ式）+圆领窄袖长袍（Ba型）+小口裤（A型）+靴

该组服装搭配与Ba组裤褶披风组合有相似之处，仅圆领窄袖长袍套于身上，见于山西大同宋绍祖墓，共19件，头戴圆顶风帽，身穿圆领左开襟长袍，双手执物斜置于胸前（图6-4：2，彩图二，15）。

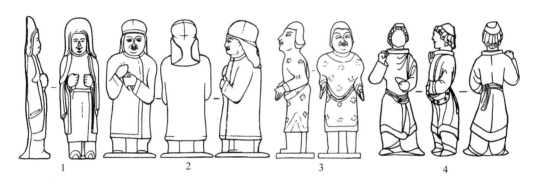

图6-4　圆领长袍组合

1. C组 北周武帝孝陵风帽俑（标本4）　2. Da组 宋绍祖墓仪仗俑（M5：62）　3. Db组 大同雁北师院北魏M2 胡人俑（M2：15）　4. Dd组 磁县东陈村尧赵氏墓胡俑（M1：11）

Db组　剪发+交领/圆领窄袖长袍（A型）+小口裤（A型）+革带+靴

头发为整齐短发，身着交领或套头圆领长袍，两侧有开衩，下着小口裤，主要见于雁北师院M2、宋绍祖墓及大同御东新区御昌佳园北魏墓M113出土胡人伎乐俑，长袍颜色主要有红、白两色，上面装饰团花图案，领口、衣襟、袖口及下摆均装饰与袍服不同颜色的边饰，腰系窄细革带，肚、臀外凸，脚穿黑色勒靴（图6-4：3，彩图二，22）。

Dc组　帽/卷发+偏襟圆领窄袖长袍（Ba型）+长裤+靴

头戴平顶小帽，或卷发，身着圆领窄袖长袍，下着小口裤，腰间束带，脚上穿靴，有的裤腿塞入靴内，主要见于高鼻深目的胡人形象，如河南洛阳郭定兴墓胡俑、元邵墓长衣俑、王温墓思维俑、洛阳博物馆藏胡俑（彩图二，23）。

Dd组　帽/卷发+偏襟圆领窄袖长袍（Ba型）+长裤+靴

主要见于胡人形象，与Dc组基本相同，但腰间束带腹前比较靠下，如河北磁县东陈村尧赵氏墓胡俑，河北吴桥M2执事俑，景县高长命墓胡俑，元祐墓胡俑

（彩图二，24），磁县茹茹公主墓胡俑，磁县高润墓胡俑、胡帽俑、吹奏骑俑，山东济南东八里洼墓牵马俑等。以磁县东陈村尧赵氏墓为例，该墓出土 3 件胡俑，其中 2 件头戴平顶小帽，外露鬌发，身穿圆领窄袖大衣，腰间束带，下着比较紧窄的长裤，左手握于胸前，右手握拳高举齐肩，作持物状，高 18.7 厘米（图 6-4：4）。

第二节　女性服饰组合

一　襦裙组合

襦裙装是北朝时期最常见的女子服装样式，主要有七种搭配方式：

A 组　垂裙风帽 + 长襦 + 长裙

Aa 组　垂裙风帽 + 窄袖长襦（A 型）+ 曳地长裙（A 型）

头戴圆顶、凹顶或高顶垂裙皂帽，上着交领窄袖长襦，下着及地长裙是其典型搭配式样，主要见于山西大同出土的北魏陶俑、壁画及云冈石窟供养人资料中，如大同雁北师院北魏墓群 M2（图 6-5：1）及宋绍祖墓（M5）出土女侍俑（彩图三，2），大同智家堡北魏墓石椁壁画、大同智家堡北魏墓棺板画中的女子形象。面妆丰富，喜欢佩戴耳饰或颈饰，在服装颜色搭配上，除风帽为黑色外，襦、裙多用红、白色搭配，或红色长襦配白色长裙，或白色长襦配红裙，有的襦、裙均为深浅不一的红色，有的采用间色装饰，衣领、袖、襟、裾镶异色缘边。

Ab 组　垂裙风帽 + 宽袖短襦（Ab 型）+ 曳地长裙（A 型）

与 Aa 组搭配基本相同，但上身所着襦服衣身及衣袖比较宽松，主要见于山西大同沙岭北魏壁画墓 M7 东壁及彩绘漆画、大同智家堡北魏墓石椁北壁墓主夫人像（彩图一，1、4）。

B 组　发髻 + 宽袖短襦（Aa 型）+ 长裙（B 型）+ 大带

头梳各式发髻，上着宽袖短襦，下着及地长裙，腰间系束大带，裙子内穿、外穿者均有，主要由侍从和劳作者穿着。主要见于山西大同沙岭北魏壁画墓东、北、南壁上层女侍形象，解兴石堂左壁奏乐女子（彩图三，18），山东寿光北魏贾思伯墓女俑，河南洛阳北魏杨机墓女舞俑、安阳北齐和绍隆夫妇合葬墓持笸箩俑Ⅲ式女侍俑，河北磁县东陈村尧赵氏墓出土女侍俑（图 6-5：2），陕西西安北周武帝孝陵持箕俑、踞坐俑等。

C 组　发髻 + 窄袖短襦 + 长裙 + 大带

Ca 组　发髻 + 窄袖短襦（Ca 型）+ 长裙（B 型）+ 大带 + 围腰（B 型）

襦服袖端窄长，如元良墓出土女侍俑，高润墓Ⅱ式女侍俑，和绍隆夫妇合葬墓持笸箩俑Ⅱ女侍俑，娄睿墓女侍跪俑，太原南郊北齐壁画墓女性形象，忻州九原岗北朝壁画墓墓道北壁门楼图中的执扇女子形象，朱家寨北周□顗墓双髻女俑（彩图三，11），袖子极细长，手可缩于袖中持物。如元良墓Ⅰ式女侍俑 1 件（CMM1：64），高 23.5 厘米，头梳月牙髻，内穿开领窄袖长衫，腰系长裙，右手卜垂，左手提裙，并搭于臂上平曲在胸前。长裙内又穿筒裙，裙褶线条自然流畅，形态逼真，婀娜多姿（图6-5：3）。

Cb组 发髻＋窄袖短襦（Ca型）＋背带裙（Ea型）＋圆头履

上襦袖端窄长，外穿高腰背带裙，主要见于山西地区，如太原娄睿墓女侍俑（图6-4：4，彩图三，7）、张海翼墓女侍俑等。

Cc组 发髻＋窄袖短襦（Cb型）＋长裙（B型）＋圆头履

上襦衣袖及腕部，下穿长裙，有的将襦服束于裙内，主要见于陕西、山西地区，如叱罗协墓女跪俑、执箕女俑（图6-5：5）。其中头梳十字发髻、身着襦裙的搭配比较有特色，如咸阳市郊北朝墓出土女俑（图6-5：6）。

图6-5　A-E组襦裙组合

1. Aa组 雁北师院北魏M2女侍俑（M2：54）　2. B组 磁县东陈村尧赵氏墓女侍俑（M1：26）
3. Ca组 元良墓女侍俑（CMM1：64）　4. Cb组 娄睿墓女侍俑（标本505）　5. Cc组 叱罗协墓女跪俑
6. Cc组 咸阳市郊北朝墓女俑　7. Da组 龙门石窟宾阳中洞礼佛图局部　8. Dc组 磁县东陈村尧赵氏墓女俑（M1：46、14）　9. De组 咸阳邓村北周墓女俑（M23：21）　10. Ea组 磁县湾漳北朝大墓笼冠女侍俑（标本1284）　11. Eb组 娄睿墓女官俑（标本445）　12. Ec组 李贤墓笼冠女立俑

D 组 发髻/高冠 + 广袖短襦 + 长裙 + 大带

头戴高冠或梳各式发髻，上着广袖短襦，内穿圆领衣，下着及地长裙，腰间系束大带，裙子内穿、外穿者均有，尤以外穿者最多见，贵族、侍仆、舞女及劳作仆从均可服用，但衣袖广博程度不同，贵族女性所着明显更为广博，在服装质地、颜色等方面各有等差。根据发髻、襦、裙和履形制不同，又可分为五亚组：

Da 组 莲花冠/高髻 + 广袖短襦（Ba 型）+ 短袖短襦（B 型）+ 长裙（B 型）+ 大带 + 围腰 + 高头履

主要见于巩县石窟、龙门石窟礼佛图中的皇后及妃嫔形象，头戴高冠或束高髻，内穿圆领衣，外套三件直领衣即"三重衣"，衣领低开，每层衣领暴露于外，内穿二件广袖襦，最外层罩短袖襦，衣襟束于腰间大带内，腰间系围腰。如龙门石窟礼佛图中的皇后形象，头戴莲花冠，下垂博鬓装饰，身着二件直领广袖襦，外罩袖端有莲瓣形边饰的短袖襦，腰束长裙，外系围腰，脚蹬高头履，端庄又不失华丽（图6-5：7）。

Db 组 发髻 + 广袖短襦（Bb 型）+ 长裙（C 型）+ 大带 + 围腰 + 高头履

主要见于贵族、高官女子形象，如山东临朐北齐崔芬墓墓室西壁壁龛横额墓主夫妇出行图、太原北齐徐显秀墓墓室北壁墓主夫妇宴饮图中的女主人形象，头戴假髻，身着 Bb 型广袖襦，下摆束于长裙之内，束腰位置高至胸部。其中，崔芬墓所绘13个女子中，右起第4、7人为贵妇形象，头插花钗大髻，身着广袖交领襦衫，领口较低，下着及地长裙，腰系红色围腰，足蹬高头大履，广袖飘拂，长裙曳地，异常华丽（彩图一，6）。

Dc 组 发髻 + 广袖短襦（Bc 型）+ 长裙（B 型）+ 大带 + 圆头履

主要见于河南、河北、山东地区的侍女、劳作仆从形象，如河南偃师染华墓执箕俑、抱瓶俑、烧火俑，元邵墓Ⅳ式女侍、舞俑、仆俑，王温墓墓室壁画中舞女和侍女形象，和绍隆夫妇合葬墓执箕俑、持盆俑，河北赞皇李希宗墓侍从女俑、侍仆女俑，磁县东陈村尧赵氏墓女侍俑、提物女俑、仆俑、舞俑，景县高长命墓女侍、女仆俑，磁县湾漳北朝大墓高髻女侍仆俑、持盆女侍仆俑、端箕女侍仆俑，陕西咸阳北周武帝孝陵侍女俑、踏碓俑，山东济南东八里洼北朝壁画墓Ⅱ型女侍俑、女仆俑，临朐北齐崔芬墓壁画女子形象等。以河北磁县东陈村尧赵氏墓出土女俑为例，该墓共出土女侍俑38件、提物女俑9件、仆俑2件、舞俑1件，均年轻俊秀，头梳双鬟髻、双高髻或扇面形高髻，上穿交领广袖襦，下着及地长裙，腰间束带，有的带饰多余部分一长一短下垂至脚踝部位。因衣袖宽博不便于劳作，通常将两侧衣袖分别系结，如磁县湾漳北朝大墓高髻女侍仆俑，或将两侧衣袖系结于背后，如磁县元良墓Ⅰ式女仆俑（图6-5：8）。

Dd 组 发髻 + 广袖短襦（Bd 型）+ 长裙（B 型）+ 大带 + 圆头履/尖头靴

主要见于陕西及周边地区西魏北周侍女及劳作仆从形象，头梳 Bb/Bc 型双圆髻、扁髻或 Bb 型高髻，身着广袖襦，衣领低开，袒露肩颈和胸部，内穿圆领衣，裙腰高束，有的接近腋窝，如西安南郊韦辉和、韦乾墓女立俑、双连女俑，西安韦曲高望堆北朝墓女立俑、碓房劳作女俑、李贤墓女俑（彩图三，9）。

De 组　发髻＋广袖短襦（Be 型）＋长裙（B 型）＋大带＋圆头履／尖头靴

主要见于陕西及周边地区北周侍女及劳作仆从形象，与 Dd 组基本相同，发髻以 Bb 型高髻比较常见，衣领不再袒露肩颈，如北周宇文俭墓，咸阳邓村 M23（图 6 - 5：9），柳带韦墓，武帝孝陵出土女立俑、跪坐烧火俑、踏碓女俑。

E 组　笼冠＋广袖短襦＋长裙＋圆头履

头戴笼冠，上身广袖襦服束于长裙之内，内着圆领衫，脚着圆头履，腰束帛带，绅带飘垂，有的不见绅带。根据笼冠形制不同，又可分三亚组：

Ea 组　笼冠（A 型）＋广袖短襦（Bb 型）＋长裙（B 型）＋圆头履

头戴圆角长方形笼冠，广袖襦衣襟相交位置较高，裙腰束于腰部以上，且腰带前高后低，主要见于河南、河北、山东地区的笼冠俑。以河北磁县湾漳北朝壁画墓为例，该墓共出土 64 件笼冠立俑、6 件笼冠鼓乐骑俑，笼冠女侍仆俑仅 3 件，形制相同，如标本 1284，通高 22.2 厘米，头戴黑色笼冠，上身穿白色交领左衽广袖褶服，下着白色曳地长裙，脚穿黑履。体态婀娜，上身略向后仰，腰腹稍隆起，双臂抬起似持物，手均已残失（图 6 - 5：10，彩图三，12）。

Eb 组　笼冠（B 型）＋广袖短襦（Bb 型）＋长裙（B 型）＋圆头履

与 Ea 组基本一致，仅头戴圆角竖梯形笼冠，主要见于山西地区，如太原娄睿墓出土的 45 件女官俑（图 6 - 5：11，彩图三，13）。

Ec 组　笼冠（C 型）＋广袖短襦（Bb 型）＋长裙（B 型）＋圆头履

头戴圆角长方形笼冠，冠体较高，双耳较长，广袖襦开口较低，裙腰束于胸部，主要发现于陕西、宁夏地区，如拓跋虎墓、李贤墓出土的笼冠女立俑（图 6 - 5：12，彩图三，14）

目前发现的北朝女式笼冠形象基本为陶俑，可资比较的壁画、线刻资料不多，与同墓出土的其他陶俑相比，笼冠女俑形体多较同墓其他女侍俑高大，表情沉静肃穆，呈站立姿势，考古发掘报告通常将其称为女官俑，应为北朝女官装束。笼冠和襦裙的搭配样式男女均可穿着，但略有差别，主要有以下考量因素：首先是五官形态，目前考古发掘报告主要采用此项判断标准，但陶俑塑造有精、粗之别，容易出错；其次是笼冠形制差别，男性所戴笼冠比较细长，而女性所戴者造型比较圆润，此项标准可操作性强，但因部分笼冠俑男、女所着差别不大，需要仔细辨别；最后是身上所着襦、裙形制差别，笼冠女俑襦服衣襟交叉处位置普遍比男性高，通常在胸部上下，而裙腰位置男女也存在不同，男性通常在腰部，女性腰线则提高到胸部。

F 组　发髻＋襦裙＋圆头履＋披帛

头梳各式发髻，身着襦裙装，肩颈披搭披帛，可分为五亚组：

Fa 组　发髻＋宽袖短襦（A 型）＋长裙（B 型）＋短披帛（A 型）

襦衫多着于长裙之外，亦有束于裙内者，主要见于麦积山石窟第 76 窟正壁右侧下部北魏影塑供养人像、洛阳杨机墓抱婴女俑、北齐娄睿墓跪坐女俑（图6-6：1，彩图三，10）。

Fb组 发髻+广袖短襦（Ba型）+长裙（B型）+长披帛（B型）+高头履

主要见于洛阳北魏永宁寺遗址出土的40件影塑世俗人物形象，外穿交领广袖襦衫，衣袖宽博，外束长裙，肩覆窄长披帛，如标本T11：2512，保存比较完整，仅手部残缺，身高19.1厘米。面朝侧后方，上穿交领广袖衣，下着长裙，足蹬云头履，披帛覆双肩，在背后呈"U"字形下垂（图6-6：2）。这些世俗人物形象应为供养人及其侍从、仪仗形象，其肩部所披巾帔与菩萨等佛教人物所披巾帔非常相似，衣着华丽，披帛细长，为后代所沿袭。

图6-6　F、G组襦裙组合

1. Fa组 娄睿墓跪坐女俑（标本524）　2. Fb组 永宁寺影塑像（T11：2512）　3. Fc组 崔混墓女侍俑（M3：28）　4. Fd组 安伽墓石棺床屏风正面家具宴饮图侍女　5. Fe组 偃师联体砖厂墓M2女侍俑（M2：11）　6. Ga组 雁北师院北魏M2舞俑（M2：12）　7. Gb组 元睿墓女侍俑（CMM1：64）　8. Gc组 崔鸿夫妇墓女仆俑（M1：11）

Fc组 发髻+窄袖短襦（C型）+背带裙（Ea型）+长披帛（Bb型）+圆头履

主要见于山东淄博崔氏墓地崔混墓出土女侍俑，如标本M3：28，身着窄袖衫，外穿背带长裙，裙腰高及胸部以上，巾帔披于肩背后直接于腋下自然下垂（图6-

6：3）。

Fd 组　发髻 + 圆领窄袖衣 + 长裙（B 型）+ 长披帛（Bb 型）+ 圆头履

见于西安北周安伽墓石棺床正面屏风画居家宴饮图，画面左侧的两位侍女居后者头绾双髻，上着白色圆领上衣，下着橘红、黑色相间的曳地长裙，肩披红色长巾帔，余者自然垂于腋下（图 6 - 6：4）。

Fe 组　发髻 + 广袖短襦（Bb 型）+ 长裙（B 型）+ 领巾（A 型）+ 圆头履

头梳螺髻，颈部围长领巾，主要见于河南偃师联体砖厂北魏墓 M2（图 6 - 6：5）、偃师南蔡庄北魏墓、洛阳孟津王温墓螺髻女侍俑，染华墓舞俑、执盆俑、烧火俑，均为侍从或劳作形象。如偃师南蔡庄北魏墓女侍俑，高 22.2 厘米，头梳螺髻，身着广袖衫，腰束百褶裙，颈系领巾，胸前和腹前均有打结痕迹，巾、裙均涂红彩，左手屈举腹前，右手执物下垂（彩图三，6）。

G 组　发髻/帽 + 短袖襦 + 长裙 + 圆头履

Ga 组　垂裙风帽（C 型）+ 短袖长襦（B 型）+ 窄袖长襦（Aa 型）+ 长裙（A型）+ 圆头履

见于大同雁北师院北魏墓群 M2，如标本 M2：12 为舞俑，头戴黑色风帽，上着白色长襦，外罩一件红色左衽短袖，下着红、白间色长裙（图 6 - 6：6，彩图三，4）。

Gb 组　双髻 + 短袖短襦（Aa 型）+ 长裙（B 型）+ 圆头履

主要见于河南地区，如偃师北魏染华墓烧火俑及元睿墓女侍俑，后者出土 4 件，头梳双螺髻，上穿红色交领短袖襦衫，下着红色长裙，腰系宽带（图 6 - 6：7）。

Gc 组　双髻 + 短袖短襦（Ab 型）+ 长裙（B 型）+ 圆头履

主要见于河南、山东地区，如临淄崔鸿夫妇墓女仆俑，共 5 件，头梳双螺髻，上穿短袖长襦，下着长裙（图 6 - 6：8）。

Gd 组　高髻 + 短袖短襦（B 型）+ 广袖短襦（Ba 型）+ 长裙（B 型）+ 圆头履

主要见于龙门石窟、巩县石窟帝后礼佛图中的皇后及妃嫔形象，内着 1—2 层交领广袖襦，外套短袖襦，领口、衣襟重叠二、三层（彩图六，8）。

二　衣裤组合

北朝图像中的女性以襦裙装最为常见，着裤装者数量较少，其搭配方式如下：

A 组　发髻 + 广袖褶（Aa 型）+ 大口裤 + 大带/革带 + 圆头履

头梳发髻，身着广袖襦，开领较大，下着系缚或疏散的大口裤，主要见于河南、山东地区，如染华墓女侍俑 M7：25，头梳双丫髻，身着裤褶，衣袖广博，裤管于膝部束带，上襦开口较大，腰部系带（图 6 - 7：1），再如元邵墓女侍俑，造型基本一致（彩图三，15）。

B 组　发髻 + 广袖褶（Ab 型）+ 大口裤 + 大带/革带 + 圆头履

主要见于河北、河南地区，如杨机墓出土双人牵手女俑（彩图三，16），高长命墓出土女侍俑，元邵墓出土的Ⅳ侍俑，磁县湾漳北朝大墓出土连体女侍仆俑（图6-7：2），洛阳北魏孝子画像石棺中的女子形象等，均头梳双髻，身着袖端宽博的广袖襦，下着大口裤，裤管疏散，膝部无束缚。

C组　发髻+广袖褶（Ac型）+大口裤+大带/革带+圆头履

主要见于山西地区，太原徐显秀墓（彩图三，17）、张肃俗墓、贺拔昌墓、贺娄悦墓等出土的女侍俑，太原张海翼墓出土侍仆俑，头梳双髻，身着袖端较宽的广袖襦，下着较合体的小口裤（图6-7：3）。

D组　发髻+圆领短衣（B型）+大口裤（Aa型）+大带/革带+圆头履

比较少见，如染华墓出土Ⅰ式舞俑，身着圆领宽袖衫，领部开口很大，袖拢于肩，褶皱清晰；腰束博带，下着缚裤，比较特殊（图6-7：4）。

除上述组合外，还有头梳发髻，上着窄袖短襦，下着小口裤者，见于陕西长安县北朝M1中，与男性Aa组裤褶装基本相同，仅头梳发髻而不戴垂裙风帽。

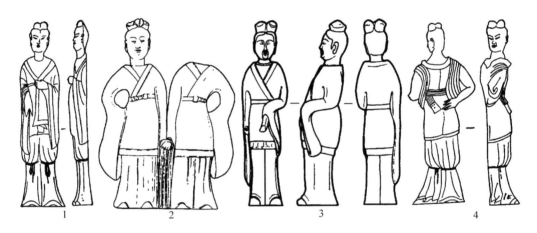

图6-7　衣裤组合

1. A组 染华墓女侍俑（M7：25）　2. B组 磁县湾漳墓连体女俑（标本916）　3. C组 张海翼墓女侍俑（标本9）　4. D组 染华墓Ⅰ式舞俑（M7：46）

三　长袍组合

A组　发髻/巾+交领窄袖长袍+革带+靴

主要发现于山西地区，如太原北齐娄睿墓、徐显秀墓（彩图三，22）及朔州水泉梁北齐壁画墓侍女形象。

B组　帽/发髻+圆领长袍+小口裤（B型）+革带+靴

主要发现于山西地区，如忻州九原岗北朝墓壁画墓道东、西壁备马出行图中的女子形象（彩图三，28）。

第三节　军戎服饰组合

一　甲胄组合

A 组　箭袖铠组合

头戴尖顶或圆顶兜鍪，身着箭袖铠，下着小口裤，根据箭袖铠结构差别，可分为二亚组：

Aa 组　兜鍪（Ba 型）＋箭袖铠（A/B 型）＋小口裤＋靴

主要见于大同地区，如宋绍祖墓、司马金龙墓、大同云波路北魏墓群 M10 出土镇墓武士俑，腰间扎束细革带，束腰位置比较靠下，腹、臀外凸，脚蹬靴。如云波路北魏 M10 出土镇墓武士俑，共 2 件，其中 M10：18 残高 99 厘米，头戴兜鍪，正中有插缨的圆孔，高鼻深目，粗眉弯曲，嘴唇宽厚，上有"八"字胡须，铠甲白底上用黑线勾勒鱼鳞状甲片，甲身、甲袖边缘饰红彩一周，腰束革带，胸肌凸起，腹部圆鼓，下着红色窄腿裤，脚蹬高筒靴，分腿站立于长方形底盘之上（图 6 - 8：1）。

Ab 组　兜鍪（Bb 型）＋箭袖铠（C 型）＋小口裤＋草履

头戴兜鍪，身着由盆领、身甲、箭状甲袖及腿裙四部分组成的箭袖铠，腰间束带，脚着草履，见于大同沙岭北魏壁画墓 M7 甬道南北两壁的武士像（彩图四，2）。

B 组　护髆甲衣组合

Ba 组　兜鍪（Bb 型）＋护髆甲衣（A 型）＋小口裤＋草履

头戴兜鍪，身着由盆领、身甲、箭状甲袖及腿裙组成的护髆甲衣，腰间束带，脚着草履，主要发现于解兴石堂前壁所绘武士形象，兜鍪形制略有差别，一为圆顶兜鍪，二为尖顶兜鍪，身甲及腿裙缀圆角方形甲片，双腿间下垂二尖状饰物（图 6 - 8：2，彩图四，1）。

Bb 组　兜鍪（Bc 型）＋护髆甲衣（Ba 型）＋大口裤

头戴兜鍪，身着由护髆和甲身组成的护髆甲衣，下着大口裤，腰间束带，身体作扭曲凸腹状，主要见于陕西地区，如拓跋虎夫妇墓、叱罗协墓（图 6 - 8：3）、若干云墓、王德衡墓出土武士俑，北周武帝孝陵镇墓武士俑，李贤墓镇墓武士俑（彩图四，9）等。

Bc 组　兜鍪（Bc 型）＋护髆甲衣（Ba 型）＋大口裤

与 Bb 组基本相同，头戴兜鍪，身着护髆甲衣，下着大口裤，腰间束带，但身体挺直，主要见于陕西地区，如宇文俭墓武士俑（图 6 - 8：4）、长安县韦曲镇出土武士俑[①]（彩图四，10）。

Bd 组　兜鍪（Cb 型）＋护髆甲衣（Bc 型）＋小口裤

---

① 西安市文物保护考古研究院编：《西安文物精华·陶俑》，世界图书出版西安有限公司 2014 年版，第 69 页。

头戴分体式圆顶兜鍪，身着左右肩护膊连在一起的护膊甲衣，下着小口裤，腰间束带，主要见于山西地区，如徐显秀墓 B 式铠甲俑（图 6 - 8：5）、娄睿墓武士俑（彩图四，8）、太原南郊北齐壁画墓武士俑等。

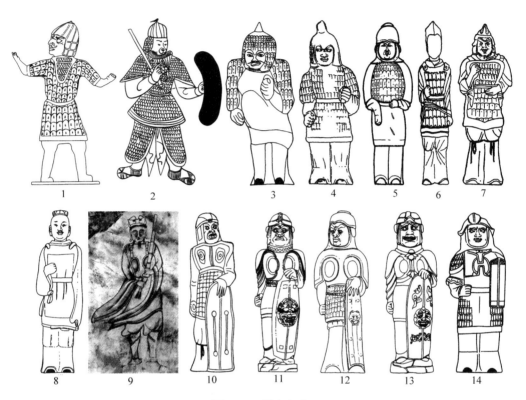

图 6 - 8　甲胄组合

1. Aa 组 大同云波路北魏 M10 镇墓武士俑（M10：18）　2. Ba 组 解兴石堂前壁左侧武士像　3. Bb 组 叱罗协墓镇墓武士俑（标本 3）　4. Bc 组 宇文俭墓武士俑（M1：2）　5. Bd 组 徐显秀墓 B 式铠甲俑（标本 353）　6. Ca 组 高润墓甲胄箭囊俑　7. Cb 组 联体砖厂北魏墓 M2 武士俑（M2：52）　8. Cc 组 磁县湾漳北朝大墓特殊步卒俑（标本 109）　9. Da 组 李贤墓天井武士图　10. Db 组 联体砖厂 M2 武士俑（M2：9）　11. Ea 组 磁县湾漳北朝大墓武士俑（标本 1210）　12. Eb 组 娄睿墓武士俑（标本 528）　13. Ec 组 元良墓武士俑（CMM1：16）　14. Ed 组 宇文俭墓武士俑（M1：1）

C 组　裲裆铠组合

头戴额护或兜鍪，身着裲裆铠，内穿裤褶，宽袖、窄袖皆有，腰间束革带或布帛带，为行动方便，宽袖褶服衣衫袖口打结，大口裤在膝部用带子系缚，在河北、河南、山东、山西等地均有发现。根据形制差别，又可分三亚组：

Ca 组　额护/兜鍪 + 裲裆铠（A 型）＋裤褶 + 腰带

头戴额护或造型简单的兜鍪，身着缀甲片裲裆铠，主要见于河南、河北地区，如高润墓出土的甲胄箭囊俑，有的铠甲仅腰带以上缀甲片，此种甲胄搭配简洁，一般由步兵、弓箭手和骑兵等穿用，在战争中比较方便行动（图 6 - 8：6）。

Cb 组 额护/兜鍪（Ca 型）＋裲裆铠（D 型）＋裤褶＋腰带

头戴额护或兜鍪，身着广袖裤褶服，外套裲裆甲，主要见于河南、河北地区，如联体砖厂北魏墓 M2 武士俑（图 6－8：7），偃师南蔡庄武士俑（彩图四，7），王温墓 2 式武士俑、骑马武士俑及湾漳大墓甲胄骑兵俑等。

Cc 组 卷裙风帽（Bb 型）＋裲裆铠（C 型）＋裤褶＋腰带

主要见于河北地区，如磁县湾漳北朝大墓出土的 C 型特殊步卒俑，共 19 件，如标本 109，头戴卷裙风帽，上身穿交领右衽广袖褶服，袖口系结，外罩朱红色皮质裲裆铠，下穿白色大口裤，膝部系缚，脚穿黑靴，背后斜背黑色大箭囊（图 6－8：8）。

D 组 裲裆明光铠组合

Da 组 小冠（C 型）＋裲裆明光甲（Ba 型）＋裤褶＋腰带

头戴小冠，身着裲裆甲，胸部加两片圆护，如宁夏固原北周李贤夫妇合葬墓天井东西壁残存的 10 幅仪卫武士图（图 6－8：9）及西安市征集小冠俑（彩图四，6）。

Db 组 兜鍪（Cb 型）＋裲裆明光铠（Bb 型）＋裤褶＋腰带

头戴兜鍪，身着裲裆明光铠，如河南偃师南蔡庄武士俑（彩图四，4）、联体砖厂 M2 出土武士俑（M2：9），体形硕大，头戴圆顶兜鍪，身着裲裆明光铠，腰间束带，身前腰部以下墨绘鱼鳞状甲片，胸背有圆护，下着缚裤（图 6－8：10）。

Dc 组 兜鍪（Bc 型）＋护膊裲裆明光铠（Bc 型）＋裤褶＋腰带

主要发现于陕西地区，如西安韦曲高望堆北朝墓 M1 出土兜鍪俑，其中 M1：32 头戴兜鍪，护耳长垂，身着明光铠，肩有披膊，下穿长裤，小腿绑有吊腿（彩图四，14）。

E 组 明光铠组合

Ea 组 兜鍪（Cc 型）＋明光铠（Ca 型）＋裤褶＋腰带

主要见于河北、河南、山东地区，复杂者如磁县湾漳北朝大墓出土镇墓武士俑标本 1210，头戴冲角兜鍪，上身内穿朱红色窄袖衣，下穿白色大口裤，膝部以红色带子系缚，脚蹬黑鞋。外罩铠甲，盆形领，前胸、后背各有两个圆护，腰束宽带，肩加披膊，腿前裹有腿裙，铠甲的前胸、后背及圆护上均有贴金，顿项、耳护、身甲、披膊、腿裙的边缘均施暗红色，腰带上也施暗红色，并用白色的小点、圆圈作装饰。披膊、腿裙及身甲的腰带及以下部位残存有黑色鱼鳞甲片的痕迹（图 6－8：11，彩图四，11）。有的造型比较简洁，如北齐尧峻墓出土按盾武士俑。

Eb 组 兜鍪（Cb 型）＋明光铠（Cb 型/Cc 型）＋裤褶＋腰带

明光铠肩部有一体式披膊，如娄睿墓出土的 2 件镇墓武士俑，标本 528，头戴长裙金盔，护颈护耳，上身穿鱼鳞镶红边的贴金明光铠，两肩披镶红边护肩，黑色革甲，腰间束红色革带，内穿裤褶，脚蹬乌黑靴（图 6－8：12，彩图四，12）。

Ec 组 兜鍪（Cb 型）＋明光铠（Da 型）＋裤褶＋腰带

明光铠胸、背圆护有束甲绊，主要见于河北磁县北齐元良墓、高润墓，河南安阳固岸墓地 M2 出土的镇墓武士俑。如元良墓按盾武士俑标本 CMM1：16，头戴冲角兜鍪，两侧有耳护，身披明光铠，胸前、背后圆护的束甲绊在胸部正中上下有两个莲花形结，肩有护髆，腿裹甲裙，腰间束带，右手握物已失，左手按兽头长盾（图 6－8：13）。

Ed 组　兜鍪（Cd 型）＋明光铠（Db 型）＋裤褶＋腰带

明光铠胸、背仅有单护，主要发现于陕西地区，如北周宇文俭墓标本 M1：1，头戴红色兜鍪，身着单圆护明光铠，颈下居中部位纵束两条甲绊，并在胸腰之间系结，然后左右横束一直绕到背后，腰间再束一带。肩部有护髆。内着红窄袖上衣，肘部有花边装饰，下穿大口缚裤，左手持盾，右手上提至腰间，原似持有兵器（图 6－8：14）。

二　戎服组合

A 组　翻领袍组合

北朝时期，翻领袍是比较富有特色的服装款式，可作军服或常服穿着。军人穿用的翻领袍服样式比较多样，其搭配方式主要有二亚型：

Aa 组　卷裙风帽（Bb 型）／小冠＋长袖翻领袍＋圆领窄袖中衣＋大口缚裤

主要见于河南、河北地区的步卒俑形象，如河南洛阳北魏元邵墓、元祉墓、杨机墓，安阳北齐范粹墓，河北磁县湾漳北朝大墓出土的 4 件 D 型特殊类型步卒俑（图 6－9：1，彩图四，17），头戴小圆顶卷裙风帽，身着圆领窄袖内衣，外套长袖翻领袍，下着大口缚裤，脚穿圆头履。再如河南安阳固岸墓地 M2、安丰乡木厂屯村 M99 出土侍从俑、持盾俑则头戴小冠，身上所着戎服与卷裙风帽俑相同。

Ab 组　卷裙风帽（Bb 型）／小冠＋短袖翻领袍（Aa 型）＋圆领窄袖中衣＋大口缚裤

主要见于河南、河北和山东地区武士俑、负箭囊俑、持盾俑等步卒俑形象，以河北磁县湾漳北朝大墓为例，共出土 57 件内甲步卒俑、普通步卒俑 641 件，均为此种服装搭配样式。如普通步卒俑标本 131，通高 28.5 厘米，头戴暗红色卷裙风帽，内穿白色圆领窄袖衫，外套暗红色翻领半袖服，腰扎白色带，黑色带扣，下穿白色大口裤，足蹬黑色鞋。面部眉、眼、胡须勾画细致（图 6－9：2，彩图四，15）。内甲步卒俑所着服饰略有不同，头戴小风帽，帽裙向后拢系在一起至头顶，头前再加一领护，甲带在脑后系结，其他服装与普通步卒俑相似，只是在翻领半袖服与内衣之间穿有一件甲衣，胸部暴露内衣上所缀的几排长方形甲片。亦有头戴小冠者，如茹茹公主墓出土侍卫俑。

Ac 组　卷裙风帽（Bb 型）＋短袖翻领袍（B 型）＋裤褶

头戴小圆顶卷裙风帽，身着大翻领半袖服，内穿圆领或交领宽袖褶服，下着大口缚裤，腰间束带，主要见于河北磁县湾漳北朝大墓出土的 A 型特殊类型步卒俑（图 6－9：3），河北吴桥 M3 出土的持盾俑、Ⅳ式仪仗俑，河北平山北齐崔昂墓仪仗俑，洛阳永宁寺遗址出土泥质影塑Ⅰ型胡服立像，短袖为多，亦有少量长袖者。以磁县湾漳北朝大墓为例，该墓所出 A、B 型特殊类型步卒俑均为此种着装，共

67件，如标本1202，头戴暗红色卷裙风帽，上身内穿白色圆领窄袖衣，外套暗红色菱格纹大翻领半袖袍军衣，交领左衽。在两层衣服之间可能还有一件交领右衽宽袖褶服，袖口系结，领口部位被外面的军服遮盖未能露出，但下面显露衣襟的下摆。腰扎长带，下身穿白色大口裤，膝部系缚，足蹬靴。右臂下垂，拳心处有一孔；左臂空垂，手为衣袖所遮掩没有塑出（彩图四，16）。

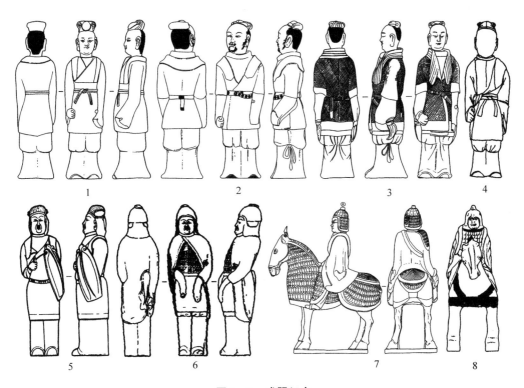

图6-9　戎服组合

1-3. Aa-Ac组 磁县湾漳北朝大墓特殊步卒俑（标本589、131、310）　4. Ad组 高润墓侍卫俑　5. Ad组 徐显秀墓武士俑（标本358）　6. Ba组 张海翼墓甲士俑（标本19）　7. Bb组 磁县湾漳北朝大墓甲骑具装俑（标本1583）　8. Bc组 柳带韦墓甲骑具装俑（M1：52）

　　Ad组 卷裙风帽（B型）＋短袖翻领袍（Ab/C型）＋大口裤（B型）

　　主要见于河南、河北及山西地区侍卫俑、持盾俑、武士俑，仅风帽造型和翻领宽窄略有差异，如河北磁县北齐尧峻墓、高润墓侍卫俑，头戴Bb型卷裙风帽，通常脱掉一只袖子袒露右肩（图6-9：4）；徐显秀墓出土的62件B式持盾俑和1件B式武士俑，如标本358为持盾俑，高24厘米，头戴圆顶U形卷裙帽，身着橘红色翻领窄袖右衽短襦，腰束红带，白裤黑靴，左手持盾，右手曲于胸前，手心有孔（图6-9：5）。

　　B组 披风组合

　　Ba组 兜鍪（Cb型）＋铠甲＋小口裤＋披风（A型）

头戴兜鍪，身着铠甲，外披窄袖交叉衣襟披风，以山西太原地区出土的武士俑最常见，如狄湛墓圆盔俑、张海翼墓甲士俑、贺娄悦墓披氅武士俑、库狄业墓铠甲俑、太原西南郊北齐洞室墓披氅武士俑等。以张海翼墓为例，该墓共出土5件甲士俑身着此种搭配，如标本19，高27厘米，头戴圆顶兜鍪，身着鱼鳞身甲，腰束革带，外罩披风，白裤，圆头鞋。长袖蔽手置腹前，右臂间有一孔，原插有器械（图6-9：6）。

Bb组 兜鍪（Ca型）＋铠甲＋小口裤＋披风（Ba型）

头戴圆顶兜鍪，身着铠甲，形制不详，肩有护髆，腿前裹甲裙，内着圆领窄袖衣，下着小口裤，外面斜披披风，袒露右肩，见于磁县湾漳北朝大墓出土90件甲骑具装俑，所着披风均为斜披袒右肩式，红色、白色均有（图6-9：7）。

Bc组 兜鍪（Bc型）＋铠甲＋披风（Bb型）

头戴兜鍪，身着铠甲，形制不详，通肩披厚重披风，见于北周统治区域，如柳带韦墓（图6-9：8）、韦曲高望堆M1甲骑具装俑。

除上述常见的服饰组合外，北朝图像中还存在其他多种服饰组合方式，有些比较少见的组合可能在当时具有特殊性，也有些组合可能因制作粗疏导致，比如磁县湾漳北朝大墓出土J型侍仆俑标本341，头梳双髻，身着朱红色裤褶，其姿势动作与头戴小冠、身着朱红裤褶的H型标本1385完全相同。头梳双髻是当时女性的典型特征，标本341发髻与该墓出土连体女侍仆俑标本916基本相同，虽然当时女性也有着裤褶的现象，但女性上身所着褶的交领位置普遍靠上，因此标本341仍是男性侍仆俑。考虑到北朝陶俑的制作方法是发髻、小冠、头、躯干等分别模制再拼插成整体，可能陶工在插合发髻、头部和身体时出现了失误。

总体而言，北朝图像中的人物首服、身衣、足衣和饰物的组合搭配方式复杂多样，既具有相对的统一性，也存在复杂的多样性。服饰的组合搭配方式在一定程度上反映了不同时代、地域、族属、身份、等级的人群的穿着方式、风俗习惯、文化内涵及审美观念，因此，可以"透物见人"用以判断服饰背后的时空变迁、等级建构、族属差别及文化交流等问题。

第七章　北朝服饰分期与分区

第一节　北朝服饰的分期

一　北朝服饰分期依据

对服饰进行分期断代就是对服饰发展演化进行阶段性划分。在古代，受生产力发展水平，特别是受封建等级制度以及礼仪制度的影响，服饰的变化不像今天这样迅速。影响古代服饰发生变化的因素有很多，包括政治、经济、军事、民族交往、自然环境、生活习俗、审美情趣、文化心态、宗教观念、文化交流等诸多方面，尤其是政治变迁、经济发展、军事战争、民族交往以及文化交流往往可以使古代服饰产生很大变化，这表现在服饰的种类、款式、服色、质地乃至图案等诸多方面。古代服饰发展变化的诱因是复杂的，有时候其演变带有很大偶然性，但并非毫无章法可循，因为影响服饰变化的因素本身具有强烈的时代性和阶段性。本书对北朝服饰的分期断代主要有三个考量因素：首先，典型服饰门类和服饰组合的形态演化序列是北朝服饰分期的主要依据；其次，《魏书·礼志四》《隋书·礼仪志六》等文献典籍对北朝冠服制度发展过程的记载，是进行北朝服饰分期断代的重要参考；最后，与服饰图像、实物伴出的具有明确纪年的北朝考古资料如墓志、碑刻、造像记、帛书等，是对北朝服饰分期研究的重要参考。下面仅对前两个方面进行简要阐述：

（一）北朝典型服饰形态演化序列

根据考古出土的人物图像及服饰实物来看，北朝服装与饰品种类繁多，形制多样，个别服饰门类或特征个性鲜明，互不类同，有些可能是服饰制作者或图像创作者即兴所作，有些则是外来的时髦奢侈品。倘若随便抽取某类服饰或某种特征作为分期断代的标准，势必会以偏概全造成混乱。笔者选取出现频率高、阶段性特征明显、有较完整演变序列并且有纪年材料伴出的服饰及组合作为典型标本，分析其形态演化序列，为北朝服饰的分期断代奠定基础。北朝时期，垂裙风帽、裤褶服和襦裙是贯穿北朝始终、阶段性特征最明显的三类服饰，结合纪年墓葬材料，其形态演变轨迹如下（图7-1）：

垂裙风帽是北朝时期最常见且较富特色的首服，最能体现其阶段性特征的部位是帽屋和垂裙，帽屋形态经历了从高到矮、由大到小的演变历程，即A型圆顶到D型尖圆顶，再到E、F型小圆顶、三棱顶风帽，垂裙从披覆颈肩的大垂裙发展为卷裙、卷边乃至软巾披幅。迁洛之前，男女均流行佩戴风帽，风帽形态多样且佩戴范围和场合具有广泛性；迁洛之后，伴随着生活环境的改变以及孝文帝汉化改制的推行，冠、冕等汉族传统冠饰大量增多，佩戴风帽的人群和场合大量减少，女性以束发挽髻代替风帽，男性仅鲜卑侍史、伎乐鼓吹等佩戴，其帽屋和帽裙逐渐变小、变短。北朝后期风帽再度流行，并产生许多新的形制，如软巾风帽、三棱风帽等，西魏、北周时期风帽甚至成为官员上朝及宴会时所穿戴的正式服饰。

上衣下裤是北朝男子最流行的服饰，上自帝王百官，下至百姓仆从均可穿着，上衣的阶段性特征主要体现在衣袖、衣身、衣领和衣襟四个部位，上衣的袖管由窄袖发展为宽袖、广袖，再演变为宽、窄袖并行；衣身长度经历由短到长再到短，进而长、短并行的发展轨迹；衣领有交领、圆领和翻领三种形态，交领贯穿北朝始终，圆领、翻领从比较少见到渐趋流行。裤子的阶段性特征主要体现在裤管，其演变轨迹是由窄变宽，再到宽、窄并行，且窄裤管逐渐普及。衣、裤的装饰由条纹、花朵及单色装饰，演化为红、白等单色为主。上衣下裤的服饰组合由 A 组垂裙风帽＋窄袖褶服＋小口裤组合为主导地位发展为 C 组小冠＋广袖褶服＋大口裤组合为主，并且在发展演变过程中风帽＋圆领短袍＋长裤组合逐渐普及开来。其中，垂裙风帽披风组合独具特色，其发展演变自成序列，主要由 Ba 组发展为 Bb 组，再发展为 Bc 组，进而出现 C 组圆领短袍／长袍披风组合。

襦裙是北朝女子最流行的服饰，上自皇后贵族，下至侍女仆从均可穿用。襦的阶段性特征主要体现在衣身、衣袖和衣襟三个部位，衣身长度经历由短到长再到短的发展轨迹；衣袖的袖管由窄袖逐渐发展为广袖，再到窄长袖、宽袖、广袖并行；衣襟交叉部位经历由高到低的演变轨迹。裙子的阶段性特征主要体现在裙摆、裙腰和穿着方式三个方面，裙摆由大变小，并且由内穿演变为外穿为主；外穿裙的裙腰由低变高，从腰部逐渐提高到胸部、腋下；腰部所系帛带的绅带从无到有，并出现围腰装饰。襦、裙的装饰由条纹、花朵及单色装饰，演化为红、白等单色装饰。襦裙组合由 A 组垂裙风帽＋窄袖长襦＋曳地长裙为主导地位，逐渐发展为 B 组发髻＋宽袖短襦＋长裙＋大带组合，再演变为以 D 组发髻＋广袖短襦＋长裙＋大带组合为主导，并且 C 组发髻＋窄袖短襦＋长裙组合越来越普及。

（二）文献典籍对北朝舆服制度的记载

物质文化有其自身的发展演变规律，通常不会因为政权更迭而立刻发生变化，但在古代社会，舆服是国家制度建设的重要内容，服饰的发展变化受制度因素影响较大，因此，古代服饰的分期断代需要充分考虑舆服制度的发展演变。《魏书·礼志四》记载了北魏舆服制度的确立过程，其中，北魏太祖天兴元年（398）、六年（403），世祖时期（424—451），高祖太和年间（477—499）以及肃宗时期（515—528）是关键时间点[①]。《隋书·礼仪志六》在《魏书》基础上对北魏晚期至北齐、北

[①]　《魏书》卷108《礼志四》，第2817—2818页。

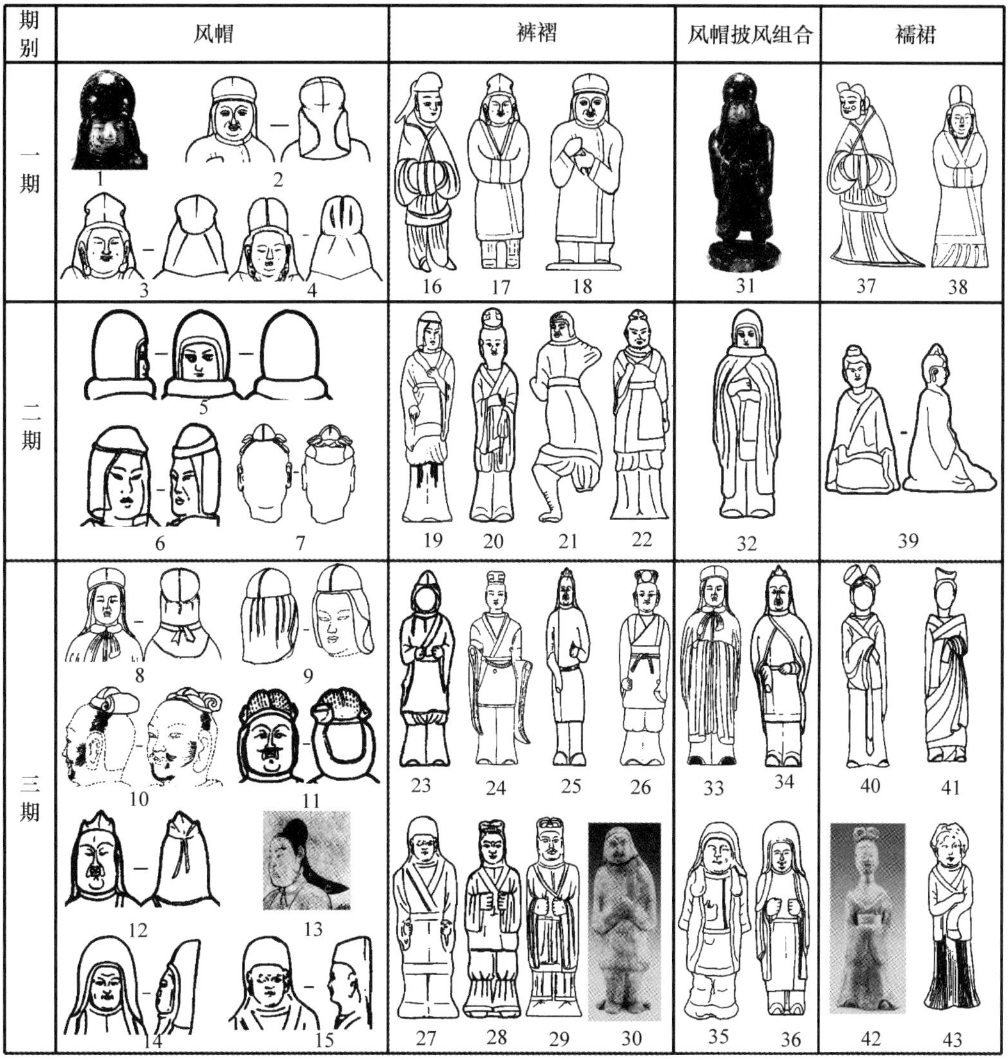

期别	风帽			裤褶			风帽披风组合	襦裙	
一期									
二期									
三期									

图7-1　北朝时期典型服饰演变序列图

1、31. 司马金龙墓仪卫俑　2、18. 宋绍祖墓仪仗俑（M5：62）　3、17. 雁北师院 M2 男侍俑（M2：71）　4、38. 雁北师院 M2 女侍俑（M2：54）　5、32. 元祉墓披裘俑（IM4034：102）　6. 联体砖厂 M2 风帽俑（M2：44）　7. 永宁寺遗址影塑头像（T1：1008）　8/33、9、10、24、26. 磁县湾漳北朝大墓风帽俑、鼓乐骑俑、鼓乐立俑、侍仆俑、步卒俑（标本 475、215、131、521、589）　11. 宋绍祖墓骑俑（标本 96）　12、25、34. 徐显秀墓三棱风帽俑（标本 339、93、76）　13. 娄睿墓墓道西壁骑马男子　14、15/27、28. 宇文俭墓风帽俑、风帽俑、男侍俑（M1：70、21、42）　16、37. 解兴石堂右侧男侍、左侧女侍　19、22. 联体砖厂北魏 M2 风帽俑、武士俑（M2：44、20）　20. 元祉墓文吏俑（IM4034：72）　21. 联体砖厂 M7 胡俑（M7：12）　23. 茹茹公主墓伎乐俑（标本 63）　29. 柳带韦墓小冠俑（M1：56）　30. 韦曲高望堆陶胡俑（M1：43）　35、43. □顗墓风帽俑（M37：33、57）　36. 武帝孝陵风帽俑（标本 4）　39. 元祉墓女俑（IM4034：218）　40. 磁县东陈村尧赵氏墓女侍俑（标本 46）　41. 元良墓女侍俑（CMM1：64）　42. 韦乾墓双髻女俑（M5：43）

周的舆服制度进行了补充①，并指出北魏熙平二年（517），北齐河清年间（562—565），北周宣帝即位（559）、保定四年（564）、大象元年（579）是关键节点。二书所载是目前所见关于北朝服制发展变化比较全面、系统的文字记载，结合《魏书》《北齐书》《北周书》帝王本纪，可为北朝服饰的分期断代提供重要参考。

但需要注意的是，正史及《舆服志》所记载服饰"内容重点多限于上层统治者朝会、郊祀、燕享和一个庞大官僚集团的朝服、官服，记载虽若十分详尽，其实多辗转沿袭，未必见于实用"，至于广大社会下层人们所着服饰则付之阙如。因此，依据文献史料进行服饰分期研究有很大局限性。而"墓葬中出土陶、土、木、石、铜诸人形俑，时代虽若十分明确，其实亦不尽然，真实性也只能相对而言。因社会习惯相承，经常有从政治角度出发，把前一王朝官吏作为新王朝仆从差役事"②。此外，墓葬中出土的大量图像资料具有程式化特征，比如墓葬中随葬的陶俑多为模制而成，往往千人一面，而一定时期内制作陶俑的模具不会变化很大，如果仅以这些陶俑所着服饰为参照物进行分期，势必会有不当之处。因此，对服饰的分期研究要综合考虑影响服饰发展变化的诸多因素，尤其要重视政治变迁、经济发展、军事战争、民族交往以及文化交流等对服饰变化的影响。

二　北朝服饰的发展演变

根据北朝服饰形制演变序列及不同服饰类型、组合的兴衰变化，参照人物图像伴出的纪年资料及北朝墓葬分期研究成果，结合文献记载，可将北朝服饰划分为三期（图7-2）：

第一期　北朝早期

此期自北魏拓跋珪立国（386）至孝文帝太和十七年（493）迁都洛阳之前，处于北朝发展史上的早期阶段。386年，拓跋珪于牛川（今内蒙古锡拉木林河）即代王位，同年改国号魏，定都盛乐（今内蒙古和林格尔），史称北魏或后魏。其后南征北战，进取中原，攻取晋阳、中山、邺等重镇，据有今山西、河北二省之地。398年迁都平城（今山西大同）即皇帝位，是为道武帝，439年，太武帝统一黄河流域，与江东的刘宋王朝对峙，形成南北朝对峙的局面。至太和十七年（493），高祖孝文帝拓跋宏迁都洛阳，北魏以平城为都长达97年。本期考古出土的服饰资料在时间和空间分布上并不均衡，有人物图像及服饰实物出土的墓葬主要集中于都城所在的盛乐、平城地区，宁夏、陕西等地仅有少量发现，根据服饰形态演变序列，结合文献记载及出土纪年材料，又可为早、晚二段：

前段：北魏立国（386）至5世纪50年代

考古所见服装资料数量较少，定都盛乐时期墓例有内蒙古和林格尔县鸡鸣驿北

---

① 《隋书》卷11《礼仪志六》，第238—251页。
② 沈从文编著：《中国古代服饰研究》，第1页。

魏壁画墓，另在内蒙古锡林郭勒盟正镶白旗伊和淖尔北魏墓地出土裘皮衣等服装实物。迁都平城后的人物图像主要见于大同沙岭太延元年（435）北魏墓 M7 墓室壁画及漆画资料。男性主要为 Aa 组裤褶搭配样式，女性常见 B 组襦裙搭配样式，服装特色是上衣短小，仅及髋部上下，男性服装短小紧窄，女性略宽松。上层男女常见 D 组衣裳和 Ab 组襦裙装，比较宽松。女性面部常见靥妆、斜红妆。考古出土装饰品数量丰富，主要见于内蒙古地区北魏窖藏或墓葬，如内蒙古正镶白旗伊和淖尔北魏墓地 M1、M6，呼和浩特美岱村北魏墓出土饰品等，种类多样，其材质有金、银、铜、铁及宝石等，以耳环、耳坠、项圈、戒指、指环、腰间带饰最为常见，还有少量摇叶型步摇冠饰。军戎服饰主要有 Ab 组筩袖铠、Ba 组护膊甲衣及 Ca 组裲裆铠。此期服饰尚沿袭大量草原民族特色，存在大量西域文化元素，并且受北魏统一北方的征伐战争影响，出现不同地域服饰文化交流的现象。

后段：5 世纪 60 年代至迁都洛阳（493）

考古所见服饰图像数量大增，有人物陶俑、棺椁装饰、墓葬壁画等，人物陶俑主要见于大同雁北师院（M2/M5）、七里村、迎宾大道、二电厂、下深井、云波路（M10）、大同县湖东（M11）、御昌佳园北魏墓群及司马金龙夫妇合葬墓，石椁壁画人物形象如大同城南智家堡北魏石椁墓，墓葬壁画人物形象见于大同沙岭北魏壁画墓、迎宾大道北魏墓 M16、云波里路北魏壁画墓、文瀛路北魏壁画墓、大同南郊全家湾北魏墓 M9，棺板漆画人物如智家堡北魏棺板画、司马金龙墓漆画屏风。佛教人物主要见于云冈石窟第二期龛窟①如第 6 窟东壁，11 窟东、西、南壁，16 窟南壁，17 窟东、南壁，18 窟南壁等刻供养人形象。

男性服饰常见 Ab 组裤褶组合，有的外加披风形成 Ba 组服饰搭配样式，并出现 Da、Db 组圆领窄袖长袍组合，后者通常由外来胡人穿着，上层男性主要为 D 组衣裳搭配，有的外加披风。主要服装种类有 A 型圆顶垂裙风帽、B 型垂坠长裙帽；A 型单色、条纹小口裤，A 型窄袖褶；A 型套头圆领窄袖长袍，Ba 型偏襟圆领窄袖长袍，对襟翻领长袍；Aa 型直领对襟窄袖披风，Ba 型圆领对襟窄袖披风，A 型圆领宽袖披风。女性服饰搭配以 Aa 组襦裙装最多见，上层女性通常为 Ab 组襦裙装，服装种类主要有 A 型圆顶垂裙风帽，B 型凹顶垂裙风帽，C 型高顶垂裙风帽；A 型长袖长襦，B 型短袖长襦；A 型大摆裙，Da I 式间色裙，Db 型染色条纹裙。与早段相比，男女服装上衣加长至膝部上下，垂裙风帽形制更加多样。女性面部仍流行靥妆、斜红妆。军戎服饰主要是 A 组筩袖铠和 Ba 组护膊甲衣组合，紧窄的裤褶是常见的武士戎服。甲胄种类主要有 A 型尖顶兜鍪，Ba、Bb 型一体兜鍪；A、B、C 型筩袖铠，A 型护膊甲衣，Aa 型裲裆铠。

北朝早期服饰基本特征是男、女服装存在明显的性别区分，裤褶、襦裙搭配分别是男、女最常见的服装样式，侍从庶民衣袖、裤管紧窄合体，便于行动；男、女

---

① 宿白：《云冈石窟分期试论》，《考古学报》1978 年第 1 期。

服装色彩丰富，尤喜着红、白等色布幅交错搭配的间色服；服装质地及款式存在一定的等级差别，地位高者衣袖和衣身更加褒博，衣外有的披宽大披风；鲜卑族喜着金、银及宝石饰品的风俗仍然延续。这种服饰风格除政治统治中心盛乐、平城地区大肆流行之外，其他地区如宁夏、甘肃、陕西、河北等地也受到强烈影响，因此可总结为"平城风尚"。

第二期 北朝中期

本期人物图像资料以洛阳地区最为丰富，其他地区如云代地区、邺城地区、青齐地区、关中地区仅有少量发现。墓葬中出土的人物图像资料以陶俑数量最多，典型墓例有偃师杏园村发现的四座北魏墓、偃师南蔡庄北魏墓（89YNLTM4）、偃师染华墓（90YCXM7）和联体砖厂二号墓（90YNLTM2），洛阳武泰元年（528）孝文帝之孙常山王元邵墓、永安二年（529）平原武昭王元祉墓、普泰二年（532）宁远将军吕仁墓、太昌元年（532）异姓将领王温墓、永熙二年（533）杨机墓等。洛阳地区出土的北魏石室、棺椁线刻资料较多，极富时代特色，如正光五年（524）赵郡贞景王元谧石棺（现藏美国明尼阿波利斯美术馆）、孝昌三年（527）横野将军甄官主簿宁懋石室（现藏美国波士顿美术馆）、孝子石棺（现藏美国纳尔逊阿肯特斯美术馆）等，其上刻画的人物形象为我们认识当时人的服装提供了重要参考。洛阳地区发现的墓葬壁画人物资料比较少见，仅孝昌元年（525）清河王元怿墓及王温墓残存少量人物形象。除上述为丧葬服务的图像资料外，北魏洛阳永宁寺遗址出土的人物塑像、影塑像残件以及龙门石窟、巩县石窟、单体造像等雕刻的供养人形象可提供有力补充。

男性最常见的服饰搭配是 Ca 组小冠裤褶组合，也存在部分 Da 组外套裲裆和 E 组戴笼冠的裤褶组合，A 组冕服、B 组笼冠衣裳组合成为帝王、贵族及官员常见的服饰搭配。第一期晚段流行的 Ab 组裤褶组合在此期发生变化，垂裙风帽的帽屋和帽裙变小，上身所着窄袖褶袖端加宽，演变为宽袖褶，而紧窄的瘦统裤演变为宽肥的大口裤，形成 Ac 组，穿着范围缩小，由全民服装演变为伎乐、鼓吹等人群所着。而第一期晚段比较富有特色的 Ba 组垂裙风帽 + 裤褶 + 披风组合在此期仍然延续，但帽屋变矮，裤褶的衣袖和裤腿变宽，演化为 Bb 组裤褶披风组合，西域胡人所着 Db 组袍服组合演变为 Dc 组。服装种类主要有 B 型高体冕，Aa 型 I 式、Ab 型、Ac 型笼冠，B 型小冠，A、B 型进贤冠，高冠，Ab、Fa、Fc 型垂裙风帽；B 型大口裤，Ca I 式广袖褶，A 型裲裆衫，Bb 型偏襟圆领窄袖长袍，A 型宽袖披风。

女性最常见的服饰搭配是 B、Dc 组襦裙组合，出现了少量 A、B、D 组裤褶组合，Fa、Fb 组披帛襦裙装较富特色，贵族女性主要是 Da、Db 组襦裙组合。第一期晚段流行的 A 组襦裙装被头梳发髻，身着广袖短襦，内穿或外穿及地长裙的 B 襦裙装所代替，并出现披帛、领巾等装饰。女性面部不再流行靥妆和斜红，但常见 A 型腮红装饰。服装种类主要有 A、B 型莲花冠；A 型、Ba、Bb 型长袖短襦，A、B 型短袖短襦；B、Cb 型长裙，E 型背带裙，袿衣，A、B 型围腰，Aa、Ab、B 型褶，A 型大口裤，Aa 型短披帛，B 型长披帛，A 型领巾。第一期晚段备受女性欢迎的各式垂裙风帽此期基本不见，代之而来的是螺髻、丫髻、双鬟髻、倭堕髻、惊鹄髻、圆髻、飞天髻、垂髻等各式发髻，由 A 组搭配演化而来的 B 组襦裙装成为女侍、仆从及劳作女子穿用的服装。

与第一期丰富多彩的装饰品相比，考古出土的此期装饰品种类和数量较少，除簪发、固冠的笄、簪、钗外，仅有少量嵌宝石戒指、手镯、串饰、玉佩、带具等遗存，陶俑、壁画等人物图像中也仅见少量红妆、钿饰，耳饰、颈饰和手饰均不发达，鲜卑族喜着金、银、宝石饰品的习俗没有得到延续。

军戎服饰搭配主要有 C 组裲裆铠组合，Db 组裲裆明光铠组合，第一期晚段流行的 A 组箭袖铠组合已退出历史舞台，而北朝后期比较流行的明光铠还没有得到普及，新出现 Aa 组长袖翻领袍组合。甲胄种类主要有 A 型，Ca、Cb、Cc 型兜鍪，B 型裲裆铠、D 型护膊裲裆铠，A 型、Bb 型明光铠，甲骑具装铠，还有长袖翻领戎服和 A 型短袖翻领戎服。

此期年代为孝文帝迁都洛阳（493）至永熙三年（534）北魏分裂之前，前后共有 40 余年时间，是北朝发展史上的中期阶段。孝文帝迁洛后于太和十八年（494）"革衣服之制"[①]，开始彻底的服饰汉化改革，与北朝早期相比，服饰的性别差异仍然延续，但服饰整体面貌与平城时期迥然有别，而且对东魏、北齐和西魏、北周产生了深远影响。由于这种服饰最先以洛阳为中心流行开来，并对周边地区产生广泛影响，因此笔者名之为"洛阳风尚"，其主要特征表现在以下三个方面：首先，帝王高官及女眷流行宽衣博带的衣裳服制，男性常见 A 组冕服、B 组笼冠衣裳组合，女性主要是 Ca、Cb 组襦裙组合，主要见于北魏时期龙门石窟宾阳中洞、皇甫公窟、巩县石窟寺等帝后礼佛图及宁懋石室贵族形象。其次，男、女侍者属吏服饰继续沿袭迁洛前形成的衣裤装和襦裙装两大系统，但服饰细节和整体着装效果发生变化。垂裙风帽的服用范围变小，小冠、笼冠等汉式冠制在男性群体中比较常见，女性放弃垂裙风帽而改梳各式发髻，冠帽和发式重新成为身份等级的标识。男女服装整体风格是上衣变短，与下装外露部分基本等长，衣袖、裤管加宽，但衣身合体，再搭配男性头部所戴小冠、女性所束简洁髻式及裙腰高束，使人尽显修长之姿，这种变化当受东晋以来南方士大夫所欣赏和推崇的"秀骨清像"审美风范影响。再次，男女所着交领上衣开领较低，喜袒露肩颈。最后，草原民族喜爱的金银宝石等装饰传统不再延续，女子出现肩搭帔帛和佩戴领巾的现象。

第三期 北朝晚期

本期人物图像资料主要见于河北、河南、山西、山东、陕西和甘肃等地区，陶俑、墓葬壁画、佛道教供养人形象比较丰富，在继承第二期服饰特征基础上，该期服饰具有鲜明的地域性，并受不同民族、地区文化交流的影响，呈现出多样化和复杂化特征。

---

① 《魏书》卷七下《高祖孝文帝纪下》，中华书局 1974 年版，第 176 页。

　　男性服饰搭配种类丰富，A组冕服、B组笼冠裙装仍是帝王及官员常见的服饰搭配，裤褶服组合更加多样，第二期流行的Ca、Da组裤褶装演变为Cb、Db组，并且出现Cc、Cd、Ce组不同变体。第一期流行、第二期服用范围缩小的垂裙风帽组合再度流行开来，并且出现许多新的变体，除Ac、Ad组传统的裤褶装外，Bb组发展而来的Bc组裤褶披风组合更加多见，并且新出现了头戴垂裙风帽的A、B、C组圆领短袍组合以及B、C组圆领长袍组合。此外，还新出现了A组交领窄袖长袍组合，Dc组发展而来的Dd组圆领长袍组合仍是入华西域胡人常见的服装搭配样式。服装种类多样，首服主要有C、D型小冠，Aa型Ⅱ式、Ad型、B型笼冠，Ab型Ⅱ式，C、D、E、F型垂裙风帽，纱帽，B、C型尖顶帽，A、B、C型卷沿帽，席帽，A、C型巾。身衣主要有A、B、C型衣，A型裙，B型小口裤，A、B型大口裤，B型宽袖褶，C型广袖褶，A、B型裲裆衫；B、C型偏襟、对襟圆领短袍；A、B型翻领短袍；交领窄袖长袍，B、C型圆领窄袖长袍，圆领广袖长袍，Ab、Bb、C型窄袖披风，A、B型宽袖披风；A、B型裘。足衣有A、B型履，A、B、C型靴。

　　女性服饰仍以襦裙装组合为主，但比第二期搭配方式更加多样，B组襦裙装仍有延续，但逐渐演化为C组和Dc、Dd组襦裙装，带披帛的F组襦裙装更加多样。贵族女性仍然流行Da、Db组襦裙装，头戴笼冠的E组襦裙装搭配大量出现。女性喜在面颊、眼睑、鼻翼及颧骨处晕染红妆。服装种类主要有A、B、C型笼冠，A、B型翻耳帽，垂裙巾、裹髻巾、巾帼等；A、B、C型长袖短襦，B型筒裙，Ca型拖尾裙，Da型、Db型Ⅱ式条纹裙，Ea型背带裙，B型围腰；Ab、Ac型褶，A型大口裤、B型小口裤，交领、圆领窄袖长袍；Ab型短披帛、Bb型长披帛，A、B型披风及裘；A、B型履，A型靴。发式流行高髻，出现圆形、扇面、元宝、飞鸟等诸多形制，假发盛行，甚至还出现了卷发套。

　　装饰品明显比第二期丰富，出土的实物资料以串饰及金指环、素面戒指，A型、Ba型嵌宝石金戒指等手饰比较常见，另有大量带具配件出土，可复原为A、B、C、D型四种带具，图像中还有大量帛带及腰部佩件如环首刀、剑、弓、韬、箭箙及圆形盘囊的表现。另出土大量组玉佩饰件，可复原为A、B、C组三种配置方式。

　　军戎服饰在延续第二期组合搭配基础上，以E组明光铠组合最具特色，C组裲裆铠组合仍然存在，还有一定数量的Da、Dc组裲裆明光铠组合，在部分地区还存在Bb组、Bc组护膊甲衣组合。另外，在甲胄外罩披风的现象比较常见，出现了Ba、Bb和Bc组等多样搭配方式。翻领戎服更加多样化，第二期出现的Aa组长袖翻领袍仍有延续，并出现大量Ab、Ac、Ad组翻领袍组合。甲胄种类主要有额护，A型尖顶兜鍪、Bc型一体兜鍪、C型分体兜鍪；B型护膊甲衣，Ab型裲裆铠，C型皮制裲裆铠、D型护膊裲裆铠，Ba、Bc、Bd型裲裆明光铠，C型、D型明光铠。戎服比较有特色的是A、B、C型短袖翻领戎服，长袖翻领戎服，A型交叉衣襟披风，B型直领对襟披风以及少量的虎、豹纹衣裤。可见，此期军戎服饰流行明光铠，裲裆铠数量明显减少，翻领袍服作为一种军戎服饰比较富有特色。

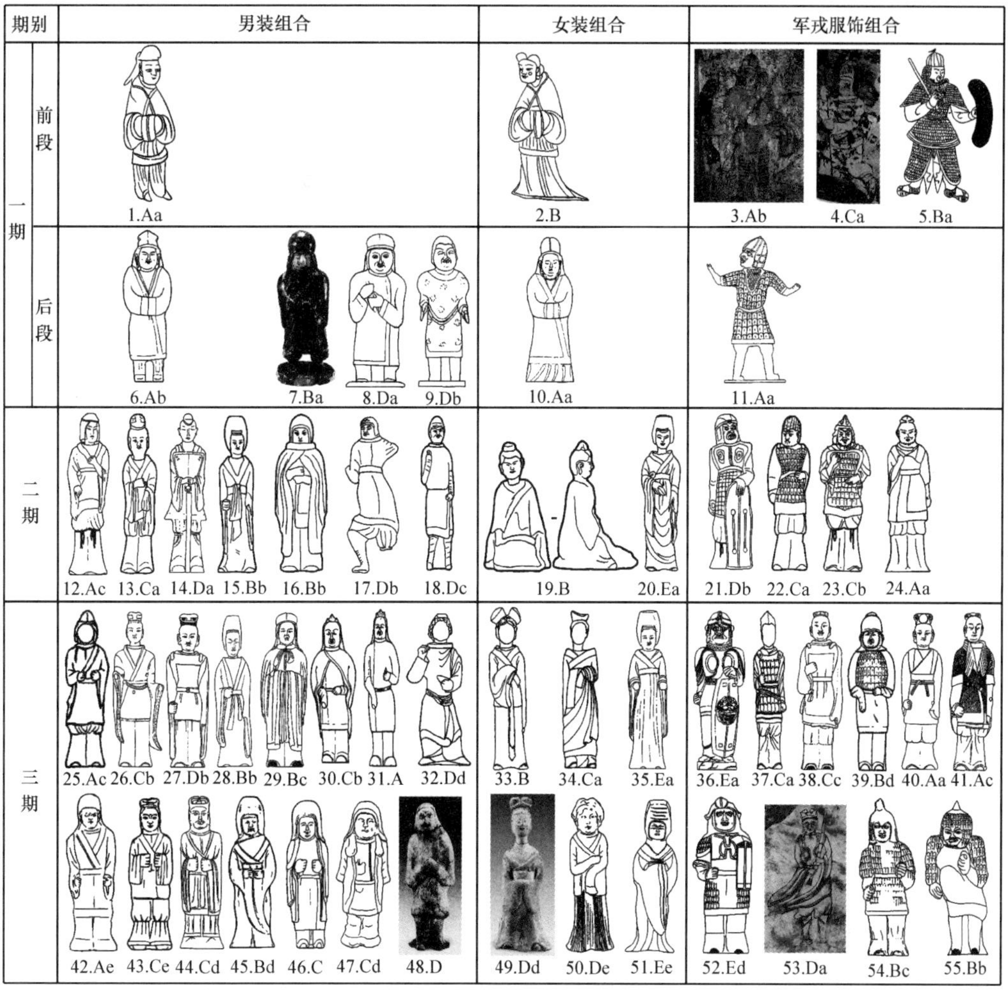

期别		男装组合	女装组合	军戎服饰组合
一期	前段	1.Aa	2.B	3.Ab　4.Ca　5.Ba
	后段	6.Ab　7.Ba　8.Da　9.Db	10.Aa	11.Aa
二期		12.Ac 13.Ca 14.Da 15.Bb 16.Bb 17.Db 18.Dc	19.B　20.Ea	21.Db 22.Ca 23.Cb 24.Aa
三期		25.Ac 26.Cb 27.Db 28.Bb 29.Bc 30.Cb 31.A 32.Dd 42.Ae 43.Ce 44.Cd 45.Bd 46.C 47.Cd 48.D	33.B 34.Ca 35.Ea 49.Dd 50.De 51.Ee	36.Ea 37.Ca 38.Cc 39.Bd 40.Aa 41.Ac 52.Ed 53.Da 54.Bc 55.Bb

图 7 - 2　北朝服饰分期图

1、2、11. 解兴石堂门侧男、女侍、前壁左侧武士像　5、8 雁北师院北魏 M2 男侍俑、胡俑、女侍俑（M2：71、15、54）　6. 司马金龙墓仪卫俑　7. 宋绍祖墓仪仗俑（M5：62）　10. 大同云波路北魏 M10 镇墓武士俑（M10：18）　12、20、21/23/24. 联体砖厂风帽俑、笼冠女俑、武士俑（M2：44、32、9/52/20）　13、15、16、18、19、22. 元祉墓文吏俑、笼冠俑、披裘俑、胡俑、女俑、武士俑（IM4034：72、26、102、211、218、221）　14. 郭定兴墓文吏俑（HM555：5）　17. 联体砖厂 M7 胡俑（M7：12）　25. 茹茹公主墓伎乐俑（标本 63）　26、27、28、29、35、36、38/40/41. 磁县湾漳北朝大墓侍仆俑、文吏俑、笼冠立俑、风帽俑、笼冠女俑、武士俑、特殊步卒俑（标本 521、79、428、475、1284、1210、109/589/310）　30、31. 徐显秀墓三棱风帽俑（标本 7693）　32、33. 磁县东陈村尧赵氏胡俑、女侍俑（M1：11、46）　34. 元良墓女侍俑（CMM1：64）　37. 高润墓甲胄箭囊俑　39. 徐显秀墓 B 式铠甲俑（标本 353）　42、43、52/54. 宇文俭墓风帽俑、男侍俑、武士俑（M1：21、42、1/2）　44. 柳带韦墓小冠俑（M1：56）　45. 吐谷浑公主墓笼冠俑（M2：67）　46. 武帝孝陵风帽俑（标本 4）　47、50. □顓墓风帽俑、女俑（M37：33、57）　48. 韦曲高望堆胡俑（M1：43）　49. 韦乾墓双髻女俑（M5：43）　51. 娄睿墓女官俑（标本 445）　53. 李贤墓天井武士图　55. 叱罗协墓镇墓武士俑（标本 3）

此期年代大致自魏分东、西（534）到杨隋代周（581），主要包括东魏、北齐和西魏、北周时期，前后近五十年时间，处于北朝发展史上的晚期阶段。这一时期孝文帝汉化改革形成的"洛阳风尚"仍然得到延续，并出现胡汉杂糅的现象。就出土资料来看，男子服饰方面，裤褶服、裲裆衫依然流行，合口披风、圆领袍、翻领袍开始大量出现；首服方面，除小冠、笼冠外，圆顶、三棱、卷裙等各式风帽再度流行，其他如各式巾帻、纱帽也比较常见；装饰品比较多样，特别是带具和组玉佩成为身份地位的象征。女子仍流行襦裙服制，亦有着裤褶、圆领袍者，但数量不多；女性发髻明显变高加大，假发盛行。此期服饰文化因素复杂，统治阶级的朝服、祭服等礼服为汉族传统服制，小冠、笼冠、各式高髻，宽袖肥裤、高腰裙、高头履等仍沿袭第二期汉化服饰特征，但整体服装搭配效果由清瘦向粗壮发展，不同形制垂裙风帽和紧窄袍服的盛行则是对鲜卑草原传统的回归和再造。

第二节　北朝服饰的分区

一　北朝服饰分区依据

古代服饰分区就是把握服饰发展的区域性特征。不同地区因气候风土、民族构成、历史传统及生活方式等存在差异，势必会造成服饰发展的地域特征，正如《晏子春秋·问上》所云："百里而异习，千里而殊俗。"在人类社会早期阶段，服饰的保暖、御寒、保护等自然功能占主要地位，进入阶级社会以后，服饰的自然功能和标志、表达、审美等社会功能往往交织在一起，而尤以后者更为重要，服饰成为社会地位和等级身份的象征，历朝历代均把服饰制度的确立和完善作为政治统治的工具。特别是伴随着古代官僚体系的建立与健全，统治阶层的服饰依身份、等级不同需要遵守严格的制度规定，所以，在同一政权的统治区域内，朝服、公服、命服等礼服体系显示出较大的一致性，正史《舆服志》对天子、公卿、列侯、百官及其女眷的服饰制度有详尽记载。然而，服饰作为民俗事项的重要组成部分也具有鲜明的地域性。

本书对北朝服饰的分区研究主要有以下两方面的考量：首先，丰富的资料是进行分区研究的基础，然而，现有的人物图像及服饰实物资料在分布区域上的高度集中性，以及所属时代的不平衡性使我们很难全面探究北朝服饰的区域性特征，比如洛阳地区，现有出土资料主要集中于北魏后期，东魏—北齐时期该地服饰面貌如何尚缺乏丰富的资料印证；而邺城地区的出土资料主要隶属东魏—北齐时期，北魏时期的服饰面貌则不甚清楚。这需要综合不同种类如地上、地下的人物图像及服饰实物材料，并结合文献记载展开研究。其次，以当时的政治文化中心和经济发达地区为主要标准展开分区研究。在北朝近二百年时间里，已发现的北朝墓葬主要分布于政治文化中心或经济比较发达的地区，如杨效俊在《东魏、北齐墓葬的考古学研究》一文根据墓葬物质文化面貌将东魏、北齐墓葬分为四个区域，即以邺城为中心的京畿地区，以晋阳为中心的并州地区，冀、定、沧、幽地区，青、齐地区，均是当时的政治文化中心和经济发达地区[①]；李梅田在《北朝墓室画像的区域性研究》一文中，将北朝墓室画像划分为五个地区，即北魏前期的云代地区、北魏后期的洛阳地区、东魏北齐的邺城—晋阳地区和青齐地区、西魏北周的关中地区[②]。这种分区方式虽不全面但具有以点带面的作用，因为在古代，政治文化中心和经济发达地区往往成为服饰变异的策源地，然后向周边地区辐射。所谓"城中好高髻，四方高一尺。城中好广眉，四方且半额。城中好大袖，四方全匹帛"（《后汉书·马援传》）。"时世妆，时世妆，出自城中传四方"（白居易《时世妆》），这里的"城中"指的就是京师，款式新颖的服饰往往从京师散布开来流向四方，由点到面，逐步覆盖各地。王安石说："京师者，风俗之枢纽也……旦更奇制，夕染诸夏。"（《风俗》）陈舜卿也说："今夫诸夏必取法于京师，所谓京师则如何？百奇之渊，众伪之府。异装奇服，朝新于宫廷，暮仿于市井，不几月而满天下。"（《都观集·敦化》）可见，有时候款式新颖的服饰从宫廷流传到市井只是朝暮之间，从京师到天下也是"不几月"，虽然这在信息传递较缓慢的古代或许说得有点夸张，但由此可见一斑。

二 北朝服饰的地域特征

根据考古发现及服饰类型学、分组合研究成果，结合文献记载，可将北朝服饰划分为七区：云代地区、洛阳地区、邺城地区、晋阳地区、青齐地区、关陇地区和河西地区，其中，各区均以政治文化中心或经济发达地区命名，以点带面，实际地域范围均辐射周边地区。

（一）云代地区

北魏早期以盛乐、平城为都，盛乐至平城一带即"云代地区"是北朝早期的核心统治区域，本区所指除云代地区外还包括以"六镇"为代表的北方边镇地区，大致范围即今内蒙古中南部和西南部、陕西北部、山西北部及河北北部。该区所处狭长地域不仅是北朝发展史上五个王朝具有重要战略地位的北部边疆，而且位于我国传统农牧分界线的两侧，是典型的农牧交错区域。这一地区自然地理条件相近，气候条件相似，同属温带大陆性半干旱气候区，主要特征是干旱少雨，风力强劲，冬季寒冷而漫长，夏季温热而短促，春秋季升温速度和降温速度都很快。该地特殊的地理气候条件，农耕、游牧及畜牧并行的生产方式造就了这一地区服饰具有紧窄合体、便利实用、色彩丰富、饰品发达及喜用动物毛皮等草原民族服饰特征。根据出土资料所示服饰形态演变情况，可将北朝时期该区服饰发展分为早、中、晚三期（图7-3，表7-1）：

---

① 杨效俊：《东魏、北齐墓葬的考古学研究》，《考古与文物》2000年第5期。
② 李梅田：《北朝墓室画像的区域性研究》，《故宫博物院院刊》2005年第3期。

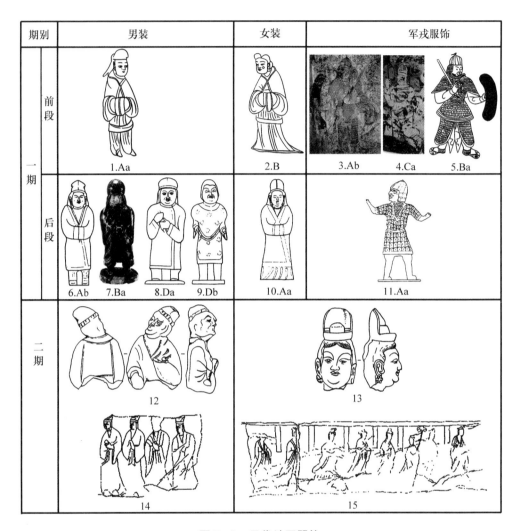

图 7-3　云代地区服饰

1、2、5. 解兴石堂门侧男侍、女侍、前壁左侧武士像　3、4. 沙岭 M7 甬道北壁武士图、漆画武士图　7、9、10. 雁北师院 M2 男侍俑、胡俑、女侍俑（M2：71、15、54）　7. 司马金龙墓仪卫俑　8. 宋绍祖墓仪仗俑（M5：62）　11. 大同云波路北魏 M10 镇墓武士俑（M10：18）　12、13. 大同陈庄北魏墓女俑、胡俑局部（M1：8、13）　14、15. 云冈石窟供养人形象（采自李雪芹《试论云冈石窟供养人的服饰特点》）

第一期　北朝早期（北魏立国至孝文帝迁洛，即北魏早、中期，约386—493）与服饰相关的人物图像及实物资料比较丰富，主要集中于都城盛乐、平城地区，如前文所述，其服饰可以5世纪50年代为界分为前、后二段，前段男女服装呈现上短下长特征，男性服装短小紧窄，女性略宽松，上层人士服装比较宽博。后段形成自身特色即平城风尚，男女均流行垂裙风帽，衣袖、裤管紧窄合体；男、女服装色彩丰富，有的装饰花草等图案；金、银及宝石饰品比较盛行；动物毛皮服装比较常见。服装质地及款式存在一定的等级差别，地位高者衣袖、裤管及衣身更加褒博，衣外常披宽大披风。

表7-1　　　　　　　　　　云代地区服饰统计表

期别		墓例	纪年	男性服饰组合				女性服饰组合
				衣裳	裤褶	圆领长袍	甲胄组合	襦裙组合
一期	前段	大同沙岭 M7	435	D	Aa	×	Ab、Ca	B
		解兴石堂	458	D	Aa	×	Ba	B
		仝家湾北魏 M9	461	×	Aa	×	×	B
		大同南郊北魏 M229	无	×	Aa	×	×	B
		大同南郊北魏 M253	无	×	Aa	×	×	B
	后段	智家堡北魏石椁壁画	无	D	Ab	×	×	Aa
		智家堡北魏墓棺板画	无	×	Ab	×	×	Aa
		云波里路北魏壁画墓	无	×	Ab	Db	×	×
		宋绍祖墓	477	×	Ab	Db	Aa	Aa
		贾宝墓	477	×	Aa	×	×	Aa、B
		大同七里村北魏墓 M35、M22	484	×	×	×	×	Aa
		司马金龙墓	484	×	Ab、Ba	Db	Aa	Aa
		大同御昌佳园北魏 M113	无	×	Ab	Db	×	Aa
		大同二电厂北魏墓群 M36	无	×	×	×	×	Aa
		大同云波里路北魏 M10	无	×	×	Db	Aa	Aa
		大同雁北师院北魏 M52	无	×	×	×	×	Aa
		大同雁北师院北魏 M2	无	×	Ab	Db	Aa	Aa/Ga
		宁夏固原北魏墓	489	D	Ab	×	×	Aa
		呼和浩特北魏墓	无	×	Ab	×	Aa	Aa

　　第二期 北朝中期（孝文帝迁洛至北魏分裂，即北魏晚期，约494—534）北魏迁都洛阳之后，该地区成为远离统治中心的北部边疆，墓葬出土的人物陶俑、壁画等图像及服饰实物资料骤减，山西大同陈家庄北魏墓 M1 及陕西榆林靖边县八大梁墓地 M1 是少见的资料。前者出土的 2 件俑头束发戴高耸的小冠，石封门两侧彩绘门吏身着宽袖及地长袍，后者在墓室北壁东部所绘武士，头戴小冠，身着裲裆衫，应为 D 组小冠裤褶裲裆的服饰搭配。云冈石窟第三期龛窟所刻供养人像均褒衣博带，如第 11—16 窟、35 窟东壁佛龛下部男供养人均为头戴小冠的 C 组衣裳组合，38 窟东、西壁佛龛下部所刻男、女供养人均为主仆组合形式，所着服饰有 C 组衣裳组合和 D 组襦裙组合，人物清秀，衣袖宽博。由此可见，迁洛之后云代地区服饰在制度层面特别是贵族、官员服饰受到孝文改制后"洛阳风尚"影

响，但具有浓厚草原传统的"平城风尚"应该仍是主要着装风貌，尽管出土资料并不丰富，从文献记载中可窥见一斑。据《魏书·于景传》记载，北魏开国名将于栗磾（dī）的曾孙于景因反对擅权乱政的宗室元叉被贬为怀荒镇将，北魏末年，怀荒镇民起义后囚禁于景及其妻子，逼迫"景著皮裘，妻著故绛袄"以示侮辱[①]，"皮裘""故绛袄"正是孝文帝汉化改革所禁服饰，可见这一地区作为北部边疆一直延续平城风尚。

第三期 北朝晚期（北魏分裂至杨隋代周，即 534—581）北朝晚期云代地区基本没有人物图像资料出土，但伴随着北魏末年六镇起义的爆发，北镇军民大量内迁至邻近的并、肆、恒州等地区，不仅影响了当地服饰面貌，而且由于北镇军民中的中上层人物后来大多成为东魏北齐、西魏北周的核心力量，北镇地区服饰对北朝晚期产生重要影响。因此，该区北朝晚期服饰面貌可参考晋阳地区同期服饰。

（二）洛阳地区

洛阳位居中原中心，自夏代始便是中国历史上极为重要的政治、经济、文化中心，历史文化底蕴深厚，但自汉末黄巾之乱后洛阳屡遭战乱，特别是西晋永嘉之乱匈奴军队攻陷洛阳并大肆抢掠杀戮，洛阳城沦为废墟。自十六国到隋朝建立260 余年历史中，除北魏短暂定都洛阳 40 年外，洛阳因距离南部边境较近，且战事频繁并未成为诸对峙政权的都城。魏晋南北朝时期洛阳地区出土的人物图像，主要集中于魏晋及孝文帝迁洛后的北魏时期，十六国时期基本空白。北魏定都洛阳时期的服饰面貌与魏晋时期明显不同，受孝文改制影响比较深，是典型的"洛阳风尚"，对周边地区及后来的东、西魏和北齐、北周产生了深远影响，前文已论，不再赘述（图 7-4、表 7-2）。魏分东西后，洛阳地区有人物图像出土的墓葬资料基本不见，但从龙门、巩县石窟及散见的单体佛教造像所刻供养人形象看，高欢拥立孝静帝并迁都邺城后，洛阳尽管不再是当时的政治、文化中心，但服饰特别是上层社会基本沿袭洛阳风尚。从东魏周元熙造像碑、道俗九十人造像碑、道颖造像记以及北齐张道明、鲁思明、游达摩等造像来看，男性多为 Bb 组笼冠衣裳组合，女性为 Db、Dc 组襦裙组合，褒衣博带且延续清秀之风的男女形象仍是主流。但至迟北齐代魏后，该区开始常见窄袖服装，如北齐天保八年（557）刘碑寺造像碑座背面所刻山林射猎场景中的骑士，身着 A 组软巾风帽窄袖圆领短袍装，与娄睿墓墓道所绘男子形象一致。

（三）邺城地区

魏晋十六国时期，邺城（今河北邯郸市临漳县）先后为曹魏、后赵、冉魏、前燕、东魏、北齐都城所在地，具有重要的战略地位。特别自十六国后期始，北方民族鲜卑成为河北地区的主要统治者，起初是鲜卑慕容部建立的前燕、后燕政权先后

---

① 《魏书》卷 31《于栗磾传》，第 747 页。

占据河北地区，北魏立国后拓跋珪于登国十年（395）在参合陂之战中大败后燕，并于皇始二年（397）攻占后燕都城中山，至此河北地区基本纳入北魏统治范围。魏分东西后，高欢于天平元年（534）立孝静帝于邺城（今河北磁县、河南安阳一带），至承光元年（577）北齐为北周所灭，邺城一直是东魏北齐时期北方最重要的政治文化中心。此处所指邺城地区包括豫北冀南的京畿地区以及冀、定、沧、幽地区（今天的冀州、定州、沧州、北京附近），前者为政治文化中心，后者则是经济比较发达地区。

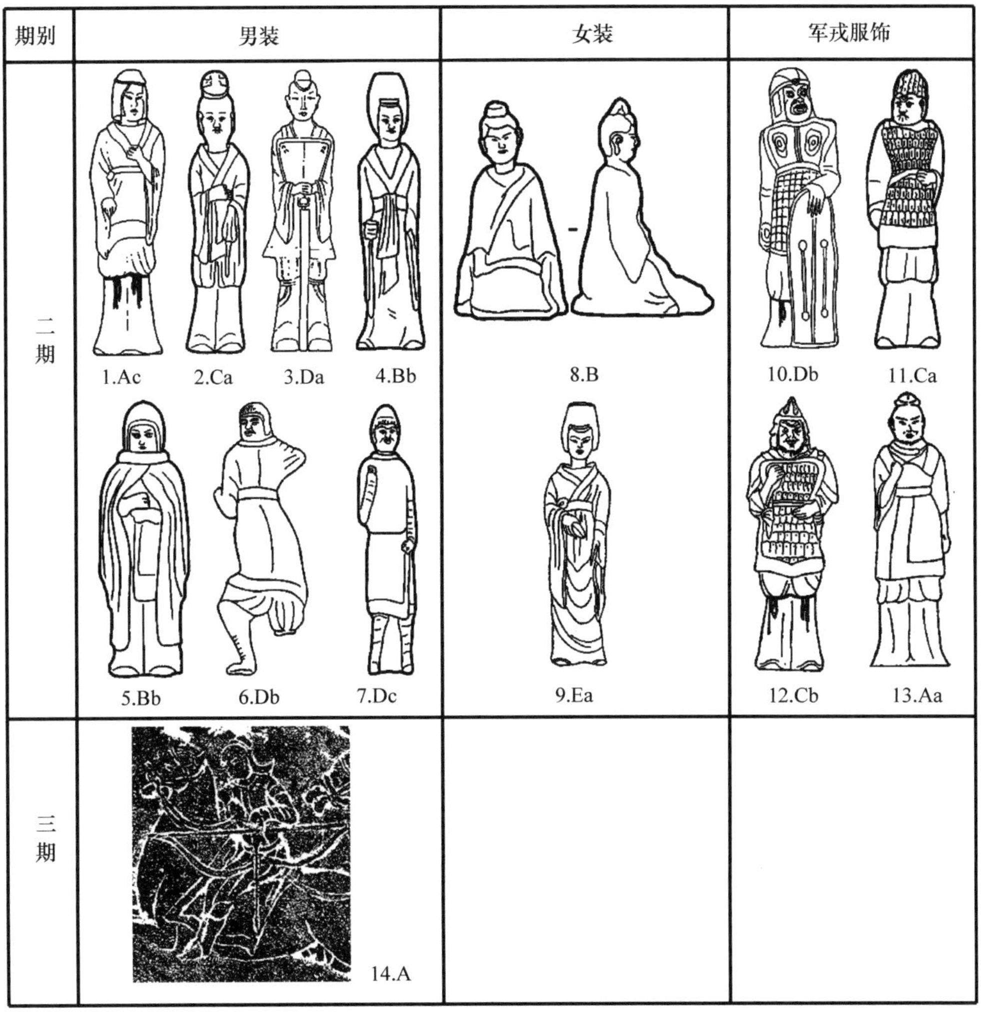

期别	男装				女装		军戎服饰	
二期	1.Ac	2.Ca	3.Da	4.Bb	8.B		10.Db	11.Ca
	5.Bb	6.Db	7.Dc		9.Ea		12.Cb	13.Aa
三期	14.A							

图7-4　洛阳地区服饰

1、9、10、12、13. 联体砖厂风帽俑、笼冠女俑、武士俑（M2：44、32、9/52/20）　2、4、5、7、8、11. 元祉墓文吏俑、笼冠俑、披裘俑、胡俑、女俑、武士俑（IM4034：72、26、102、211、218、221）　3. 郭定兴墓文吏俑（HM555：5）　6. 联体砖厂 M7 胡俑（M7：12）　14. 河南登封刘碑寺造像碑座狩猎图

表 7 – 2　　　　　　　　　　　　洛阳地区服饰统计表

期别	墓例	纪年	男性服饰组合						女性服饰组合	
			衣裳	裤褶	圆领短袍	圆领长袍	甲胄	戎服	襦裙	衣裤
二期	元睿墓	516	×	Ca	×	×	Db	×	Dc/Gb	×
	郭定兴墓	522	×	Da	×	Dc	Ca/Db	×	×	B
	侯掌墓	524	×	Da	×	Dc	Ca	×	Dc	×
	吕达墓	524	×	Da	×	Dc	Ca	×	Ca/Dc	A
	元怿墓	525	×	Ca/Da	×	×	×	×	×	×
	染华墓	526	×	Ca/Da	×	Dc	×	×	Dc/Fe/Gb	A/D
	元邵墓	528	×	Ac/Ca/Da/Bc/Ea	×	Dc	Db	Aa	B/Dc/Fa	B
	元祖墓	529	Bb/C	Bb/Bc/Ca/Da	×	Dc	Ba/Ca/Cb	Aa	Ea	B
	吕仁墓	532	×	Bb/Ca	×	×	×	×	B	×
	王温墓	532	×	Bb/Ca/Da	×	Dc	Cb/Db	×	Dc/Fa/Fe	×
	杨机墓	533	C	Bb/Bc/Ca/Da	×	×	Ca/Db	Aa	B/Dc/B	B
	偃师杏园村 M1101	迁洛后	×	Ac/Ca	×	×	×	×	×	×
	河南偃师南蔡庄北魏墓	北魏	×	Ca	×	×	Ca	×	Dc/Ea/Fe	×
	偃师联体砖厂 M2	北魏	×	Ac/Bb/Ca/Da	×	×	Cb/Db	Aa	Ea/Fe	×
	洛阳孟津南陈北魏墓 M35	北魏晚期	×	Ca	×	Db	Ca	×	B/Gb	×

该地区发现的人物图像资料比较丰富，主要集中在邺城附近，冀定沧幽地区如曲阳、吴桥、赞皇、黄骅等地也有少量发现，多为墓葬中出土的人物陶俑以及墓葬壁画人物形象，时间上集中于东魏、北齐时期，其他时期仅有零星发现。邺城附近发现的人物图像资料最为丰富，尤以河北磁县附近发现最多，主要有武定五年（547）西荆南阳郡君赵胡仁墓、武定八年（550）茹茹公主墓、天保四年（553）北魏皇族之后元良墓（CMM1）、可能属乾明元年（560）高洋陵墓（武宁陵）的湾漳大墓、天统三年（567）骠骑大将军赵州刺史尧峻墓（CDM2）等。与磁县毗邻的河南安阳地区也有大量人物图像发现，如北齐天统四年（568）骠骑大将军和绍隆夫妇合葬墓、武平六年（575）骠骑大将军凉州刺史范粹墓、武平七年（576）高洋妻颜氏墓等。其中，茹茹公主墓、磁县湾漳北朝大墓以及颜氏墓除人物陶俑外，还出土有丰富的墓葬壁画资料。冀定沧幽地区也有少量发现，主要是墓葬中出土的人物

陶俑资料，如河北临城县南孟村北魏墓 M1 下墓[①]，保定市正光五年（524）曲阳高氏墓、赞皇县武定二年（544）东魏司空李希宗夫妇墓、平山县天统二年（566）赵州刺史崔昂墓和沧州吴桥北朝墓等。

尽管该区出土资料在时空分布上并不均衡，但根据零散资料可以推断该区服饰发展脉络清晰，可分为北朝早、中、晚三期对应北朝服饰发展的一、二、三期（图 7－5、表 7－3）。北朝早期服饰特征从临城南孟村 M1 下墓出土陶俑及邺城遗址出土谭副造像等资料来看，基本是北魏太和年间流行的男女着装即 Ab 组裤褶和 Aa 组襦裙装。北朝中期服饰从曲阳高氏墓、吴桥 M1 看为典型的洛阳风尚，男女服装以 Ca 组小冠裤褶和 B 组襦裙装为主，衣袖、裤腿宽大但衣身合体，凸显人物形象清秀之感。北朝晚期人物形象资料丰富，人物面部开始变得比较圆润，身体健硕，与北魏洛阳地区的秀骨清像特征相比整体造型略显丰壮。该区北朝晚期服饰基本承袭北魏

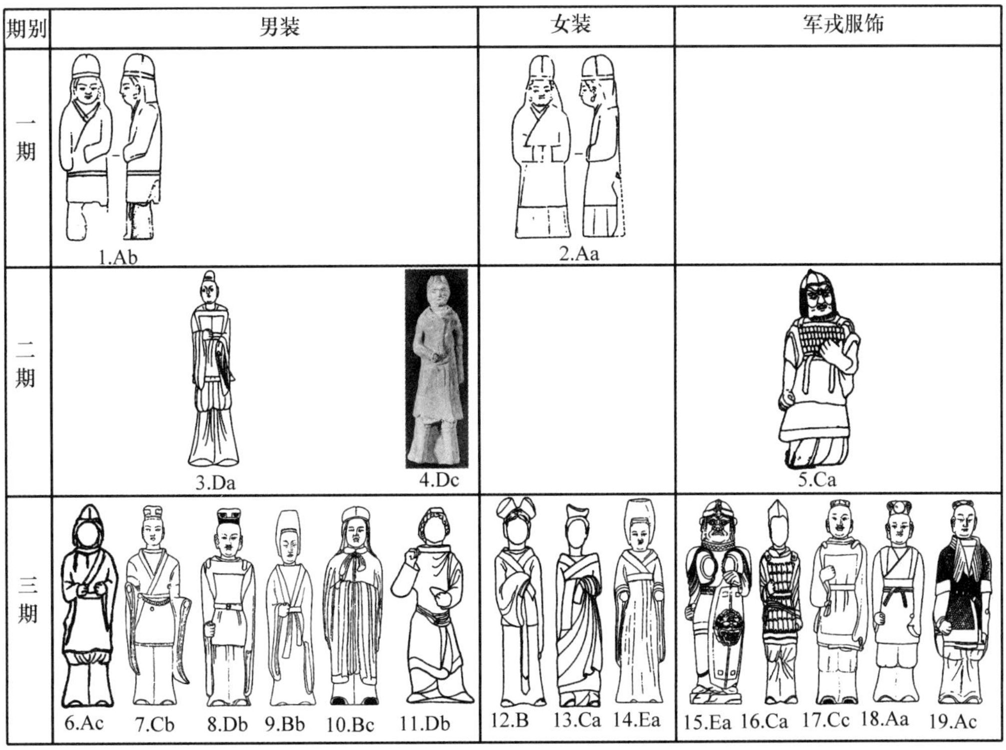

图 7－5　邺城地区服饰

1、2. 河北临城南孟村北魏墓男、女侍俑（M1：45、46）　3、5. 河北吴桥北魏墓武官俑、武士俑（M1：2、13）　4. 河北曲阳高氏墓胡俑　6. 茹茹公主墓伎乐俑（标本 63）　7－10、14－15、17－19. 磁县湾漳北朝大墓侍仆俑、文吏俑、笼冠立俑、风帽俑、笼冠女俑、武士俑，特殊步卒俑（标本 521、79、428、475、1284、1210，109/589/310）　16. 高润墓甲胄箭囊俑

① 倪润安：《河北临城"孟宾墓"为北魏墓葬考》，《中国历史文物》2004 年第 6 期。

表 7 - 3　　　　　　　　　　　邺城地区服饰统计表

期别	墓例	纪年	男性服饰组合						女性服饰组合	
			衣裳	裤褶	圆领短袍	圆领长袍	甲胄	戎服	襦裙	衣裤
一期	临城南孟村 M1 下墓	北魏太和年间	×	Ab	×	×	×	×	Aa	×
二期	曲阳高氏墓	524	×	×	×	Dc	Ca	×	×	A
	吴桥 M1	北魏	×	Ca/Da	×	×	Ca	×	Fc	×
三期	元祐墓	537	×	Bb/Ca/Da/Ea	×	Dd	Ca/Ea	Aa	Ea	×
	高雅夫妇合葬墓	537	×	Ac/Bc/Cb/Db	×	×	Ea	×	×	×
	李希宗墓	540	×	Ac/Cb	×	×	Cb/Ea	Ab	B/Ca/Dc	B
	磁县东陈村尧赵氏墓	547	Bb	Ac/Bc/Cb/Db	E	Dd	Ea	Ac	B/Dc	×
	高长命墓	548	Bb	Ac/Bc/Cb	E	Dd	Cb	×	B/Dc、	B
	茹茹公主墓	550	Bb/C	Ac/Cb/Db	×	Dd	Cb/Ea	Ac	Dc/Ea	×
	吴桥 M2	东魏	×	Cb/Db	E	Dd	×	×	×	×
	磁县双庙墓群 M48	东魏	Bb	Cb/Db	×	×	Ea	×	×	×
	元良墓	553	×	Ac/Bc/Cb/Db	×	×	Ec	b/Ac	Ca/Dc	B
	磁县湾漳大墓	560	Ba/Bb/C	Ac/Bc/Cb/Db/Ea	A/Ca	×	Ea/Bc/Ca	Aa/Ab/Ac/Bb	B/Dc/Ea	B
	崔昂墓	566	×	Bc	×	×	Ec	Ac	Dc	×
	尧峻墓	567	Bb	Ac/Bc/Cb	×	×	×	Ad	B、Ea	B
	和绍隆墓	568	×	Ac/Bc/Cb	×	×	Ea	Ab	B/Ca/Dc	×
	叔孙夫人墓	570	×	Ac/Bc/Cb/Db	×	×	×	Ab	B/Ca/Dc/F	×
	元夫人墓	570	×	Bc/Cb	×	×	×	Ab、Ac	Ca	×
	常文贵墓	571	×	Bc/Cb/Db	×	×	Cb	×	B	×
	贾进墓	572	×	Ac/Af/Cb/Db、	×	×	Ea	Ab	×	×
	刘通墓	572	×	Af/Bc/Cb	×	×	Cb	×	×	×
	贾宝墓	573	×	Ac/Bc/Cb/Db	×	×	Eb/Ca	Aa	B/Dc	×
	周超墓	573	×	Bc/Cb/Db	×	×	Ec	Ad	Ca/Cc/Dc	B
	范粹墓	575	×	Ac/Af/Bc/Cb	×	×	Ea	Aa/Ab	B/Ca	B
	高润墓	576	Bb	Ac/Bc/Cb/Db/Ea	×	Dd	Ca/Ea	Ad	Dc	B
	李华墓	576	×	Bc	×	×	Cb	×	Dc	×
	固岸墓地 M2	北齐	×	Af/Bc/Cb/Db	×	×	Ec	Aa	×	×
	吴桥 M3	北齐	×	Ac/Bc/Cb	A	×	Ca/Ec	Aa/Ab/Ac	B/Ca	×
	磁县双庙墓群 M50	北齐	×	Bc/Cb/Db	A	×	Ad	Ad	Ca/Dc	Ad
	安阳木厂屯村 M99	北周	×	Bc/Cb	×	×	Ea	×	Ca	×

"洛阳风尚"而略有变异，主要表现在 A 组冕服、B 组笼冠裙装仍是帝王及官员常见的服饰搭配；男性服饰搭配主要有 Cb 组及外套裲裆的 Db 组小冠裤褶组合，与洛阳地区常见的 Ca 组相比，仅袖端更加宽博，小冠顶部变宽；男性圆顶垂裙风帽比洛阳地区数量大增，Ac 组搭配更加常见，由 Bb 组发展而来的 Bc 组基本定型，且多由鲜卑侍吏穿着；甲胄仍盛行 C 组裲裆铠，新出现富有特色的 Ea、Ec 组明光铠组合，卷裙风帽成为仪仗武士常见服饰，Aa、Ab、Ac 组搭配更为常见；女性仍盛行宽袖襦裙装，除延续洛阳地区的 B 组襦裙装外，常见 Dc、Ca 组搭配，贵族女性仍流行 Db 组襦裙装，头戴笼冠的 Ea 组襦裙装比较富有特色。河南安阳安丰乡木厂屯村北周 M99 显示，北周灭齐后该区仍然延续这种服饰风格。

综上，该区服饰在北朝时期基本与时代发展同步，其中北朝早、中期主要受都城服饰风尚影响，至北朝晚期伴随着邺城都城地位的确立，该区成为引导服饰风尚的核心区域。北朝晚期服饰种类丰富，不同款式、不同搭配的服装均得到不同程度的发展。头衣如小冠、笼冠、风帽，身衣如裤褶、襦裙、翻领袍、圆领袍，铠甲胄如兜鍪、裲裆铠、明光铠、具装铠等均在洛阳服制的基础上不断发展和成熟。男性服饰中 Cb 组小冠裤褶组合最富特色，在此基础上产生多种搭配方式，服用范围广，文吏、伎乐、侍从、武士等均可穿用。Ac、Bc 组垂裙风帽组合明显是对北朝早期大同地区 Ab、Ba 组裤褶服搭配的继承与发展。女子广袖襦、长裙的搭配最为常见，裙腰高束至胸部的高腰襦裙装形制开始定型，并在不同身份和地位的女子中广为流行。Ca 组窄袖襦裙搭配偶有发现，数量不多。头戴笼冠，上着宽袖襦、外束长裙的服装搭配成为男、女官常穿的服装样式，并且男、女所戴笼冠差别不大，但裙腰系束位置明显不同，男性裙腰靠下，位于腰部，而女性裙腰前高后低，前面高至胸部；男性通常腰部系帛带，绅带下垂，而女性裙腰部位通常不表现绅带。圆领窄袖长袍多由胡人穿着，搭配样式为 Dc 组袍服搭配，其形象在塑造时一般比其他人物形象矮小，但衣服紧窄，给人一种干练精明的印象。邺城地区作为东魏北齐的政治文化中心，其舆服制度对其统治区域服饰具有重要影响。

（四）晋阳地区

晋阳（今山西太原）是中国历史上北方地区的战略重地。早在秦汉时期，晋阳已成为抵御匈奴、保卫北疆的军事重镇；十六国时期，晋阳又是少数民族建立政权、割据混战的主要场所。自 304—394 年，晋阳地区先后为西晋、前赵、后赵、前燕、前秦、西燕、后燕交替占据，胡风浓厚。北魏于皇始元年（396）攻占并州晋阳，成为代北与中原联络的中转站。东魏时期，晋阳成为高氏霸府，遥控东魏政权，北齐时期，高欢父子虽以邺城为都，但同时以晋阳为别都，设大丞相府于晋阳，高氏帝王频繁往返于邺城和晋阳之间。因此，晋阳成为北朝后期与邺城并重的另一个政治中心。此处所论晋阳地区主要指以晋阳为中心的并肆及周边地区，包括今太原及其附近的晋中、忻州、朔州等地，考古出土的人物陶俑及墓葬壁画资料比较丰富，时间上主要集中于北齐时期，北魏晚期墓例仅见山西榆社县北魏神龟元年（518）孙龙石椁。北齐典型墓例太原地区主要有天保四年（553）骠骑大将军仪同三司贺拔昌墓、太原市西南郊天保六年（555）洞室墓（TM62）、天保十年（559）都督窦兴墓（TM85）、皇建元年（560）泾州刺史彭城县开国公贺娄悦墓、河清三年（564）泾州刺史车骑将军狄湛墓、天统元年（565）长安侯张海翼墓、天统三年（567）泾州刺史骠骑大将军库狄业墓、武平元年（570）右丞相东安王娄睿墓、武平二年（571）太尉武安王徐显秀墓等，周边地区有祁县天统三年（567）骠骑大将军青州刺史韩裔墓、寿阳县河清元年（562）定州刺史顺阳王库狄迴洛墓以及近年新发现的忻州九原岗、朔州水泉梁北朝壁画墓等，人物造型丰壮，男性形象多腹部凸出，服饰面貌与邺城地区相比别具一格。

　　从出土资料看，该区仅存第二、三期即北朝中、晚期服饰资料，北朝早期资料暂缺（图7-6，表7-4）。从北魏孙龙石椁看，北朝中期男女侍者、伎乐服饰均以

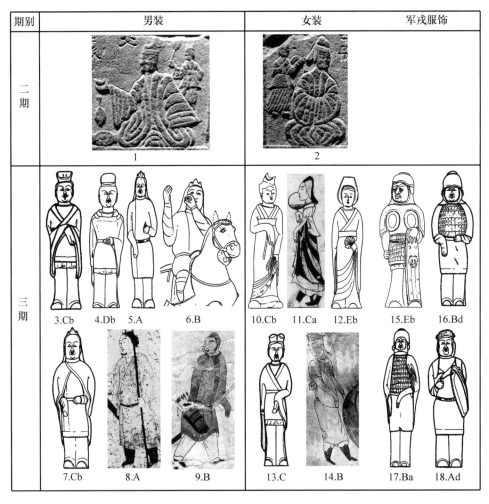

图7-6　晋阳地区服饰

　　1、2. 山西榆社北魏孙龙石棺男、女墓主及侍者　3、5/7、16/17、18. 徐显秀墓文吏俑，三棱风帽俑，B 式铠甲俑、A 式铠甲俑，武士俑（标本 417、93/76、353/22、358）　4、13. 张海翼墓武官俑、女侍俑（标本 13、9）　6、10、12、15. 娄叡墓骑马乐俑、女侍俑、女官俑、武士俑（标本 601、505、445）　8. 徐显秀墓墓道东壁仪卫男子　9、11、14. 忻州九原岗北朝墓墓道东壁仪卫、墓道北壁女子、墓道西壁女子

表7-4　　　　　　　　　　　晋阳地区服饰统计表

期别	墓例	纪年	男性服饰组合						女性服饰组合		
			衣裳	裤褶	短袍	长袍	甲胄	戎服	襦裙	衣裤	长袍
三期	忻州九原岗北齐壁画墓M1	东魏至北齐早期	×	Ca/Da	A/Ca	B/Dd	×	×	Eb	×	A/B
	贺拔昌墓	553	×	Ca	A	Dd	Cc/Eb	×	×	C	×
	太原西南郊北齐洞室墓	555	×	×	A	B	Eb	Ad/Ba	×	×	×
	窦兴墓	559	×	×	×	×	Eb	×	×	×	×
	张肃俗墓	559	×	×	A	×	Eb	×	Ca/Dc	C	×
	贺娄悦墓	560	×	Ca/Da	×	×	×	Ad/Ba	B	C	×
	库狄迴洛墓	562	×	Ca	A/Cb	×	Bd/Eb	Ad	Eb	×	×
	太原开化墓群M20	564	×	×	Cb	×	×	Ba	Ca/Cc	C	×
	狄湛墓	564	×	×	A/B	×	Bd	Ba	×	×	×
	张海翼墓	565	×	Db	A/Cb	×	Bd/Eb	Ad/Ba	Cb	C	×
	库狄业墓	567	×	Ac/Cb	A/Cb	×	Eb	Ad/Ba	×	×	×
	韩裔墓	567	×	×	A/B	×	Bd	Ad/Ba	Ca/Cb/Eb	C	×
	韩祖念墓	568	×	Ca/Db	A/Cb	×	Bd/Eb	Ad	Ca/Cb/Eb	C	×
	娄睿墓	570	Ba	Ca/Db	A/B	A/B/Dc	Bd/Eb	Ad	Ca/Cb/Eb/Fa	C	A
	徐显秀墓	571	×	Ca	A/Cb	A	Bd/Eb	Ad/Ba	Ca/Db/Eb	C	A/B
	和公墓	573	×	×	Cb	×	Ec	Ad	Ca/Eb	×	×
	太原南郊北齐壁画墓	北齐后期	×	Ca	A	B	Bd/Eb	Ad/Ba	Eb	×	×
	朔州水泉梁北齐壁画墓	北齐后期	×	Ac/Ca/Cb	A	B/Dd	Eb	Ad	Cb	×	A/B

束发＋窄袖交领短衣＋长裤长裙搭配为主，但墓主夫妇所着服饰受洛阳改制影响出现宽袖大衣形象，男墓主头戴小冠，但女墓主仍戴垂裙风帽，可见此地胡风浓厚。北朝晚期，男性服饰常见Cb、Db组小冠裤褶组合，不同的是上身褶服比邺城地区略短，露出圆领内衣的底边，下身裤装系缚的位置比较靠上，通常在膝部以上靠近圆领内衣底边，并且裤筒较窄。然而，这种服饰组合的重要性明显降低，代之而起的是圆领短袍组合，常见A、B组搭配，邺城地区流行的Bb组垂裙风帽披风组合被外披交叉披风的Cb组圆领短袍组合替代，此外还常见A、B组长袍组合。邺城地区

常见的 Ba、Bb 组笼冠裙装在晋阳地区仍比较常见。女性服饰仍以襦裙装搭配为主，贵族、女官常见 Db 组广袖襦裙装和 Eb 组笼冠襦裙装搭配，侍者、仆从盛行 Ca、Cb 组窄袖襦裙装，出现大量女着男装现象，主要有 C 组裤褶组合，A、B 组交领和圆领长袍组合。军戎服饰流行明光铠和翻领袍，以 Eb 组明光铠和 Ad 组翻领戎服、Ba 组披风组合最常见，也有少量 Bd 组护膊甲衣。

（五）青齐地区

青齐地区即青州、徐州所辖地区，主要包括今山东省大部地区及江苏省长江以北地区。西晋永嘉之乱后南北对峙，青齐地区先后为后赵、前燕、前秦、后燕、南燕统治，东晋义熙六年（410）刘裕平南燕后归属东晋、刘宋，泰始五年（469）北魏大将慕容白曜攻下青州治所东阳，青齐之地尽入北魏，其后又历东魏、北齐、北周，直至杨隋统一全国。徐州的历史也大致如此，永嘉之乱后先为后赵、前燕、前秦统治，后归东晋、刘宋统辖，泰始二年（466）徐州刺史薛安都降魏，徐州归于北魏统治，北魏末年梁、魏争夺徐州，曾被南方短暂收复，后为北齐统辖，又经北周短暂统治后入隋。北朝一代约百年时间中，青齐地区一直是南北政权必争之地，同时也成为南北文化交流的中转站，其特殊的地理位置、历史传统以及时代特色使该地区服饰具有明显的地域性。青齐地区发现的北朝人物图像资料并不丰富，主要有墓葬中出土的人物陶俑、壁画及画像石刻资料，但时代跨度从北魏晚期至北齐时期均有，可划分为北朝中期和晚期二期，分别对应第二、三期，北朝早期存在缺环（图7-7，表7-5）。

第二期 北朝中期（孝文帝迁洛至北魏分裂，494—534）北魏晚期人物图像资料发现较少，已发表资料仅有山东寿光贾思伯墓、临淄窝托村南崔氏墓地 M10、正光六年（525）贾智渊妻张宝珠造像立佛两侧供养人像、临淄出土的正光六年曹望憘造像座左右两侧对称刻有男女主人礼佛图及徐州三官庙北魏墓、狮子山 M08。该地区北朝中期服饰明显受"洛阳风尚"影响，人物形象追求"秀骨清像"，服饰流行宽袖肥裤，但衣身比较适体。贵族高官及女性眷属服饰主要是 B 组笼冠衣裳组合和 Db 组襦裙搭配，男性属官侍吏常见 Ca 组小冠裤褶组合，徐州地区常见 C 组小冠衣裳搭配，这应受南方影响，女性劳作仆从主要为 B 组、Dc 组襦裙搭配，并有少量裤褶装。

第三期 北朝晚期（北魏分裂至杨隋代周，534—581）东魏北齐时期人物图像资料丰富，主要出土于墓葬之中，山东地区主要有临淄窝托村南崔氏家族墓地（M1、M3、M12）、高唐天保二年（551）青州镇东府中兵参军使持节宣成公房悦墓、临朐海浮山天保二年（551）东魏威烈将军南讨大行台都军长史崔芬壁画墓、济南市东八里洼北朝壁画墓、济南市马家庄武平二年（571）祝阿县令道贵墓、青州市傅家村北齐武平四年（573）的九块线刻石画像；徐州地区主要有狮子山、东甸子、石桥、楚岳山庄北齐墓等。该区东魏北齐服饰明显受邺城地区影响，男性服饰搭配主要有 Cb、Db 组小冠裤褶组合，Ac、Bc 组垂裙风帽组合，B 组笼冠裙装仍是帝王及官员常见的服饰搭配，出现 B 组圆领窄袖长袍组合。甲胄主要有 C 组裲裆铠，Ea、Ec 组明光铠组合，仪卫武士常见 A 组卷裙风帽翻领袍搭配。贵族女性盛行 Db 组襦裙装，侍者仆从常见 B、Ca、Dc 组襦裙装，并有少量 Fc 组襦裙外有披帛的襦裙装及 B 组衣裤搭配，马家庄道贵墓还出现上着圆领窄袖衫，下着长裙的侍女形象。

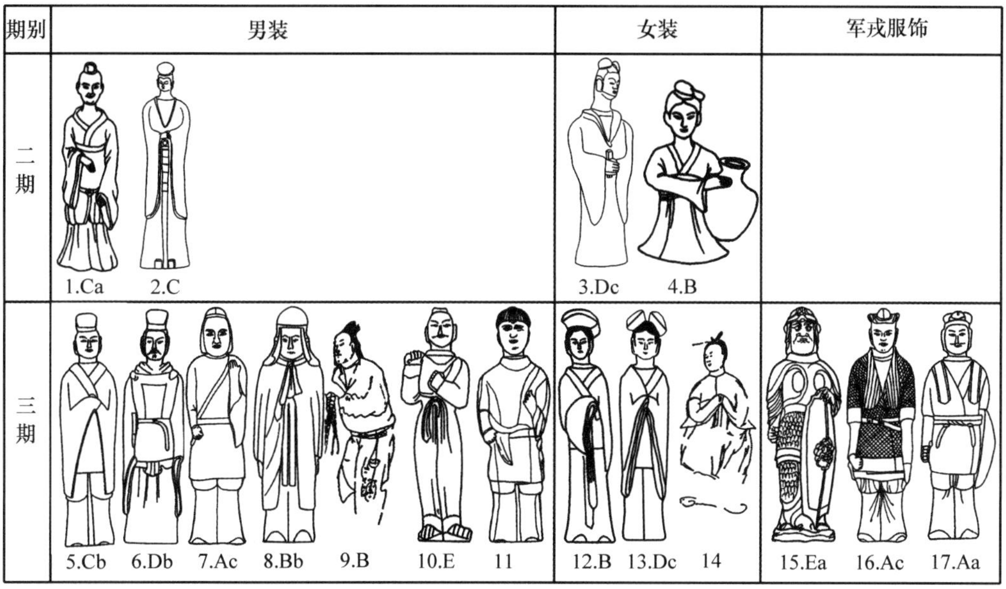

期别	男装	女装	军戎服饰
二期	1.Ca　2.C	3.Dc　4.B	
三期	5.Cb　6.Db　7.Ac　8.Bb　9.B　10.E　11	12.B　13.Dc　14	15.Ea　16.Ac　17.Aa

图 7-7　青齐地区服饰

1、4. 贾思伯墓男俑、女俑　2、3. 徐州狮子山北魏墓文吏俑、女侍俑　5. 房悦墓男俑　6、8、10、12、13、15/17. 东八里洼墓武官俑、风帽俑、胡俑、女俑、侍俑、武士俑　7. 徐州东甸子 M2 男俑（M2：10）　9、14. 济南马家庄北齐墓门吏、侍女　11、16. 徐州东甸子 M1 男俑（M1：10、16）

表 7-5　　　　　　　　　　青齐地区服饰统计表

期别	墓例	纪年	男性服饰组合								女性服饰组合
			衣裳	裤褶	圆领短袍	圆领长袍	甲胄	翻领袍	襦裙	衣裤	长袍
二期	贾思伯墓	525	×	Ca	×	×	×	×	B	×	×
	徐州狮子山北朝墓 M08	529 后	C	×	×	×	×	×	×	×	×
	徐州三官庙北魏墓	北魏	C	×	×	×	×	×	Dc	×	×
	徐州狮子山北朝墓	北魏	C	×	×	×	×	×	×	×	×
	徐州云龙区骆驼山北朝墓 M1	北魏	C	×	×	×	×	×	×	×	×
	临淄崔氏 M10	北魏时期	×	×	×	×	Ba	×	Dc	×	×

续表

期别	墓例	纪年	男性服饰组合								女性服饰组合
			衣裳	裤褶	圆领短袍	圆领长袍	甲胄	翻领袍	襦裙	衣裤	长袍
三期	崔鸿夫妇墓（临淄崔氏M1）	537	×	Ca/Da	×	×	Ca	×	Gc	×	×
	崔混墓（临淄崔氏M3）	538	×	Cb	A	B/Dd	×	×	Cb/Fc	×	×
	房悦墓	542	×	Ac/Bc/Ca	×	×	Ea	×	Dc	×	×
	济南东八里洼壁画墓	东魏北齐	×	Cb/Db	F	Dd	Ea	Ad	B/Dc	B	×
	崔芬墓	551	Ba	Cb	×	×	Db	×	Db/Dc	×	×
	徐州96甸M1	553后	×	Bc/Ac/Af/Bc/Cb/Db	×	×	Ec	Ab/Ac/Ad	Ca/Dc	×	×
	徐州96甸M2	553后	×	Ac/	A?	×	Ec	×	Ca?	×	B
	道贵墓	北齐	×	Db	A?	A/Dd	×	×	Dc	×	B
	崔博墓	573	×	Cb	×	B	×	×	Ca/Cc	×	×
	青州傅家线刻画	573	×	×	D	A/Dd	×	×	×	×	×
	临朐北朝画像石墓	北朝晚期	×	×	×	A	×	×	×	×	×
	徐州狮子山北朝墓	北齐	×	Ac/Bc/Cb	×	×	Ca	Aa	×	×	×
	徐州楚岳山庄M1	北齐	C	×	×	×	×	×	B	×	×

综上，青齐地区世家大族、达官贵人推崇汉族传统的宽衣博带装束，曹望憘造像座礼佛图及崔芬墓墓主夫妇出行图展现出的褒衣博带、左右扶凭和仰肩凸腹的形象比较富有南方审美特色，侍从、仪仗、武卫所着服饰明显与都城地区保持一致，但服饰种类较少。

（六）关陇地区

关陇地区是关中和陇西的统称，主要包括今甘肃、宁夏和陕西中部地区。汉末以来，以长安为中心的关中地区烽火不断，移民频繁，至魏晋时期已"戎狄居半"[①]，十六国时期少数民族入主长安，前赵、前秦、后秦纷纷占据关中地区。后经东晋、大夏短暂占据后，北魏太武帝拓跋焘于始光三年（426）攻取长安，统一关中地区，之后又经大夏短暂统治，神䴥三年（430）拓跋焘再取长安，尽得关中之地。北魏末年，关中地区逐渐形成以尔朱天光为首的武川军人集团，后来成为宇文泰建立西魏北周的基础力量。永熙三年（534），魏孝武帝不满高欢专权西奔长安，从此魏分东、西，西魏及北周完全由宇文氏控制，与东魏、北齐对峙，直到大定元年（581）北周大丞相、柱国杨坚废周静帝建立隋朝，共历47年，其统治范围主要在以长安为中心的关陇地区。该地区的北朝人物图像资料主要集中于今陕西西安、咸阳及宁夏固原附近墓葬出土的人物陶俑、壁画和葬具画像等，佛教造像中的供养人形象也是研究北朝服饰的重要参考，时间跨度从北魏直到北周，尤以北周时期的人物图像资料最丰富。根据出土资料所示服饰形态演变情况，可将北朝时期该区服饰分为早、中、晚三期（图7-8、表7-6）：

第一期 北朝早期（北魏立国至孝文帝迁洛，即北魏早、中期，约386—493）考古出土的该期人物图像资料数量较少，但服饰形态以5世纪中叶为界可分为前、后二段：前段即北魏前期，有服饰资料出土的墓葬主要有陕西长安县韦曲镇北塬7171厂北魏太安五年（459）墓，西安北郊顶益面粉厂北魏墓M205、M217，奏乐女俑头梳十字形发髻，身着Ba组襦裙装，甲胄主要是Aa组筩袖铠组合，基本沿袭了关中地区西晋、十六国时期服饰风貌，但男侍俑、骑马鼓吹男乐俑头戴垂裙风帽，明显受到鲜卑服装影响。后段即北魏中期，时代明确的墓例是宁夏固原雷祖庙太和十三年（489）使持节、镇西将军、高平镇都大将冯始公墓漆棺画[②]，本地流行的西晋、十六国服饰风貌被"平城风尚"代替，男性主要为Ab组裤褶组合，女性为A组襦裙装。

第二期 北朝中期（孝文帝迁洛至北魏分裂，即北魏晚期，约494—534）该期与服饰相关的资料比较少，主要为陶俑，典型墓例有正光元年邵真墓、永熙二年（533）韦辉和墓、永熙三年（534）韦乾墓等，人物陶俑为半模平背、俑体实心，制作比较粗陋。虽然出土资料较少且不完整，但可以看到人物服饰明显受到"洛阳风尚"影响，男性常见Cc组小冠裤褶组合及外套裲裆衫的Dc组裤褶组合，女性常见Dd组襦裙组合，与洛阳地区不同的是，男、女上衣开领更低，袒露肩部及胸部里衣。但北魏早期的Ab组垂裙风帽裤褶组合仍比较常见，军戎服饰主要有Cb、Dc组裲裆铠组合。

---

① 《晋书》卷56《江统传》，第1533页。

② 罗丰：《固原北魏漆棺画年代的再确定》，*Early Medieval North China: Archaeological and Textual Evidence*, Edited by Shing Müller, Thomas O. Höllmann, and Sonja Flip, Harrassowitz Verlag · Wiesbaden: 2019, pp. 133 – 149.

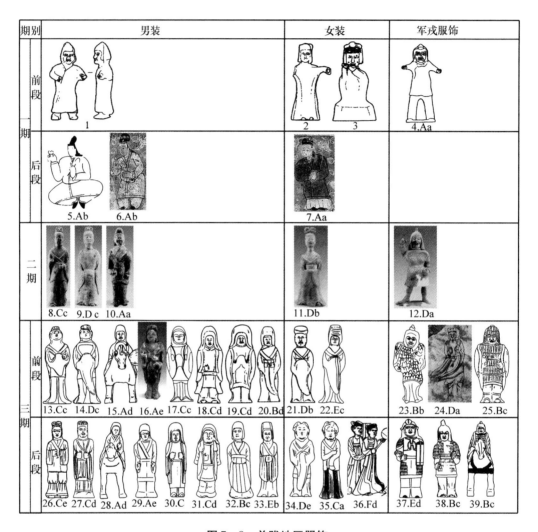

图7-8 关陇地区服饰

1-4. 顶益面粉厂 M217 奏乐俑、武士俑（标本17、31、18、14） 5-7. 宁夏固原北魏墓漆棺绘画墓主、孝子故事 8、10、11. 韦乾墓小冠俑、风帽俑、双髻女俑（M5:104、37、43） 9、12. 韦辉和墓小冠武吏俑、武士俑（M4:60、7/85） 13、14. 陆丑墓小冠俑、小冠裲裆俑（M28:26、33） 15、18-21、25. 吐谷浑公主墓骑马俑、风帽俑、风帽俑、笼冠俑、女俑、武士俑（M2:23、35、83、67、65、10） 16. 韦曲高望堆 M3 风帽俑（M3:24） 17、22、23、24. 李贤墓风帽俑、笼冠俑、武士俑、天井武士图 26、27、37. 宇文俭墓男士俑、风帽俑、武士俑（M1:42、21、1） 28、30、33. 北周武帝孝陵骑马奏乐俑、风帽俑、笼冠俑（标本216、4、69） 29、39. 柳带韦墓小冠俑、甲骑具装俑（M1:56、52） 31、32、35. □頵墓风帽俑、笼冠俑、女俑（M37:33、88、57） 33. 北周武帝孝陵笼冠俑（标本69） 34. 咸阳邓村北周墓单髻女俑（M23:21） 36. 安伽墓石棺床屏风正面家居宴饮图侍女 38. 宇文俭墓武士俑（M1:2）

表 7 - 6　　　　　　　　　　　　关陇地区服饰统计表

期别		墓例	纪年	男性服饰组合							女性服饰组合
				衣裳	裤褶	圆领短袍	圆领长袍	甲胄	戎服	襦裙	衣裤
一期	前段	西安顶益制面厂北魏 M205	迁洛前	×	Aa	×	×	×	×	×	×
		西安顶益制面厂北魏 M217	迁洛前	×	Aa	×	×	Aa	×	Cc	×
		长安县北朝墓 M1、M2	迁洛前	×	Aa	×	×	×	×	Cc	√
		咸阳市郊北朝墓	迁洛前	×	Aa	×	×	×	×	Cc	×
		西安北郊 XDYM217	北魏早期	×	Aa	×	×	Aa	×	Cc	×
	后段	固原北魏墓	489	D	Ab	×	×	×	×	Aa	×
二期		邵真墓	520	×	Aa?	×	×	Cb	×	B	×
		韦辉和墓	533	×	Ab/Cc/Dc	×	Dc	Dc	×	Dd	×
		韦乾墓	534	×	Ab/Cc/Dc	×	Dc	Dc	×	Dd	×
三期	前段	陆丑墓	538	Bd	Cc/Dc	Cc	Dc	Dc	Bc	Dd	×
		西安韦曲高望堆 M1	535—540	Bd	Ad/Cc/Dc	Cc	Dc	Dc	Bc	Dd	×
		吐谷浑公主与茹茹大将军合葬墓	541 及北周早期	Bd	Ad/Dc	Cc、Cd、D	×	Dc	Bc	Dd	×
		侯义墓	544	×	Cc/Dc	Cc、Cd、D	×	Bb/Dc	×	Dd	×
		蓝田冯家村西魏墓	552	×	Ae/Cc/Dc	×	×	Bb/Dc	Bc	×	×
		乙弗虬及席氏合葬墓	乙弗虬 555，席氏 586	×	Ad/Cc	Cc	×	Bb/Dc	Bc	Dd	×
		汉中崔家营西魏墓	西魏		Cc/Dc	×	×	×	×	Ec	C
		拓跋虎夫妇墓	564	×	Ad/Ae/Cc/Cd/Eb	×	C	Bc	×	De/Ec	×
		宇文猛墓	565	Bd	Ae/Cc/Cd/Dc	Cc	×	Bb/Dc	Bc	Cc	×
		李贤墓	569	Bd	Ae/Cc/Cd/Dc/Eb	Cc	×	Bb/Dc	Bc	Dd/Ec	×
		新昌公宇文某夫人拓跋氏墓	571	Bd	Cc/Dc	Cc	×	Bb	Bc	De	×

续表

期别		墓例	纪年	男性服饰组合							女性服饰组合
				衣裳	裤褶	圆领短袍	圆领长袍	甲胄	戎服	襦裙	衣裤
三期	前段	康业墓	571	Ba	Cc	D	×	×	×	Da/Db	×
		陕西咸阳邓村北周墓 M23	不晚于建德	Bd	Ad/Cc/Cd/Dc	Cc	×	Bc/Dc	Bc	Dd/De	×
		西安顶益制面厂 M57	北周	×	Ae/Cc	Cc	×	Bb	×	Dd	×
		长安南郊韦曲 M3	北周	×	Ab/Ae/Cc/Dc	Cc	×	Dc	×	Dd	×
	后段	王昌墓	573	Ad/Cc/Cd/Eb	×	C	×	×	×	×	×
		西安洪庆 M7	573	Cc/Cd/Eb	×	C、Dc	Bc/Ed	×	De	×	×
		叱罗协墓	574	Ad/Ae/Cd/Ce/Eb	Cc	C、Dc	Bc/Dc/Ed		Cc/De	×	
		王德衡墓	576	×	Ad/Ae/Cd/Ce/Eb	×	C	Bc/Ed	×	De	×
		柳带韦墓	577	×	Ae/Cd/Ce/Eb	×	C	×	Bc	De	×
		□颉墓	577	Bc	Ad/Ae/Ce/Eb	Cd	C/Dc	Ed	×	Ca/Cc	×
		拓跋迪夫妇墓	577	×	Ad/Ae/Cd/Ce/Eb	×	C	×	×	De	×
		咸阳韩家村北周墓	建德后期前	Bd	Ab/Cc	Cc	Dc	?	×	Dd	×
		若干云墓	578	×	Ad/Ae/Cd/Ce/Eb	×	C	Bc/Ed	×	Cc/De	×
		独孤藏墓	578	×	Ad/Ae/Cd/Ce/Eb	×	C	Ed	×	Cc/De	×
		北周武帝孝陵	578	Bc	Ad/Ae/Eb	Cd	C	Bb	×	B/Cc/Dc/De	×
		宇文俭墓	578	Bc	Ae/Ce	×	C	Bb	×	B/Cc/Dc	×
		安伽墓	579	×	×	D	×	×	×	Cc/Fd	×
		尉迟运墓	579	×	Cd	×	C	Bc	×	×	×
		史君夫妇墓	580	×	×	D	Dc	×	×	Da/Db	×

第三期 北朝晚期（西魏至杨隋代周，约535—581）　西魏北周时期与服饰相关的人物图像资料比较丰富，尤以北周时期数量最多，其中，墓葬中随葬的人物陶俑比较丰富，其制作仍沿袭半模平背、稚拙古朴的地域风格。考古出土的装饰品数量比较丰富，主要有簪钗、串饰、戒指、带具及组玉佩等。根据服饰形态演变，可分为前、后二段：

前段自西魏至北周天和六年（约535—571），陕西地区人物图像资料比较丰富，西魏时期墓例有大统四年（538）陆丑墓、大统七年（541）吐谷浑公主墓、大统十年（544）侯义墓、元钦元年（552）史军墓、恭帝二年（555）乙弗虬墓及西安韦曲高望堆 M1、汉中崔家营西魏墓等，北周墓葬有咸阳国际机场及附近出土的保定四年（564）琅琊郡王拓跋虎夫妇墓、天和六年（571）新昌公宇文氏夫人拓跋氏墓等。宁夏地区墓例有固原北周保定五年（565）大将军宇文猛墓、天保四年（569）柱国大将军原州刺史河西公李贤夫妇墓，出土陶俑、壁画等人物图像资料等。该期人物陶俑仍是半模平背，制作粗疏，服饰在沿袭北魏末年服饰风貌的基础上形成多样化的服饰搭配和种类，其中，男性裤褶组合基本沿袭 Cc、Dc 组搭配，另常见 Bd 组笼冠衣裙组合。垂裙风帽比较常见，但 Ab 组垂裙风帽裤褶搭配消失，Ad 组成为骑马伎乐所着服饰组合，另有 Ae 组垂裙风帽裤褶组合，并出现 Cc 组圆领短袍组合和 C 组圆领窄袖长袍组合。女性服饰主要有 Dd 组广袖襦裙搭配、Ec 组笼冠襦裙装。军戎服饰除 Dc 组裲裆明光铠外，在箭袖铠基础上发展而来的 Bb 组护膊甲衣比较富有特色，镇墓武士通常做身体扭曲凸腹状，出现甲胄外套披风的 Bc 组披风组合。男女服饰特色有二：一是衣身合体，但衣袖、裤腿因身份不同有明显的宽、窄之分；二是男女着交领上衣者，均开领较低，流行袒露之风。

后段自北周建德元年至杨隋代周（约572—581），主要墓例有建德元年（572）谯国公夫人步陆孤氏墓，建德三年（574）北周开国元勋叱罗协墓，建德五年（576）北周使持节王德衡墓、杜欢墓，建德六年（577）使持节柳带韦墓、鄀州刺史□颙墓、拓跋迪夫妇墓，宣政元年（578）车骑大将军若干云墓、独孤藏墓，宣政元年（578）北周武帝孝陵，建德六年（577）开府仪同大将军□颙墓，建德七年（578 年）柱国大将军宇文俭墓，大象元年（579）上柱国尉迟运夫妇墓等，人物陶俑比较丰富，造型规整，制作比较细致。另外，西安市未央区发现的大象元年同州萨保安伽墓围屏石榻以及大象二年（580）凉州萨保史君墓石椁人物画像则反映了粟特祭祀和生活风俗，具有浓厚的域外风情，成为研究粟特艺术及中外文化交流的重要资料。该期服饰在继承前段基础上更加规整，进而形成新的服制，男性小冠裤褶组合通常 Cd、Ce 组共出，笼冠形象以 Bc 组笼冠衣裙组合最常见，但也有 Eb 组笼冠裤褶组合；垂裙风帽仍旧盛行，Ad、Ae 组垂裙风帽裤褶组合，Cb 组圆领短袍及 C 组圆领长袍组合通常共出。女性服饰 Dd 组广袖襦裙搭配比较少见，常见 Ca、De 组搭配，笼冠襦裙的服饰搭配基本不见，但出现 Fd 组圆领窄袖衣组合。装饰品方面以带具和组玉佩较富特色，带具有 Bb、C、Dc 型连缀方式，组玉佩流行 C 组配置，Ab、Ac、Ad 组也比较常见。军戎服饰 Dc 组裲裆明光铠基本不见，Bc 组护膊甲衣和胸部束甲绊的 Ed 组单圆护明光铠比较常见，镇墓武士身体在甲胄外加披风的 Bc 组搭配仍比较普遍。这一时期服饰特点有二：一是服饰标明身份、等级的意义特别明显，除服装形制、色彩、质地差别外，组玉佩和带具亦成为身份地位的象征；二是男性所着交领上衣不再袒肩露胸，女性着装虽偶有袒露之风，但不再流行。

综上，北朝时期关陇地区服饰具有鲜明的地域特色，虽然北魏占领关中之初受当地西晋、十六国服饰传统影响比较大，但自北魏中期开始具有浓厚鲜卑因素的"平城风尚"占据统治地位。孝文帝迁都洛阳后，该地服饰在传承北方民族服饰传统基础上吸纳了汉化改制后的"洛阳风尚"，并在西魏时期形成自身特色，进而延续到北周时期。北周建德年间以后，服饰面貌更加规整，并形成新的服制。总括而言，关陇地区的服饰特色主要体现在以下五方面：一是男性服饰除文官武吏、仪仗形象着宽袖褶大口裤外，便利合体的衣裤搭配如 Ad 组垂裙风帽裤褶、Ce 组小冠裤褶、Cb 组圆领短袍组合等极为盛行，尤以侍吏、劳作、骑乘形象最常穿着；二是交领服饰以左衽为主，右衽基本不见，这与其他地区基本不再区分左、右衽的现象存在明显不同；三是领部低开的现象比较突出，男女服饰均有体现，这种风尚始于迁洛之后，如北魏末年韦辉和、韦乾墓出土小冠缚裤俑、A/C 型风帽俑，女俑领口开至两肩并相交于胸部以下，这种风格的低领延续到西魏、北周早期，至北周晚期女性还比较常见，但男性肩部不再低开，仅领部相交位置比较靠下；四是垂裙风帽比较常见，主要有 Ca、Cb 两种造型，帽裙较大，其他地区流行的卷裙风帽、三棱风帽此地不见；五是披风与其他地区的合口套衣不同，常见披于肩部但不合口的 Ab 型、Bb 型紧窄套衣。

（七）河西地区

河西地区即黄河以西、祁连山和巴丹吉林沙漠中间的狭长地带，包括今天甘肃省黄河以西大部分地区。先秦至汉初，此地是氐、羌、月氏、乌孙、匈奴、卢水胡等少数民族聚居区，汉武帝时击败匈奴建立河西四郡，河西地区正式纳入中原王朝的统治之下，成为联系东西方的交通枢纽。汉魏之际，河西经济区兴起，十六国时期五凉政权的建立为河西地区开发提供了较好的社会条件。自太延五年（439）北魏灭北凉始，河西地区先后归北魏、西魏、北周三朝统治。曹魏至十六国时期，河西地区有大量壁画墓发现，主要集中于酒泉和敦煌二郡，以嘉峪关新城墓地、敦煌佛爷庙湾墓地和酒泉丁家闸 5 号墓最具代表性。但北朝时期，该地区陶俑和壁画资料比较少见，能够赖以研究服饰的资料主要是敦煌石窟、炳灵寺石窟等佛教造像和壁画资料。河西地区独特的地理位置和自然、社会条件以及该地在国防、中西交通、民族关系等方面的重要地位，决定了该地服饰具有本地因素、中原因素及西域因素交汇融合的复杂特征。从图像资料来看，北魏统一河西地区后鲜卑服一度影响到此地，但伴随着孝文帝迁都洛阳后汉化改制政策的推行，上层社会盛行褒衣博带的汉式衣装。西魏北周控制河西地区后，褒博的汉式衣装和紧窄的西域胡装并行不悖，并出现相互融合的态势，对关陇地区乃至隋唐服饰产生了深远影响。因学界已有较多专论，在此不作赘述。

　　本章在服饰型式划分和组合研究的基础上，结合文献记载和纪年材料，将北朝服饰划分为北朝早期、北朝中期和北朝晚期三个发展阶段，三阶段的划分正好对应北朝历史上两次大的政治变迁：孝文帝迁都洛阳和北魏政权的分裂。这种服饰分期方案正体现了中国古代服饰发展的一贯特色：政治表征性。孝文帝迁都洛阳之前，鲜卑旧俗弥漫，在整个北魏统治区域内，鲜卑服得到广泛推广。迁洛以后，汉化成为社会发展的主流，服饰领域发生了一系列变革，在借鉴汉魏及南朝衣冠制度的基础上，着力恢复中原旧制，并汲取少数民族服饰的一些特点，形成了北朝服饰自身的特色。上层统治者的朝服、祭服等礼仪服饰力求遵从古制，而日常服饰乃至平民阶层的服饰则趋向于胡、汉服饰特征的融合。北魏政权的分裂使北朝划分为东西并立的两个政权，其服饰一方面承袭北魏服饰汉化成果，另一方面又汲取不同地区、不同民族的服饰特色，形成百花齐放的局面。

　　据现有人物图像资料及文献记载显示，第一、二期服饰的时代特征比较明显，而地域性差别较小。北朝早期先后以盛乐、平城为都，其服饰面貌较多地体现鲜卑民族的服饰传统，并且这种服饰风尚影响到整个统治区域；迁洛之后，服饰汉化成为主流，洛阳作为政治文化中心，其服饰面貌也渗透到全国各地，可见都城在服饰发展过程中的重要地位。北朝晚期政权分立，服饰虽具有一些共同的时代特征，但其区域性特征比较明显，形成了邺城地区、青齐地区、晋阳地区、关陇地区和河西地区五种独具特色的地域风格。

第八章　北朝服饰文化因素分析

　　古代服饰的发展变化虽不像今天这样迅速，但受生产力发展水平、政治变迁、风俗改易、审美观念及民族交往等诸多因素的影响而代有不同。服饰的发展演变主要通过纵向发展和横向传播两种途径，前者是在本民族或一定地域范围内，继承和保存前代服饰制度、习俗及审美，并在不断改进中使服饰得以更新和发展，后者是通过与周边地域或民族间服饰的交流和融合，促使彼此的服饰不断产生变化。每个民族的服饰演化既处于纵的历史传统的前后联系之中，同时又处在横的与他民族服饰的地区性交流之中，只是在不同历史时期，有时纵的连续更显要，有时横的传播更显要①。魏晋以来社会动荡，政权更迭频繁，周边少数民族频繁内迁，中原地区传统的舆服制度受到冲击，服饰变异渐成时代主流，东晋葛洪《抱朴子·外篇·讥惑卷》第二十六云："丧乱以来，事物屡变：冠履衣服，袖袂财制，日月改易，无复一定。乍长乍短，一广一狭，忽高忽卑，或粗或细。所饰无常，以同为快。其好事者，朝夕仿效，所谓京辇贵大眉，远方皆半额也。"② 起源于大兴安岭北部山麓的游牧民族拓跋鲜卑，在入主中原建立政权后，是如何处理本民族服饰习俗与中原传统服制、周边地区服饰之间的关系呢？在全面把握了北朝服饰的时空特征后，会比较清楚地看到与中原地区传统的汉魏服饰相比，北朝服饰展现出了许多新风貌，这就需要对其进行横向考察，探究北朝服饰在服装种类、形制、材料以及饰品佩戴、着装观念等方面所体现的文化交流和互动，这既包括南、北之间的交流，也包括东、西方的互动，涉及不同民族、不同地区和不同文化之间的交流问题。本章在分期、分区研究基础上，进一步分析北朝服饰时空差异所体现的不同文化因素及其来源，探讨各种文化因素在不同时期和区域的嬗变与互动，进而探讨北朝服饰对汉魏、南朝服制和西域、北方草原服饰文化的传承与吸收等问题。

第一节　北朝早期服饰文化因素

　　北魏的建立者鲜卑族本是我国北方阿尔泰语系游牧民族，属东胡部落，兴起于

---

① 张竞琼：《西"服"东渐——20世纪中外服饰交流史》，安徽美术出版社2002年版，第102页。
② （晋）葛洪撰，金毅校注：《抱朴子内外篇校注》，上海古籍出版社2018年版，第1301页。

大兴安岭山脉。拓跋鲜卑是鲜卑诸部中较为后进的一支，早期处于游牧经济阶段，活动范围大致在黑龙江上游额尔古纳河和大兴安岭北段之间（当时称北部鲜卑），后向南挺进，迁徙到匈奴故地河套及大青山一带，并和匈奴故地遗留未迁的十万余匈奴人杂居、交融，形成后来的拓跋鲜卑。后又继续迁徙到盛乐（今内蒙古和林格尔县北）、平城（今山西大同市）一带，建立鲜卑政权——代和北魏。许多学者曾著文探究鲜卑族西进南迁过程中遗留下来的文化遗存，宿白是早期的实践者①。他根据当时的考古出土材料，结合文献记载将鲜卑遗存分三类进行介绍，重新推演了鲜卑南下的路线，为鲜卑考古学研究建立了基本框架。此后，嘎仙洞遗址石刻等考古遗迹的发现②又对鲜卑历史研究起到了推波助澜的作用，如林幹结合大量考古材料对鲜卑族的源流、经济发展、社会结构等方面作了大量论述③，乔梁、郑君雷、许永杰、魏坚、孙危、朱泓等④大批考古学者也投入到鲜卑史研究中来。既有的研究表明，拓跋鲜卑在南下过程中保留了大量本民族的特征，同时吸收了其他民族如匈奴、汉族及西域地区诸多文化因素。北魏早期服饰基本沿袭了这种发展脉络，既有拓跋鲜卑本民族服饰文化因素，也有统一北方过程中吸收的来自东北、河西、河北、山东等地的服饰文化因素，还有东晋南朝及西域外来服饰文化因素。但是，从出土资料及文献记载可知，鲜卑化是北朝早期服饰发展的主流。

一 北朝早期服饰的鲜卑化

服饰不仅是生活必需品，在一定程度上还是民族认同的标识，是民族文化与民族意识的反映。在民族关系复杂的历史时期，不同民族服饰的整合与变革是统治阶级民族意识的反映，与政治统治息息相关。与大多数北方游牧民族一样，特定的生活环境和游牧生活方式造就了鲜卑族特有的民族服饰传统。然而，鲜卑早期并无自己的文字，与鲜卑服饰相关的记载散见于汉族文本之中，如西晋陈寿《三国志·魏志·乌丸鲜卑列传》和南朝宋范晔撰《后汉书·乌桓鲜卑列传》有相似记载。乌桓、鲜卑作为东胡后裔，服饰习俗基本相同，均髡发、喜饰金碧，并常以毛毳为衣⑤，此外，鲜卑带饰也是汉人津津乐道的服饰配件。目前，关于鲜卑服饰的研究

---

① 宿白：《东北、内蒙古地区的鲜卑遗迹——鲜卑遗迹辑录之一》，《文物》1977 年第 5 期；《盛乐、平城一带的拓跋鲜卑——北魏遗迹——鲜卑遗迹辑录之二》，《文物》1977 年第 11 期；《北魏洛阳和北邙陵墓——鲜卑遗迹辑录之三》，《文物》1978 年第 7 期。

② 米文平：《拓跋鲜卑先祖石室考》，载于米文平《鲜卑史研究》，中州古籍出版社 1994 年版；《鲜卑石室寻访记》，山东画报出版社 1997 年版。

③ 林幹：《东胡史》，内蒙古人民出版社 1989 年版。

④ 许永杰：《鲜卑遗存的考古学考察》，《北方文物》1993 年第 4 期；乔梁：《内蒙古中部的早期鲜卑遗存》，载于《青果集——吉林大学考古系建系十周年纪念文集》，知识出版社 1998 年版，第 301—308 页；乔梁：《西安遗存的认定与研究》《中国考古学的跨世纪反思（下）》，商务印书馆 1999 年版；孙危：《鲜卑考古学文化研究》，科学出版社 2007 年版；内蒙古自治区文物考古研究所编：《内蒙古地区鲜卑墓葬的发现与研究》，科学出版社 2004 年版；朱泓：《朝阳魏晋时期鲜卑墓葬人骨研究》，《辽海文物学刊》1996 年第 2 期。

⑤ 《后汉书》卷 90《乌桓鲜卑列传》，第 2985、2979 页。

除散见于鲜卑史论著中的成果外，还有不少专门研究成果，如赵斌①、陆思贤②、宋馨③、刘君为④等均结合文献记载和考古材料对鲜卑发式、带具及其服饰特色进行了考释和探究。鲜卑服饰具有浓厚的北方草原风格，通常紧身窄袖、简便实用，并且等级区别不很明显，这与汉族褒衣博带、讲求礼制和等级序列的服饰观念有别。正如吕一飞在分析魏晋南北朝不同民族服饰时所指出的："中国封建社会服饰制度的基本特点是具有强烈的政治等级意义和浓厚的社会礼仪功能。而胡服却与之大相径庭，它重在实用功能，兼有审美功能和伦理功能，而比较缺乏政治等级意义和社会礼仪功能，这是胡服的基本特点。"⑤ 从服装结构与着装观念来看，包括鲜卑族在内的北方游牧民族服饰具有一定的先进性和优越性。因此，当北方少数民族入主中原之后，有的首领便以胡俗优越性自骄于人，拒绝改易传统服饰，同属鲜卑部族的河西鲜卑王秃发利鹿孤即位后与臣下讨论国策，胡将锺勿仑曰："昔我先君肇自幽朔，被发左衽，无冠冕之仪，迁徙不常，无城邑之制，用能中分天下，威振殊境。"⑥ 同样的记载还见于《资治通鉴》："吾国自上世以来，被发左衽，无冠带之饰，逐水草迁徙，无城郭室庐，故能雄视沙漠，抗衡中夏。"⑦

在拓跋鲜卑发展史上，拒绝变易旧俗之例常见史载，最为人熟知者当数拓跋力微长子沙漠汗，他曾先后于曹魏、西晋都城洛阳为质，学习汉文化长达 17 年。谙熟中原风土人情和治国策略的沙漠汗在回国后却惨遭鲜卑贵族迫害，其原因之一是"太子风彩被服，同于南夏，兼奇术绝世，若继国统，变易旧俗，吾等必不得志，不若在国诸子，习本淳朴"⑧。在此，是否坚守本民族传统习俗成为政治走向的风向标，"变异旧俗"为大多数鲜卑统治阶层所不容。这种固守鲜卑服饰传统的做法在北朝早期得到延续，如出身小族的代北土著贺狄干凭借个人才干成为北部大人，道武帝拓跋珪命他出使后秦时被扣押于长安多年，回国后拓跋珪"见其言语衣服，有类羌俗，以为慕而习之，故忿焉，既而杀之"⑨。后秦乃羌人所建，贺狄干因有被后秦同化之嫌故遭杀害，而《北史》将"羌俗"写作"中国"，因为贺狄干软禁长安期间接受的是"汉化"，史载他"习读书史，通《论语》《尚书》，举止风流，有似儒者"。北宋诗人苏轼曾作《读后魏邦〈贺狄干传〉》："羊犬争雄宇内残，文风犹自到长安。当时枉被诗书误，惟有鲜卑贺狄干。"

① 赵斌：《鲜卑"髡发"习俗考述》，《青海社会科学》1997 年第 5 期。

② 陆思贤：《鲜卑族名与"鲜卑郭洛带"》，《内蒙古社会科学》1984 年第 3 期。

③ 宋馨：《北魏平城期的鲜卑服》，载于《4—6 世纪的北中国与欧亚大陆》，科学出版社 2006 年版，第 84—107 页。

④ 刘君为：《北魏鲜卑族服饰研究》，硕士学位论文，东华大学，2011 年。

⑤ 吕一飞：《胡族习俗与隋唐风韵——魏晋北朝北方少数民族社会风俗及其对隋唐的影响》，书目文献出版社 1994 年版，第 31、36—37 页。

⑥ 《晋书》卷 126《秃发利鹿孤载记》，第 3145 页。

⑦ 《资治通鉴》卷 112《安帝隆安五年》，《晋纪三十四·安帝隆安五年》，第 3621 页。

⑧ 《魏书》卷 1《神元帝纪附文帝纪》，第 4 页。

⑨ 《魏书》卷 28《贺狄干传》，第 686 页。

北朝早期服饰在其核心统治地区盛乐至平城一带有集中体现，鲜卑文化因素主要体现在三个方面：一是男性 Aa、Ab 组垂裙风帽裤褶组合（彩图二，32、2）和女性 A 组垂裙风帽襦裙组合（彩图三，2）最为盛行，男女均戴垂裙风帽，衣袖、裤管紧窄合体，色彩丰富，并喜花草、条纹等装饰，这种服饰搭配通常被视为典型的拓跋鲜卑装束，学界常称之为鲜卑服①，但实际上这种服装当为北方游牧民族惯用服饰。除政治统治中心平城地区大肆流行之外，其他地区如宁夏、甘肃、陕西、河北等地也受到强烈影响，如宁夏固原雷祖庙发现的北魏墓棺板漆画人物（彩图一，5），包括漆棺头档的墓主、夫人、侍从以及两边棺板上的孝子、人物骑射等形象均为此种装束。甘肃、陕西、河南等地虽未发现北朝早期墓葬人物图像资料，但佛教石窟寺以及单体造像中发现的供养人像显示，这些地区同样流行鲜卑服，如 1965 年甘肃天水麦积山 78 窟右侧基台所剥出的上下两排共 18 身男供养人图像，均头戴高帽，帽顶略尖，项后垂巾，身穿交领窄袖至膝长黑衣，宽松长裤，裤口紧束，足着黑鞋。根据发现的铭文"仇池镇杨"推断，该壁画约成于北魏高宗文成帝登基（452）复佛后，杨氏为仇池地区大姓豪族，属氏族，可见当时非拓跋族属人士也穿上了鲜卑服②。二是贵金属及镶嵌宝石饰品发达，基本沿袭了拓跋鲜卑男、女均喜佩戴饰品的草原风俗，在盛乐至平城一带有大量发现。耳饰如 C 型螺纹耳环、D 型嵌宝石耳环，A 型杏叶耳坠、B 型拧丝坠叶耳坠，颈饰如玛瑙、水晶、琥珀、珊瑚等各种宝石珠饰穿连的串饰，Aa 型"U"形项圈、B 型龙形项圈，佩戴多枚指环，腰间扎束带扣括接的 Da、Db 型环式带具等，还有少量 C 型摇叶型步摇冠饰。三是动物皮毛服饰仍占一定比例。除皮靴、腰带、囊袋等普遍利用动物皮革制作外，裤褶、袍袄也有不少皮制者，实物如内蒙古锡林郭勒盟正镶白旗伊和淖尔北魏 M3 出土的毛领皮衣（彩图五，25），与此样式相仿者见于大同北魏司马金龙墓出土头戴风帽、身穿圆领披风的男俑形象（彩图二，1），风帽、披风均绘虎斑纹，似虎皮装。《资治通鉴·宋纪七》载，宋文帝元嘉二十七年（450）七月刘宋大举北伐，魏臣请太武帝遣兵营救缘河谷帛，太武帝却说："马今未肥，天时尚热，速出必无功。若兵来不止，且还阴山避之。国人本著羊皮袴，何用绵帛！展至十月，吾无忧矣。"③ 由此可知，迁洛之前北魏仍延续鲜卑服饰大量使用皮货的草原民族传统。

除日常着装盛行鲜卑服外，北魏早期朝会、郊天礼仪中也以裤褶为主要礼服，如《资治通鉴》记载北魏前期季冬朝贺以裤褶为朝服："魏旧制，群臣季冬朝贺，服袴褶行事，谓之小岁。"④《南齐书》载太和十六年四月孝文帝西郊郊天礼，"宏

①　"鲜卑服""鲜卑装"均为现代用法，史书无载，如宋馨《北魏平城期的鲜卑服》，载于《4—6 世纪的北中国与欧亚大陆》，科学出版社 2006 年版，第 84—107 页。

②　宋馨：《北魏平城期的鲜卑服》，载于《4—6 世纪的北中国与欧亚大陆》，科学出版社 2006 年版，第 84—107 页。

③　《资治通鉴》卷 125《宋纪七》，第 4066—4068 页。

④　《资治通鉴》卷 137《齐纪三》，第 4450 页。

与伪公卿从二十余骑戎服绕坛……明日，复戎服登坛祠天"①，此处"戎服"当指裤褶。裤褶是鲜卑乃至北亚草原游牧民族的传统服装，可见，北魏迁洛之前鲜卑装束在朝野都极为盛行。孙机先生也指出，拓跋鲜卑曾注意保持其固有装束，至少在孝文帝改制前并未在本民族衣着中大力推广汉族服式②。北魏早期拓跋鲜卑固守本民族传统的做法南宋叶适在《旧学纪言》中有评论："刘、石、苻、姚与夫慕容，虽曰种类不同，然皆久居中国，其豪杰好恶之情，犹与中国不甚相异。独拓跋氏，则以真胡入主中原，纯用胡俗，以变华人。"③北朝早期鲜卑服的盛行可从以下三方面理解：首先，拓跋鲜卑在武力征服过程中形成了一支强有力的军事政治势力，即康乐先生提出的"代人集团"④，这一集团形成于4世纪末的云代地区，是北魏开国君主拓跋珪"离散诸部、分土定居"后将血缘、民族各异的部众凝聚成的一个统一的地缘团体。"代人集团"以帝室十姓与勋臣八姓为领导核心，其成员绝大多数为鲜卑、匈奴、柔然、乌桓、高车等北方游牧民族，仅包括少数汉人及其他少数民族。迁洛之前，以拓跋宗室为核心的"代人集团"掌握北魏几乎所有的政权和军权，因此，拓跋鲜卑原有的草原游牧习俗包括服饰传统能够强有力地保留下来。其次，严酷的气候条件也是鲜卑装盛行的重要原因。历史时期气候变化研究成果显示，魏晋南北朝正处于历史上的低温期，导致北方民族大举南迁入华进而引发社会动乱⑤。据文献记载，北魏都城平城气候寒冷干燥，有时竟会六月飞雪，5世纪时，又遭遇连年霜旱，北魏尚书令王肃曾赋诗描绘北方边疆的气候："悲平城，驱马入云中。阴山常晦雪，荒松无罢风。"⑥北方边疆气候干冷多风沙，严酷的气候条件致使紧窄实用的鲜卑服大肆流行。最后，从生业经济来看，拓跋鲜卑西进南迁过程中虽然逐渐吸收农耕生产方式，但游牧、射猎传统在北魏早期社会仍占重要地位⑦，因此，便于骑射的鲜卑装便沿袭下来。

二　北朝早期服饰的汉化及困境

拓跋鲜卑在西进南下的民族迁徙和开疆拓土历程中，很早便开始注重吸收汉人参与部落联盟事务，两汉至魏晋时期的鲜卑遗存如内蒙古呼伦贝尔陈巴尔虎旗完工

---

①　《南齐书》卷57《魏虏传》，第985、991页。

②　孙机：《南北朝时期我国服制的变化》，载于《中国古舆服论丛》，第189页。

③　叶适：《习学纪言序目》，中华书局1978年版，第153页。

④　康乐：《从西郊到南郊：北魏的迁都与改革》，北京联合出版公司2020年版，第33—104页。

⑤　竺可桢：《中国近五千年来气候变迁的初步研究》，《考古学报》1972年第1期；任振球：《中国近五千年来气候的异常期及其天文成因》，《农业考古》1986年第1期；王铮：《历史气候变化对中国社会发展的影响——兼论人地关系》，《地理学报》1996年第4期。

⑥　《魏书》卷82《祖莹传》，第1799页。

⑦　张国文等：《大同南郊北魏墓群人骨的稳定同位素分析》，《南方文物》2010年第1期；侯亮亮等：《农业区游牧民族饮食文化的滞后性——基于大同东信广场北魏墓群人骨的稳定同位素研究》，《人类学学报》2017年第31期；侯亮亮、古顺芳：《大同地区北魏居民生业经济的考古学观察》，《郑州大学学报》（哲学社会科学版）2018年第6期；张国文、易冰：《拓跋鲜卑生计方式综合研究》，《考古》2022年第4期。

墓地、鄂温克族自治旗伊敏车站墓地、额尔古纳右旗拉布达林墓地、七卡墓地、新巴尔虎旗伊和乌拉墓地、海拉尔区团结墓地等出土资料来看，拓跋鲜卑与中原地区的接触和交流日益频繁和密切。正是在汉文化助力下，鲜卑拓跋部逐渐完成了从原始部落联盟制向封建制的转变，其经济生产方式也从狩猎、游牧逐渐发展为农、牧结合的经济模式。4 世纪末，拓跋鲜卑征服大部分周边少数民族建立起北魏政权，从而结束了混乱割据的十六国时代，中国历史进入南北对峙的南北朝时期。

鲜卑拓跋部世居塞北，有"被发左衽"之俗，入主中原后，为适应政权建设需要，建立汉制成为拓跋鲜卑在历史面前的一种选择，也是历史发展的必然逻辑。北魏立国初期，道武帝拓跋珪便开启了第一次汉化改革，汉制在国家舆论层面广受提倡，主要表现在鲜卑统治者广泛搜罗人才，征召汉族士人参与决策，制定各种典章制度，按照中原王朝模式实施统治。如登国十年（395）十月大破参合陂后，"于俘虏之中擢其才识者贾彝、贾闰、晁崇等与参谋议，宪章故实"；皇始元年（396），并州之战后，"初建台省，置百官，封拜公侯、将军、刺史、太守，尚书郎已下悉用文（汉）人"；天兴元年（398）七月，"迁都平城，始营宫室，建宗庙，立社稷"，十一月，"诏尚书吏部郎中邓渊典官制，立爵品，定律吕，协音乐；仪曹郎中董谧撰郊庙、社稷、朝觐、飨宴之仪"[①]。北魏政权在开疆拓土过程中，不断吸收山西、河北等征服地区的汉族士人参与决策，逐渐建立起适应中原地区的封建统治秩序。

那么，如何使这些汉化制度彰显于人呢？汉族传统的舆服制度是最好的选择，于是作为等级身份象征的服饰被派上用场。天兴元年（398），北魏定都平城后，道武帝"谨命礼官，择吉日受皇帝玺绶"，并"诏有司定行次，正服色。群臣奏以国家继黄帝之后……从土德，数用五，服尚黄，牺牲用白"[②]。"受黄帝玺绶"和"正服色"均涉及政权的"合法性"和"正统性"问题，其中，玺绶是秦汉以来统治者身份、地位的重要象征性符号，"正服色"又称易服色，表面看来只是改变服饰颜色，却是秦汉以来在阴阳五行、五德终始说理论影响下产生的判断政权合法性的重要依据。由于道武帝建国伊始便指认拓跋鲜卑系出黄帝，并且仿魏承汉的逻辑以土德自居[③]，因此服色尚黄。同年十二月，道武帝又"命朝野皆束发加帽"[④]，所谓"束发"是对鲜卑传统"被发"之俗的改易。在南北对峙的时代背景下，"被发左衽"是事关华夷之别、"正统之争"的重大问题，南朝梁萧子显撰《南齐书·魏虏传》称："魏虏，匈奴种也，姓托跋氏……被发左衽，故呼为索头。"[⑤]《晋书·乞伏乾归载记》记载："索虏秃发如苟率户二万降之"，"索头，鲜卑种，以其辫发，

①　《魏书》卷 2《太祖道武帝纪》，第 27—33 页。
②　《魏书》卷 108《礼志一》，第 2734 页。
③　楼劲：《北魏开国史探》，中国社会科学出版社 2017 年版，第 77—78 页。
④　《资治通鉴》卷 110《晋纪三十二》，第 3586 页。
⑤　（南朝梁）萧子显：《南齐书》卷 57《魏虏传》，第 983 页。

故称谓索头"。胡三省注："索虏者，以北人辫发，谓之索头也。"① 索头即辫发，参考山西太原北齐徐显秀夫妇墓出土的辫发骑俑及贺拔昌墓出土的辫发鼓吹骑俑（标本 T99HQH1），这种发式可能将头发编成多条小辫，然后披散于肩背，故"索头"又称"被发"。也因此，唐人刘肃在《大唐新语》卷一三谐谑故事中讲到，太宗设宴招待近臣，让大家互相调侃以活跃气氛，欧阳询嘲谑长孙无忌"索头连背暖，漫裆畏肚寒"。长孙无忌出身鲜卑勋贵，欧阳询嘲讽的正是拓跋鲜卑的这种民族发式。"束发加帽"即将披于肩背的头发束起，戴上垂裙帽，这一规定虽与束发加冠的汉人不同，有曲解"汉制"之嫌，却成为垂裙风帽在北魏迁洛之前朝野通行的制度保障。换句话说，与"被发"之俗相对应，具有浓厚鲜卑民族特色的垂裙风帽成为北魏政治认同的视觉符号，正是由于这个原因，大同地区北魏人物图像资料中基本不见披发形象，而是男女均佩戴垂裙风帽。垂裙风帽通常被视为鲜卑传统服饰元素，因为帽屋下垂披幅不仅防风保暖，还可以保护编发②，但垂裙风帽的流行及服用范围的扩大实际是对鲜卑"被发"旧俗的改易，是对汉族"束发加冠"之制的变通。迁洛之前，风帽上下通行，适用于朝会、礼佛、宴饮、骑射、乐舞、劳作等诸多场合，既有防寒保暖、防风防晒的实用功能，也有装饰和礼仪功用。

定服色、佩玺绶以及束发加帽的种种规定拉开了北魏政权汉化服饰改革的序幕，天兴六年（403），道武帝"又诏有司制冠服，随品秩各有差"③，汉族衣冠彰显等级身份的政治属性受到统治者的高度重视。在北魏建国及南征北战过程中，拓跋鲜卑统治者主要依靠鲜卑族将领及士兵，官员的选拔侧重能力和功勋。北魏建国初期，职官制度胡汉杂糅，并沿袭魏晋九品中正制建立品官制度，拓跋珪将冠服与品秩相联系的做法，对后世产生了深远的影响。然而，北魏早期的服饰汉化改革因为时局动荡并未得到彻底地贯彻执行，据《魏书》记载："太祖南定燕赵，日不暇给，仍世征伐，务恢疆宇。虽马上治之，未遑制作，至于经国轨仪，互举其大，但事多粗略，且兼阙遗。"帝王百官所着冠服仅在传统鲜卑服饰的基础上添加一些玺绶、束发等汉族元素，在祭祀、宴享、朝贺等重要礼仪场合，群臣仍服裤褶行事，如《资治通鉴》载："魏旧制，群臣季冬朝贺，服裤褶行事，谓之小岁；丙戌，诏罢之。"④ 拓跋焘在位期间（424—452），亲率大军灭亡夏、北燕、北凉等诸多政权，最终于 439 年完成统一北方大业，北魏成为当时疆域面积最广阔、民族成分最复杂的国家。由于战事频仍，拓跋焘并未强制不同地区、不同民族的人们改易风俗，如《魏书·食货志》载："世祖即位，开拓四海，以五方之民各有其性，故修其教不改其俗，齐其政不易其宜，纳其方贡以充仓廪，收其货物以实库藏。"⑤ 当时的着装习惯仍以

---

① （唐）房玄龄等：《晋书》卷 125《乞伏乾归载记》，第 3118 页。
② 孙机：《从幞头到头巾》，载于《中国古舆服论丛》，第 202—203 页。
③ 《魏书》卷 108《礼志四》，第 2817 页。
④ 《资治通鉴》卷 137《齐纪三》，第 4450 页。
⑤ 《魏书》卷 110《食货志》，第 2850 页。

便利为主，故《魏书·礼志四》载："世祖经营四方，未能留意，仍世以武力为事，取于便习而已。"① 另据《南齐书·魏虏传》载："佛狸已来，稍僭华典，胡风国俗，杂相揉乱。"② 可见，北魏前期国祚初定，战事频仍，尚无暇顾及冠服礼制。

从图像资料来看，统治阶级上层通常着褒衣博带的汉式服装，如大同沙岭太延元年（435）破多罗氏北魏墓壁画及彩绘漆皮所绘人物（彩图一，1），墓主夫妇及宴饮图中的踞坐客人均头戴垂裙皂帽，身着褒博的衣裳服制。侍者仆从普遍穿上短下长式衣装，如破多罗氏北魏墓墓室东、北、南壁所绘壁画中的男女侍者以及河北蔚县太平真君五年（444）朱业微石造像底座正面及侧面供养人形象，上衣仅长及髋部，下身所着裤、裙长可及地。这种短窄衣装本是北方游牧民族惯用服装，但汉末以来中原地区已有穿用，特别是上短下长的服装样式在西晋初年一度广泛流行，当时称为"上俭下丰"式服装，见《晋书·五行志上》载："武帝泰始初，衣服上俭下丰，著衣者皆厌腰，此君衰弱，臣放纵，下掩上之象也。"③ "上俭下丰"即上衣短下裳（裙、裤）长的服装样式，这种服式在十六国、东晋时期得到延续，考古出土的图像资料中有大量表现。特别是女性头梳十字髻，脸上敷粉点面靥，身着宽袖短襦长裙的装束，如大同东信广场北魏墓出土釉陶十字髻女俑（彩图三，1），与陕西咸阳平陵十六国墓④、西安凤栖原十六国墓出土女俑⑤基本一致。这种服饰习俗沿袭了西晋、十六国时期关陇地区的服饰风貌，可能与太武帝拓跋焘统一北方过程中强制迁徙关陇居民到平城地区有关。据《魏书》载，太延元年（435）二月，"诏长安及平凉民徙在京师，其孤老不能自存者，听还乡里"⑥，太平真君七年（446）二月，大破"盖吴于杏城"，三月"徙长安城工巧两千家于京师"⑦。

北魏文成帝拓跋濬即位时，大规模的军事战争基本结束，北魏政权由武功转入文治时期，国内固有的各种社会矛盾进一步凸显出来，北魏政权处于动荡危机之中。严峻的政治形势迫使北魏统治者不得不改弦更张，寻找新的治国策略，汉化改革势在必行，冯太后、孝文帝在这一过程中起了关键作用。从考古发现的图像资料来看，4世纪中叶至北魏迁都洛阳这段时间，男、女盛行 Ab 组裤褶和 A 组襦裙搭配，如山西大同地区发现的太和元年（477）幽州刺史宋绍祖墓（彩图二，2；彩图三，2）、北魏贾宝墓，太和八年（484）七里村北魏墓群、琅琊王司马金龙夫妇墓以及大同云波路北魏墓（M10）出土的人物陶俑，其服饰虽为典型的鲜卑服装，但其款式与之前发生明显变化，主要表现在男女上身所着褶衣和襦服衣身加长，通常至膝盖以

---

① 《魏书》卷108《礼志四》，第2817页。
② 《南齐书》卷57《魏虏传》，第990页。
③ 《晋书》卷27《五行志上》，第823页。
④ 咸阳市文物考古研究所：《咸阳平陵十六国墓清理简报》，《文物》2004年第8期。
⑤ 西安市文物保护考古研究院：《西安凤栖原十六国墓发掘简报》，《文博》2014年第1期。
⑥ 《魏书》卷4上《世祖太武帝纪上》，第84页。
⑦ 《魏书》卷4下《世祖太武帝纪下》，第100页。

下，并且衣袖有不断变宽的趋势。另外，统治阶层虽戴垂裙帽，但男、女通常为 D 组衣裳和 Ab 组襦裙搭配，衣身褒博宽松，明显受到汉式服装影响，如大同智家堡北魏墓石椁北壁墓主夫妇像（彩图一，4）。司马金龙墓从墓室结构到随葬器物组合都已显示出强烈的中原影响，特别是绘有列女、孝子故事的木板屏风漆画，无论是从美术题材的选择还是绘画技法的运用都具有浓厚的汉族文化气息。比如木板正面的漆画内容采自汉刘向《列女传》，描绘古代著名女性的故事，绘画采用渲染和铁线勾描手法，板面涂朱漆地，用黑漆勾线条，色彩浓艳。女子头梳各种发式，身着杂裾垂髾的袿衣，华丽异常，是中原地区传统汉族贵族女子装束（彩图三，19）。当然，这种现象是受汉化影响，还是表现历史故事题材的需要尚需进一步证明。尽管图像资料所示上层人物比较缺乏导致我们难以全面把握迁洛之前这段时间的服饰全貌，但可以肯定的是，上层社会服装已有明显的汉化因素，这在文献中亦有明确记载。

史载延兴年间（471—476），北魏已有"修改车服及羽仪制度"之举，由李宝之孙仪曹令李韶主持①，太和五年（481）又"诏尚书李冲与冯诞、游明根、高闾等议定衣冠于禁中，少游巧思，令主其事，亦访于刘昶。二意相乖，时致诤竞，积六载乃成，始颁赐百官。冠服之成，少游有效焉"②。太和十年（486），"帝始服衮冕，朝飨万国……夏四月辛酉朔，始制五等公服。甲子，帝初以法服御辇，祀于西郊"③。太和五年议定的衣冠制度，历时六年终于成形，并且制成"五等公服"班赐百官。公服是官吏办公时所着制服，由于省略了朝服烦琐的蔽膝、剑、绶等佩饰，所以有"从省服"之称。在《汉官旧仪》《独断》《后汉书·舆服志》等记载汉代舆服制度的典籍中，有大量关于命服、朝服、祭服的记载，但公服之说基本不见。魏晋以后，关于公服的记载逐渐增多，如《世说新语·伤逝》："王濬冲为尚书令，著公服，乘轺车，经黄公酒垆下过。顾谓后车客：'吾昔与嵇叔夜、阮嗣宗共酣饮于此垆……今日视此虽近，邈若山河'。"④ 王戎卒于西晋永兴二年（305），据此推测，公服当产生于三国至西晋时期，但将公服与官员等级相对应建立公服制度的做法当始于北魏，除《魏书》《北史》记载外，《资治通鉴》也有类似记载："辛酉朔，魏始制五等公服。"元胡三省注："公服，朝廷之服；五等，朱、紫、绯、绿、青。"⑤ 和萧齐并存的魏即北魏，齐武帝永明四年即北魏太和十年（486），相关记载一致。北魏所制五等公服与官员品级的对应方式，因记载简略目前尚不明晰，但可以肯定的是，在北魏迁洛之前，与系列政治、经济改革政策相对应，帝王及官僚体系的冠服制度逐渐规范。但鉴于迁洛之前以鲜卑帝室勋贵为代表的"代人集团"掌

---

① 《魏书》卷 39《李宝传》，第 886 页。
② 《魏书》卷 91《术艺传·蒋少游传》，第 1971 页。
③ 《魏书》卷 7 下《高祖孝文帝纪》，第 161 页。
④ （南朝宋）刘义庆撰 徐震堮著：《世说新语校笺》（下册），中华书局 1984 年版，第 348 页。
⑤ 《资治通鉴》卷 138《齐纪二》，4406 页。

控大权，服饰的汉化改制并没有得到普及。

三　北朝早期服饰中的西域元素

北魏平城时代考古发现所体现的西域文化因素，张庆捷、王银田、古顺芳、倪润安、王雁卿等学者已有较多讨论①。从出土材料来看，北朝早期服饰中的西域文化因素主要表现在三方面：一是具有西域风格的头饰、耳饰、颈饰等装饰品，如大同迎宾大道北魏墓 M16 出土 A 型联珠首花钿（见图 5 - 3，2、3）、M19 出土 B 型联珠花冠钿饰，大同七里村北魏墓 M12 出土的 B 型饰有联珠花瓣的金耳环（彩图五，6），内蒙古正镶白旗伊和淖尔北魏 M1 出土 Ca 型嵌宝石金耳坠（彩图五，13）、内蒙古包头土默特右旗美岱村北魏墓出土嵌宝石立羊形金戒指（彩图五，18）等。这些饰品中都存在将细小的金珠焊接于金饰边缘及表面的装饰手法，这种制作方法称为焊珠工艺（Granulation），或炸珠或粟粒工艺，汉代已有较多实物出土，学界已有较多讨论②。这种制作工艺最早出现于中亚地区，汉代已通过陆路和海上丝绸之路传入中国。伊和淖尔北魏 M6、M3，大同南郊北魏 M208 出土的 U 形项圈（见图 5 - 6：2），自商代晚期始在北方长城沿线中部地带已有较多形制类似的项饰发现，但春秋战国以后逐渐消失，至 4 世纪鲜卑墓葬中再度出现③。目前，这种项饰的出土资料尚有时空缺环，但可以肯定的是，这种具有欧亚草原民族风格的饰品在北魏早期已具有明显的域外风情，如伊和淖尔 M3 项圈下部出尖并缀有新月形垂饰的做法在长城沿线发现的早期同类饰品中并未见到（见图 5 - 6：3）。金银饰品使用新月形或称月牙状造型的做法，最早见于两河流域的苏美尔文明，后来经中亚传到中国，而项圈主体所饰缠枝忍冬纹在云冈石窟等佛教造像中有大量表现④。考虑到伊和淖尔 M3 项圈的整体造型与北朝时期大量菩萨造像项饰存在相似之处，而大同恒安街北魏 M13 出土的 A 型细珠链式璎珞（彩图五，16）、雁北师院北魏 M52 女舞俑佩戴的 B 型攒珠式璎珞均是伴随佛教传入中国的饰品样式，可见北魏早期饰品受到佛教文化因素的影响。大同恒安街北魏 M13 出土 Cb 型嵌宝石耳坠（彩图五，14），除联珠状金粟粒装饰外，整体錾刻"一人二龙"图案，这种"一人双兽"装饰母题最早

①　张庆捷、赵曙光、曾昭东：《从西域到平城——北魏平城的外来文明艺术》，云冈石窟研究院编：《2005 年云冈国际学术研讨会论文集·研究卷》，文物出版社 2006 年版，第 144—145 页；张庆捷：《民族汇聚与文明互动——北朝社会的考古学观察》，商务印书馆 2010 年版；王银田：《萨珊波斯与北魏平城》，《敦煌研究》2005 年第 2 期；古顺芳：《大同北魏平城丝路遗珍》，《收藏家》2015 年第 3 期；倪润安：《北魏平城时代平城地区墓葬文化的来源》，《首都师范大学学报》2011 年第 6 期；王雁卿：《北魏平城胡人的考古学观察》，《中国魏晋南北朝史学会第十届年会暨国际学术研讨会论文集》，北岳文艺出版社 2011 年版，第 575—585 页。

②　齐东方：《中国早期金银工艺初论》，《文物》1982 年第 2 期；黎忠义：《汉—唐镶嵌金细工工艺探析》，《东南文化》1985 年第 6 期；杨小林：《中国细金工艺与文物》，科学出版社 2008 年版，第 60 页；陈洪波：《汉代海上丝绸之路出土金珠饰品的考古研究》，《广西师范大学学报》（哲学社会科学版）2012 年第 1 期。

③　沈莎莎、党郁：《北方长城沿线璜形项饰窥探》，《草原文物》2018 年第 2 期。

④　王雁卿：《云冈石窟的忍冬纹装饰》，《敦煌研究》2008 年第 4 期。

出现于埃及，后来传播到两河流域和中亚地区，中国境内的发现明显晚于上述地区①。

　　二是服装上的装饰纹样存在西域元素，如敦煌莫高窟125—126窟间缝出土北魏广阳王慧安（即元嘉）供奉的刺绣佛像残片（彩图六，6），左侧四位女供养人身着Aa组服装，长襦绣忍冬和卷草纹，后者当为衣襟缘饰。根据供养人身侧所绣名款，四人分别为广阳王母、妻及二女，均为鲜卑王族女眷，可谓身份高贵，所着长襦当为装饰华美的锦制作而成。与此类似者见于大同云波里北魏壁画墓墓室东壁宴饮图中的男性墓主所披Aa型披风，上饰"S"形波状连续忍冬纹（彩图一，2）。忍冬纹源自西亚，在2—3世纪经印度、中亚流入西域，4—5世纪伴随佛教东传进入中国内地，成为普遍流行的一种装饰纹样，在建筑、绘画、雕刻、金银器、刺绣等艺术中均可见到。北魏时期，忍冬、卷草等植物纹样在石窟造像、墓葬装饰、日常器用中常作为边饰使用，类型多样，变化多端，学界已有较多论述，是中古时期通过丝绸之路自西向东传入中国的西域纹样。从出土资料来看，北魏早期忍冬、卷草等域外纹饰除在服装上用作边饰外，还常作为上层社会男女服饰的主体纹样使用，这种服装到唐初已发展为"蕃客锦袍"用来赏赐外来使臣，传为唐阎立本所绘《步辇图》中禄东赞所着即为例证。此外，伎乐女俑所着Ab型长襦多装饰花卉纹样，可见伴随佛教传布及中西交流的发展，植物纹样在服饰装饰中已比较常见。

　　三是入华西域胡人保持西域服饰传统。这一时期出土的胡人形象主要有从事舞乐杂技表演的伎乐、贩易货物的胡商、蓄养牲畜的胡奴等，他们一般高鼻深目，身上所着服饰与中土之人存在明显差别，通常身着两侧开衩的交领或圆领套头紧身长袍，下着长裤束于靴筒内，袍服与靴筒基本平齐，腹部凸出，腰间所束细带身前部分低至小腹以下，给人大腹便便之感。其中，伎乐胡人通常为Db组长袍组合，齐发过耳，如司马金龙墓、宋绍祖墓（彩图二，22）、雁北师院M2出土伎乐胡俑，袍身通常装饰团花纹，云波里北魏壁画墓东壁胡人伎乐袍身装饰竖条纹（彩图二，30）；牵驼马的胡人一般头戴尖顶帽，身着紧窄圆领长袍，长裤紧束于靴筒内。

　　综上所述，北朝早期服饰存在大量西域文化因素，其中尤以黄金宝石饰品最富特色，这种中西方文化交流可追溯至东汉时期②。北方草原民族以游牧为主的生活方式，决定了他们喜爱便于携带的黄金及宝石饰品，欧亚草原丝绸之路为黄金、宝石饰品的交换和流通提供了便利。拓跋鲜卑入主中原以后仍沿袭了这种草原传统，并且除了草原丝绸之路外，中原传统的陆上丝路也成为中西交流的重要通道。除黄金宝石饰品外，充满异域风情的花卉、忍冬等植物类图案在佛教推动下大量应用于服装织物的装饰。在这个过程中，由西域入华的胡人扮演了重要角色，但是，他们

---

① 郭物：《一人双兽母题考》，《欧亚学刊》第四辑，中华书局2004年版，第1—33页；张海蛟：《北魏平城"一人二龙"图案的渊源与流变》，《形象史学》第9辑，中国社会科学出版社2017年版，第65—81页。

② 张景明：《鲜卑金银器与草原丝绸之路》，《边疆考古研究》第14辑，科学出版社2013年版，第153—164页。

独具特色的服装款式并未对中土产生太大影响。

第二节　北朝中期服饰文化因素

在少数民族建立的中原政权中，文化发展进程滞后于政治发展进程是常见的现象，政权可以在短时间内确立，但对文化的认知需要一个过程。自道武帝建国至献文帝拓跋弘时期，鲜卑统治者尚处于不断征服其他民族的胜利感和自豪感中，对被征服的汉民族文化采取一种居高临下的排斥态度，然而，随着拓跋鲜卑在中原地区立足时间的延长，其对汉文化的认识不断全面和加深。在政治、经济、文化等诸多方面均占强势的汉族制度面前，鲜卑统治者对汉文化的态度由拒绝到承认，由承认开始逐渐吸纳。这种"以夏变夷"的现象在中国几千年的文化发展史上多次重现，北魏太和改制将这种转变推向高峰，服饰领域也产生显著变化："汉式衣冠"成为北朝中期服饰发展的主流，其与鲜卑旧俗之间的对立与矛盾充分体现了迁洛之后汉与胡、文与武之间的冲突。

一　孝文帝汉化改制及其来源

以太和十四年（490）冯太后之死为界，太和改制可分为前后两个阶段：前段由冯太后主持，推行官吏俸禄制、均田制、三长制、租调制等重要改革举措；后段为孝文帝主持，重点是迁都洛阳、分明姓族、移风易俗，彻底"去鲜卑化"。如前文所述，太和改制的前半段，服饰汉化改革并不彻底，孝文帝亲政后继续巩固冯太后的改革成果，并将改革推向高潮。冯太后的改革重在政治、经济制度建设，而孝文改制则深入文化、习俗等思想意识层面，包括禁胡服、断北语、改姓氏等一系列移风易俗的改革。"政治经济改革利在巩固拓跋政权，贵族勋旧之阻力自少；深入于文化习俗则触及鲜卑族人生活方式，其阻力重重。"[①] 尽管面临种种阻挠，孝文帝依然坚持和推行汉化改革政策，其中，服饰礼仪就是一项重要内容。

迁洛之前，孝文帝便着手服饰汉化改革，如太和十五年（491），"帝衮冕，与祭者朝服。既而帝冠黑介帻，素纱深衣，拜山陵而还宫。庚申，帝亲省齐宫冠服及郊祀俎豆。癸亥冬至，将祭圆丘，帝衮冕剑舄，侍臣朝服……甲子，帝衮冕辞太和庙，临太华殿，朝群官。既而帝冠通天，绛纱袍，临飨礼……丁卯，迁庙，陈列冕服，帝躬省之。既而帝衮冕，辞太和庙，之太庙，百官陪从"[②]。孝文帝非常重视冠服制度的制定，还曾因服制未定暂停太和十五年（491）的小岁贺和次年的元旦朝贺，可见孝文帝对以鲜卑旧俗裤褶服作为朝贺大会礼服的极度不满。太和十六年

① 李培栋：《北魏"太和改制"论纲》，《上海师范大学学报》1988 年第 4 期。
② 《魏书》卷 108《礼志一》，第 2749 页。

（492），孝文帝下令禁革鲜卑袒裸之俗①。迁洛之后，汉化服饰改革走向高潮，《魏书·高祖纪下》载，太和十八年（494）十二月初二"革衣服之制"，规定鲜卑人和其他北方少数民族不论男女一律改穿汉人服装；孝文帝也以身作则，带头穿汉式衣冠，并于太和十九年（495）十二月"引见群臣于光极堂，班赐冠服"②。自太和五年至十九年，北魏服饰制度条章渐备，孝文帝本人身体力行，贵族大臣各有差次，《魏书·礼志四》载："高祖太和（477—499）中，始考旧典，以制冠服，百僚六宫，各有差次。"然而，直到孝文帝驾崩，北魏冠服制度"犹未周洽"，《隋书·礼仪志六》也说："至太和中，方考故实，正定前谬，更造衣冠，尚不能周洽。"到孝明帝"熙平二年（517），太傅、清河王怿、黄门侍郎韦廷祥等，奏定五时朝服，准汉故事，五郊衣帻，各如方色焉"③，这个时候才"条章粗备焉"④。可见，北朝汉化服饰改革自拓跋珪建国伊始至北魏分崩离析，经历了近150年的发展过程，其最终结果也仅粗具形态而已。

孝文帝开启的服饰汉化改革措施在许多文化遗存中有所体现，其中最突出且常被人引用的材料是大同云冈石窟中主尊像褒衣博带式服装的兴起⑤，世俗社会也一改北魏早期的鲜卑装束，开始流行汉式衣冠。从出土图像资料来看，北魏迁洛以后，首先在以洛阳为中心的中原地区，继而在青齐、关中等地区开始流行汉式衣冠，主要表现在三个方面：一是男、女分别以冕、冠和各式发髻代替垂裙风帽；二是服饰存在明显等级、身份差别，帝王高官及女眷等上层人物流行宽衣博带的衣裳服制，如男性A组冕服、B组笼冠衣裳组合（彩图六，7、8），女性Ca、Cb组襦裙组合，男、女侍者属吏仍沿袭迁洛前的衣裤、襦裙传统，但衣袖、裤管变宽，衣身变短，男性常见Ca组小冠裤褶组合（彩图二，7），女性常见Dc组襦裙组合（彩图三，8）；三是金银宝石等草原民族装饰传统不再流行，但恢复了中原传统佩玉之制。影响所及，迁洛之前流行鲜卑服的大同地区出土人物图像也开始着汉式衣冠，如大同陈家庄北魏墓M1出土的2件侍俑头（见图7－3:13）与永宁寺遗址出土俑头造型相同，均束发戴高耸的小冠，而石封门两侧彩绘门吏也身着中原汉式服装。这种服饰面貌与平城时期迥然有别，不仅特色鲜明，而且对东魏、北齐和西魏、北周产生了深远影响，由于这种服饰最先以洛阳为中心流行开来，并对周边地区产生广泛影响，笔者名之为"洛阳风尚"。

孝文帝禁胡服、推行汉化服饰的改革众所周知，无复疑义，但汉化改制的来源或途径尚有探讨的余地。迄今为止，关于此问题的研究主要有两种观点：一是认为北朝服饰的汉化就是南朝化的服饰改革，理由是永嘉乱后，衣冠南渡，东晋南朝保

---

①　《北史》卷3《高祖孝文帝纪》，第107页。

②　《魏书》卷7下《高祖孝文帝纪下》，中华书局1974年版，第176、179页。

③　《隋书》卷11《礼仪志六》，第238页。

④　《魏书》卷108《礼志四》，第2817页。

⑤　杨泓：《试论南北朝前期佛像服饰的主要变化》，《考古》1963年第6期。

存了大量汉魏以来的文物典章制度，所以，北魏服饰的汉化改革直接取法与之时代并列的南朝宋、齐典章制度，这是学界比较流行的观点；二是认为北朝服饰改革并非效仿南朝，而是直接渊源于汉魏服制，如范英豪以魏晋南北朝时期"褒衣博带"为研究对象，结合文献史料和考古资料认为，北朝服饰的汉化并非南朝化的服饰改革，而是直接纵向继承汉魏传统文化的结果，其服饰内涵是儒家文化传统，而南朝服饰已脱离儒家传统轨道向玄学转变，走向形式的唯美化①。逢成华将"褒衣博带"装束区分为世俗人物和佛像装束两大类分别进行分析，指出北朝"褒衣博带"世俗人物装束并非效仿南朝，而是渊源于汉魏古法②。从图像资料来看，北魏中晚期男、女服饰与迁洛之前确有很大变易，但从服饰形制观察，这种改易尚不能用简单的一个南朝化或汉魏化所能概括。

实际上，孝明帝熙平二年（517）改制五时朝服时，大臣们曾就帝王服章循承问题发生过争论：

> 二年九月，太傅、清河王怿、给事黄门侍郎韦延详奏："谨案前敕，制五时朝服，尝访国子议其旧式。太学博士崔瓒等议：'自汉逮于魏晋，迎气五郊，用帻从服，改色随气。斯制因循，相承不革，冠冕仍旧，未闻有变。今皇魏宪章前代，损益从宜。五时之冠，谓如汉晋用帻为允。'尚书以礼式不经，请访议事，奉敕付臣，令加考决。臣以为帝王服章，方为万世则，不可轻裁。请更集礼官下省定议，蒙敕听许。谨集门下及学官以上四十三人，寻考史传，量古校今，一同国子前议。帻随服变，冠冕弗改。又四门博士臣王僧奇、蒋雅哲二人，以为五时冠冕，宜从衣变。臣等谓从国子前议为允。"灵太后令曰："依议。"③

可见，服饰改制取法汉魏衣冠还是古礼在当时即为热议话题，我们首先来看一下汉魏衣冠服制的发展沿革情况。西汉初年，衣冠服制混乱，至东汉明帝永平二年（59）"采《周官》、《礼记》、《尚书·皋陶篇》，乘舆服从欧阳氏说，公卿以下从大小夏侯氏说"④，逐渐订立冠服制度，确立了以儒家学说为指导的服饰制度。从考古发掘出土的汉代陶俑、壁画、画像石、画像砖、漆画等图像资料中可以窥见汉代服饰风貌。汉代主要以冠冕、佩绶、玺印等作为区分等级地位的标志，汉代末年，皇室衰微，统一政权瓦解，中国历史进入了分裂动荡的魏晋南北朝时期。曹魏代汉而兴，其舆服制度基本承袭汉制，并利用周礼、殷礼略作修订，但在当时政治动乱、战事频仍、经济凋敝的情况下，违背礼制的情况时有发生，如《杨阜传》："阜常见

---

①　范英豪：《同源而异趣的南北朝"褒衣博带"》，《装饰》2006 年第 1 期。
②　逢成华：《北朝"褒衣博带"装束渊源考辨》，《学术交流》2006 年第 4 期。
③　《魏书》卷 108《礼志四》，第 2817—2818 页。
④　《后汉书》卷 120《舆服志》，第 3662 页。

明帝著绣帽，被缥绫半褎，卓问帝曰：'此于礼何法服也？'"① 到正始初，曹魏舆服渐趋奢靡，逾制行为时有发生，甚至到了有识之士为之担忧的地步②。西晋沿袭曹魏服制，但东晋舆服不甚完备，如《晋书·舆服志》记载："魏明帝以公卿衮衣黼黻之饰，疑于至尊，多所减损，始制天子服刺绣文，公卿服织成文。及晋受命，遵而无改……及过江，服章多阙。"③ 可见，汉至魏的衣冠传承比较明晰，汉魏古制在西晋初期已备受推崇，如咸熙二年（265），晋武帝"虽从汉魏之制，既葬除服，而深衣素冠，降席撤膳，哀敬如丧者"④。至南北朝时期这种做法仍然延续，如南朝宋皇后亲蚕礼蚕服"依汉魏故事，衣青衣，乘油盖云母安车，驾六马"⑤；北周"大象元年春正月癸巳，受朝于露门，帝服通天冠、绛纱袍，群臣皆服汉魏衣冠"⑥。可见，西晋以来，汉魏衣冠已成为建构王权合法性和正统性的重要工具。如前文所言，北魏早期社会具有浓厚的北方游牧文化特性，华夏礼仪的影响力有限，但孝文帝亲政以后积极将北魏塑造为华夏正统王朝，汉魏衣冠成为必然的选择。太和十五年正月，孝文帝将北魏德运从土德改为水德，否定割据中原的十六国胡族政权而直接承袭晋朝金德，服色尚黑⑦。

　　然而，十六国时期，黄河流域成为各少数民族竞相逐鹿之地，战争频仍，民不聊生，中原汉族传统礼制遭到严重破坏。汉魏古制如何能够存续下来呢？ 一方面，地域性的世家大族对存续传统礼制起了重要作用，这包括河西、河北、青齐、江左地区的士人阶层。北魏建立以后，周边地区存续的汉文化不断向中原地区回流，文化反哺现象比较突出。陈寅恪《隋唐制度渊源略论稿》曾对河西地区存续汉文化方面的作用有精彩论断："西晋永嘉之乱，中原魏晋以降之文化转移保存于凉州一隅，至北魏取凉州，而河西文化遂输入于魏，其后北魏孝文、宣武两代所制定之典章制度遂深受其影响，故此（北）魏、（北）齐之源其中亦有河西之一支派。"⑧ "秦凉诸州西北一隅之地，其文化上继汉、魏、西晋之学风，下开（北）魏、（北）齐、隋、唐之制度，承前启后，继绝扶衰，五百年间延绵一脉，然后始知北朝文化系统之中，其由江左发展变迁输入者之外，尚别有汉、魏、西晋之河西遗传。"⑨ 不少学者根据佛教遗存、墓葬壁画等实物资料已对这一观点进行了论证和补充，如宿白根据佛教遗存所提出的"凉州模式"⑩，郑岩根据河西壁画墓材料指出河西地区在文

①　《三国志·魏书》卷25《杨阜传》，第704页。
②　《三国志·魏书》卷9《夏侯尚传附子玄传》，第297页。
③　《晋书》卷25《舆服志》，第765—766页。
④　《晋书》卷3《世祖武帝纪》，第54页。
⑤　《宋书》卷14《礼志一》，第356页。
⑥　《周书》卷7《宣帝纪》，第117页。
⑦　《魏书》卷108《礼志一》，第2746—2747页。
⑧　陈寅恪：《隋唐制度渊源略论稿》，中华书局1963年版，第2页。
⑨　陈寅恪：《隋唐制度渊源略论稿》，第41页。
⑩　宿白：《凉州石窟遗迹与"凉州模式"》，《考古学报》1986年第4期。

交流中的意义①等，在服饰方面也大致如此。另一方面，北魏汉化改制之时正值南朝宋、齐之际，江左礼仪制度经过晋、宋两代臻于完善，舆服制度渐趋完备，《宋书·礼志》《南齐书·舆服志》以及《隋书·礼仪志》对南朝宋、齐、梁的舆服制度均有较多记载。孝文改制便对东晋、南朝前半期服制加以吸纳，正如陈寅恪所言："所谓（北）魏、（北）齐之源者，凡江左承袭汉、魏、西晋之礼乐政刑典章文物，自东晋至南齐期间所发展变迁，而为北魏孝文帝及其子孙模仿采用，传至北齐成一大结集者是也。其在旧史往往以'汉魏'制度目之，实则流变所及，不止限于汉魏，而东晋南朝前半期俱包括在内。"② 当时，南人北上者数量较多③，特别是青齐一带长期隶属晋、宋，深受南朝影响，又有河北文化传统，具有汇通南北的特点。皇兴二、三年间（468—469），北魏攻陷青、齐（刘宋冀州）二州，将其居民迁往京师平城，设平齐郡加以管理。起初，北魏对北迁的青齐大族士人采取严厉的压制政策，直至孝文帝太和年间方解除禁锢，并且擢用崔光、崔亮、高聪、蒋少游、刘芳等汉族士人制礼作乐，对北朝各项制度的变革和建立起了重要作用。特别是蒋少游，甚至成为太和服饰改制的实际主持者，太和五年（481）："诏尚书李冲与冯诞、游明根、高闾等议定衣冠于禁中，少游巧思，令主其事，亦访于刘昶。二意相乖，时致诤竞，积六载乃成，始颁赐百官。冠服之成，少游有效焉。"④ 蒋少游是乐安博昌（今山东博兴）人，原归南朝宋之青州管辖，熟悉刘宋舆服制度，在受命制定衣冠制度期间，曾咨询刘宋皇族刘昶，但二人经常因意见不合而发生争论，因此，耗时六年衣冠之制始成。刘昶本传也载："诏昶与蒋少游专主其事。昶条上旧式，略不遗忘。"⑤ 可见，太和官服改制借鉴了南朝宋的服制，后宫服章亦然，由南入北的萧氏起了重要作用，如《魏书·张宗之传》载："始宗之纳南来殷孝祖妻萧氏，刘义隆仪同三司思话弟思度女也，多悉妇人仪饰故事。太和中，初制六宫服章，萧被命在内预见访采，数蒙赐赉。"⑥。

在图像资料中，迁洛之后，帝王高官褒衣博带、仰肩凸腹的形象极富特色，这种形象便掺杂了汉魏衣冠和南朝影响。褒衣博带最早见于《淮南子·氾论训》："古者有鍪而绻领，以王天下者矣……岂必褒衣博带句襟委章甫哉？"⑦《汉书·隽不疑传》记载："不疑冠进贤冠，带櫑具剑，佩环玦，褒衣博带，盛服至门上谒。"颜师古注曰："褒，大裾也。言着褒大之衣，广博之带也。"⑧ 褒衣博带的基本特征为衣裾宽、衣袖阔、衣带广，服装整体肥大宽松，体现了汉族传统服装的基本特征。褒

① 郑岩：《魏晋南北朝壁画墓研究》，文物出版社 2002 年版，第 145—180 页
② 陈寅恪：《隋唐制度渊源略论稿·叙论》，中华书局 1963 年版，第 1 页。
③ 王永平：《中古士人迁移与文化交流》，社会科学文献出版社 2005 年版。
④ 《魏书》卷 91《术艺传·蒋少游传》，第 1971 页。
⑤ 《魏书》卷 59《刘昶传》，第 1309 页。
⑥ 《魏书》卷 94《阉官列传·张宗之》，第 2019 页。
⑦ （西汉）刘安等编著，（汉）高诱注：《淮南子》，上海古籍出版社 1989 年版，第 135 页。
⑧ 《汉书》卷 71《隽不疑传》，第 3035 页。

衣博带在服装结构上并不见得实用，但能够彰显服用者的威仪和气度，因此成为汉族上层社会的基本着装形式，至迟在汉代，褒衣博带已作为华美的礼服为帝王百官、儒者贤士所服用。魏晋时期，"褒衣博带"更是成为文人、士族崇尚的服装样式，史称"魏晋风度"。仰肩凸腹、褒衣博带的形象较早见于东晋顾恺之《洛神赋图》曹植形象，但当时还没有出现通过身高差距来凸显主人的做法。由萧梁北上的颜之推在《颜氏家训·涉务》也记载："梁世士大夫，皆尚褒衣博带，大冠高履，出则车舆，入则扶持，郊郭之内，无乘马者。周弘正为宣城王所爱，给一果下马，常服御之，举朝以为放达。"[1] 由于这种服装褒博宽肥、长可拖地，在行动过程中极不方便，需要专人服侍，在莫高窟 288 窟东壁南侧男供养人形象中有体现（图 8 - 1：1）。这种形象在北朝晚期成为社会上层普遍认可和追求的审美心态，如山东临朐北齐崔芬墓西壁所绘出行图中的夫妇形象，其来源及流变正如李力所言："这种仰肩凸腹的身姿较早见于南朝艺术作品中，北朝晚期开始流行于北方石窟雕塑、墓葬俑群及壁画中，东魏、北齐和西魏、北周更显其形，隋唐以后即逐渐消失不见，具有鲜明的时代特征。"[2] 然而，北朝服饰与南朝相比仍存在明显差异，考古出土的砖画、陶俑有表现（图 8 - 1：2、3），文献中也有记载。如萧梁大通三年（529），陈

图 8 - 1　北朝、南朝男子服饰

1. 莫高窟西魏 288 窟东壁南侧男供养人　2. 南京江宁谷里街道九岛梦都工地南朝墓男俑　3. 南京板桥南朝梁墓男俑

① （北齐）颜之推撰，王利器集解：《颜氏家训集解·涉务》，上海古籍出版社 1980 年版，第 295 页。
② 李力：《北魏洛阳永宁寺塔塑像的艺术与时代特征》，载于巫鸿主编《汉唐之间的宗教艺术与考古》，文物出版社 2000 年版，第 358 页。

庆之奉梁武帝萧衍之命，率七千江左子弟兵护送叛逃南梁的北魏北海王元颢入洛阳谋僭魏室，其间得病，杨元慎为其解治曰："吴人之鬼，住居建康，小作冠帽，短制衣裳。自呼阿侬，语则阿傍。"后来元颢败死，庆之重返南梁："为司州刺史，钦重北人，特异于常。朱异怪复问之。曰：'自晋宋以来，号洛阳为荒土，此中谓长江以北尽是夷狄。昨至洛阳，始知衣冠士族并在中原，礼仪富盛，人物殷阜，目所不识，口不能传。所谓帝京翼翼，四方之则，如登泰山者卑培塿，涉江海者小湘沅，北人安可不重？'庆之因此羽仪服式悉如魏法，江表士庶竞相模楷，褒衣博带，被及秣陵。"① 陈庆之北上之时北魏刚刚经历惨痛的"河阴之变"，国力大衰，但他在洛阳仍感受到北魏王朝"礼仪富盛，人物殷阜"，他败归南梁后"羽仪服式，悉如魏法"。这充分表明孝文改制并非一味模仿或全盘接受江左衣冠制度，而是在吸纳和借鉴中创造新的服制，而这种改制后的汉式衣冠又反过来对南朝服饰产生了影响。

　　以北朝时期盛行的裤褶服为例，迁洛之前，衣袖紧窄、裤管瘦小是其典型特征，在大同出土的图像资料中有较多体现；迁洛之后，裤褶服原先紧窄的衣袖基本不见，代之以长可垂地的广袖，裤管也加肥加大类似今天的裙裤。孝文改制后的裤褶装在外观上已接近上衣下裳、褒衣博带的汉式衣冠服制，这种改易是汉化的结果，也是环境使然，正如吕思勉所言："（裤褶）盖胡人之服，疑'褶'之名实袭诸胡，中国易其左衽为右衽，又改其制若中国之袍，而特袭其短身。胡人之褶盖小袖，中国易为广袖也。必广袖者，古以侈袂为贵，且中国不如胡中之寒，无取乎小袖也。"② 经过改易的裤褶服成为北朝中后期流行的服装款式，不仅文官属吏、骑马从戎者可穿，仆从百姓也大量穿用，在洛阳、邺城及晋阳等地出土的陶俑、壁画等图像资料中有大量表现。需要注意的是，宽博衣袖在中土源远流长，并非南北朝时期的创造。早在春秋战国时期的楚国服饰中，便常见大袖袍服，如湖南长沙陈家大山、长沙子弹库楚帛画以及大量楚墓彩绘陶俑均可见到。汉代亦尚大袖，但衣袖由袖身"袂"和往上缩敛的袖口"祛"两部分组成，袖身下垂逐渐上收连接袖口成一条弧线，即为"胡"。这种小口大袖的袖子俗称"琵琶袖"。没有袖口祛的衣服则称衫，刘熙《释名·释衣服》："衫，芟也。芟末无袖端也。"③ 衫无衬里，适于夏季，东汉末年兴起，魏晋时期伴随玄学的风靡更为流行，其袖之博大如《宋书·周郎传》载："凡一袖之大，足断为两，一裾之长，可分为二。"④ 另《宋书·五行志》载："晋末皆冠小冠，而衣裳博大，风流相仿，舆台成俗。"⑤ 因此，沈从文认为衣袖宽博、上下成俗的风气始于东晋末年宋、齐之际，流行于梁陈，南北方好尚相同，男女一样，

---

　　① （北魏）杨衒之撰，周祖谟校释：《洛阳伽蓝记校释》卷2《孝义里》，中华书局2010年版，第108—109页。

　　② 吕思勉：《两晋南北朝史》，上海古籍出版社1983年版，第149页。

　　③ （东汉）刘熙撰，（清）毕沅疏证，王先谦补：《释名疏证补》卷5，第172页。

　　④ 《宋书》卷82《周郎传附兄峤传》，第2098页。

　　⑤ 《宋书》卷30《五行志一》，第890页。

并认为这类衣服式样是受魏晋清谈影响，求其潇洒脱俗的有意仿古①。据人物图像资料观察，北朝时期衣袖广博的襦衫非常盛行，从其服装搭配来看并不局限于夏日所着，并且北朝流行的广袖褶其袖端与南朝略有不同，后者通常自袖身到袖端均比较宽博，而北方则不同，一般仅在袖端比较宽大，腋下到肘部则比较窄小合体，与袖端形成鲜明对比。这种形制差别可能是南北气候不同所致，但其实质是对汉式衣冠的有意"曲解"，也是一种巧妙融合鲜、汉服制的实用主义做法。

综上所述，北魏服饰改制的来源不能简单归结为南朝化或汉魏旧制，而是在遵从汉魏古制的旗号下，借鉴南朝衣冠制度和儒家服饰礼制，进而形成自身的服饰特色。汉化服饰改制的目的在于通过服饰改易，树立拓跋鲜卑政权正统地位，巩固自身统治，进而实现统一中国的最终构想。

二　鲜卑旧俗的坚守及汉、鲜服饰冲突

服饰作为一种生活习俗，是特定地域内长期沿袭、世代传承的生活方式，具有相对稳定性，因此，古往今来移风易俗均非易事。孝文帝服饰改制的推广和实施过程并非一蹴而就，史载太和二十三年（499），当孝文帝从征伐前线回到洛阳时便看到了与汉化改革极不和谐的一幕：

> 高祖还洛，引见公卿。高祖曰："营国之本，礼教为先。朕离京邑以来，礼教为日新以不？"澄对曰："臣谓日新。"高祖曰："朕昨入城，见车上妇人冠帽而著小襦袄者，若为如此，尚书何为不察？"澄曰："著犹少于不著者。"高祖曰："深可怪也！任城意欲令全著乎？一言可以丧邦者，斯之谓欤？可命史官书之。"又曰："王者不降佐于苍昊，皆拔才而用之。朕失于举人，任许一群妇人辈奇事，当更铨简耳。任城在省，为举天下纲维，为当署事而已？"②

这段对话将孝文帝改易服制的初衷和本质一语道穿，同时也充分表明服制改易的难度，《资治通鉴·齐纪五》明帝建武元年记载"魏主欲变异旧风，壬寅，诏禁士民胡服。国人多不悦"③。自太和十九年孝文帝发布禁胡服诏令算起，汉化改革已有五年时间，社会上仍有大量着鲜卑服饰者，新服制全面推行的难度可想而知。这在出土资料中也有反映，如龙门石窟古阳洞北壁长乐王夫人像龛的男、女供养人像，仍是迁洛前流行的 Ab 组垂裙风帽裤褶装和 Aa 组垂裙风帽襦裙装④（图 8－2：1）。帝都贵胄尚且如此，下层民众及其他地区鲜卑装更加常见，如河北邺城遗址出土的太

---

① 沈从文编著：《中国古代服饰研究》，第 217 页。
② 《魏书》卷 19《任城王云传附子澄传》，第 469 页。
③ 《资治通鉴》卷 139《齐纪五》，第 4509 页。
④ ［日］石松日奈子：《龙门石窟和巩县石窟的汉服贵族供养人像——"主从形式供养人图像"的成立》，篠原典生译，《石窟寺研究》第 1 辑，文物出版社 2010 年版，第 82—99 页。

和十九年（495）刘伯阳造释迦像所刻男、女供养人像（图8-2：2），卢龙县出土的太和二十二年（498）普贵造弥勒立像（现藏于日本泉屋博古馆）四足方座及背面所刻男供养人像，其着装均为窄袖小口的鲜卑装[1]。需要注意的是，与男性违制之举相比，女性更加固守旧俗，比如迁洛之后女性头戴垂裙风帽的习俗已被中原地区束发盘髻的发式所取代，但太和二十年（496）高朗造像底座所刻供养人像中男性着褒博的C组小冠衣裳组合，女性仍为Ab组垂裙风帽宽袖襦裙装（图8-2：3）。

图8-2　迁洛后的鲜卑装

1. 龙门石窟古阳洞北壁长乐王夫人像龛供养人像　2. 刘伯阳造释迦像底座正面供养人像　3. 高朗造像底座供养人像

与北地干冷气候相比，洛阳气候湿热，陆叡曾上表"南土昏雾，暑气郁蒸，师人经夏，必多疾病"[2]，南迁代人除饱受"疠疫"之苦外，也不适应孝文改制后的汉式衣冠，其典型代表是太子元恂。史载他"不好书学，体貌肥大，深忌河洛暑热，意每追乐北方"[3]，对于孝文帝易服之举他用实际行动表示强烈反对，据《南齐书·魏虏传》载："宏初徙都，恂意不乐，思归桑乾。宏制衣冠与之，恂窃毁裂，解发为编服左衽。"[4] 表面看来，元恂因体胖不能适应洛阳的气候和生活方式，趁孝文帝出巡将其所赐衣冠"窃毁裂，解发为编服左衽"，实际上是对孝文帝汉化改制存在抵触情绪。太子恂最终因谋逆罪行被废赐死的结局，实际上与企图利用太子身份以制造武装割据和分裂的代北鲜卑贵族守旧势力有关[5]，如代北保守势力代表拓跋丕"雅爱本风，不达新式，至于变俗迁洛，改官制服，禁绝旧言，皆所不愿"。身为拓跋贵族的元老重臣，拓跋丕公然反对孝文帝迁洛及汉化举措，坚决不穿孝文改制后的汉式衣冠："至于衣冕已行，朱服列位，而丕犹常服列在坐隅。"[6] 可见，留守平城的"代人"仍有大量守旧势力反对汉化改革，坚守鲜卑草原传统，不穿汉式衣

① 金申编著：《中国历代纪年佛像图典》，文物出版社1994年版，第97—98页。
② 《魏书》卷40《陆俟传附孙叡传》，第912页。
③ 《魏书》卷22《孝文五王·废太子恂传》，第588页。
④ 《南齐书》卷57《魏虏传》，第996页。
⑤ 王永平：《北魏孝文帝太子拓跋恂之死及其原因考析》，《史学集刊》2013年第1期。
⑥ 《魏书》卷14《神元平文诸帝子孙·东阳王丕传》，第358—360页。

冠。为缓和汉化中央集团与代北保守势力的矛盾，孝文帝迁洛之初采取了一些妥协措施，如针对北方族群不适应南方暑热问题推行"秋来春去"的"雁臣"举措，《魏书》载："初，高祖迁洛，而在位旧贵皆难于移徙，时欲和合众情，遂许冬则居南，夏便居北。"①《洛阳伽蓝记》也载："北夷酋长遣子入侍者，常秋来春去，避中国之热，时人谓之雁臣。"② 孝文帝改易服饰的举措文献记载非常简略，但可以肯定的是，不同年龄、性别、身份、职业乃至族群的人肯定不会一刀切地穿上同一种汉式衣冠。特别是伴随孝文帝迁都从平城迁到洛阳的数十万"代迁户"，除大量鲜卑或鲜卑化的勋旧高官外，还有很多在迁洛之后成为羽林虎贲宿卫亲军③，他们作为"代人集团"在迁洛之前是北方草原传统的坚守者，便利实用的鲜卑装及袒裸之俗是他们的着装传统。为调和汉式衣冠与鲜卑着装之间的矛盾，孝文帝应该采取了折中策略，从考古出土及流传至今的图像资料来看主要表现在三个方面：一是北魏平城时代盛行的裤褶、襦裙仍然盛行，不过衣袖、裤筒由紧窄合体变为宽松肥大；二是鲜卑垂裙风帽服用范围虽有收缩，但伎乐、武人仍可佩戴，只不过帽屋和帽裙变小；三是平城时期 Ba 组垂裙风帽＋裤褶＋披风组合仍然延续，仅风帽帽屋变矮，裤褶衣袖、裤腿变宽，演化为 Bb 组服饰搭配（彩图二，5）。

与"代迁户"衣冠服饰上的折中策略不同，以六镇为代表的北方边镇地区仍保留浓厚的鲜卑旧俗。北镇设置的初衷是拱卫首都平城不受柔然威胁，在北魏都平城时期具有重要的军事战略地位，边镇将领主要由鲜卑亲贵和汉族豪强组成，享有优厚的政治、经济待遇。然而，伴随着北魏统一北方及孝文帝迁都洛阳，北方军镇的拱卫作用逐渐削弱，六镇将官选拔不严，所选镇将大多残忍贪暴六镇甚至成为流刑罪犯发配之地。六镇居民民族成分复杂，据《魏书》《周书》《北齐书》以及姚薇元《北朝胡姓考》可知，有鲜卑、汉、匈奴、乌丸、柔然、敕勒、高丽以及西域杂胡等。这些民族在六镇地区经过一百多年杂居共处，在政治、经济和生活习俗方面同于鲜卑，故统称"六镇鲜卑"或北人，以此与已成为"河南洛阳人"的汉化代迁户和中原汉族相区别④。孝文帝迁都洛阳后推行的一系列汉化改革政策，不但没有福泽六镇，反而使六镇游离于汉文化圈之外，六镇鲜卑仍然奉行旧有的统治和生活方式，通行鲜卑语，穿用鲜卑服，保留鲜卑习俗，形成一个较为独立的文化圈。从某种角度而言，六镇军民是"代人集团"的间接继承者⑤，他们与洛阳汉化政府间胡与汉、文与武之间的矛盾，以及六镇内部不同阶级、民族之间的矛盾，最终引发了直接摧毁、瓦解北魏政权的六镇起义。

北魏正光四年（523），柔然出兵怀荒镇，衣食无着的镇民要求开仓赈饥，遭到

---

① 《魏书》卷 15《昭成子孙晖传》，第 378 页。
② （北魏）杨衒之撰，周祖谟校释：《洛阳伽蓝记校释》卷 3《城南》，中华书局 2010 年版，第 116 页。
③ 《魏书》："以代迁之士皆为羽林、虎贲。"出自《魏书》卷 7 下《高祖孝文帝纪下》，第 180 页。
④ 孔毅：《北朝后期六镇鲜卑群体心态的演变》，《重庆师院学报》（哲学社会科学版）1999 年第 2 期。
⑤ 康乐：《从西郊到南郊：北魏的迁都与改革》，北京联合出版公司 2020 年版，第 84 页。

镇将于景拒绝，于是镇民反叛，这一事件成为六镇起义的导火索。于景本姓万纽于氏，出身代北鲜卑部落，曾祖于栗磾是北魏开国名将，为北魏勋臣八姓之一。出身鲜卑豪门的于景，因反对擅权乱政的宗室元叉被贬黜为怀荒镇将，据《魏书·于栗磾传附忠弟景传》记载："忠薨后，景为武卫将军。谋废元叉，叉黜为征虏将军、怀荒镇将。及蠕蠕主阿那瑰叛乱，镇民固请粮廪，而景不给。镇民不胜其忿，遂反叛。执缚景及其妻，拘守别室，皆去其衣服，令景著皮裘，妻著故绛袄。其被毁辱如此。月余，乃杀之。"① 怀荒镇民反叛后，囚禁于景及其妻子，逼迫"景著皮裘，妻著故绛袄"以示侮辱。"皮裘""故绛袄"正是孝文改制所革除的鲜卑旧俗，由此可知，直至北魏末年，北方边镇仍然延续鲜卑化的平城风尚。为什么"皮裘""故绛袄"会成为于景夫妇的莫大侮辱呢？这正是孝文帝汉化改革后"汉化"贵族与"胡化"北镇边民矛盾的体现，是民族矛盾和阶级矛盾的综合反映。于景作为迁都洛阳的鲜卑勋贵高门，是汉化改革的受益者，自然也是汉化服饰的执行者，位于北部边疆的镇民却仍保持"皮裘""袄"等鲜卑旧俗。表面看来，汉式衣冠与鲜卑服装仅是两种不同的着装风俗，但其背后体现了北魏社会处于权力高层的鲜卑集团汉化改制与边镇地区中低层武人鲜卑故俗之间的冲突，这种强烈的冲突与矛盾最终导致北魏统一政权的覆亡。

三 北朝中期服饰中的异域元素

孝文帝迁洛之后，考古出土的具有异域风情的装饰品数量明显减少，但洛阳北魏永宁寺西门基址出土的15万余枚印度—太平洋玻璃珠表明当时肯定有大量异域珍宝传入中土。据《魏书》记载，孝文帝迁洛之后北魏与西域的朝贡贸易非常发达，与北魏通使国家和地区达到一百多个②，并且与南朝的通商互市亦非常活跃，史载"自魏德既广，西域、东夷贡其珍物，充于王府。又于南垂立互市，以致南货，羽毛齿革之属无远不至。神龟、正光之际，府藏盈溢。灵太后曾令公卿已下任力负物而取之，又数赉禁内左右，所费无赀，而不能一丐百姓也"③。"逮景明之初，承升平之业，四疆清晏，远迩来同，于是蕃贡继路，商贾交入，诸所献贸，倍多于常。"④《洛阳伽蓝记》中也有类似记载："自葱岭已西，至于大秦，百国千城，莫不款附。商胡贩客，日奔塞下。所谓尽天地之区已。乐中国土风因而宅者，不可胜数。是以附化之民，万有余家。门巷修整，阊阖填列。青槐荫陌，绿柳垂庭。天下难得之货，咸悉在焉。"⑤

虽然考古出土的北魏异域饰品较少，但参与朝贡或商贸往来的胡人形象仍有大

① 《魏书》卷31《于栗磾传》，第747页。
② 石云涛：《北魏中西交通的开展》，《社会科学辑刊》2007年第1期。
③ 《魏书》卷110《食货志》，第2858页。
④ 《魏书》卷65《邢峦传》，第1438页。
⑤ （北魏）杨衒之撰，周祖谟校释：《洛阳伽蓝记校注》，中华书局1987年版，第132页。

量出土，其种类与平城时代相比伎乐形象减少，但牵驼马的胡商、侍仆比较多见，如洛阳北魏元邵墓、王温墓、元睿墓、侯掌墓，河南偃师染华墓、洛阳纱厂北魏墓郭定兴墓等均有出土（彩图二，23）。他们一般高鼻深目，有的髭须发达，整体形貌与平城时期腹凸臀翘的肥硕形象不同，体型比较瘦长，可能受当时"秀骨清像"审美风尚的影响。身上所着服饰与平城时期相比亦有不同，基本为 Dc 组长袍搭配，通常头戴平顶帽、风帽或保持短卷发造型，身着开襟圆领窄袖长袍，下着小口裤，有的将裤腿塞于长勒靴统中。

第三节　北朝晚期服饰文化因素

北魏末年，政治腐败，统治黑暗，阶级矛盾严重恶化，北魏统治区内爆发了北方边镇起义、河北起义、山东起义和关陇起义等众多起义。面对严重的政治危机，北魏统治集团内部矛盾迅速加剧，最高统治阶层之间争权夺利，引发了自相残杀的河阴之变。永熙三年（534）魏分东、西，进而又为北齐、北周取代，东西对峙，连年征战，中国形成新的"三国鼎立"分裂局面。自北魏分裂至杨隋代周（581）北朝最终灭亡是为北朝晚期，这一时期政治风向逆转，北魏特别是孝文帝以来的汉化进程被终结，转而走向胡化回流的发展历程，这一政治变迁在服饰方面也有反映。从出土资料看，孝文改制形成的"洛阳风尚"仍然延续，但掺杂着鲜卑旧俗和西域胡风的新式胡服占据主流地位，并且成为中古时期服饰发展的方向，对隋唐及以后服饰产生了深远影响。这种服饰面貌在东、西政权的表现略有差异，分述如下。

一　东魏、北齐服饰的胡汉并行

东魏权臣、北齐的实际创建者高欢建立霸业的基础，是其出生地怀朔镇（今内蒙古自治区固阳县）的中下层军官，后来在河北起义时所依靠的力量除怀朔集团外还有当时割据河北的汉族豪强，这两部分人成为后来东魏北齐政权的支柱。高欢掌权后吸取北魏和尔朱氏教训，在积极笼络北镇势力的同时努力处理好与汉人势力的关系，比如当高欢幕僚杜弼看到文武官员纳贿成风建议制止时，高欢答曰："天下浊乱，习俗已久。今督将家属多在关西，黑獭（即宇文泰）常相诏诱，人情去留未定。江东复有一吴儿老翁萧衍者，专事衣冠礼乐，中原士大夫望之以为正朔所在。我若急作法网，不相饶借，恐督将尽投黑獭，士子悉奔萧衍，则人物流散，何以为国？"[1] 面对关西、河北和江左"三国鼎立"的乱局，高欢采取各种措施调和鲜卑武人和中原士大夫两大群体的矛盾，但骨子里却流淌着尊崇鲜卑、轻视汉人的态度，这种治国策略和理念贯穿东魏、北齐始终。表现在服饰方面，衣冠礼乐是中原士大夫关心之事，继续推行孝文帝以来的服饰汉化改制成果势在必行，但在鲜卑族群的

---

① 《北齐书》卷24《杜弼传》，第347页。

日常生活中胡服并未严格禁止，并且出现了折中胡、汉服饰的举措。迄今发现的东魏、北齐墓葬主要分布在今河北、山西、河南、山东等省份，在大中型墓葬中随葬陶俑、绘制壁画已成定制，从出土人物图像及服饰实物来看，东魏北齐服饰面貌呈现胡、汉并行的特征。

（一）魏齐服饰的"洛阳风尚"

据《隋书·礼仪志》记载，东魏、北齐因袭北魏服制，并于"河清中，改易旧物，著令定制"①，皇帝、皇太子、诸侯公卿以及百官所服冠冕巾帻、衮衣朝服、印绶鞶囊以及腰间所佩具剑等依品级、穿用场合等有严格规定，女性则依丈夫官职高下，其服饰各有等差。尽管北齐河清年间（562—565）重新厘定服饰制度，但从出土资料来看，东魏、北齐服饰一脉相承，并且与北魏晚期服饰明显存在继承关系。

邺城西北即今天的磁县一带分布着大量元氏、高氏皇族陵墓及陪葬墓②，墓主身份多为皇族、外戚、鲜卑贵族、将领以及汉族高级官吏，墓葬多绘制壁画、随葬俑群，为我们研究其服饰面貌提供了重要资料。根据已发表资料观察，除却盗扰、埋藏等因素导致的残存人物图像资料在种类、数量上存在差异外，东魏、北齐时期邺城地区人物图像一脉相承、变化不大。鉴于陶俑均为模制而成，并且墓葬分布范围集中在磁县城南、西南一带东西 15 千米、南北 20 千米一带，墓主均为东魏、北齐皇室贵族及高官，不排除这些人物形象出自同一群人之手。其中，后魏皇族天平四年（537）元祐墓武士、侍卫、侍女等形象所着服饰与洛阳北魏元祖墓、杨机墓同类形象基本一致，是典型的"洛阳风尚"，其他墓葬如磁县东陈村武定五年（547）尧赵氏胡仁墓、乾明元年（560）磁县湾漳北朝大墓以及武平七年（576）高润墓出土人物图像所示服饰面貌基本沿袭北魏孝文改制后的着装传统。首先，冕、冠及各式发髻仍是男女常见的首服；其次，服饰的等级身份差别明显，帝王、官员及眷属仍以 A 组冕服、B 组笼冠裙装、Db 组襦裙装为主要服饰搭配（彩图一，6、7，彩图二，12），男性属吏常见承袭北魏晚期 Ca、Da 组裤褶装而来的 Cb、Db 组服饰搭配（彩图二，8，图 6-2：14），女性侍仆 B 组、Dc 襦裙搭配仍然盛行，但与北魏晚期相比，上衣袖端及下装裤腿更加宽博，更加凸显汉式衣冠风貌（彩图一，6）；最后，中原传统的佩玉之制成为社会上层身份、地位的标识，并且形成 Aa 组和 B 组两种基本配置方式。

这种承袭北魏"洛阳风尚"而来的服饰面貌在都城邺城及周边地区体现最为明显，青齐地区受到强烈影响，以晋阳为中心的并肆地区表现最弱。原因是邺都为汉族士人聚集之地，据《北史·文苑传序》记载："有齐自霸业云启……河间邢子才、矩鹿魏伯起、范阳卢元明、矩鹿魏季景、清河崔长儒、河间邢子明、范阳祖孝徵、中山杜辅玄，北平阳子烈并其流也。复有范阳祖鸿勋，亦参文士之列。及天保中，

---

① 《隋书》卷 11《礼仪志六》，第 238 页。
② 张子英、张利亚：《河北磁县北朝墓群研究》，《华夏考古》2003 年第 2 期。

李愔、陆卬、崔瞻、陆元规并在中书，参掌纶诰。其李广、樊逊、李德林、卢询祖、卢思道始以文章著名。皇建之朝，常侍王晞独擅其美。河清、天统之辰，杜台卿、刘逖、魏骞亦参诏敕。自李愔已下，在省唯撰述除官诏旨，其关涉军国文翰，多是魏收作之。及在武平，李若、荀士逊、李德林、薛道衡并为中书侍郎，典司纶綍。"① 正如陈寅恪先生所指出的："邺都典章文物悉继太和洛阳之遗业，亦可令中原士族略得满足。"② 尽管东魏、北齐陶俑所示服饰的高度一致性存在模制因素，但结合墓葬壁画及佛教石刻供养人形象观察，应该是对当时社会现实的一种较为客观的反映。东魏北齐政权对北魏服饰改制成果的继承，反映了统治阶层对中原士大夫利益诉求的回应。

（二）魏齐服饰的胡服元素

东魏权臣、北齐的实际创建者高欢"累世北边，故习其俗，遵同鲜卑"③，作为鲜卑化的汉人，他是鲜卑服装的践行者。北齐开国皇帝高洋在执政前期英明神武、励精图治，但后期居功自傲、荒淫暴虐，《资治通鉴》梁敬帝太平元年载："数年之后，渐以功业自矜，遂嗜酒淫泆，肆行狂暴；或身自歌舞，尽日通宵；或散发胡服，杂衣锦彩；或祖露形体，涂傅粉黛……或盛夏日中暴身，或隆冬去衣驰走。"④《隋书·五行志上》也记载，文宣帝"数为胡服，微行市里"⑤。高洋晚年经常"散发胡服""祖露形体"，这两种行为均是胡族传统。散发即胡人"被发"之俗，北魏迁都平城后拓跋珪施行"束发"令，至北齐时期束发戴冠帽已成为北朝男子的典型装束。鲜卑本有祖裸之俗，孝文帝于太和十六年（492）下令禁革，高洋却"祖露形体"并于盛夏隆冬"暴身""去衣驰走"的行为，当指鲜卑祖裸旧俗。由此可知，尽管东魏、北齐承袭洛阳旧制建立舆服规制，但高氏统治者在着装方面除祭祀、朝会等礼仪场合外，仍有保持鲜卑旧俗之举。

从出土资料来看，邺都及周边地区在承袭北魏洛阳服制基础上其服饰面貌也有所改易：首先，人物整体不再是北魏晚期修长清秀的形象，而是呈现饱满、圆润之姿；其次，男女服装开领较大，并且由北魏后期右衽为主演变为左衽、右衽通行；最后，平城时期延续而来的 Bb 组垂裙风帽 + 裤褶 + 披风组合仍然延续并演化成 Bc 组（彩图二，6），武士着翻领袍服的形象比北魏晚期更加常见，进而开始影响日常着装，东魏、北齐墓葬中出土的一些侍从俑开始着翻领袍服，如东魏赵胡仁墓Ⅳ式男侍俑已为头戴小冠、身着翻领袍服形象、磁县湾漳北齐大墓侍从武士常着翻领袍（图 8-3）。这些现象反映了统治者对鲜卑武人和中原士大夫两大集团所采取的调和策略：一方面，于汉式衣冠中加入北族审美和着装元素；另一方面，鲜卑武人仍保

---

① 《北史》卷 83《文苑传·序》，第 2779—2780 页。
② 陈寅恪：《隋唐制度渊源略论稿·职官》，中华书局 1963 年版，第 92 页。
③ 《北齐书》卷 1《神武上》，第 1 页。
④ 《资治通鉴》卷 166《梁纪二十二·敬帝太平元年》，第 5319 页。
⑤ 《隋书》卷 22《五行志上》，第 629 页。

持北族着装传统。

图 8 - 3　翻领袍

1. 磁县尧赵氏胡仁墓男侍俑　2 - 4. 磁县湾漳北朝大墓特殊步卒俑（标本 131、589、310）

　　然而，与邺都地区鲜、汉杂糅的着装面貌不同，以晋阳为中心的并肆及周边地区服饰具有浓厚的鲜卑及西域服饰风貌。首先是鲜卑旧俗的再度盛行，主要表现在四个方面：一是具有鲜卑特色的垂裙风帽再度流行，但帽屋及帽裙处理方式发生变化，流行 Ea 型圆顶长裙帽、Eb 型三棱顶垂裙帽等小顶垂裙帽（见图 1 - 7：7、8），帽裙上卷的风帽也比较常见，如 Fb 型三棱顶 U 形卷裙帽（见图 1 - 8：2）等。二是盛行紧窄合体的服装组合，如男性笼冠襦裙、小冠裤褶组合中衣袖或裤腿比较紧窄，并且常见 A、B、Cb 组圆领窄袖短袍搭配（见图 6 - 3：1、2、4），A、B 组长袍组合（彩图二，33、34、36 - 39），女性仆从侍者常见 Ca、Cb 组窄袖襦裙装（彩图三，7、11）。三是动物皮毛服装比较常见，除忻州九原岗北朝墓甬道壁画所表现虎、豹纹服装（彩图二，36、38）外，社会上层尤喜着名裘，徐显秀墓北壁墓主所着银鼠裘（彩图一，8）、朔州水泉梁北齐壁画墓墓主夫妇所着貂裘（彩图一，9、10）可资为证。四是金银宝石等装饰品比较多见，如徐显秀墓出土的 A 型嵌宝石戒指（彩图五，21），娄睿墓出土玉佩边缘贴金边装饰。五是北方民族喜用的蹀躞带比较盛行，虽然出土实物并不丰富，但从娄睿墓（彩图二，31）、徐显秀墓、忻州九原岗及朔州水泉梁壁画中有大量表现。

　　西域服饰元素大量存在，主要表现在两方面：一是圆领、翻领窄袖袍服比较常见，主要是 A、B、Cb 组圆领窄袖短袍搭配，B 组圆领长袍组合（彩图二，36 - 39）

以及翻领袍组合，有的袖子很长可盖过手面，其中，小翻领是圆领未系扣的状态。由于圆领长袍衣身紧窄且袍身较长，为便于骑乘或适应大幅活动的需要，袍服两侧下摆或衣身后部下摆居中位置出现开衩现象，娄睿墓壁画中表现最为明显，在《墓主出行图》《驼队前引图》《墓主回归前导图》《驼队图》《墓主随从图》《鞍马导引图》《部曲鼓吹图》中均有表现，男女均有，胡汉兼用。二是异域装饰元素的大量存在，如徐显秀墓室壁画中装饰联珠纹的服装形象（彩图三，20、21），学者多有论述①。根据联珠骨架及主题纹样不同，可将徐显秀墓壁画中的联珠纹锦分为三种：第一种是联珠团窠菩萨纹，联珠纹骨架内为头戴莲花冠的菩萨头像，见于墓室东壁备车图中牛车后捧盒侍女；第二种为联珠团窠对兽纹，联珠纹骨架内为对兽纹，见于墓室北壁墓主夫妇宴饮图中墓主徐显秀身侧的捧盘侍女衣襟及裙裾边饰；第三种是联珠团窠花草纹，联珠骨架内装饰花草图案，墓室北壁墓主夫人衣袖边缘主题纹样为八瓣莲花，而墓主夫人身旁的捧盘侍女服装边缘装饰卷边对花纹。这种有联珠纹装饰的织物是受萨珊波斯影响已是学界共识，除联珠纹服装边饰外，徐显秀墓墓主夫人衣领装饰有与墓门边框装饰类似的缠枝、忍冬和莲花图案，这种纹样也具有浓厚的西域风格。徐显秀夫人衣领部位的忍冬装饰为双叶忍冬波状连续纹，忍冬叶片纤细，反向对称排列于波状纹两侧，中间为莲纹装饰，这种装饰在敦煌莫高窟、云冈石窟边饰纹样中有大量表现。

综上，晋阳地区人物整体风貌与其他地区相比存在较大差异，男性造型更加丰壮，具体表现为身宽体胖、腹部凸出，并且喜欢蓄养胡须，再加上身着紧窄合体的圆领或翻领袍服、裤子，脚蹬细长靴，给人健壮彪悍之感。女性虽然仍以襦裙装为主，但流行小袖襦高腰裙，这种装束便于骑行和劳作，并且喜着男性服饰，身姿更显英武健硕。这种紧窄实用的服饰面貌明显与中原传统的汉式衣冠存在不同，《旧唐书·舆服》载："爰至北齐，有长帽短靴，合袴袄子，朱紫玄黄，各任所好。虽谒见君上，出入省寺，若非元正大会，一切通用。高氏诸帝，常服绯袍。"② 之所以产生这种现象，既有地理气候及历史传统因素，又受到东魏北齐政治策略影响。

首先，以晋阳为中心的并肆及周边地区位于今山西省中北部地区，历来是北方游牧民族与中原农耕民族交汇之地，自古即为抵御北族入侵的军事重镇，素有"北门锁钥""中原北门"之称。特殊的地理位置、自然气候以及军事地位导致该地区之人通常善骑射、好畋猎，尚武之风盛行，生活习俗受北族影响比较深。《隋书·地理志》述各州风俗时专门提到太原及周边地区："太原山川重复，实一都之会，本虽后齐别都，人物殷阜，然不甚机巧。俗与上党颇同，人性劲悍，习于戎马。离石、雁门、马邑、定襄、楼烦、涿郡、上谷、渔阳、北平、安乐、辽西，皆连接边

---

① 荣新江：《略谈徐显秀墓壁画的菩萨联珠纹》，《文物》2003 年第 10 期。
② 《旧唐书》卷 45《舆服》，第 1951 页。

郡，习尚与太原同俗，故自古言勇侠者，皆推幽、并云。"①

其次，晋阳及周边地区在北朝晚期具有极其特殊的政治及军事地位，衣冠服饰也反映了当时的统治策略。北魏末年边镇起义爆发后，出身北秀荣（今山西朔州西北或忻州）的尔朱荣在镇压六镇起义的过程中，逐渐与六镇官兵结合形成以并肆地区为根据地的尔朱氏军事集团。尔朱氏势力溃败之后，出身怀朔的高欢又将并肆汾地区建成北镇鲜卑的根据地，至东魏时期又在晋阳设大丞相府，以此地为高氏霸府，并将三州六镇兵民从河北迁至晋阳附近，形成拱卫晋阳之势，这些后来改称六州鲜卑者成为高氏主要军事力量。至北齐时期，高氏虽以邺城为都，但仍以晋阳为别都，设大丞相府于晋阳，晋阳成为北朝后期与邺城并重的另一个政治中心。因此，晋阳地区成为鲜卑勋贵聚居之地，也是鲜卑文化得以存续之地。东魏、北齐时期，高欢及北齐高氏诸帝频繁往来于晋阳和邺城之间，晋阳成为重要的政治和军事中心，与邺都地位不相上下，甚至高出一筹。在当时"三国鼎立"的局势之下，邺—晋阳两都制的建立使东魏、北齐政权占据进可攻、退可守之优势，也是东魏、北齐以武立国和以文治国策略的充分体现。日本学者谷川道雄认为邺—晋阳两都制表现了保持传统权威的旧王朝与新兴的军阀势力并存的状态，是权力的尖锐对立，胡汉两族的复杂结合②。晋阳重武，邺城重文，这不仅满足了鲜卑和士人两大集团的利益，并且两者相互钳制、互相补充，共同为高氏政权的政治统治服务。在这种背景下，邺城地区以承袭北魏汉式衣冠为主，晋阳及周边地区则以胡服为主流，两地的服饰差异恰好反映了东魏北齐时期的政治体制，与此同时，衣冠服饰也充当了政治调和的工具。然而，晋阳地区北镇集团势力的长期存在使北齐的战略部署不得不迁就北方，这势必导致淮南的防守薄弱而给南朝以可乘之机。最终，南朝与北周的夹击直接导致了北齐的灭亡。

二　西魏、北周服饰的胡汉杂糅

以宇文氏为首的魏周统治集团，是由贺拔岳领导的武川军人旧部、宇文氏姻亲和关陇及河东、河南、代北部分汉族地主组成的所谓关陇集团③。如何协调文（汉）、武（鲜）两大集团的利益关系是魏周政权自始至终颇为关心的问题。西魏政权建立之初，无论是从地理位置还是势力范围来看都不如据有中原的东魏，其政治、经济、文化、军事实力也远不如江左、关东两个政权。在南北分裂、东西对峙的三国鼎立局势下，西魏权臣宇文泰没有采取魏齐两都制策略，而是独辟蹊径，继新莽朝后再度举起托古改制大旗，在周制上大做文章。魏周的"托古改

---

① 《隋书》卷30《地理志》，第860页。
② ［日］谷川道雄：《隋唐帝国形成史论》，李济沧译，上海古籍出版社2004年版，第300—308页。
③ 20世纪40年代，陈寅恪根据北周、隋、唐三代均出自北周创业集团的事实提出了著名的"关陇集团"说，广泛影响了半个多世纪以来的中古史研究。

制"实际是"阳傅《周礼》经典制度之文，阴适关陇胡汉现状之实"①，推行"关陇文化本位政策"②。正是得益于此，起初国力最弱的北周政权最终灭掉强敌北齐，进而实现杨隋代周、李唐代隋，最终完成中华民族由分裂到统一、从衰败到繁荣的过渡。迄今发现的西魏、北周人物图像资料主要集中在关陇地区，以北周时期最为丰富，西魏时期的资料仅在汉中、蓝田、西安地区有少量发现。从出土资料来看，魏周服饰一脉相承，呈现北魏汉式衣冠、鲜卑服饰传统和西域服饰元素杂糅的现象。

（一）魏周服饰的"托古改制"

魏周统治的关陇地区是汉族传统文化渊薮，西周、秦和西汉均建都于关中地区，在西汉时期关中更是全国的政治、经济、文化中心。自东汉起，关陇地区开始走向衰落，魏晋十六国时期，中原纷扰，关陇地区曾被多个少数民族政权统治。但与中原地区相比，关陇地区仍然相对安定，中原士人纷纷徙居关陇，使西汉以来的学术文脉得以存续，该地魏晋壁画墓中的汉制传统就是证明③。因此，北魏占领关中之初，关陇地区受当地西晋、十六国服饰传统影响比较大，后来由于拓跋鲜卑的强势统治，鲜卑服饰一度在该地盛行。孝文帝亲政以后，关陇士人在北魏改制过程中起了重要作用，孝文改制后的汉式衣冠对该地产生强烈影响。宇文泰宰制关中后，一方面争战东魏、蚕食南梁，另一方面模仿周礼"托古改制"，建立新的朝廷制度。"托古改制"是西魏北周由弱变强的关键所在，向来为史家所称道："自西汉以来，摹仿周礼建设制度，则新莽、周文帝、宋神宗，而略傅会其名号者则武则天，四代而已。四者之中三为后人所讥笑，独宇文之制甚为前代史家所称道，至今日论史者尚复如此。"④ 据《隋书·百官志》载："周太祖初据关内，官名未改魏号。及方隅粗定，改创章程，命尚书令卢辩，远师周之建职，置三公。"⑤宇文泰放弃汉魏以来江左、山东文化，立足关陇，远托周礼经典进行改制，这样不仅能消弭不同民族和集团间的隔阂，还可以博得华夏正统文化继承者的称号。

舆服作为古代政治统治的表征，也成为西魏改制的重要内容，如宇文泰命裴政与卢辩"撰次朝仪，车服器用，多遵古礼，革汉、魏之法，事并施行"⑥。可见，西魏主要遵照"古礼"制定冠服以匹配相应官制，直至北周代魏后，仍仿周礼专设"司服之官，掌皇帝十二服"，《隋书·礼仪志六》所载后周冠服与魏齐政权存在很大差别，主要突出帝王、公、侯、伯、子、男等不同官爵及其女眷所服冠冕衣裳之制，尤重十二章纹制度。这种服饰改制策略在北周武帝保定四年（564）是一个转

---

① 陈寅恪：《隋唐制度渊源略论稿·职官》，中华书局 1963 年版，第 91 页。

② 陈寅恪：《唐代政治史述论稿》上篇《统治阶级之氏族及其升降》，上海古籍出版社 1982 年版，第 15 页。

③ 郑岩：《从魏晋壁画墓看凉州与中原的文化关系》，载于《魏晋南北朝壁画墓研究》，文物出版社 2002 年版，第 145—180 页。

④ 陈寅恪：《隋唐制度渊源略论稿·职官》，中华书局 1963 年版，第 90 页。

⑤ 《隋书》卷 27《百官志中》，第 770 页。

⑥ 《隋书》卷 66《裴政传》，第 1549 页。

折点，史载这一年"百官始执笏，常服上焉。宇文护始命袍加下襕"，至"宣帝即位，受朝于路门，初服通天冠，绛纱袍。群臣皆服汉魏衣冠。大象元年（579），制冕二十四旒，衣服以二十四章为准。二年（580）下诏，天台近侍及宿卫之官，皆著五色衣，以锦绮缋绣为缘，名曰品色衣。有大礼则服冕。内外命妇皆执笏，其拜俯伏方兴"[①]。由此可见，魏周模仿周礼改易服制之举虽贯穿始终，但以保定四年为界明显可分为两个不同阶段，在此之前魏周否定汉魏之制，坚定地奉行仿周礼定冠服之制，在此之后不断进行改易和调整，除胡服和新制冠服外，汉魏衣冠又重新受到重视。

然而，从考古出土的人物图像资料观察，魏周服饰更多的是承袭北魏后期汉化服制，如衣袖、裤管宽博的男性 Cc 小冠裤褶（彩图二，9）和 Bc、Bd 组笼冠衣裙（彩图二，13、14）组合，女性 Dd 组广袖襦裙组合（彩图三，9），并在此基础上掺杂了大量鲜卑及西域胡服元素，如头戴垂裙风帽，身着紧窄裤褶和圆领袍的男性形象。文献记载与出土资料的矛盾可以从两个方面加以考虑：一方面，从着装对象和场合来看，模拟周礼古制的衣冠服饰通常限于君臣祭祀、朝贺等重要礼仪场合，而出土资料多表现中、下层官吏及侍从日常着装及仪仗队服，上层统治者的礼仪服饰很难从实物资料中得到证实，但我们不能因此否认它们的存在；另一方面，魏周模拟周礼古制所定冠服集中表现在服饰管理机构如司服官的设立、服饰名目的复古如男性六冕、女性六服制度以及十二章纹等，其具体形制可能仍然参考汉魏旧制特别是北魏汉化服制，因此，魏周出土资料中孝文改制的衣冠服饰仍然得到沿袭。

（二）魏周服饰中的胡服元素

从出土资料来看，魏周服饰中存在大量鲜卑及西域胡服元素，这种现象不仅在墓葬资料中有体现，而且在关中地区北朝造像碑供养人形象中也有体现，李淞认为保定四年至建德三年胡服代替汉装得到普及，"西域人所着服饰和鲜卑等北方民族传统服饰，共同构成了北周服饰改制的范式"[②]。下面结合出土资料和文献记载对魏周胡服的具体形制及盛行原因略作论述。

首先，鲜卑等北方游牧民族服饰元素比较盛行，主要表现在四个方面：一是北魏平城时代盛行的鲜卑垂裙风帽裤褶组合在关陇地区得到延续。垂裙风帽在孝文改制以后逐渐被冠冕等汉族传统冠式取代，但在关陇地区一直有延续，比如北魏晚期还能见到 Ab 组搭配，至西魏时期演化为 Ae 组搭配（彩图二，4），骑马伎乐常着 Ad 组搭配（见图 6-2：4）。垂裙风帽本用来防寒保暖、遮蔽风沙，魏周时期除厚重的 Ca 型风帽外（见图 1-7：1），还出现 Cb 型轻软风帽（彩图五，24），史载这种风帽的发明与宇文泰有关，据《隋书·礼仪志七》载："后周之时，咸著突骑帽，如今胡帽，垂裙覆带，盖索发之遗像也。又文帝项有瘤疾，不欲人见，每常著焉。

---

① 《隋书》卷 11《礼仪志六》，第 250—251 页。

② 李淞：《长安艺术与宗教文明》，中华书局 2002 年版，第 345 页。

相魏之时，著以谒帝，故后周一代，将为雅服，小朝公宴，咸许戴之。"[1] 宇文泰因颈上瘤疾常戴垂裙风帽加以遮蔽，谒见皇帝时也不摘掉，此举被臣僚效仿进而在社会上广泛流行，北周时期甚至成为官员朝会宴饮时佩戴的礼帽。二是动物皮毛在服饰中大量使用，如出土资料中常见的男性 Ca 型垂裙风帽，Ab 型、Bb 型窄袖披风（见图 1－24：1、2），B 型宽袖披风（见图 1－24：5）以及军戎服饰中的 Bb 型披风（见图 3－9：4），通常在图像中表现出厚实松软的特点，有些当为皮毛制品。三是交领上衣以左衽为主，右衽基本不见，并且衣领开领较低，袒肩露胸之风比较盛行。这种形态始于北魏晚期，并且一直延续至北周建德年以前，尽管内穿圆领衣，但这种审美风气当是受到鲜卑袒裸之俗的影响。四是蹀躞带的盛行，主要有 Bc 型、C 型、Dc 型等组合方式（见图 5－12：4、5；图 5－13：3、4）。要之，关陇地区的鲜卑元素始于北魏占领关中地区，孝文改制后尽管受到汉式衣冠的影响，但因远离北魏政治中心仍保留部分鲜卑旧俗。西魏北周时期，由于北方边镇军人掌权，鲜卑旧俗再度盛行开来。

其次，西域服饰元素主要表现在三方面：一是圆领窄袖服装比较盛行，如男性 Cc、Cd 组圆领短袍（彩图二，19、20）及 C 组圆领长袍（彩图二，21）搭配，尤其是后者披风内所着圆领偏襟窄袖长袍与同墓出土的胡俑所着款式基本相同，女性出现 Fd 组圆领窄袖襦裙加披帛的服装搭配。二是异域金银宝石等装饰品备受推崇，如西魏北周墓葬常见的 B 型玻璃串饰，史君墓（彩图五，19）、李贤墓出土 A 型嵌宝石戒指等。三是男性配饰如环首刀、鞶囊等受到西域影响，如李贤墓出土 Bc 型环首刀采用双耳吊挂法悬垂于腰带之上（见图 5－21：6），这种佩系法是受古代伊朗影响的产物；再如腰部右侧佩系黑色圆形鞶囊的做法不仅见于史君墓、安伽墓等粟特遗存中的粟特人形象，还见于西安韦曲高望堆北朝墓 M1 出土胡人俑，并且在陕西西咸新区朱家寨北周□颙墓出土的 A 型风帽俑腰部右侧（彩图二，20）也有表现。尽管北朝后期东西割据、南北分裂且战乱不断，但西魏、北周相继占据关陇及河西地区，控制了陆上丝绸之路，因此，魏周与西域的交流更加畅通，西域服饰元素影响了日常着装。

再次，魏周服饰承袭了胡服质朴实用的着装理念，衣袖除笼冠襦裙、小冠裤褶组合较为宽博外，普遍盛行紧窄合体的服装。在这个过程中，统治者身体力行倡导节俭朴素之风起了重要作用。史载宇文泰"性好朴素，不尚虚饰"[2]，积极倡导节俭，并以身作则。大统十二年（546），当他的心腹谋士大行台、度支尚书、司农卿苏绰病故后，为表彰苏绰"平生谦退，敦尚俭约"的作风，宇文泰亲自书写祭文。当灵柩归葬武功时，他仅遣布车一乘，并亲自和百官步行送出城外。在他的努力下，西魏朝野基本形成一种崇尚节俭、朴素的风气，这种风气在北周时期也得到很好地

---

① 《隋书》卷 12《礼仪志七》，第 266—267 页。
② 《周书》卷 2《文帝纪下》，第 37 页。

传承。比如周武帝宇文邕生活俭朴，关心民间疾苦，史载他"身衣布袍，寝布被，无金宝之饰，诸宫殿华绮者，皆撤毁之，改为土阶数尺，不施栌栱。其雕文刻镂，锦绣纂组，一皆禁断。后宫嫔御，不过十余人"[1]；周宣帝还下令"禁天下妇人皆不得施粉黛之饰，唯宫人得乘有辐车，加粉黛焉"[2]。因此，魏周服饰衣袖变窄、裤腿变瘦，较少见到北魏后期以及魏齐、南朝那种长可及地的宽博衣袖，这与关陇地区务实俭朴之风大有关系。

综上，魏周服饰掺杂大量胡制，具有胡汉杂糅的特点，因此，杨隋代周后隋文帝大议改革北周旧制，摄太常卿裴正奏言："后魏已来，制度咸阙。天兴之岁，草创缮修。所造车服，多参胡制。周氏因袭，将为故事，大象承统，咸取用之，舆辇衣冠，甚多迁怪。"[3] 裴正所言基本符合历史史实，魏周服制借古礼、采时服、纳胡制，只能用"迁怪"来形容，当然，这种复杂状况的形成源于魏周政权的复杂局势及其实施的治国策略。

三　北朝晚期胡服盛行及其来源

北朝晚期服饰的基本特征是在继承北魏洛阳服制基础上加入了大量胡服元素，东、西政权表现基本一致，均为鲜卑等北方族群服饰和西域服饰元素的大量存在，并且出现杂糅共处的现象，比如鲜卑垂裙帽和圆领窄袖袍的多样搭配等。北朝晚期鲜卑等北方游牧民族服饰的再度盛行与北方边镇军民的南下息息相关，北魏末年北方边镇军民大都参与了六镇起义，他们之间的中上层人物后来成为东魏北齐、西魏北周的核心力量，而普通的边镇军民也成为北朝晚期东、西政权的重要军事力量。这些边镇军民在北魏晚期反对汉化改制而坚守鲜卑旧俗，高欢、宇文泰掌控政局后顺应这股时代潮流，鲜卑旧俗在鲜卑武人集团中得到复兴。早在 20 世纪 40 年代，陈寅恪便指出："北魏晚年六镇之乱，乃塞上鲜卑族对于魏孝文帝所代表拓跋氏历代汉化政策之一大反动也，史实甚明，无待赘论。高欢、宇文泰俱承此反对汉化保存鲜卑文化之大潮流而兴起之枭杰也。"[4] 然而，这种恢复鲜卑旧俗的举动并非对北朝早期鲜卑风尚的直接承袭，而是伴随着南下后居住地气候环境的变迁，服饰款式如风帽帽顶、垂裙发生了改易，轻软单薄的材质占据主流，更重要的是加入了大量西域胡服因素。

从服饰形制及整体风格来看，北朝晚期东、西政权胡服元素存在明显不同，主要体现在以下三个方面：一是垂裙风帽形制不同，魏齐流行 F 型小顶特别是三棱顶风帽，其垂裙演化为面积很小的软巾，魏周则常见厚重的 C 型大风帽，帽屋和帽裙均比较发达；二是圆领窄袖袍穿着方式不同，魏周中土之人通常于圆领短袍、长袍

① 《周书》卷 6《武帝纪下》，第 107 页。
② 《周书》卷 7《宣帝纪》，第 125 页。
③ 《隋书》卷 12《礼仪志七》，第 254 页。
④ 陈寅恪：《隋唐制度渊源略论稿·兵制》，中华书局 1963 年版，第 126 页。

外加披风，并不单独穿着，但魏齐除外加披风外，常单独穿着；三是魏齐服饰在地域上存在明显的邺城—晋阳二元体制，胡服在晋阳地区比较盛行，在邺都并不常见，但魏周服饰为相对整齐划一的一元体制，魏周统治的关陇及河西地区均盛行胡服。这种分野一方面是服饰作为可视化的象征符号，不同服制是东、西两个政权维持自身特性及独立性的需要；另一方面则是由于东、西政权的统治策略存在差别，魏齐两都制及其文（汉）、武（鲜）分野的二元体制使胡服主要在别都晋阳广为盛行，魏周立足实际奉行关陇本位政策，胡服在统辖区域均比较流行。

需要注意的是，在北朝晚期的胡服潮流中，以窄袖圆领袍为代表的西域胡服极富特色，并且逐渐代替鲜卑等北方游牧民族服饰引导了服饰发展的主流方向。圆领长袍穿脱便捷，不仅防寒保暖，还方便开扣散热，非常适合高原地区游牧民族穿着，因此，窄袖圆领袍在北魏时期主要是入华西域胡人所着服装，在考古出土的胡商、伎乐、牵驼马仆从等胡人形象中均有表现，其服装搭配与中土存在明显区别。这种区分一直延续到东魏时期，但至北朝晚期，圆领窄袖袍的穿着范围明显扩大，除西域胡人形象外，中土武士、仪卫、侍者、骑士均有穿着。服装样式更加多元化，主要表现在衣身、衣袖存在长短之别，既有长及膝部的 Aa 型偏襟圆领长袖袍、Ab 型偏襟圆形短袖袍，也有长及小腿中部的 Ba、Bb 型长袖偏襟圆领长袍，Bc 型超长袖偏襟圆领长袍。法国学者海瑟·噶尔美（Heather Karmay）在探讨 7—11 世纪吐蕃服饰时指出，圆领直襟或三角形翻领对襟（或斜襟左衽）服装为中亚或西亚式样，"总体上更具流线形，更适合骑马，腰带相对束得低些，袖子直筒形，很长，盖过手面，实际上袖子可卷折过来，衣领呈圆形或是有一条或两条尺寸大小不一的三角形边，较小的显然只是圆领没扣上而折过来的边……即使时至今日，藏族人非正规的穿着仍有一种衣领的式样为颈处不系紧，让一襟下垂。衣领边大小变化颇大，最宽的正好向后过肩垂下，可推测在它们成为不变的翻领或是在背后结合的领子前，有所变化发展，领边扩大了"①。该研究所指出的圆领、翻领因系扣与否互相转换现象在北朝晚期比较常见，而这种服装的本土化问题从近年来频频出土的粟特图像中可找到一些线索。

中国境内出土的与粟特人相关的墓葬遗存数量丰富，如早年流散国外的安阳出土的北齐浮雕石棺床②、据传出自中国北方而现在收藏在日本美秀美术馆的完整浮雕石棺③、2000 年在西安市郊井上村发现的北周大象元年（579）同州萨保安伽墓④、

①　［法］海瑟·噶尔美（希恩·卡曼）：《7—11 世纪吐蕃人的服饰》，台建群译，《敦煌研究》1994 年第 4 期。

②　姜伯勤：《安阳北齐石棺床画像石与入华粟特人的祆教美术》，载于《中国祆教艺术史研究》，生活·读书·新知三联书店 2004 年版，第 33—57 页。

③　姜伯勤：《入华粟特人祆教艺术与中华礼制艺术的互动——Miho 博物馆所藏北朝画像石研究》，载于《中国祆教艺术史研究》，生活·读书·新知三联书店 2004 年版，第 77—94 页。

④　陕西省考古研究所：《西安北郊北周安伽墓发掘简报》，《考古与文物》2000 年第 6 期；《西安发现的北周安伽墓》，《文物》2001 年第 1 期；《西安北周安伽墓》，文物出版社 2003 年版。

2003 年在西安市郊炕底寨村西北发现的大象二年（580）凉州萨保史君墓[①]、2004 年在西安市郊炕底寨村发现的天和六年（571）甘州刺史康业墓[②]等。这些粟特遗存表明，至北朝晚期入华粟特人的生活习俗已开始本土化，比如采用中原地区土洞墓的丧葬习俗，但也保留了大量粟特习俗，比如粟特葬具上刻绘的男性所着服饰与北朝墓葬中常见的胡人形象基本一致。他们大多头戴小帽或留有卷发，身着圆领或翻领小袖长袍，腰间扎束蹀躞带，脚蹬长靿靴。如前所述，北朝胡人俑很多与驼马驴等同出，其身份有些即为入华胡商，鉴于北朝时期入华经商的胡商以粟特人最为常见，因此可以推断，北朝墓葬中常见的圆领窄袖长袍胡人形象应为粟特人。北朝晚期，伴随着胡化风潮的兴起，粟特等西域服饰对北朝服饰乃至隋唐服饰产生了深远影响。

　　服饰是各民族在形成和发展过程中凝结起来的表达民族特性的视觉符号，不同的生存环境和生活方式造就了不同民族在服饰穿着方面存在很大不同，因此，服饰便成为民族识别、归属或认同的重要标识。"一个民族的穿着打扮——穿什么，戴什么，佩什么；怎么穿，怎么戴，怎么佩，以及梳什么发式，文什么花样等，都和他们共同的族源、文化传统、心理素质以及生成环境有密切关联。"[③] 拓跋鲜卑入主中原以后，北方草原民族和中原汉族为主的两种服饰传统相遇，再加上西域服饰元素的传入，北朝服饰发展过程充分体现了胡、汉服饰的碰撞、交流与融合。

　　在拓跋鲜卑建立政权及统一北方过程中，尽管大量吸收东北、河北、河西、山东地区的汉族士人参与制度建设，但以拓跋宗室为核心北方游牧民族为主体的"代人集团"牢牢掌握军、政大权，因此，北朝早期服饰形成胡汉杂糅但以鲜卑化为主的服饰面貌。孝文帝迁洛之后北魏汉化改革走向巅峰，以洛阳为中心形成的汉式服装融合了鲜卑装和汉魏、南朝服饰特点，形成独具特色的洛阳风尚，但这种汉化改制忽视了边镇地区盛行的鲜卑旧俗。最终，鲜卑统治集团的汉化与边镇武人的鲜卑化之间的激烈冲突与矛盾导致北魏统一政权的覆亡，这也导致十六国以来大规模的汉化进程受阻。北朝晚期，伴随着边镇武人的南下及执掌政权，服饰胡化再度成为主流，但这种胡化与北朝早期大有不同。北朝早期的胡化承袭十六国遗风，是拓跋鲜卑入主中原后的强势统治促使本民族服装得到广泛推广，而北朝晚期的胡化既包括鲜卑等北方民族传统服饰，还加入大量西域外来因素。这一方面是对太和改制的

---

　　① 西安市文物保护考古所：《西安市北周史君石椁墓》，《考古》2004 年第 7 期；西安市文物保护考古研究院编著：《北周史君墓》，文物出版社 2014 年版。
　　② 国家文物局主编：《2004 中国重要考古发现》，文物出版社 2005 年版，第 123—129 页。
　　③ 杨鹓国：《符号与象征——中国少数民族服饰文化》，北京出版社 2000 年版，第 1 页。

强力反拨，另一方面则是伴随着北朝诸政权在中原地区统治时间的增长以及民族交往、融合的深入，胡服紧窄便利的实用特征被广泛接受，这种发展趋势一直延续到隋唐时期，这也充分展现出胡服结构的先进性。

与此同时，北朝服饰展现出复杂多样的风貌，并不能简单地将"胡化"和"汉化"两种潮流截然分开，二者实际上相互交融，互相借鉴，最终形成了北朝时期独具一格的服饰面貌。"胡化"并非单纯意义上的胡服化，胡服中会掺杂大量汉族服饰元素，甚至会转化成汉式服装，比如北朝时期自始至终均比较常见的裤褶服就是典型例子。裤褶是鲜卑族传统服装，在北魏建立之初还基本保留短窄精悍的民族特色，但伴随着北方统一事业的完成，长及膝部、衣袖宽松的褶服广为盛行，显然借鉴了汉式服装元素。迁洛之后，裤褶服又吸收汉族宽袍大袖的服装特征，虽然仍是上衣下裤搭配，但广袖阔腿俨然汉族"褒衣博带"的衣裳之制，至此胡气很重的裤褶服已摇身变为孝文改制的汉式衣冠。至于"汉化"，北魏自建国初年道武帝拓跋珪即大力倡导，后来文明太后、孝文帝还进行比较彻底的汉化改革，可以说，汉化在政策层面贯穿北朝始终。但是，从一定程度上来说，政治、经济、文化等制度层面的汉化改革推行起来比较容易，服饰习俗则略显复杂。以孝文帝汉化改制为例，其所倡导的汉式衣冠并非对传统汉族服饰的完全回归，有些只是在鲜卑民族服饰的基础上加入一些汉服因素，盛极一时的裤褶服就是典型例证。从北朝中期的陶俑、壁画、佛教造像等图像资料来看，除冕服、笼冠衣裳服制外，有些汉化服装仅是把衣袖变大、裤管变肥，表面看来形似汉魏衣冠而已。可见，一款服饰往往同时具有汉服、胡服多重因素，难怪隋太常少卿裴玉说："后魏已来，制度咸阙。天兴之岁，草创缮修，所造车服，多参胡制。故魏收论之，称为违古，是也。周氏因袭，将为故事，大象统承，咸取用之，舆辇衣冠，甚多迁怪。"[①] 这种文化因素杂糅的服饰面貌正是北朝服饰的最大特色，也充分体现了北朝时期民族交往、政治变迁的复杂情况。

由于北朝各统治王朝同西域民族间的固有联系，中西陆路交通进一步拓展，使丝绸之路呈现更加繁荣的景象。再加上北朝政权是以鲜卑拓跋部为主的鲜汉联合统治集团，对外商的政策远比两汉魏晋优惠，这就导致不断迁徙的游牧民族和贡使、商旅、僧团等的频繁往来，增进了彼此的了解和交流。考古出土的大量有关中、西方交流的服饰遗物和遗存为我们研究北朝时期的东西文化交流和互动提供了重要资料。但需要注意的是，北朝时期中西交流的重要事项是项链、手镯、耳坠、戒指等金银珠宝制成的饰品，其新奇的造型、中土罕见的材质以及充满异域风情的装饰图案，成为上层社会彰显身份、地位和财富的炫耀性消费品。这些超出实用和生存必需的奢侈品消费及贸易虽然无关北朝时期的国计民生，却是每个时代不可或缺的存在。正如吴玉贵在译介爱德华·谢弗《唐代的外来文明》一书时所言："在每个时

---

① 《隋书》卷12《礼仪志七》，第253页。

代，外来物品对人们都具有神奇的魅力。新奇的外来之物之所以能够在当时引起人们的极大兴趣和关注，并不在于这种物品自身价值的高低，而在于这类物品对于当时人们的思想观念和想象力所产生的强烈的影响……研究外来物质文明的主要意义并不在于这些物品的本身，而是在于这些物品对人们的思想观念和行为方式所产生的影响。"① 至东、西魏时期，西域元素终于超越奢侈品消费的炫耀属性，凭借便利实用的服装结构和着装理念对人们的穿着行为产生影响，进而在北齐、北周时期逐渐成为一股不可忽视的引导服饰发展的新潮流。

---

① 吴玉贵：《译者的话》，载于［美］爱德华·谢弗《唐代的外来文明》，吴玉贵译，陕西师范大学出版社 2005 年版，第 8 页。

第九章　北朝服饰对隋唐及
后世服饰的影响

　　早在北宋时期，北朝服饰的影响问题便得到讨论，如沈括在《梦溪笔谈》中提到："中国衣冠，自北齐以来，乃全用胡服。窄袖绯绿，短衣，长靿靴，蹀躞带，皆胡服也。窄袖利于驰射，短衣长靿，皆便于涉草。胡人乐茂草，常寝处其间，予使北时皆见之，虽王庭亦在深草中。予至胡庭，日新雨过，涉草，衣袴皆濡，唯胡人都无所沾。带衣所垂蹀躞，盖欲佩带弓剑、帉帨、算囊、刀砺之类。自后虽去蹀躞，而犹存其环，环所以衔蹀躞，如马之鞦根，即今之带銙也。"① 沈括从自身所处时代出发，强调北齐以来窄袖、短衣、长靿靴、蹀躞带等胡服对后世服饰的长远影响。南宋顾文荐在《负暄杂录》古制度条中说得更加明确："汉魏晋时皆冠服，未尝有袍、笏、帽、带。自五胡乱华，夷狄杂处。至元魏时，始有袍、帽，盖胡服也。唐世亦自北而南，所以袭其服制。"② 顾氏认为两汉魏晋冠服制度在北魏建立之后被袍帽等胡服取代，并直接影响了唐代服制。朱熹在《朱子语类》中也说："今世之服，大抵皆胡服，如上领衫靴鞋之类，先王冠服扫地尽矣。中国衣冠之乱，自晋五胡，后来遂相承袭。唐接隋，隋接周，周接元魏，大抵皆胡服。"③ 朱熹更将中国衣冠之变追溯至晋末永嘉乱后的五胡十六国。由此可见，在宋代文化语境中，北魏乃至十六国以来的胡服影响了中古服饰发展历程，这种观点对后世产生了深远影响。

　　魏晋南北朝是介于汉、唐帝国之间的分裂动荡时期，也是继承秦汉历史遗产，并孕育隋唐统一帝国的关键时期，隋唐制度的渊源问题向来是近现代以来中古史研究的一个重要命题，学界多有关注。20 世纪 40 年代，陈寅恪提出隋唐制度"三源论"，即北魏北齐，南朝梁陈以及西魏北周三源，其中隋唐继承北魏北齐一源成分最多，南朝梁陈次之，而继承西魏北周一源成分最少④。在此基础上，田余庆提出的"北朝主流论"⑤ 和唐长孺的"隋唐南朝化"对学界产生深远影响。后来，陈戍

---

① （宋）沈括著，胡道静校证：《梦溪笔谈校证》，上海古籍出版社 1987 年版，第 23 页。
② （南宋）顾文荐：《负暄杂录》，见（明）陶宗仪：《说郛》四，中国书店 1986 年版，第 36 页。
③ （宋）黎靖德编，王星贤点校：《朱子语类》卷 91，中华书局 2020 年版，第 2837 页。
④ 陈寅恪：《隋唐制度渊源略论稿》，中华书局 1963 年版。
⑤ 田余庆：《东晋门阀政治》，北京大学出版社 1989 年版。

国、阎步克在探讨隋唐礼仪、制度渊源时又增扩为五源，将汉晋礼制、先秦古礼连同南朝、北齐、北周之制均视为隋唐制度的来源①。古代舆服作为身份、地位的可视化表征，较多地受政治变迁和等级制度的制约和影响，上述论断对于探讨隋唐舆服制度的渊源具有重要借鉴意义。从中国古代服饰发展历程来看，南北朝时期是一个大变革的时代，反映不同地区、族群服饰文化交融成果的北朝服制，对隋唐及后世服饰产生了深远影响，本章主要从服饰制度和胡服风尚两大方面展开论述。

第一节　北朝章服制度对隋唐及后世服制的影响

章服又称官服，在中国历史发展进程中，特别是进入阶级社会以后，帝王公卿、百官僚属所着冠服的形制、色彩、质地、装饰乃至佩饰都有一定的规定，这些规定称为"章服制度"，是古代官员区别身份等级的标志。作为别等威、显贵贱的工具，章服制度的标志物代有不同、屡有变迁，但总体而言，隋唐之后的章服体系与先秦萌芽汉代定型的汉族传统章服制度存在明显区别，其转折点便发生在北朝，最突出的表现是章服与品官制度的结合，笔者从以下两方面加以论述。

一　官品与服制的结合

中国传统的章服制度在周代已大致成形，周公制礼作乐，在夏礼和殷礼基础上，建立了一整套维护宗法等级制度为核心的行为规范及相应的典章制度、礼节仪式，其中，最能表现这种等级、尊卑秩序的要数人人都要穿用且极具表现力的服饰，这在《周礼》中有详细记载。因此，服饰制度在等级及礼制的双重作用下成为阶级社会服饰发展最重要的特征之一，这种制度不仅表现在以帝王为首的统治阶级与庶民阶层之别，还体现统治阶级内部的尊卑异等。根据考古出土材料及文献记载来看，先秦时期的官员等级序列还比较散乱，与之相对应的章服制度并不完备，受纺织、染色等生产技术和生产力发展水平限制，蔽膝（芾）佩玉等佩饰制度、冕服制度已有雏形，但服饰质地、色彩、冠式等规定尚不完整。

东周以来列国纷争、战乱不断，虽有秦代短暂统一，但舆服制度并无很大发展。汉代立国后衣冠服制在很长一段时间里都非常混乱，直到东汉明帝永平二年（59）"诏有司采《周官》、《礼记》、《尚书·皋陶篇》，乘舆服从欧阳氏说，公卿以下从大小夏侯氏说"②，才逐渐确立了帝王、公侯卿大夫、百官及眷属的冠服制度，冠冕、佩绶、玺印成为区分等级地位的主要标志物，《后汉书·舆服志》有具体而详细的记载。汉末皇室衰微，统一政权瓦解，中国历史进入分裂动荡的魏晋南北朝时

① 陈戍国：《中国礼制史》（隋唐五代卷），湖南教育出版社 1998 年版，第 51 页；阎步克：《服周之冕——〈周礼〉六冕礼制的兴衰变异》，中华书局 2009 年版，第 316—317 页。
② 《后汉书》卷 120《舆服志》，第 3662 页。

期，魏、晋、南朝等汉族政权均沿袭汉代舆服制度，略有损益，这在各政权正史舆
服志中均有体现。总体观之，汉代以来的章服制度虽然具体详细，但等级序列比较
简单粗糙，比如汉代主要区分了统治阶级中帝王公侯卿等上层社会的服饰差别，百
官则笼统不明，魏晋时期仍然沿袭。这种等级序列不够明晰的服饰制度在南北朝时
期发生转变，《宋书》舆服志详尽论述了自帝王至百官、从中央到地方不同名目的
文、武官员所着服饰的面貌，但这些具体而详细的规定虽然明确区分了官员的身份
等级，却容易因细碎烦琐的规定弱化观者对官员等级序列的认知。

可以说，先秦两汉至魏晋南朝的章服之制重在制度的因袭和传承，作为表现官
员等级地位的工具，并未照顾到官僚等级制度由爵命到禄秩再到门品、官品的发展
变迁过程，这种章服制度与官僚品级相脱节的现象，在北朝时期得到一定程度的扭
转。拓跋鲜卑建立北魏以后，原来简单粗放的部落联盟体制已不能适应人口众多、
地域广大、民族成分复杂的新政权，因此，统治者便在政治、经济、文化、制度等
方面进行了诸多改革。在官僚制度方面，北魏参照中原传统和魏晋南朝制度建立起
自己的爵位和品官制度，并于天兴六年（403）拓跋珪“昭有司制冠服，随品秩各
有差”①，这是中国服饰发展史上第一次在制度层面将章服与品秩相关联，在此基础
上，太和十年（486）孝文帝“始制五等公服”②。不论是北魏建国之初拓跋珪按照
官员“品秩”确立冠服制度，还是孝文帝时期制定“五等公服”，都是将官员章服
制度与官僚品秩相对应。故《魏书·礼志四》云：“（天兴）六年，又昭有司制冠
服，随品秩各有差，时事未暇，多失古礼……至高祖太和中，始考旧典，以制冠服，
百僚六宫，各有差次。早世升遐，犹未周洽。肃宗时，又诏侍中崔光、安丰王延明
及在朝名学更议之，条章粗备焉。”③ 之所以说北魏初年“随品秩各有差”的冠服制
度“多失古礼”，可能就是因为这种章服制度先秦汉魏时期并不存在或并未形成规
范的制度，所以才不合传统礼法。这一制度创新在太和年间经历孝文改制仍初具形
态，并不“周洽”，至北魏晚期孝明帝时期（516—528）方才逐渐完善，但史书没
有详载，具体情形不得而知。河清年间（562—565），北齐继承魏制确定冠服制度，
《隋书·礼仪志六》有详细记载，官员身份等级的标志物仍然主要体现在冠冕、玺
印、佩饰如盘囊、印绶、剑、玉等方面。但与汉魏南朝舆服制度明显不同的是，北
齐章服制度除爵命差别外加入了官员品级这一衡量标准，如“进贤冠，文官二品已
上，并三梁，四品已上，并两梁，五品已下，流外九品已上，皆一梁”④，这样一
来，冠服制度与当时的职官制度紧密关联。

受九品中正制影响，曹魏之后官秩普遍划分为九品，凡有品级的官员称为品官，
在此范围之外则称流外官。这种职官制度在现实生活中如何加以区分呢？近年来，

---

① 《魏书》卷108《礼志四》，第2817页。
② 《魏书》卷7下《高祖孝文帝纪》，第161页。
③ 《魏书》卷108《礼志四》，第2817页。
④ 《隋书》卷11《礼仪志六》，第240页。

阎步克①、邢义田②等学者尝试从制度的可视性视角开展相关研究，如邢义田在文中曾指出："抽象的秩序和规范有时不好掌握，为了维持或强化各种秩序和规范以及彼此之间的稳定存在与延续，须要借助各种有形的符号（包括文字和非文字）使之明确化或可视化。政治秩序关乎众人，在本质上是一种众人之间支配与被支配的权力关系，尤其需要借助有形、容易辨识和公开的符号使得行使权力和接受权力支配的人，因符号信息的传播、催眠、认可或抗拒，而处于相互接受和稳定的状态。"这些制度的可视性符号在不同的历史时期会发生转变，商周时期的青铜礼器在秦汉时期被边缘化或淡化，而衣冠、车马、田宅、陵墓等身份和权力的象征性符号在秦汉以后格外凸显。在这些可视性符号中，衣冠服饰因其呈外共睹的特性成为历代政治支配者彰显身份、权力和地位的政治符号，并且伴随着时代变迁不同时期所强调的侧重点不同。魏晋南北朝时期，冠冕、玺印及佩饰仍是身份地位的象征，但不同的是，北朝政权开始将衣冠服饰与品官制度紧密结合起来，官员品级不同，其所着服饰的款式、质地、佩饰等存在差别以示尊卑，这就是影响深远的"品服"制度。治服饰史者，通常认为品服出现于隋代，实际不然，品服之制萌芽于北魏建国之初，发展于孝文帝改制，北齐时期已逐渐成形。

九品官制确立以后，九品内部也逐渐开始划分等级尊卑的界限，比如晋命五品以上官员子弟入国子学，五品以下子弟只能入太学，以此来区分贵贱。北魏孝文帝确定族姓，最低的官品界限是第五品，北齐礼仪之制中三、五、九品礼数有所不同，但在冠服制度方面更加复杂，比较常见的是一、二，三、四，五、六，七、八、九品及流外九品间的等级差别，如"鞶囊，二品已上金缕，三品金银缕，四品银缕，五品、六品彩缕，七、八、九品彩缕，兽爪鞶。官无印绶者，并不合佩鞶囊及爪"③，可见，北齐时期品级尊卑的规定虽然还不固定，但出现了章服在统治阶层内部的简化分等现象。这种依官员品级简化分等的章服制度后来为唐代所继承，唐代官员以三、五、九品为界限在冠服制度方面存在明显的等级差异，如《唐会要》载："三品已上服紫，四品五品已上服绯，六品七品以绿，八品九品以青。妇人从夫之色。"④ 然而，西魏、北周冠服制度与北魏北齐存在明显不同，主要沿袭周礼和传统汉魏服制，可见隋唐章服制度整体受北魏、北齐影响最多，而继承西魏、北周者很少，这也为陈寅恪隋唐制度"三源论"，即隋唐继承北魏、北齐一源成分最多，而继承西魏、北周一源成分最少提供了章服制度方面的证据。

① 阎步克：《制度史视角中的酒爵酒尊——周代爵制的可视化形态》，载于《多面的制度：跨学科视野下的制度研究》，生活·读书·新知三联书店 2021 年版，第 7—42 页。
② 邢义田：《从制度的"可视性"谈汉代的印绶和鞶囊》，载于《多面的制度：跨学科视野下的制度研究》，生活·读书·新知三联书店 2021 年版，第 43—106 页。
③ 《隋书》卷 11《礼仪志六》，第 242 页。
④ （宋）王溥撰：《唐会要》卷 31《舆服上》，中华书局 1960 年版，第 569 页。

二 品色衣制度的源流

在品服制度中，除服饰款式、质地、图案、佩饰可用来区分官员尊卑等级外，色彩也是区别身份等级的一个重要标志物，通过服色进行品阶等级划分的制度称为"品色衣"或"品色服"。"品色衣"最早见于北周时期，据《周书》记载，大象二年（580）三月庚子宣帝下诏"天台侍卫之官，皆著五色及红紫绿衣，以杂色为缘，名曰品色衣。有大事，与公服间服之"①，《北史·宣帝纪》以及《隋书·礼仪志六》均有相似记载。可见，北周时期品色衣仅用于天台侍卫之官，其使用范围很小，鉴于北周很快灭亡，该制度未能详征，但"品色衣"在隋唐品服制度中得到继承和完善，并对后世产生了深远影响。那么，品色衣制度是如何形成的呢？

服装主要由质地、款式和颜色三个主要元素构成，受生产力发展水平制约，质地的变化相对缓慢，款式次之，而色彩是最活跃最易变的元素。起初，受染色技术限制，服装色彩单一，人们所着服装的色彩差别并不明显，进入阶级社会以后，伴随着生产技术的进步，服装色彩的社会功能引起人们的重视，服色逐渐成为区分社会成员身份尊卑、等级高下的一种重要标志。先秦时期，伴随着礼制的确立和完备，服色有了正色与间色之分，重正轻间，以此来体现尊卑。《礼记·玉藻》："衣正色，裳间色。"② 即上衣用正色，下裳用间色，用以体现上下有别、上尊下卑的观念。正色即纯色，两色相杂为间色，孔颖达注曰："正谓青、赤、黄、白、黑五方正色也。不正谓五方间色也，绿、红、碧、紫、骝黄是也。"正色通常指青、赤、白、黑、黄五色，间色由五种正色调和而成，分别指绿、红、碧、紫、骝黄五色，后来泛指五种正色之外的任何颜色。周代以来，正色多用于衣服表层或上衣，而间色多用于衣服的衬里或下裳。在此基础上，服色又与阴阳五行学说相关联，五色对应五行，形成木青、火赤、土黄、金白、水黑五色，受"五行生胜说""五德终始说"的影响，改朝易代必"立权，度量，考文章，改正朔，易服色，殊徽号，异器械，别衣服"（《礼记·大传》），改易服色成为立国大事被历代传承下来。在此基础上，五色又与五方对应形成东青、南赤、中黄、西白、北黑五方色，与四时搭配形成春青、夏朱、冬黑、秋黄的四时服，后来为了与五行、五色相应，将四时服改成五时服，即春青、夏朱、季夏黄、秋白、冬黑。"时服"最早见于周代祭祀用服的规定，如《礼记·月令》中便有天子春衣青、夏衣朱、秋衣白、冬衣元的记载，汉代出现迎气时穿用的五时服，即立春日，百官到东郊迎春，旗帜、冠服皆用青色；立夏日，百官则到南郊迎夏，穿红色；立秋前十八日，祭黄帝后土，服饰用黄色；立秋日，百官到西郊迎秋，穿白色服装；立冬日，百官到北郊迎冬，穿黑色服装③。五时服

① 《周书》卷7《宣帝纪》，中华书局1971年版，第123页。
② 杨天宇撰：《礼记译注》，上海古籍出版社2004年版，第370页。
③ 《后汉书》卷2《显宗孝明帝纪》，第104页。

起初仅帝王妃嫔服用，后来流传到百官吏属，甚至民间百姓，成为节令服装。

　　总体来说，先秦时期虽已产生用服色区分贵贱的观念，但只能从大的方面区分贵族与庶民、奴隶的界限，并不能严格区分天子、诸侯、卿大夫、士之间的等级差别。至汉代，服色已成为区别官员等级地位的一种重要手段，但主要体现在印绶的颜色上，在其他方面并不明显，因汉代官服多为黑、红二色，加之玺印尺寸较小，缤纷多彩的绶带便成为最具可视化的身份标识物。用印绶颜色标明等级身份的做法在魏晋南北朝时期得到沿袭，然而，这种做法在隋唐时期发生转变，服装颜色代替印绶颜色成为帝王百官等级地位最具可视化的标志物。隋大业六年（610）正式制定服色制度，《隋书·礼仪志七》载："至六年后，诏从驾涉远者，文武官等皆戎衣。贵贱异等，杂用五色。五品已上，通着紫袍，六品已下，兼用绯绿，胥吏以青，庶人以白，屠商以皂，士卒以黄。"[1] 如此一来，贵贱、尊卑、品级以及职位高低的标志更为明显和清晰。武德七年（624）唐高祖颁布的"武德令"中包含服饰的律令，并且自武德令始，唐代的冠服制度在远承周汉传统、近袭隋代旧制的基础上渐趋完备，并正式确立品色服制度。首先，黄色成为皇帝专用服色。唐代之前，黄色上下可以通服，如上文所述隋代士庶均可服黄，但到了唐高祖武德初年，天子因袭隋朝旧制穿用赤黄袍为常服，禁止天下士庶穿赤黄色服装，甚至禁止用赤黄做杂饰[2]，赤黄成为皇帝常服专用色彩。唐初，流外品官及庶人还可穿用一般的黄色，如武德四年（621）诏书："流外及庶人服紬、絁、布，其色通用黄"[3]，但因黄色和赤黄容易混淆，高宗总章元年（668）下令官民一律不许穿黄[4]，从此，黄色成为皇帝的象征。其次，官员以袍衫颜色区分等级。唐高祖武德四年（621）规定品官服色制度为三品以上服紫，五品以上服朱，六品以上、流外官以及庶人服黄或黄白[5]。唐太宗贞观四年（630）又规定，"三品已上服紫，五品已下服绯，六品、七品服绿，八品、九品服以青"[6]，之后还有诸多关于官员服色深浅等的改易。关于唐代官员常服服色演变过程，包铭新、崔圭顺根据新、旧唐书舆服志及其他有关文献进行了比较研究可资参考[7]。

　　那么，为何会发生这种转变呢？这要追溯到北朝政权的主要统治者鲜卑族的服

　　① 《隋书》卷12《礼仪志七》，第279页。

　　② 《旧唐书·舆服》："武德初，因隋旧制，天子衮服，亦名常服，唯以黄袍及衫，后渐用赤黄，遂禁士庶不得以赤黄为衣服杂饰。"（《旧唐书》卷45《舆服》，第1952页）《新唐书·车服》中"赤黄"作"赭黄"（《新唐书》卷24《车服》，第527页）。

　　③ 《旧唐书》卷45《舆服》，第1952页。

　　④ 《旧唐书·舆服》："总章元年版，始一切不许着黄。"（《旧唐书》卷45《舆服》，第1952页）

　　⑤ 《旧唐书·舆服》："三品已上，大科绸绫及罗，其色紫，饰用玉。五品已上，小科绸绫及罗，其色朱，饰用金。六品已上，服丝布，杂小绫，交梭，双紃，其色黄。六品、七品饰银。八品、九品鍮石。流外及庶人服紬、絁、布，其色通用黄，饰用铜铁。"（《旧唐书》卷45《舆服》，第1952页）

　　⑥ 《旧唐书》卷45《舆服》，第1952页。

　　⑦ 包铭新、［韩］崔圭顺：《唐代礼官服色考——兼论〈步辇图〉的服色问题》，《故宫博物院院刊》2006年第5期。

饰传统。由于特殊的生存环境和生活习俗，北方草原民族拓跋鲜卑偏爱醒目的色彩，在服饰方面尤喜色彩亮丽的服装，这在考古出土的大同北魏早期墓葬图像中有大量表现，陶俑、壁画所表现男、女服装色彩丰富，除风帽、鞋履崇尚黑色外，服装色彩以红、白二色居多，如广远将军妻母墓石椁侧板所绘宴饮图，墓主夫妇及伎乐、侍者、劳作之人均着大红色衣服[①]。但在佛教供养人形象中，也常见黄、绿、蓝色，如天水麦积山第 78 窟鲜卑供养人，云冈石窟第 11 窟东壁 3 层中部一排供养人服饰主要为黄绿蓝色组成。除色彩明快的单色服装外，拓跋鲜卑尤喜红、白色交错搭配的间色服或条纹装，如大同云波里北魏壁画墓墓室东壁所绘宴饮图，男性墓主身着交领红白条纹上衣，外披白地红色网状忍冬纹装饰的披风，周围侍者、伎乐等均着色彩鲜亮的红、白条纹服装（彩图一，2）。北魏迁都洛阳至齐、周时期，考古出土的陶俑、壁画所表现人物服装也以红、白色为主，并有黄、橙、紫、蓝等不同颜色，如娄睿墓（彩图二，31、33）、徐显秀墓（彩图二，34）、忻州九原岗北朝墓出土的壁画人物（彩图二，36 - 39），服装色彩丰富，并无鲜明的等级差别。拓跋鲜卑的服色好尚在文献中有大量记载，如《魏书·杨椿附传》："国家初，丈夫好服彩色。"[②]《旧唐书·舆服志》记载南北朝常服时也说："江南则以巾褐裙襦，北朝则杂以戎夷之制。爰至北齐，有长帽短靴，合袴袄子，朱紫玄黄，各任所好。虽谒见君上，出入省寺，若非元正大会，一切通用。高氏诸帝，常服绯袍。"[③] 可见，北朝服装以色彩丰富著称，与两汉以来不同色彩的印绶相比，这种富有视觉冲击力的大面积服装色彩装饰更具可视性，因此，脱胎于北朝的隋唐帝国便采取了服色这种既简便又更具可视性的身份等级标识。

第二节　北朝胡服风尚对隋唐服饰的影响

魏晋南北朝是中国历史上继春秋战国以来第二次民族大融合时期，也是我国服饰发展史上的大变革时期。由于北方及域外民族大量入居中原，胡汉文化发生了持续不断的冲突、交流和融合，胡服广被接受。北朝历代统治者为鲜卑族，或已经鲜卑化的汉族，在其统治期间更是进一步巩固和促进了不同民族服饰的交流和融合趋势，裤褶服、圆领袍、翻领袍等胡装的出现和流行是其鲜明特征。隋唐皇室以胡汉混杂的血统兼有天下，胡汉交融的文化特征在社会各方面得到充分体现。隋代国祚较短，较多地体现承前启后的过渡性特征，有唐一代，饮食、歌舞、观念、礼法等无不受到胡风的影响，向达[④]、谢弗[⑤]等学者已有精彩论证，表现在服饰方面更是大

---

①　张雁红：《大同地区的北魏墓葬壁画》，《大众考古》2020 年第 10 期。
②　《魏书》卷 58《杨播传》，中华书局 1974 年版，第 1289 页。
③　《旧唐书》卷 45《舆服》，第 1951 页。
④　向达：《唐代长安与西域文明》，生活·读书·新知三联书店 1957 年版，第 1—116 页。
⑤　[美] 爱德华·谢弗：《唐代的外来文明》，吴玉贵译，陕西师范大学出版社 2005 年版。

受胡气浸染。在迄今所见古代服饰研究论著中，也较多涉及北朝对隋唐服制的影响问题，如谢静对敦煌石窟所见北朝鲜卑服饰对隋唐及后世服饰影响的探讨[①]。本节在前人时贤研究基础上，结合出土资料及文献记载，简要分析北朝兴起的胡服风尚对隋唐服饰的影响。

一 北朝胡风对隋唐男性着装的影响

北朝男子比较富有特色的服饰为裤褶服、圆领袍组合，这些服饰均对隋唐男装产生了深远影响，简述如下。

（一）北朝衣裤服制的普及与传承

北朝时期，裤褶成为男性主流服装样式，这与中原传统的上衣下裳或深衣服制有很大不同。裤褶为短衣长裤之制，这种服装搭配得益于合裆裤的发明及普及。中原地区汉族早期裤无腰无裆仅有两条裤管，穿时套于胫上，故又称"胫衣"。胫衣的目的在于遮护胫部以御寒保暖，但膝盖以上因缺乏遮蔽需另加裳或深衣。后来，裤管加长与裤腰相连，但裤裆处仍不连接，如1982年湖北荆州马山一号战国楚墓出土绢地凤鸟花卉纹绣绵裤（现藏荆州博物馆），长116厘米，腰宽95厘米，裤由腰、腿两部分组成，裤腿朱红色绢面，下端打有五褶作灯笼小口状；腰为灰白绢，前部较完整，腰后敞开（图9-1：1）。该墓墓主为女性，裤子整体仅有两条裤腿，裆口不闭合，出土时墓主贴身穿着，外面再套一件裙子[②]。

合裆裤出现的时间、地点以及在亚洲、欧洲的传播过程，长期以来依靠文献记载并未得出令人信服的定论，结合出土实物资料，基本能够肯定合裆裤是欧亚草原游牧民族为增强骑马效率和舒适度而发明的服装。新疆吐鲁番洋海墓地出土大量合裆裤，如ⅠM21、157出土的羊毛裤均由三块独立的织片制成，其中两片近长方形的织片做成自腰部至脚踝的两条裤腿，一片呈阶梯十字形的织片做成衔接左右裤腿的裤裆[③]（图9-1：2）。结合墓中随葬的马尾缨子、鞭杆等马具和铜斧、皮射韝、木复合弓、皮弓箭袋等武器，着裤装的男性墓主生前当惯于骑马，并具有武士身份。两条羊毛裤的年代在公元前13—前10世纪，正处于中亚东部地区游牧生活方式开始流行之际，早于斯基泰出土的裤子实物。尽管目前尚不能确定洋海墓地出土的裤子是否属于服装史上最早的成型合裆裤之列，但分腿式下装的出现与骑马盛行、战争频仍和大规模徙迁紧密相关[④]。

裤裆的发明是世界服装制作史上的一次重大创举，目前中国中原地区时代最早的合裆裤实物发现于河南三门峡虢国墓地西周虢仲墓（M2009），该墓椁室东侧出土

① 谢静：《敦煌石窟中的少数民族服饰研究》第三章，甘肃教育出版社2016年版，第55—67页。
② 湖北省荆州地区博物馆编：《江陵马山一号楚墓》，文物出版社1985年版，第23—24页。
③ 吐鲁番市文物局等编著：《新疆洋海墓地》，文物出版社2019年版，第42—43、180—181页。
④ 黎珂、王睦等：《裤子、骑马与游牧——新疆吐鲁番洋海墓地出土有裆裤子研究》，《西域研究》2015年第2期。

1 件麻布短裤，除上部裤腰部分残损外，其余部分保存相对完好。该裤残长 76 厘米，上宽 81 厘米、下宽 130 厘米，裆部相连，裤腿平齐，由内、外两层颜色不同的麻布制成，外层为土黄色粗麻，每平方厘米内经、纬线均为 12 根，内层为红褐色细麻，每平方厘米经、纬线均为 14 根①（图 9-1：3）。虢仲墓出土的麻布短裤当为文献所载"裈"，即合裆短裤，有两种：一种类似今天的五分裤，长及膝部，长沙马王堆汉墓出土《导引图》便有一人着及膝的裈②；另一种叫犊鼻裈，三角形，无裤管，因形似牛鼻而得名，通常作内裤穿用，类似现在的裤衩、短裤，当时只有贫贱

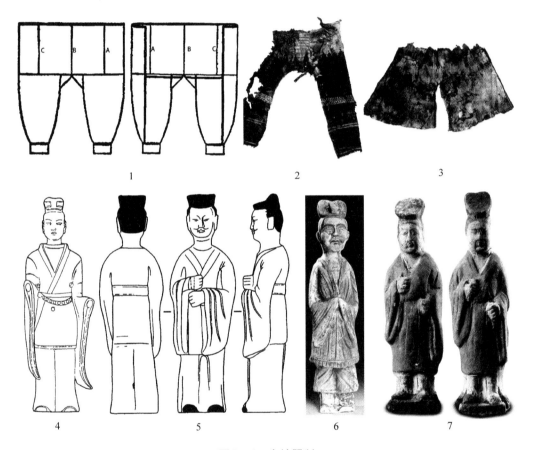

图 9-1　衣裤服制

1. 湖北荆州马山一号楚墓绵裤正、背面示意图　2. 新疆洋海墓地出土羊毛裤（IM21：23）　3. 河南三门峡西周虢仲墓麻布短裤　4. 磁县湾漳墓侍仆俑（标本 521）　5. 陕西潼关税村隋墓小冠俑（标本 95）　6. 偃师北窑乡初唐彩绘文官俑（《洛阳陶俑》p. 211）　7. 唐金乡县主墓小冠男侍俑（《西安文物精华》p. 158）

① 李清丽、刘剑、贾丽玲、周旸：《河南三门峡虢国墓地 M2009 出土麻织品检测分析》，《中原文物》2018 年第 4 期，第 125—128 页。

② 湖南省博物馆、中国科学院考古研究所：《长沙马王堆二、三号汉墓发掘简报》，《文物》1974 年第 7 期，图版陆。何介钧、张维明：《马王堆汉墓》，文物出版社 1982 年版，第 117 页。

劳作者外穿。犊鼻裈历史悠久，早在四五千年前湖北天门石家河文化遗址出土玉神人像，腰间已有三角形裤装。中原地区有裆长裤名"穷裤"，相传西汉时期中土已有，最初由嫔妃宫女所服以戒房事①，其形制是有裆且在前后用带系住的裤子。

两汉时期，中原地区汉人也穿裤装，一般上穿短襦合称"襦裤"，但贵族百官需在襦裤外加穿袍、裳，只有骑者、厮徒、武人等为行动方便才直接把裤穿在外面。因此，裤装在两汉时期通常被当作亵衣（贴身穿用的内衣）或贱服穿用。魏晋时期仍然沿袭这种观念，比如曹丕年轻时喜着裤褶狩猎，蔡琰上书规劝时指出，裤褶是"虞旅之贱服"，应以社稷为重"燔翳捐褶"，最终曹丕听从建议不再着裤褶②，《晋书·舆服志》也说裤褶由"车驾亲戎、中外戒严服之"③。然而，北方草原及西北地区少数民族为适应冬寒夏暑、干燥多风的气候以及转徙无常、居无恒处的马上生活，很早就形成了上衣下裤的服装结构模式。这种服装结构具有鲜明的实用功能属性，身躯和四肢分别被紧紧包裹能够有效地抵御寒冷和风沙，合裆裤可以保护身体在骑乘时免受裆部的激烈摩擦，提高骑乘的效率和舒适度，还可以防止人体水分迅速蒸发。魏晋南北朝时期，伴随着北方民族与中原汉族接触的日益频繁，特别是北朝时期拓跋鲜卑成为中国北方地区的统治者，上衣下裤装普及开来，甚至堂而皇之地登上大雅之堂。

北朝时期，裤褶的穿着范围进一步扩大，成为最盛行的服装样式，不同身份、地位、职业的男子均可穿用，其制作材料从文献记载来看有布、皮、锦、绣、织成、毛罽等。从图像资料来看，北魏迁洛前，头戴垂裙皂帽，上着窄袖褶、下穿小口裤的 Aa、Ab、Ba 组裤褶装得到普及，在内蒙古、山西大同、宁夏固原等地出土的陶俑、墓葬壁画及棺椁装饰等人物形象中均有体现。这一时期雕凿的云冈石窟 6 窟、9 窟、10 窟、11 窟、16 窟、17 窟以及关陇、河北等地单体造像上的供养人形象也多为此种装束。无疑，裤褶装在中原地区汉族民众之间也得到广泛推广，更有甚者，裤褶还成为朝贺礼服，可见上衣下裤的着装模式在北朝早期之流行程度。北魏迁洛之后，伴随着统治中心的南移，裤褶装的传播范围进一步扩大，并在北朝统治区域内得到广泛普及。虽然经历了孝文改制，传统的鲜卑服装形制有所改易，但上衣下裤的着装模式依然盛行。除一些重大礼仪场合必须着衣裳服制外，裤褶成为不同身份、地位的男性常见着装，其搭配方式灵活多变，并且出现明显的时空差别。比如北魏洛阳改制后，在北魏早期裤褶服基础上发展而来的 Ac、Bb 组风帽裤褶搭配外，还常见 Ca 组小冠裤褶组合（图 9 - 1：4），并存在部分 Da 组外套裲裆和 E 组戴笼冠的裤褶组合。这种裤褶搭配在北朝晚期仍有承袭，但不同地区形制略有差别，其中，东魏北齐继承孝文改制成果较多，如邺城地区常见 Cb 组及外套裲裆的 Db 组小冠裤

---

①　《汉书》卷97上《外戚传上·孝昭上官皇后传》，第3960页。
②　《三国志》卷12《魏书·崔琰列传》，第368页。
③　《晋书》卷25《舆服志》，第772页。

褶组合，与孝文改制裤褶形制相似，不仅衣袖、裤管更加宽博，Ac、Bb 组风帽裤褶搭配更加常见；晋阳地区 Cb 组小冠裤褶组合与邺城地区相比，上身褶服略短，裤筒较窄，Bb 组风帽裤褶组合基本不见。西魏北周虽亦承袭孝文改制成果，但形制差别较大，北朝中期洛阳地区常见的 Ca 组小冠裤褶组合，在关陇地区转变为 Cc 组，并在北朝晚期发展为 Cd、Ce 组，垂裙风帽裤褶搭配比较常见，主要为 Ad、Ae 组，衣裤大多便利合体，并且衣襟以左衽为主，领口低开现象比较富有特色。除男性盛行裤褶服外，女子也有头梳高髻、身着裤褶服者，虽然数量较少，但也出现 A、B、C 组不同组合方式，另外武士也常见裤褶服外罩裲裆铠、明光铠者。除上衣交领的褶服长裤搭配外，北朝晚期常见的圆领短袍长裤搭配也可称为裤褶服[①]，由此可见，北朝裤褶服搭配的盛行程度。这股裤装潮流甚至影响到当时号称"衣冠之乡"的南朝，如陈文帝天嘉（560—566）初，裤褶服"文武百官咸服之"[②]。

　　在一定程度上可以说，北朝时期上衣下裤服制的流行是中国服装史上的一个重要转折点，自此以后，汉族传统服式上衣下裳（裙）成为女性服饰的主流，而男子着裤装成为服饰主流并一直沿袭至今，可以说这是一个划时代的变革。瞿宣颖甚至指出"古人上衣下裳，直至周隋用胡服，而男子始不复著裙"[③]，瞿氏所言充分显示了裤装在中国男性服饰发展史上的重要地位，但将裤装潮流的开始时间定于周隋时期显然不符合历史实际。北朝时期裤装盛行的原因大致有三：首先，裤子在形制上的完善和改易是裤装流行的内在原因。由胫衣到分裆裤，再到合裆裤的发展演变序列在一定程度上改变了人们的生活方式，无裆的裤装便于私溺，但容易暴露私处颇为不雅，且天气寒冷时并不能有效地抵御风寒，故需要在裤装外罩以围裳或袍衫层层包裹。裆部缝合以后，虽然穿脱略显烦琐，但方便活动、体感舒适、搭配灵活，又可保暖、庇护身体，可以兼具实用和审美双重属性，因此广泛流行开来。其次，汉魏以来，随着佛教的传布和普及，以及西北民族甚至异域风俗的传入，中国传统习俗产生很多变异。在这个过程中，垂脚坐（亦称"胡坐"）和高坐被广泛认可和普及[④]，坐姿的改变也促使人们大量穿用合裆裤。这样一来，上装的长度更加自由，北朝人物图像中不仅有长及膝部的长褶，还有大量仅及髋部上下的短褶，这种短款上衣在高坐状态下搭配长裤更加便利。最后，北方民族拓跋鲜卑入主中原建立统一政权是裤装得以普遍流行的根本推动力。裤装是北方游牧民族为适应北地自然环境和生活方式而发展起来的，与中原汉族农耕生活迥然有别的衣着模式。尽管裤装在两汉时期已经出现并大量穿用，但没有得到普及和流行。魏晋十六国时期，汉族和

　　① 沈从文编著：《中国古代服饰研究》，第 251 页。

　　② 《隋书》卷 11《礼仪志六》，第 235 页。

　　③ 瞿宣颖纂辑：《中国社会史料丛钞》上册，上海书店 1985 年影印本，第 101 页。

　　④ 李济：《跪坐蹲踞与箕踞》，《李济考古学论文选集》，文物出版社 1990 年版，第 943—961 页；朱大渭：《中古汉人由跪坐到垂脚高坐》，《中国史研究》1994 年第 4 期；陈振：《再谈中古汉人从跪坐到垂脚高坐的演变》，《北大史学》第 7 辑，北京大学出版社 2000 年版，第 196－208 页。

少数民族的不断融合使人们对裤装的观念产生了变化，裤褶成为车驾军戎常用之服。到北朝时期，裤装更进一步在广大男性日常生活及礼仪场合普及和流行开来，这与拓跋鲜卑的政权统治息息相关。

这种上衣下裤服制在隋唐时期得到传承和发扬。隋朝建立之初，高祖厘定服制，武卫仍穿裤褶，外套裲裆甲，并依等级所着褶衣颜色和裲裆材质不同，据《隋书·礼仪志》载，"侍从则平巾帻，紫衫，大口裤褶，金玳瑁装两裆甲"[①]。鼓吹伎乐亦戴帽着裤褶，这在《隋书·音乐志》中有较多记载[②]。炀帝即位后制定冠服，"凡弁服，自天子已下，内外九品已上，弁皆以乌为质，并衣裤褶。五品已上以紫，六品已下以绛"[③]，大业三年（607）以后，百官从驾，"唯服裤褶"[④]。考古发掘出土的人物陶俑中还常见裤褶服装束的文史、武冠、侍者形象，如陕西潼关税村隋墓出土小冠俑（图9–1：5）[⑤]、西安郊区隋大业四年（608）李静训墓出土文官俑以及石棺南壁线刻男侍形象[⑥]、河南安阳隋张盛墓出土彩绘武官俑[⑦]、湖北武昌周家大湾隋墓出土武官俑等。至唐代，裤褶仍比较常见，不仅皇帝、太子骑马时可着[⑧]，在职官员也可穿，"平巾帻，簪箄导，冠支，五品以上紫褶，六品以下绯褶，加两裆滕蛇，并白袴，起梁带"[⑨]。文明元年下令"京文官五品已上，六品已下，七品清官，每日入朝，常服袴褶。诸州县长官在公廨，亦准此"[⑩]。此外，庖厨杂役也多服裤褶："平巾帻，绯褶，大口袴，紫附褠，尚食局主食、典膳局主食、太官署食官署掌膳服之。平巾绿帻，青布袴褶，尚食局主膳、典膳局典食、太官署食官署供膳服之。平巾五辫髻，青袴褶，青耳屩，羊车小史服之。总角髻，青袴褶，漏刻生、漏童服之。"[⑪]这在中唐以前图像资料中有较多表现（图9–1：6、7）。可见，隋唐时期裤褶服仍为男子比较常见的着装，从常服到朝服，自皇帝至杂役均可穿着，其搭配仍沿袭北朝之制：头戴平巾帻，上着褶服，下着大口裤，脚蹬靴，并且依品级不同颜色更加丰富和规范。

（二）圆领袍服组合的流变

北朝时期，圆领窄袖袍起初多见于西域胡人形象，中土之人多将圆领衫作内衣穿用，考古出土的文史、武士、仪卫、侍从等人物图像均在上衣领口处显露内衣圆领。以人物俑为例，北朝继承西晋传统，在墓葬中随葬以牛车为中心包括侍卫、部

①　《隋书》卷12《礼仪志七》，第259页。

②　《隋书》卷14《音乐志中》，第344—345页。

③　《隋书》卷12《礼仪志七》，第266页。

④　《隋书》卷12《礼仪志七》，第279页。

⑤　陕西省考古研究院编著：《潼关税村隋代壁画墓》，文物出版社2013年版，第45—48页。

⑥　中国社会科学院考古研究所编著：《唐长安城郊隋唐墓》，文物出版社1980年版，第3—28页。

⑦　考古研究所安阳发掘队：《安阳隋张盛墓发掘记》，《考古》1959年第10期。

⑧　《旧唐书》卷45《舆服》，第1937页。

⑨　《旧唐书》卷45《舆服》，第1945页。

⑩　《旧唐书》卷45《舆服》，第1953页。

⑪　《旧唐书》卷45《舆服》，第1946页。

曲、奴婢、伎乐等前簇后拥的出行仪仗场面，其中，胡人是俑群的重要组成部分。这些胡俑通常以伎乐或牵驼马形象出现，后者通常被视为与入华胡商有关，反映了北朝时期中西交通和贸易的发达，张庆捷有比较详尽的论述①。

北魏定都盛乐、平城时期，胡俑已有较多发现，主要见于内蒙古呼和浩特北魏墓、大同司马金龙墓、大同北魏宋绍祖墓以及雁北师院北魏墓群，伎乐、胡商均有。孝文帝迁都洛阳后，伎乐胡俑数量减少，但牵驼马的胡商、侍仆仍比较多见，如洛阳北魏元邵墓、王温墓、元睿墓、侯掌墓，河南偃师染华墓、洛阳纱厂北魏墓郭定兴墓等均有出土。东、西魏延续时间较短，考古发现的墓葬资料较少，胡俑仍以牵驼马的胡商、侍仆形象为主，如河北磁县李希宗墓、东陈村尧赵氏墓、茹茹公主墓，河北景县高长命墓、河北沧州吴桥 M2 以及山东济南东八里洼壁画墓等出土的胡俑。北齐、北周时期，胡人形象更为常见，不仅有陶俑，而且在墓葬壁画、棺椁石刻中均有较多发现。北齐时期的胡俑形象主要见于河北磁县元良墓、湾漳壁画墓、高润墓，河北黄骅县常文贵夫妇墓，河南安阳和绍隆夫妇合葬墓、范粹墓以及山西太原贺拔昌墓、库狄迴洛墓和娄睿墓等。另外，娄睿墓墓道东西两壁壁画中还有胡人商队形象，山东青州傅家画像石线刻中也有胡商形象。北周时期的胡俑形象主要见于陕西咸阳拓跋虎夫妇墓、叱罗协墓、王德衡墓、宇文俭墓，以及宁夏固原宇文猛墓和李贤夫妇墓等，安伽墓和史君墓出土的石葬具所刻图像则是对异族特别是粟特生活的反映。这些胡人形象特征鲜明，与汉族或者北方少数民族迥然有别，通常深目高鼻，髭须发达，明显具有欧罗巴种族特征，应为西域外来民族，主要包括粟特、大月氏、波斯以及印度人等。他们在服饰装扮上也与中原汉族或北方少数民族不同，常见搭配为 D 组圆领窄袖长袍 + 长裤 + 长靴搭配，北朝早期多为 Db 组搭配，圆领袍为套头或开襟，长裤塞于靴统内，牵驼马胡人多头戴尖顶帽，伎乐胡人则留过耳齐发。迁洛之后至北朝晚期，服装搭配多为 Dc 组，头戴平顶帽或留短卷发，身着开襟圆领窄袖长袍，下着小口裤，有的将裤腿塞于长勒靴统中。除北朝中期胡人形象体型比较修长外，其余时期均为腹凸臀翘的肥硕形象，腰带系束位置前低后高呈大腹便便之态。

自北魏立国至齐、周代魏，圆领窄袖长袍搭配通常是西域胡人的着装，但北朝后期，圆领窄袖袍的穿着群体扩大，除西域胡人外，武士、仪仗、侍者、骑士均有穿着，晋阳、河西地区尤其盛行，关陇地区也有大量发现。服装样式更加多元化，既有长及膝部的 Aa 型偏襟圆领长袖袍、Ab 型偏襟圆形短袖袍，也有长及小腿中部或脚踝的 Ba、Bb 型长袖偏襟圆领长袍，Bc 型超长袖偏襟圆领长袍，在墓葬中出土的陶俑、壁画及石窟壁画中均有大量表现。服装组合除 D 组圆领长袍搭配外，还有 B、C 组圆领长袍搭配和 A、B、C 组圆领短袍搭配，特别是圆领窄袖长袍搭配在山西太原南郊北齐壁画墓、娄睿墓（图 9 - 2：1）、忻州九原岗北朝壁画墓、山东济南

---

① 张庆捷：《北朝隋唐的胡商俑、胡商图与胡商文书》，载《中外关系史——新史料与新问题》，科学出版社 2004 年版，第 173—203 页。

马家庄北齐道贵墓等墓葬壁画中大量表现，关陇地区则喜欢在袍外加披风。身着圆领窄袖长袍的人物形象通常将长裤束于靴统内，袍服下缘与靴统基本平齐，腰带系束位置前低后高，大腹便便，与西域外来民族着装方式相似。

图 9 - 2　圆领窄袖袍组合

1. 北齐娄睿墓墓道西壁第三层迎宾图　2. 陕西潼关税村隋墓墓室东壁人物　3. 懿德太子墓墓道第三过洞西壁小龛南侧男侍图

作为一种外来服装款式，圆领袍服与中土传统的交领服装不同，其基本特征是圆领直襟，两襟交叠后衣领、胸部用纽襻缀连，腰间紧束革带，这种服装结构的优点是紧身合体、穿脱便捷，即可防寒保暖又能开扣散热，但缺点是这种紧身袍服有的长及脚踝部位，行动、骑乘时不够灵活方便，因此需要在衣服侧摆开衩。如山西太原北齐娄睿墓和忻州九原岗北朝墓所绘壁画中的人物形象所着袍服多有开衩，男女均有，胡、汉兼用。衣衩多开于袍服下摆两侧及后部居中位置，开衩较低，有的还在衩根装饰忍冬纹。甘肃天水麦积山石窟第四窟北周时期的《出行图》壁画中，有一位骑者身着与娄睿墓壁画武士相同的圆领袍，袍侧同样有开衩。中国传统的深衣袍服下摆并无开衩，主要通过两侧衣襟左右加长向后拥掩加宽下摆的方式以方便行动，这种处理方式不仅浪费衣料，还导致服装烦冗拖沓不易散热。衣衩与裤裆一样虽是服装结构上的细微之处，却是中国古代服装发展史上的重要变革。

伴随着隋唐统一政权的建立，这种北朝晚期仅在晋阳、关陇、河西地区比较常见的圆领窄袖长袍，成为男性最具代表性且最为常见的服装样式（图 9 - 2：2、3）。北朝时期圆领长袍的衣衩开口较低，为行动方便开衩数量通常在袍服左、右及身后中部各有一个，至唐代衩口已高至胯部，故名圆领缺胯袍，成为唐代最具代表性且最为流行的男装样式，在考古发掘出土的墓葬壁画、石椁线刻图、彩绘陶俑中均有较多反映，流行所及，甚至女子也喜女扮男装，身着圆领缺胯袍。这一时期的文献记载中经常提到的袍即指圆领窄袖缺胯袍，上自帝王，下至厮役平民均可穿着，并且头裹幞头，脚蹬长勒靴，成为当时最流行的常服。而旧式的峨冠博带，帝王百官仅在大祭、朝会时穿用。圆领袍衫的广泛普及使传统的交领袍衫大为减少，圆领成为唐代服饰的重要特征，这种服装甚至成为后来五代、宋、元、明时期男子的主要服装样式。为什么圆领缺胯袍能成为隋唐乃至两宋时期最为常见的男子常服样式呢？这一方面是受北朝以来民族融合进程的影响，西域胡服广为接受；另外，圆领缺胯袍本身结构合理并且不断改进，比如北周武帝保定四年（564），执掌朝政大权的宇文护始令在袍服加下襴，使袍服具有上衣下裳的形制①，符合中土传统服制。这种加襴的袍后来被称为襴衫或襴袍，在隋唐时期成为当时流行的服装，《新唐书》中记载，太尉长孙无忌奏议："服袍者下加襴，绯、紫、绿皆视其品，庶人以白。"②在唐代，与圆领缺胯袍相配套的是幞头、蹀躞带以及勒靴，这些服装配件的出现均可追溯至北朝时期。

首先，幞头由垂裙风帽发展改易而成。魏晋南北朝时期比较富有特色的一个服饰现象是帽子成为男性常见首服，这与之前以冠冕为主的首服体系颇不相同，特别是北朝时期，受鲜卑原有生活习俗的影响，男子戴帽之风极其盛行，这在考古出土的陶俑、壁画、漆画等图像资料中有大量表现。风帽由帽屋、垂裙和扎带三部分组成，后垂的披幅本有防风保暖、保护编发的实际功用，迁洛之后，伴随着生活、居住环境的改变以及束发的流行，风帽的垂裙演化出多种简便样式，如帽裙卷至头顶收放自如的卷裙、卷边风帽，轻软窄幅的软巾风帽等，帽屋也经历了从高到矮、由大到小的演变历程。旧式垂裙风帽虽继续存在，但出现用带子系连披幅的做法，如磁县湾漳北朝大墓 A、B 型风帽立俑。垂裙风帽的帽屋和披幅的变化是对中原气候和社会环境的适应，其进一步发展便是唐代大为流行的幞头。孙机先生已对我国古代幞头的产生和发展演变进行了系统阐述，并认为幞头的产生"远远地衬托着汉晋幅巾的背景，却是直接从鲜卑帽那里发展出来的"③（图 9-3）。

鲜卑垂裙帽向幞头发展的一个重要论据是《周书·武帝纪》所载，宣政元年（578）三月，周武帝"初服常冠，以皂纱为之，加簪而不施缨导，其制若今之折角巾也"④。周武帝所戴常冠通常被认为是唐式幞头的雏形，这种常冠不用缨带系束，而加簪固定，形制与当时的"折角巾"类似。唐太宗也认为幞头产生于北周时期，在当时是一种军服⑤。尽管北周折角巾的具体形制尚不明晰，但从文献描述可知应与 Ca 型角巾相仿，其制来源于小顶卷裙风帽，是迁洛之后垂裙风帽的变体和简化样式。武汉周家大湾 241 号隋墓出土的陶俑，幞头仅有二脚，与俞琰所记相近，陕西三原隋孝和墓、湖南湘阴隋墓、河南安阳马家坟 201 号隋墓出土的人物陶俑，头上所裹幅巾已有四脚。其中两脚于脑后打结自然下垂如带状，另两脚则回到顶上打结

---

① 《隋书》卷 11《礼仪志六》，第 250 页。
② 《新唐书》卷 24《车服志》，第 527 页。
③ 孙机：《幞头的产生和演变》，载《中国古舆服论丛》，文物出版社 2001 年版，第 205—223 页。
④ 《周书》卷 6《武帝纪下》，第 106 页。
⑤ 《新唐书》卷 24《车服志》，第 527 页。

作装饰，这种形式即为初期的幞头，顶部较平而起褶，还具有鲜卑帽的诸多特征。更进一步的发展是四脚幞头，北宋沈括《梦溪笔谈》："幞头一谓之'四脚'，乃四带也。二带系脑后垂之，二带反系头上，令曲折附顶，故亦为之'折上巾'。"[1] 即将幅巾四脚接上带子，两脚在脑后打成结后自然飘垂可成为装饰，另两脚反到前面攀住发髻可以使之隆起而增加美观。武汉东湖岳家嘴隋墓出土的陶俑幞头，已可见到发髻隆起的外观，与沈括所记相仿，可以说此时幞头已正式形成。至唐代，幞头成为最常见的首服样式，并在幞头内部衬以巾子使顶部较隋代为高，并逐渐出现软脚与硬脚幞头之分。宋代幞头内衬木骨，或用藤草编成巾子为里，外罩漆纱，如此一来，幞头成为可随意脱戴的幞头帽子。总之，幞头源于中原传统的裹头巾帻，受鲜卑风帽影响最终成形，创制于北周，隋代定型，唐代盛行，历宋、元、明，直到清初被满式冠帽取代，幞头及其变体在古代中国通行了一千余年。

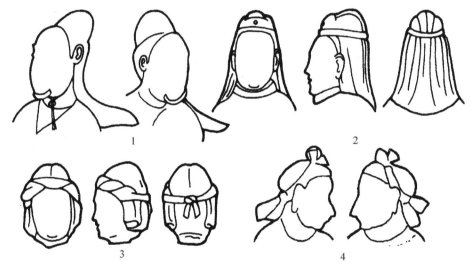

图 9 - 3　鲜卑帽向幞头的演变

（《中国古舆服论丛》p. 203）

1. 太原北齐娄睿墓墓道壁画男子　2、3. 河北吴桥北齐墓陶俑　4. 太原隋虞弘墓石椁浮雕

　　其次，带具的变化及蹀躞带的兴起。汉族传统腰带以布帛大带为主，为佩系随身饰物，贵族也扎束革带，但革带质地厚实，不能像布帛之带那样随意系结，故在使用时多借助带头连接。春秋至两汉时期，金、银、铜、铁、玉、石等不同材质的带钩得到广泛应用，并出现了琵琶形、兽面形、长方形、动物形、曲棍形、人物形等诸多形制。北方草原民族使用的革带与中原地区不同，二者分属两个系统，尽管北方各族所用革带形制不尽相同，但有一些共性，孙机先生曾归纳为用鎈扣结，大多数在鞓上装牌饰，少数在鞓下装垂饰，并且带鎈装饰图案以动物纹为主[2]。在革带发展过程中，

---

① （宋）沈括著，胡道静校证：《梦溪笔谈校证》，上海古籍出版社 1987 年版，第 57 页。

② 孙机：《中国古代的带具》，载于《中国古舆服论丛》，第 250—271 页。

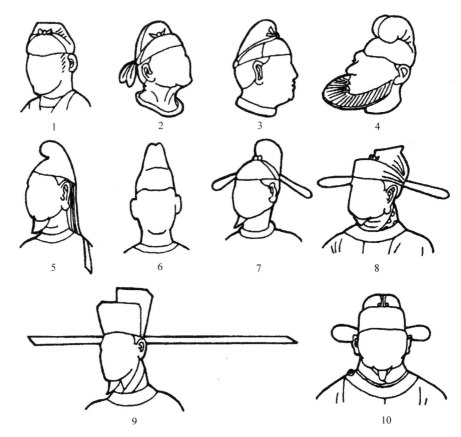

图9-4　唐以后幞头的演变

（《中国古舆服论丛》p. 207）

1. 平头幞头（唐独孤开远墓俑）　2. 硬脚幞头（唐李贤墓石椁线雕）　3. 前踣式幞头（唐戴令言墓俑）　4. 圆头幞头（唐豆卢建墓俑）　5. 长脚幞头（莫高窟130窟盛唐壁画）　6. 衬尖巾子的幞头（唐曹景林墓俑）　7. 翘脚幞头（敦煌石室唐咸通五年绢本佛画供养人）　8. 翘脚幞头（莫高窟144窟五代壁画供养人）　9. 宋式展脚幞头（宋哲宗像）　10. 明式乌纱帽（于谦像）

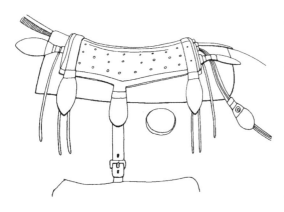

图9-5　秦始皇陵兵马俑坑T12陶鞍马腹带带扣

带头的结构和括接方式非常重要，北方民族不断改进带头形制，为腰带的发展作出了重要贡献，并深深影响了中原地区人们的生活。从考古出土实物来看，中原地区的带扣最早用作马具，如秦始皇陵2号兵马俑坑T12出土的陶鞍马腹带上的带扣，是我国目前已发现的有明确年代的最早实例（图9-5）。虽然两汉时期有零星带扣出土，但整个秦汉时期装带扣的革带在中原地区尚未广泛应用，直到东汉晚期，受胡俗影响带扣才逐渐推广开来。公元 2 世纪末至 4 世纪的带具为"晋式带具"，带头为一端圆头的长方牌，在弧形穿孔上装有短扣针，上雕神兽动物纹；带铊造型特殊，常悬马蹄形环、心形环以及圆角方牌等。这种带具仍然承袭匈奴、东胡带鐍之制，其弱点在于括结后穿过扣孔的腰带末端会覆盖带扣上的图案纹饰。

北朝时期，简洁小巧的活舌带扣流行一时，取代了长方牌式的晋式带扣，主要由金、银、铜、铁等材质制成，其形制有圆环形、长方形、桃形和马蹄形四种，扣身横轴上装有可以活动的扣舌以系连革带的两端，括结起来方便、牢固。随着活舌带扣的普及，除革带外，丝麻制成的布帛带或丝麻、革混制的腰带也开始用带扣括接。据出土实物及图像资料，整个北朝时期最常见带扣、带鞓和铊尾组成的普通腰带，男女均可扎束，在此基础上，还有带鞓钉缀铐牌的腰带。北朝时期最富特色的一类腰带为蹀躞带，在带鞓上装有衔环或古眼式方铐，环或古眼悬垂蹀躞用以系挂随身之物，这种腰带是为适应北方民族在腰带上佩挂弓、箭、刀、砺、针筒、火石袋等狩猎工具和生活用品的游牧生活方式而产生，大约在东汉时期传入中原地区[1]，但并不常见。直至拓跋鲜卑入主中原以后，这种北方游牧民族惯用的蹀躞带才在中原地区得到广泛应用，考古出土的带具实物及图像资料均有反映。具体而言，迁洛之前蹀躞带的形制比较简单，带铐数量少，且质地多以铜、铁为主，如大同南郊北魏墓群 M214 出土铜带具、大同交通苑南郊北魏墓群出土的鎏金铜带及河北定县北魏石函出土的银质带具，均为单环带。可见，迁洛之前蹀躞带的使用仍承袭鲜卑旧制，实用性较强，带具材质和制作工艺的差别应是对服用者财富、身份的反映。迁洛之后，受汉化影响，蹀躞带实物较少发现，但在北朝晚期，带具成为身份地位的象征，带铐的质地、数量，乃至铐环的数量也成为服用者等级高低的可视化标志。北朝晚期的带具实物主要发现于陕西地区北周墓葬中，如王昌墓、柳带韦墓、拓跋迪夫妇墓、武帝孝陵、若干云墓、安伽墓，除武帝孝陵、拓跋虎墓出土带具无附环或古眼式带铐外，其他墓葬出土的带具均有衔环或古眼式带铐。结合文献记载，北周带具以金、玉制最为名贵，金带是装配金带铐的腰带，周武帝曾将所佩十三环金带赏赐给李贤及其弟李穆，见于《周书·李贤传》载，武帝"令中侍上士尉迟恺往瓜州，降玺书劳贤，赐衣一袭及被褥，并御所服十三环金带一要……赐贤弟申国公穆亦如之"[2]。北周末年，李穆投靠隋文帝，将武帝赏赐的十三环金带进献给隋文帝，见于《周书·李穆传》："遣使谒隋文帝，并上十三环金带，盖天子服也，以微申其意"[3]。可知，十三环金带为帝王所服，这种等级身份的标志物不仅可以赏赐功臣，还可转赠他人，也由此可知，北周时期带具出土数量较少的原因所在。此外，

① 河北定县 43 号东汉墓发现最早的装有环的铐，铐为银质长方形小牌，两侧各有两弧相连，有四个对称的镂孔。所悬之环为马蹄形，环孔呈弧底的凸字形。定县博物馆：《河北定县 43 号汉墓发掘简报》，《文物》1973 年第 11 期。

② 《周书》卷 25《李贤传》，中华书局 1971 年版，第 417 页。

③ 《周书》卷 30《于翼传附李穆传》，第 529 页。

武帝还曾赏赐大儒熊安生九环金带[①]，但迄今尚未发现完整的北朝金带实物，仅在河北磁县东魏武定八年（550）茹茹公主墓[②]出土金带扣 1 件，长 2.2 厘米，重 4.7 克，该墓早年被盗，不能排除金带銙被盗走的可能性。玉带是装配玉銙的腰带，如若干云墓出土的玉带具，因北朝时期玉器衰微，玉带极为罕见，当为皇帝所专用，若干云墓出土的玉带不排除是皇帝赏赐之物。据《周书·李迁哲传》记载，李迁哲攻取巴州等地凯旋后，宇文泰"以所服紫袍玉带及所乘马以赐之"，北朝史书中仅这一条有关玉带的记载，足见当时玉带之名贵程度。铜带是北朝时期最常见的带具，不同阶层的人均可服用，但身份不同带具的精致程度存在很大差异，武帝孝陵出土的制作精美的铜带具可资为证。北齐墓葬中虽未出土蹀躞带实物，但从娄睿墓、徐显秀墓、忻州九原岗及朔州水泉梁北朝墓壁画来看，北齐也流行蹀躞带，并且墓葬壁画清晰地表现了佩系的物件，但其表明身份等级的特征不很明显。从出土实物和文献记载来看，即使在北周统治区域内，尽管带具已成为身份地位的标识物，但其使用尚未形成完善的制度。

隋代和唐初沿用北朝带具，蹀躞带成为男子常服必备的组成部分，用带銙的质地、数量及銙环数量区别身份等级。隋代国祚较短，仍以十三环带为天子之服，唐初，带具的使用形成一套完整的制度，旧、新唐书舆服志中有载。唐高祖时，"以赭黄袍、巾带为常服。腰带者，揩垂头于下，名曰铊尾，取顺下之义。一品、二品銙以金，六品以上以犀，九品以上以银，庶人以铁"[③]。可见，唐初规定官员需按品级服用不同质地的带具，唐高宗时革带制度基本定型，显庆元年（656）后，带銙的数量已有严格规定："以紫为三品之服，金玉带銙十三；绯为四品之服，金带銙十一；浅绯为五品之服，金带銙十；深绿为六品之服，浅绿为七品之服，皆银带銙九；深青为八品之服，浅青为九品之服，皆鍮石带銙八；黄为流外官及庶人之服，铜铁带銙七"[④]。《新唐书·李靖传》载唐初开国功臣李靖曾受赐十三环玉带："靖破萧铣时，所赐于阗玉带十三胯，七方六刓，胯各附环，以金固之，所以佩物者。"[⑤] 该玉带銙板由和田玉制成，带銙形制七方六圆，均有衔环，用金加固，与若干云墓出土者形制大致相同。睿宗景云年间（710—712）腰带佩饰制度有所松弛，《旧唐书·舆服》载："一品已下带手巾、算袋，其刀子、砺石等许不佩。武官五品以上佩鞊鞢七事，七谓佩刀、刀子、砺石、契苾真、哕厥针筒、火石袋等也。"开元（713—741）初废除腰佩制度[⑥]，带具上不再垂系蹀躞，陕西西安何家村窖藏

① 《周书》卷 45《儒林传·熊安生传》，第 813 页。
② 磁县文化馆：《河北磁县东魏茹茹公主墓发掘简报》，《文物》1984 年第 4 期。
③ 《新唐书》卷 24《车服》，第 527 页。
④ 《新唐书》卷 24《车服》，第 529 页。
⑤ 《新唐书》卷 93《李靖传附彦芳传》，第 3816—3817 页。
⑥ 《旧唐书》卷 45《舆服》，第 1953 页。

出土十副玉带①，仅有一副完整的白玉九环带，其他玉带方銙均无衔环，应是盛唐以后盛行的带具种类，直到宋、明时期，皇帝品官系所束金玉带等已是唐代后期革带的延续和发展。综上，隋代、唐初沿袭北朝带具之制，蹀躞带成为服用者身份地位的象征，盛唐以后蹀躞带逐渐减少，但北方少数民族及东、西邻国仍有大量使用。

最后，靴子的广泛穿用。靴在中原地区的起源一般认为始于战国时期赵武灵王胡服骑射，文献多有记载，如《释名·释衣服》："古有舃履而无靴，靴字不见于经，至赵武灵王始服。"毕沅《释名疏证》："靴，跨也，两足各以一跨骑也。本胡服，赵武灵王服之。"《中华古今注》卷上也说："靴者、盖古西胡（服）也，昔赵武灵王好胡服，常服之。其制短勒黄皮，闲居之服。"②尽管历来的研究者对靴是否由赵武灵王引入中原有不同看法，但对靴源于北方游牧民族并无异议，而且至迟在秦汉时期靴已传入中原地区。古代靴的形制主要有中统和高统两种，也有草靴和快靴等低统靴，其制作材料有皮、毡、丝、麻、草等，靴底或皮或布，或布底上缀皮。起初，勒靴专为军队所用以利战事，并且主要为将军或骑士穿用，如秦始皇陵所出兵马俑中，仅有将军和骑士俑着长统靴，汉代图像资料中也少见靴的存在。这是由于长靴便于乘骑和涉草，更适合北方游牧民族的生活方式，而与中原农耕地区的生活习惯不相适合。单就坐姿而言，中原盛行的跌坐、箕踞和跽坐方式对于穿靴而言就有诸多不便。魏晋以来，伴随着第二次民族大融合的进程，北方民族的着装风俗渐为中原民众所熟悉和接受，特别是北朝时期，拓跋鲜卑成为中国北方地区的主要统治者，胡、汉服饰习俗融合速度加快。据陶俑、壁画等人物图像资料观察，北朝时期着靴之俗比较盛行，除武士外，仪仗、文吏、伎乐、侍从等均可着靴，尤其是北朝晚期，上自帝王下至普通百姓均可穿靴，在文献记载中，靴子还经常用来赏赐和赠送。隋唐时期，着靴风气更甚，并且形成一套完整的制度。隋文帝杨坚统一中国后厉行节俭，并未建立严整的服饰等级制度，但炀帝即位后奢华铺张，于大业二年（606）确立服饰等级制度以彰显帝王威严，其中一项内容就是靴要与裤褶搭配，"唯褶服以靴。靴，胡履也，取便于事，施于戎服"③。可见，靴在隋代仍被视为胡服，并且多用于畋猎、骑射和戎服，《隋书·礼仪志七》有多处记载，凡靴均与裤褶配套，如"乘舆黑介帻之服，紫罗褶，南布裤，玉梁带，紫丝鞋，长勒靴。畋猎豫游则服之"，"平巾，黑帻，王冠枝，金花饰，犀簪导，紫罗褶，南布裤，玉梁带，长勒靴。侍从田狩则服之"④。至于百官厮役鼓吹等服裤褶时，也搭配勒靴。唐代建立后仍然延续这种搭配方式，如《旧唐书·舆服》载："平巾帻，簪箪导，冠支，五品以上紫褶，六品以下绯褶，加两裆滕蛇，并白裤，起梁带……靴，武官及

①　韩伟：《唐代革带考》，《西北大学学报》（哲学社会科学版）1982 年第 3 期。
②　（后唐）马缟：《中华古今注》卷上，第 25 页。
③　《隋书》卷 12《礼仪志七》，第 276 页。
④　《隋书》卷 12《礼仪志七》，第 267、269 页。

卫官陪立大仗则服之。若文官乘马，亦通服之，去两裆螣蛇。"① 除此之外，隋代帝王贵胄还将乌纱帽、圆领袍和乌皮六合靴相搭配作常服穿用，《旧唐书·舆服》载："隋代帝王贵臣，多服黄文绫袍，乌纱帽，九环带，乌皮六合靴。"② 乌皮六合靴即用六块黑色皮革拼合缝制而成的靴子，这种搭配方式被唐代继承，并且成为帝王百官贵贱通用的常服。与隋代略有不同的是，唐代的首服为幞头，并且靴子名目开始多样化，除六合靴外，还有线靴、吉莫靴等，其使用范围更加广泛，在陶俑、壁画等图像资料中多有反映。

综上所述，幞头、圆领缺胯袍、蹀躞带、勒靴的服装搭配成为隋唐时期，尤其是唐代最为盛行的男子常服，服用范围极其广泛，如《旧唐书·舆服》记载唐太宗改革服制，"其常服，赤黄袍衫，折上头巾，九环带，六合靴，皆起自魏、周，便于戎事。自贞观已后，非元日冬至受朝及大祭祀，皆常服而已"③。

二　北朝胡风对隋唐女性着装的影响

（一）小袖襦高腰裙的出现及传承

北朝时期，襦裙成为女子普遍穿着的服装，上自皇后贵妇，下至仆从百姓均可穿用，在考古出土的北朝女俑、壁画、画像石刻资料中均有表现。女子所着襦裙款式多样，搭配灵活，其中，上身所着襦衫多为交领，左衽、右衽兼有，衣袖或广或窄，广者垂手及地，窄者仅可伸出手臂；下身所着长裙，一般长可及地，既可内穿，亦可外穿。北朝襦裙装对隋唐女性着装的影响主要表现在长帔帛、小袖襦、高腰长裙的服饰搭配上。

高腰长裙是隋唐女性的典型装束，这已为学界所公认，实际上，这种裙式在北朝中晚期已广为盛行。北魏迁洛之前的平城时代，女性流行裙摆宽大便于行动的 A 型长裙，因其掩于长襦之下，裙腰位置不明，但从图像中上襦交领位置不见裙腰来看应束于腰部。迁洛之后，孝文帝开启全面汉化改革，反映东晋、南朝士大夫审美的"秀骨清像"在北魏大行其道，女性开始流行自然下垂的 B 型小摆裙。由于裙摆变窄不利行走、骑乘或劳作，所以出现两种处理方式：一是在腰部加褶，有的仅在裙后加褶，有的则绕腰一周施褶；二是将裙腰提高至胸部，这样不仅便于行动，而且裙子加长后上身再搭配短襦，使人尽显修长之姿，如洛阳北魏永熙二年（533）杨机墓出土双髻女俑、女立俑、女舞俑等（彩图三，16）。北朝晚期，高腰长裙更加盛行，考古出土的笼冠女俑、立俑及侍仆俑形象均有体现，特别是北齐统治区域内，身着窄袖交领短襦、外束高腰长裙的 Ca 组襦裙搭配比较常见（图 9 - 6：1），并且出现窄袖短襦 + 高腰背带式长裙的 Cb 组搭配

① 《旧唐书》卷 45《舆服》，第 1945 页。
② 《旧唐书》卷 45《舆服》，第 1951 页。
③ 《旧唐书》卷 45《舆服》，第 1938 页。

（图 9-6：2），在晋阳、邺城地区均有不少发现，如元良墓、徐显秀、娄睿墓、张海翼墓出土的女侍俑，均是窄袖短襦，裙腰高束，并且流行红色与褐、黑等色相间的曳地长裙。除高腰长裙外窄袖襦也较富特色，基本形制为衣袖窄长的小袖短襦，小袖长出手指一大截，手中无物时袖端长垂，执物时则挽起长袖，或直接隔袖持物。

襦衫偏爱小长袖且外穿高腰长裙的审美风尚在北周统治区域内也有发现，主要见于西安北周安伽墓出土的浅浮雕贴金彩绘围屏石榻所刻绘的女性形象，无论主、仆均为窄长袖襦裙装扮。不同的是，女性所着襦衫为圆领，高腰长裙系束位置高至腋下，有的在肩部披搭长帔帛，形成 Fd 组襦裙搭配，如安伽墓正面屏风《居家宴饮图》中左侧女主人发髻盘于头顶，身着浅灰色圆领衫，外束高腰长裙，肩披红色帛。左侧石台下两位侍女，前者头绾双髻，上身着圆领红衫，外着红黑相间曳地长裙，披红色帛，右手执团扇侍立。后者挽髻，身着白色圆领衫，外穿束胸橘红色与黑色相间曳地长裙，披红色帛，袖手侍立（图 9-6：3）。有的还加披翻领披风，如右侧屏风第三幅《送别图》刻绘的三位女性，居中年龄稍长者为女主人，头挽髻，髻上有金质花钿，身着圆领窄长袖衫，外穿束胸曳地百褶长裙，外披褐色披风，右手提裙，左手拉小儿。身后左、右所立侍女身着红黑相间或褐黑相间束胸曳地长裙，衣袖也为窄长袖式（图 9-6：4）。这些女性形象发掘报告认为是墓主安伽的家眷及侍女，可能也属于粟特人，类似的襦裙样式在片治肯特壁画中也可以见到。可见，长帔帛、圆领窄袖及条纹裙均具有中亚、西亚风格，这种具有异域风格的圆领窄袖襦裙装也对隋唐女装产生了深远影响。

隋代直接承袭了北朝晚期 Fd 组圆领窄长袖短襦＋高腰长裙＋长披帛的服装搭配，如隋代李静训墓女俑、湖北武昌周家大湾隋墓女俑、北京故宫博物院藏隋代女舞俑（图 9-6：5）以及河南安阳隋张盛墓出土彩绘女俑，均身着小袖短衫，外穿裙腰高束到腋下的长裙。除此之外，隋代女子亦着背带长裙，如周家大湾隋墓出土女俑，身穿窄袖衫，外着高腰吊带长裙，胸束帛带，绅带飘垂，这种裙式在北朝中晚期图像资料中已有出现，是裲裆外穿的一种典型裙式，如山东淄博东魏元象元年（538）崔混墓（图 9-6：6）及山西太原北齐娄睿墓及张海翼墓出土女侍俑。唐代襦裙装更加丰富多彩，其基本搭配样式为上着短小紧窄的襦衫，仅领口造型各异、变化丰富，但下身大都系高腰长裙，肩披帔帛，有时外套半臂，如唐昭陵韦贵妃墓第四过洞西壁侍女[①]（图 9-6：7、8）、懿德太子墓石椁线刻仕女[②]（图 9-6：9）等。各种领形的产生和变换突破了交领的局限，这正是延续了北朝开创的风气，同时也反映了大唐社会的自由开放和创新精神。

---

① 陕西省考古研究院、昭陵博物馆编著：《唐昭陵韦贵妃墓发掘报告》，科学出版社 2017 年版，第 109—110 页。

② 陕西省考古研究院、乾陵博物馆编著：《唐懿德太子墓发掘报告》，科学出版社 2016 年版，第 52—110 页。

图9-6　小袖襦高腰裙

　　1. 元良墓女侍俑（CMM1：64）　2. 娄睿墓女侍俑（标本505）　3. 安伽墓《居家宴饮图》　4. 安伽墓《送别图》　5. 故宫博物院藏隋代女俑（《中国古代服饰研究》p.254）　6. 崔混墓女侍俑（M3：28）　7、8. 昭陵韦贵妃墓第四过洞西壁女侍　9. 懿德太子墓石椁内南壁椁板西幅线刻侍女

　　高腰长裙搭配自北朝中期出现一直至五代时期均有流传，在长达五百余年的时间里，女性社交和生活的相对自由是其发展和流行的重要原因。从社会地位来看，北方草原民族女性一般地位较高，唐太宗曾说："北狄风俗，多由内政。"[1]其原因在于，首先，北方民族多以游牧为生，飘忽不定的迁徙生活、变幻莫测的草原气候、严酷的生存条件使生命的繁衍与延续成为民族发展的首要问题，女性自然具有崇高的地位；其次，游牧生产克服了男尊女卑的职业分工，淡化了男外女内的分工模式，从而形成了男主外、女理内并且兼治外的与中原汉族传统不同的家庭生产模式。鲜卑族在早期发展历程中有贵母贱父的部落传统，拓跋鲜卑入主中原建立北魏政权后仍然保留有母系氏族的印记，女性拥有较高的家庭和社会地位。北朝时期，女性不仅能够主持家务、参与社会活动，更有着很强的从军、

---

　　[1]（唐）吴兢编著：《贞观政要》卷9《安边第三十六》，上海古籍出版社1978年版，第273页。

参政意愿，部分上层女性甚至能够主宰国家的政权传承①。北魏宫廷为避免外戚干政甚至实施残酷的母死子贵制度②，从反面可以证明北魏女性地位之高。孝文帝还"改定内官"，置"女职""以典内事"，且"女职"皆有官品，"置女侍中视三品""置女尚书视三品"，"明帝游宴在内，选女子知书可付信者，为女尚书，省奏事当画可"③。北魏女官制度的设置和规模为前代封建国家所不能及，也是我国古代女性政治生活的一大奇观。北齐、北周颇兴皇后预祭宗庙之事，周一良推断这是"由于少数民族男女较为平等，与汉族在儒家思想支配下重男轻女风习有所不同"④。至于普通女性，也拥有较高的家庭地位，如《颜氏家训》云："邺下风俗，专以妇持门户，争讼曲直，造请逢迎，车乘填街衢，绮罗盈府寺，代子求官，为夫诉屈。"⑤北朝女性在政治、经济、生活等诸多方面拥有的社会地位使女性享有较高的行动自由，如《魏书·自序》载："帝与从官皆胡服而骑，宫人及诸妃主杂其间，奇伎异饰，多非礼度"⑥，可见，北魏宫中女子可以和男子一同骑马出行，民间女子也有骑马之风，如《魏书·李孝伯附李安世传》记载了一首形容李波小妹的歌谣："李波小妹字雍容，褰裙逐马如卷蓬，左射右射比叠双。妇女尚如此，男子安可逢。"⑦可见，北朝女子骑马出行是比较常见的现象，而骑行的装束以上衣下裤最为适宜，为跨骑方便，着长裙骑马便出现了裙腰线上移的现象，如西安北周史君墓中围屏石榻中便有骑马出行的女性，均着高腰裙。传承自北朝的隋唐帝国，女性社会地位也比较高，因此，方便女性出行及活动的高腰襦裙装便普及开来，张萱《虢国夫人游春图》中的骑马贵妇便身着高腰襦裙装束。此外，将裙腰提高到胸部并用帛带系扎的做法还能给人一种俏丽修长的感觉，拼色而成的间色裙及众多褶裥构成的褶裥裙在拉伸裙长的同时，又使裙装更加鲜艳和富有动感。若在肩背上再披搭一条由轻薄丝罗裁成的长条形帔帛，又会增添女性婀娜多姿、潇洒飘逸的韵味。因此，这种兼具实用和审美双重属性的高腰襦裙装便长盛不衰了。

（二）女着男装的风气及源流

服饰的性别差异是人类服饰发展史上的一个重要现象，这既是男女生理差别所致，也是一种社会文化现象。在古代中国，早在《礼记》中已有"男女不通衣服"的规定，但据现有资料显示，至两汉时期男女服装形制差别并不大，而到北

---

① 苗霖霖：《北魏鲜卑妇女社会地位初探》，《黑龙江民族丛刊》2007 年第 4 期；《从"母强子立"到"子贵母死"——北魏妇女社会地位再探讨》，《黑龙江民族丛刊》2019 年第 4 期。

② 田余庆：《北魏后宫子贵母死之制的形成和演变》，《国学研究》第五卷，北京大学出版社 1998 年版，359—406 页。

③ （宋）李昉等：《太平御览》卷 145《皇亲部》引《魏略》，第 709 页。

④ 周一良：《魏晋南北朝史札记》，中华书局 1985 年版，第 427 页。

⑤ （北齐）颜之推撰，王利器集解：《颜氏家训集解》，上海古籍出版社 1980 年版，第 60 页。

⑥ 《魏书》卷 104《自序》，第 2324 页。

⑦ 《魏书》卷 53《李孝伯传》，第 1176—1177 页。

朝时期，男女服饰形成衣裤装和襦裙装两大体系，并由此导致一些突破服饰性别界限而产生的易装现象，其中最有特色者当数女着男装现象。

从出土资料来看，鲜卑族在南下过程中不断吸收其他民族服饰特色，形成了以男性上衣下裤、女性上襦下裙为主的着装习俗。在定都盛乐—平城时期，男子通常着紧窄裤褶服，女子则为上襦下裙，但北方游牧民族"男女服装界限不甚严格"①的现象仍存在，比如垂裙风帽男女均可佩戴，有的形制差别不大，但帽顶开始出现性别差别，凹顶垂裙帽通常是女性专用。迁洛之后，随着汉化政策的推行，女子继续流行襦裙装束，从贵族妇女到仆从侍女均作如此装扮，男性则流行汉化的裤褶服，与迁洛之前相比仅衣袖、裤腿由紧窄转为宽博。至北朝后期，圆领、翻领窄袖袍服成为男子新兴的服装款式，但下身依然着裤装，女子继续盛行襦裙装。除身衣男女有别外，发式和冠帽也存在性别差异，男子一般头戴冠冕或帽，女子则梳各种发髻。可见，迁洛之后男女着装的性别差异基本定型，发髻＋上襦下裙成为女性常见的服装款式，冠帽＋上衣下裤成为男性的基本着装，男女着装走向专门化道路。因此，考古出土的北朝陶俑、壁画、石刻等人物图像，在辨识性别时基本通过身上所着衣装即可判定男女，若再辅以头上冠帽或发髻会更加准确，这与曾昭燏先生整理四川彭山汉墓出土陶俑时依据头饰而非身上着装区分性别的现象已明显不同。当然，男女服装的专门化只是一个大略的概数，比如男性祭祀、朝飨等礼服系统尽管在早期一度盛行裤褶服，但伴随着汉化进程也被衣裳服制取代，再如出土人物图像中女性有少量身着裤褶者，而男性也见襦裙装扮，主要见于头戴笼冠的官员形象，但男、女笼冠搭配在形制上略有差别。

在男女服装专门化的背景下，北朝时期出现大量"易装"现象，尤以女着男装最引人瞩目，而最为人熟知的事例当数《木兰辞》所记木兰女扮男装代父从军的故事。在战场上，木兰机智勇敢、武艺高超、屡建奇功，受到天子"策勋十二转，赏赐百千强"的奖励，花木兰的身份体现了北朝时期胡汉交融的时代背景。游牧民族长于骑射且骁勇善战，女性也往往豪爽刚健、能征善战，并且能够支撑门户，这是木兰从军的基础所在。北朝时期能够与木兰一样从军作战的女子并不罕见，比如北魏名将杨大眼之妻潘氏，"善骑射，自诣军省大眼。至于攻陈游猎之际，大眼令妻潘戎装，或齐镳战场，或并驱林壑。及至还营，同坐幕下，对诸僚佐，言笑自得，时指之谓人曰：'此潘将军也。'"②杨大眼出身氐族，是仇池首领杨难当之孙，妻潘氏也出身氐族，长于骑射，曾只身前往军营探望大眼，并且披挂戎装与大眼一起攻阵游猎，少数民族善骑射、作战的风姿可见一斑。如前所述，鲜卑族在早期发展历程中有贵母贱父的部落传统，拓跋鲜卑入主中原建立北

---

① 吕一飞：《胡族习俗与隋唐风韵——魏晋北朝北方少数民族社会风俗及其对隋唐的影响》，书目文献出版社1994年版，第31、36—37页。

② 《魏书》卷73《奚康生杨大眼崔延伯列传》，第1634页。

魏政权后仍然保留有母系氏族的印记，女性拥有较高的家庭和社会地位。北朝时期，女性不仅能够主持家务、参与社会活动，更有着很强的从军、参政意愿，部分上层女性甚至能够主宰国家的政权传承①，女性为方便骑乘行动自然出现身着男装的现象。

从考古出土人物图像来看，北魏迁洛之前女着男装形象基本不见，但迁洛以后，特别自北魏晚期始，出现大量头梳发髻，身着裤褶、腰束革带的女性形象，如河北省景县高长命墓女侍俑、元邵墓Ⅳ式侍俑、磁县湾漳北朝大墓连体女俑，山西太原徐显秀墓、张肃俗墓、贺拔昌墓、贺娄悦墓、张海翼墓等出土女侍俑或侍仆俑，河南洛阳杨机墓牵手女俑、染华墓女侍俑等，主要为侍者仆从形象，其服装搭配样式有 A、B、C 组衣裤搭配（彩图三，15－17）。北朝晚期，伴随着圆领袍组合的盛行，女性也开始穿圆领窄袖长袍装，尤以山西地区最常见，如徐显秀墓、娄睿墓、忻州九原岗北朝壁画墓（彩图三，23、28、29）出现大量着长袍的女子形象（图 9－7：1）。陕西地区出土的粟特遗存中也出现大量着男装的女子形象，如西安北周同州萨保安伽墓围屏石榻所刻绘男装女侍，共 3 位，其中左侧石屏第 1 幅骑马出行图中的两位步行随从，头挽坠髻，身着红色或黑色圆领长袍（图 9－7：2）。这些女性不着襦裙，反而身穿圆领窄袖长袍，腰束蹀躞带，脚蹬皂靴，她们的身份均为侍者、仆从，可能为方便劳作和行动而穿男装。上层社会女着男装的现象比较少见，北魏晚期曾经出现一则女侍中加饰貂蝉的服饰诏令，事见《北史·任城王云传附子澄传》：

> 神龟元年，诏加女侍中貂蝉，同外侍中之饰。澄上表谏曰：“高祖、世宗皆有女侍中官，未见缀金蝉于象珥，极钃貂于鬓发。江南伪晋穆何后有女尚书而加貂珰，此乃衰乱之世，妖妄之服。且妇人而服男子之服，至阴而阳，故自穆、哀以降，国统二绝。因是刘裕所以篡逆。礼容举措，风化之本，请依常仪，追还前诏。”②

北魏孝文帝曾在内官中置女侍中，官居二品，宣武帝沿袭此制，由于北朝男侍中戴貂蝉冠，孝明帝神龟元年（518）下诏女侍中也在冠上加貂蝉，对这种反常行为，元澄援引东晋穆章何皇后（339—404）女尚书冠加貂珰的故事，将其视为混淆内、外的“服妖”行为并加以反对，最终貂蝉冠在北朝成为男侍中的专属。

北朝中晚期女着男装，特别是女性着圆领袍服装的风尚为唐代女着男装之风开了先河。有唐一代，特别是盛唐时期，无论士庶贵贱，女着男装蔚成风尚，如《旧唐书·舆服志》载：“开元初，从驾宫人骑马者，皆著胡帽，靓妆露面，无复障蔽。

---

① 苗霖霖：《北魏鲜卑妇女社会地位初探》，《黑龙江民族丛刊》2007 年第 4 期；苗霖霖：《从“母强子立”到“子贵母死”——北魏妇女社会地位在探讨》，《黑龙江民族丛刊》2019 年第 4 期。
② 《北史》卷 18《任城王云传附子澄传》，第 661 页。

士庶之家，又相仿效，帷帽之制，绝不行用。俄又露髻驰骋，或有著丈夫衣服靴衫，而尊卑内外，斯一贯矣。"[①]《中华古今注》也记载："至天宝年中，士人之妻，著丈夫靴衫，内外一体也。"[②] 实际上，唐代女着男装的现象很早即已出现，并非开元、天宝年间才有，这在20世纪50年代以来西安等地考古发掘出土的唐墓资料中均有反映。据现存文献及出土资料，女着男装现象在初唐时期即已产生，但当时仅限于宫廷侍从阶层，盛唐时期大肆流行，从宫廷侍女到士流之妻均以着男装为时髦，天宝之后便不多见。据已发表资料，西安地区自贞观十七年（643）长乐公主墓到天宝四载（745）苏思勖墓出土的墓室壁画、石椁线画以及彩绘陶俑中均有大量女着男装的形象发现，主要表现为女子头戴软脚幞头，身穿圆领窄袖缺胯袍，腰系革带，脚穿黑勒靴的形式，俨然男子装扮。以墓室壁画为例，现有资料中女着男装形象以永徽二年（651）段简璧墓[③]壁画所见最早，绘两位男装女侍，一戴幞头，一头勒花巾；其他如乾封元年（666）陪葬昭陵的韦贵妃墓（图9-7：3）、总章元年（668）李爽墓、咸亨四年（673）房龄公主墓、上元元年（674）李凤墓、上元二年（675）阿史那忠墓以及圣历二年（699）梁元珍墓壁画中均有身着男装的女侍形象。除墓葬壁画外，永泰公主墓、韦洞墓出土的石刻线画中也有穿小袖圆领袍、腰束蹀躞带、脚着长统靴的男装侍女形象。女扮男装的形象不仅见于京师长安所在的西安唐墓中，也发现于山西万荣、宁夏固原和新疆吐鲁番唐墓中，从墓主身份来看，自太子、公主、王公贵戚到胡人首领、隐士等各个阶层均有，可见当时这种风尚流行之广。唐代女着男装风尚的形成通常认为与唐代前期社会开放、尚武风气、女性地位上升、皇族有胡人血统而受胡化影响等有关系，其中有个非常重要的因素便是对北朝胡族风气的传承。

图 9-7　女着男装

1. 娄睿墓墓室西壁备安车出行图　2. 安伽墓围屏石榻左侧骑马出行图　3. 韦贵妃墓天井、甬道及后室壁画女侍

① 《旧唐书》卷45《舆服》，第1957页。
② （后唐）马缟：《中华古今注》卷中，第29页。
③ 昭陵博物馆：《唐昭陵段简璧墓清理报告》，《文物》1989年第6期。

综上，尽管我们不能把"大有胡气"的唐代服装完全归因于北朝服饰的影响，但我们必须承认的是，魏晋以来的民族融合潮流因北朝诸政权的建立而淡化了中原地区汉族人民对异域民族的排斥，为胡服的流行扫除了观念上的障碍。胡服作为一种在服装结构和着装理念上具有一定先进性的服饰，终于突破华夷界限进入广大民众的日常生活，而北朝时期的一些胡服装束或者已经汉化的胡服装束也直接影响到隋唐服饰。除此之外，拓跋鲜卑在进入中原地区以前，世居塞北以游牧、射猎为生，讲求实用便利的服饰制作和穿着理念，入主中原后虽施行汉化改制，但仍沿袭了北方草原民族的着装理念，尤其在日常着装服领域有较多体现。以北朝时期最为盛行的裤褶服和襦裙装为例，盛乐—平城时期男、女盛行紧窄适体的服装搭配，迁洛之后虽然推行汉化改制使衣袖、裤管加宽，但男、女所着服装衣身仍比较合体，到北朝晚期常见的男性圆领窄袖袍和女性窄袖短襦组合均简约适体。北齐颜之推便观察到当时南北方不同的风俗习惯，即"北土风俗，率能躬俭节用，以赡衣食；江南奢侈，多不逮焉"①。生活于北朝中晚期的刘昼（514—565）认为事物的美丑是相对的，衡量它的标准在于"施用有宜"："物有美恶，施用有宜；美不常珍，恶不终弃。紫貂白狐，制以为裘，郁若庆云，皎如荆玉，此毳衣之美也。压菅苍蒯，编以蒉芒，叶微疏累，黯若朽穰，此卉服之恶也。裘蒉虽异，被服实同；美恶虽殊，适用则均。今处绣户洞房，则蒉不如裘；被雪沐雨，则裘不及蒉。以此观之，适才所施，随时成务，各有宜也。"② 刘昼看到了实用的重要性，并且将对人有益作为选择物品的标准，而不仅仅从材质的高贵、外表的漂亮来评价事物，这是中国古代审美重视实用传统的发扬。魏晋南北朝时期，帝王权贵及门阀士族奢侈成风，这种超越当时生产力发展水平，并且与战乱动荡时局不相适应的消费模式发展到极致便趋于相对理性。北朝时期，除孝文改制重视祭祀、朝会等礼仪场合的礼服体系外，北朝早期和晚期常服地位均比较重要，如北朝早期常以裤褶为朝服，而北齐时期"有长帽短靴，合袴袄子，朱紫玄黄，各任所好。虽谒见君上，出入省寺，若非元正大会，一切通用。高氏诸帝，常服绯袍"③。至唐代，幞头＋圆领缺胯袍＋靴组合的常服穿用范围和场合逐渐加大就是对北朝晚期着装理念的传承。

在古代中国，服饰是政治制度的重要组成部分，历代统治者都制定了庞杂和严格的舆服制度，重点对帝王百官及眷属穿用服饰及场合等进行细致的规定。古代服饰与现代服饰最大的不同在于强调"辨贵贱，明等威"的身份识别功能，正所谓

---

① （北齐）颜之推撰，王利器集解：《颜氏家训集解·治家》，上海古籍出版社 1980 年版，第 55 页。
② （北齐）刘昼著，（唐）袁孝政注：《刘子》卷五《适才》，商务印书馆 1939 年初版，第 34 页。
③ 《旧唐书》卷 45《舆服》，第 1951 页。

"贵贱有级，服位有等……天下见其服而知贵贱"①。因此，服饰成为国家统治的工具，"革制度衣服者为畔，畔者君讨"②，历代统治者都高度重视服饰制度的建设及其改定。可以说，服饰是古代社会政治气候的晴雨表，其质地、款式、图案、色彩均受到政治制度的规范，反过来服饰也成为彰显制度建构的可视化符号。在中古服制发展历程中，北朝政权创新性地将衣冠服饰与当时的品官制度结合起来，通过服饰的款式、质地、佩饰、颜色等直观特征区分官员品级和尊卑，为后世影响深远的"品服""品色服"制度拉开了序幕。

游牧民族拓跋鲜卑为主建立的北朝诸政权，其服饰的最大特色在于胡汉杂糅，因此常被后世视为"迁怪""奇诡"，如《旧唐书·舆服》载："后魏、北齐，舆服奇诡。"③这种服饰特色的形成源于魏晋以来的民族大融合，突出表现在胡服（鲜卑服与其他西、北民族服饰）与汉族服饰礼仪的交融。具体来说，胡服在结构、功能上的先进性被中原地区的人们广泛接受，这促使胡服或经过改制的胡服在日常服饰领域广泛流行，甚至对朝服、祭服等礼服也产生很大影响。而汉族传统的儒家服饰理念和制度，因对维护封建等级秩序和国家统治具有重要意义也颇受统治者重视。北魏统一北方地区后，两种服饰传统激烈碰撞、交流和磨合，逐渐确立了北朝诸政权的自身特色。北朝服饰是魏晋南北朝时期分裂、割据状态下民族融合的最终产物，是广大民众聪明才智和生活经验的总结，为中古时期服饰发展增添了新风貌。

伴随着隋唐政权的南北一统，集合了胡族与汉族服饰理念的北朝服饰成为历史的必然选择，对隋唐乃至后世服饰产生了重要影响，并为中华民族服饰的发展奠定了坚实的基础。而被当时的中原汉族士大夫望之为正朔的南朝，其服饰对后世的影响可谓微乎其微，正如孙机在《南北朝时期我国服制的变化》一文所提到的："隋唐时代南北一统，而服装却分成两类：一类继承了北魏改革后的汉式服装，包括式样已与汉代有些区别的冠冕衣裳等，用作冕服、朝服等礼服和较朝服简化的公服。另一类则继承了北齐、北周改革后的圆领缺胯袍和幞头，用作平日的常服。这样，我国的服制就从汉魏时之单一系统，变成隋唐时之包括两个来源的复合系统；从单轨制变成双轨制。但这两套服装并行不悖，互相补充，仍组合成一个浑然的整体。这是南北朝时期民族大融合的产物，也是中世纪时我国服制之最重大的变化。"④由此可以体会北朝在中国古代服饰发展史上的重要地位。

需要注意的是，民族融合是一个长期的历史发展过程，人为的强制干预和急功近利往往会带来适得其反的结果，孝文帝强行汉化改制带来的恶果为后来契丹、党项、女真、蒙古、满族等民族入主中原提供了经验和教训，正如《清史稿·舆服志》所记乾隆皇帝的诏谕中有总结和评论：

---

① （汉）贾谊撰，阎振益、钟夏校注：《新书》，中华书局2000年版，第53页。
② 杨天宇：《礼记译注·王制篇》，上海古籍出版社2004年版，第147页。
③ 《旧唐书》卷45《舆服》，第1929页。
④ 孙机：《南北朝时期我国服制的变化》，载于《中国古舆服论丛》，第189—199页。

辽、金、元衣冠，初未尝不循其国俗，后乃改用汉、唐仪式。其因革次第，原非出于一时。即如金代朝祭之服，其先虽加文饰，未至尽弃其旧。至章宗乃概为更制。是应详考，以征蔑弃旧典之由。衣冠为一代昭度，夏收殷冔，不相沿袭。凡一朝所用，原各自有法程，所谓礼不忘其本也。自北魏始有易服之说，至辽、金、元诸君浮慕好名，一再世辄改衣冠，尽去其纯朴素风。传之未久，国势浸弱。况揆其议改者，不过云衮冕备章，文物足观耳。殊不知润色章身，即取其文，亦何必仅沿其式？如本朝所定朝祀之服，山龙藻火，粲然具列，皆义本礼经，而又何通天绛纱之足云耶？①

① 《清史稿》卷一〇三《舆服志二·皇帝冠服条》，第3034页。

第十章　余论

　　服饰是人类生存与发展的基本物质基础之一，衣食住行，衣为先，这充分说明了服饰在人类生活中的重要性。服饰的功能大致可以归结为保护、遮羞、标志、表达和审美五种，其中，前两者系服饰的自然功能，后三者可谓服饰的社会功能。伴随着人类社会的发展，服饰的社会功能逐渐凸显，在阶级社会尤其如此，可以说，服饰在古代的地位远比今天重要。特别是服饰的直观性、共赏性、普遍性以及呈外共睹的特性使服饰更易体现政治、经济、审美、民族、交流等社会问题，因此，研究特定时期的服饰历史有助于深入了解当时社会的不同侧面。本书以北朝服饰为研究对象，从考古发掘出土的实物及图像资料出发，运用考古发现和文献记载相结合的"二重证据法"及名物考证等方法，对北朝服饰进行综合考察分析，进而尝试从服饰这一物质文化视角把握北朝社会变迁。近年来，开辟新的研究议题，引入新的研究视角和方法成为历史及考古研究的新趋势。"在传统政治史、制度史、经济史、社会史、思想史等研究范畴之外，一些长期未受注视的主题开始有学者致力，这些包括人口史、生活史、庶民文化史等等。其共同的趋势是重新评估所谓历史的主体到底为何，而共同的结果是肯定一种多元的了解历史的角度，同时认为只重视社会上层阶级之活动的传统研究取向有其严重不足之处。"① 服饰本身及其所包含的信息具有多样性特征，而这些多样性是本书无法也无力一一涉及的。下面，仅就本书写作过程中所遇到和想到的一些问题进行简要论述，借此抛砖引玉，就教于方家。

第一节　北朝服饰与丧葬礼俗

　　生、死是人类最为重要的两大命题，从服饰史研究的角度而言，我们不应只关注与生有关的服饰系统，也应解析与死相关的服饰及制度。本书探讨北朝服饰所运用的大部分资料实际上来源于墓葬，这种基于出土资料解读服饰历史的研究范式，总会让读者乃至研究者自身质疑研究结论的客观性和真实性，这促使笔者进一步关注北朝时期与丧葬相关的服饰问题。

　　死亡是人类尽力逃避而又必须面对的永恒话题，生者主要指死者亲属为死者操

---

① 蒲慕州：《导言》，载蒲慕州主编《生活与文化》，中国大百科全书出版社 2005 年版，第 2 页。

办丧礼也被视为天经地义之事。古代丧礼主要包括丧、葬、祭三大部分内容：丧是生者在丧期内的行为规范，葬是处置死者遗体的方式，祭则是生者和死者之间进行联系的中介。与丧葬有关的服饰主要包括两大类：一是生者为死者守丧所穿孝服，又称丧服、凶服者；二是殡殓时给死者所穿衣服即殓服，也作敛服、敛衣。前者作为中国古代宗法、礼仪、等级制度的重要范畴很难从考古发掘实物中窥见一斑，只能通过文献记载加以爬梳整理；后者在出土资料中通常表现为墓主所着服饰遗物，因织物、皮革等服装材料不易长久保存，墓葬中出土的北朝服装仅在西北地区有较多发现，中原地区仅有少量服装残片，但金属及玉石质地的饰品尚有较多遗存。如河北赞皇武定二年（544）东魏司空李希宗夫妇墓、山西寿阳北齐河清元年（562）顺阳王库狄迴洛夫妇墓、山西太原北齐武平元年（570）东安王娄睿夫妇墓和宁夏固原北周建德四年（575）大司空雁门襄公田弘夫妇墓出土数量不等的冠帽、纺织物、服装残片以及金银玉石饰品。以库狄迴洛夫妇墓为例，该墓共出土三具人骨，其中男性头戴绿色纻漆类编织成镂空的冠，身穿粉红色丝绸衾衣，胸际佩挂玛瑙、绿松石组成的串珠、玉璜等装饰品，腰间佩剑一把；左右两侧的女性为其妻斛律夫人和尉氏，死者身穿粉红色丝绸衾衣，内衣有呈棕色绢罗的丝织品，还随葬金箔镂空的装饰品，右侧女性手指间发现一枚赤金戒指。考古出土的这些服饰遗存应是墓主衣冠佩饰齐整的朝服葬，宿白、韦正已有论述①，这种葬制自东汉始见，两晋南北朝时期品官墓比较盛行。

北朝时期入葬的朝服有的来自朝廷赗赠。结合正史及出土墓志等文献资料，北朝时期勋贵品官去世后朝廷通常会赏赐织物服饰等用于助丧，详见表10-1。朝廷助丧之物种类繁多，名称各不相同，早在先秦典籍中已有零散记载，如《春秋公羊传·隐公元年》载："赗者何？丧事有赗，赗者盖以马，以乘马束帛。车马曰赗，货财曰赙，衣被曰襚。"②《春秋谷梁传·隐公元年》："赗者，何也？乘马曰赗，衣衾曰襚，贝玉曰含，钱财曰赙。"③《荀子·大略》载："货财曰赙，舆马曰赗，衣服曰襚，玩好曰赠，玉贝曰晗。赙、赗所以佐生也，赠、襚所以送死也。送死不及柩尸，吊生不及悲哀，非礼也。故吉行五十，奔丧百里，赗、赠及事，礼之大也。"④《仪礼·既夕礼》载："知死者赠，知生者赙。书赗于方，若九，若七，若五。书遣于策。"⑤ 由此可知，先秦时期助丧物品大致有赙、赗、襚、赠、含五种形式，其中赙指送给丧家钱财及其他实用物品；赗是赠予车马、束帛等物品；襚指送给死者衣服及被褥；赠则是指赏玩类的物品；含则指饭含或玉含，即死者实口的物

---

① 宿白：《宁夏固原北周李贤墓札记》，《宁夏文物》1989年总第3期；韦正：《东汉、六朝的朝服葬》，《文物》2002年第3期。

② 王维堤、唐书文撰：《十三经译注·春秋公羊传译注》，上海古籍出版社2004年版，第7页。

③ 承载撰：《十三经译注·春秋公羊传译注》，上海古籍出版社2004年版，第6页。

④ （清）王先谦撰，沈啸寰、王星贤点校：《荀子集解》，中华书局1988年版，第492页。

⑤ 杨天宇撰：《十三经译注·仪礼译注》，上海古籍出版社2004年版，第383页。

品。它们的功能和用途在于"佐生送死",其中,赙、赗用来佐生,即帮助丧家办理丧事或者维系生活所用;赠、襚则用来送死,即随死者尸体埋葬以供死者在"另一个世界"享用。由此可见,先秦时期助丧物品的名称及内容比较清晰,汉代虽有沿袭,但赙、赠、赗经常混用,含义比较广泛,可指钱财、布帛、衣被、葬具,乃至饭含、墓地之类,正史则直接用"赐"物指代这种赏赐行为,如《汉书·霍光传》:"光薨,上及皇太后亲临光丧……赐金钱、缯絮,绣被百领,衣五十箧,璧珠玑玉衣,梓宫、便房、黄肠题凑各一具,枞木外臧椁十五具。东园温明,皆如乘舆制度。"① 但襚的本初含义仍在使用,如杨赐去世后,"天子素服,三日不临朝,赠东园梓器襚服,赐钱三百万,布五百匹"②,此处"襚服"即指赠给死者的敛服。此外,襚还有为死者穿衣之意,如《说文解字》云:"襚,衣死人也。"③ 曹魏时期推行薄葬,朝廷赙赠之风不兴。西晋时,赙赗之风再度兴起,贵族官僚死后朝廷常加赙赗,如《晋书·王祥传》:"泰始五年薨,诏赐东园秘器,朝服一具,衣一袭,钱三十万,布帛百匹。"④ 十六国时期,丧制混乱,又兼史料散佚,赙赠制度不可详考。北朝立国后继承了中原传统的赙赗之俗,谢宝富在《北朝婚丧礼俗研究》一书中对朝廷诏赠赙物之制有比较详细的分析与研究⑤。综观北朝相关文献记载,当时赙赗之举常用赙、赗、给、赐指称,服饰用品仍可称襚,如冯诞卒于太和十九年(495),"及敛迭举,高祖以所服衣帻充襚,亲自临视,撤乐去膳"⑥。但襚之称谓在《魏书》中仅见七处记载,《北齐书》《周书》中不见。赗赙之俗有官、私之分,所谓官赙是国家赏赐贵族官僚财物用以助丧,而私赙则是私人之间的相互馈赠,受史料所限,此处仅探讨北朝时期朝廷对贵族官僚赙赐的服饰用品。据统计资料,朝廷赙赐的敛衣主要有三种:

第一,命服,命服本是帝王赐给公侯卿士以象征等级身份的制服。北魏早期,贵族朝臣死后常有诏赐命服者,如神䴥二年(429)李先死后,世祖"诏赐金缕命服一袭,赠定州刺史、中山公,谥曰文懿"⑦;太和八年(484)刁雍卒,"赐命服一袭,赗帛五百匹,赠仪同三司、冀州刺史、将军如故,谥曰简"⑧;高允太和十一年(487)卒,"赐命服一袭"⑨,之后文献中不见赙赐命服的记载。可见,北朝时期朝廷赙赐命服之举仅见于北魏早期,伴随职官制度的完善及汉化服制的推行,命服逐渐退出历史舞台,迁洛之后文献中不见命服的相关记载。

① 《汉书》卷68《霍光传》,第2948页。
② 《后汉书》卷54《杨震传附孙赐传》,第1785页。
③ (东汉)许慎撰,(宋)徐铉校定:《说文解字》卷7,第173页。
④ 《晋书》卷33《王祥传》,第989页。
⑤ 谢宝富:《北朝婚丧礼俗研究》,首都师范大学出版社1998年版,第113—127、239—245页。
⑥ 《魏书》卷83上《外戚传·冯熙传附冯诞传》,第1822页。
⑦ 《魏书》卷33《李先传》,第791页。
⑧ 《魏书》卷38《刁雍传》,第871页。
⑨ 《魏书》卷48《高允传》,第1090页。

第二，朝服，朝服是帝王百官在大祀、朝会等重大典礼穿用的礼服，通常冠冕、衣裳及蔽膝、剑、佩、绶等挂佩齐全，又称具服。北朝贵族高官去世后，朝廷多赐朝服以供殓葬，如北魏名将于栗磾去世时，太武帝拓跋焘诏赐"东园秘器、朝服一具、衣一袭"①，这是文献记载中赙赐朝服最早的一例。孝文帝迁都洛阳后，朝廷赙赐朝服的史例大量增加，史载程骏、元宵、王嫒、邓羡等死后均受赐朝服。至于朝服的具体形制，北朝早期曾以裤褶作为朝服，孝文帝汉化改制后改为汉族传统的衣裳制，出土图像所显示的 A、B、C 组冠冕衣裳搭配当是改制后的朝服。熙平元年（516）又依汉魏之制定"五时朝服"②，在朝廷对胡国珍的赙例中有所体现。胡国珍卒于神龟元年（518），朝廷赏赐"东园温明秘器、五时朝服各一具、衣一袭、布五千匹、钱一百万、蜡千斤"，其妻"与国珍俱葬，赠襚与珍同"③。胡国珍夫妇各得到朝廷赙赐的五具朝服，其数量之大在北朝赙物史上空前绝后，这种现象是与其特殊身份息息相关的。胡国珍是北魏末年权倾朝野的灵太后之父，而灵太后又恰是"五时朝服"的倡议者和执行者，所以胡国珍夫妇死后才得到如此丰厚的赙赐。魏分东、西后，直至北齐、北周朝服仍多因循北魏后期之制，《隋书》礼仪志中有载，但从实际情况来看这些服制并未得到完全实施，《旧唐书·舆服志》就记载北齐官员服饰为"长帽短靴，合袴袄子，朱紫玄黄，各任所好"④。考古出土的冠帽、服装残片、玉佩、剑等饰物应是朝服葬的组成部分。

第三，殓服，北朝贵族高官去世后，通常在诏赐命服或朝服的同时还赏赐"衣"，如北魏名将于栗磾卒后，太武帝赏赐朝服一具，复赐"衣一袭"。与此相同的赙例还有元宵、司马跃、刘昶、李䜣、李冲、于烈、元羽、王肃、穆亮、源怀、李平、于忠、胡国珍夫妇、元澄、元谧、崔光、甄琛、元融等。既然不是命服或朝服，且用于丧葬场合，应为小殓时所用殓衣，或称"殓服"，如赵郡王元干去世时，孝文帝赏赐"殓服十五称"可以为证。据《仪礼·士丧礼》及《礼记·丧大记》载，人死之后殓衣必须新造，无论尊卑贵贱一律穿 19 套新衣，之后用被子将尸体裹好用绞带捆紧，再用布裹套于尸体上，最后盖以覆尸的被子。这种殓服之制在马王堆一号汉墓中有所体现，女尸外面包裹各式衣着、衾被以及丝麻织物 18 层，加上 2 件贴身衣物共计 20 层⑤。这套中原传统的殓葬礼俗北朝也有继承，如北魏时期征伐高昌有功的焉耆部落酋长车伊洛，兴安二年（453）卒后"赐绵绢杂彩五百匹，衣二十七袭"⑥；宗室赵郡王元干太和二十三年（499）卒后朝廷赐"东园秘器、殓服十五称"⑦，可见，北朝殓服并未严格遵循周礼规定，其数量并不固定。

---

①　《魏书》卷 31《于栗磾传》，第 736 页。

②　《魏书》卷 108《礼制四》，第 2817—2818 页。

③　《魏书》卷 83《外戚传下·胡国珍传》，第 1834—1835 页。

④　《旧唐书》卷 45《舆服》，第 1951 页。

⑤　湖南省博物馆、中国科学院考古研究所编：《长沙马王堆一号汉墓》，文物出版社 1973 年版，第 74 页。

⑥　《魏书》卷 30《车伊洛传》，第 723 页。

⑦　《魏书》卷 21 上《赵郡王干传》，第 543 页。

表10－1

北朝时期朝廷赙赠服饰统计表

赐者	时间	死者	最终官（品）	赠官（品）	赙物	资料出处
太武帝	神麚二年（429）	李先	内都大官	定州刺史、中山公	金缕命服一袭	《魏书》卷33《李先传》p.791
	太延年间	高推	散骑常侍	辅国将军、临邑子	命服衣冠	《魏书》卷48《高允传附弟推传》p.1091
	不详	寇修之	持坚东莱太守	安西将军、秦州刺史、冯翊公	命服	《魏书》卷42《慈讃传》p.946
	不详	于栗磾	使持节、都督兖相二州诸军事、镇南将军、坊头大都将、外都大官	太尉公	东园秘器、朝服一具、衣一袭。	《魏书》卷31《于栗磾传》p.736
文成帝	兴安二年（453）	车伊洛	前部王、上将军	镇西大将军、秦州刺史	绵绢杂绦五百匹、衣二十七袭	《魏书》卷30《车伊洛传》p.723
	太安五年（459）	李宝	镇北将军	镇北将军	命服一袭	《魏书》卷39《李宝传》p.886
	和平五年（464）	皮豹子	淮阳公、内都大官	淮阳王	命服一袭	《魏书》卷51《皮豹子列传》p.1132
	太和三年（479）	源贺	太尉（一中）都督诸军	侍中（二上）大尉（一中）	辒辌车、命服、温明秘器、杂彩五百匹、陇西王印绶	《魏书》卷41《源贺传》p.923
	太和六年（482）	吕罗汉	内都大官	赠以本官	命服一袭	《魏书》卷51《吕罗汉列传》p.1139
孝文帝及文明太后	太和八年（484）	陆定国	侍中（从二下）镇南将军（从二上）秦益二州刺史（六）	仪同三司（一下）冀州刺史（一中）赠以本官	命服一袭	《魏书》卷40《陆俟传附丽子定国传》p.908
	太和八年（484）	弓雍	特进（一下）（从一中）	征南将军（六）	命服一袭、帛五百匹	《魏书》卷38《弓雍传》p.871
	太和九年（485）	程骏	秘书令（从三上）	冠军将军（三上）兖州刺史（六）	东园秘器、朝服一称、帛百匹	《魏书》卷60《程骏列传》p.1350
	太和十一年（487）	高允	金紫光禄大夫（从一下）	侍中（二上）司空公（一中）镇军大将军（六）冀州刺史（从一中）	绢一千匹、布二千匹、绵五百斤、锦五十匹、杂彩百匹、谷千斛、命服一袭	《魏书》卷48《高允传》p.1090

续表

赐者	时间	死者	最终官（品）	赠官（品）	赙物	资料出处
孝文帝及文明太后	大和十七年（493）	元宵	左光禄大夫（从一中）	卫将军（一下）定州刺史（六）	朝服一具，衣一袭，东园第一秘器，布帛千匹	《魏书》卷16《广平王连传附晖子宵传》p.400
	大和十七年（493）	蔚元	山阳郡开国公（一）	无	布帛彩物二千匹，温明秘器，朝衣一袭，皮絮，又赐吊千匹	《魏书》卷50《蔚元传》p.1115
	大和十九年（495）	司马跃	祠部尚书（二中）大鸿胪卿（二上）	金紫光禄大夫（从一上）	朝服一具，衣一袭，绢一千匹。	《魏书》卷37《司马楚之传附金龙弟跃传》p.860
	大和二十年（496）	元干	特进（一下）司州牧（从二）	无	东园秘器，敛服十五称，帛三千匹	《魏书》卷21上《赵郡王干传》p.543
	大和二十一年（497）	刘昶	大将军（一上）	大傅（一上）扬州刺史（六）	温明秘器，朝服一具，衣一袭，钱百万，布三百斤	《魏书》卷59《刘昶列传》p.1311
	大和二十一年（497）	李同	光禄大夫（从一中）尚书右仆射（从一）度支尚书	无	布百匹，朝服一具，衣一袭，钱2万	《魏书》卷36《李顺传附子同传》p.842
	大和二十二年（498）	李冲	尚书仆射（从二）	司空公（一中）	东园秘器，朝服一具，衣一袭，钱三十万，布五百匹，蜡三百斤	《魏书》卷53《李冲列传》p.1188
宣武帝	景明二年（501）	于烈	散骑常侍（从三）车骑大将军（二）领军（三）侯（三）	使持节，侍中（三）大将军（一）大尉公（一）雍州刺史（四一三）	东园第一秘器，朝服一具，衣一袭，布五百匹，钱六十万，蜡三百斤	《魏书》卷36《于栗䃅传附子烈传》p.740
	景明二年（501）	元羽	司州牧（从二）散骑常侍（从三）	侍中（三）骠骑大将军（一）司徒公（一二品）	东园温明秘器，朝服一具，钱，布一千匹，蜡若干	《魏书》卷21上《广陵王羽传》p.551
	景明二年（501）	王肃	散骑常侍（四一三）扬州刺史（二）都督淮南诸军事	侍中（三）司空公（二）车骑将军（二）	东园秘器，朝服一具，衣一袭，帛一千匹，布五百匹，钱三十万，蜡三百斤	《魏书》卷63《王肃列传》p.1411

续表

赐者	时间	死者	最终官（品）	赠官（品）	赗物	资料出处
宣武帝	景明三年（502）	穆亮	司空公（一）	太尉公（一）	东园温明秘器、朝服一具、衣一袭、布七百匹、钱四十万、蜡二百斤	《魏书》卷27《穆崇传附黑弟亮传》p.671
	世宗时期（500—515）	裴叔业	散骑常侍（从三）征南将军（二）豫州刺史（四三）五州诸军事	仪同三司（从一）散骑常侍（二）豫州刺史（四三）豫州诸军事	东园温明秘器、朝服一袭、钱三十万、绢一千匹、布五百匹、蜡三百斤	《魏书》卷71《裴叔业传》p.1567
	正始三年（506）	源怀	侍中（三）司徒公（三）太师	司徒（一）冀州刺史（四三）军事	东园秘器、朝服一具、衣一袭、布七百匹、钱三十万、蜡三百斤	《魏书》卷41《源贺传附子怀传》p.928
	永平元年（508）	元勰	彭城王（一）司徒公（一）	使持节，都督中外诸军事（一）其他如故	东园秘器、朝服一袭、布二千匹、钱八十万、蜡五百斤	《魏书》卷21下《彭城王勰传》p.583
	永平三年（510）	元英	尚书仆射（从二）	司徒公（一）	东园秘器、朝服一具、帛七百匹	《魏书》卷19下《南安王桢传附子中山王英传》p.502
	永平五年（512）	元诠	侍中（三）尚书左仆射（从二）安乐王（一）	无	无载	《魏书》卷20《安乐王长乐传诠传》p.526
			使持节，骠骑将军（二）尚书左仆射（四三）冀州刺史（四二）安乐王（一）		东园秘器、朝服一具、绢布七百匹	《汉魏南北朝墓志汇编》p.64《元诠墓志》
	永平年间	薛真度	金紫光禄大夫（从二）骠骑常侍（从三）	左光禄大夫（二）常侍（从三）	帛四百匹、朝服一袭	《魏书》卷61《薛安都列传附从祖弟真度传》p.1357
	延昌三年（514）	邢峦	殿中尚书（三）抚军将军（三）（从三）	车骑大将军（从一）瀛洲刺史（四三）	赗帛四百匹、朝服一袭	《魏书》卷65《邢峦列传》p.1447

续表

赐者	时间	死者	最终官（品）	赠官（品）	赠物	资料出处
	熙平元年（516）	李平	尚书右仆射（从二）散骑常侍（三）	侍中（三）骠骑大将军（从一）仪同三司（从一）冀州刺史（四）	东园秘器、朝服一具、衣一袭、帛七百匹	《魏书》卷65《李平列传》p.1454
	神龟初	邓羡	尚书（三）假散骑常侍（从三）	镇东将军（从二）青州刺史（四）	赙帛三百匹，朝服一袭	《魏书》卷24《邓渊传附颖从孙羡传》p.637
	神龟元年（518）	于忠	尚书右仆射（从二）侍中（三）征北大将军（二）	侍中（三）司空公（一）	东园秘器、朝服一具、衣一袭、布七百匹，钱二十万，蜡三百斤	《魏书》卷31《于栗䃿传附子忠传》p.745
	神龟元年（518）	胡国珍	司徒公（一）侍中（三）	侍中（三）都督中外诸军事（从一）大师（一）领大尉公（一）相国（一）同州牧（从二）假黄钺使持节	东园温明秘器、五时朝服各一具，衣一袭，布五千匹，钱一百万，蜡千斤，及葬又赐蜡三千段，栗一千五百石	《魏书》卷83下《外戚传下》？胡国珍传 pp.1834—1835
孝明帝及灵太后	不详	胡国珍妻	不详	京兆郡君，秦上太君	与国珍俱葬，赠襚与珍同	
	神龟二年（519）	元澄	司徒公（一）侍中（二）	都督中外诸军事（从一）领太尉公（一）大傅（一）	东园温明秘器、朝服一具，衣一袭，赙布一千二百匹，蜡四百斤	《魏书》卷19中《任城王云附子澄传》p.480
	正光元年（520）	游肇	尚书右仆射（从二）	骠骑大将军（从一）散骑常侍（从三）仪同三司（从一）冀州刺史	东园秘器、朝服一袭，赙帛七百匹	《魏书》卷55《游明根列传附子肇传》p.1218
	正光二年（521）	崔亮	尚书仆射（从二）散骑常侍（三）	车骑大将军（从一）散骑常侍（从三）仪同三司（从一）冀州刺史（四）	东园秘器、朝服一袭，蜡三百斤，赙帛七百段	《魏书》卷66《崔亮列传》p.1480
	正光四年（523）	元谧	都官尚书（三）安南将军（三）	侍中（三）征南将军（三）司州牧（从二）	东园秘器、朝衣一袭，帛五百匹	《魏书》卷21上《赵郡王传附元谧传》p.544

续表

赐者	时间	死者	最终官（品）	赠官（品）	赠物	资料出处
	正光四年（523）	崔光	车骑大将军（从一）司三司（从一）	太傅（一）尚书令（二）骠骑大将军（从一）开府（四一三）冀州刺史（三）侍中（三）	东园温明秘器、朝服一具、衣一袭、布一千匹、钱六十万、蜡四百斤	《魏书》卷67《崔光列传》p.1498
	正光五年（524）	李世哲	镇西将军（从二）泾州刺史（四三）	散骑常侍（从三）吏部尚书（四一三）卫将军（二）襄州刺史（三）	赙帛五百匹、朝服一袭	《魏书》卷66《李崇列传附子世哲传》p.1475
孝明帝及灵太后	正光五年（524）	甄琛	车骑将军（二）特进（二）侍中（三）	司徒公（一）尚书左仆射（二）	东园秘器、朝服一具、衣一袭、钱十万、物七百段、蜡三百斤	《魏书》卷68《贾琛列传》p.1515
	孝昌二年（526）	元叉	骠骑将军（从一）仪同三司（从一）尚书令（二）	侍中（三）骠骑大将军（从一）仪同三司（从一）尚书令（四同三品）	无载	《魏书》卷16《京兆王黎传继子叉传》p.403
		元义		襄州刺史（三）	朝服一袭、蜡三百斤、布帛一千百匹、钱四十万	《汉魏南北朝墓志汇编》p.183《元义墓志》
	孝昌三年（527）	元融	车骑将军（二）前驱左军都督	侍中（三）车骑将军（二）司空（一）司徒公（一）都督雍华岐三州诸军事	东园秘器、朝服一具、彩二千八百段	《魏书》卷19下《章武太洛传附彬子融传》p.514
					东园秘器、朝服一具、衣一袭、赙物八百段	《汉魏南北朝墓志汇编》p.206《元融墓志》
孝庄帝	建义元年（528）	元钦	司空公（一）	大师（一）太尉公（一）	无载	《魏书》卷19上《阳平王新成传附衍弟钦传》p.443
					东园秘器、朝服一袭	《汉魏南北朝墓志汇编》p.250《元钦墓志》

综上，北朝敛服大致有命服、朝服、新制敛衣和时服四种，其中，命服、朝服是贵族品官死后依等级身份入殓之服，一般由朝廷依官品赏赐，一起受赏的通常还有新制敛衣。根据朝廷赗赠服饰种类及规模不同，可将北朝时期赗赠服饰的礼俗分为三期：

第一期：探索期，北魏建国至孝文帝亲政之前（386—490）。北魏建国之初，国祚初兴，战事不断，朝廷无暇顾及礼仪，因此，太武帝拓跋焘以前赗赠之礼并不兴盛，赗品以温明秘器为主，尚不见服饰，如卒于泰常元年（416）的叔孙俊，朝廷"赐温明秘器，载以辒辌车，卫士导从，陪葬金陵……后有大功及宠幸贵臣薨，赗送终礼，皆依俊故事，无得逾之者"①。太武帝执政后，赗赠之例渐增，至孝文帝亲政前朝廷赗例共计13宗，赗品以服饰为主，其中"命服一袭"的赗例最为常见，共计10宗；朝服和敛衣比较少见，仅见于栗磾、车伊洛和程骏三例。总体来看，这一时期官僚贵族去世后朝廷诏赠赗物的数量比较少，一袭命服便是很高的荣誉，赏赐最多的当数高允。高允为北魏名臣，历仕郡功曹、中书博士、侍郎，曾拜中书令、封咸阳公，卒后"诏给绢一千匹、布二千匹、绵五百斤、锦五十匹、杂彩百匹、谷千斛以周丧用"，史书称"魏初以来，存亡蒙赍者莫及焉，朝庭荣之"，待葬之时，除赠官和谥名外又"赐命服一袭"，这些赏赐不仅打破既有惯例如"叔孙俊故事"，创下北魏建立以来的最高赗赐纪录，同时也揭开了北朝赗赠制度的新篇章。

第二期：鼎盛期，孝文帝亲政至孝明帝末年（490—527）。这一时期是北朝诏赠赗物的鼎盛时期，同时也是朝廷赗赠服饰的鼎盛时期，赗赠范围及规模逐渐固定，但并未形成一套完整的制度，执行过程中具有较大的随意性，经常出现逾礼之事，如《元灵曜墓志》载，元灵曜薨于正光三年（522），"赗赙之礼，有加常典"②。朝廷赗赠服饰多为"朝服一具、衣一袭、绢布若干"的组合方式，与西晋时期基本吻合。西晋王公贵臣死后，朝廷一般赐东园温明秘器、朝服一具、衣一袭，钱布若干，渐成制度，如《晋书·王祥传》："泰始五年薨，诏赐东园秘器，朝服一具，衣一袭，钱三十万，布帛百匹。"③ 在《何曾传》《羊祜传》《安平献王孚传》《王沈传》《荀勖传》《贾充传》《山涛传》等均有相似记载，这充分表明孝文改制对西晋丧制的借鉴和继承。除此之外，社会经济好转、厚葬习俗蔓延也是朝廷赗赠服饰进入鼎盛时期的原因所在。

第三期：转变期，河阴之变至北朝灭亡（528—581）。北魏末年六镇起义后，契胡尔朱荣、尔朱兆及北镇高欢相继专权，战祸绵延、经济衰退、国库空虚，诏赠赗物之风衰落。这一时期的赗例仅有元顺、李苗、元融、樊子鹄的母亲、李仲胤五例，赗品种类和规模大为减少。国家基本上不再对死去的贵族官员赏赐成套的朝服

① 《魏书》卷29《叔孙建传附子俊传》，第706页。
② 赵超：《汉魏南北朝墓志汇编》，天津古籍出版社2008年版，第138页。
③ 《晋书》卷33《王祥传》，第989页。

或敛衣，转而赙赠丝帛织物，如孝庄帝时与尔朱世隆作战而死的李苗，朝廷"赗帛五百匹，粟五百石"[1]，节闵帝时去世的樊子鹄母，"帝闻其在洛无宅，凶费不周，赉绢四百匹、粟五百石"[2]。不仅朝廷品官受赏之例大为减少，皇室宗亲去世后也极少赏赐，如卒于河阴之变的元顺"家徒四壁，无物敛尸，止有书数千卷而已。门下通事令王才达裂裳覆之"。后黄门侍郎山伟见之，悲恸不已，还告庄帝，庄帝敕侍中元祉："宗室丧亡非一，不可周赡。元仆射清苦之节，死乃益彰，特赠绢百匹，余不得例。"[3] 经皇帝特批才赙绢百匹，可见赙赠之俗在北魏末年的衰落及原因。东魏北齐时期，朝廷赙赠之风有一定程度回升，但赙品中仅见布帛织物，如卒于天平三年（536）的王衍，朝廷"敕给东园秘器、赠物三百段"[4]，其他如卢勇、封隆之、陆元康、陆彰、司马子如、薛修义、高岳、库狄迴洛、娄睿等均赏赐布帛织物。北周提倡俭约，诏赠赙物之风更加没落，仅见于谨、萧撝二例，如卒于建德二年（573）的萧撝，诏"赐谷麦三百石、布帛三百匹"[5]。由此可见，自孝明帝末年至北朝灭亡，正史所载朝廷赙赠物品中已无朝服、敛衣踪影，仅在元钦墓志中尚存一例。据墓志记载，元钦卒于建义元年（528），朝廷赐"朝服一袭"，这成为北朝赙赠朝服的最后绝响，但在元钦传记中却不见相关记载[6]。再如卒于孝昌三年（527）的元融，其死后朝廷赙物在史书记载和墓志文中亦有不小差别，史载赙物为"东园秘器、朝服一具、彩二千八百段"[7]，而墓志文中却是"给东园秘器，朝服一具，衣一袭，赙物八百段"[8]。可知，正史记载的赙赠事例并不能完全反映历史的真实面貌，必须结合墓志资料乃至考古实物进行综合考察。

北朝时期厚葬之风极为盛行，上层社会普遍以隆葬为荣，这从文献和考古发现中可资证明。北朝时期的丧葬礼仪基本沿袭汉制，敛有小敛和大敛之分，小敛是为死者易服，大敛则是将死者尸体入棺。自东汉始，人们对死者的装殓礼俗发生改变，先秦时期的绞衾葬制尽管在汉代某些地区如吴姓长沙王国继续流行，但一些诸侯王、列侯等高级贵族开始改用玉衣殓葬，并在东汉时期形成一套制度。也是从这个时期开始，以朝服入殓成为文臣武将的普遍葬制并延续至魏晋时期。拓跋鲜卑入主中原以后，朝廷对死去的贵族官员赏赐朝服、命服的做法就是对这种殓葬制度的继承。表 10-1 统计资料显示，北朝时期朝廷赙赠服饰的史例共计 47 例，均集中在北魏时期，其中 45 例赙赠对象是当时高官和贵族，就官品而言均在从三品以上，其中一品

---

　　① 《魏书》卷 71《李苗传》，第 1596 页。

　　② 《魏书》卷 80《樊子鹄传》，第 1778 页。

　　③ 《魏书》卷 19 中《任城王云传附元顺传》，第 485 页。

　　④ 《魏书》卷 63《王肃传附王衍传》，第 1413 页。

　　⑤ 《周书》卷 42《萧撝传》，第 753 页。

　　⑥ 《魏书》卷 19 上《阳平王新成传附衍弟钦传》，第 443 页。

　　⑦ 《魏书》卷 19 下《章武王太洛传附彬子融传》，第 514 页。

　　⑧ 赵超：《汉魏南北朝墓志汇编》，天津古籍出版社 2008 年版，第 206 页。

受赐者数量最多，具体情况详见表 10－2①。可见，北魏朝廷赙赠服饰有品级限制，品级不够则只能赏赐丝麻织物，而不能赏赐命服、朝服或敛衣，如《韩显宗墓志》所载，韩显宗卒于太和二十三年（499），朝廷因其"有赭阳之功，追赠五等男，加以缯帛之赙，礼也"②。韩显宗因功死后追赠五品官，这表明生前官职小于五品，朝廷依礼赙赐缯帛。除此之外，北魏亦存在超出品级限制的情况，如《魏书·寇赞传》记载，寇赞"父修之，字延期，苻坚东莱太守。赞弟谦之有道术，世祖敬重之，故追赠修之安西将军、秦州刺史、冯翊公，赐命服，谥曰哀公，诏秦雍二州为立碑于墓。又赠修之母为冯翊夫人"③。寇修之本为前秦东莱太守，因次子寇谦之颇受太武帝拓跋焘敬重，追赠官爵，并赏赐命服。据此也可推断，朝廷赙赠命服、朝服通常按赠官品级加以赏赐，这正好与现实生活中针对贵族官僚队伍的服饰赏赐比较一致。

表 10－2　　　　　　　北朝时期朝廷赙赠服饰对象品级情况表

赏赐者及受赐数量 品级	孝文帝		宣武帝		孝明帝		孝庄帝		总量	
	最终官	赠官	最终官	赠官	最终官	赠官	最终官	赠官	最终官	赠官
一	5	6	3	7	6	6	1	1	15	20
从一	4	2		3	2	4			6	9
二	1		3	1	4	2			8	3
从二	1		4		3	1			8	1
三		1	1		2				3	1
从三	1								1	

在古代，服饰是身份等级的标识，除与职官、勋爵相对应的公服赏赐外，服饰经常作为勋爵赏赐以外的辅助而存在。在文献记载中，北朝贵族官员受到朝廷服饰赏赐的记录自始至终大量存在，其中尤以军功受赏者数量最多，这与北朝时期战乱频仍的社会现实息息相关，如《魏书·尧暄传》载，孝文帝因尧暄"前后从征及出使检察三十余许度，皆有克己奉公之称。赏赐衣服二十具、彩绢十匹、细绢千余段、奴婢十口，赐爵平阳伯"④。在和平时期，朝廷对官僚集团的服饰赏赐也大量存在，因此，服饰赏赐成为朝廷笼络和调整统治阶层内部各派集团力量的一种政治手段。北朝时期，朝廷赏赐命服、朝服给去世的贵族官僚。一方面，可以抚恤丧家，表达

① 北魏孝文帝太和以前，北魏官制尚不完备，故不在统计范围之内。有些贵族官员生前官品很高，如尉元、李冏，但死后朝廷没有赠官，故最终官与赠官数据不能一致。
② 赵超：《汉魏南北朝墓志汇编》，天津古籍出版社 2008 年版，第 39 页。
③ 《魏书》卷 42《寇谦传》，第 947 页。
④ 《魏书》卷 42《尧暄传》，第 954 页。

朝廷对死者和丧家的悼念和恩典之情；另一方面，也是更重要的，命服、朝服赙赐与赠官之制息息相关，可以通过此举表彰死者功绩，提高家族名望和社会地位，进而达到笼络和调整统治集团力量的目的。尽管朝廷赙赐服饰具有明显的政治色彩，仍有官员拒绝接受朝廷赙赠而以"时服""旧衣"殓葬，如《魏书·崔孝直传》记载，崔孝直去世前命令四个儿子："吾才疏效薄，于国无功。若朝廷复加赠谥，宜循吾意，不得祗受，若致干求，则非吾子，敛以时服，祭勿杀生。"他的遗愿在死后得到执行①。作为一种俭约薄葬的行为，北朝时期很多人在死前遗令敛以时服，如北魏太平真君九年（448）寇谦卒，"遗令薄葬，敛以时服"②；北周武成二年（560）四月明帝宇文毓下诏："朕禀生俭素，非能力行菲薄，每寝大布之被，服大帛之衣，凡是器用，皆无雕刻。身终之日，岂容违弃此好。丧事所须，务从俭约，敛以时服，勿使有金玉之饰。"③ 然而，从文献记载来看，北朝时期宗室勋贵、品官士人以时服或旧衣入殓者并不多见，比如遗令"敛以时服"的程骏④、"遗令薄葬"的李平⑤死后依然接受了朝廷赙赠的朝服等物。这也充分表明，朝廷赙赠与否以及赙赠规模的大小不仅是对死者功绩的认可，更重要的是能够彰显家族社会地位，这才是本质所在。

敛衣今称"寿衣"，其形制中式、西式，现代、古典均有，甚至距离当代五六百年的明式服装亦大量存在，因此用墓葬资料研究古代服饰的有效性经常受到质疑。但从文献及出土资料来看，北朝时期用以殓葬的服饰有命服、朝服、时服及旧衣等，不管何种服饰均具有当代性，这与今天明显不同，因此，运用墓葬出土服饰实物研究古代服饰是可行的路径。

第二节　考古所见北朝服饰的制作

年鉴学派代表人物布罗代尔在《十五至十八世纪的物质文明、经济和资本主义》一书中提到："一部服装史提出所有的问题：原料、工艺、成本、文化固定性、时装、社会等级制度。"⑥ 简言之，古代服饰研究需要关注服饰本体，比如原料、工艺、成本以及款式等基本问题，还需要透过服饰本体探究其产生和存在的多元语境。目前，学界对服饰史的研究侧重服饰形制、色彩、质地等服饰形态特征的探讨，而相关的服饰原料、工艺、成本等技术层面的问题探讨较少，这一方面归因于文献记

---

① 《魏书》卷57《崔挺列传附孝芬弟孝直传》，第1271页。
② 《魏书》卷42《寇谦传》，第947页。
③ 《周书》卷4《明帝纪》，第60页。
④ 《魏书》卷60《程骏列传》，第1350页。
⑤ 《魏书》卷65《李平列传》，第1454页。
⑥ ［法］费尔南·布罗代尔：《十五至十八世纪的物质文明、经济和资本主义》第1卷《日常生活的结构：可能和不可能》，顾良、施康强译，商务印书馆2017年版，第375页。

载资料的匮乏，另一方面也体现出服饰史研究方法的固化。北朝服装制作所涉及的纺织、裁剪、缝纫等工艺流程文献中仅有零星记载，但结合出土墓志、纺织品及缝纫工具等资料可窥见一斑。

北朝时期制作服装的原料即纺织品实物发现数量不多，主要集中于西北地区，如吐鲁番阿斯塔那（三堡）和哈拉和卓村（二堡）的北朝—唐代古墓群出土织物，对中国古代纺织史和丝绸之路东西交流史研究具有重要意义。夏鼐、武敏、薄小莹、赵丰等学者对这批纺织品进行了大量研究工作，对其织造技术和纹样做过较为详尽的论述。北朝纺织品生产主要有官营作坊和民间生产两种类型，前者在北魏统一北方过程中便通过"移民实京"策略在平城建立起规模较大的官营丝绸作坊，如拓跋珪攻占中山郡时将百工伎巧十余万口迁至京师平城[1]，到拓跋焘时，"其袍衣，使宫内婢为之"，"婢使千余人，织绫锦贩卖……逐利"[2]。太和年间对宫中生产作坊进行整顿，罢撤尚方丝绸作坊，太和十一年（487）冬十月，魏高祖"诏罢起部无益之作，出宫人不执机杼者"；十一月，"诏罢尚方锦绣绫罗之工"[3]。魏分东西后基本沿袭北魏制度，并建立起严密的官营丝绸作坊组织，如北齐时期"太府寺，掌金帛府库，营造器物。统左、中、右三尚方……中尚方，又别领别局、泾州丝局、雍州丝局、定州紬绫局四局丞……司染署，又别称京坊、河东、信都三局丞"[4]。可见，北齐官营丝绸织造是先在各地收丝，然后在京都中尚方和定州等地进行织造，染色则在专门的丝染署进行。民间纺织生产因北魏太和九年（485）均田制和新户调制度的推行得到有力保障，北魏贾思勰《齐民要术》一书对桑麻、养蚕、染织技术的科学记录，也充分体现出北朝民间纺织生产发展水平。

"男耕女织"是古代家庭的基本分工模式，与服饰相关的桑麻种植是男性为主的工作领域，纺织缝纫则是女性生活的重要领域，通常称为"女红"，亦作"女工""女功""女事"。由南朝梁入仕北齐的颜之推在《颜氏家训·治家》中提到："生民之本，要当稼穑而食，桑麻以衣……今北土风俗，率能躬俭节用，以赡衣食；江南奢侈，多不逮焉。"并且"河北妇人，织纴组紃之事，黼黻锦绣罗绮之工，大优于江东也"[5]。可见，南北朝时期，有着桑麻种植和纺织传统的北方地区其耕织技术仍占据明显的优势地位。北朝诗歌、正史及墓志等资料显示，织纴组紃等女功仍是评价北朝女子品德的重要标志，如北魏邢峦妻元纯陀墓志铭载："夫人……初笄之年，言归穆氏，懃事女功，备宣妇德……兼机情独悟，巧思绝伦，诗书礼辟，经目悉览，纮綖组纴，入手能工……巾帨公宫，不登袨异之服；箕帚贵室，必御浣濯之

---

① 《魏书》卷2《太祖道武帝纪》，第32页。
② 《南齐书》卷57《魏虏传》，第984页。
③ 《魏书》卷7下《高祖纪》，第162—163页。
④ 《隋书》卷27《百官志中》，第757页。
⑤ （北齐）颜之推撰，王利器集解：《颜氏家训集解·治家》，上海古籍出版社1980年版，第55页。

衣。"① 纮（hóng）綖（yán）是丝线编织而成的冕冠系带，《国语·鲁语下》载公父文伯劝其母勿绩，其母教训文伯应勤职不息，并谓"王后亲织玄紞，公侯之夫人加之以纮、綖……男女效绩，愆则有辟，古之制也"②。由于纮綖是上层社会男子所戴冠冕的重要饰物，后世皆以"纮綖"赞美上层社会妇女的勤俭美德。志主元纯陀系北魏宗室，是景穆皇帝拓跋晃的孙女，任城康王拓跋云第五女，少时康王视为掌上明珠，早年嫁河南穆氏，再嫁车骑大将军邢峦。延昌三年（514），邢峦谢世后出家为尼，法号智首。元纯陀身份显贵，故用"纮綖组纴，入手能工"来赞美其妇德。除元纯陀墓志外，以"纮綖"赞颂女志主妇德者还有《安丰主妃冯氏墓志》："内有椒房之亲，家同金穴之赐，而朝夕忧勤；归于节俭，安兹浣濯，无废纮綖，致肃雍于友娣，尽尊敬于师傅。"③ 志主为文明太后兄冯熙第六女，北魏宗室安丰王元延明妃。《文贞公国太妃卢氏墓志铭》："太妃令淑凤闻，珪璋早茂，就学女史，观图内则，箴管线纩，早习其仪，絺绤纮綖，有闻其礼。"④ 志主卢兰（485—551）出身北魏名门范阳卢氏，嫁北魏宗室元修义。北周庾信撰写的《周大都督阳林伯长孙瑕夫人罗氏墓志铭》也赞志主"苹藻维敬，纮綖是勤"⑤。虽然墓志撰写多用套话，但借此仍可体察当时社会对女性的评价标准。

在近代机械化缝纫传入中国之前，古代服装的制作技艺是手工缝纫，主要有采寸、裁剪、缝纫和后整理四个步骤⑥。首先是采寸，即采集服装关键部位的尺寸，主要通过测量人体和旧衣所得。古代服装采寸虽不似今天严格，但不能省略，采寸的部位一般比较固定，上衣多测量衣长、胸围、出手（即后领中点经肩点到袖长的长度）及领围四个部位的尺寸。北朝服饰而言，无论是男子盛行的裤褶、圆领袍服，还是女子普遍穿着的襦裙装，衣服的肩宽、衣长、袖长、袖口、裤长、裙长等均显示出与穿着者体型基本吻合，这应是量体裁衣的结果。

其次是裁剪。中国古代服装多采用平面剪裁法，所用工具主要有尺子、粉袋和剪刀。剪刀在北朝墓葬中多有发现，多为铁质，锈迹斑斑，如宁夏固原北魏墓，山西大同南郊北魏墓群 M14，陕西咸阳国际机场王德衡墓、若干云墓各出土铁剪 1 把，王士良和董氏墓出土铁剪、铜剪各 1 把。据其形制差别可分三型：

A 型 V 形剪刀 制作时把一根铁条的两端锤炼成刀状，并磨出锋利的刃，然后将铁条对折，使两端刀刃相对。使用时刀刃闭合，不用时刀刃自然张开。如王士良和董氏墓所出土的铜剪刀，造型小巧，保存比较完整，器长 6.3 厘米（图 10 – 1：1）。

B 型 交股铁剪 与第一种相似，只是将铁条对折交叉后使两端的刀刃相对应，这

① 赵超：《汉魏南北朝墓志汇编》，天津古籍出版社 2008 年版，第 261 页。
② 徐元诰撰，王树民、沈长云点校：《国语集解》，中华书局 2002 年版，第 193—198 页。
③ 赵超：《汉魏南北朝墓志汇编》，天津古籍出版社 2008 年版，第 376 页。
④ 赵超：《汉魏南北朝墓志汇编》，天津古籍出版社 2008 年版，第 492 页。
⑤ （清）严可均辑：《全后周文》卷18，商务印书馆 1999 年版，第 272 页。
⑥ 缪良云主编：《中国衣经·制作篇》，上海文化出版社 2000 年版，第 356—360 页。

种剪刀最为常见，宁夏固原北魏墓、大同南郊北魏墓、若干云墓以及王士良墓铁剪均为此种形制（图10-1：2）。

C型 中间有轴眼和支轴的剪刀，见于王德衡墓出土的铁剪，把手有环，双刃，长27厘米（图10-1：3）。王德衡葬于建德五年（576），可见，至迟到北周时期，我国已经出现类似现代形制的剪刀，这一发现打破了过去认为直到宋代才有类似剪刀的传统观点。

剪刀的功能很多，裁剪布料和纸张是其重要功能。前者对服装制作的意义不言而喻，后者也与服装制作息息相关。比如新疆吐鲁番地区普遍存在利用废旧官、私文书之类"故纸"制作棺材等葬具及附葬鞋靴、衣帽、被衾等服饰的葬俗，为我们保留了大量文书资料，为研究吐鲁番地区历史提供了重要资料。这种葬俗在一定程度上也反映了当地的生活习俗，特别是大量鞋帽衣服实物的出土表明，当时的妇女可能经常用"故纸"剪成衣服、鞋帽等样本，据此缝制日常穿用的服装。这种风俗直到今天仍在广大农村延续，妇女们一般备有大量式样不同的鞋样等以缝制鞋服，它们亦常用"故纸"剪成。

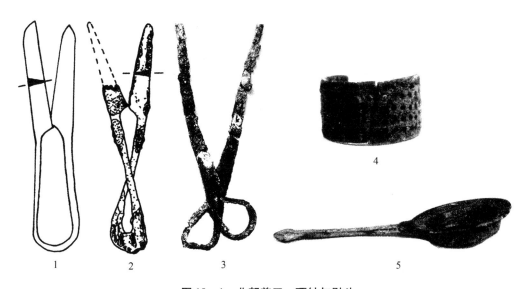

图10-1　北朝剪刀、顶针与熨斗

1. 王士良墓铜剪刀　2. 若干云墓铁剪　3. 王德衡墓铁剪　4. 宁夏固原北魏墓顶针　5. 崔昂墓铜熨斗

再次是缝纫。古代服装均用手针缝制，普通家庭通常由家中女性通过运用不同针法完成日常服装制作，西北地区出土的北朝服装实物便是了解当时手针技艺的重要资料。至于帝王显贵之家，女性大都不用事事亲躬，但亦有缝补之事，如神武帝高欢后娄昭君"慈爱诸子，不异己出，躬自纺绩，人赐一袍一袴。手缝戎服，以帅左右"①。娄后相夫教子，贤淑慈爱，曾亲自纺线织布做袍裤赐给诸子，甚至还亲手缝制战衣，给身边女性做出榜样。当然，这种行为与历代皇后亲蚕礼类似，主要目的在于通过躬亲纺绩为周围乃至天下女性作表率。手针工艺的一个重要辅助工具是顶针，不仅能提高缝纫效率，还可以保护手指，宁夏固原北魏墓中曾出土 1 件顶针，出土时放于女棺旁边，应该是女主人平时缝纫时所佩戴（图 10 - 1：4）。

最后是服装缝纫完成后的后续整理工作，也是服装制作的最后一道工序，一般包括钉纽、检验和熨烫等工作。北朝已有金属纽扣，如河北磁县东魏茹茹公主墓出土的 1 枚金扣，这种由贵金属制作的纽扣当为西域传来的奢侈品，仅在上层社会有所使用。手工盘结的纽襻在北朝后期已比较常见，如忻州九原岗壁画中有不少表现，但大多仍靠纽带连缀，这些缀连方式都需要在衣服上缝缀纽带、纽结襻。熨烫是服装制作的最后一道工序，其目的在于使服装平挺、整洁，使用的工具为熨斗。熨斗又叫"火斗""北斗""金斗"，考古发现和历史文献表明，中国是世界上最早使用熨斗的国家，早在汉代中国已使用熨斗。汉魏时期的熨斗，多用铜合金铸成，形制呈平底、圜腹、宽口沿，有长柄，有的熨斗上还刻有"熨斗直衣"铭文。晋《杜预集》载"药杵臼、澡盘、熨斗……皆亦民间之急用物也"②，说明东晋时期熨斗已成为贵贱通用的日用品。古代熨斗在使用时将烧红的木炭置于斗内，等熨斗底部热得烫手以后再熨衣服，故称"火斗"。有的熨斗采用鎏金工艺制作，故称"金斗"，应是贵族所用物品。北朝墓葬中有熨斗实物出土，铜质、银质均有，如山西大同迎宾大道北魏墓群 M55 出土 1 件铜熨斗（M55：2），敞口、宽平沿，平底微弧，长直把与口沿平，直把截面半圆形。通长 34.8 厘米、熨斗内径 9.8 厘米、沿宽 1.4 厘米、高 3 厘米。河北平山北齐崔昂墓中也出土 1 件铜熨斗（图 10 - 5），侈口，浅腹，圜底，柄上翘，顶端作菱形，口沿及腹内均有几周凹弦纹，通长 15.2 厘米、高 1.7 厘米、口径 6.5 厘米。宁夏固原北周李贤夫妇墓还出土 1 件银熨斗（标本 6），宽沿，斜壁，底微弧，扁平长柄，柄端呈桃形。长 14.6 厘米、口径 5.6 厘米、底径 4.3 厘米。

中国古代服饰除实用功能之外，其标明政治等级和社会地位的功能尤为重要，然而晋室南渡后，北方大部地区由少数民族控制，中原地区衣冠服制及礼仪缺失严重。拓跋鲜卑入主中原后，历代君主为构建政权合法性和正统性做出了不懈努力，其中，衣冠服制的确立贯穿不同政权始终。结合《魏书》《隋书》礼仪志及正史纪传相关记载，北朝时期负责或参与衣冠服制订立者道武帝时有仪曹郎董谧③、吏部尚书崔玄伯④，孝文帝时有尚书李冲与冯诞、游明根、高闾、蒋少游、刘昶等⑤，孝

① 《北齐书》卷 9《神武娄后传》，第 124 页。
② （清）严可均校辑：《全上古三代秦汉三国六朝文》第二集《全晋文》卷 42《杜预》，中华书局 1958 年版，第 1698 页。
③ 《魏书》卷 108《礼志四》，第 2817 页；《隋书》卷 10《礼仪志五》，第 195 页。
④ 《魏书》卷 2《太祖道武帝纪》，第 27—33 页。
⑤ 《魏书》卷 91《术艺传·蒋少游传》，第 1971 页。

明帝时有侍中崔光、安丰王元延明、太傅清河王元怿、太学博士崔瓒、黄门侍郎韦廷祥①等，多为出身河西、河北、青齐、江左地区熟悉汉魏及传统礼仪的士人及贵族高官。衣冠服制的厘定需引经据典，恪守古法，个人不得随意改变，比如东魏至北齐权臣高隆之"性好小巧，至于公家羽仪、百戏、服制，时有改易，不循典故，时论非之"②。衣冠服制确立之后，历朝历代均设专门生产机构和经营组织负责皇室及百官公卿祭服、朝服、命服等公服的生产、管理、分配和使用，是为官营机构。魏晋以前，掌管百工伎巧及宫廷服御是少府的职能之一，如西汉时期设于都城长安隶属少府的东、西二织室③，掌管皇室郊庙衣服的织造，诸侯王、郡守亦设少府。另在临淄设三服官④负责制作皇室所用冬、夏、春（秋）三季服装用料，在陈留郡襄邑（今河南睢县）设服官⑤专为皇帝、贵族及大臣制作礼服。东汉时期少府仍为九卿之一，掌管宫廷服御诸物、宝货、珍膳等⑥。北魏孝文帝末年改少府为太府，沿及北齐，仍设太府寺"掌金帛府库，营造器物"⑦，太常"掌陵庙群祀、礼乐仪制，天文术数衣冠之属"⑧。受古代中国重艺轻技、重师轻匠传统的影响，正史中已很难具体把握北朝服饰制作的实际操作和管理情况，传世和出土的北朝墓志可略补正史之阙。比如两方镌刻于北魏正光二年（521）的女性墓志向我们揭示了宫廷服官的蛛丝马迹：一是张安姬墓志铭，志主"讳字安姬，兖东平人也。故兖州刺史张基之孙。济南太守张憘之女。年十三，因遭罗难，家戮没宫。年廿，蒙除御食监。历心自守，莅务有称。后除文绣大监，于时度当明件。上知其能，复除宫作司"⑨。二是北魏宫内司马高唐县君杨氏墓志："内司杨氏，恒农华泠人也。汉太尉彪之裔胄，北济州刺史屈之孙，平原太守景之女。因祖随宦，爰旅清河。皇始之初，南北两分，地拥王泽，逆顺有时，时来则改，以历城归诚，遂入宫耳。年在方笄，性志贞粹，虽遭流离，纯白独著，出入紫闺，讽称婉而。是以文昭太皇太后选才人充宫女，又以忠谨审密，择典内宗七祏，孝敬天然，能使边豆静嘉。迁细谒小监。女功紃综，巧妙绝群，又转文绣太监。化率一宫，课艺有方，上下顺厚，改授宫大内司。

---

① 《隋书》卷11《礼仪志六》，第238页。

② 《北齐书》卷18《高隆之传》，第237页。

③ 《汉书·宣帝纪》应劭注织室："旧时有东西织室，织作文绣郊庙之服。"（《汉书》卷8《宣帝纪》，第251页）汉成帝"河平元年（前28）省东织，更名西织为织室"（《汉书》卷19上《百官公卿表第七上》，第732页）。

④ 《汉书·贡禹传》："故时齐三服官输物不过十笥，方今齐三服官作工各数千人，一岁费数巨万。"颜师古注曰："三服官主作天子之服，在齐地。"（《汉书》卷72《贡禹传》，第3070页）《汉书·元帝纪》李斐注齐三服官为："齐国旧有三服之官。春献冠帻纵为首服，纨素为冬服，轻绡为夏服，凡三。"（《汉书》卷九《元帝纪》，第285页。）

⑤ 《汉书·地理志上》："襄邑，有服官。"（《汉书》卷28上《地理志上》，第1558页）

⑥ 《后汉书》卷116《百官志三·少府条》，第3591页。

⑦ 《隋书》卷27《百官志中》，第757页。

⑧ 《隋书》卷27《百官志中》，第755页。

⑨ 赵超：《汉魏南北朝墓志汇编》，天津古籍出版社2008年版，第123页。

宣武皇帝以杨忠懃先后，宿德可矜，赐爵县君，邑兮高唐。"① 两则墓志不仅镌刻年代相同，而且志主身份及命运也存在共性，张安姬是兖州刺史张基之孙、济南太守张憘之女，内司杨氏则为北济州刺史杨屈之孙、平原太守杨景之女，二人均是年幼遭遇北魏平青齐战乱被掳掠到平城的"平齐民"，后来成为北魏女官。张安姬 20 岁成为御食监，官视三品，管理宫廷饮食之事，后来又被授予文绣大监，官视二品，负责管理宫内女工及服饰制作。而内司杨氏入宫后因女功绝妙被授予文绣大监，后又升至大内司，并赐爵县君。北魏女性地位较高，孝文帝重置内官系统，其中女官主管宫中具体事务，其职秩与外廷相对应，如《魏书·皇后传》载："高祖改定内官，左右昭仪位视大司马，三夫人视三公，三嫔视三卿，六嫔视六卿，世妇视中大夫，御女视元士。后置女职，以典内事。内司视尚书令、仆。作司、大监、女侍中三官视二品。监，女尚书，美人，女史，女贤人、书史、书女、小书女五官，视三品。中才人、供人、中使女生、才人、恭使宫人视四品，春衣、女酒、女飧、女食、奚官女奴视五品。"② 可见，负责宫廷服饰制作、浣洗等事务的人员除大量奴婢外，还有位高二品的"文绣大监"负责管理工作。由此可见，在战乱割据的北朝时代，国家对纺织品、服装的生产和制作仍有比较细致地安排与管理。这不仅是由于要促进生产需要有一套有效的管理体制，但更为重要的是，拓跋鲜卑统一中原之后需要借鉴中原传统建立行之有效的章服制度以彰显政权的合法性。

北朝是中国古代服饰发展历程中的重要转折阶段。秦汉以来形成的汉族主流服饰"上衣下裳""褒衣博带"传统在北朝时期发生了重大变化，主要表现在大量胡服元素的融入，如合裆长裤替代下裳与开裆裤、合身的开衩袍服取代宽松的上衣，腰部系束活舌带扣系连的腰带，脚上着靴等。汉族服饰标识尊卑、等级、地位的特征仍在祭祀、朝拜等表征性领域发挥重要作用，但服饰形制已发生较大变化，此为时势使然。这种由胡、汉文化交流融合形成的服饰面貌来自广大民众的聪明才智和生活经验的总结，并成为中古时期服饰的新风貌，影响到隋唐乃至以后的历朝历代，为中华民族服饰的发展奠定了坚实基础。北朝服饰自身经历了一个动态发展的过程，由北朝早期即盛乐平城时期鲜卑族服饰的广为流行，到北朝中期特别是迁都洛阳之后汉化服饰改革政策的推行，再到北朝晚期来自西域、北方民族的胡服元素的盛行，服饰地域性特征日渐鲜明。胡化与汉化一直是北朝服饰发展背后潜在的两条重要脉络，自始至终，两种元素同时存在、互相博弈、共同演进，并且由激烈碰撞到相互交流再到彼此融合。在这一发展历程中，北朝统治者始终奉行现实主义服饰政策，

---

① 赵超：《汉魏南北朝墓志汇编》，天津古籍出版社 2008 年版，第 126 页。
② 《魏书》卷 13《皇后传》，第 321 页。

于社会动荡形势中维护封建统治，于政权割据态势下争取竞争优势，于多民族交往过程中赢取民族和文化认同等是其主要目的。北朝服饰发展演变的原因是多方面的，其中政治变迁和文化交流是两个重要因素。从纵向角度看，自拓跋鲜卑建立北魏政权至北朝最终为杨隋取代，北朝诸政权的统治者在不同时期采取的统治策略对服饰发展产生了深远影响，这涉及民族问题、生活习俗问题、社会环境问题、复古与变革问题等。从横向来看，北朝服饰发展受周边地区和民族的影响较大，既有南北方向的交流，也包括东西之间的互动，表现在服装原料、服装样式、着装观念、饰品佩戴等诸多方面。因此，继承汉族服饰传统，并且体现南北民族交融和东西文化互动的北朝服饰，对隋唐及后世服饰制度、着装观念和服饰样式产生了深远影响。

参考文献

一 历史典籍

（汉）司马迁：《史记》，中华书局 1959 年版。

（汉）班固：《汉书》，中华书局 1962 年版。

（东汉）刘熙撰，（清）毕沅疏证，王先谦补：《释名疏证补》，中华书局 2008 年版。

（汉）许慎撰，（宋）徐铉校定：《说文解字》，中华书局 1963 年版。

史游撰，颜师古注：《急就篇》，中华书局 1985 年版。

（西汉）刘安等编著，（汉）高诱注：《淮南子》，上海古籍出版社 1989 年版。

（晋）陈寿：《三国志》，中华书局 1959 年版。

（晋）干宝撰，汪绍楹校注：《搜神记》，中华书局 1979 年版。

（宋）范晔：《后汉书》，中华书局 1965 年版。

（梁）沈约：《宋书》，中华书局 1974 年版。

（梁）萧子显：《南齐书》，中华书局 1972 年版。

（后魏）贾思勰原著，缪启愉校释：《齐民要术校释》，农业出版社 1982 年版。

（魏）杨衒之撰，周祖谟校释：《洛阳伽蓝记校释》，中华书局 2010 年版。

（北齐）魏收：《魏书》，中华书局 1974 年版。

（北齐）颜之推撰，王利器集解：《颜氏家训集解》，上海古籍出版社 1980 年版。

（唐）李百药：《北齐书》，中华书局 1972 年版。

（唐）令狐德棻等：《周书》，中华书局 1971 年版。

（唐）房玄龄等：《晋书》，中华书局 1974 年版。

（唐）姚思廉：《梁书》，中华书局 1973 年版。

（唐）李延寿：《北史》，中华书局 1974 年版。

（唐）李延寿：《南史》，中华书局 1975 年版。

（唐）魏徵、令狐德棻：《隋书》，中华书局 1973 年版。

（唐）吴兢编著：《贞观政要》，上海古籍出版社 1978 年版。

（后唐）马缟：《中华古今注》，商务印书馆 1956 年版。

（后晋）刘昫等：《旧唐书》，中华书局 1975 年版。

（宋）欧阳修、宋祁：《新唐书》，中华书局 1975 年版。

（宋）司马光编著，（元）胡三省音注：《资治通鉴》，中华书局 1956 年版。

（宋）李昉等：《太平御览》，中华书局 1960 年版。

（宋）王溥：《唐会要》，中华书局 1960 年版。

（宋）高承：《事物纪原》，中华书局 1989 年版。

（宋）李道付：《朱子语录》，上海古籍出版社 2016 年版。

（宋）沈括著，胡道静校证：《梦溪笔谈校证》，上海古籍出版社 1987 年版。

（元）脱脱等：《宋史》，中华书局 1977 年版。

（元）脱脱等：《辽史》，中华书局 1974 年版。

（元）脱脱等：《金史》，中华书局 1975 年版。

（元）熊梦祥：《析津志辑佚》，北京古籍出版社 1983 年版。

（明）杨慎：《丹铅续录》，台湾商务印书馆 1983 年版。

（清）阮元校刻：《十三经注疏》，中华书局 1980 年版。

（清）董诰等编：《全唐文》，中华书局 1983 年影印版。

（清）王夫之：《读通鉴论》，中华书局 1975 年版。

赵尔巽等：《清史稿》，中华书局 1977 年版。

二 考古发掘简报及报告（分地区按出版时间先后排序，同一墓例发掘简报、报告尾随列出）

（一）山西省

杨富斗：《山西曲沃县秦村发现的北魏墓》，《考古》1959 年第 1 期。

王玉山：《山西省太原市南郊清理北齐墓葬一座》，《文物》1963 年第 6 期。

大同市博物馆、山西省文物工作委员会：《山西大同石家寨北魏司马金龙墓》，《文物》1972 年第 3 期。

山西省大同市博物馆等：《山西大同石家寨北魏墓》，《文物》1972 年第 3 期。

陶正刚：《山西祁县白圭北齐韩裔墓》，《文物》1975 年第 4 期。

王克林：《北齐库狄迴洛墓》，《考古学报》1979 年第 3 期。

山西省考古研究所等：《太原市北齐娄睿墓发掘简报》，《文物》1983 年第 10 期。

山西省考古研究所、太原市文物考古研究所［编写］：《北齐东安王娄睿墓》，文物出版社 2006 年版。

山西省考古研究所等：《太原南郊北齐壁画墓》，《文物》1990 年第 12 期。

常一民：《太原市神堂沟北齐贺娄悦墓整理简报》，《文物季刊》1992 年第 3 期。

山西省考古学会、山西省考古研究所编：《山西省考古学会论文集（三）》，山西古籍出版社 1994 年版。

王银田、韩生存：《大同市齐家坡北魏墓发掘简报》，《文物季刊》1995 年第 1 期。

山西省考古研究所、大同市考古研究所：《大同市北魏宋绍祖墓发掘简报》，《文物》2001 年第 7 期。

王银田、刘俊喜：《大同智家堡北魏墓石椁壁画》，《文物》2001 年第 7 期。

太原市文物考古研究所：《太原北齐贺拔昌墓》，《文物》2003 年第 3 期。

太原市文物考古研究所：《太原北齐库狄业墓》，《文物》2003 年第 3 期。

太原市文物考古研究所：《太原北齐狄湛墓》，《文物》2003 年第 3 期。

山西省考古研究所、太原市文物考古研究所：《太原北齐徐显秀墓发掘简报》，《文物》2003 年第 10 期。

李爱国：《太原北齐张海翼墓》，《文物》2003 年第 10 期。

山西省考古研究所：《太原西南郊北齐洞室墓》，《文物》2004 年第 6 期。

刘俊喜、高峰：《大同智家堡北魏墓棺板画》，《文物》2004 年第 12 期。

大同市考古研究所：《山西大同下深井北魏墓发掘简报》，《文物》2004 年第 6 期。

山西省大同市考古研究所：《大同湖东北魏一号墓》，《文物》2004 年第 12 期。

大同市考古研究所：《山西大同沙岭北魏壁画墓发掘简报》，《文物》2006 年第 10 期。

大同市考古研究所：《山西大同七里村北魏墓群发掘简报》，《文物》2006 年第 10 期。

山西省考古研究所等：《太原开化村北齐洞室墓发掘简报》，《考古与文物》2006 年第 2 期。

大同市考古研究所：《山西大同迎宾大道北魏墓群》，《文物》2006 年第 10 期。

山西大学历史文化学院等编著：《大同南郊北魏墓群》，科学出版社 2006 年版。

刘俊善：《大同雁北师院北魏墓群》，文物出版社 2008 年版。

大同市考古研究所：《山西大同南郊区田村北魏墓发掘简报》，《文物》2010 年第 5 期。

怀仁县文物管理所：《山西怀仁北魏丹扬王墓及花纹砖》，《文物》2010 年第 5 期。

山西省考古研究所、山西博物院等：《山西朔州水泉梁北齐壁画墓发掘简报》，《文物》2010 年第 12 期。

山西博物院、山西省考古研究所编著：《山西朔州水泉梁北齐壁画墓发掘报告》，科学出版社 2020 年版。

山西省考古研究所、大同市考古研究所：《山西大同市大同县陈庄北魏墓发掘简报》，《文物》2011 年第 12 期。

大同市考古研究所：《山西大同文瀛路北魏壁画墓发掘简报》，《文物》2011 年第 12 期。

大同市考古研究所：《山西大同云波里路北魏壁画墓发掘简报》，《文物》2011 年第 12 期。

大同市考古研究所：《山西大同阳高北魏尉迟定州墓发掘简报》，《文物》2011 年第 12 期。

大同市考古研究所：《山西大同沙岭新村北魏墓地发掘简报》，《文物》2014 年第 4 期。

山西省考古研究所、大同市考古研究所：《山西大同县湖东北魏墓发掘简报》，《文物》2014 年第 1 期。

大同市考古研究所：《山西大同恒安街北魏墓发掘简报》，《文物》2015 年第 1 期。

山西省考古研究所、忻州市文物管理处：《山西忻州市九原岗北朝壁画墓》，《考古》2015 年第 7 期。

山西省考古研究所、大同市考古研究所：《山西大同南郊全家湾北魏墓发掘简报》，《文物》2015 年第 12 期。

山西省考古研究所、山西大学历史文化学院、太原市文物考古研究所、太原市晋源区文物旅游局：《山西太原开化墓群 2012—2013 年发掘简报》，《文物》2015 年第 12 期。

山西省考古研究所、大同市考古研究所：《山西大同操场城北魏二号遗址发掘简报》，《文物》2016 年第 4 期。

大同市考古研究所：《山西大同云波路北魏墓（M10）发掘简报》，《文物》2017 年第 11 期。

大同市考古研究所：《山西大同二电厂北魏墓群发掘简报》，《文物》2019 年第 8 期。

太原市文物考古研究所编著：《太原北齐韩祖念墓》，科学出版社 2020 年版。

山西省考古研究院、山西大学历史文化学院、太原市文物考古研究所：《山西太原开化北齐和公墓发掘简报》，《中原文物》2020 年第 6 期。

大同市考古研究所：《山西大同御东新区御昌佳园北魏墓 M113 发掘简报》，《考古与文物》2021 年第 4 期。

山西省考古研究院：《山西侯马虒祁北魏墓（M1007）发掘简报》，《文物》2021 年第 2 期。

大同市考古研究所：《山西大同北魏贾宝墓发掘简报》，《文物》2021 年第 6 期。

　　（二）河南省

河南省文化局文物工作队编辑：《邓县彩色画象砖墓》，文物出版社 1958 年版。

河南省博物馆：《河南安阳北齐范粹墓发掘简报》，《文物》1972 年第 1 期。

安阳县文教局：《河南安阳县清理一座北齐墓》，《考古》1973 年第 2 期。

洛阳博物馆：《洛阳北魏元邵墓》，《考古》1973 年第 4 期。

洛阳博物馆：《洛阳北魏画象石棺》，《考古》1980 年第 3 期。

邓宏里等：《沁阳县西向发现北朝墓及画像石棺床》，《中原文物》1983 年第 1 期。

洛阳市文物工作队：《洛阳涧水东岸发现一座北周墓葬》，《中原文物》1984 年第 3 期。

河南省文物研究所、安阳县文管会：《安阳北齐和绍隆夫妇合葬墓清理简报》，《中原文物》1987 年第 1 期。

洛阳市文物工作队：《洛阳孟津晋墓、北魏墓发掘简报》，《文物》1991 年第 8 期。

中国社会科学院考古研究所河南二队:《河南偃师县杏园村的四座北魏墓》,《考古》1991 年第 9 期。

偃师商城博物馆:《河南偃师南蔡庄北魏墓》,《考古》1991 年第 9 期。

偃师商城博物馆:《河南偃师两座北魏墓发掘简报》,《考古》1993 年第 5 期。

洛阳市文物工作队:《洛阳孟津北陈村北魏壁画墓》,《文物》1995 年第 8 期。

中国社会科学院考古研究所:《北魏洛阳永宁寺》,中国大百科全书出版社 1996 年版。

洛阳市第二文物工作队:《洛阳纱厂西路北魏 HM555 发掘简报》,《文物》2002 年第 9 期。

徐婵菲:《洛阳北魏元怿墓壁画》,《文物》2002 年第 2 期。

洛阳博物馆:《洛阳北魏杨机墓出土文物》,《文物》2007 年第 11 期。

洛阳市第二文物工作队:《洛阳衡山路北魏墓发掘简报》,《文物》2009 年第 3 期。

河南省文物考古研究所:《河南安阳县固岸墓地 2 号墓发掘简报》,《华夏考古》2007 年第 2 期。

河南省文物管理局南水北调文物保护办公室:《河南安阳市固岸墓地Ⅱ区 51 号东魏墓》,《考古》2008 年第 5 期。

洛阳市文物工作队:《河南洛阳市吉利区两座北魏墓的发掘》,《考古》2011 年第 9 期。

河南省文物管理局南水北调文物保护管理办公室、安阳市文物考古研究所:《河南安阳县北齐贾进墓》,《考古》2011 年第 4 期。

河南省文物局编著:《安阳北朝墓葬》,科学出版社 2013 年版。

中国社会科学院考古研究所洛阳汉魏故城队:《河南洛阳市汉魏故城发现北魏宫城四号建筑遗址》,《考古》2014 年第 8 期。

洛阳市文物考古研究院:《洛阳孟津南陈北魏墓发掘简报》,《洛阳考古》2014 年第 1 期。

洛阳市文物考古研究院:《洛阳吉利济涧北魏墓发掘简报》,《文物》2015 年第 4 期。

洛阳市文物考古研究院:《洛阳涧西衡山路北魏墓发掘简报》,《文物》2016 年第 7 期。

洛阳市文物考古研究院:《洛阳北魏元祉墓发掘简报》,《洛阳考古》2017 年第 3 期。

洛阳市文物考古研究院编:《洛阳北魏元祉墓》,中州古籍出版社 2018 年版。

偃师市文物旅游局、洛阳市文物考古研究院:《洛阳偃师两座北魏墓发掘简报》,《中原文物》2019 年第 6 期。

安阳市文物考古研究所、濮阳市戚城文物景区管理处:《2018 年安阳固岸村北齐墓发掘简报》,《中原文物》2021 年第 4 期。

（三）河北省

张平一：《河北吴桥县发现东魏墓》，《考古通讯》1956 年第 6 期。

河北省文化局文物工作队：《河北定县出土北魏石函》，《考古》1966 年第 5 期。

河北省博物馆、文物管理处：《河北曲阳发现北魏墓》，《考古》1972 年第 5 期。

定县博物馆：《河北定县 43 号汉墓发掘简报》，《文物》1973 年第 11 期。

河北省博物馆、河北省文物管理处：《河北平山北齐崔昂墓调查报告》，《文物》
　1973 年第 11 期。

石家庄地区革委会文化局文物发掘组：《河北赞皇东魏李希宗墓》，《考古》1977 年
　第 6 期。

磁县文化馆：《河北磁县东陈村东魏墓》，《考古》1977 年第 6 期。

河北省文管处：《河北景县北魏高氏墓发掘简报》，《文物》1979 年第 3 期。

磁县文化馆：《河北磁县北齐高润墓》，《考古》1979 年第 3 期。

磁县文化馆：《河北磁县东魏茹茹公主墓发掘简报》，《文物》1984 年第 4 期。

磁县文化馆：《河北磁县东陈村北齐尧峻墓》，《文物》1984 年第 4 期。

河北省沧州地区文化馆：《河北省吴桥四座北朝墓葬》，《文物》1984 年第 9 期。

沧州地区文化局：《黄骅县北齐常文贵墓清理简报》，《文物》1984 年第 9 期。

蔚县博物馆：《河北蔚县北魏太平真君五年朱业微石造像》，《考古》1989 年第 9 期。

中国社会科学院考古研究所考古科技实验研究中心：《邺南城出土的北朝铁甲胄》，
　《考古》1996 年第 1 期。

磁县文物保管所：《河北磁县北齐元良墓》，《考古》1997 年第 3 期。

河北省文物研究所、临城县文物保管所：《临城县南孟村唐墓发掘报告》，《河北省
　考古文集（二）》，北京燕山出版社 2001 年版。

中国社会科学院考古研究所、河北省文物研究所编著：《磁县湾漳北朝壁画墓》，科
　学出版社 2003 年版。

朱岩石、何利群、沈丽华：《河北磁县北朝墓群发现东魏皇族元祜墓》，《考古》
　2007 年第 11 期。

中国社会科学院考古研究所河北工作队：《河北赞皇县北魏李仲胤夫妇墓发掘简
　报》，《考古》2015 年第 8 期。

南水北调中线干线工程建设管理局、河北省南水北调工程建设领导小组办公室、河
　北省文物局编著：《磁县双庙墓群考古发掘报告》，文物出版社 2017 年版。

（四）陕西省

陕西省文物管理委员会：《西安任家口 M229 号北魏墓清理简报》，《文物参考资料》
　1955 年第 12 期。

陕西省文物管理委员会：《西安南郊草厂坡村北朝墓的发掘》，《考古》1959 年第
　6 期。

陕西省博物馆等：《唐章怀太子墓发掘简报》，《文物》1972 年第 7 期。

中国社会科学院考古研究所编著：《唐长安城郊隋唐墓》，文物出版社 1980 年版。

汉中市博物馆：《汉中市崔家营西魏墓清理记》，《考古与文物》1981 年第 2 期。

咸阳市文管会、咸阳博物馆：《咸阳市胡家沟西魏侯义墓清理简报》，《文物》1987
　　年第 12 期。

昭陵博物馆：《唐昭陵段简璧墓清理报告》，《文物》1989 年第 6 期。

陕西省考古研究所：《长安县北朝墓葬清理简报》，《考古与文物》1990 年第 5 期。

咸阳市渭城区文管会：《咸阳市渭城区北周拓跋虎夫妇墓清理记》，《文物》1993 年
　　第 11 期。

负安志编著：《中国北周珍贵文物》，陕西人民美术出版社 1993 年版。

陕西省考古研究所、咸阳市考古研究所：《北周武帝孝陵发掘简报》，《考古与文物》
　　1997 年第 2 期。

李朝阳：《咸阳市郊清理一座北朝墓》，《考古与文物》1998 年第 1 期。

陕西省考古研究所：《西安发现的北周安伽墓》，《文物》2001 年第 1 期。

陕西省考古研究所：《西安北周安伽墓》，文物出版社 2003 年版。

陕西省考古研究所：《北周宇文俭墓清理发掘简报》，《考古与文物》2001 年第
　　3 期。

王自力、孙福喜编著：《唐金乡县主墓》，文物出版社 2002 年版。

西安市文物保护考古所：《西安市北周史君石椁墓》，《考古》2004 年第 7 期。

西安市文物保护考古所：《西安北周凉州萨保史君墓发掘简报》，《文物》2005 年第
　　3 期。

西安市文物保护考古研究院编著：《北周史君墓》，文物出版社 2014 年版。

陕西省考古研究所：《隋吕思礼夫妇合葬墓清理简报》，《考古与文物》2004 年第
　　6 期。

陕西省考古研究所：《西安洪庆北朝、隋家族迁葬墓地》，《文物》2005 年第 10 期。

陕西省考古研究所：《西安北郊北朝墓清理简报》，《考古与文物》2005 年第 1 期。

程林泉：《西安北周李诞墓的考古发现与研究》，《西部考古》第 1 辑，三秦出版社
　　2006 年版。

阮新正：《陕西蓝田县发现的西魏纪年墓》，《考古与文物》2006 年第 2 期。

西安市文物保护考古所：《西安北周康业墓发掘简报》，《文物》2008 年第 6 期。

西安市文物保护考古所：《西安南郊北魏北周墓发掘简报》，《文物》2009 年第 5 期。

陕西省考古研究院：《北周郭生墓发掘简报》，《文博》2009 年第 5 期。

西安市文物保护考古所：《西安韦曲高望堆北朝墓发掘简报》，《文物》2010 年第
　　9 期。

陕西省考古研究院：《北周独孤宾墓发掘简报》，《考古与文物》2011 年第 5 期。

陕西省考古研究院：《北周莫仁相墓、莫仁诞墓发掘简报》，《考古与文物》2012 年

第 3 期。

陕西省考古研究院等：《陕西靖边县统万城周边北朝仿木结构壁画墓发掘简报》，《考古与文物》2013 年第 3 期。

陕西省考古研究院编著：《潼关税村隋代壁画墓》，文物出版社 2013 年版。

陕西省考古研究院：《西安南郊韦曲北塬北朝墓发掘简报》，《考古与文物》2015 年第 5 期。

陕西省考古研究院：《陕西咸阳邓村北周墓发掘简报》，《考古与文物》2017 年第 3 期。

陕西省考古研究院：《咸阳北周拓拔迪夫妇墓发掘简报》，《中原文物》2019 年第 3 期。

陕西省考古研究院、陕西历史博物馆、长安区旅游民族宗教文物局：《陕西西安西魏吐谷浑公主与茹茹大将军合葬墓发掘简报》，《考古与文物》2019 年第 4 期。

西安市文物保护考古研究院：《陕西西安北周康城恺公柳带韦墓发掘简报》，《文博》2020 年第 5 期。

西安市文物保护考古研究院：《陕西西安西魏乙弗虬及夫人隋代席氏合葬墓发掘简报》，《考古与文物》2020 年第 1 期。

陕西省考古研究院、延安市文物保护研究所：《陕西延安宝塔区冯庄乡北魏墓葬发掘简报》，《考古与文物》2020 年第 2 期。

陕西省考古研究院：《陕西西咸新区摆旗寨西魏陆丑墓发掘简报》，《文物》2021 年第 11 期。

陕西省考古研究院、咸阳师范学院、顺陵文物管理所：《陕西西咸新区朱家寨北周墓发掘简报》，《文物》2021 年第 11 期。

咸阳市文物考古研究所：《陕西咸阳韩家村北周墓发掘简报》，《文博》2021 年第 3 期。

　　（五）宁夏

固原县文物工作站：《宁夏固原北魏墓清理简报》，《文物》1984 年第 6 期。

宁夏固原博物馆编：《固原北魏墓漆棺画》，宁夏人民出版社 1988 年版。

宁夏回族自治区博物馆、宁夏固原博物馆：《宁夏固原北周李贤夫妇墓发掘简报》，《文物》1985 年第 11 期。

宁夏固原博物馆：《彭阳新集北魏墓》，《文物》1988 年第 9 期。

宁夏文物考古所固原工作站：《固原北周宇文猛墓发掘简报》，《宁夏考古文集》，宁夏人民出版社 1994 年版。

罗丰：《北朝、隋唐原州墓葬》，《原州古墓集成》，文物出版社 1999 年版。

原州联合考古队编著：《北周田弘墓——原州联合考古队发掘调查报告》，文物出版社 2009 年版。

西北大学文化遗产学院、宁夏文物考古研究所、彭阳县文物管理所：《宁夏彭阳海子塬北魏、隋墓清理简报》，《考古与文物》2015 年第 3 期。

宁夏回族自治区文物考古研究所：《固原南郊北魏墓发掘简报》，《中原文物》2020
年第 5 期。

樊军等：《固原南郊发现的两座北朝墓》，《中国国家博物馆馆刊》2021 年第 10 期。

（六）内蒙古

内蒙古文物工作队：《内蒙古呼和浩特美岱村北魏墓》，《考古》1962 年第 2 期。

内蒙古文物工作队等：《呼和浩特附近出土的外国金银币》，《考古》1975 年第 3 期。

郭素新：《内蒙古呼和浩特北魏墓》，《文物》1977 年第 5 期。

陆思贤、陈棠栋：《达茂旗出土的古代北方民族金饰件》，《文物》1984 年第 1 期。

刘瑞娥、朱家龙：《鸡鸣驿北魏壁画墓清理随想》，《呼和浩特文物》1999 年第
4 期。

内蒙古自治区文物考古研究所、内蒙古博物馆、鄂尔多斯考古研究院、乌审旗文物
管理所：《内蒙古乌审旗郭家梁村北朝墓葬发掘报告》，《华夏考古》2015 年第
2 期。

王巍主编：《内蒙古正镶白旗伊和淖尔墓群——M6 出土金项饰》，《中国考古学年鉴
2015》，中国社会科学出版社 2015 年版。

中国人民大学历史学院考古文博系等：《内蒙古正镶白旗伊和淖尔 M1 发掘简报》，
《文物》2017 年第 1 期。

（七）山东省

济南市博物馆：《济南市东郊发现东魏墓》，《文物》1966 年第 4 期。

山东省博物馆文物组：《山东高唐东魏房悦墓清理纪要》，《文物资料丛刊》第 2 期，
文物出版社 1978 年版。

山东博物馆：《山东嘉祥英山一号隋墓清理简报》，《文物》1981 年第 4 期。

山东省文物考古研究所：《临淄北朝崔氏墓》，《考古学报》1984 年第 2 期。

夏名采：《益都北齐石室墓线刻画像》，《文物》1985 年第 10 期。

济南市博物馆：《济南市马家庄北齐墓》，《文物》1985 年第 10 期。

山东省文物考古研究所：《济南市东八里洼北朝壁画墓》，《文物》1989 年第 4 期。

寿光县博物馆：《山东寿光北魏贾思伯墓》，《文物》1992 年第 8 期。

夏名采：《青州傅家北齐线刻画像补遗》，《文物》2001 年第 5 期。

山东省文物考古研究所、临朐县博物馆：《山东临朐北齐崔芬壁画墓》，《文物》
2002 年第 4 期。

宫德杰：《山东临朐北朝画像石墓》，《文物》2002 年第 9 期。

（八）江苏省

徐州博物馆：《徐州内华发现南北朝陶俑》，《文物》1999 年第 3 期。

徐州博物馆：《江苏徐州市北齐墓清理简报》，《考古学集刊13》，中国大百科全书
出版社 2000 年版。

徐州博物馆：《江苏徐州市楚岳山庄北齐墓发掘简报》，《中原文物》2010 年第3 期。

徐州汉兵马俑博物馆、徐州狮子山楚王陵：《江苏徐州云龙区骆驼山北朝墓 M1 发掘报告》，《东南文化》2020 年第 6 期。

（九）其他地区

新疆维吾尔自治区博物馆：《新疆吐鲁番阿斯塔那北区墓葬发掘简报》，《文物》1960 年第 6 期。

新疆维吾尔自治区博物馆：《吐鲁番县阿斯塔那——哈拉和卓古墓群清理简报》，《文物》1972 年第 1 期。

新疆维吾尔自治区博物馆：《吐鲁番县阿斯塔那——哈拉和卓古墓群发掘简报（1963—1965）》，《文物》1973 年第 10 期。

新疆维吾尔自治区博物馆、西北大学历史系考古专业：《1973 年吐鲁番阿斯塔那古墓群发掘简报》，《文物》1975 年第 7 期。

新疆博物馆考古队：《吐鲁番哈拉和卓古墓群发掘简报》，《文物》1978 年第 6 期。

新疆博物馆考古队：《阿斯塔那古墓群第二次发掘简报》，《新疆文物》2000 年第3—4 期合刊。

新疆文物考古研究所：《阿斯塔那古墓群第十次发掘简报》，《新疆文物》2000 年第3—4 期合刊。

敦煌文物研究所：《新发现的北魏刺绣》，《文物》1972 年第 2 期。

马希桂：《北京王府仓北齐墓》，《文物》1977 年第 11 期。

刘谦：《锦州北魏墓清理简报》，《考古》1990 年第 5 期。

三　图录

敦煌文物研究所编辑：《敦煌壁画集》，文物出版社 1957 年版。

山西省博物馆编：《太原圹坡北齐张肃墓文物图录》，中国古典艺术出版社 1958 年版。

黄明兰编著：《洛阳北魏世俗石刻线画集》，人民美术出版社 1987 年版。

郭建邦编著：《北魏宁懋石室线刻画》，人民美术出版社 1987 年版。

中国美术全集编辑委员会［编］：《中国美术全集》，上海人民美术出版社 1988 年版。

河南省文物研究所编：《中国石窟·巩县石窟寺》，文物出版社 1989 年版。

北京图书馆金石组编：《北京图书馆藏中国历代石刻拓本汇编》，中州古籍出版社 1989 年版。

陕西省博物馆编：《隋唐文化》，学林出版社 1990 年版。

云冈石窟文物保管所编：《中国石窟·云冈石窟》，文物出版社 1991 年版。

龙门文物保管所、北京大学考古系编：《中国石窟·龙门石窟》，文物出版社 1991

年版。

中国玉器全集编辑委员会编：《中国玉器全集》，河北美术出版社 1993 年版。

金申编著：《中国历代纪年佛像图典》，文物出版社 1994 年版。

陕西省耀县药王山博物馆等合编：《北朝佛道造像碑精选》，天津古籍出版社 1996 年版。

麦积山石窟艺术研究所编：《中国石窟·天水麦积山》，文物出版社 1998 年版。

陕西省考古研究所编：《陕西新出土文物选粹》，重庆出版社 1998 年版。

敦煌研究院编：《中国石窟·敦煌莫高窟》，文物出版社 1999 年版。

中国画像石全集编辑委员会编：《中国画像石全集 8 石刻线画》，河南美术出版社、山东美术出版社 2000 年版。

长安博物馆编：《长安瑰宝》（第一辑），世界图书出版西安公司 2002 年版。

俞凉亘、周立主编：《洛阳陶俑》，北京图书馆出版社 2005 年版。

河南省文物局编：《河南省南水北调工程考古发掘出土文物集萃》（一），文物出版社 2009 年版。

西安碑林博物馆编：《长安佛韵：西安碑林佛教造像艺术》，陕西师范大学出版社 2010 年版。

李银德主编：《古彭遗珍——徐州博物馆馆藏文物精选》，国家图书馆出版社 2011 年版。

深圳博物馆、山西博物院编：《法相庄严：山西博物院藏佛教造像珍品展》，文物出版社 2011 年版。

宁夏固原博物馆编：《固原文物精品图集》（中册），宁夏人民出版社 2012 年版。

西安市文物保护考古研究院编著：《西安文物精华·陶俑》，世界图书出版西安有限公司 2014 年版。

中国社会科学院考古研究所等编：《邺城文物菁华》，文物出版社 2014 年版。

大同市博物馆编：《平城文物精粹——大同市博物馆馆藏精品录》，江苏凤凰美术出版社 2016 年版。

大同北朝艺术研究院编：《北朝艺术研究院藏品图录：青铜器 陶瓷器 墓葬壁画》，文物出版社 2016 年版。

大同市博物馆编：《融合之路——拓跋鲜卑迁徙与发展历程》，安徽美术出版社 2018 年版。

高春明：《中国历代服饰文物图典》，上海辞书出版社 2018 年版。

南京博物院编著：《琅琊王——从东晋到北魏》，译林出版社 2018 年版。

中国社会科学院考古研究所、河北省文物研究所编著：《邺城北吴庄出土佛教造像》，科学出版社 2019 年版。

山西博物院、山西省考古研究所编：《壁上乾坤：山西北朝墓葬壁画艺术》，山西人民出版社 2020 年版。

四 研究专著与论文集

包铭新等主编：《中国北方古代少数民族服饰研究》，东华大学出版社 2013 年版。

蔡子谔：《中国服饰美学史》，河北美术出版社 2002 年版。

曾昭燏：《文化·器物·衣冠》，中国文史出版社 2018 年版。

陈大威编著：《画说中国历代甲胄》，上海书店出版社 2009 年版。

陈茂同编著：《中国历代衣冠服饰制》，新华出版社 1993 年版。

陈寅恪：《隋唐制度渊源略论稿》，中华书局 1963 年版。

［韩］崔圭顺：《中国历代帝王冕服研究》，东华大学出版社 2008 年版。

丁凌华：《中国丧服制度史》，上海人民出版社 2000 年版。

杜朝晖：《敦煌文献名物研究》，中华书局 2011 年版。

高春明：《中国服饰名物考》，上海文化出版社 2001 年版。

葛承雍：《胡汉中国与外来文明》（5 卷），生活·读书·新知三联书店 2020 年版。

国家文物局主编：《2004 中国重要考古发现》，文物出版社 2005 年版。

侯旭东：《佛陀相佑：造像记所见北朝民众信仰》，社会科学文献出版社 2018 年版。

华梅：《人类服饰文化学》，天津人民出版社 1995 年版。

华梅等：《人类服饰文化学拓展研究》，人民日报出版社 2020 年版。

黄良莹：《北朝服饰研究》，"国立"历史博物馆 2011 年版。

黄能馥、陈娟娟：《中国服饰史》，上海人民出版社 2004 年版。

黄现璠：《古书解读初探——黄现璠学术论文选》，广西师范大学出版社 2004 年版。

吉林省文物考古研究所编：《榆树老河深》，文物出版社 1987 年版。

贾玺增：《四季花与节令物：中国古人头上的一年风景》，清华大学出版社 2016 年版。

姜伯勤：《中国祆教艺术史研究》，生活·读书·新知三联书店 2004 年版。

凯风：《中国甲胄》，上海古籍出版社 2006 年版。

康乐：《从西郊到南郊：北魏的迁都与改革》，北京联合出版公司 2020 年版。

李梅田：《魏晋北朝墓葬的考古学研究》，商务印书馆 2009 年版。

李淞：《长安艺术与宗教文明》，中华书局 2002 年版。

李芽：《耳畔流光：中国历代耳饰》，中国纺织出版社 2015 年版。

李芽等：《中国古代首饰史》，江苏凤凰文艺出版社 2020 年版。

李芽编著：《中国历代女子妆容》，江苏文艺出版社 2017 年版。

李域铮编著：《陕西古代石刻艺术》，三秦出版社 1995 年版。

李之檀编：《中国服饰文化参考文献目录》，中国纺织出版社 2001 年版。

梁满仓：《中国魏晋南北朝习俗史》，人民出版社 1995 年版。

林幹：《东胡史》，内蒙古人民出版社 1989 年版。

林梅村：《古道西风：考古新发现所见中西文化交流》，生活·读书·新知三联书店 2000 年版。

林梅村：《松漠之间：考古新发现所见中外文化交流》，生活·读书·新知三联书店 2007 年版。
刘永华：《中国古代军戎服饰》，上海古籍出版社 1995 年版。
楼劲：《北魏开国史探》，中国社会科学出版社 2017 年版。
栾丰实、方辉、靳桂云：《考古学理论·方法·技术》，文物出版社 2002 年版。
吕思勉：《两晋南北朝史》，上海古籍出版社 1983 年版。
吕一飞：《胡族习俗与隋唐风韵》，书目文献出版社 1994 年版。
马长寿：《乌桓与鲜卑》，上海人民出版社 1962 年版。
孟晖：《中原女子服饰史稿》，作家出版社 1995 年版。
米文平：《鲜卑石室寻访记》，山东画报出版社 1997 年版。
米文平：《鲜卑史研究》，中州古籍出版社 1994 年版。
缪良云主编：《中国衣经》，上海文化出版社 2000 年版。
内蒙古自治区文物考古研究所编：《内蒙古地区鲜卑墓葬的发现与研究》，科学出版社 2004 年版。
倪润安：《光宅中原：拓跋至北魏的墓葬文化与社会演进》，上海古籍出版社 2017 年版。
蒲慕州：《追寻一己之福——中国古代的信仰世界》，上海古籍出版社 2007 年版。
蒲慕州主编：《生活与文化》，中国大百科全书出版社 2005 年版。
瞿宣颖纂辑：《中国社会史料丛钞》，上海书店 1985 年影印本。
荣新江、李孝聪主编：《中外关系史——新史料与新问题》，科学出版社 2004 年版。
荣新江、罗峰主编：《粟特人在中国：考古发现与出土文献的新印证》，科学出版社 2016 年版。
荣新江：《中古中国与外来文明》，生活·读书·新知三联书店 2001 年版。
上海市戏曲学校中国服装史研究组编著：《中国历代服饰》，学林出版社 1984 年版。
沈从文编著：《中国古代服饰研究》，香港商务印书馆 1981 年版。
孙机：《华夏衣冠——中国古代服饰文化》，上海古籍出版社 2016 年版。
孙机：《仰观集：古文物的欣赏与鉴别》，文物出版社 2012 年版。
孙机：《中国古舆服论丛》，上海古籍出版社 2013 年版。
孙机：《中国圣火——中国古文物与东西文化交流中的若干问题》，辽宁教育出版社 1996 年版。
田余庆：《东晋门阀政治》，北京大学出版社 1989 年版。
王国维：《观堂集林》，中华书局 1959 年版。
王乐：《丝绸之路织染绣服饰研究·新疆段卷》，东华大学出版社 2020 年版。
王仁湘：《善自约束：古代带钩与带扣》，上海古籍出版社 2012 年版。
王㐨：《染缬集》，北京燕山出版社 2014 年版。
王永平：《中古士人迁移与文化交流》，社会科学文献出版社 2005 年版。

王宇清：《中国服装史纲》，中华大典编印会，1967 年。

巫鸿主编：《汉唐之间的世俗美术与物质文化》，文物出版社 2002 年版。

巫鸿主编：《汉唐之间的宗教艺术与考古》，文物出版社 2000 年版。

巫鸿主编：《汉唐之间文化艺术的互动与交融》，文物出版社 2001 年版。

夏燕靖：《中国艺术设计史》，辽宁美术出版社 2001 年版。

向达：《唐代长安与西域文明》，生活·读书·新知三联书店 1957 年版。

谢宝富：《北朝婚丧礼俗研究》，首都师范大学出版社 1998 年版。

谢静：《敦煌石窟中的少数民族服饰研究》，甘肃教育出版社 2016 年版。

薛宗正主编：《中国新疆古代社会生活史》，新疆人民出版社 1997 年版。

阎步克、邢义田、邓小南等：《多面的制度：跨学科视野下的制度研究》，生活·读书·新知三联书店 2021 年版。

阎步克：《服周之冕——〈周礼〉六冕礼制的兴衰变异》，中华书局 2009 年版。

扬之水：《定名与相知：博物馆参观记》，广西师范大学出版社 2018 年版。

扬之水：《古诗文名物新证合编》，天津教育出版社 2012 年版。

杨泓：《汉唐美术考古和佛教艺术》，科学出版社 2000 年版。

杨泓：《中国古兵器论丛》，文物出版社 1980 年版。

杨鹢国：《符号与象征——中国少数民族服饰文化》，北京出版社 2000 年版。

杨天宇撰：《礼记译注》，上海古籍出版社 2004 年版。

杨荫深撰：《事物掌故丛谈·衣冠服饰》，世界书局 1946 年版。

叶立诚：《服饰美学》，中国纺织出版社 2001 年版。

俞伟超：《考古学是什么：俞伟超考古学理论文选》，中国社会科学出版社 1996 年版。

袁杰英编著：《中国历代服饰史》，高等教育出版社 1994 年版。

张光直：《考古学专题六讲》，文物出版社 1986 年版。

张景明：《中国北方草原古代金银器》，文物出版社 2005 年版。

张竞琼：《西"服"东渐——20 世纪中外服饰交流史》，安徽美术出版社 2002 年版。

张庆捷、李书吉、李钢主编：《4—6 世纪的北中国与欧亚大陆》，科学出版社 2006 年版。

张庆捷：《民族汇聚与文明互动——北朝社会的考古学观察》，商务印书馆 2010 年版。

赵超：《汉魏南北朝墓志汇编》（修订本），中华书局 2021 年版。

赵超：《汉魏南北朝墓志汇编》，天津古籍出版社 1992 年版。

赵超：《云想衣裳——中国服饰的考古文物研究》，四川人民出版社 2004 年版。

赵德云：《西周至汉晋时期中国外来珠饰研究》，科学出版社 2016 年版。

赵丰、周旸等：《中国纺织考古与科学研究》，上海科学技术出版社 2018 年版。

赵丰、金琳：《纺织考古》，文物出版社 2007 年版。

赵丰：《中国丝绸艺术史》，文物出版社 2005 年版。

赵丰主编：《中国丝绸通史》，苏州大学出版社 2005 年版。

赵万里：《汉魏南北朝墓志集释》，科学出版社 1956 年版。

郑岩：《逝者的面具——汉唐墓葬艺术研究》，北京大学出版社 2013 年版。

郑岩：《魏晋南北朝壁画墓研究》，文物出版社 2002 年版。

周锡保：《中国古代服饰史》，中国戏剧出版社 1984 年版。

周汛、高春明：《中国历代服饰》，学林出版社 1984 年版。

周汛、高春明：《中国历代妇女妆饰》，学林出版社、香港三联书店 1991 年版。

周汛、高春明编著：《中国衣冠服饰大辞典》，上海辞书出版社 1996 年版。

周一良：《魏晋南北朝史札记》，中华书局 1985 年版。

朱大渭等：《魏晋南北朝社会生活史》，中国社会科学出版社 1998 年版。

邹清泉：《行为世范：北魏孝子画像研究》，北京大学出版社 2015 年版。

［日］原田淑人：《中国唐代の服饰》，东京大学文学部纪要第四，东京大学出版社 1920 年版。

［日］原田淑人：《西域绘画所见の服饰研究》，东洋文库 1925 年版。

［日］原田淑人：《汉六朝の服饰》，东洋文库 1937 年版。

［日］原田淑人：《增补汉六朝の服饰》，东洋文库 1967 年版。

［日］原田淑人：《唐代の服饰》，东洋文库 1970 年版。

［日］原田淑人：《唐代女子化妆考》，黄现璠译，《广西留京学会学报》1931 年第 12—13 期。

［日］原田淑人：《中国唐代的服装》，常任侠译，《美术研究》1958 年第 1 期。

［日］原田淑人：《西域绘画所见服装的研究》，常任侠译，《美术研究》1958 年第 1 期。

［德］格罗塞：《艺术的起源》，蔡慕晖译，商务印书馆 1984 年版。

［美］爱德华·谢弗：《唐代的外来文明》，吴玉贵译，陕西师范大学出版社 2005 年版。

［英］弗朗西斯·哈斯克尔：《历史及其图像——艺术及对往昔的阐释》，孔令伟译，商务印书馆 2018 年版。

［英］肯·达柯：《理论考古学》，刘文锁、卓文静译，岳麓书社 2005 年版。

五　中文研究论文

包铭新、［韩］崔圭顺：《唐代礼官服色考——兼论〈步辇图〉的服色问题》，《故宫博物院院刊》2006 年第 5 期。

曹意强：《可见之不可见性——论图像证史的有效性与误区》，《新美术》2004 年第 2 期。

曾昭燏：《从彭山陶俑中所见汉代服饰》，《南京博物院集刊》1982 年第 5 期。

陈琳：《图像证史之证解》，《东南学术》2013 年第 2 期。

陈彦姝：《六世纪中后期的中国联珠纹织物》，《故宫博物院院刊》2007 年第 1 期。

陈晔：《乾陵王宾像上的鞶囊考》，《文博》2012 年第 5 期。

陈振：《再谈中古汉人从跪坐到垂脚高坐的演变》，《北大史学》第 7 辑，2000 年 10 月。

程溯洛：《中国古代各族人民发式略考》，《新疆大学学报》1991 年第 2 期。

褚馨：《汉唐之间组玉佩的传承与变革》，《考古与文物》2012 年第 6 期。

范英豪：《同源而异趣的南北朝"褒衣博带"》，《装饰》2006 年第 1 期。

逢成华：《北朝"褒衣博带"装束渊源考辨》，《学术交流》2006 年第 4 期。

葛承雍：《胡人发型：中古"剪头胡雏"艺术形象试解》，《故宫博物院院刊》2021 年第 2 期。

葛承雍：《中古壁画与陶塑再现的拎包女性形象》，《故宫博物院院刊》2020 年第 1 期。

古方：《曹魏王粲所创玉佩样式及佩法》，《中国历史文物》2005 年第 3 期。

古顺芳：《大同北魏平城丝路遗珍》，《收藏家》2015 年第 3 期。

郭凤妍：《"五兵佩"（西河子金链）再研究》，台建群译，《石窟寺研究》2014 年第 5 辑。

郭敏：《论先秦时期颈饰习俗的演变》，《郑州大学学报》（哲学社会科学版）2007 年第 4 期。

韩伟：《唐代革带考》，《西北大学学报》（哲学社会科学版）1982 年第 3 期。

何利群：《邺城遗址出土北魏谭副造像图像考释》，《考古》2020 年第 5 期。

黄厚明：《艺术史研究的守界与跨界》，《民族艺术》2014 年第 2 期。

霍巍：《丝绸入蕃：考古学的观察及其文化史意义》，《西北民族论丛》第 13 辑，社会科学文献出版社 2016 年版。

剑艺：《我国古代的假发》，《民俗研究》1995 年第 1 期。

孔毅：《北朝后期六镇鲜卑群体心态的演变》，《重庆师院学报》（哲学社会科学版）1999 年第 2 期。

黎珂、王睦等：《裤子、骑马与游牧——新疆吐鲁番洋海墓地出土有裆裤子研究》，《西域研究》2015 年第 2 期。

李梅田：《北朝墓室画像的区域性研究》，《故宫博物院院刊》2005 年第 3 期。

李培栋：《北魏"太和改制"论纲》，《上海师范大学学报》1988 年第 4 期。

李元媛：《项饰起源及其审美功用调查》，《艺术百家》2008 年第 6 期。

李志敏：《"索头"为既辫且髡发式说辨误》，《民族研究》2005 年第 4 期。

柳涵：《北朝的铠马骑俑》，《考古》1959 年第 2 期。

陆思贤：《鲜卑族名与"鲜卑郭洛带"》，《内蒙古社会科学》1984 年第 3 期。

马冬：《"蹀躞带"综论》，《藏学学刊》第 5 辑，四川大学出版社 2009 年版。

马冬：《青州傅家画像石〈商谈图〉服饰文化研究》，《华夏考古》2011 年第 3 期。

苗霖霖：《北魏女官制度考略》，《济南大学学报》（社会科学版）2015 年第 1 期。

苗霖霖：《北魏鲜卑妇女社会地位初探》，《黑龙江民族丛刊》2007 年第 4 期。

苗霖霖：《从"母强子立"到"子贵母死"——北魏妇女社会地位再探讨》，《黑龙江民族丛刊》2019 年第 4 期。

缪哲：《以图证史的陷阱》，《读书》2005 年第 2 期。

倪润安：《北周墓葬俑群研究》，《考古学报》2005 年第 1 期。

倪润安：《河北临城"孟宾墓"为北魏墓葬考》，《中国历史文物》2004 年第 6 期。

倪润安：《西魏北周墓葬的发现与研究述评》，《考古与文物》2002 年第 5 期。

潘玲：《矩形动物纹牌饰的相关问题研究》，《边疆考古研究》第 3 辑，科学出版社 2004 年版。

乔梁：《中国北方动物饰牌研究》，《边疆考古研究》第 1 辑，科学出版社 2002 年版。

荣新江：《略谈徐显秀墓壁画的菩萨联珠纹》，《文物》2003 年第 10 期。

施尔乐：《遮蔽与袒露——图像资料中的北朝着装形象探析》，《形象史学》第 18 辑，中国社会科学出版社 2021 年版。

宋丙玲：《北朝文物中的裲裆》，《文物春秋》2014 年第 2 期。

宿白：《北魏洛阳和北邙陵墓——鲜卑遗迹辑录之三》，《文物》1978 年第 7 期。

宿白：《东北、内蒙古地区的鲜卑遗迹——鲜卑遗迹辑录之一》，《文物》1977 年第 5 期。

宿白：《盛乐、平城一带的拓跋鲜卑——北魏遗迹——鲜卑遗迹辑录之二》，《文物》1977 年第 11 期。

孙机：《进贤冠与武弁大冠》，《中国历史博物馆馆刊》1989 年第 13、14 期。

孙机：《说"金紫"》，《文史知识》1984 年第 1 期。

孙机：《唐代妇女的服装与化妆》，《文物》1984 年第 4 期。

孙机：《先秦、汉、晋腰带用金银带扣》，《文物》1994 年第 1 期。

孙危：《鲜卑考古学文化研究》，科学出版社 2007 年版。

谭淑琴：《河南博物院收藏的四件造像碑》，《中原文物》2000 年第 1 期。

田余庆：《北魏后宫子贵母死之制的形成和演变》，《国学研究》第五卷，北京大学出版社 1998 年版。

万芳：《考古所见晋唐时期间裙研究》，《考古与文物》2010 年第 2 期。

王景荃：《豫北地区景明年间佛教石刻造像初探》，《中原文物》2002 年第 5 期。

王雁卿：《北魏带具考》，《北朝研究》第 8 辑，科学出版社 2017 年版。

王援朝、钟少异：《弯月形弓弢的源流——西域兵器影响中原的一个事例》，《文物天地》1997 年第 6 期。

王铮：《历史气候变化对中国社会发展的影响——兼论人地关系》，《地理学报》1996 年第 4 期。

韦正、乔苏婷：《论江苏徐州地区南北朝墓葬中的陶俑》，《东南文化》2019 年第

6 期。

韦正：《东汉、六朝的朝服葬》，《文物》2002 年第 3 期。

吴爱琴：《古代冠蝉考释》，《中原文物》2013 年第 2 期。

吴松岩、赵菲：《十六国早期拓跋部与慕容部联姻考——从内蒙古达茂旗出土金步摇冠饰谈起》，《边疆考古研究》2021 年第 1 辑。

武敏：《从出土文物看唐代以前新疆丝织业的发展》，《西域研究》1996 年第 2 期。

武敏：《新疆出土汉——唐丝织品初探》，《文物》1962 年第 7、8 合期。

夏鼐：《吐鲁番新发现的古代丝绸》，《考古》1972 年第 2 期。

夏鼐：《我国古代蚕、桑、丝、绸的历史》，《考古》1972 年第 2 期。

夏鼐：《新疆新发现的古代丝织品——绮、锦和刺绣》，《考古学报》1963 年第 1 期。

辛龙、高小超、宁琰：《两晋时期的筩袖铠研究》，《华夏考古》2018 年第 6 期。

胥洪泉：《漫话古代妇女的假发》，《文史杂志》2000 年第 3 期。

许文杰：《鲜卑遗存的考古学考察》，《北方文物》1993 年第 4 期。

扬之水：《读物小札："宝粟钿金虫"》，《南方文物》2013 年第 1 期。

杨秉礼、史宇阔、刘晓华：《咸阳杨家湾汉墓兵俑服饰探讨》，《文博》1996 年第 6 期。

杨泓：《关于铁甲、马铠和马镫问题》，《考古》1961 年第 12 期。

杨泓：《骑兵和甲骑具装二论》，《华学》第 3 辑，紫禁城出版社 1998 年版。

杨泓：《骑兵和甲骑具装——中国古代军事装备札记之二》，《文物》1977 年第 10 期。

杨泓：《试论南北朝前期佛像服饰的主要变化》，《考古》1963 年第 6 期。

杨效俊：《东魏、北齐墓葬的考古学研究》，《考古与文物》2000 年第 5 期。

殷宪、董其高：《北魏司马金龙墓屏风漆画题记》，《中国书法》2014 年第 7 期。

贠安志：《北周甲士俑与甲马甲士骑俑综述》，《文博》1993 年第 2 期。

张金茹：《北朝陶俑冠服》，《文物春秋》2000 年第 4 期。

张景明：《北方草原地区鲜卑金银器造型艺术研究》，《民族艺术》2008 年第 1 期。

张雁红：《大同地区的北魏墓葬壁画》，《大众考古》2020 年第 10 期。

张子英、张利亚：《河北磁县北朝墓群研究》，《华夏考古》2003 年第 2 期。

赵斌：《鲜卑"髡发"习俗考述》，《青海社会科学》1997 年第 5 期。

赵声良：《敦煌石窟北朝菩萨的头冠》，《敦煌研究》2005 年第 3 期。

赵永红：《南北朝胡叟舞蹈俑考》，《汉唐与边疆考古研究》第 1 辑，科学出版社 1994 年版。

朱大渭：《中古汉人由跪坐到垂脚高坐》，《中国史研究》1994 年第 4 期。

竺可桢：《中国近五千年来气候变迁的初步研究》，《考古学报》1972 年第 1 期。

左骏：《魏晋南北朝玉佩研究》，《故宫博物院院刊》2007 年第 6 期。

［日］松村哲文：《中国南北朝时期菩萨像胸饰之研究》，李茹译，《敦煌学辑刊》
　　2006 年第 4 期。

六　学位论文

党倩：《北朝冕服制度研究》，硕士学位论文，山西大学，2016 年。

胡一平：《北魏陶俑首服的考古类型学研究》，硕士学位论文，山西大学，2020 年。

黄良莹：《北齐服饰文化研究——以山西太原壁画墓为案例》，硕士学位论文，苏州
　　大学，2005 年。

黄良莹：《北朝服饰研究》，博士学位论文，苏州大学，2009 年。

刘斌：《十六国北朝时期的甲骑具装及甲骑具装俑研究》，硕士学位论文，山西大
　　学，2007 年。

刘君为：《北魏鲜卑族服饰研究》，硕士学位论文，东华大学，2011 年。

宋丙玲：《北朝世俗服饰研究》，博士学位论文，山东大学，2008 年。

杨景平：《北朝在华粟特人服饰研究》，硕士学位论文，东华大学，2011 年。

周方：《北朝晚期莫高窟壁画中世俗人物服饰研究》，博士学位论文，东华大学，
　　2018 年。

附　表

附表一　北朝服饰实物统计表

地区	墓例或窖藏	埋葬时代	装饰品	出处
内蒙古	内蒙古达茂旗窖藏	北魏早期	颈饰：金龙项饰 1 件	达茂旗出土的古代北方民族金饰件，文物，1984（1）
	呼和浩特美岱村北魏墓	北魏	手饰：金戒指 1 件；其他：菱形金片 27 件。	内蒙古呼和浩特美岱村北魏墓，考古，1962（2）
	呼和浩特土默特左旗水磨沟	应为北魏	颈饰：金饰 1 件；手饰：金戒指 2 件。	呼和浩特附近出土的外国金银币，考古，1975（3）
	内蒙古正镶白旗伊和淖尔北魏 M6	北魏早期	颈饰：金项圈 1 件	内蒙古正镶白旗伊和淖尔墓群——M6 出土金项饰，中国考古学年鉴，2015
	内蒙古正镶白旗伊和淖尔北魏 M1	5 世纪晚期	耳饰：金耳环 1 对；颈饰：绿松石 2 件、玛瑙珠 10 颗；其他：金圆形饰品 1 件、金铃 2 件、金敦形饰 1 件、金心形饰 22 件、金珠饰 36 件。	内蒙古正镶白旗伊和淖尔 M1 发掘简报，文物，2017（1）
	内蒙古乌审旗郭家梁村北朝墓	北魏时期（迁都以后）	颈饰：玛瑙珠 1 颗、水晶珠 1 颗	内蒙古乌审旗郭家梁村北朝墓葬发掘报告，华夏考古，2015（2）

续表

地区	墓例或窖藏	埋葬时代	装饰品	出处
山西	大同北魏尉迟定州墓	太安三年（457）	耳饰：银耳环1件	山西大同阳高北魏尉迟定州墓发掘简报，文物，2011（12）
	大同迎宾大道北魏墓群	天安元年（466）左右	头饰：花冠形金头饰、金耳环、银簪、铜簪、铜发卡等；颈饰：玉石料器29件；手饰：铜指环、臂钏；带具：带扣2、带铊、带钩2件	山西大同迎宾大道北魏墓群，文物，2006（10）
	雁北师院北魏宋绍祖墓	太和元年（477）	手饰：银镯1件；琥珀饰件3件	大同雁北师院北魏墓群，2008：71—162
	大同北魏贾宝墓	太和元年（477）	带具：铜带扣2件，铜饰片6片	山西大同北魏贾宝墓发掘简报，文物，2021（6）
	大同北魏司马金龙墓	太和八年（484）	料珠1颗，小骨片3件	山西大同石家寨北魏司马金龙墓，文物，1972（3）
	大同七里村北魏墓群	太和八年（484）左右	耳饰：金耳环；颈饰：玉石料器12件（质地有玛瑙、琥珀和料石）；手饰：银镯环	山西大同七里村北魏墓群发掘简报，文物，2006（10）
	大同云波里路北魏壁画墓	平城时代	头饰：银簪1件；其他：银饰件1件，铜饰件3件，骨饰件	山西大同云波里路北魏壁画墓发掘简报，文物，2011（12）
	大同二电厂北魏墓群	平城时代	带具：铜带钩1件	山西大同二电厂北魏墓群发掘简报，文物，2019（8）
	大同恒安街北魏墓（11DHAM13）	平城时代	耳饰：金耳饰1对；颈饰：水晶2颗、扁金饰9颗；其他：云母片若干，水滴形铜饰片若干 项饰：1件（大小金珠10颗，珍珠42颗、小玻璃珠4800余颗）	山西大同恒安街北魏墓（11DHAM13）发掘简报，文物，2015（1）
	大同南郊全家湾北魏墓 M7	平城时代	手饰：银手镯2件	山西大同南郊全家湾北魏墓（M7，M9）发掘简报，文物，2015（12）
	大同文瀛路北魏壁画墓	平城时代	头饰：铜钗1件；颈饰：水晶串饰1件；手饰：铜手镯1件	山西大同文瀛路北魏壁画墓发掘简报，文物，2011（12）
	大同沙岭新村北魏墓地（M21）	北魏迁洛后期	头饰：银钗1件	山西大同沙岭新村北魏墓地发掘简报，文物，2014（4）
	曲沃县秦村北魏墓	太和二十三年（499）	手饰：铜镯1对	山西曲沃县秦村发现的北魏墓，考古，1959（1）

续表

地区	墓例或窖藏	埋葬时代	装饰品	出处
山西	大同县陈庄北魏墓	北魏晚期	头饰：铜饰件5件（步摇挂片）；其他：金箔饰2件、贝壳饰1件	山西大同市大同县陈庄北魏墓发掘简报，文物，2011（12）
	大同市齐家坡北魏墓	北魏	头饰：银钗1件；颈饰：项链1件；手饰：银指环1件，铜钏2件；其他：金饰片2块	大同市齐家坡北魏墓发掘简报，文物季刊，1995（1）
	太原北齐贺拔昌墓	天保四年（553）	手饰：金指环1件	太原北齐贺拔昌墓，文物，2003（3）
	太原南郊北齐子辉墓	天保七年（556）	带具：玉带钩1对。	山西省太原市南郊清理北齐墓葬一座，文物，1963（6）
	寿阳北齐库狄迴洛墓	河清元年（562）	头饰：青簪1件；颈饰：玛瑙珠1串、石珠2颗；手饰：金戒指1枚；玉饰：玉佩1件、玉璜2件；其他：铜盒1件。	北齐库狄迴洛墓，考古学报，1979（3）
	太原北齐韩祖念墓	天统四年（568）	头饰：琉璃钗2、金耳饰1	太原北齐韩祖念墓，2020：56—57
	太原北齐娄睿墓	武平元年（570）	头饰：玉笄3件，金饰1件；玉佩：玉佩1件、玉璜12件、玉饰14件、玉珠1153粒（大小不等，多为料珠，少数为红白玛瑙、粗玉等质料）；其他：琥珀兽5件、鲜人2件、粉盒11件。	太原市北齐娄睿墓发掘简报，文物，1983（10）；北齐东安王娄睿墓，2006
	太原北齐徐显秀墓	武平二年（571）	手饰：金戒指1枚、银指环1枚	太原北齐徐显秀墓发掘简报，文物，2003（10）
宁夏	固原南郊北魏墓M1	太和年间	耳饰：水晶珠1颗	固原南郊北魏墓发掘简报，中原文物，2020（5）
	固原北魏墓	迁洛以前	头饰：铜发笄2、金耳环2；颈饰：琥珀珠1颗、水晶珠2颗、珍珠3颗；带具：铜带饰7节。	宁夏固原北魏墓清理简报，文物，1984（6）；固原北魏墓漆棺画，1988
	固原三营镇化平村北魏墓	北魏	耳饰：嵌石金耳环；颈饰：金项圈	北朝·隋·唐原州墓葬，原州古墓集成，文物出版社，1999
	固原寨科乡李岔村北魏墓	北魏	耳饰：嵌石金耳环；颈饰：金项圈	
	固原南郊北魏墓M2	永平三年（510）之后	颈饰：玛瑙饰1颗	固原南郊北魏墓发掘简报，中原文物，2020（5）
	固原南郊北魏墓M3	熙平元年（516年）（妻次年下葬）	头饰：银钗1件	固原南郊北魏墓发掘简报，中原文物，2020（5）

续表

地区	墓例或窖藏	埋葬时代	装饰品	出处
宁夏	彭阳海子塬北魏墓 M14	北魏	带具：铜扣 1、銙 5、革带夹片 1、铊尾 1 件。	宁夏彭阳海子塬北魏墓，隋唐北魏墓清理简报，考古与文物，2015（3）
	固原北周李贤墓	天和四年（569）	颈饰：白石珠 4 枚，琥珀珠 76 枚，玛瑙珠 113 枚，大料珠 118 枚，玻璃珠 119 枚，小料珠 2 件，玉黄 1 件，玉佩 2 件，金戒指 1 枚，鎏金铜带扣 2 件。	宁夏固原北周李贤夫妇墓发掘简报，文物，1985（11）
	西安北周康业墓	天和六年（571）	带具：铜带扣 1 件，铜带銙 4 件，铜扣针环 4 件。	西安北周康业墓发掘简报，文物，2008（6）
	固原南郊 M5	西魏北周	头饰：铜钗 2 件，手饰：铜指环 1 件。	固原南郊发现的两座北朝墓，中国国家博物馆馆刊，2021（10）
	固原北周田弘夫妇墓	建德四年（575）	头饰：玉钗 1 件，骨钗 1 件，玉环 1 件，玉璜 4 件，玉佩 4 件，颈饰：玻璃珠 900 颗，水晶珠 8 颗，其他：云母残片若干。	北周田弘墓——原州联合考古队发掘调查报告，2000
	固原南郊北周 M22 纥干莫何弗墓	建德六年（577）	带具（银带饰）：带扣 1 件，柿蒂纹方銙 1，素面方銙 2，鞓空饰 2。	固原南郊发现的两座北朝墓，中国国家博物馆馆刊，2021（10）
河南	洛阳吉利济涧北魏墓（M2503）	北魏迁洛前后	头饰：铜钗 1 件（残）	洛阳吉利济涧北魏墓发掘简报，文物，2015（4）
	偃师杏园村北魏元睿墓	熙平元年（516）	头饰：铜钗 1 件	河南偃师县杏园村的四座北魏墓，考古，1991（9）
	洛阳北魏吕达墓	正光五年（524）	手饰：蓝宝石金戒指 1 枚	河南洛阳市吉利区两座北魏墓的发掘，考古，2011（9）
	洛阳涧西衡山路北魏墓	孝昌至北魏末（525—534）	带具：铜带扣 1 件	洛阳涧西衡山路北魏墓发掘简报，文物，2016（7）
	安阳固岸墓地北齐 M2	北齐	头饰：银钗 1 件，骨梳 1 件，颈饰：泥珠 1 串。	河南安阳县固岸墓地 2 号墓发掘简报，华夏考古，2007（2）
	洛阳涧水东岸北周墓	北周晚期	带具：铜带扣 1 件，铜带銙 2 件	洛阳涧水东岸发现一座北周墓葬，中原文物，1984（3）

续表

地区	墓例或省藏	埋葬时代	装饰品	出处
河北	定县北魏石函	太和五年 (481)	头饰：金耳坠 1 对，银耳环 2 枚，银发钗 8 件；颈饰，玉佩，红宝石串饰 1 枚，琉璃串珠 2600 余枚，玛瑙串饰 49 枚，水晶串饰 4 枚，珍珠 160 枚，珊瑚串饰 2334 枚；手饰：银镯 5 对，银戒指 2 枚	河北定县出土北魏石函，考古，1966 (5)
	曲阳北魏高氏墓	正光五年 (524)	头饰：金钗 1 件（残断）	河北曲阳发现北魏高氏墓，考古，1972 (5)
	赞皇北魏李仲胤夫妇墓	正始四年 (507) 永熙三年 (534)	头饰：步摇冠残片；其他：铜径 1 件，蚌饰等	河北赞皇县北魏李仲胤夫妇墓发掘简报，考古，2015 (8)
	景县东魏高雅夫妇合葬墓	天平四年 (537)	头饰：笄形骨器 1 件（残）；颈饰：玛瑙珠 3 粒；其他：金箔云母片若干	河北景县北魏高氏墓发掘简报，文物，1979 (3)
	赞皇东魏李希宗夫妇墓	540—576	手饰：鎏金戒指 1 枚，金戒指 1 枚	河北赞皇东魏李希宗墓，考古，1977 (6)
	吴桥北朝墓 M2	东魏	头饰：金簪 1，银钗 1；玉佩 1，玉珠 1，玛瑙珠 5	河北省吴桥四座北朝墓葬，文物，1984 (9)
	磁县东魏茹茹公主墓	武定八年 (550)	头饰：金簪柄 1；颈饰：玛瑙珠 76，料珠 474；带具：金带扣 1；其他：金扣 1，铜饰 3 件；金花片 45 片，金饰 2 件，铜饰 3 件	河北磁县东魏茹茹公主墓发掘简报，文物，1984 (4)
	吴桥北朝墓 M3	北齐	头饰：铜发簪 1 件（仅存簪部）	河北省吴桥四座北朝墓葬，文物，1984 (9)
	磁县双庙墓群北齐周超墓 (M17)	武平四年 (573)	头饰：金钗 4 件；颈饰：串珠 48 颗，串珠 117 颗，玉佩 2，兽首饰件 1 件，玉猪 1 件；玉佩：玉黄 2，玉璜 2，其他：扇贝饰 4 组。	磁县双庙墓群考古发掘报告，2017：104—114
	平山北齐崔昂夫妇墓	天统二年 (566) 隋开皇八年 (587)	颈饰：料珠 45 粒	河北平山北齐崔昂墓调查报告，文物，1973 (11)
	景县北齐高润墓	武平七年 (576)	头饰：铜簪 1 件（残）；颈饰：玛瑙珠 4 颗，料珠 38 颗；含具：铜盒 1 件。	河北景县北魏高氏墓发掘简报，考古，1979 (3)

续表

地区	墓例或窖藏	埋葬时代	装饰品	出处
陕西	陕西长安县 M1	北魏迁洛前	头饰：银簪1件	长安县北朝墓葬清理简报，考古与文物，1990（5）
	陕西长安县 M2	北魏迁洛前	手饰：金镯1对	
	延安宝塔区冯庄乡北魏墓 M18、23	北魏	带饰：铁带圈各1件，应为带銙扣饰	陕西延安宝塔区冯庄乡北魏墓葬发掘简报，考古与文物，2020（2）
	西咸新区摆旗寨西魏陆丑墓	大统四年（538）	头饰：金环2件、金钗2件，铜饰片1组7片；颈饰：水晶品残迹、纺织品残迹、料珠1组约297粒；其他：金箔片1件；容具：铜盒1件。	陕西西咸新区摆旗寨西魏陆丑墓发掘简报，文物，2021（11）
	西安西魏乙弗虬及夫人隋代席氏合葬墓	西魏恭帝二年（555），隋开皇六年（586）	头饰：铜钗1件；铜饰2件	陕西西安西魏乙弗虬及夫人隋代席氏合葬墓发掘简报，考古与文物，2020（1）
	西安洪庆北周王昌墓（M6）	建德二年（573）	带具：铜带具1组（带扣1、柿蒂纹方銙2、扣眼片7），附环方銙1、条状带銙1件、其他：玉垂饰1组。铜带钩1件；	西安洪庆北朝、隋族迁葬墓地，文物，2005（10）
	西安洪庆 M7	573年前后	带具：铁带扣1件；玉佩：玉佩5件	西安洪庆北朝、隋族迁葬墓地，文物，2005（10）
	咸阳国际机场北周郭生墓	建德五年（576）	小串珠2颗，小铜饰1枚	北周郭生墓发掘简报，文博，2009（5）
	咸阳国际机场北周王德衡墓	建德五年（576）	头饰：金钗1件、银簪2件；颈饰：水晶珠2颗、料珠98颗。	中国北周珍贵文物，1993：36—59
	西安北周柳带韦墓	建德六年（577）	带具：鎏金铜带具1组（四孔佩、玉环、类梯形佩、玉坠）、黄玉佩、玉璜。	陕西西安北周康城恺公柳带韦墓发掘简报，文博，2020（5）
	西咸新区朱家寨北周墓（M37）	建德六年（577）	颈饰：琉璃串珠1串436颗；玉组佩2副；玛瑙、琉璃串珠238颗	陕西西咸新区朱家寨北周墓发掘简报，文物，2021（11）
	拓跋迪夫妇墓	建德六年（577）	头饰：铜钗1组5件、玉钗1件；带具：带头1、带銙14、铊尾1；玉组16件，铜带饰1	咸阳北周拓跋迪夫妇墓发掘简报，中原文物，2019（3）

续表

地区	墓例或窖藏	埋葬时代	装饰品	出处
陕西	咸阳韩家村北周墓	建德后期之前	珠饰：琉璃小串珠1组50枚、水晶串饰1组4枚；玉饰：玉片2、玉吊坠2、玉挂坠1件；带具：玉扣环1，玉环1，铁带钩1件；其他：金花形饰1组5件，金饰品1件伴等	陕西咸阳韩家村北周墓发掘简报，文博，2021（3）
	咸阳国际机场北周若干云墓	宣政元年（578）	头饰：金钗2件；颈饰：料珠317粒（玉扣，玉钩，玉铊尾，玉环等）	中国北周珍贵文物，1993：59—76
	咸阳国际机场北周独孤藏墓	宣政元年（578）	颈饰：料珠357颗	中国北周珍贵文物，1993：76—93
	咸阳北周武帝孝陵	宣政元年（578）	头饰：金花、金花瓣；颈饰：玻璃珠300余枚；玉饰：玉佩、玉璜各2件，玉嵌珠4颗；带具：玉带扣1套，铜带具1套，由带扣1，带钩2，蹀躞带饰1，兽面纹圆带饰13，扣眼片13，铊尾1等31件组成	北周武帝孝陵发掘简报，考古与文物，1997（2）
	咸阳国际机场北周叱运和贺拔氏墓	大象元年（579）	银簪2，玉钗4	中国北周珍贵文物，1993：93—109
	西安北周史君墓	大象元年（579）	耳饰：金耳坠1枚；手饰：金戒指1枚	西安市北周史君石椁墓，考古，2004（7）；《北周史君墓》，2014
	西安北周安伽墓	大象元年（579）	带具：鎏金铜带具1副（带扣1，扣眼片2，带钩4，铊尾1）	西安发现的北周安伽墓，文物，2001（1）；西安北周安伽墓，2003
山东	临淄崔氏墓地北魏 M10	北魏	带具：鎏金铜扣1件；其他：云母金箔少许	临淄北朝崔氏墓，考古学报，1984（2）
	临朐胸北齐崔芬墓	天保二年（551）	头饰：银簪1件	山东临朐北齐崔芬壁画墓，文物，2002（4）
	济南马家庄北齐道贵墓	北齐	手饰：铜戒指1枚	济南市马家庄北齐墓，文物，1985（10）
其他地区	北京王府仓北齐墓	北齐	头饰：铜发钗1件；手饰：铜戒指1枚	北京王府仓北齐墓，文物，1977（11）
	辽宁锦州北魏墓 M2	北魏	头饰：银簪1件，长发钗3件，短发钗3件；手饰：金指环1；容具：蛤盒1件	锦州北魏墓清理简报，考古，1990（5）

附表二 北朝墓葬人物图像统计表

山西省

墓例	年代	人物图像	资料出处
大同沙岭北魏 M7	太延元年（435）	漆画：漆皮表面彩绘夫妇并坐、庖厨、打场等图案。墓葬壁画：墓室东壁绘墓主夫妇坐图及男女侍从，北壁绘宴乐、庖厨、劳作图，西壁甬道两侧各绘一武士。甬道顶部绘伏羲女娲，两侧各绘各绘一武士	山西大同沙岭北魏壁画墓发掘简报，文物，2006（10）
智家堡北魏墓石椁壁画	平城时期	石椁壁画：石椁北壁绘墓主夫妇并坐图及男女侍者；南壁西侧绘墓主车出行图，东侧绘车马出行图。东侧立的两侍者面站立的两侍者	大同智家堡北魏墓石椁壁画，文物，2001（7）
智家堡北魏墓棺板画	平城时期	棺板画：3块，A板左绘车马出行队列，右绘狩猎场面；B板以帷屋为中心，左侧绘男女侍仆及马马车辆，右侧为庖厨取食奉钵者；C板绘车舆及侍者	大同智家堡北魏墓棺板画，文物，2004（12）
下深井北魏墓	平城时期	陶俑：4件，均残缺，为侍者俑	山西大同下深井北魏墓发掘简报，文物，2004（6）
大同二电厂北魏墓群 M37	平城时期	棺板漆画：棺板表面绘童子等；南侧板、后挡板彩绘乐工抚曲颈琴，狩猎图；北侧板绘出行图；前挡板绘大门，门楣中部及门框联珠圈内绘童子，屋宇左下绘侍者牵马，门楣上部绘两人曲足案前对饮	山西大同二电厂北魏墓群发掘简报，文物，2019（8）

续表

墓例	年代	人物图像	资料出处
大同二电厂北魏墓群 M36	平城时期	釉陶女俑：6件，跨碓俑1，磨米俑1，烧火俑1，执箕俑1，执盆俑1，女侍俑1	山西大同二电厂北魏墓群发掘简报，文物，2019（8）
大同湖东北魏 M1	平城时期	棺板漆画：木棺和棺床外绘缠枝忍冬纹，联珠圈纹和屋宇图案	大同湖东北魏一号墓，文物，2004（12）
大同云波里路北魏壁画墓	平城时期	墓葬壁画，墓室东壁绘宴饮图，南壁绘狩猎图，西壁残存赤足裸腿人物；甬道南壁绘第3层绘五位女侍	山西大同云波里路北魏壁画墓发掘简报，文物，2011（12）
大同文瀛路北魏壁画墓	平城时期	墓葬壁画：墓室北侧棺床立面绘商胡牵驼图和力士画像；西侧棺床立面南端似绘一力士；两棺床同矮墙立面绘一天神。人物陶俑：7件，立俑5，跪俑1，跽坐俑1，均为女俑	山西大同文瀛路北魏壁画墓发掘简报，文物，2011（12）
大同北魏解兴石堂	太安四年（458）	石堂壁画：石堂前壁绘武士图；左、右壁绘墓乐图；后壁绘墓主夫妇宴饮图	北朝艺术研究院藏品图录：青铜器陶瓷器墓葬壁画，pp. 50—53
大同南郊仝家湾北魏墓（M9）	和平二年（461）	墓葬壁画：墓室北壁中部墓主大型宴饮图，宴饮图两侧绘鞍马，侍者，东壁绘宴乐舞图；东壁绘大型狩猎图像，南壁残损严重，西壁北部绘牛耕；舂米等生活图像，南部绘车马毡帐	山西大同南郊仝家湾北魏墓（M7、M9）发掘简报，文物，2015（12）
大同县湖东北魏墓群（M11）	398—494	陶俑：7件，男俑1（不确，应为女俑），女俑6	山西大同县湖东北魏墓群（M11）发掘简报，文物，2014（1）
迎宾大道北魏墓群	天安元年（466）前后	陶俑：1件，M76：5，仅存头部。墓葬壁画：M16甬道和墓室四壁残存门吏，宴饮、车、马，狩猎等图像	山西大同迎宾大道北魏墓群，文物，2006（10）
雁北师院北魏宋绍祖夫妇墓（M5）	太和元年（477）	陶俑：115件，镇墓武士俑2，甲骑具装俑26，鸡冠帽武士俑32，男俑45，女俑6，胡俑4。石椁壁画，西、北三壁绘舞蹈，伎乐等人物	大同市北魏宋绍祖墓发掘简报，文物，2001（7）；大同雁北师院北魏墓群，文物，2008：71—162
大同北魏贾宝墓	太和元年（477）	釉陶俑：3件，石灯装饰：石灯八棱柱刻舞蹈，伎乐，杂技表演人物形象，木镇墓俑：2件	山西大同北魏贾宝墓发掘简报，文物，2021（6）
大同七里村北魏墓群 M35	太和八年（484）	陶俑：跽坐俑，立俑等	山西大同七里村北魏墓群发掘简报，文物，2006（10）

续表

墓例	年代	人物图像	资料出处
大同七里村北魏M22	大和八年（484）前后	陶俑：风帽俑、武士俑等	山西大同七里村北魏墓群发掘简报，文物，2006（10）
大同御东新区御昌佳园北魏墓M113	大和时期	陶俑：镇墓俑1、出行仪仗俑25（骑马俑1、驾马车俑1、胡俑7、女侍俑4、男持俑8、男执物俑4）、家居生活俑10（女乐俑6、女舞俑2、劳作俑2）	山西大同御东新区御昌佳园北魏墓M113发掘简报，考古与文物，2021（4）
大同云波路北魏墓（M10）	大和时期	陶俑：20件，镇墓武士俑2、女乐俑3、胡乐俑4、女侍俑11	山西大同云波路北魏墓（M10）发掘简报，文物，2017（11）
雁北师院北魏M52	大和时期	陶俑：6件，女侍俑4、女舞俑2	大同雁北师院北魏墓群，2008：27—39
雁北师院北魏M2	大和时期	陶俑：50件，镇墓武士俑2、女舞俑2、女乐俑8、男侍俑12、女侍俑16、胡人俑9、小俑1	大同雁北师院北魏墓群，2008：40—70
大同北魏司马金龙夫妇墓	大和八年（484）延兴四年（474）	陶俑：367件，武士俑122、骑马武士俑88、男俑I武81、男俑II武32、女俑I武7、女俑II武15、胡俑8、女乐俑12、大俑2。木俑：1件。石雕：石棺床三腿高浮雕4个力士，作承托石床姿态、石雕柱础坐乐华童子。木板漆画屏风：五块，绘彩画人物，孝子等。三腿同雕13个伎乐人物，列女、绘帝王、孝子等	山西大同石家寨北魏司马金龙墓，文物，1972（3）
朔州北魏丹扬王墓	大和时期	墓葬壁画：甬道东、西壁各绘武士1。模印砖雕：前甬道两侧立壁砖侧模印武士形象	山西怀仁北魏丹扬王墓及花纹砖，文物，2010（5）
大同南郊北魏M229	大和时期	棺板绘画：左侧板绘符猎图	大同南郊北魏墓群，2006：316—320
大同南郊北魏M253	大和时期	棺板绘画：右侧板绘宴饮图	大同南郊北魏墓群，2006：332—335
大同县陈庄北魏墓	北魏晚期	陶俑：5件，武士俑头1、胡人俑1件、女侍俑头1、男俑头1。门板画：封门石门板各绘1名武士	山西大同市大同县陈庄北魏墓发掘简报，文物，2011（12）
榆社县北魏孙龙石棺	神龟年间（518—519）	石棺绘画：有残损，右棺板绘升仙图、狩猎图；左棺板绘出行图、宴饮图	山西省考古学会论文集（三），1994：119—122

续表

墓例	年代	人物图像	资料出处
忻州九原岗北齐壁画墓 M1	东魏至北齐早期	陶俑: 残存数 10 件, 武士俑头 2, 残武士俑头 1, 文吏俑头 1, 风帽俑头 4, 梳髻女俑头 5, 戴笼冠女俑 2, 备身若干。墓葬壁画: 墓道东、西壁分四层绘制, 二层有马匹贸易图、围猎图等, 四层为出行图和回归图; 门墙绘门楼建筑及年轻侍女; 墓室壁画被盗揭	山西忻州市九原岗北朝壁画墓, 考古, 2015 (7)
太原北齐贺拔昌墓	天保四年 (553)	陶俑: 18 件, 按盾武士俑 2, 甲骑具装俑 1, 骑马执盾俑 3, 击鼓骑俑 2, 鼓吹骑俑 1, 背盾俑 1, 三棱风帽俑 2, 笼冠骑俑 2, 女骑俑 2, 文吏俑 1, 文吏俑 1	太原北齐贺拔昌墓, 文物, 2003 (3)
太原西南郊北齐洞室墓 (TM62)	天保六年 (555)	陶俑: 39 件, 镇墓武士俑 2, 披髻武士俑 12, 持盾武士俑 8, 垂袖男侍俑 7, 持物男侍俑 10	太原西南郊北齐洞室墓, 文物, 2004 (6)
太原开化村北齐婆兴墓墓 (TM85)	天保十年 (559)	陶俑: 2 件, 镇墓武士俑 2	太原开化村北齐洞室墓发掘简报, 考古与文物, 2006 (2)
太原扩坡北齐张肃俗墓	天保十年 (559)	陶俑: 16 件, 镇墓武士俑 2 (残), 武士俑 4, 女俑 7, 蹲女俑 3	太原扩坡北齐张肃墓文物图录, 1958: 15—17
太原北齐贺娄悦墓	皇建元年 (560)	陶俑: 19 件, 镇墓武士俑 2, 仪仗俑 3, 武士俑 1, 披髻武士俑 2, 文吏俑 3, 仆侍俑 2, 女官俑 2, 女侍俑 2, 女侍跪俑 1, 残俑头 1	太原市神堂沟北齐贺娄悦墓整理简报, 文物季刊, 1992 (3)
寿阳北齐库狄迴洛墓	河清元年 (562)	陶俑: 120 余件, 按盾武士俑 2, 佩刀武士俑 16, 负盾武士俑 15, 披髻侍卫男俑 15, 相扑侍卫男俑 4, 翻领侍卫男俑 12, 翻领双衽侍卫男俑 14, 伎乐俑 3, 舞蹈胡俑 1, 文吏俑 1, 侍女俑 14。墓葬壁画: 甬道东、西两壁绘各 4 男子形象。丝织品: 主要为夹衣, 有粉红绸和绛色的绢或罗。服装实物: 残碎的冠饰 1 件, 粉红绸、绛色绢等衣装衣残片	北齐库狄迴洛墓, 考古学报, 1979 (3)
太原开化北齐墓 M20	河清三年 (564)	陶俑: 镇墓武士俑、仪仗俑 (甲骑俑、披鳌武士俑、背盾武士俑、执鼓俑、女鼓俑、执戟女俑、女立俑)	山西太原开化墓群 2012—2013 年发掘简报, 文物, 2015 (12)
太原王家峰北齐狄湛墓	河清三年 (564)	陶俑: 38 件, 三棱风帽俑 5, 盔甲俑 10, 圆盔甲俑 13, 圆盔俑 3, 背盾俑 5, 相肩	太原北齐狄湛墓, 文物, 2003 (3)

续表

墓例	年代	人物图像	资料出处
太原北齐张海翼墓	天统元年 (565)	陶俑：42件，镇墓武士俑1，甲骑具装俑1，文吏俑2，持盾俑4，仪仗俑5，女侍俑22，小俑4	太原北齐张海翼墓，文物，2003 (10)
祁县北齐韩裔墓	天统三年 (567)	陶俑：119件，女侍俑7，男俑36，武士俑62，骑马俑13，力士俑1	山西祁县白圭北齐韩裔墓，文物，1975 (4)
太原北齐库狄业墓	天统三年 (567)	陶俑：80余件，镇墓武士俑2，三棱风帽俑29，铠甲俑3，圆顶盔俑12，圆顶风帽俑11，持盾俑26，女官俑6，持剑的女官俑3，女侍俑2	太原北齐库狄业墓，文物，2003 (3)
太原北齐韩祖念墓	天统四年 (568)	陶俑：176件，步卒俑141，骑马俑12，骑骆驼俑1，文吏俑9，女侍俑13及大量陶俑回归图。墓葬绘散马回归图，北壁绘墓主夫妇坐帐图	太原北齐韩祖念墓，2020：9–35，59–61
太原北齐娄叡墓	武平元年 (570)	陶俑：608件，镇墓武士俑2，武士俑103，女官俑45，女侍俑31，骑马乐俑2，骑马俑10，驮物骑马俑1。墓葬壁画：役夫俑3，骑马武士俑40，执物骑马俑22，约200平方米，天井中层，两侧树下分别绘男、女侍者各1人。墓道、过洞、天井及墓室下栏、甬道口与两壁绘马执鞭、佩剑的仪卫，甬道、仪卫、宴饮等图像。丝织品或衣服残片；衣服或条衫残片，经纬清晰	太原市北齐娄叡墓发掘简报，文物，1983 (10)；北齐东安王娄睿墓，2006
太原南郊北齐壁画墓	北齐后期	陶俑：39件，红陶俑，模制，镇墓俑6，击鼓俑2，骑马俑3，甲俑1，笼冠俑1，立俑。墓葬壁画：墓室北壁绘三位女子坐像，两侧骑马俑人，东壁下层北侧为三站立男子，南侧为车马人物	太原南郊北齐壁画墓，文物，1990 (12)
太原北齐徐显秀墓	武平二年 (571)	陶俑：约320件，镇墓武士俑2，甲士俑3，武士俑47，文吏俑13，铠甲风帽俑124，三棱风帽俑4，女侍俑16，鞴鞍骑马俑8，持盾俑25，击鼓骑俑1，骑马俑1。墓葬壁画：约326平方米，墓道、过洞、天井绘仪仗队列，车马图像	太原北齐徐显秀墓发掘简报，文物，2003 (10)
太原北齐和公墓	武平四年 (573)	陶俑：8件，多为残片，镇墓武士俑1，执盾武士俑1，单手执物风俑4，女侍俑1，跪侍女俑1	山西太原开化北齐和公墓发掘简报，中原文物，2020 (6)
朔州水泉梁北齐壁画墓	北齐后期	陶俑：多为残片，按盾武士俑，武士俑，执案俑，执盾卫俑，卷裙风帽俑等。墓葬壁画：甬道两壁绘文吏、仪卫及骑马风队；墓室北壁绘墓主夫妇宴饮图，东壁绘散马仪仗图，西壁绘牛车出行图	山西朔州水泉梁北齐壁画墓发掘简报，文物，2010 (12)；山西朔州水泉梁北齐壁画墓发掘报告，2020

河南省

墓例	埋葬年代	人物图像	资料出处
偃师杏园村元睿夫妇墓（YDⅡM914）	熙平元年（516）	陶俑：14 件，文吏俑 6，扶剑武士俑 1，执盾武士俑 2，男侍俑 1，女侍俑 4	河南偃师县杏园村的四座北魏墓，考古，1991（9）
偃师杏园村 YDⅡM1101	北魏迁洛后	陶俑：1 件，武士俑	
偃师城关镇北魏邸勋墓	正光元年（520）	陶俑：2 件，女仆俑 1，俑头 1	洛阳偃师两座北魏墓发掘简报，中原文物，2019（6）
北魏郭定兴墓（洛阳纱厂西路 HM555）	正光三年（522）	陶俑：14 件，文吏俑 1，武士俑 1，双髻俑 4，女侍俑 2，女仆俑 3，胡俑 1，俑头 1	洛阳纱厂西路北魏 HM555 发掘简报，文物，2002（9）
洛阳孟津邙山北魏侯掌墓	正光五年（524）	陶俑：12 件，武士俑 2，男胡俑 4，男俑 5，女俑 1	洛阳孟津晋墓、北魏墓发掘简报，文物，1991（8）
洛阳吉利区北魏吕达墓（C9M315）	正光六年（525）	陶俑：24 件，文官俑 8，武士俑 1，男立俑 4，胡俑 4，女立俑 1，执箕女俑 1，执物女俑 1	河南洛阳市吉利区两座北魏墓的发掘，考古，2011（9）
洛阳北魏元祥墓	正光六年（525）	陶俑：1 件，为陶俑头。墓葬壁画：甬道两侧残存武士 2 人	洛阳北魏元祥墓墓画，文物，2002（2）
偃师北魏染华墓（90YCXM7）	孝昌二年（526）	陶俑：31 件，武士俑 2，侍吏俑 4，仪仗俑 5，男侍俑 4，女侍俑 2，乐俑 7，舞俑 3，执箕俑 1，执盆俑 1，抱瓶俑 1，烧火俑 1	
偃师联体砖厂二号墓（90YNLTM2）	北魏晚期	陶俑：80 件，武士俑 4，执盾武士俑 8，铠马武士俑 3，仪仗俑 27，风帽俑 5，铠甲武士俑 8，鼓吹俑 4，吹箫俑 1，披装俑 7，笼冠侍吏俑 4，螺髻女侍俑 9，骑马俑 2，骑马俑 9	河南偃师两座北魏墓发掘简报，考古，1993（5）
洛阳北魏宁懋石室	孝昌三年（527）	石刻线画：门外两侧各刻一武吏，山墙内外线刻出行、庖厨、孝子故事，室内正壁刻三贵族人物	北魏宁懋石室线刻画，人民美术出版社，1987
洛阳北魏元邵墓	武泰元年（528）	陶俑：115 件，骑马武士俑 9，扶盾武士俑 1，武士俑 2，持盾俑 16，铠马武士俑 8，骑马鼓吹俑 4，骑从俑 2，击鼓俑 3，笼冠侍吏俑 1，侍马俑 42，半浮雕侍俑 4，牵马俑 1，伎乐俑 6，舞俑 1，小俑 4，长衣俑 2，童俑 1	洛阳北魏元邵墓，考古，1973（4）

墓例	埋葬年代	人物图像	资料出处
洛阳北魏元祉墓（IM4034）	永安二年（529）	陶俑：207件，骑马俑40，小冠侍俑59，伎乐俑2，坐俑1，跪坐俑23；披裘俑1，男侍俑7，持盾俑23，披裘俑13，胡人俑4，笼冠女侍俑32，拄剑女侍俑2，牵手女侍俑23	洛阳考古，2017（3）；洛阳北魏元祉墓，2018：20—223
洛阳吉利区吕仁墓（C9M279）	普泰二年（532）	陶俑：23件，男立俑17，披裘男俑2，抱婴女俑1，执箕女俑1，侍女俑1，舞蹈女俑1	河南洛阳市吉利区两座北魏墓的发掘，考古，2011（9）
洛阳孟津县王温墓	大昌元年（532）	陶俑：62件，镇墓武士俑2，武士俑7，骑马武士俑4，男侍俑36，女侍俑1，披裘俑5，跪坐俑4，思维俑2，墓葬壁画：墓室东壁绘墓主夫妇并坐图，舞蹈伎乐，侍女及童子	洛阳孟津县北魏壁画墓，文物，1995（8）
洛阳北魏杨机墓	永熙二年（533）	陶俑：84件，镇墓武士俑2，武士俑22，风衣俑6，小冠男侍俑10，文吏俑8，双髻女俑16，乐俑8，持箕女俑1，抱盆女俑1，抱婴女俑1，女舞俑1，女立俑1，老妇俑1，甲骑具装俑4，双人牵手俑1	洛阳北魏杨机墓出土文物，文物，2007（11）
洛阳涧西衡山路北魏墓（M926）	孝昌年间至北魏末（525—534）	陶俑：残存若干，文官俑头2，武士俑头1，仪仗俑下身残块1，褶裆衫残块1，攀胸璎珞残块	洛阳涧西衡山路北魏墓发掘简报，文物，2016（7）
偃师南蔡庄北魏墓（89YNLTM4）	北魏	陶俑：若干，有武士俑，文吏俑，右相男侍俑，女骑俑，跪坐俑	河南偃师南蔡庄北魏墓，考古，1991（9）
偃师城关镇北魏墓（YS2012JLHGM5）	北魏时期	陶俑：17件，文吏俑4，武士俑3，女侍俑2，女仆俑6，俑头2	洛阳偃师两座北魏墓发掘简报，中原文物，2019（6）
洛阳孟津南陈北魏墓	北魏晚期	陶俑：14件，胡俑1，男侍俑4，女侍俑5，跪坐俑1，抱箕俑1，瓶俑1，武士俑1，抱箕俑1	洛阳孟津南陈北魏墓发掘简报，洛阳考古，2014（1）
安阳北齐叔孙夫人墓	武平元年（570）	陶俑：31件，残存卫士俑2，传从俑14，侍女俑14	安阳北朝墓葬，2013：23—34
安阳北齐元夫人墓	武平元年（570）	陶俑：33件，持盾俑3，传从俑13，侍卫俑5，风帽俑11，蹲踞俑1	安阳北朝墓葬，2013：35—42
安阳北齐贾进墓	武平三年（572）	陶俑：53件，武士俑2，传从俑35，侍卫俑15，箭服俑1	河南安阳县北齐贾进墓，考古，2011（4）；安阳北朝墓葬，2013：49—65

续表

墓例	埋葬年代	人物图像	资料出处
安阳北齐刘通墓	武平三年 (572)	陶俑：修复7件，风帽俑3，侍从俑2，筒裙俑1，骑马俑1	安阳北朝墓葬，2013：14—23
安阳北齐贾宝墓	武平四年 (573)	陶俑：59件，武士俑2，持盾俑5，持卫俑11，侍从俑18，风帽俑4，击鼓俑8，筒裙俑1，女官俑2，侍女俑7，蹲踞俑1	安阳北朝墓葬，2013：80—97
安阳北齐和绍隆夫妇合葬墓	天统四年 (568) 武平四年 (573)	陶俑：193件，按盾武士俑4，持盾武士俑13，侍卫俑16，胡俑12，小冠俑72，风帽俑33，帷帽俑17，女官俑22，持箕俑1，持畚箕俑1，持盆俑1，跪坐俑1	安阳北齐和绍隆夫妇合葬墓清理简报，中原文物，1987 (1)
安阳北齐范粹墓	武平六年 (575)	陶俑：67件，武士俑2，鲜卑侍吏俑8，仪仗俑10，侍从文俑21，侍仆俑15，女俑10，骑马俑1。黄釉瓷扁壶：4件，上有乐舞人物形象	河南安阳北齐范粹墓发掘简报，文物，1972 (1)
安阳北齐颜氏墓	武平七年 (576)	墓葬壁画：墓室南壁墓门左、右侧各绘一男女侍者；北壁残存披甲铠马武士；西壁残存妇女怀抱婴孩和骑马武士画像	河南安阳县清理一座北齐墓，考古，1973 (2)
安阳北齐李华墓	武平七年 (576)	陶俑：侍从俑，风帽俑，持盾俑，侍女俑	安阳北朝墓葬，2013：65—70
固岸墓地北齐M2	北齐	陶俑：26件，武士俑2，文吏俑8，侍从俑6，侍女俑6，风帽俑2	河南安阳县固岸墓地2号墓发掘简报，华夏考古，2007 (2)
安阳县安丰乡木厂屯村M99	北周	陶俑：8件，武士俑1，侍从俑4，风帽俑2，侍女俑1	安阳北朝墓葬，2013：73—79

河北省

墓例	年代	人物图像	资料出处
临城南孟村北魏M1下墓	太和年间	陶俑：18件，立侍俑16，跪侍俑2	《河北省考古文集（三）》，第244—255页
曲阳北魏高氏墓	正光五年 (524)	陶俑：6件，武士俑2，胡俑2，女官俑2	河北曲阳发现北魏墓，考古，1972 (5)
沧州吴桥北魏M1	北魏	陶俑：22件，武官俑12，武士俑2，女俑6，俑头2	河北省吴桥四座北朝墓葬，文物，1984 (9)

续表

墓例	年代	人物图像	资料出处
磁县东魏元祜墓	天平四年（537）	陶俑：145件，执盾武士俑，甲骑具装俑，仪仗侍卫立俑，仪仗侍卫骑马俑，室内侍小俑等。墓葬壁画：保存不佳，墓室北壁绘人物，端坐榻上。东、西壁书人口东，南壁墓室有官吏形象，西侧绘人物	河北磁县北朝墓群发现东魏皇族元祜墓，考古，2007（11）
景县东魏高雅夫妇子女合葬墓（景高M13）	天平四年（537）	陶俑：61件，击鼓俑8，持盾俑4，双立直俑8，尖顶风帽俑6，圆顶风帽俑8，双手执物俑8，扶剑俑8，拱手待立俑7，负囊执物俑4	河北景县北魏高氏墓发掘简报，文物，1979（3）
赞皇李希宗夫妇墓	540—576	陶俑：103件，持盾俑8，武士俑5，鲜卑侍吏俑4，待从女俑12，待从文俑18，待卫俑10，仪仗俑17，鼓吹俑4，仆役男俑1，小侍女俑13，铠甲俑9，骑马鼓乐女俑6，骑马女俑1，骑马仪仗俑3	河北赞皇东魏李希宗墓，考古，1977（6）
磁县东陈村东魏尧赵氏胡仁墓（CDM1）	武定五年（547）	陶俑：136件，头、身分别模制后插合，通体施白粉，等涂红、蓝等色彩。按盾武士俑1，铠马骑俑1，骑从俑1，击鼓俑1，铠衣俑9，持盾俑7，负箭囊俑9，小冠俑5，文支俑6，待俑23，笼冠俑12，女待俑38，提物女俑9，仆俑2，舞俑1。墓室壁画：剥蚀严重	河北磁县东陈村东魏墓，考古，1977（6）
沧州吴桥东魏M2	东魏	陶俑：21件，文吏俑4，文支俑头1，文吏俑头1，待从女俑6，仪仗俑9，执事俑2，女俑6，女俑头1	河北省吴桥四座北朝墓葬，文物，1984（9）
景县东魏高长命墓（景高M1）	武定五年（548）	陶俑：60件，击鼓俑13，持盾俑1，武士俑3，持盾俑1，骑马俑1，侍吏俑6，待从俑14，女待俑1，女小俑3，胡俑3	河北景县北魏高氏墓发掘简报，文物，1979（3）
磁县东魏茹茹公主墓	武定八年（550）	陶俑：1064件，甲骑具装俑13，侍卫骑俑20，伎乐俑29，按盾武士俑203，击鼓俑2，持盾俑23，文支俑2，待卫骑俑29，负箭服俑4，凤帽俑172，怒坐俑46，伎待从俑275，持镳俑201，待从俑12，女吏俑30，舞女俑5，乐俑7，胡俑7，萨满巫师俑1，女官俑7，绘14人组成的仪仗队列；奴仆俑4。墓葬壁画：东、西、墓道东、墓室北壁下层绘仪仗，西壁下层绘女子7人，南道两壁绘三室四名侍卫，南壁残存少量男子形象，南壁画面漫漶不清，女待10人，东壁残存7人	河北磁县东魏茹茹公主墓发掘简报，文物，1984（4）

续表

墓例	年代	人物图像	资料出处
磁县双庙墓群东魏M48	东魏	陶俑：残存陶俑8件，侍从俑、笼冠俑、骑马俑、武士俑等，侍卫俑陶俑头15件，有笼冠俑头9，侍卫俑头6	磁县双庙墓群考古发掘报告，2017：102—104
磁县北齐元良墓（CMM1）	天保四年（553）	陶俑：75件，按盾大武士俑2，击鼓俑8，胡俑5，侍卫俑6，侍从俑19，文吏俑8，持盾俑6，套衣俑7，女侍俑7，女仆俑2	河北磁县北齐元良墓，考古，1997（3）
磁县湾漳北齐大墓	约乾明元年（560）	陶俑：1805件，镇墓武士俑4，军幸俑914，仪卫俑649，鼓乐仪仗备134，侍卜俑37。墓葬壁画：墓道东、西壁绘53人组成的仪仗出行队列，甬道两壁残存侍卫形象，墓室所绘人物不清	《磁县湾漳北朝壁画墓》，2003：33—83、145—180
沧州吴桥北齐M3	北齐	陶俑：164件，风帽俑7，文吏俑9，武官俑8，持盾俑14，仪仗俑12，仪仗俑58，鼓乐俑4，女俑9，铠马骑俑3，俑头40	河北省吴桥四座北朝墓葬，文物，1984（9）
平山县北齐崔昂夫妻三人墓	天统二年（566），开皇八年（587）	陶俑：10件，武士俑1，侍卫俑6，仪仗俑2，女俑1。墓葬壁画：墓室四壁绘人物、鸟兽等，但人物服饰不清	河北平山北齐崔昂墓调查报告，文物，1973（11）
磁县北齐尧峻夫妻三人墓（CDM2）	天统三年（567）	陶俑：33件，按盾武士俑1，套衣俑12，侍卫俑3，持盾俑3，侍从俑8，笼冠俑2，女侍俑2	河北磁县东陈村北齐尧峻墓，文物，1984（4）
黄骅县北齐常文贵夫妇墓	武平二年（571）	陶俑：45件，武士俑2，文吏俑9，执事俑4，执事胡俑5，侍从俑10，女立俑5，女执盆俑1，执橐俑1，另8件俑残缺	黄骅县北齐常文贵墓清理简报，文物，1984（9）
磁县双庙墓群北齐周超墓（M17）	武平四年（573）	陶俑：130件，侍从俑33，胡俑3，负箭俑3，文吏俑10，女侍俑10，侍卜俑1，持盾俑11，风帽俑22，按盾武士俑3，击鼓俑17，跽坐俑8，待卫俑8	磁县双庙墓群考古发掘报告，2017：104—114
磁县北齐高润墓（CHM1）	武平七年（576）	陶俑：381件，按盾武士俑2，甲骑具装俑7，击鼓骑俑2，吹奏骑俑2，伎乐骑俑8，笼冠骑俑4，笼冠骑俑1，侍卫骑俑8，甲胄箭囊俑12，击鼓俑10，伎乐俑23，持盾俑71，伎乐俑68，文吏俑23，侍卫俑98，胡俑4，胡俑8，笼冠俑21，套衣俑5。墓葬壁画：墓室北壁东、西端各绘侍从6人，中部绘墓主人端坐帷帐中；东壁残存侍从者1；西壁绘上部侍从2人，南壁壁画模糊不清	河北景县北魏高氏墓发掘简报，考古，1979（3）
磁县双庙墓群北齐M50	北齐时期	陶俑：35件，侍从俑8，侍卫俑7，胡俑1，文吏俑1，持盾武士俑1，文吏俑4，击鼓俑1，负箭俑2，女侍俑2，风帽俑9，负箭俑2	磁县双庙墓群考古发掘报告，2017：114—119

陕西省

墓例	埋葬年代	人物图像资料	资料出处
西安顶益制面厂北魏 M205	迁洛之前	陶俑：10件，骑马奏乐俑 10	西安北郊北朝墓清理简报，考古与文物，2005（1）
西安顶益制面厂北魏 M217	迁洛之前	陶俑：27件，武士俑 2，伎乐俑 10，骑马奏乐俑 15	西安北郊北朝墓清理简报，考古与文物，2005（1）
长安县北朝墓 M1、M2	迁洛之前	陶俑：12件，武士俑 4，男侍俑 4，女侍俑 4	长安县北朝墓葬清理简报，考古与文物，1990（5）
咸阳市郊北朝墓	迁洛之前	男侍俑、女俑，数量不清	咸阳市郊清理一座北朝墓，考古与文物，1998（1）
西安北郊北朝墓 M217	报告推测为北魏早期	陶俑：27件，武士俑 2，伎乐俑 10，骑马奏乐俑 15	西安北郊北朝墓清理简报，考古与文物，2005（1）
西安北郊北朝墓 M205	不详	仅残存骑马奏乐俑 10	西安北郊北朝墓清理简报，考古与文物，2005（1）
西安北郊北朝墓 M57	不详	陶俑：10件，有武士俑 5，侍俑 5	西安北郊北朝墓清理简报，考古与文物，2005（1）
西安任家口北魏邵真墓（M229）	正光元年（520）	陶俑：8件，武士俑 2，女俑 3、男俑 3	西安任家口 M229 号北魏墓清理资料，1955（12）
长安韦曲北魏韦辉和墓（M4）	永熙二年（533）	陶俑：>63件，镇墓武士俑 2，武士俑?，小冠武吏俑 12，小冠缚裤俑 3，挽髻缚裤俑 1，蹬靴俑 3，风帽俑 21，风帽缚裤俑 18，女立俑 5，骑马俑 1	西安南郊北魏墓发掘简报，文物，2009（5）
长安韦曲北魏韦乾墓（M5）	永熙三年（534）	陶俑：>101件，镇墓武士俑 2，武士俑?，小冠文吏俑 13，小冠缚裤俑 19，挽髻缚裤俑 2，风帽俑 21，女立俑 13，骑马俑 11	西安南郊北魏墓发掘简报，文物，2009（5）
西咸新区西魏陆丑墓	大统四年（538）	陶俑：175件，镇墓武士俑 4、甲骑具装俑 14、骑马鼓吹俑 26、持盾武士俑 16、骑头俑 18、风帽俑 16、小冠祸料俑 17、小冠交领俑 21、笼冠俑 12、偏桥髻俑 10、单扁髻俑 6、双椎髻俑 2、双扁髻俑 1、胡人俑 3、提物俑 1、双人踦俑 1、双人踦雄俑 1、持箕俑 1、烧火俑 2	陕西西咸新区朱家寨北周墓发掘简报，文物，2021（11）

续表

墓例	埋葬年代	人物图像资料	资料出处
长安韦曲高望堆西魏 M1	约大统元年至六年（535—540）	陶俑：116 件，风帽俑 19、笼冠俑 19、小冠俑 18、兜鍪俑 9、胡俑 1、女立俑 5、骑马鼓吹俑 31、甲骑具装俑 10、双人踏雄女俑 1、扫雄女俑 1、跪姿女俑 1	西安韦曲高望堆北朝墓发掘简报，文物，2010（9）
长安吐谷浑公主与茹茹大将军合葬墓	女西魏大统七年（541）；男北周早期	陶俑：132 件，甲骑具装俑 3、有镇墓武士俑 7、鼓吹骑马俑 34、执盾俑 17、风帽俑 22、笼冠俑 14、小冠俑 17、平帻俑 1、鲜单帽俑 1、单髻俑 12、披发俑 1、女立俑 2、踏雄俑 1	陕西西安西魏吐谷浑公主与茹茹大将军合葬墓发掘简报，考古与文物，2019（4）
咸阳西魏侯义墓	大统十年（544）	陶俑：85 件，镇墓武士俑 2、武士俑 8、侍从俑 1、文吏俑 11、女俑、胡俑 6、胡俑 1、骑马武士俑 9、骑马乐俑 21	咸阳市胡家沟西魏侯义墓清理简报，文物，1987（12）
蓝田西魏墓	元钦元年（552）	陶俑：12 件，有盆甲武士俑 5、风帽武士俑 2、小冠俑 3、骑马俑 2	陕西蓝田县发现的西魏纪年墓，考古与文物，2006（2）
长安西魏乙弗虬及夫人隋代席氏合葬墓	男西魏恭帝二年（555），女北周开皇六年（586）	陶俑：56 件，有镇墓武士俑 7、甲骑具装俑 7、骑马吹奏俑 2、骑马出鼓俑 6、风帽俑 1、风帽俑 5、小冠俑 24、持箕女俑、踏雄俑 1	陕西西安西魏乙弗虬及夫人隋代席氏墓发掘简报，考古与文物，2020（1）
崔家营西魏墓	西魏	陶俑：79 件，有将军俑 1、武官俑 11、文吏俑 34、持碟俑 1、持鱼俑 1、武士俑 1、棒印俑 1、武士俑 25、笼冠女俑 2、女侍俑 2、双人牵马俑 1	汉中市崔家营西魏墓清理记，考古，1981（2）
咸阳北朝拓跋虎夫妇墓	保定四年（564）	陶俑：19 件，有武士俑 2、铠马武士骑俑 2、骑马俑 2、持盾武士俑 1、仪仗立俑 2、小冠立俑 3、小冠女立俑 2、小冠男侍俑 2	咸阳市渭城区北周拓跋虎夫妇墓清理记，文物，1993（11）
西安北周李诞墓	保定四年（565）	石棺线刻：棺盖刻伏羲、女娲；前挡板门柱两侧各刻一守护神；后挡板刻玄武后刻一神像	西安北周李诞墓的考古发现与研究，西部考古，2006（1）
咸阳邓村新昌公宇文某夫人拓跋氏墓（M3）	天和六年（571）	陶俑：57 件，镇墓武士俑 2、甲骑具装俑 4、笼冠俑 8 件、袍服小冠俑 8 件、襕档小冠俑 7 件、风帽俑 10 件、蹼头女俑 1、单髻女俑 5、风帽女俑 8 件、双髻女俑 5	陕西咸阳邓村北周墓发掘简报，考古与文物，2017（3）
西安北周康业墓	天和六年（571）	墓门及围屏石榻线刻：墓门门楣刻 10 幅，左侧 2 幅男主人会客图；墓门门框刻门吏图；围屏石榻线刻共 10 幅，正面 6 幅女主会客图，左侧 2 幅男主人出行图，女主人徒步出行图，女主人骑马出行图，右侧 2 幅刻女主人会客图；出行会客图，宴饮图，墓主身着锦袍，骑马出行图。服装线刻女主人小憩，墓主身着锦袍，上绣钱纹、菱形纹等图案	西安北周康业墓发掘简报，文物，2008（6）

续表

墓例	埋葬年代	人物图像资料	资料出处
咸阳邓村北周墓M23	不晚于北周建德年间	陶俑：57件，镇墓武士俑2，甲骑具装俑4，骑马击鼓俑7，持盾土俑8，袍服小冠俑7，裲裆小冠俑9，幞头俑8，风帽俑7，双人踏碓俑2，双髻女俑1，持箕女俑1，单髻女俑1	陕西咸阳邓村北周墓发掘简报，考古与文物，2017（3）
咸阳底张湾北周步陆孤氏墓	建德元年（572）	人物俑若干，墓葬壁画人物形象	《全国基本建设工程出土文物展览图录》，1955
西安洪庆北周王昌墓（M6）	建德二年（573）	陶俑：49件，有小冠镇俑20，小冠文吏俑6，笼冠俑6，风帽俑9，甲骑具装俑2，持幡仪骑俑6	西安洪庆北朝、隋家族迁葬墓地，文物，2005（10）
西安洪庆北周M7	与王昌墓同时	陶俑：77件，小冠文吏俑9，笼冠俑10，风帽俑20，骑马乐俑14，武士俑2，甲骑具装俑10，执箕俑1，小帽阴俑1	西安洪庆北朝、隋家族迁葬墓地，文物，2005（10）
咸阳国际机场北周叱罗协墓	建德三年（574）	陶俑：202件，有武士俑4，兜鍪男骑俑14，风帽男骑仪仗俑13，风帽男骑仪仗俑4，骑马乐俑3，执盾武男骑俑5，雌帽男骑立俑39，文官俑49，风帽男立俑10，笼冠男立俑8，文吏立俑3，女立俑16，女侍立俑1，女跪俑1，束髻男骑俑12，持鼓女俑2，持箕女俑2	中国北周珍贵文物，1993：10—36
咸阳国际机场北周王德衡墓	建德五年（576）	陶俑：90件，有武士俑2，风帽俑13，笼冠俑8，骑马乐俑4，骑马仪仗俑13，男持俑8，文吏俑14，文官俑18，骑马铠马骑俑7，文吏俑2，女舞俑1	中国北周珍贵文物，1993：36—59
咸阳底张湾北周杜炽墓	建德五年（576）	陶俑若干，墓葬壁画人物形象	全国基本建设工程出土文物展览图录，1955
咸阳北周郭生墓	建德五年（576）	石棺线刻：棺盖刻二神像；前档两边各线刻一拄剑武士；棺底座刻6位女乐人	北周郭生墓发掘简报，文博，2009（5）
长安北周柳带韦墓	建德六年（577）	陶俑：39件，甲骑具装俑5，骑马笼冠俑1，骑马风帽俑1，笼冠俑8，风帽俑9，小冠文俑12，跪坐烧火俑1，踏碓俑1	陕西西安北周康城公柳带韦墓发掘简报，文博，2020（5）

续表

墓例	埋葬年代	人物图像资料	资料出处
朱家寨北周口颐墓（M37）	建德六年（577）	陶俑：90件，镇墓武士俑1，甲骑具装俑8，骑马鼓吹俑15，笼冠俑8，小冠俑8，风帽俑44，胡人俑1，双髻女俑1，踏碓俑1，烧火俑1	陕西西咸新区朱家寨北周墓发掘简报，文物，2021（11）
咸阳国际机场北周拓拔迪夫妇墓	建德六年（577）	人物陶俑：75件，有风帽俑19，小冠俑22，笼冠俑8，甲骑具装俑11，骑马风帽击鼓俑11，骑马笼冠乐俑4	咸阳北周拓拔迪夫妇墓发掘简报，中原文物，2019（3）
咸阳韩家村北周墓	建德后期之前	陶俑：55件，风帽俑19，纱帽俑8，小冠俑15，持箕俑1，胡人俑1，武士俑2，甲骑具装俑8；地面石人：1件	陕西咸阳韩家村北周墓发掘简报，文博，2021（3）
咸阳国际机场北周若干云墓	宣政元年（578）	陶俑：70件，武士俑2，仪仗俑26（笼骑帽俑8，文官俑8，文吏俑8）男侍俑9，笼冠俑10，跪俑2，执箕俑1，骑马俑1，马俑21（武士骑马俑10，骑马仪仗俑6，骑马乐俑5）	中国北周珍贵文物，1993：59—76
咸阳国际机场北周独孤藏墓	宣政元年（578）	陶俑：66件，有武士俑1，甲马土俑11，骑马仪仗俑13，骑马乐俑1，风帽俑10，文官俑9，文吏俑11，男侍俑6，女侍俑1，舞俑1，跪俑1，执箕俑1	中国北周珍贵文物，1993：76—93
咸阳北周武帝孝陵	宣政元年（578）	陶俑：148件，笼冠俑21，小冠俑15，甲马土骑俑12，鞍马卫骑俑1，男立侍俑，镇墓武士俑2，跽坐侍女俑10，兜鍪甲士俑1，踏碓俑1，持箕俑1，舂米俑1	北周武帝孝陵发掘简报，考古与文物，1997（2）
咸阳国际机场北周宇文俭墓	建德七年（578）	陶俑：若干，有武士俑2，武士骑马俑13，帷帽男骑马仪仗俑16，骑马乐俑4，帷帽俑8，男立侍俑12，男立侍俑，小冠火俑，小冠俑19，文吏俑17，仪仗俑，笼冠立俑，笼冠坐烧火俑，持箕俑1，舂米俑1	北周宇文俭墓清理发掘简报，考古与文物，2001（3）
西安北周安伽墓	大象元年（579）	墓葬壁画：天井、过洞、甬道壁画大多剥落毁坏，第3、4天井残存拄剑武士形象。围屏石榻浮雕彩绘：门额刻绘祆教祭祀图；石榻左侧石屏刻绘车马出行，狩猎及野宴图，后额刻绘乐舞、宴饮狩猎，居家宴饮、民族交往、野宴商旅及居家宴饮舞蹈图；石榻右侧石屏刻绘狩猎、宴饮舞蹈及出行图	西安发现的北周安伽墓，文物，2001（1）；西安北周安伽墓，2003

续表

墓例	埋葬年代	人物图像资料	资料出处
咸阳国际机场北周尉迟运和贺拔氏墓	大象元年（579）	陶俑：3件，武士俑1，风帽俑1，仪仗俑1；石人：3件；墓室壁画：已剥落不清	中国北周珍贵文物，1993：93—109
西安北周史君夫妇墓	大象二年（580）	石椁南壁彩绘：石椁南壁两端有伎乐，侍者；西壁有讲经说法，夫妇怀抱婴儿，商队行列和出行图；北壁为商队露宿，贸易，家中宴饮，骑马出行，葡萄院宴饮图等；东壁表现死者亡灵升入天国的整个过程	西安市北周史君石椁墓，考古，2004（7）；北周史君墓，2014
西安顶益制面厂北魏 M57	北周	陶俑：10件，武士俑5，侍俑5	西安北朝墓清理简报，考古与文物，2005（1）
长安南郊北魏韦曲 M3	北周	陶俑：33件，武士俑2，小冠武吏俑5，小冠侍俑6，裹巾俑8，风帽俑7，女俑1，骑马俑4	西安南郊北周墓发掘简报，文物，2009（5）

宁夏

墓例	埋葬年代	人物图像资料	资料出处
固原彭阳新集北魏 M1	北魏迁洛前	陶俑126件，武士俑65，风帽俑26，文吏俑4，乐俑10，男役俑1，女侍俑4，甲骑具装俑16	彭阳新集北魏墓，文物，1988（9）
固原北魏墓	太和十三年（489）	棺盖绘东王公，西王母；前档绘墓主人宴饮图，墓主斜坐榻上，左右各有男女侍者2人；棺侧绘孝子故事	宁夏固原北魏墓清理简报，文物，1984（6）；固原北魏墓漆棺画，1988
固原南郊北周宇文猛墓	保定五年（565）	陶俑：77件，镇墓武士俑2，具装甲骑俑9，持盾武士俑9，笼冠俑8，胡俑6，文吏俑10，武官俑13，风帽俑9，执箕俑1。墓室壁画：墓道，过洞，天井，甬道，墓室等处壁画严重破坏，仅存五号天井东壁一幅立姿武士	固原北周宇文猛墓发掘简报，宁夏考古文集，1994：134—147
固原南郊北周李贤夫妇墓	天和四年（569）	陶俑：239件，镇墓武士俑6，具装甲骑俑6，骑马女官俑1，吹奏骑马俑9，骑马俑11，文吏俑32，胡俑38，风帽俑43，女侍俑28。墓葬壁画：墓道，过洞，天井东西壁残存武士图18幅，墓室西壁南端，南壁东端残存侍从伎乐图3幅	宁夏固原北周李贤夫妇墓发掘简报，文物，1985（11）
固原西南郊北周田弘夫妇墓	建德四年（575）	陶俑：甲骑具装俑6；墓室北壁东，西侧残存待存吏，武士形象，后室西壁残存武士及其他人物	北周田弘墓——原州联合考古队发掘调查报告，2000

内蒙古

墓例	埋葬年代	人物图像资料	资料出处
呼和浩特和林格尔鸡鸣驿北魏壁画墓	北魏	墓室壁画：家居宴饮、乐舞百戏、车骑出行、狩猎、门吏、庖厨等	鸡鸣驿北魏壁画墓清理随想，呼和浩特文物，1999（4）
呼和浩特北魏墓	平城时代	人物陶俑：15件，有武士俑2、男俑3、女俑2、女舞乐俑8	内蒙古呼和浩特北魏墓，文物，1977（5）

山东省

墓例	埋葬年代	人物图像资料	资料出处
寿光北魏贾思伯墓	孝昌元年（525）	陶俑：4件，男俑2、女俑2	山东寿光北魏贾思伯墓，文物，1992（8）
临淄崔氏墓地北魏M10	北魏时期	陶俑：6件，武士俑2、侍俑2、仆俑1、男俑头1	临淄北朝崔氏墓，考古学报，1984（2）
临淄东魏崔鸿夫妇墓（M1）	天平四年（537）	陶俑：15件，女仆俑5、侍卫俑6、文俑2、武士俑2	临淄北朝崔氏墓，考古学报，1984（2）
济南市东郊东魏墓	天平五年（538）	滑石人像：2件，男像1、女像1	济南市东郊发现东魏墓，文物，1966（4）
临淄东魏崔混墓（M3）	元象元年（538）	陶俑：40件，武士俑5、文俑13、侍俑5、仪仗俑5、女俑9、女仆俑3	临淄北朝崔氏墓，考古学报，1984（2）
高唐东魏房悦墓	兴和三年（542）	陶俑：武士俑、鲜卑侍吏俑、仪仗俑、侍仆俑、女俑	山东高唐东魏房悦墓清理纪要，文物资料丛刊，1978（2）
济南东八里洼壁画墓	东魏北齐之间	陶俑：56件，镇墓武士俑2、持盾甲胄武士俑3、持盾武士俑2、披两裆甲俑6、背箭箙俑22、男侍俑9、女侍俑4、牵马俑1、女仆俑1。墓葬壁画：北壁与东壁转角处绘屏风，戴风帽胡俑4，中间四扇各绘一人物	济南市东八里洼北朝壁画墓，文物，1989（4）
临朐北齐崔芬墓	天保二年（551）	陶俑：武士俑、骑马俑、侍女俑、侍吏俑等，火候低破坏，仅存10个侍女俑头。墓葬壁画：甬道东、西两壁各绘一武士；墓室西壁龛壁横额绘墓主夫妇出行图；墓室东壁绘"竹林七贤"和荣启期图像屏风	山东临朐北齐崔芬壁画墓，文物，2002（4）

续表

墓例	埋葬年代	人物图像资料	资料出处
道贵墓	北齐	墓葬壁画：墓室北壁绘墓主及奏事吏；南壁墓门东西两侧各绘门卫一人，东壁绘持仪卫2人，马前驭吏；西壁绘车舆，车后绘侍女三人	济南市马家庄北齐墓，文物，1985（10）
临淄北齐崔博墓（M12）	武平四年（573）	陶俑：32件，文俑9，仆俑5，侍俑8，跪拜俑3，连体俑1，女侍俑2、女仆俑1	临淄北朝崔氏墓，考古学报，1984（2）
青州傅家北齐线刻画	武平四年（573）	画像石线刻：九件石板阴刻画旅运图1，商谈图1，车辆图1，出行图2，饮食图1，主仆交谈图1，象戏图1，送葬图1	益都北齐石室墓线刻画像，文物，1985（10）；青州博物馆北齐线刻画像补遗，文物，2001（5）
临朐胸北朝画像石墓	北朝晚期	墓门东、西两侧画像石刻门吏图各一幅	山东临朐北朝画像石墓，文物，2002（9）

江苏徐州市

墓例	埋葬年代	人物图像资料	资料出处
徐州三官庙北魏墓	北魏	陶俑：执拂俑1，执剑俑1	古彭遗珍，国家图书馆出版社，2011：118—119
徐州狮子山北朝墓	北魏	陶俑：文吏俑2，女侍俑1	古彭遗珍，国家图书馆出版社，2011：121，127
徐州云龙区骆驼山北朝墓 M1	北魏	陶俑：泥质灰陶，侍俑2，武士俑2	江苏徐州云龙区骆驼山北朝墓 M1 发掘报告，东南文化，2020（6）
徐州狮子山北魏墓 M08	永安二年（529）后	陶俑：男立俑、女侍俑	徐州狮子山兵马俑博物馆馆藏
徐州狮子山北朝墓	北齐	陶俑：仪仗俑8	古彭遗珍，国家图书馆出版社，2011：122—126
徐州楚岳山 M1	北齐	陶俑：男立俑2，女侍俑5	江苏徐州市楚岳山庄北齐墓发掘简报，中原文物，2010（3）
徐州96甸北齐 M1	天保四年（553）后	陶俑：36件，泥质灰陶为主，有镇墓武士俑2，风帽俑2，乐俑2，仪卫俑13，侍吏俑10，胡俑3，女侍俑4	江苏徐州市北齐墓清理简报，考古学集刊，2000（13）
徐州96甸北齐 M2	天保四年（553）后	陶俑：15件，泥质灰陶为主，有镇墓武士俑夫1，风帽俑1，乐俑3，胡俑1，女侍俑3，山字形风帽俑1，仪卫俑1，侍吏俑3	江苏徐州市北齐墓清理简报，考古学集刊，2000（13）

附表三 北朝供养人图像统计表

时代	碑名	年代	供养人像	文献著录
北魏	魏文朗佛道造像碑	始光元年 (424)	碑座正面、背面及右侧均雕供养人像，正面上层为车马出行图，下层为一排男、女供养人	北朝佛道造像碑精选，1996：1—8
	鲍纂造石塔基座	太平真君三年 (442)	塔基两侧各雕一排男、女供养人像	中国历代纪年佛像图典，1994：11
	朱业微造石佛像	太平真君五年 (444)	碑座正面、两侧均雕男、女供养人	河北蔚县北魏太平真君五年朱业微石造像，考古，1989 (9)
	张永造石像坐佛	太安元年 (455)	碑阳底座、佛光背部底层雕供养人	中国历代纪年佛像图典，1994：16—17
	和平二年释迦坐像	和平二年 (461)	碑阴佛本生故事中人物形象	长安佛韵：西安碑林佛教造像艺术，2010：44—45
	曹天度造九层千佛石塔	天安元年 (466)	塔基两侧各雕一排男 (9)、女 (10) 供养人	中国历代纪年佛像图典，1994：22、23
	冯受受造石佛坐像	天安元年 (466)	碑座正面雕香炉、供养人与双狮	
	皇兴造像	皇兴五年 (471)	碑阳交脚弥勒像须弥子座下方形台座刻上下两层供养人像	长安佛韵：西安碑林佛教造像艺术，2010：46—47
	黄口相造坐佛碑像	延兴二年 (472)	碑座正面有男女供养人各一	中国历代纪年佛像图典，1994：34、46、52、40、77
	比丘法恩造像坐佛	太和初年 (477)	碑座正面有男女供养人各一	
	释迦多宝二佛并坐像	太和四年 (480)	碑座正面有男女供养人各一	
	比丘僧安造释迦坐像	太和八年 (484)	碑座正面有男女供养人各一	
	贾法生兄弟造二佛并坐像	太和十三年 (489)	碑座正面有男女供养人各一	

续表

时代	碑名	年代	供养人像	文献著录
北魏	肇伏龙造像记	太和十七年（493）	主龛下香炉旁二名跪姿供养人	北京图书馆藏中国历代石刻拓本汇编，1989（3）：20
	菩萨主宁元尚等造像	太和十七年（493）	龛像两侧刻立姿供养人及车马出行图	佛陀相佑：造像记所见北朝民众信仰，2018
	谭副造像	皇兴至太和年间	碑阳主尊与力士同分别刻男、女供养人一；背屏背面弥勒说法图两侧两侧各刻男，女供养人一，香炉左侧刻女供养人四，右侧刻男供养人，除像主外残缺不全	邺城遗址出土北魏谭副造像图像考释，考古，2020（5）
	尹受国造石佛坐像	太和十八年（494）	碑座正面浮雕香炉与供养人	中国历代纪年佛像图典，1994：87
	刘伯阳造释迦像	太和十九年（495）	碑阳底座及侧面，碑阴刻刘伯阳及父、母、妻、姊、子，女供养人像	邺城文物菁华，2014：138—139
	七帝寺造像记	太和十九年（495）	造像记右侧刻对坐及出行供养人像	北京图书馆藏中国历代石刻拓本汇编，1989（3）：22
	姚伯多道教造像碑	太和二十年（496）	碑左侧上部雕二排供养人，右侧雕一排供养人	北朝佛道造像精选，1996：11、37、38
	魘氏一族佛坐像	太和二十年（496）	碑座正面香炉两侧各列3身供养人	长安佛韵：西安碑林佛教造像艺术，2010：48—49
	释迦牟尼造像	太和二十年（496）	佛龛下香炉两侧及柱前刻供养人	陕西古代石刻艺术，1995：34—35
	高朗造像	太和二十年（496）	碑座正面香炉两侧雕男女供养人各一，背面雕供养人五	中国画像石全集，2000（8）：1
	侯累页造释迦佛坐像	太和二十一年（497）	碑座背面雕男女供养人各一	中国历代纪年佛像图典，1994：92、97—98
	普贵造弥勒立像	太和二十二年（498）	碑座四面线刻出行供养人与禽鸟	北京图书馆藏中国历代石刻拓本汇编，1989（3）：43
	僧欣造像记	太和二十三年（499）	碑两侧刻4身供养人，其中二人着鲜卑服	陕西古代石刻艺术，1995：38
	刘宝生造像	景明年间（500—503）	碑座正面香炉两侧各刻女供养人一	中国历代纪年佛像图典，1994：106、107
	比丘保明造观音立像	景明元年（500）	碑座正面有男女供养人各一	
	牛氏造石佛坐像	景明元年（500）	碑座正面香炉旁各立4身供养人	

续表

时代	碑名	年代	供养人像	文献著录
北魏	皇甫德等造像	景明二年（501）	碑座正面香炉两侧刻 8 身供养人像，背面刻四排供养人像	豫北地区景明年间佛教石刻造像初探，中原文物，2002（5）
	四面石佛坐像	景明二年（501）	造像四面雕刻，其中一面底部刻 10 位供养人	中国历代纪年佛像图典，1994：110—111
	景明造像	景明二年（501）	造像四面雕刻，正面龛下刻一列供养人	长安佛韵：西安碑林佛教造像艺术，2010：4—5
	张雄杨等造像	景明四年（503）	碑座正面博山炉两侧，背面刻供养人	豫北地区景明年间佛教石刻造像初探，中原文物，2002（5）
	邑子七十二供养人造像	景明四年（503）	碑阴立佛右侧刻供养人及侍者，碑阴造像记下刻相向供养人九排	
	韩氏造观音立像	正始元年（504）	碑阴正面线刻男女供养人各一	中国历代纪年佛像图典，1994：114—116
	冯神育道教造像碑	正始二年（505）	碑座正面香炉两侧及下面共刻四层供养人像，背面刻六层供养人像	北朝佛道造像碑精选，1996：50—57
	高阿兴造铜佛坐像	正始三年（506）	碑座正面线刻男女供养人各一	中国历代纪年佛像图典，1994：119
	常文远造像记	永平元年（508）	局部拓片刻供养人与题名	北京图书馆藏中国历代石刻拓本汇编，1989（3）：121，133
	邑子廿人造像记	永平三年（510）	香炉旁 3 身供养人	邺城北吴庄出土佛教造像，2019：7—9
	张雄造观世音造像	永平三年（510）	碑座四面浮雕供养人像	陕西古代石刻艺术，1995：39
	朱双炽造像	延昌元年（512）	碑阴主龛下浅浮雕宝供、供养人、大象、狮兽等	
	杨美同千佛造像碑	延昌元年（512）	碑阴底座浅浮雕一列供养人	长安佛韵：西安碑林佛教造像艺术，2010：6，7—8
	朱奇兄弟造像碑	延昌元年（512）	佛、道混合造像碑，西面底部均刻供养人	
	张相造天尊像记	延昌二年（513）	香炉两侧各雕供养人一	北京图书馆藏中国历代石刻拓本汇编，1989（4）：10，13
	刘瓒等造像记	延昌二年（513）	主龛下数名供养人立像	
	张乱国道教造像碑	延昌三年（514）	碑阴主像两侧各刻 1 位供养人像，主龛下刻三层供养人，一层为骑马供养人像，二层为一排供养人像；碑阴主像及下均刻供养人像	北朝佛道造像碑精选，1996：58—62

续表

时代	碑名	年代	供养人像	文献著录
	道教三尊石像	延昌四年（515）	碑座正面香炉左侧刻男女供养人各一	中国历代纪年佛像图典，1994：140
	北魏洛阳永宁寺遗址	熙平元年（516）建，永熙三年（534）毁	泥质彩塑1560余件，按形制大小可划分为大型塑像、中型塑像、小型塑像、影塑像四类，其中，前三类多佛教造像，仅少量供养人形象；影塑像绝大多数为供养人形象	北魏洛阳永宁寺，1996
	马交造像记	延昌四年（515）	主龛下2身长跪供养人	北京图书馆藏中国历代石刻拓本汇编，1989（4）：27
	邑子六十人造像碑	熙平二年（517）	佛、道混合造像碑，佛像龛下雕持莲供养人六层；道像龛下雕持筋供养人六层	长安韵：西安碑林佛教造像艺术，2010：9—11
	王守令道造像碑	神龟初年（518—520）	碑阳像龛两侧及下部，碑阴下部刻六层供养人像，左、右侧亦刻供养人像	北朝佛道造像碑精选，1996：63—68
北魏	石造像	神龟元年（518）	碑阴主龛四周均刻供养人	中国历代纪年佛像图典，1994：150
	刘僧息造像记	神龟元年（518）	主龛下香炉旁刻2身供养人	北京图书馆藏中国历代石刻拓本汇编，1989（4）：54
	孙宝憘造像	神龟元年（518）	碑座正面香炉两侧刻男女供养人各一	
	田迈造像	神龟元年（518）	背面弥勒像两侧各刻一组供养人礼佛行列	中国画像石全集，2000（8）：12—13，17—21，22—23
	吴晏子造像	神龟元年（518）	碑座正面香炉两侧各刻一组供养人，背面刻供养人像三排	
	畅对口等造像记	神龟二年（519）	碑阴与背影各有二名骑马供养人，碑阴二骑一马者后皆有一举伞盖侍从	北京图书馆藏中国历代石刻拓本汇编，1989（4）：67
	敬羽高衡造像碑	神龟二年（519）	上部刻供养人行列五人	中国画像石全集，2000（8）：23
	鏑双胡道教造像碑	神龟三年（520）	碑阳分层刻供养人像，碑阴下部及右侧刻供养人像	北朝佛道造像碑精选，1996：74—79
	吕氏一族佛造像	神龟三年（520）	碑阴主龛下方刻跪拜供养人，后有侍者跟随	中国历代纪年佛像图典，1994：153—156
	霍蛮造像记	神龟三年（520）	题铭旁各刻一列供养人	北京图书馆藏中国历代石刻拓本汇编，1989（4）：80、83
	李花造像记	神龟三年（520）	香炉旁刻2身着宽袖上衣之供养人	

续表

时代	碑名	年代	供养人像	文献著录
	镐麻仁道教造像碑	正光二年(521)	碑阳刻七层供养人像，碑阴刻十层女供养人像	北朝佛道造像碑精选，1996：80—85
	张秀林等造像记	正光二年(521)	龛下六排供养人	北京图书馆藏中国历代石刻拓本汇编，1989(4)：108
	茹氏一百人造像碑	正光三年(522)	正、背面主龛下部雕若干列供养人像	长安佛韵：西安碑林佛教造像艺术，2010：12—13
	师录生佛道造像碑	正光四年(523)	碑阴龛下刻两层供养人像，碑阴下刻五层供养人像，右侧刻二层供养人像	北朝佛道造像碑精选，1996：86—91
	陶申仪造佛碑像	正光四年(523)	碑阳主龛下雕五位供养人立像	中国历代纪年佛像图典，1994：115
	崔永高等三十六人造像记	正光四年(523)	题铭上一列供养人	北京图书馆藏中国历代石刻拓本汇编，1989(4)：145
	翟兴祖造像碑	正光四年(523)	下部刻供养人上下三列，每列八人	中国画像石全集，2000(8)：24—26
	杜文庆等造像记	正光五年(524)	铭记下方两侧各刻供养人一	北京图书馆藏中国历代石刻拓本汇编，1989(4)：162，166
	魏氏造像愿铭碑	正光五年(524)	刻成排供养人像	
北魏	道哈造像龛	孝昌元年(525)	主龛下刻六排供养人，除第一排外，均为男性	
	曹望憘造像碑	正光六年(525)	碑座两侧刻曹望憘夫妇礼佛图	中国画像石全集，2000(8)：28，30—31，32
	贾智渊妻张宝珠造像碑	正光六年(525)	碑阴一佛二菩萨中间各刻一供养人	
	骡道明造像	孝昌二年(526)	碑阴下层须弥座左右两侧为供养人像	河南博物院收藏的四件造像碑，中原文物，2000(1)
	郭法洛等造像记	孝昌二年(526)	龛一侧刻3身供养人	
	鹿登等造像记	孝昌二年(526)	拓片最上层为一排供养人	北京图书馆藏中国历代石刻拓本汇编，1989(5)：19，21，55
	焦儿奴造像记	孝昌二年(526)	主尊旁刻有2身供养人	
	骆道明造像	孝昌二年(526)	碑阴题铭下刻供养人	中国画像石全集，2000(8)：33
	庞双佛道造像碑	孝昌三年(527)	碑阴龛下刻六层供养人出行图，碑阴水刻六层供养人像，左右侧水刻供养人像	北朝佛道造像碑精选，1996：95—99
	王阿善造像记	隆绪元年(527)	拓片车骑供养人三幅，上图一人牵牛车一人后行，下图为二名骑马供养人，并持伞盖之侍从	北京图书馆藏中国历代石刻拓本汇编，1989(5)：76

续表

时代	碑名	年代	供养人像	文献著录
北魏	高神婆一族造碑像	永安元年（528）	碑阳主龛两侧，香炉两旁劳与香炉下方皆刻供养人	中国历代纪年佛像图典，1994：181
	李文迁等造像记	永安二年（529）	拓片供养人或坐或立于屋宇内	北京图书馆藏中国历代石刻拓本汇编，1989（5）：130，141—143
	僧智道就等造像记	永安三年（530）	榻龛两侧刻有供养人	
	朱辅伯造像碑	建明二年（531）	碑阳下部浮雕线刻供养人和车骑出行场面	长安佛韵：西安碑林佛教造像艺术，2010：14，15—16
	朱法曜造像碑	普泰元年（531）	碑阳佛龛下雕供养人和车骑出行场面	中国历代纪年佛像图典，1994：141—142
	解保明造佛像碑	永兴二年（533）	碑座正面，两侧线刻供养人像	北京图书馆藏中国历代石刻拓本汇编，1989（5）：179—182
	儁蒙等三十人造像记	永熙二年（533）	拓片为供养人与题名	
	周元熙造像碑	东魏（534—550）	左侧刻四层女供养人	中国画像石全集，2000（8）：83
	程哲墓碑	天平元年（534）	碑阴主龛下二位跪姿供养人，其后各有一名 执华盖侍从	北京图书馆藏中国历代石刻拓本汇编，1989（6）：25—26，44
	张僧安造像记	天平四年（537）	碑铭上方为供养人数名	法相庄严，山西博物院藏佛教造像珍品展，2011：17
	庞氏造药师佛坐像	兴和二年（540）	台座两侧雕各供养人像一	
	邑义五百余人造像记	武定元年（543）	碑铭上两行供养人像，每一行十名，各分五 名相对。供养人手持莲花，后卫一持伞盖之 四侍从	北京图书馆藏中国历代石刻拓本汇编，1989（6）：96—97
东魏	李道赞率邑义五百余人造像碑	武定元年（543）	碑阳维摩诘文殊辩论像下面雕刻2层共20龛，每龛 雕主，侍2人	中国历代纪年佛像图典，1994：227—230
	道俗九十八人造像碑	武定元年（543）	碑阴五百夫人送太子图中有世俗人物形象，造像记 右侧刻两排供养人及侍者	中国画像石全集，2000（8）：78—79
	李王钧造像记	武定二年（544）	龛楣下刻一排供养人十名	北京图书馆藏中国历代石刻拓本汇编，1989（6）：106
	道颖造像	武定四年（546）	佛传故事中人物形象	
	僧宠造像	武定五年（547）	背面刻一人牵马，三人侍立	中国画像石全集，2000（8）：80，81
	羊女造弥勒像	武定五年（547）	碑座正面香炉两侧雕刻供养比丘及世俗供养人像	邺城北吴庄出土佛教造像，2019：52—53

续表

时代	碑名	年代	供养人像	文献著录
西魏	孟氏造像	西魏（535—556）	背面上层刻贵族礼佛图，下层刻骑马及车马出行图	中国画像石全集，2000（8）：96
	大统三年造像碑	大统三年（537）	碑阴正面雕供养人及车马出行图	陕西古代石刻艺术，1995：54
	杜鲁清等造像记	大统十三年（547）	刻供养人及侍从	北京图书馆藏中国历代石刻拓本汇编，1989（6）：18
	辛延智佛道造像碑	大统十四年（548）	碑阴及碑阴像龛下刻三层供养人像，左右侧亦刻多层供养人像	北朝佛道造像碑精选，1996：100—105
北齐	张龙伯兄弟等造像记	天保元年（550）	铭记左侧刻供养人若干，拓片不清晰	北京图书馆藏中国历代石刻拓本汇编，1989（6）：6, 19
	张道明等八十人造像记	天保二年（551）	题铭上部刻一排供养人	
	赵氏造弥勒坐像	天保三年（552）	碑座正面香炉两侧浮雕供养人4身	中国历代纪年佛像图典，1994：263
	刘碑寺造像碑座	天保八年（557）	碑座背面线雕山林射猎场景，骑士着世俗装	中国画像石全集，2000（8）：86—87
	鲁思明等造像记	天保九年（558）	题铭上部刻三排供养人及供养从像	北京图书馆藏中国历代石刻拓本汇编，1989（7）：71
	张嗷鬼造佛造像	天保十年（559）	碑座正面香炉两侧分二供养人	中国历代纪年佛像图典，1994：277
	绛阿鲁佛造像碑	武成元年（559）	碑阴主像下刻骑马出行图，下部刻三层供养人像，碑阴像龛两侧及下面共刻六层供养人像，左右两侧亦分别刻四层，五层供养人像	北朝佛道造像碑精选，1996：106—110
	武城二年造像记	武成二年（560）	四面龛上下均线刻供养人形象	陕西古代石刻艺术，1995：47—48
北周	马洛子造像记	保定元年（561）	碑侧两面龛下男女供养人各一身	北京图书馆藏中国历代石刻拓本汇编，1989（8）：100, 101—102
	雷文伯造像记	保定元年（561）	碑阴与碑阴两面下方均为成列之供养人	
	李檠信佛道造像碑	保定二年（562）	碑阴级碑阴阴均下刻两层供养人像，碑左侧下半刻二层供养人像	北朝佛道造像碑精选，1996：119—123
	董道生造像记	保定二年（562）	碑铭上男女供养一	北京图书馆藏中国历代石刻拓本汇编，1989（8）：106
	诸邑子造佛碑像	保定三年（563）	碑阴主龛下线雕四位手持莲花供养人	中国历代纪年佛像图典，1994：284

续表

时代	碑名	年代	供养人像	文献著录
北周	圣母寺四面造像记	保定四年（564）	碑阴主尊下刻两排供养人，碑两侧刻供养人	北京图书馆藏中国历代石刻拓本汇编，1989（8）：114—116、113、151
	张永贵造像记	保定四年（564）	拓片成列供养人	
	雷明香等造像记	天和（566—572）	香炉下三排供养人	中国历代纪年佛像图典，1994：214
	李要贵等供养天尊坐像	天和二年（567）	碑座正面两端各雕供养人一	
	夏侯纯造像记	天和四年（567）	碑阴下方刻一列四身供养人	北京图书馆藏中国历代石刻拓本汇编，1989（8）：140—141
	建德四面造像碑	建德元年（572）	碑阴龛旁线刻武士，香供下刻牛车及放羊人；最下方自右至左刻各代祖及父、叔、祖母、姐妹、姜女等供养像并题名	陕西古代石刻艺术，1995：49—50
	邵道生造像记	建德元年（572）	背面题铭两侧刻供养人各一	北京图书馆藏中国历代石刻拓本汇编，1989（8）：153、154—156
	李元海造像记	建德元年（572）	正、背及侧面刻多排供养人	
	释迦牟尼造像碑	北周	碑阴正面两侧刻供养人	陕西古代石刻艺术，1995：51—52
	醴泉佛座	北周	佛座正面博山炉下中央宝供两侧刻有男、女舞者各一	中国画像石全集，2000（8）：96

后　记

　　本书是在我 2008 年完成的山东大学博士学位论文基础上修订而成，距论文初成已过十五载，其间的生活磨砺和人生体验都已成为弥足珍贵的阅历，唯有感恩之情常在心间。

　　我与古代服饰研究的缘分始于硕士求学阶段，距今已有 20 多年光景。2003 年秋，入学伊始，导师刘凤君便从我考古学专业背景出发，建议我做青铜器相关研究，但阅读了一段时间的相关书籍后，不得要领，自动放弃；导师又耐心指点我做出土纺织品的研究，并惠赐赵丰《中国丝绸艺术史》一书进行研读，然而，复杂的纺织工艺让我望而却步；导师又建议我做古代服饰研究，并推荐沈从文《中国古代服饰研究》一书进行研读。也许是女性特质作怪，也许是幼时缺衣少食的生活经历引导，沈氏之书我翻阅几页后，便坚定地踏上了古代服饰研究之路。在相继阅读了周锡保、周汛、高春明、黄能馥、陈娟娟等服饰通史著作后，初步计划以考古出土服饰实物和图像资料比较丰富的汉代服饰作为研究对象，但又对服饰研究相对薄弱、服饰面貌复杂多变的魏晋南北朝服饰充满兴趣，对于论文的最终选题一直犹疑不定。2004 年秋，我有幸得到硕博连读的机会，这样一来，我就失去了写作硕士学位论文的历练机会，转而需要应对博士学位论文的准备工作。由于缺少完整的硕士阶段学术训练和田野考古实习等原因，直到撰写开题报告时我的论文选题还没有最终确定，内心迷茫不已。开题报告会上，栾丰实教授、于海广教授、方辉教授、任相宏教授、张从军教授都从个人学术研究视角对我的论文写作提出了宝贵意见，特别是张从军教授从出土资料及学界研究现状出发，建议我做北朝服饰研究，为我指明了论文写作的方向，于是便形成了我的博士学位论文《北朝世俗服饰研究》。在论文撰写过程中，山东大学考古系资料室王彩玉女士为我资料收集工作提供了莫大便利，同学董劭伟在紧张的论文写作过程中，不厌其烦地为我解答一些历史学和文献学方面的问题，师姐兼室友王志芳女士平和乐观、豁达开朗的生活态度让我的求学之路充满温情，同学崔英杰、师弟吴伟华、学友刘羽阳等均为我的论文写作和校对提供了很多帮助。在博士论文审阅和答辩过程中，中央美术学院人文学院郑岩教授、济南市文物局局长兼市考古研究所所长崔大庸以及山东大学栾丰实、于海广、方辉教授均提出了大量有针对性的宝贵意见和建议，为我后来的论文修改和完善提供了方向和重点。

　　博士毕业后，我先在山东艺术学院美术学院就职十年，后又转入山东师范大学历史文化学院工作，虽然没有突出业绩，但始终忙忙碌碌。一开始我充满热情地奔向美术史治学道路，不断地阅读、学习、教学，尝试着从考古学跨入美术史大门，徘徊良久，才发现我始终是门外汉，没有美术基础的隔靴搔痒式的学习与研究让我内心惶恐，于是我又重回考古学本业。再出发，考古学已日新月异，一切又仿佛从头开始。在这期间，我经历了结婚生子、母亲溘然长逝、孩子次第入学等一系列人生大事，像每一位职场女性一样，如何平衡工作、学术与家庭始终是横亘在我面前的生存难题，我只能在教学工作之余、家庭琐事之外的碎片化时间里照料一下自己的学术研究小天地。在为数不多的用于学术探讨的时间缝隙中，我思考最多的还是自己的博士学位论文，并有幸在 2010 年得到教育部人文社会科学研究青年项目（项目批准号：10YJC780012）资助，得以继续扩充和深入。特别感谢这个时代带来的技术革新与广泛传播！我博士论文写作时资料收集基本依靠纸本阅读加复印资料，电子化的数据库还比较匮乏，有些基本材料并未见到。但整理书稿时，得益于文献资料的高度数字化以及北朝相关考古、图录资料的陆续刊布，我对书中所涉原始资料进行了增补，并且对论文中所涉及的政治变迁、文化交流、性别体系等探讨不够深入的内容进行了删减。目前，本书内容主要是从考古学角度对北朝图像及实物所见服饰进行了分类梳理和分期断代，在此基础上对北朝服饰进行了粗浅的文化因素分析，进而对北朝服饰的历史影响问题进行了初步探讨。之所以保留这些内容，一方面是希望这些资料梳理能为考古断代或者发掘报告编撰提供些许依据，如果再能为服饰史爱好者提供一些基础资料或基本知识自然更好；另一方面是因为服饰背后其他文化内涵的论述涉及大量出土或传世文献以及既有研究成果的深入解读，而我的既有论述太过浅显，只能舍弃。在修改完善书稿的过程中，我深深感觉到，北朝服饰所涉及的很多关键性问题实际上与各民族交往交流交融进程息息相关，入华外来族群服饰传统与中原服饰传统的碰撞与交流问题值得进行系统梳理和单独探讨。2020 年我获得立项的国家社会科学基金项目《汉唐时期入华胡人服饰的考古学研究》，就是想从长时段出发考察不同民族服饰的交流进程，希望借此可以弥补本书大量删减内容而留下的遗憾。

　　在书稿修改和完善过程中，山东省石刻艺术博物馆杨爱国先生、山东工艺美术学院张从军先生、北京大学艺术学院郑岩先生、南京大学艺术学院黄厚明先生经常勉励我坚守个人研究方向、坚持开展学术研究，西安市文物保护考古所（现西安市文物保护考古研究院）张翔宇先生慷慨惠赐发掘报告资料、张全民先生亲自带我观摩考古出土的西魏北周文物，郑州大学考古与文化遗产学院孙危教授、四川大学历史文化学院赵德云教授慷慨惠赐个人研究论著，山东师范大学硕士研究生房小龙同学为书稿整理和校对付出了很多心血。还有很多师友、同事以及家人通过各种方式惠助于我，难以一一述及。谨在此一并表达诚挚的谢意！

　　最后，感谢父母在穷乡僻壤一直无怨无悔地为我创造长期求学的环境。万万没有想到，我走出山村的代价是母亲过早走完一生。早知如此，我宁愿自己没有走出大山，但那样，母亲也会心疼我，因为我也是孩子们的母亲，我知道。母亲不识字，但从我记事起，她就珍视带字的书和纸。我的书出版了，她应该会高兴，就以此告慰母亲在天之灵吧！

宋丙玲

2024 年 5 月写于济南